Flore Agenaise

PUBLIÉE

Par la Société d'Agriculture,

Sciences et Arts d'Agen.

FLORE AGENAISE

OU

DESCRIPTION MÉTHODIQUE

DES PLANTES

OBSERVÉES DANS LE DÉPARTEMENT DE LOT-ET-GARONNE
ET DANS QUELQUES PARTIES DES DÉPARTEMENS VOISINS

PAR M. DE SAINT-AMANS.

Que mes délassemens, s'il se peut, soient utiles!

AGEN

PROSPER NOUBEL, IMPRIMEUR-LIBRAIRE.

M DCCC XXI.

PRÉFACE.

En m'inscrivant ici sur le catalogue des floristes français, je n'ai d'autre prétention que d'offrir aux naturalistes, aux amateurs, le moyen de connoître la botanique de nos contrées, et de leur épargner la peine de l'explorer, comme je l'ai fait, sans secours et sans guide. Il est vrai que dans cet ouvrage, d'abord entrepris pour moi seul, j'ai mis une certaine indépendance dans la manière de présenter les résultats de mes recherches ; que je n'ai point adopté les principes de la nouvelle école, et qu'obligé de marcher sous d'autres enseignes, j'ai choisi celles de Linné ; il est vrai qu'ayant eu souvent l'occasion de constater des erreurs dans les Flores les plus accréditées, j'ai franchement signalé ces erreurs, et les ai rectifiées ; que je n'ai point imité les descriptions verbeuses de certains auteurs, où les caractères spécifiques sont confondus avec les caractères génériques, et que j'ai préféré à ces amplifications fallacieuses, des phrases courtes et précises, où le caractère essentiel se fait aisément remarquer ; il est vrai que je n'ai pris pour modèle, ni ces listes de plantes sans critique et sans synonymie, si multipliées de nos jours, ni ces ouvrages diffus et volumineux, pris, à ce qu'il paroît, pour des chefs - d'œuvre par d'aveugles admirateurs, d'après des réputations qui pourroient n'avoir point encore été suffisamment scrutées ; il est vrai que j'ai relevé des dénominations françaises bizarres, mal appliquées, mal sonnantes ; que je n'ai pu m'empêcher de m'arrêter devant une *chlore enfilée*, une *arabette enfilée*, un *caquillier enfilé*, un *tabouret enfilé*, devant un *galant d'hiver*, un *paturin à manchettes*, un *bry ventru*, une *violette étonnante*, et qu'avec tous les gens de goût, j'ai trouvé ces dénominations ridicules ; il est vrai que je n'ai suivi aucun de ces novateurs qui, préférant des caractères souvent presque invisibles au microscope, à ceux qui s'offrent d'eux-mêmes à l'observateur, vont établissant des genres et des familles, d'après une partie de la plumule ou de l'embryon, et perdroient la botanique s'ils le pouvoient, en travaillant, disent-ils, pour elle ; il est vrai que je n'ai point fait usage des noms de *carcérule*, de *cypsèle*, de *cérion*, de *crémocarpe*, de *regmate*, de *cenobion*, de *sorose*, et de vingt autres savamment fabriqués pour désigner divers fruits, parce qu'on s'étoit entendu suffisamment jusqu'ici sans le secours de cette effrayante terminologie, et qu'avec elle il étoit à-peu-près indubitable qu'on ne m'entendroit pas ; il est vrai..... Mais il ne faut fâcher personne. Si cependant l'on trouvoit que j'ai poussé trop loin *la liberté grande* avec laquelle on traite aujourd'hui toutes sortes de sujets, j'aurois pour excuse l'amour de la vérité, le désir et l'espoir de la répandre.

Pour remonter aux sources, j'ai consulté les anciens, j'ai remis au creuset, j'ai refondu les synonymies qui me sembloient suspectes ; est-ce ma faute s'il est résulté de cette épreuve la connoissance de plusieurs méprises perpétuées par une tradition erronée, et ne devois-je pas les signaler ? D'un autre côté, il existe une telle disproportion entre les petits services rendus à la science, et les grandes prétentions de quelques botanistes modernes, dont le ton doctoral pouvoit en imposer, que j'ai pareillement cru devoir avertir qu'ils n'étoient point infaillibles, et qu'en les prenant pour guides ou pour modèles, il étoit possible de s'égarer. J'aime sans doute aussi beaucoup les mots tirés du grec : quand ils sont bien composés, ils évitent souvent de longues définitions, et quand ils sont bien appliqués, ils sont toujours d'un bon usage dans les sciences ; mais pouvois-je ne pas m'apercevoir combien cette langue est maladroitement mise à contribution par quelques botanistes actuels, dont on vante les ouvrages , d'ailleurs très-estimables ? Par exemple, dans l'un de ces ouvrages les plus importans, ne voit-on pas ces mots ingrats *monocarpiques*, *polycarpiques*, *caulocarpiques*, *rhisocarpiques*, non-seulement d'une prononciation pénible , mais encore magistralement employés contre leur véritable signification, pour distinguer les végétaux sous le rapport de leur durée, lorsqu'ils ne peuvent les désigner que relativement à la production d'un ou de plusieurs fruits , sur la tige ou la racine. Je pourrois citer d'autres exemples de ce genre ; mais en faut-il davantage pour ma complète justification ? D'ailleurs, et je me fais un honorable devoir de le consigner ici, plusieurs amis , sans le secours desquels cet ouvrage n'eût peut-être jamais vu le jour , ont le plus souvent partagé mes opinions , et les ont fortifiées de leurs observations particulières. Ces amis, je les compte presque tous dans le sein de la société qui veut bien accueillir cet essai : ils me permettront de céder , en les nommant, au besoin de leur donner un témoignage public de ma reconnoissance. MM. *Itier*, docteur médecin à la Sauvetat de Savères; *de Godailh*, ex-député au corps-législatif, officier de la légion d'honneur , conseiller de préfecture ; *Lamouroux aîné*, professeur d'histoire naturelle à Caen, correspondant de l'Institut; *Fauché*, chevalier de la légion d'honneur, ex-pharmacien en chef des armées; *Chaubard*, avocat; *Cyrille Graulhié*, *Dumolin*, *Louis de Brondeau*, ont tous activement coopéré à la confection de cet ouvrage, non-seulement par leurs herborisations, mais encore par leurs conseils et la communication de leurs lumières. Je ne saurois surtout assez publier les obligations que j'ai, sous ces divers rapports, à M. Chaubard, dont j'ai eu tant d'occasions d'apprécier le zèle, les connoissances et la sagacité ; plusieurs genres difficiles, les mousses, les lichens, lui appartiennent en entier : personne mieux que lui ne connoît les plantes de nos contrées. Presque toutes celles du département du Lot ont été recueillies par M. Dumolin.

Réunis par les mêmes sentimens, également animés de l'intérèt de la science et du désir de rendre cet ouvrage digne d'être offert à nos compatriotes, pour lesquels il est principalement composé, nous avons tâché d'y concilier partout la concision à la clarté, la correction à la propriété du style. Sous ce dernier rapport, dans la vue d'éviter une oiseuse prolixité, nous avons souvent invoqué ces expressions tirées du grec ou du latin, qui, pour la plupart déjà devenues françaises, sont très-heureusement employées pour décrire en histoire naturelle avec rapidité. Comme autant de coups de crayon, de pinceau, de burin, ces expressions représentent les caractères des végétaux à l'esprit, sans lasser l'attention, sans refroidir l'observation, et forment ce qu'on entend par la *langue systématique*. Elles sont d'un si grand avantage pour la science, qu'il nous semble impossible de ne pas complètement et franchement les admettre, si l'on s'intéresse à ses progrès.

Nous avons pareillement adopté les phrases de Linné : elles ont été traduites le plus souvent lorsqu'elles convenoient à nos plantes, et nous ont toujours servi de modèles quand elles ne pouvoient s'y rapporter.

Nous avons totalement décrit les espèces nouvelles pour nous, ou peu connues ; nous sommes entrés à leur sujet dans tous les détails qui nous ont paru nécessaires ou curieux, en renfermant toujours ces détails dans le cadre le plus étroit qu'il nous a été possible.

MM. Chaubard et Louis de Brondeau ont bien voulu dessiner les planches qui doivent servir de complément à ces descriptions.

Nous avons laissé le système sexuel dans toute son intégrité, sans toucher même à la monogamie, attendu qu'elle peut être envisagée, dans ce système, comme une transition naturelle de la syngénésie à la gynandrie, ce qui paroît n'avoir pas été peut-être généralement reconnu.

Le nombre des plantes cryptogames, devenu si considérable, s'accroît tellement chaque jour, qu'il eût été sans doute plus méthodique de diviser la cryptogamie en sept classes, ainsi qu'il suit : celle des fougères, des mousses, des hépatiques, des algues, des lichens, des fongiles et des champignons ; ce qui porteroit à trente-une les classes du système. Néanmoins ce nouveau travail nous paroissant moins l'objet d'une Flore particulière, que celui d'un ouvrage sur l'universalité des végétaux, nous nous bornons à l'indiquer aux sectateurs de Linné , comme indispensable dans l'état actuel de la science.

Nous avons, au surplus, exactement rapporté les synonymies utiles, soit pour la parfaite connoissance des espèces et des variétés , soit pour nous servir de garantie auprès des botanistes, et nous avons cité en général plusieurs figures prises dans les auteurs que nous avions sous les yeux.

Les plantes potagères, et celles qui sont universellement cultivées dans les jardins ou dans les campagnes , qui , par conséquent, peuvent être regardées comme ayant une station fixe , où l'on est assuré de les trouver , sont comprises dans cette Flore.

Considérant qu'il peut être avantageux de mentionner l'époque de la floraison des espèces, et combien cependant les variations anomales de l'atmosphère avancent ou retardent quelquefois dans notre climat la température propre à chaque saison, nous avons cru devoir négliger la désignation des mois de l'année, et pouvoir remplacer cette indication, trop souvent fautive, par la lettre initiale de chaque saison, suivie des chiffres 1, 2, 3. On devra donc à cet égard moins s'arrêter au calendrier, que consulter l'observation météorologique. Dans quelque mois que ce soit, par exemple, P. 1. signifiera que la plante fleurit lorsque la végétation se ranime sous la première influence du printemps ; P. 3. E. 1. que telle autre plante épanouit ses fleurs à la fin du printemps, et au commencement de l'été ; enfin, A. 1. 2. 3., que la floraison a lieu dans tout le cours de l'automne, quand bien même la température de cette saison auroit anticipé sur les mois de l'été, ou se seroit étendue sur ceux de l'hiver, ainsi du reste.

Nous avons emprunté des antiquaires les signes dont ils se servent dans leurs catalogues, pour marquer les degrés de fréquence ou de rareté des médailles. Les lettres C. et R. seules, ou jusqu'à trois fois redoublées, avertissent, dans notre Flore, si chaque espèce est commune, fort commune ou très-commune ; rare, fort rare ou très-rare dans le lieu désigné de sa station.

Nous avons indiqué d'abord en général les terreins et les localités qui conviennent à chaque espèce, c'est le *domicile de droit ;* puis la station particulière où elle a été recueillie, qui peut, en quelque manière, passer pour le *domicile de fait.* A ce dernier domicile doivent être appliqués les signes mentionnés au paragraphe précédent.

Les propriétés des plantes étant généralement connues, nous nous sommes bornés le plus souvent à rappeler celles qui sont le moins accréditées, ou qui par leur importance, méritent le plus d'être constatées dans la médecine ou dans les arts.

S'il nous est échappé des observations ou des citations qui paroissent étrangères à l'objet de cet ouvrage, si quelques plaisanteries sont tombées de notre plume, nous prions le Botaniste sévère de nous les pardonner. Les premières jettent quelque variété dans une rédaction nécessairement monotone; les secondes, absolument sans conséquence, ne peuvent blesser l'amour propre le plus délicat.

Enfin, dans l'espoir de donner un nouveau genre d'intérêt à cette Flore, nous y mentionnons en faveur des entomologistes les insectes en général les plus remarquables du département, à la suite des plantes dont ils se nourrissent, ou sur lesquelles ils subissent leurs métamorphoses. A cet effet, nous nous sommes servis le plus souvent de la nomenclature de Fabricius ou de celle de Latreille. Cet essai n'embrasse à la vérité qu'un petit nombre d'insectes, mais il suffira pour donner l'idée de ceux que peut offrir notre sol.

Tel est le plan de cet ouvrage. S'il est aperçu sur le vaste horizon de la botanique, s'il obtient un regard indulgent des maîtres de la science, s'il accompagne le naturaliste dans ses courses, s'il guide l'amateur dans ses promenades, notre tâche laborieuse recevra sa récompense, et tous nos vœux seront remplis.

Me sera-t-il permis d'ajouter ici quelques lignes pour rappeler un fait qui m'est particulier ? Il s'agit du mot Phanérogamie, de ce mot adopté par tous les Botanistes, sans qu'on cite, sans qu'on sache peut-être même le nom de celui qui le premier l'a proposé. Je conçois qu'il seroit oiseux, sans doute, autant que futile, d'entrer dans de grandes discussions à ce sujet. Il importe, en effet, généralement assez peu de savoir d'où vient telle ou telle expression technique, pourvu que son utilité soit reconnue ; cependant comme celle-ci est nécessaire à la science, qu'elle ne peut donner lieu à de longues recherches, et que je crois n'avoir été devancé par personne dans son emploi, j'ose m'y arrêter un instant, et je pense que l'occasion de faire valoir les titres que je crois avoir à ce sujet, se pré-

sente trop naturellement pour que ma réclamation paroisse déplacée.

Frappé depuis long-temps de ce que le nom de Cryptogamie *avoit été imposé aux plantes à fleurs invisibles, sans que les plantes à fleurs apparentes, qui forment la plus grande et la plus belle partie des végétaux, eussent reçu un nom analogue, et qui les présentât sous le même rapport, je proposai à* Bulliard *de désigner ces dernières par la dénomination caractéristique de plantes* Phanérogames. *Bulliard adopta mon idée, et me marqua, dans une lettre du 29 octobre 1792, qu'il en faisoit usage dans son second volume de l'Histoire des champignons, qu'une mort prématurée l'empêcha de publier. Cependant les papiers de Bulliard ayant été remis à Ventenat, et celui-ci ayant employé la dénomination de* Plantes phanérogames *dans son tableau du règne végétal qui parût en l'an VII, je pensai dès-lors qu'il avoit trouvé cette dénomination dans les papiers de Bulliard, et qu'il se l'étoit appropriée. Depuis, mes soupçons à ce sujet ont pris l'apparence de la certitude, lorsque Ventenat a fait imprimer, en 1809, le second volume des champignons de Bulliard, et que je n'y ai vu nulle part qu'il y fût question de Phanérogamie. J'en demande pardon à son ombre, mais cette réticence, ou plutôt cette soustraction, achève de révéler l'arrière pensée d'un homme peu délicat. Je prouve, au reste, ce que j'avance, par la lettre autographe de Bulliard, que j'ai conservée. De plus, et ceci doit me donner une date authentique, j'ai consigné les mots* Phanérogamie *et plantes* Phanérogames *dans le Journal des sciences utiles de Bertholon, année 1791, n.º XVII et XVIII, comme* on peut le voir, pages 283, 285 et 291 de ce journal: Je n'attache d'ailleurs à cette réclamation pas plus d'importance qu'elle ne mérite. Je la dépose ici seulement pour engager les botanistes, plus initiés que moi dans les archives de la science, à décider la question. Si Ventenat est coupable du petit larcin dont il s'agit, il n'y a pas grand mal qu'on le sache; et s'il est reconnu que je doive céder à quelqu'autre l'antériorité sur laquelle je crois avoir des droits, j'apprendrai avec plaisir le nom de mon heureux précurseur, et me féliciterai du moins d'avoir eu la même idée.

TABLE

DES

PRINCIPALES ABRÉVIATIONS

Des noms des Auteurs cités dans la Flore Agenaise,
et de leurs Ouvrages.

———

Ach. Lich. = Acharius, Lichenographia universalis.

Ait. Hort. = Aiton, Hortus kewensis.

All. Fl. ped. = Allioni, Flora pedemontana.

Barr. Ic. rar. = Barrelier, Icones plantarum.

Bast. Fl. M. = Bastard, Flore de Maine-et-Loire.

J. B. Hist. = J. Bauhin, Universalis plantarum historia.

Bell. = Bellardi, Flora pedemontana.

Besl. Eyst. = Besler, Hortus eystetensis.

Brid. Musc. = Bridel, Muscorum collectio.

Bull. Herb. = Bulliard, Herbier des plantes de la France.

Cav. Diss. = Cavanilles, Dissertationes.

Chaub. Misc. ined. = Chaubard, Miscellanea inedita.

Clus. Hist. = Clusius, Rariorum plantarum historia.

Crantz. Aust. = Crantz, Flora Austriaca.

Curt. Bot. mag. = Curtis, Botanical magasine.

Dalech. Hist. = Dalechamp, Historia generalis plantarum.

Dec. Fl. fr. = Decandolle, Flore française.

Déf. = Défontaines.

Delapyl. J. B. = Delapylaie, Journal de botanique.

Desv. J. B. = Desvaux, Journal de botanique.

Dicks. = Dickson.

Dill. Musc. = Dillen , Muscorum.

Dodon. Pempt. = Dodonée, Pemptades.

Duh. Arb. = Duhamel, Arbres et arbrisseaux.

Fusch. = Fuschius, Hist. plantarum.

Garid. Hist. pl. = Garidel, Histoire des plantes des environs d'Aix.

Gaud. Agr. = Gaudin, Agrostographia helvetica.

Good. = Goodenough, Transations of linnean society.

Gouan, Ill. Hort. monsp. = Gouan, Illustrationes Botanicæ, Hortus monspelliensis.

Hedw. = Hedwig.

Hoff. Salic. = Hoffman, Salicum historia.

Huds. = Hudson.

Lam. Dict. enc = Lamarck, Dictionnaire encyclopédique *Botanique.*

Lap, Fl. Pyr. = Lapeyrouse, Histoire abrégée des plantes des Pyrénées.

Leers. Fl. herb. = Leers , Flora herbornensis.

Lind. Tourn. alsat. = Linder, Tournefortius alsaticus.

Linn. Sp. pl. , Syst. nat. , Mant. = Linneus, Species plantarum, Systema naturæ, Mantissa, etc.

Lob. Ic. , Obs. , Adv. = Lobel , Icones plantarum , Observationes, Adversaria.

Lois. Fl. gall. = Loiseleur, Flora gallica.

Magn. Bot. mons. = Magnol, Botanicon monspeliense.

Mapp. = Mappus, Historia plantarum alsaticarum.

Menz. = Menzelius.

Mér. Fl. par. = Mérat, nouvelle Flore parisienne.

Mich. Nov. gen. = Micheli, Nova genera plantarum.

Moriss. Hist. = Morisson, Historia plantarum.

Pers. Syn. fung. = Persoon, Synopsis fungorum.

Poir. Dict. enc. = Poiret, Dictionnaire encyclopédique. *Botanique.*

Poit. et Turp. = Poiteau et Turpin, Flore parisienne.

Req. = Requien.

Rethz. = Rethzius.

Rich. = Richard.

Roëm. Fl. eur. = Roëmer, Flora europea.

Roth. Fl. germ. = Roth, Flora germanica.

Roz. C. d'agr. = Rozier, Cours d'agriculture.

S.t-Am. Bull. phil. = Saint-Amans, Bulletin philomatique.

Scheuz. Agr. = Scheuchzer, Agrostographia.

Schleich. = Schleicher, Catalogus plantarum.

Schranck. Flor. bav. = Schranck, Flora bavarica.

Schreb. Gram. = Schreber, Description des graminées.

Sckurk. Car. tract. = Sckurk, Histoire des carex.

Scop. Fl. carn. = Scopoli, Flora carniolica.

Smith. Fl. brit. = Smith. Flora britannica.

Swert. Flor. = Swertius, Florilegium.

Thor. Chl. Land. = Thore, Chloris des Landes.

Thuill. Fl. Par. = Thuillier, Flore des environs de Paris.

Tourn. = Tournefort.

Vaill. Bot. par. = Vaillant, Botanicon parisiense.

Vill. Fl. Dauph. = Villars, Flore du Dauphiné.

Willd. Sp. pl. = Willdenow, Species plantarum.

SIGNES.

◉ Plante annuelle.
♂   bisannuelle.
♃   vivace.
♄   ligneuse.

R. Plante rare.	C. Plante commune.
RR. fort rare.	CC. fort commune.
RRR. très-rare.	CCC. très-commune.
H. Hiver.	E. Eté.
P. Printemps.	A. Automne.

Flore Agenaise.

EXPOSITION

DES GENRES.

FLORE AGENAISE.

EXPOSITION MÉTHODIQUE

DES GENRES,

SELON LES CLASSES ET LES ORDRES DU SYSTÊME SEXUEL.

Phanérogamie.

(Fleurs apparentes.)

CLASSE PREMIÈRE.

MONANDRIE.

(Une étamine.)

DIGYNIE. *(Un style.)*

1 *Callitriche.* Cal. o ; corol. 2 pét. ; caps. biloculaire.

CLASSE DEUXIÈME.

DIANDRIE.

(Deux étamines.)

MONOGYNIE. *(Un style.)*

† *Fleurs inférieures, monopétales régulières.*

2 *Olea.* Corol. 4 fid. ; divis. ovales ; drupe, 1 sperme.
3 *Phillyrea.* Cor. 4 fid. ; baie 1 sperme.

A

4 *Ligustrum.* Cor. 4 fid. ; baie 4 sperme.
5 *Syringa.* Cor. 4 fid. ; caps. 2 loges.
6 *Jasminum.* Cor. tubul. 5 fid. ; baie 2 loges.

†† *Fleurs infér. monopét. irrégul. ; fruits capsulaires.*

7 *Veronica.* Cor. à 4 divisions, l'inférieure plus étroite.
8 *Pinguicula.* Cor. béante, éperonée ; cal. 4 fide.
9 *Utricularia.* Cor. béante, éperonée ; cal. 5 fide.

††† *Fleurs infér. monop. irrég. ; fruits gymnospermes.*

10 *Verbena.* Cor. presque régul. ; divis. sup. du cal. plus
   courte.
11 *Lycopus.* Cor. presque régul ; étam. distantes.
12 *Rosmarinus.* Cor. béante ; lèvre supér. 2 fid. ; étamines
   courbes.
13 *Salvia.* Cor. béante ; filets des étam. fixés transversalement sur leur pédicelle.

†††† *Fleurs supérieures.*

14 *Circea.* Cal. 2 phyl. ; cor. 2 pét. obcordées.

DIGYNIE. (*Deux styles.*)

15 *Anthoxanthum.* Balle cal. 2 val. ; balle flor. aristée.

CLASSE TROISIÈME.
TRIANDRIE.
(*Trois étamines.*)

MONOGYNIE. (*Un style.*)

† *Fleurs supérieures.*

16 *Valeriana.* Cor. 5 fid., gibbeuse, 1 sperme.
17 *Iris.* Cor. 6 pét. ; stigmates pétaliformes.

18 *Gladiolus.* Cor. 6 pét., les 3 supérieures conniventes.
19 *Ixia.* Cor. 1 pét., tubuleuse, 6 fid.

†† *Fleurs inférieures.*

20 *Polychnemum.* Cal. 3 phyl.; 5 pét.; sem. 1 presque nue.

††† *Fleurs à balles calicinales; sem.* 1.

21 *Schœnus.* Cor. 0; cal. balles fasciculées; sem. arrondie.
22 *Cyperus.* Cor. 0; cal. balles distiques; sem. nue.
23 *Scirpus.* Cor. 0; cal. balles imbriquées; sem. nue.
24 *Eriophorum.* Cor. 0; cal. balles imbriquées; semence aigretée.
25 *Nardus.* Cor. 0; cal. 1 spathe; sem. biloculaire.

DIGYNIE. (*Deux styles.*)

† *Cal. uniflores, sans position déterminée.*

26 *Panicum.* Cal. 2 valve; 3.ᵉ valve dorsale plus petite.
27 *Alopecurus.* Cal. 2 valve, cor. 1 valve, sommet simple.
28 *Phleum.* Cal. 2 valve, tronqué, mucroné, sessile.
29 *Phalaris.* Cal. 2 valve; valves carinées, égales, renfermant la corolle.
30 *Milium.* Cal. 2 val. 1 flore; stigmate pénicellé.
31 *Polypogon.* Cal. 2 val., périgone 2 val., la plus petite aristée.
32 *Agrostis.* Cal. 2 val. 1 flor., stigm. hérissé longitudinalement.
33 *Stipa.* Cal. 2 val., cor. aristée au sommet, articulée à la base.
34 *Leersia.* Cal. 0; cor. 2 valve, close.

†† *Cal. biflore, sans position déterminée.*

35 *Aira.* Cal. 2 valve biflore, sans rudiment de 3.ᵉ fleur.
36 *Melica.* Cal. 2 valve, biflore; rudiment d'une 3.ᵉ fleur.

††† *Cal. multiflore; fleurs le plus souvent paniculées.*

37 *Briza.* Cal. 2 val.; cor. en cœur; valves ventrues.

38 *Poa.* Cal. 2 val. ; cor. ovale ; valves un peu aiguës.
39 *Kœleria.* Cal. 2 val. ; cor. 2 val. ; balles marquées de nervures.
40 *Dactylis.* Cal. 2 val. comprimé; une valve plus grande, carinée.
41 *Festuca.* Cal. 2 val. ; cor. oblongue ; valves mucronées.
42 *Bromus.* Cal. 2 val. ; cor. oblongue ; valves aristées sous le sommet.
43 *Avena.* Cal. 2 val. ; cor. oblongue ; arête tordue.
44 *Arundo.* Cal. 2 val. ; cor. laineuse à la base.

†††† *Fleurs en épi; réceptacle en aléne.*

45 *Secale.* Cal. biflore.
46 *Triticum.* Cal. multiflore.
47 *Hordeum.* Involucre 6 phyl., 3 flor., fleur simple.
48 *Lolium.* Involucre 1 phyl., 1 flor. ; fleur composée.
49 *Cynosurus.* Involucre 1 phyl., latéral; fleur composée.

TRIGYNIE. (*Trois styles.*)

50 *Montia.* Cal. 2 phyl. ; cor. 1 pét. ; caps. 3 val. 3 sperme.
51 *Polycarpon.* Cal. 5 phyl., 5 pét. ; caps. 3 val., polysperme.
52 *Holosteum.* Cal. 5 phyl. ; 5 pét. ; caps. cylindrique, s'ouvrant au sommet.

CLASSE QUATRIÈME.

TÉTRANDRIE.

(*Quatre étamines.*)

MONOGYNIE. (*Un style.*)

† *Fleurs monopétales, monospermes, inférieures.*

53 *Globularia.* Cor. 1 pét. irrégulière ; sem. nue.

†† *Fleurs monopétales, monospermes, supérieures,*
agrégées.

54 *Dipsacus.* Cal. com. foliacé ; récept. conique, paléacé.
55 *Scabiosa.* Cal. com., récept. élevé, sem. enveloppée et
   couronnée.

††† *Fleurs monopétales, inférieures, monocarpes.*

56 *Centunculus.* Cor. en roue ; cal. 4 part. ; caps. 1 locul.,
   s'ouvrant en travers.
57 *Plantago.* Cor. réfléchie ; cal. 4 part. ; caps. 2 locul.,
   s'ouvrant en travers.
58 *Exacum.* Cor. presque campanulée; cal. 4 phyl.; caps.
   2 loc., comprimée.

†††† *Fleurs monopétales, monocarpes, supérieures.*

59 *Sanguisorba.* Cor. sup., cal. inf., germe entre le calice
   et la corolle.

††††† *Fleurs monop. supér. ; fruit à deux coques.*

60 *Rubia.* cor. campanulée ; fruit en baie.
61 *Galium.* Cor. plane ; fruit presque arrondi.
62 *Asperula.* Cor. tubulée ; fruit presque arrondi.
63 *Sherardia.* Cor. tubul., fruit couronné, sem. tridentée.
64 *Crucianella.* Cor. tubulée, aristée ; fruit nu ; semence
   linéaire.

†††††† *Fleurs supérieures 4 pétales.*

65 *Cornus.* Cal. 4 denté, caduc ; *drupe*, noix 2 loculaire.
66 *Isnardia.* Cal. camp. persistant, caps. 4 loculaire.

††††††† *Fleurs incomplètes inférieures.*

67 *Alchemilla.* Cal. 8 fid., cor. o, semence unique.

DIGYNIE. (*Deux styles.*)

68 *Cuscuta.* Cal. 4 fid., cor. 1 pét., caps. 2 loculaire.

TETRAGYNIE. (*Quatre styles.*)

69 *Ilex.* Cor. 1 pétale, baie 4 sperme.
70 *Sagina.* Pét. 4, caps. 1 loculaire.
71 *Tillea.* Pét. 3-5, plusieurs capsules.
72 *Potamogeton.* Pét. 4, cal. 0, sem. 4, nues.

CLASSE CINQUIÈME.

PENTANDRIE.

(*Cinq étamines.*)

MONOGYNIE. (*Un style.*)

† *Fl. monop. inférieures, tétraspermes.* (Boraginées.)

73 *Echium.* Cor. gorge nue, irrégulière ; stigmate 2 parti.
74 *Heliotropium.* Cor. gorge nue, en soucoupe ; dent intermédiaire.
75 *Pulmonaria.* Cor. gorge nue, en entonnoir ; cal. prismatique.
76 *Lithospermum.* Cor. gorge nue, en entonnoir ; cal. 5 parti.
77 *Symphitum.* Cor. gorge nue, dentée, ventrue.
78 *Borago.* Cor. gorge nue, en roue.
79 *Lycopsis.* Cor. gorge en voûte, en entonnoir ; tube courbé.
80 *Cynoglossum.* Cor. gorge voûtée ; sem. aplatie, fixée par le côté.
81 *Anchusa.* Cor. gorge voûtée, base prismatique, sem. ciselées.
82 *Myosotis.* Cor. gorge en voûte, lobes presque échancrés.

†† *Fl. monopét. inférieures, angyospermes.*

83 *Anagallis.* Cor. en roue ; caps. 1 loculaire, s'ouvrant en travers.
84 *Lysimachia.* Caps. 1 loc., à 12 val. ; cor. en roue.

85 *Primula*. Caps. 1 loc., 12 fid. ; cor. gorge ouverte ;
tube cylindrique.
86 *Menyanthes*. Caps. 1 loc., cor. hérissée, stigm. bifide,
87 *Hottonia*. Caps. 1 loc., cor. en soucoupe, étam. stig.
globuleux.
88 *Convolvulus*. Caps. 2 loc. ou 3 loc., cor. plissée, 2 stig.
89 *Datura*. Caps. 2 loc. 4 val., cor. en entonnoir, cal.
caduc.
90 *Hyosciamus*. Caps. 2 loc. operculée, cor. en entonnoir, stigm. capité.
91 *Nicotiana*. Caps. 2 loc., cor. en entonnoir, stigm.
émarginé.
92 *Verbascum*. Caps. 2 loc., cor. en roue, stig. simple,
étam. barbues.
93 *Chironia*. Caps. 2 loc., cor. en soucoupe, anthères
flétries en spirale.
94 *Vinca*. Cor. contournée, 2 follicules redressées, sem.
nues.
95 *Capsicum*. Baie 2 loc. sèche, anthères conniventes.
96 *Solanum*. Baie 2 loc., cor. en roue, anthères biper-
forées.
97 *Physalis*. Baie 2 loc., cal. enflé, anthères rapprochées.

††† *Fleurs monopétales supérieures.*

98 *Samolus*. Caps. 1 loc. 5 valv. au sommet, cor. en
soucoupe.
99 *Phyteuma*. Caps. 2 ou 3 loc. perforée, cor. en roue ,
stigm. 2 ou 3 fid.
100 *Campanula*. Caps. 3 ou 5 loc. perforée, cor. campanulée, stigm. 3 fid.
101 *Lonicera*. Baie 2 loc., polysperme ; cor. irrégulière.

†††† *Fleurs pentapétales inférieures.*

102 *Rhamnus*. Baie 3 loc, cal. urcéolé, écailles recouvrant
les étam.
103 *Evonimus*. Caps. 5 loc., colorée ; sem. tuniquées ;
cal. plane.
104 *Vitis*. Baie 5 sperme supère à la corolle, pét. cohérens au sommet.

††††† *Fleurs pentapétales supérieures.*

105 *Ribes*. Baie polysperme, cal. portant la corolle, style
2 fide.

106 *Hedera.* Baie 5 sperme, ceinte par le calice ; style simple.

†††††† *Fleurs incomplètes inférieures.*

107 *Illecebrum.* Caps. 1 sperme, supère ; cal. 5 phyl., cartilagineux.

††††††† *Fleurs incomplètes supérieures.*

108 *Thesium.* Cal. staminifère ; cor. o ; sem. 1, inférieure.

DIGYNIE. *(Deux styles.)*

† *Fleurs monopétales inférieures.*

109 *Asclepias.* Follicules 2, cor. réfléchie, nect. 5 auriculés, onguiculés.
110 *Gentiana.* Caps. 1 loc., cor. à base tubulée.

†† *Fleurs incomplètes.*

111 *Chenopodium.* Sem. 1, lenticulaire, supérieure.
112 *Beta.* Sem. 1, réniforme, incluse dans la base du cal.
113 *Herniaria.* Caps. 1 sperme, cinq étamines stériles.
114 *Ulmus.* Caps. 1 sperme, membraneuse, comprimée.

††† *Fl. 5 pét. supérieures, dispermes.* (Ombellifères.)

* *Involucres universels et partiels.*

115 *Eryngium.* Fleurs en tête, réceptacle paléacé.
116 *Hydrocotyle.* Ombelle simple, semence comprimée.
117 *Sanicula.* Ombelle presqu'en tête, stérile dans le centre ; sem. hérissée.
118 *Heracleum.* Fleurs radiées, involucre caduc, semence membraneuse.
119 *Ænanthe.* Fleurs radiées, stériles dans le disque ; sem. couronnée.
120 *Caucalis.* Fleurs radiées, mâles dans le disque ; invol. simple ; sem. muriquées.

121 *Daucus.* Fleurs presque radiées, invol. pinné, sem. muriquées.

122 *Ammi.* Fl. radiées, invol. pinnatifide, fruits lisses.

123 *Tordylium.* Fl. radiées, invol. simple, sem. à bord crénelé.

124 *Laserpitium.* Fruit oblong, à 8 angles membraneux ; pétales fléchis en dedans.

125 *Peucedanum.* Fruit ovale strié, presque ailé ; invol. très-courts.

126 *Conium.* Fruit globuleux à 5 stries, involucre partiel dimidié.

127 *Bunium.* Cor. uniforme, omb. compacte, invol. partiels sétacés.

128 *Athamanta.* Fruit ovale, convexe, strié ; pétales réfléchis.

129 *Bupleurum.* Fruit un peu arrondi, invol. partiels plus grands.

130 *Sium.* Fruit presque ovale, strié ; invol. polyphylle.

131 *Sison.* Fruit ovale, strié ; invol. 3 ou 4 phylle.

132 *Crithmum.* Fruit ovale, comprimé ; fleurons égaux, invol. plane.

133 *Angelica.* Fruits arrondis, solides ; corolle égale ; ombellule arrondie.

✳ ✳ *Involucre partiel, involucre universel nul.*

134 *Æthusa.* Fruit strié, invol. partiel dimidié.

135 *Coriandrum.* Cor. radiée, fruit arrondi.

136 *Scandix.* Cor. radiée, fruit subulé, fleurs du disque souvent stériles.

137 *Chærophyllum.* Cor. presque radiée ; invol. partiel 5 phyl., réfléchi, concave.

138 *Phellandrium.* Fl. flosculeuses ; fruit ovale, couronné par le cal. et le pistil.

139 *Seseli.* Omb. globuleuses ; invol. part. à 1 ou 2 phyl. ; fruit ovale, strié.

✳ ✳ ✳ *Ni involucre général ni partiel.*

140 *Smyrnium.* Fr. oblong, strié ; pét. acuminés, carinés.

141 *Pastinaca.* Fr. elliptique, aplati ; pét. roulés en dedans, entiers.

142 *Anethum.* Fr. presque ovale, comprimé, relevé de 3 sillons sur ses deux faces.

143 *Apium.* Fr. ovale, strié ; invol. 1 phyl. ; pét. égaux.

144 *Pimpinella.* **Fr.** ovale oblong, pét. fléchis en dedans, stigm. presque globuleux.

TRIGYNIE. (*Trois styles.*)

† *Fleurs supérieures.*

145 *Viburnum.* Cor. 5 fide, baie 1 sperme.
146 *Sambucus.* Cor. 5 fide, baie 3 sperme.

†† *Fleurs inférieures.*

147 *Rhus.* Cal. 5 parti, 5 pét., baie 1 sperme.
148 *Alsine.* Cal. 2 phyl., 5 pét., caps. 1 locul., 3 valve.
149 *Corrigiola.* Cal. 5 phyl., 5 pét., sem. 1 triangulaire.

TÉTRAGYNIE. (*Quatre styles.*)

150 *Parnassia.* Cal. 5 phyl., nect. cilié, 5 capsules.

PENTAGYNIE. (*Cinq styles.*)

151 *Crassula.* Cor. 5 fide, 5 caps. polyspermes.
152 *Linum.* Cor. 5 pét., caps. 12 loculaire.
153 *Drosera.* Cor. 5 pét.; caps. 3 ou 5 val., polysperme.
154 *Statice.* Cor. 5 pét.; sem. unique; cal. en entonnoir, revêtu.

CLASSE SIXIEME.

HEXANDRIE.

(*Six étamines.*)

MONOGYNIE. (*Un style.*)

† *Fleurs pourvues de calice et de corolle.*

155 *Berberis.* Cor. 6 pét.; cal. 6 phyl., infere; baie 2 sperme.

(31)

†† *Fleurs à spathe ou à glumes.*

156 *Galanthus.* Cor. supère, 6 pét. 4 intérieurs échancrés.
157 *Narcissus.* Nect. campanulé, renfermant les étamines.
158 *Amaryllis.* Cor. 6 pét., campanulée ; stigmate 3 fide.
159 *Allium.* Cor. infère, 6 pét. ; pétales ovales, sessiles.

††† *Fleurs nues.*

160 *Hemerocallis.* Cor. campan., tube cylind., étamines
  déjettées.
161 *Convallaria.* Cor. 6 fide, baie 3 sperme.
162 *Hyacinthus.* Cor. camp., 3 pores mellifères à l'ovaire.
163 *Asphodelus.* Cor. inf. 6 fide ; nect. 6 valves staminifères.
164 *Anthericum.* Cor. inf. 6 pét., ouverts ; sem. anguleuse.
165 *Ornithogalum.* Cor. inf. 6 pét. ; étam. dilatées à la
  base.
166 *Scilla.* Cor. inf. 6 pét. ; étam. filiformes.
167 *Asparagus.* Cor. inf. 6 pét. ; baie 6 sperme.
168 *Fritillaria.* Cor. inf. ovale, 6 pét. ; cavité nectarifère à la base.
169 *Lilium.* Cor. 6 pét., camp. ; ligne longitudinale nectarifère.
170 *Tulipa.* Cor. 6 pét., camp. ; style o ; sem. plane.

†††† *Fleurs incomplètes.*

171 *Juncus.* Cal. 6 phyl. ; cor. o ; caps. 1 loculaire.
172 *Peplis.* Cal. camp. 12 fide ; étaminifère ; caps. 2 loculaire.

TRIGYNIE. (*Trois styles.*)

173 *Colchicum.* Spathe ; cor. 6 fide ; 3 caps. réunies.
174 *Rumex.* Cal. 3 phyl. ; 3 pét. ; 1 sem. à trois côtés.

POLYGYNIE. (*Plusieurs styles.*)

175 *Alisma.* Cal. 3 phyl. ; 3 pét. ; plusieurs caps. agrégées, 1 spermes.

CLASSE SEPTIÈME.
HEPTANDRIE.
(*Sept étamines.*)

MONOGYNIE. (*Un style.*)

176 *Æsculus.* Cal. 1 phyl.; cor. 5 pét.; caps. 3 loculaire.

CLASSE HUITIÈME.
OCTANDRIE.
(*Huit étamines.*)

MONOGYNIE. (*Un style.*)

† *Fleurs complètes.*

177 *Epilobium.* 4 pét.; cal. 4 fide, supère; sem. aigretées.
178 *Ænothera.* 4 pét.; cal. 4 fide, supère; anthères linaires.
179 *Chlora.* Cor. 8 fide; cal. 8 phyl.; infère; caps. 1 loculaire.
180 *Erica.* Cor. 1 pét.; cal. 4 phyl.; infère; étam. sur le recept.

†† *Fleurs incomplètes.*

181 *Daphne.* Cal. 0; cor. 1 pét. 4 fide, infère; baie 1 sperme.
182 *Stellera.* Cal. 0; cor. 4 fide; étam. très-courtes; sem. rostrée.

TRIGYNIE. (*Trois styles.*)

183 *Polygonum.* Cal. o ; cor. calicinale 5 fide ; sem. 1,
nue.

CLASSE NEUVIÈME.
ENNÉANDRIE.
(*Neuf étamines.*)

MONOGYNIE. (*Un style.*)

184 *Laurus.* Cal. o ; cor. calicinale 6 pét.; baie 1 sperme;
gland. nectarif.

HEXAGYNIE. (*Six styles.*)

185 *Butomus.* Cal. o ; pét. 6 ; caps. 6, polyspermes.

CLASSE DIXIÈME.
DÉCANDRIE.
(*Dix étamines.*)

MONOGYNIE. (*Un style.*)

† *Fleurs polypétales irrégulières.*

186 *Cercis.* Cor. papilionacée. 2 gland. nectarif. styli-
formes.

†† *Fleurs polypétales régulières.*

187 *Ruta.* 10 points mellif. au germe ; caps. 5 fide , 5 locul. polysperme.
188 *Monotropa.* 10 pét. ; 5 extérieures, gibbeuses à la base.

DIGYNIE. (*Deux styles.*)

189 *Scleranthus.* Cor. 0 ; cal. 1 phyl. ; 2 sem.
190 *Saxifraga.* 5 pét. ; cal. 3 fide ; caps. birostre, polysperme.
191 *Gypsophylla.* Cor. 5 pét. ; cal. 5 fid. , camp. ; caps. 1 locul.
192 *Saponaria.* Cor. 5 pét. ; cal. 1 phyl. , nu à la base.
193 *Dianthus.* Cor. 5 pét. ; cal. 1 phyl. , écailleux à la base.

TRIGYNIE. (*Trois styles.*)

194 *Arenaria.* Caps. 1 loculaire ; pét. entiers , étalés.
195 *Stellaria.* Caps. 1 loculaire ; pét. bifides, étalés.
196 *Cucubalus.* Baie 1 loculaire ; pét. bifides , onguiculés.
197 *Silene.* Caps. sémi-triloculaire ; pét. 2 fides, onguic. ; cal. 1 phyl.

PENTAGYNIE. (*Cinq styles.*)

198 *Cotyledon.* 5 caps. écailles nectarif. à la base ; cor. 1 pét.
199 *Sedum.* Caps. 5 ; écaille nectarif. à la base ; cor. 1 pét.
200 *Spergula.* Caps. 1 loculaire ; pét. entiers ; cal. 5 phyl.
201 *Cerastium.* Caps. 1 loculaire ; pét. bifides ; cal. 5 phyl.
202 *Agrostemma.* Caps. 1 loculaire ; cal. tubulé , coriace.
203 *Lychnis.* Caps. 1 ou 5 loculaire, polysperme ; cal. tubulé , membraneux.
204 *Oxalis.* Caps. 5 loculaire, aiguë ; 2 sem. ; pét. réunis à la base.

DÉCAGYNIE. (*Dix styles.*)

205 *Phytolacca.* Cor. calicinale, 5 phyl. ; baie 10 loculaire.

CLASSE ONZIÈME.

DODÉCANDRIE.
(*Douze étamines.*)

MONOGYNIE. (*Un style.*)

206 *Portulaca.* Cor. 5 pét. ; cal. 2 fide, infère ; caps. 2 loculaire.
207 *Lythrum.* Pét. 6 ; cal. 12 fide, infère.

DIGYNIE. (*Deux styles.*)

208 *Agrimonia.* Pét. 5, insérées sur le cal. ; sem. dans le calice.

TRIGYNIE. (*Trois styles.*)

209 *Reseda.* Pét. multifides ; caps. 1 loculaire, béante.
210 *Euphorbia.* Nect. en bouclier ; caps. à 3 coques, pédicellée.

DODÉCAGYNIE. (*Douze styles.*)

211 *Sempervivum.* Cal. 12 fide ; 12 pét. ; 12 caps. polyspermes.

CLASSE DOUZIÈME.

ICOSANDRIE.
(*Plusieurs étamines insérées sur le calice.*)

MONOGYNIE. (*Un style.*)

212 *Cactus.* Cal. sup. 1 phyl. ; cor. multifide ; baie 5 loc. polysperme.

2i3 *Philadelphus.* Cal. sup. 4 ou 5 fide ; cor. 4 ou 5 pét. ; caps. 4 à 5 loc. polysperme.

2i4 *Punica.* Cal. sup. 5 fid. ; cor. 5 pét. ; *pomme* 10 loc. polysperme.

2i5 *Amigdalus.* Cal. infère, 5 fide ; cor. 5 pét. ; *drupe* percé de pores.

2i6 *Prunus.* Cal. inf. 5 fide ; cor. 5 pét. ; drupe à noyau uni.

DIGYNIE. (*Deux styles.*)

2i7 *Cratægus.* Cal. sup. 5 fide ; 5 pét. ; baie 2 sperme.

TRIGYNIE. (*Trois styles.*)

2i8 *Sorbus.* Cal. sup. 5 fide ; 5 pét. ; baie 3 sperme.

PENTAGYNIE. (*Cinq styles.*)

2i9 *Mespylus.* Cal. sup. 5 fide ; pét. 5 ; baie infér. 5 sperme.

220 *Pyrus.* Cal. sup. ; 5 pét. ; fruit inf. 5 loculaire, polysperme.

22i *Mesambrianthemum.* Cal. sup. ; cor. multifide, caps. charnue.

222 *Spiræa.* Cal. infère, 5 fide, 5 pét. ; caps. polysperme.

POLYGINIE. (*Plusieurs styles.*)

223 *Rosa.* Cal. 5 fide ; cor. 5 pét. ; baie polysperme.

224 *Rubus.* Cal. 5 fide ; cor. 5 pét. ; baie composée.

225 *Tormentilla.* Cal. 8 fide ; pét. 4 ; sem. nue, mutique.

226 *Fragaria.* Cal. 10 fide ; sem. nue, lisse ; récept. charnu, caduc.

227 *Potentilla.* Cal. 10 fide ; sem. nue, rugueuse ; récept. sec.

228 *Geum.* Cal. 10 fide ; sem. munie d'une arête coudée.

CLASSE TREIZIÈME.

POLYANDRIE.

(Plusieurs étamines insérées sur le réceptacle.)

MONOGYNIE. (*Un style.*)

† *Fleurs tétrapétales.*

229 *Papaver.* Cal. 2 phyl.; caps. 1 loculaire; stigmate
  persistant.
230 *Chelidonium.* Cal. 2 phyl.; silique 1 loculaire.
231 *Capparis.* Cal. 4 phyl.; baie pédicellée.

†† *Fleurs pentapétales.*

232 *Cistus.* Caps. 3 val., s'ouvrant au sommet ; cal. 5
  phyl.
233 *Tilia.* Caps. 5 val., s'ouvrant à la base ; cal. 5 fide,
  caduc.

††† *Fleurs polypétales.*

234 *Nymphæa.* Baie multiloculaire; cal. 4-5 phyl.

TRIGYNIE. (*Trois styles.*)

235 *Delphinium.* Cal. o ; 5 pét., la supér. cornue ; nect.
  2 fide, sessile.

PENTAGYNIE. (*Cinq styles.*)

236 *Aquilegia.* Cal. o ; 5 pét. ; 5 nect. corniculés.
237 *Nigella.* Cal. o ; cor. 5 pét. ; nect. 8, labiés au
  sommet.

POLYGYNIE. (*Plusieurs styles.*)

238 *Clematis.* Cal. o; pét. 4-6; sem. prolongées en queue;

B

239 *Thalictrum.* Cal. o; 5 pét. ; plusieurs sem. mutiques, nues.
240 *Elleborus.* Cal. o ; 5 pét., persistantes ; nect. tubulé, bilabié.
241 *Caltha.* Cal. o ; 5 pét.; nect. o.
242 *Anemone.* Cal. o; 5 pét., -- 9 ; plusieurs sem.
243 *Ranunculus.* Cal. 5 phyl. ; 5 pét. ; glande mellif. à l'onglet.
244 *Adonis.* Cal. 5 phyl. ; pét. 5-10; nect. o; sem. nue.

CLASSE QUATORZIEME.

DIDYNAMIE.

(Quatre étamines ; deux plus longues.)

GYMNOSPERMIE. *(Semence nue.)*

† *Calice presque divisé en cinq.*

245 *Mentha.* Filamens éloignés, droits ; cor. presque égale.
246 *Glechoma.* Anthères cruciées par paires.
247 *Teucrium.* Lèvre sup. de la cor. nulle.
248 *Ajuga.* Lèvre sup. de la cor. très-courte.
249 *Betonica.* Lèvre sup. de la cor. plane, ascendante ; tube cyl.
250 *Lamium.* Gorge de la cor. bidentée.
251 *Galeopsis.* Lèvre infér. de la cor. bidentée.
252 *Galeopdolon.* Lèvre infér. de la cor. 3 fide; divisions aiguës.
253 *Stachys.* Lèvre infér. de la cor. réfléchie sur les côtés ; filets des étam., après la fécondation, déjetés latéralement.
254 *Nepeta.* Lèvre infér. de la cor. crénelée ; bord de la gorge réfléchi.
255 *Ballota.* 10 stries au cal.; lèvre sup. de la cor. en voûte.
256 *Marrubium.* 10 stries au cal.; lèvre sup. de la cor. droite, bifide.

257 *Hyssopus.* Filets des étam. distans et droits. ; cor. béante.
258 *Satureia.* Divisions de la cor. presque égales ; étam. éloignées.

†† *Calices bilabiés.*

259 *Scutellaria.* Cal. fructifère operculé.
260 *Thymus.* Orifice du calice fermé par des poils.
261 *Prunella.* Sommet du filet des étamines bifurqué.
262 *Origanum.* Strobile 4 gone formé par la réunion des calices.
263 *Clinopodium.* Involucre multifide réunissant les calices.
264 *Melittis.* Cal. très-ample; lèvre supér. de la cor. plane ; anth. crucicés.
265 *Melissa.* Cal. scarieux ; lèvre supér. de la cor. ascendante , bifide.

ANGYOSPERMIE. (*Sem. renf. dans un pér.*)

† *Calice quadrifide.*

266 *Lathræa.* Caps. 1 loculaire; glandule sous le germe.
267 *Rhinanthus.* Caps. 2 loculaire ; sem. aplatie , imbriquée.
268 *Bartsia.* Caps. 2 loculaire ; sem. anguleuse.
269 *Melampyrum.* Caps. 2 loculaire ; sem. 2 bosselées , lisses.
270 *Euphrasia.* Caps. 2 loculaire ; sem. striée; anth. épineuse.

†† *Calice quinquefide.*

271 *Scrophularia.* Caps. 2 loculaire ; cor. retournée en dessus.
272 *Digitalis.* Caps. 2 loculaire; cor. campanulée, ventrue.
273 *Antirrhinum.* Caps. 2 loculaire ; cor. personée ; nect. gibbeux.
274 *Pedicularis.* Caps. 2 loculaire ; cor. personée; lèvre sup. comprimée.

††† *Calice presque diphylle.*

275 *Orobanche.* Cal. à 2 fol. ou 2 fide ; caps. 1 loculaire.

CLASSE QUINZIEME.
TÉTRADYNAMIE.
(Six étamines; quatre plus longues.)

SILICULEUSE. (*Péricarpe arrondi.*) (Silicule.)

† *Silicule entière, non échancrée au sommet.*

276 *Draba.* Silic. entière ; valv. planes ; cloison parallèle.
277 *Myagrum.* Silic. valv. concaves, style persistant.
278 *Bunias.* Silic. tétraèdre, sans valves, 2 ou 4 loculaire, rugueuse.

†† *Silicule échancrée au sommet.*

279 *Iberis.* Deux pétales extérieures plus grandes.
280 *Alyssum.* Silic. presque entière, marginée ; quelques étam. munies d'une petite dent.
281 *Cochlearia.* Silic. presque entière, renflée, rude, bivalve, polysperme.
282 *Lepidium.* Silic. émarginée, elliptique; valv. carinées, opposées à la cloison.
283 *Thlaspi.* Silic. émarginée, obcordée, carinée sur les bords.

SILIQUEUSE. (*Péricarpe alongé.*) (Silique.)

† *Calice béant, sommet de ses folioles écarté.*

284 *Cardamine.* Siliq. s'ouvrant élastiquement ; cal. peu ouvert.
285 *Sysimbrium.* Valv. de la siliq. ouverte droites; cal. étalé.
286 *Sinapis.* Siliq. cylind. terminée par un appendice en forme de corne.

† † Calice fermé, ses folioles rapprochées dans toute leur longueur.

287 *Raphanus.* Siliq. toruleuse, presque articulée.
288 *Erysimum.* Siliq. tétragone.
289 *Cheiranthus.* 2 glandules à chaque côté du germe ; sem. planes.
290 *Hesperis.* Glandules entre les étam. plus courtes ; pét. obliques.
291 *Arabis.* 4 gland. relevées en forme d'écailles à la base des fol. du cal.
292 *Brassica.* Siliq. cylindrique ; sem. arrondies.
293 *Turritis.* Siliq. très-longue, anguleuse ; pét. droits.

CLASSE SEIZIEME.

MONADELPHIE.

(Filets des étamines réunis en un seul corps.)

PENTANDRIE. (*Cinq étamines.*)

294 *Erodium.* Fruit à 5 coques ; bec en spirale barbu.

DÉCANDRIE. (*Dix étamines.*)

295 *Geranium.* Fruit à 5 coques ; bec recourbé sans barbe.

POLYANDRIE. (*Plusieurs étamines.*)

296 *Malva.* Cal. extérieur 3 phyl. ; caps. verticillées ; 1 sperme.
297 *Althœa.* Cal. ext. 9 phyl. ; caps. verticillées, spermes.

CLASSE DIX-SEPTIEME.

DIADELPHIE.

(Filets des étamines réunis en deux corps.)

HEXANDRIE. (*Six étamines.*)

298 *Fumaria.* Cal. 2 phyl. cor. béante; filets 2, anthères 6.

OCTANDRIE. (*Huit étamines.*)

299 *Polygala.* Cal. 5 phyl.; 2 fol. en forme d'ailes; gousse obcordée, 2 locul.

DÉCANDRIE. (*Dix étamines.*)

† *Toutes les étamines réunies.*

300 *Spartium.* Filets adhérant au germe; stigm. longitudinal, velu.
301 *Genista.* Stigm. roulé en dedans; étendart réfléchi.
302 *Lupinus.* Anth. alternativement rondes et oblongues; lég. coriace.
303 *Anthyllis.* Cal. renflé, renfermant le légume.
304 *Ulex.* Cal. 2 phyll.; légume dépassant à peine le calice.
305 *Ononis.* Cal. 5 fide; légume rhomboïdal, sessile; étendart strié.

†† *Stigmate pubescent.* (Etamines réunies comme ci-dessus.)

306 *Colutea.* Lég. enflé, s'ouvrant au-dessus de sa base.
307 *Phaseolus.* Style et carène contournés en spirale.
308 *Orobus.* Style linéaire, velu en dessus; cylindrique.
309 *Pisum.* Style cariné et velu en dessus; triangulaire.
310 *Lathyrus.* Style plane et velu en dessus.
311 *Vicia.* Style barbu sous le stigmate.

† † † *Légume sous biloculaire.* (Caractères précédens.)

312 *Astragalus.* Légume biloculaire bosselé.

† † † † *Légumes sous monospermes.* (Caractères précédens.)

313 *Psoralea.* Carène 2 pét. ; légume acuminé.
314 *Trifolium.* Légume à peine plus long que le cal. ; fl.
    capitées.
315 *Dorycnium.* Cal. à 5 dents; légume enflé.

† † † † † *Légume cylindrique, articulé.* (Caractères précédens.)

316 *Hedysarum.* Art. du légume 1 spermes, comprimés ;
    carène obtuse.
317 *Coronilla.* Légume cloisonné, cylindrique, droit.
318 *Ornithopus.* Légume cylindrique arqué.
319 *Scorpiurus.* Légume cloisonné, épineux, contourné
    en spirale.
320 *Hippocrepis.* Légume comprimé, arqué; plusieurs
    échancrures sur l'une des sutures.

† † † † † † *Légume uniloculaire polysperme.* (Sans les
    caractères précédens.)

321 *Robinia.* Étendart réfléchi, ouvert, arrondi; cal. 4
    parti.
322 *Citysus.* Légume pédicellé; calice bilabié.
323 *Ervum.* Cal. 5 fide, presque égal ; stigmate capité,
    pileux.
324 *Cicer.* Cal. 5 fide ; 4 divisions couchées sur l'étendart.
325 *Lotus.* Légume cylindrique, roide ; calice tubulé ;
    sem. cylindriques.
326 *Medicago.* Lég. comprimé, en spirale ; carène s'éloi-
    gnant du pavillon.

CLASSE DIX-HUITIEME.

POLYADELPHIE.

(Filets des étamines réunis en plusieurs corps.)

POLYANDRIE. *(Plusieurs étamines.)*

327 *Hypericum.* Cal. 5 fide, infere ; 5 pétales ; filets en 3 ou 5 phalanges.

CLASSE DIX-NEUVIÈME.

SYNGÉNÉSIE.

(Anthères réunies en tube, fleurs composées.)

POLYGAMIE ÉGALE. *(Tous les fleurons hermaphrodites fertiles.)*

† *Sémi-flosculeuses ; toutes les fleurs en forme de languettes.*

328 *Scolymus.* Récept. paléacé ; aigrette o ; cal. imbriqué, épineux.

329 *Cichorium.* Récep. presque pal. ; aigr. presque à 5 dents ; cal. caliculé.

330 *Catananche.* Récep. pal. ; aigr. à 5 arêtes, sessile ; cal. imbr. scarieux.

331 *Hypochæris.* Récep. pal. ; aigr. presque plumeuse ; cal. imbriqué.

332 *Andryala.* Récep. velu ; aigr. pileuse, sessile ; cal. arrondi.

333 *Tragopogon.* Réc. nu ; aigr. plumeuse, pédicellée ; cal. simple.

334 *Helmintia*. Réc. nu; aigr. plum., péd.; cal. double ;
ext. 5 phyll. plus grand.

335 *Picris*. Réc. nu ; aigr. plumeuse, pédicellée ; cal.
caliculé.

336 *Leontodon*. Récep. nu; aigr. plum. péd. ; cal. imbr.,
écailles lâches.

337 *Taraxacum*. Récep. nu ; aigr. simple, pédicellée ; cal.
double.

338 *Scorzonera*. Récep. nu ; aigr. plum. péd. ; cal. imbr.;
bords scarieux.

339 *Crepis*. Réc. nu ; aigr. pil. ; cal. caliculé ; écailles
difformes.

340 *Chondrilla*. Réc. nu; aigr. pil. péd. ; cal. caliculé
multiflore.

341 *Prenanthes*. Réc. nu ; aigr. pil. ; cal. caliculé, environ 5 fl.

342 *Lactuca*. Réc. nu; aigr. pil. péd.; cal. imbr. ; bords
scarieux.

343 *Hieracium*. Réc. nu ; aigr. pil., sessile ; cal. imbriqué,
ovale.

344 *Sonchus*. Réc. nu; aigr. pileuse, sessile ; cal. imbriqué, gibbeux.

345 *Lapsana*. Réc. nu; aigr. o ; calice caliculé.

346 *Hyoseris*. Réc. nu; aigr. pil. paléacée à la circonférence ; cal. presque égal.

†† *Fleurs en tête, toutes tubulées.*

347 *Carlina*. Cal. radié ; rayons colorés.

348 *Arctium*. Ecailles du cal. recourbées en hameçon au
sommet.

349 *Carthamus*. Ecailles du calice rudes, foliacées au
sommet.

350 *Cynara*. Ecailles du cal. échancrées au sommet,
épineuses.

351 *Carduus*. Ecailles du cal. ventrues, épineuses ; récep.
pileux.

352 *Onopordon*. Ecailles du cal. mucronées; réceptacle
alvéolaire.

353 *Serratula*. Cal. un peu cylindrique, imbriqué, mutique.

††† *Fleurons droits parallèles étalés au sommet.*

354 *Chrysocoma*. Réc. nu ; aigr. pil. ; cal. imbriqué; pistil
très-court.

(46)

355 *Eupatorium*. Réc. nu ; aigr. plum. ; cal. imbriqué ; pistil très-long.
356 *Bidens*. Réc. paléacé ; aigr. aristée ; cal. imbriqué.
357 *Stæhelina*. Réc. pal. ; aigr. plum. rameuse ; anthères munies d'une queue.

POLYGAMIE SUPERFLUE. *(Fleurons du disque hermaphrodites ; ceux du rayon femelles ; tous fertiles.)*

† *Fl. discoïdées ; dépourvues de demi-fleurons radiés.*

358 *Artemisia*. Réc. presque nu ; aigr. o ; rayons de la corolle o.
359 *Tanacetum*. Réc. nu ; aigr. un peu échancrée ; rayons de la cor. 3 fides.
360 *Coniza*. Réc. nu ; aigr. pileuse ; rayons de la corolle 3 fides.
361 *Gnaphalium*. Réc. nu ; aigr. plumeuse ; cal. scarieux ; écailles concaves.
362 *Xeranthemum*. Réc. paléacé ; aigr. sétacée ; cal. scarieux ; rayon étalé.

†† *Fl. radiées, munies de demi-fleurons radiés.*

363 *Bellis*. Réc. nu ; conique ; aigr. o ; cal. hémisphérique ; écailles égales.
364 *Matricaria*. Réc. nu ; aigr. o ; écailles du cal. imbriquées, aiguës.
365 *Chrysanthemum*. Récep. nu ; aigr. o ; écailles du cal. memb. en leur bord.
366 *Doronicum*. Réc. nu ; aigr. simple, nulle dans le rayon.
367 *Arnica*. Réc. nu ; aigr. pil. ; étam. du rayon dépourvues d'anthères.
368 *Inula*. Réc. nu ; aigr. pil. ; 2 soies à la base de l'anthère.
369 *Erigeron*. Réc. nu ; aigr. pil. ; corollul. du rayon linaires.
370 *Solidago*. Réc. nu ; aigr. pil. ; rayon de la cor. au-dessous de 6.
371 *Senecio*. Réc. nu ; aigr. pil. ; cal. calic. ; écailles noirâtres au sommet.
372 *Aster*. Réc. nu ; aigr. simple ; cal. imbriqué ; écailles de la base étalées ; rayons de la cor. au-dessus de 10.

3*3 *Tussilago*. Réc. nu ; aigr. simple ; écailles du cal. sous-
membran.

374 *Anthemis*. Réc. paléacé ; aigr. o ; cal. hémisphérique.

375 *Achillea*. Réc. paléacé ; aigr. o ; cal. oblong ; rayons
au-dessous de 5.

376 *Buphthalmum*. Réc. pal. aigr. o ; sem. couronnée ;
ray. nombreux.

POLYGAMIE FRUSTANÉE. *(Fleurons du disque hermaphrodites féconds ; ceux du rayon neutres, stériles.)*

377 *Centaurea*. Réc. sétacé ; aigr. pil. ; rayons de la cor.
tubuleux.

POLYGAMIE NÉCESSAIRE. *(Fleurons du disque hermaphrodites stériles ; ceux du rayon femelles, fertiles.)*

378 *Micropus*. Réc. pal. ; aigr. o ; rayon de la cor. o ;
écail. du cal. voginales.

379 *Calendula*. Réc. nu ; aigr. o ; sem. membraneuses.

POLYGAMIE SÉPARÉE. *(Fleurons, ou demi-fleurons, isolés entr'eux par des calices particuliers, et tous renfermés dans un calice commun.)*

380 *Echinops*. Cal. 1 flor. ; aigr. pubescente ; fleurs hermaphrodites.

MONOGAMIE. *(Une seule fleur hermaphrodite, dont les étamines sont réunies par leurs anthères.)*

381 *Jasione*. Cal. comm. ; cor. 5 pét. irrégul. ; caps. inf.
2 loculaire.

382 *Lobelia*. Cal. 5 dent ; cor. 1 pét. irrégul. ; caps. inf. 2
loculaire.

383 *Viola*. Cal. 5 phyl. ; cor. 5 pét. irrégul. ; caps. sup.
3 valves.

384 *Impatiens*. Cal. 2 phyl. ; cor. 5 pét. irrégul. ; caps.
sup. 5 valves.

CLASSE VINGTIÈME.

GYNANDRIE.

(Etamines et pistil insérés sur le germe.)

DIANDRIE. *(Deux étamines.)*

385 *Orchis*. Nectaire corniculé.
386 *Satyrium*. Nectaire scrotiforme.
387 *Ophrys*. Nectaire cariné.
388 *Serapias*. Nectaire ovale, bosselé en dessous.

HEXANDRIE. *(Six étamines.)*

389 *Aristolochia*. Pist. 6 ; cal. o ; cor. 1 pét. ; caps. 1
loculaire.

POLYANDRIE. *(Plusieurs étamines.)*

390 *Arum*. Spathe, cal. o ; cor. o ; étamine sur le pistil.

CLASSE VINGT-UNIÈME.

MONOECIE.

(Fleurs mâles et fleurs femelles sur le même individu.)

MONANDRIE. *(Une seule étamine.)*

391 *Zanichellia*. M. Cal. o ; cor. o. F. Cal. 1 phyl. ; cor.
o ; sem. 4.

392 *Chara.* M. Cal. o ; cor. o. F. Cor. o ; stigm. 3 fid. ;
sem. 1.

DIANDRIE. (*Deux étamines.*)

393 *Lemna.* M. Cal. 1 phyl.; cor. o. F. Cal. 1 phyl.;
cor. o ; styl. 1 ; caps. 1 loc.

TRIANDRIE. (*Trois étamines.*)

394 *Tipha.* M. Cal. 3 phyl.; cor. o. F. Cal. capil.; cor.
o ; sem. aigretée.
395 *Sparganium.* M. Cal. 3 phyl.; cor. o. F. Cal. 3 phyl.;
fruit sec, 1 sperme.
396 *Zea.* M. Cal. ball. 2 flor.; cor. ball. mut. F. Cal. ball.
1 flor.; sem. 1, nue.
397 *Carex.* M. Chaton 1 fl.; cor. o. F. Chat. 1 flor. cor.
ball. 2 val.; sem. tuniquée.

TETRANDRIE. (*Quatre étamines.*)

398 *Najas.* M. Cal. 2 fid.; cor. 4 fid.; anth. sessiles. F.
Cal. o ; caps. 1 loc.
399 *Betula.* M. Chat. 5 flor.; cor. 4 fid. F. Chat. 2 flor.;
cor. o ; sem. 1, ovale.
400 *Buxus.* M. Cal. 3 phyl.; cor. 2 pét. F. Cal. 4 fid. ;
cor. 3 pét.; caps. 3 loc.
401 *Urtica.* M. Cal. 4 phyl.; cor. o; nect. F. Cal. 2 val.;
cor. o ; sem. 1, ovale.
402 *Morus.* M. Cal. 4 fid.; cor. o. F. Cal. 4 phyl.; cor.
o ; sem. 1, dans une baie.

PENTANDRIE. (*Cinq étamines.*)

403 *Xanthium.* M. Cal. com. imbriqué. F. Cal. o; cor. o;
drupe 2 loc.
404 *Amaranthus.* M. Cal. propr. 5 phyl. F. *Idem* caps. 1
sperm. s'ouvrant en travers.

POLYANDRIE. (*Plusieurs étam.*) (Plus de 7.)

405 *Ceratophyllum.* M. Cal. multif.; cor. o. F. *Id.* sem. 1.

406 *Myriophyllum*. M. Cal. 4 phyl. ; cor. o. F. *Id.* sem. 4.

407 *Sagittaria*. M. Cal. 3 phyl. ; cor. 3 pét. F. *Idem*, sem. nombreuses.

408 *Poterium*. M. Cal. 4 phyl. ; cor. 4 part. ; étam. 32 environ. F. Cal. 4 phyl. ; cor. 4 pét. ; pist. 2 ; sem. 2.

409 *Quercus*. M. Cal. lobé ; cor. o ; étam. 10 environ. F. Cal. entier ; cor. o ; styl. 1 ; sem. ovoïde, nue.

410 *Juglans*. M. Chaton imbriqué ; cor. 6 part. ; étam. 18 environ. F. Cal. 4 fid. ; cor. 4 pét. ; styl. 2 ; drupe coriace.

411 *Fagus*. M. Cal. 5 fid ; cor. o ; étam. 12 environ. F. Cal. 4 denté ; cor. o ; caps. 2 sperme.

412 *Carpinus*. M. Chat. imbriqué ; cor. o ; étam. 10 à 20. F. Cal. 6 fid. ; cor. o ; pist. 2 ; fruit ovale sillonné.

413 *Corylus*. M. Chat. imbr. ; cor. o ; étam. 3 à 8. F. Cal. 2 phyl. ; cor. o ; styl. 2 ; noix ovoïde.

414 *Platanus*. M. Chat. globuleux ; cor. peu visible ; anth. presque réunies. F. Chat. glob. ; cor. 5 pét. ; styl. 1 ; sem. 1, aigretée.

MONADELPHIE. (*Filets des étamines réunis en un seul corps.*)

415 *Pinus*. M. Cal. 4 phyl. ; cor. o ; plusieurs étamines. F. Ecaille 2 flore ; 2 noix ailées.

416 *Cupressus*. M. Chat. ; cor. o ; anth. 4, sessiles. F. Chat. ; écaille 1 flore ; noix anguleuse.

417 *Momordica*. M. Cal. 5 fid. ; cor. 5 fid. ; filets 3. F. Cal. 5 fid. ; cor. 5 fide ; styl. 3 fid. ; fr. élastique.

418 *Cucurbita*. M. Cal. 5 dent. ; cor. 5 fid. ; filets 3. F. Cal. 5 dent. ; cor. 5 fid. ; pist. 3 fid. ; sem. à bord renflé.

419 *Cucumis*. M. Cal. 5 dent. ; cor. 5 fid. ; filets 3. F. Cal. 5 dent ; cor. 5 fid. ; pist. 3 fid. ; sem. à bord aigu.

420 *Bryonia*. M. Cal. 5 dent. ; cor. 5 fid. ; filets 3. F. Cal. 5 dent. ; cor. 5 fid. ; style 3 fid. ; baie globuleuse.

CLASSE VINGT-DEUXIÈME.

DIOECIE.

(Fleurs mâles et fleurs femelles sur deux individus séparés.)

DIANDRIE. *(Deux étamines.)*

421 *Salix.* M. Chat. écail.; cor. o ; étam. 2 , rarement 5. F. Chat. écail. ; cor. o ; stygm. 2 caps. 2 val.; sem. aigretée.

TÉTRANDRIE. *(Quatre étamines.)*

422 *Viscum.* M. Cal. 4 part. ; cor. o ; anth. sessiles. F. Cal. 4 phyl. ; cor. o ; baie 1 sperme.
423 *Myrica.* M. Chat. écail. ; cor. o. F. Chat. écail. ; cor. o; styl. 2 ; baie 1 sperme.

PENTANDRIE. *(Cinq étamines.)*

424 *Pistachia.* M. Chat. ; cal. 5 fid. ; cor. o. F. Chat. ; cal. 3 fid. ; cor. o; styl. 3 ; drupe sèche.
425 *Spinacia.* M. Cal. 5 fide; cor. o. F. Cal. 4 fide ; cor. o; styl. 4 , sem. 1.
426 *Cannabis.* M. Cal. 5 fid. ; cor. o. F. Cal. 1 phyl.; cor. o ; styl. 2 noix.
427 *Humulus.* M. Cal. 5 phyl. ; cor. o. F. Cal. 1 phyl. ; cor. o; styl. 2, sem. 1, dans le cal. ailé.

HEXANDRIE. *(Six étamines.)*

428 *Tamus.* M. Cal. 6 phyl.; cor. o. F. Cal. 6 phyl. ; cor. o ; styl. 3 fid. ; baie à 3 loges.

OCTANDRIE. (*Huit étamines.*)

429 *Populus*. M. Chat. écail. déchiré ; cor. o ; nect. ;
  étam. 8 à 16. F. Chat. ; cor. o ; stigm. 4 fid. ;
  caps. 2 valve ; sem. aigretée.
430 *Mercurialis*. M. Cal. 3 fid. ; cor. o ; 9 à 12 étam.
  F. Cal. 3 phyl. ; cor. o ; styl. 2 ; caps. 2 coques.
431 *Hydrocharis*. M. Spath. 2 phyl. ; cal. 3 phyl. ; cor. 3
  pét. F. Cal. 3 phyl. ; cor. 3 pét. ; styl. 6 ; caps. 6
  loges.

DÉCANDRIE. (*Dix étamines.*)

432 *Coriaria*. M. Cal. 5 phyl. ; cor. 5 pét. F. Cal. 5 phyl. ;
  cor. o ; styl. 5 ; caps. 5, 1 spermes.

MONADELPHIE. (*Filets des étamines réunis en un seul corps.*)

433 *Juniperus*. M. Chat. écail. ; cor. o ; étam. 3. F. Cal. 3
  part. ; cor. 3 pét. ; styl. 3 ; baie 3 sperme.
434 *Taxus*. M. Cal. 4 phyll. ; cor. o ; anth. 8 fid. F. Cal.
  4 phyl. ; cor. o ; stigm. 1 ; baie 1 sperme.
435 *Ruscus*. M. Cal. 6 phyl. ; cor. o ; étam. 5 nect. F. Cal.
  6 phyl. ; cor. o ; pist. 1 ; baie à 3 loges, 2 sperme.

CLASSE VINGT-TROISIÉME.

POLYGAMIE.

(*Fleurs hermaphrodites, avec des fleurs mâles, ou avec des fleurs femelles, soit sur le même individu, soit sur des individus différens.*)

MONOECIE. (*Sur le même individu.*)

436 *Andropogon*. Herm. Balle 1 fl. ; balle arist. ; étam. 3 ;
  styl. 2 ; sem. 1. M. Balle 1 fl. ; balle aristée ; étam. 3.

437 *Holcus.* Herm. Balle 1 fl.; balle aristée; étam. 3; styl.
2; sem. 1. M. Balle 1 fl.; balle 2 valv., étam. 3.

438 *Cenchrus.* Herm. Balle mutique; étam. 3; style 2. M.
Balle mutique; étam. 3.

439 *Ægilops.* Herm. Balle 3 fl.; balle 3 arist.; étam. 3;
styl. 2; sem. 1. M. Balle 3 fl.; balle 3 aris.; étam. 3.

440 *Vaillantia.* Herm. Cal. 0; cor. 4 part.; étam. 4; styl.
2 fid.; sem. 1. M. Cal. 0; cor. 3.; 4 part.;
étam. 3-4.

441 *Parietaria.* Herm. Cal. 4 fid.; cor. 0; étam. 4; styl.
1; sem. 1. F. Cal. 4 fid.; cor. 0; styl. 1; sem. 1.

442 *Atriplex.* Herm. Cal. 5 phyl.; cor. 0; étam. 5; styl.
2 fid.; sem. 1. F. Cal. 2 phyl.; cor. 0; styl. 2 fid.;
sem. 1.

443 *Acer.* Herm. Cal. 5 fid.; cor. 5 pét.; étam. 8; styl.
2; caps. 1 sperm., ailées. M. Cal. 5 fid.; cor. 5 pét.;
8 étam.

444 *Celtis.* Herm. Cal. 5 fid; cor. 0; étam. 5; styl. 2,
drupe. M. Cal. 6 fid.; cor. 0; étam. 6.

DIOECIE. (*Sur deux individus.*)

445 *Fraxinus.* Herm. Cal. 0-4 fid.; cor. 0-4 pét.; étam. 2;
pist. 1. F. Sem. lancéolée.

TRIOECIE. (*Sur trois individus.*)

446 *Ficus.* Récept. comm. turbiné, clos, charnu, renfermant les fleurs sur le même individu, ou sur des
individus séparés. M. Cal. 3 fid.; cor. 0; étam. 3.
F. Cal. 5 fid.; cor. 0; pist. 1; sem. 1.

CLASSE VINGT-QUATRIEME.

CRYPTOGAMIE.

Organes sexuels non-apparens.

FOUGÈRES.

Plante feuillée; fructification dorsale, ou terminale,
ou presque radicale.

C

474 *Marchantia.* Capsules pendantes, attachées au-dessous d'un réceptacle pédonculé, globuleuses, à 4 valves.

475 *Targionia.* Calice à deux valves, renfermant la capsule jusqu'à sa maturité.

476 *Riccia.* Capsules globuleuses renfermées dans l'intérieur de la feuille et communiquant par un petit orifice avec l'air extérieur.

ALGUES.

Végétal membraneux ou filamenteux; fructification intérieure.

477 *Nostoch.* Substance membraneuse, verdâtre, gélatineuse à l'intérieur.

478 *Rivularia.* Membrane un peu cartilagineuse, lobée ou rameuse et recouverte par une substance gélatineuse.

479 *Chantransia.* Filamens cloisonnés et rameux; fructification microscopique renfermée dans les articulations.

480 *Conferva.* Filamens simples et cloisonnés; fructification provenant de la locomotion d'une matière verte renfermée dans l'articulation correspondante.

481 *Batrachospermum.* Filamens recouverts d'une substance gélatineuse, rameux et cloisonnés; articulations globuleuses, disposées comme des grains de chapelet.

482 *Hydrodyction.* Végétal en forme de sac cylindrique formé par des filamens en réseau.

483 *Vaucheria.* Filamens herbacés dépourvus de cloisons; semences extérieures caduques.

LICHENS.

Végétal dépourvu de feuilles; fructification ou apothécies en forme de petites coupes ou de tubercules et supportée par une croûte ou thallus de nature diverse, foliacée, crustacée ou pulvérulente.

484 *Spiloma.* Apothécies irréguliers, arrondis, convexes, sans marge, formés par une substance granulée; thallus crustacé ou pulvérulent.

485 *Arthonia.* Apothécies irréguliers, presque planes, sans marge, recouverts par une lame proligère colorée, lisse ou légèrement chagrinée.

486 *Lecidea.* Apothécies orbiculaires, sessiles, marginés,
recouverts par une lame proligère, diversement
colorée ; thallus crustacé, lépreux ou presque
foliacé.

487 *Calicium.* Apothécies fongeux, pédicellés, quelquefois
sessiles, marginés ; lame proligère déprimée ou convexe ; thallus tartreux ou lépreux.

488 *Opegrapha.* Apothécies oblongs, alongés, rarement
arrondis, déprimés sur le disque ; thallus membraneux ou lépreux.

489 *Verrucaria.* Apothécies globuleux-coniques, ouverts
par un pore au sommet lors de la maturité ; thallus cartilagineux, membraneux ou lépreux.

490 *Endocarpon.* Apothécies globuleux, renfermés dans la
croûte, se manifestant à l'extérieur par un pore
marginé ; thallus cartilagineux-foliacé.

491 *Porina.* Apothécies en forme de verrue, de la même
substance que la croûte, renfermant plusieurs loges
terminées à l'extérieur par un pore ; thallus cartilagineux ou lépreux.

492 *Variolaria.* Apothécies en forme de verrue, de la
même substance que la croûte, recouverts par une
matière grenue, planes ou convexes ; thallus crustacé uniforme.

493 *Urceolaria.* Apothécies concaves, enfoncés dans la
croûte, et bordés par une marge thallodique ; thallus tartreux ou lépreux.

494 *Lecanora.* Apothécies orbiculaires, planes ou convexes,
diversement colorés et bordés par une marge thallodique ; thallus tartreux, lépreux ou figuré.

495 *Evernia.* Apothécie arrondi, de la même substance
que le thallus, concave, bordé par une marge
thallodique, mince et fléchie en dedans ; thallus
filamenteux, recouvert par une écorce crustacée.

496 *Parmelia.* Apothécie orbiculaire, de la même substance que la croûte, concave, fixé par son centre
seulement ; bords de la lame proligère fléchis en
dedans ; thallus coriace-membraneux, incisé-lobé,
hérissé de fibrilles en dessous.

497 *Borrera.* Apothécie conique, de la même substance
que le thallus, à disque plane ou concave, bordé
par une marge thallodique fléchie en dedans ;
thallus cartilagineux, rameux, cilié sur les marges.

498 *Nephroma.* Apothécie réniforme, entièrement adhérent à la face inférieure du thallus, à disque plane
bordé par une marge thallodique fléchie en dedans ;

thallus coriace-foliacé, lobé, nu ou duveté en dessous.

499 *Cenomyce.* Apothécies convexes, sans marge, diversement pédiculés ; thallus lacinié, cartilagineux-foliacé, émettant des pédicules fructifères, fistuleux, subulés ou en forme d'entonnoir, simples ou rameux.

500 *Bæomyces.* Apothécie globuleux, sans marge, porté sur un pédicule court, simple et plein ; thallus crustacé, uniforme, portant les pédicules fructifères.

501 *Ramalina.* Apothécie orbiculaire, marginé, de la même substance que le thallus, presque pédiculé ; thallus lacinié-rameux, cartilagineux, filamenteux intérieurement.

502 *Cornicularia.* Apothécies orbiculaires, à peine marginés, de la même substance que le thallus, obliquement implantés sur les extrémités ; thallus touffu, buissonnant, à rameaux cylindriques, fragiles.

503 *Usnea.* Apothécie orbiculaire, membraneux, de la même substance que le thallus, sans marge, hérissé de fibrilles en son pourtour : thallus filamenteux, droit, pendant ou étalé.

504 *Collema.* Apothécie orbiculaire, marginé, de la même substance que la croûte ; thallus gélatineux, polymorphe, dur et cartilagineux par la dessication.

505 *Lepraria.* Apothécies nuls ; thallus crustacé-lépreux, uniforme.

FONGILLES.

Végétal dépourvu de feuilles et de thallus, réceptacles en forme de coupe ou de tubercule.

506 *Hysterium.* Réceptacle oblong, rempli d'une substance gélatineuse, s'ouvrant par une fente longitudinale.

507 *Hypoderma.* Réceptacle oblong, s'ouvrant longitudinalement et rempli d'une substance pulvérulente.

508 *Polystigma.* Substance mince, plane, offrant des points qui paroissent être l'orifice des loges.

509 *Asteroma.* Base filamenteuse, arrondie, offrant des points protubérans qui paroissent être l'orifice des loges.

510 *Stilbospora.* Substance pulpeuse ou compacte, formée par des amas de capsules microscopiques.

5ı1 *Xiloma.* Réceptacle solide, polymorphe, rempli d'une substance mucilagineuse, et s'ouvrant par une déchirure.

5ı2 *Sphœria.* Réceptacles osseux, arrondis, solitaires ou agglomérés, sessiles ou pédiculés, ouverts au sommet par un pore prolongé.

5ı3 *Nephroma.* Pulpe séminale sortant des loges en consistance, demi solide et s'alongeant en forme d'appendice.

CHAMPIGNONS.

Végétal dépourvu de feuilles ; fructification renfermée dans un corps charnu.

GYMNOCARPES.

Caps. sémin. à la surface extérieure.

† Champignons filamenteux.

5ı4 *Byssus.* Filam. formant un tissu drapé.
5ı5 *Monilia.* Filets articulés au sommet d'un pédicelle.
5ı6 *Botrytis.* Pédicelles droits, semences en grappes.
5ı7 *Egerita.* Tuberc. convexe ; caps. sphér., légérement pulvérulente.
5ı8 *Erineum.* Tubes souvent cyl., tronqués, conglomérés.

†† *Surf. fructif. unie et ne dégénérant point en pulpe.*

5ı9 *Helotium.* Récept. pédicellé, séminif. au sommet.
520 *Peziza.* Récept. hémisphérique ; disque séminif.
52ı *Tremella.* Expansion gélatineuse ; sem. à la superficie.
522 *Helvella.* Chapeau plissé, lisse en dessus et en dessous.
523 *Clavaria.* Productions verticales, glabres, simples ou rameuses.
524 *Thelephora.* Chap. sessile ; surf. réfléchie en dessous, séminif.
525 *Hydnum.* Chap. muni de pointes.
526 *Fistulina.* Surf. infér. munie de tubes distans et isolés entr'eux.

††† *Surf. fructif. garnie de pointes ou de tubes.*

527 *Boletus.* Chap. muni de tubes fructif. réunis entr'eux.

†††† *Surf. fructif. munie de feuillets ou de nervures.*

528 *Merulius.* Chapeau muni de nervures saillantes en
    dessous.
529 *Agaricus.* Chap. dont la surf. inférieure est garnie de
    feuillets.
530 *Morchella.* Chap. celluleux à la superficie.
531 *Clathrus.* Rameaux anastomosés en forme de grillage.

ANGIOCARPES.

Gymnosporanges. *Masses gélatin., péricarpes à la*
surface.

† *Capsules séminales dans un réceptacle* (péridium)
angyosperme.

532 *Puccinia.* Tuberc. compactes; péricarpes pédicellés.
533 *Uredo.* Poussière naissant sous l'épiderme des feuilles.

†† *Péridium membraneux; poussière sans filamens.*

534 *Æcidium.* Tubercules ouverts à leur sommet.
535 *Mucor.* Périd. membraneux, pédicellé, pulvérulent.
536 *Lycea.* Périd. membraneux, sessile; sans membrane
    commune.
537 *Tubulina.* Périd. sessile; membrane commune.

††† *Péridium membraneux; poussière et filamens.*

538 *Trichia.* Périd. sessile ou pédicellé; filam. nombr.;
    membr. commune.
539 *Stemonitis.* Périd. traversé par un axe; membr. com.
540 *Diderma.* Périd. formé d'une double enveloppe; mem-
    brane commune.
541 *Reticularia.* Subs. d'abord pulpeuse, ensuite pulvér.
542 *Spumaria.* Subs. difforme, molasse, pulvérulente à
    l'intérieur.
543 *Lycogala.* Périd. s'ouvrant d'une manière indéterminée.
544 *Lycoperdon.* Périd. s'ouvrant au sommet.
545 *Polysaccum.* Périd. divisé en cellule membraneuse.
546 *Geastrum* Périd. sessile, s'ouvrant en rayons étalés.

547 *Tulostoma*. Périd. pédic. ; orifice central à bord
  cartilagineux.

†††† *Périd. membraneux, charnus, non pulvérulens.*

548 *Cyathus*. Semences ou capsules glabres.
549 *Erysiphe*. Récept. charnu, pulpe en rayons articulés.
550 *Tubercularia*. Tubercule charnu, sessile, simple ou
  composé.
551 *Rhizoctonia*. Tuberc. muni de filam. sans veines à
  l'intérieur.
552 *Sclerotium*. Tuberc. couvert d'une enveloppe, sans
  veines à l'intérieur.
553 *Tuber*. Fongosité charnue, veinée à l'intérieur.

Flore Agenaise.

FLORE AGENAISE.

Phanérogamie.

CLASSE PREMIÈRE.

MONANDRIE.

DIGYNIE.

CALLITRICHE.　　*CALLITRIC.*

Calice nul, deux pétales, capsule biloculaire, tétrasperme.

1. Callitriche aquatica. Huds. *Callitric aquatique.*

Feuilles ovales ; fleurs androgynes ; fruits sessiles ou presque pédonculés ⊕... Smith. Fl. brit. 8... *C. verna.* Linn... *C. sessilis.* Dec. Fl. fr. 3655.

β. *C. a. aütumnalis.* Feuilles toutes linéaires, bifides au sommet... *C. autumnalis.* Linn.

γ. *C. a. intermedia.* Feuilles caulinaires linéaires, bifides au sommet, les supérieures ovales... *C. intermedia.* Willd. Sp. pl. 1. p. 29.

Fl. d'un blanc jaunâtre, presque imperceptibles: P. 3. E. Les fontaines, les eaux dormantes. CCC.

Obs. 1. *N'ayant jamais vu de fructification dans les variétés β et γ, je suis porté à croire que les caractères de ces variétés ne sont dus qu'à la différence des traits offerts par la même plante en accomplissant le cours annuel de sa végétation.*

Obs. 2. *Je remarque avec la loupe, dans les individus qui ont végété hors de l'eau, des pédoncules à peu près moitié moins longs que la capsule. Est-ce le C. pedunculata Dec. Fl. fr. 3656 ? Alors le caractère distinctif pris du fruit sessile ou pédonculé seroit au moins très-équivoque. Prévenu de cette idée, j'aime mieux commencer ma Flore par un doute, que d'y consigner à cet égard peut-être une erreur.*

CLASSE DEUXIÈME.

DIANDRIE.

MONOGYNIE.

† *Fleurs inférieures, monopétales, régulières.*

JASMINUM.   *JASMIN.*

Calice à 5 divisions ; corolle 5 fide ; baie à 2 coques ; semences tuniquées ; anthères dans le tube.

1. **Jasminum officinale.** Linn.   *Jasmin officinal.*

Feuilles opposées ; folioles distinctes, l'impaire très-longue. ♭ ... Swert. Florileg. 2, tab. 24, fig. 4... Bull. Herb. pl. 231... Lamk. Ill. pl. 7... Duham. Arb. 1, p. 312.
Fl. blanches ; odeur suave. E. Originaire de Perse. Naturalisé sur les rochers du Saint-Esprit, près d'Agen.
Sp6. Attropow.

2. **Jasminum fruticans.** Linn.   *Jasmin frutescent.*

Feuilles alternes, les unes ternées, les autres simples ; rameaux anguleux. ♭ ... Swert. Florileg. 2. t. 24. f. 3.
Fl. jaunes, non odorantes. Dans les bois. RR.
Sp6. Attropow.

LIGUSTRUM.   *TROÈNE.*

Corolle 4 fide ; baie 4 sperme.

1. **Ligustrum vulgare.** Linn.   *Troène commun.*

Feuilles lancéolées-aiguës, panicule compacte, pédicelles opposés. ♭ ... Swert. Florileg. 2. t. 38. f. 4... Duham. Arb. 1. p. 360... Bull. Herb. pl. 295... Lamk. Ill. pl. 7... Fuchs Hist. 480.
Fl. blanches. P. Dans les bois, les haies. CC.
Obs. *Lorsque l'hiver n'est pas très-rigoureux, le Troène conserve ses feuilles jusqu'au printemps. Il peut former de*

jolies palissades à hauteur d'appui dans les jardins, et n'est jamais brouté par les brebis. Ses baies servent à colorer le vin.

Cysta vesicatoria. Spß. Ligustri.

PHILLYREA. *PHILARIA.*

Corolle 4 fide ; baie 1 sperme.

1. Phillyrea latifolia. Linn. *P. à larges feuilles.*

Feuilles ovales-cordiformes, dentées en scie. ♄.. Duham. Arb. tom. 2. pl. 25.
β. P. lat. *obliqua.* Feuilles à dentelures obliques.
Fleurs blanchâtres. P. 2. Sur les rochers exposés au midi. C. A Peyrequatre près d'Agen.

2. Phillyrea media. Linn. *Philaria moyen.*

Feuilles ovales-lancéolées, presque entières. ♄... Clus. Hist. 1. p. 52.
Fleurs blanchâtres. P. 2. Sur les rochers exposés au midi. C. A Peyrequatre, à Sourrel près d'Agen.
Obs. *Cette espèce varie beaucoup par la forme de ses feuilles plus ou moins larges, plus ou moins dentées, et pourroit bien n'être qu'une variété du* P. latifolia.

OLEA. *OLIVIER.*

Corolle 4 fide à 5 divisions ovales ; drupe 1 sperme.

1. Olea Europea. Linn. *Olivier d'Europe.*

Feuilles lancéolées, très - entières. ♄... Lamark. Ill. pl. 8... Duham. Arb. fruit. nouv. éd. 4.ᵉ liv... S.ᵗ Am. Mém. sur l'Olivier.
Fleurs blanchâtres. P. 2. Cultivé en quelques endroits pour l'usage économique. Il en existe des individus isolés sur certains rochers exposés au midi, où ils végètent en arbrisseaux. R.

SYRINGA. *LILAS.*

Corolle 4 fide ; capsule 2 loculaire.

1. Syringa vulgaris. Linn. *Lilas commun.*

Feuilles ovales, cordiformes. ♄... Bull. Herb. pl. 265... Clus. Hist. 58... Lamk. Ill. pl. 7... Dalech. Hist. 355. f. 3.
Fleurs bleues, pourpres ou blanches. P. Originaire de Perse.

Presque spontané sur quelques rochers. Cultivé dans tous les jardins.

Crysta vesicatoria. Spb. ligustri. Triebius fasciatus.

†† *Fleurs monopétales irrégulières, semences dans une capsule.*

VERONICA.   *VÉRONIQUE.*

Corolle à 4 divisions, l'inférieure plus étroite ; capsule 2 loculaire.

*** *Fleurs en grappes latérales.***

1. Veronica beccabunga. Linn.   *V. beccabunga.*

Grappes latérales ; feuilles ovales, planes ; tige rampante. ♃.
Fleurs bleues. P. 2. E. Les ruisseaux, les fontaines. CC.
Obs. *Ses feuilles, de même que celles du* **V.** anagallis, *peuvent se substituer au* Cresson de fontaine *et se manger en salade.*

2. Veronica anagallis. Linn. *Véronique mouronnée.*

Feuilles lancéolées, dentées ; tige droite. ♃... J. B. Hist. 3. p. 791.
Fleurs bleues. P. 3. E. Dans les fossés pleins d'eau, les ruisseaux. CCC.

3. Veronica scutellata. Linn. *Véronique à écussons.*

Grappes très-lâches, pédicelles fructifères très-inclinés ; feuilles linéaires, un peu dentées ; tige débile, redressée. ♃... J. B. Hist. 3. p. 791... Poit. et Turp. Fl. par. t. 13.
β. V. s. *parmularia.* Tige et feuilles velues... *V. parmularia.* Poit. Fl. par. t. 14.
Fleurs d'un bleu lavé de rouge tendre. E. Dans les prés marécageux, à Brax, à la Sauvetat-de-Savères. RR. La var. β, dans un marécage au-dessous de Gamet et de Paradou, et à Roquefort près d'Agen.
Obs. *Les feuilles ne sont pas absolument entières, comme le dit Linné.*

4. Veronica montana. Linn.   *V. de montagne.*

Grappes latérales pauciflores ; feuilles ovales, crénelées, ridées, pétiolées ; tige débile. ♃... Moriss. Hist. 2. sect. 3. tab. 23. fig. 15... Poit. Fl. par. t. 10.

Fleurs bleu-pâle. P. 2. Dans les lieux ombragés. R. A Ratier, à Lecussan, à Lacandélie, à Brax près d'Agen, à la Sauvetat-de-Savères.

5. Veronica latifolia. Linn.   *V. à larges feuilles.*

Grappes latérales ; feuilles un peu cordiformes à leur base, sessiles, ridées, à crénelures obtuses ; tiges fermes ; calices quadrifides avec le rudiment d'une cinquième division. ♃... Fuchs Hist. 871... *V. teucrium.* Dec. Fl. fr. 2389... Poit. et Turp. Fl. par. p. 15. t. 15.

β. V. l. *heterophylla.* Feuilles inférieures ovales-oblongues à crénelures profondes, quelquefois dentées, les supérieures lancéolées et linéaires, serraturées ; rudiment de la cinquième division calicinale nul... Dalech. Hist. 1337. f. 2... *V. Chaixii* Lapey. Fl. Pyr. suppl. p. 6.

Fleurs bleues, grandes. P. 2. Le long des routes, aux environs de Tournon ; plus commune dans la partie limitrophe du département du Lot.

6. Veronica teucrium. Linn? *Véronique teucriette.*

Grappes latérales très-longues ; feuilles ovales, ridées, obtusément dentées ; tige redressée. ♃... J. B. Hist. 3. p. 283. f. 2.

β. V. t. *minor.* Feuilles presque lancéolées, plus profondément dentées.

Fleurs bleues, grandes. P. 2. Dans les friches herbeuses des coteaux. RR. Au moulin du Roc près Tournon, à la Monjoie, à Poudenas. La var. β, dans les Landes, commune de Coutures.

Obs. *Cette espèce a 5 divisions au calice, deux grandes, deux moitié plus petites, et une autre presque imperceptible.*

7. Veronica prostrata. Linn.   *Véronique couchée.*

Grappes latérales ; feuilles ovales-oblongues, dentées en scie, les inférieures elliptiques, les supérieures lancéolées ; tige couchée. ♃... J. B. Hist. 3. p. 287. f. 1.

Fleurs bleues. P. 3. Sur la rive gauche du Lot, près Clairac. RRR.

Obs. *Très-voisine du* V. teucrium, *dont elle se distingue néanmoins par ses deux divisions moyennes du calice, qui sont plus grandes que la moitié des deux autres, et par ses tiges couchées. Trouvée par M. Graulhié.*

8. Veronica chamœdrys. Linn. *Véronique chênette.*

Grappes latérales ; feuilles ovales, sessiles, ridées, dentées ; tiges velues sur deux côtés opposés. ♃... Clus. Hist. 349. f. 1... Lob. Obs. p. 259. f. 3.

Fleurs bleues, grandes. P. 2. Dans les haies, les prairies. CCC.

Obs. *Les feuilles de cette espèce, sechées à l'ombre, se substituent au thé, comme celle du* V. officinalis. *Sa délicatesse, ses fleurs assez jolies, lui méritent le nom de* plus je vous vois, plus je vous aime, *qu'on lui donne dans quelques parties de la France.*

9. **Veronica officinalis.** Linn. *Véronique officinale.*

Epis latéraux pédonculés ; feuilles ovales, dentées, pétiolées ; tige couchée. ♃... Lamk. Ill. pl. 13.

Fleurs bleu-pâle. E. Dans les bois des collines. CC. Vulgairement *Thé d'Europe*, et *Véronique mâle* par les femmelettes et les apothicaires ignorans.

$$* * \quad Fleurs\ en\ épis\ terminaux.$$

10. **Veronica longifolia.** Linn. *V. à longues feuilles.*

Epis terminaux ; feuilles opposées, lancéolées, dentées en scie, acuminées. ♃... Clus. Hist. 1. p. 346. f. 1.

Fleurs bleues. E. Dans les Landes, près le lac de Lalagüe. RRR. Trouvée par M. Graulhié.

11. **Veronica spicata.** Linn. *Véronique à épi.*

Epi terminal ; feuilles opposées, crénelées, obtuses ; tige simple, ascendante. ♃... Lob. Obs. p. 250. f. 1... J. B. Hist. 3. p. 247... Vaill. Par. tab. 23. f. 4... Poit. et Turp. Fl. par. t. 19.

Fleurs bleues. E. 1. Dans les Landes. R. Près du lac de Lalagüe, du côté de St.-Julien. Trouvée par M. Graulhié.

$$* * * \quad Fleurs\ axillaires\ solitaires.$$

12. **Veronica serpillifolia.** L. *V. à feuil. de Serpolet.*

Grappe terminale, presque en épi ; feuilles ovales, obtuses, crénelées, glabres ; tige redressée. ♃... J. B. Hist. 3. p. 285. f. 1.

Fleurs bleu-pâle. P. 2. Dans les champs en jachères, les prairies, les bords des fossés. CC.

13. **Veronica acinifolia.** Linn. *V. à feuilles de Thym.*

Fleurs solitaires, pédonculées ; feuilles ovales, glabres, crénelées ; tige droite, hérissée. ⊙... Vail. Bot. par. t. 30. f. 3... Poit. et Turp. Fl. par. t. 23.

β. **V. a.** *romana.* Tige simple... *V. romana* All. Ped. 289. t. 86. f. 2.

Fleurs bleues; la petite division blanche, très-étroite. Dans les vignes, les champs sablonneux. CC.

Obs. *Le dessous des feuilles est souvent d'un rouge très-prononcé.*

14. Veronica arvensis. Linn. *Véronique des champs.*

Fleurs solitaires, presque sessiles; feuilles ovales, échancrées en cœur à la base, crénelées, obtuses; tiges droites, hérissées. ◉... J. B. Hist. 2. p. 367. f. 2... Dalech. Hist. 1239. f. 2..

Fleurs bleues, petites. P. E. Dans les champs. CCC.

Obs. *Les divisions du calice, ainsi que l'a observé Gouan,* Hort. monsp., *sont lancéolées et très-inégales.*

15. Veronica triphyllos. Linn. *Véronique triphylle.*

Fleurs solitaires pédonculées ; feuilles ovales, glabres, trilobées; tiges étalées. ◉ ... J. B. Hist. p. 368. f. 1... Poit. et Turp. Fl. par. t. 25.

Fleurs bleues. P. 1. 2. Dans les champs sablonneux des Landes. C. A Cajoc près Barbaste, au Passage-d'Agen. RRR.

Obs. *Le calice est fort grand lors de la maturité du fruit, et les feuilles radicales dentées, non lobées, sont en cœur à leur base.*

16. Veronica agrestis. Linn. *Véronique agreste.*

Fleurs solitaires ; feuilles pétiolées, cordiformes à la base, dentées en scie, un peu plus courtes que le pédoncule; tige couchée, pubescente. ◉... Dalech. Hist. 1239. f. 1... J. B. Hist. 3. p. 367. f. 1.

β. **V. a.** *pulchella.* Tige presque glabre. *V. pulchella.* Bast.

γ. **V. a.** *denticulata.* Tige presque glabre; divisions calicinales denticulées; fleurs blanches. (Chaub. Misc. inéd.)

Fleurs bleues dans la var. α, blanches dans les var. β et γ. P. 1. Les champs, les vignes. CCC. La var. β dans les saussaies, au Bédat, près d'Agen.

Obs. *Les folioles calicinales sont oblongues et presque égales. Le caractère de la var.* γ, *qu'on seroit tenté de regarder comme une espèce, n'est point constant ; on le trouve quelquefois sur certains individus du type.*

17. Veronica filiformis. Smith. *V. filiforme.*

Fleurs solitaires; feuilles échancrées en cœur à la base,

dentées en scie, beaucoup plus courtes que le pédoncule ;
folioles calicinales lancéolées. ●... Tournef. Cor. 7.
Fleurs bleues, grandes. P. 1. Naturalisée dans les allées du
jardin des ci-devant Petits-Carmes à Agen.

Obs. *Quoiqu'en dise Willdenow, cette espèce a beaucoup
moins de rapport avec le* V. hederœfolia *qu'avec le* V.
agrestis, *dont elle diffère d'ailleurs par les plus grandes
dimensions de toutes ses parties et l'extrême longueur de ses
pédoncules filiformes.*

18. Veronica hederœfolia. L. *V. à feuilles de Lierre.*

Fleurs solitaires ; feuilles cordiformes à la base, divisées
en trois ou cinq lobes, plus courtes que le pédoncule ;
folioles calicinales cordiformes. ●.
Fleurs d'un bleu-pâle. P. 1. 2. Les champs cultivés. CCC.

PINGUICULA.   *GRASSETTE.*

Corolle personnée, béante, à éperon ; calice bilabié à 5
divisions ; capsule uniloculaire.

1. Pinguicula grandiflora. Lamk. *G. à grandes fleurs.*

Eperon cylindrique, droit, aussi long que la fleur ; gorge
dilatée ; lèvre inférieure très-large ; feuilles ovales. ●...
Lamk. Ill. tab. 14. f. 2.
Fleurs bleues. P. 2. Trouvée au-dessus de Villeneuve sur
la rive droite du Lot, par M. Lalaurie.

Obs. *Cette espèce, étrangère à nos contrées, est sans
doute descendue des Cévènes, où le Lot prend sa source.
L'espèce qui se trouve dans les Landes du Houga, et que
M. Thore, dans sa* Chloris, *désigne sous le nom de* P. vulgaris L., *est le* P. grandiflora *Lamk.*

2. Pinguicula Lusitanica. Linn.   *G. de Portugal.*

Hampe inclinée, pubescente ; nectaire conique, subulé ;
feuilles veinées-réticulées. ●... Lois. Fl. gall. tab. 1.
fig. 1.
Fleurs d'un blanc-sale, la gorge jaune avec des lignes pourprées. P. 3. Dans les terrains tourbeux des Landes. C.

UTRICULARIA.   *UTRICULAIRE.*

Corolle personnée béante, à éperon ; calice 2 phylle
égal en son bord ; capsule 1 loculaire.

1. Utricularia vulgaris. Linn. *Utriculaire commune.*

Nectaire conique ; hampe pauciflore. ♃... Lamk. Ill.
pl. 14.
Fl. jaunes. P. 3. Dans les eaux dormantes. R. Aux marais
de Brax, de Sérignac et des Landes.
Obs. *Les feuilles de cette plante sont pourvues d'utricules,
ou petites vessies, remplies d'air, qui la soutiennent sur les
eaux à l'époque de la fécondation.*

† † † *Fleurs inférieures monopétales irrégulières; fruits
gymnospermes.*

VERBENA. *VERVEINE.*

Corolle en entonnoir, courbée ; limbe presque égal ;
une des dents du calice tronquée ; semences nues.

1. Verbena officinalis. Linn. *Verveine officinale.*

Tétrandre; épis filiformes, paniculés; feuilles laciniées,
multifides ; tige solitaire. ☉... Bull. Herb. pl. 215....
Lamk. Ill. pl. 17. f. 1... Clus. Hist. p. 45. *Verb. vulg.*
Fl. d'un blanc teint de violet. E. A. Le long des chemins,
dans les pâturages herbeux. CC.
Obs. *La Verveine étoit en grande vénération chez les
anciens ; ils s'en servoient pour nétoyer les autels de leurs
divinités et pour les aspersions d'eau lustrale. Les héraults
d'armes en ceignoient leur tête lorsqu'ils alloient annoncer la
paix ou la guerre ; on les nommoit* Verbenarii. *Du reste, on
donnoit le nom de cette plante à beaucoup d'autres employées dans les sacrifices. Avant de la cueillir, les Druides
faisoient un sacrifice à la terre.*

LYCOPUS. *LYCOPE.*

Corolle à 4 divisions dont une échancrée ; étamines
écartées; 4 semences échancrées au sommet.

1. Lycopus Europæus. Linn. *Lycope d'Europe.*

Feuilles sinuées-dentées. ♃... Lamk. Ill. pl. 18... Dalech.
Hist. p. 1065.
β. L. e. *major.* Tige très-élevée (*humanæ altitudinis*),
feuilles inférieures pinnatifides-dentées à la base. L.
exaltatus Linn. ?
Fl. blanches avec de petits points rouges. E. A. Sur le
bord des eaux. CC.

ROSMARINUS. *ROMARIN.*

Corolle inégale, labiée, à lèvre supérieure bipartie ;

filets des étamines longs, courbes, simples, avec une dent à leur base.

1. Rosmarinus officinalis. Linn. *Romarin officinal.*

Feuilles sessiles. ♃.
β. R. o. *angustifolia* à feuilles plus étroites.
Fl. d'un violet très-pâle. P. 1. 2. Presque naturalisée au-dessus d'Agen, à l'Hermitage, au Saint-Esprit. Elle se trouve dans tous les jardins des paysans.

Obs. *Cette plante distillée fournit la liqueur qui portoit autrefois la singulière dénomination d'eau de la reine d'Hongrie, et qui est passée de mode aujourd'hui.*

SALVIA.   *SAUGE.*

Corolle inégale (*labiée*); filets des étamines attachés transversalement à un pédicule.

1. Salvia officinalis. Linn.   *Sauge officinale.*

Feuilles ovales-lancéolées, crénelées; fleurs en épi; calices aigus. ♃... Vulgairement *petite sauge.*
β. S. o. *angustifolia.* Feuilles plus étroites.
Fl. d'un bleu lavé de pourpre. P. 3. Dans les friches des coteaux, et les rochers exposés au midi. R. Entre Romas et Vidalot, près le Port-Sainte-Marie. A Catala, près d'Agen. Plus commune aux environs de Montaigut.

2. Salvia pratensis. Linn.   *Sauge des prés.*

. Feuilles oblongues, cordiformes à la base, crénelées; les supérieures cordiformes; verticilles presque nus; casque de la corolle visqueux. ♃... Bull. Herb. pl. 357... Clus. Hist. 2. p. 30. f. 1.
β. S. p. *major.* Feuilles profondément incisées.
Fl. bleues. P. 2. 3. Dans les prairies. CCC. Il ne manque à cette plante que d'être rare pour être recherchée.

***3. Salvia pallidiflora.** N.   *Sauge à fleurs pâles.*

Feuilles chagrinées, un peu cordiformes à la base, sinuées-pinnatifides; corolles plus amples et deux fois plus longues que le calice; casque dépourvu de glandes; dent intermédiaire de la lèvre supérieure du calice plus courte. ♃... Barr. 230. ic. 167... *S. præcox.* Lois. Not. p. 6. exclus. omnib. syn.?
Fl. d'un bleu cendré, quelquefois d'un pourpre clair. P. E. A. Les bords des champs, des chemins, des prairies, les friches arides. CCC.

Descript. Racine *vivace*. *Tiges d'un à trois pieds de haut, quadrangulaires, hérissées, visqueuses au sommet. Feuilles ovales-oblongues, irrégulièrement chagrinées, glabres, mais velues sur le pétiole, les radicales obtuses, dentées, crénelées, puis sinuées-pinnatifides. Épi principal plus long que la tige; verticilles de six fleurs, très-nombreux, les inférieurs distans de plus d'un pouce. Bractées arrondies, brusquement acuminées, velues, les inférieures à peine aussi longues que les calices. Calice couvert de poils la plupart visqueux, bilabié, lèvre inférieure semi-bifide à lobes aigus sétacés, lèvre supérieure tridentée, dent du milieu sensiblement plus courte. Corolle d'un gris de lin ou d'un pourpre clair, la lèvre supérieure très-peu arquée, pliée longitudinalement, hérissée au sommet de poils blancs non visqueux, la lèvre inférieure à trois lobes, celui du milieu presque arrondi, concave, avec deux taches blanches à la gorge, les deux latéraux oblongs, droits ou étalés, non réfléchis comme dans le* S. pratensis *Linn.*

Obs. *Cette sauge fleurit simultanément au printemps avec le* S. pratensis *Linn., et ne cesse de produire des fleurs jusqu'au mois de novembre. Si elle ne différoit point du* S. præcox *Lois. Not. p. 6., celle-ci comprendroit, au moins, sous un même nom, trois espèces bien distinctes, savoir : le* S. agrestis *Vill., le* S. pratensis præcox *Savi, et le* S. clandestina *Thore. Au surplus, notre plante a la plus grande affinité avec les* S. verbenaca *et* clandestina *Linn. Elle ne sauroit être rapprochée du* S. pratensis, *et n'est pas plus précoce chez nous que ses congénères.*

4. **Salvia clandestina.** Linn.   *Sauge clandestine.*

Feuilles chagrinées, un peu cordiformes à la base, sinuées-pinnatifides; épis tronqués au sommet; calice plus ample que la corolle, à dents de la lèvre supérieure sensiblement égales. ♃. non ♂... Barr. Ic. 220... S. *clandestina* Thore. Chl. Land. ex herb... Dec. Fl. fr. VI. p. 395.
Fl. d'un bleu violet, avec deux taches blanches à la gorge. P. A. Les bords des chemins. R. Derrière Sainte-Foi, et à Sainte-Quitterie près d'Agen.

Obs. *Extrêmement voisine de la précédente, elle en diffère cependant par des épis moins longs, tronqués ; par ses verticilles moins distans d'un tiers, ses calices plus gros, et dont les trois dents de la lèvre supérieure sont égales, enfin par ses corolles d'un bleu violet, tout au plus deux fois de la longueur du calice, et si petites qu'elles se distinguent à peine au premier coup d'œil sans une attention particulière, tandis que celles de l'espèce précédente se font remarquer de loin.*

5. **Salvia verbenaca.** Linn.   *Sauge verbenacée.*

Feuilles ovales-oblongues, sinuées, un peu lisses ; corolle plus étroite que le calice. ♃... Barr. Ic. 208.
Fl. bleues. P. 3. E. Trouvée près de Penne par M. de Godailh.

Obs. *Très-voisine du* S. præcox ; *mais ses tiges plus grêles et moins élevées, ses feuilles oblongues, non cordiformes à la base, la lèvre supérieure de sa corolle concave, non comprimée, et l'exiguité de ses fleurs l'en distinguent suffisamment.*

6. **Salvia sclarea.** Linn.   *Sauge sclarée.*

Feuilles chagrinées, cordiformes, oblongues, velues, dentées ; bractées colorées, plus longues que le calice, concaves, acuminées. ♂ ou ♃... Clus. Hist. 2. p. 33... *Horm. syl.* 1... Poit. et Turp. Fl. par. t. 38.
Fl. d'un bleu pâle. E. 1. Au pied des rochers. RRR. Près la Sauvetat de Savères ; au-dessus de Guittard, vallon de Foulayronnes ; à Tourtarel.

†††† Fleurs supérieures.

CIRCÆA.   *CIRCÉE.*

Corolle dipétale ; calice supérieur à deux folioles ; semences à deux loges.

1. **Circœa lutetiana.** Linn.   *Circée parisienne.*

Tige droite ; feuilles ovales, légèrement dentées, pubescentes. ♃... Bull. Herb. pl. 297... Lob. Obs. 137. f. 1. -- Ic. 266... Besl. Eyst. Æst. ord. 3. fol. 7. f. 1... Lamk. Ill. pl. 16. f. 1.
Fl. blanches avec des taches rouges. P. E. Dans les bois ombragés, le voisinage des eaux. CC.

DIGYNIE.

ANTHOXANTHUM.   *FLOUVE.*

Balles calicinales bivalves, uniflores ; balles florales bivalves, acuminées ; une seule semence.

1. **Anthoxanthum odoratum.** L. *Flouve odorante.*

Panicule en épi ovale-oblong, fleurs légèrement pédon-

culées, plus longues que la balle. ♃... Leers. Herbor.
tab. 2. f. 1... Moriss. 3. sect. 8. tab. 7. fig. 25.
β. A. o. *laxiflorum.* Fleurs peu nombreuses distinctes, ou
presque distinctes ; feuilles glabres, ciliées autour de
la languette; l'une des arêtes coudée, une fois plus longue
que la fleur... Chaub. Misc. ined.
γ. A. o. *pubescens.* Balles calicinales pubescentes.
Fleurit P. E. A. Dans les prés, les bois découverts. CCC.
La var. β mieux caractérisée que beaucoup de nouvelles
espèces de fétuque, dans les champs cultivés des landes
C. La var. γ le long du ruisseau à Daunefort près d'Agen.

CLASSE TROISIÈME.

TRIANDRIE.

MONOGYNIE.

† *Fleurs supérieures.*

VALERIANA.   *VALÉRIANE.*

Calice nul; corolle monopétale, supérieure, renflée à sa
base.

✻ Valérianes *, semence unique aigrettée.*

1. Valeriana rubra. Linn.   *Valériane rouge.*

Fleurs monandres, à éperon; feuilles lancéolées très-
entières. ♃... Besl. Eyst. Æst. ord. 1. fol. 3. f. 1.. Lamk.
Ill. tab. 24.
Fl. rouges ou blanches. P. 3. E. Naturalisée en plusieurs
endroits. Sur les murailles des jardins ruraux. Dans la
garenne de Saint-Amans près d'Agen. C.

2. Valeriana calcitrapa. Linn.   *V. chaussetrape.*

Fleurs monandres; feuilles pinnatifides. ●...Clus. Hist.
2. p. 54. f. 2.
Fl. d'un blanc lavé de rouge. E. Sur les murailles des
environs de Cahors.

3. **Valeriana officinalis. L.** *Valériane officinale.*

Fleurs triandres ; toutes les feuilles pinnées. ♃... Clus.
Hist. 2. p. 55. f. 1... Lob. Obs. p. 411. f. 2... Besl. Eyst.
Æst. ord. 9 fol. 12.
Fl. d'un blanc lavé de rouge. P. 2. Les bords des ruis-
seaux, des fontaines. CCC.

4. **Valeriana phu. Linn.**   *Valériane phu.*

Fleurs triandres ; feuilles radicales entières, les inférieures lobées ou laciniées, les supérieures pinnées. ♃...
Math. Valg. 39. *Phu magn...* Dec. Fl. fr. 3316.
Fl. blanchâtres. P. 3. E. A Bouloc près Lauzerte, sur la
crête d'une colline. Par M. Dumoulin. RRR.

5. **Valeriana dioïca. Linn.**   *Valériane dioïque.*

Fleurs dioïques, triandres ; feuilles pinnées, très-
entières. ♃... Poit. et Turp. Fl. par. t. 41... Dec. Fl.
fr. 3325.
Fl. purpurines. P. 3. Les marécages des landes. R. Au
pont de Gorre.

** Fédies, ou Valérianelles, *fruit 3 loculaire
couronné.*

6. **Valeriana olitoria. Willd. Sp.** *Valériane potagère.*

Fleurs triandres ; tige dichotome ; feuilles lancéolées
très-entières ; fruit ovoïde comprimé, nu. ◉... V. *olitoria*
Linn. Sp... Lamk. Ill. pl. 24. f. 3.
β. V. o. *auricula.* Fruits oblongs avec un sillon longitudinal profond, et une petite dent au sommet. *Valerianella auricula* Dec. Fl. fr. VI. p. 492.
γ. V. o. *carinata.* Fruits oblongs avec un sillon longitudinal, mais sans dent. *Valerianella carinata* Lois. Not.
p. 149.
Fl. d'un blanc rosé. P. 1. Les champs cultivés, les jardins. CCC.
Obs. *Malgré la différence qui existe dans le fruit de ces
deux variétés, il n'est pas moins vrai qu'elles constituent une
seule espèce, puisque nous avons observé les deux sortes de
fruits à la fois sur le même individu. Quel est donc le nec
plus ultra de variation du fruit des valérianelles ? Ceux
qui établissent des espèces nouvelles dans ce genre répondront
à cette question.*

7. Valeriana pumila. Willd. Sp. *Valériane fluette.*

Fleurs triandres ; tige dichotome ; feuilles inférieures dentées, les supérieures multifides ; bractées membraneuses, ciliées. ◉... *Valerianella membranacea.* Lois. Not. p. 150... Garid. Aix. pl. 98... Moriss. Hist. 3. sect. 7. t. 16. f. 21.

Fl. d'un blanc lavé de rouge. P. 2. 3. Parmi les blés dans la plaine de la Garonne. R. Près Colayrac.

8. Valeriana coronata. Willd. Sp. *V. couronnée.*

Fleurs triandres ; feuilles lancéolées-dentées ; fruits à six dents; tige dichotome. ◉... *V. locusta coronata.* Linn. Sp. pl.

β. V. c. *hamata.* Dents du fruit recourbées en crochet à leur sommet... *Valerianella hamata.* Bastard, ex Dec. Fl. fr. VI. p. 494.

Fl. d'un blanc lavé de rouge. P. 3. E. Dans les champs cultivés des collines. R. La variété dans les champs sablonneux des Landes. C. Au Peyroux, près Xaintrailles.

***9. Valeriana quadridentata.** Nob. *V. quadridentée.*

Tige droite, dichotome ; feuilles inférieures souvent entières, les supérieures incisées à la base; fruit ovoïde, couronné par quatre dents, la quatrième plus grande, munie elle-même d'une petite dent de chaque côté. ◉.

β. V. q. *eriocarpa.* Fruit couvert de poils roides ; couronne presqu'aussi grande que la semence... *Valerianella eriocarpa.* Desv. Journ. bot. 2. p. 314... Lois. Fl. gall. not. p. 149. tab. 3. f. 2.

γ. V. *pubescens.* Fruit couvert de poils roides ; couronne beaucoup plus petite que la semence... *Valerianella pubescens.* Merat. Fl. par.

Fl. d'un blanc lavé de rouge. E. Dans les champs cultivés. Les var. α et γ CCC ; la var. β plus R.

Obs. *Les feuilles inférieures de cette plante sont tantôt entières, tantôt munies de dentelures arrondies et lâches, les supérieures tantôt incisées-pinnatifides à leur base, tantôt simplement dentées ou même entières. Ses fruits, souvent de grosseur fort différente sur le même individu, sont ordinairement glabres. Quelquefois, comme dans les variétés citées, ils sont hérissés des mêmes poils roides qui recouvrent toutes les parties des espèces de cette section ; mais ce caractère trop peu constant et presque microscopique ne peut constituer des espèces, sur-tout lorsqu'il feut séparer trois plantes aussi voisines que les nôtres. Pubescentia lu-*

dicra est differentia cùm culturâ sæpius deponatur. (*Phil. bot.* 272.)

Toutes les valérianelles *se mangent en salade sous la dé-nomination commune de* mache *ou de* doucette.

IXIA.   *IXIE.*

Corolle monopétale, tubulée ; tube droit, filiforme ; limbe à 6 divisions, régulier ; 3 stigmates simples.

1. Ixia bulbocodium. Linn.   *Ixie bulbocode.*

Hampe uniflore ; feuilles linéaires, canaliculées, angu-leuses. ♃... Lamk. Ill. pl. 31. f. 2... Moriss. 2. sect. 4. tab. 5. f. 1... Dec. Fl. fr. 2,000. var. à grandes fleurs.

Fl. bleues ou violettes, les onglets jaunes. P. 1. Cette jolie plante se trouve dans nos Landes, aux bords des marais, et selon Lamarck, au Cap-de-Bonne-Espérance.

GLADIOLUS.   *GLAYEUL.*

Corolle à 6 divisions inégales, béante ; étamines ascen-dantes.

1. Gladiolus communis. Linn.   *Glayeul commun.*

Feuilles ensiformes ; fleurs distinctes. ♃... Bull. Herb. pl. 8... Besl. Hort. Eyst. æst. ord. 4. fol. 10. f. 2.

Fl. d'un pourpre vif. P. 2. Dans les champs cultivés. CCC.

IRIS.   *IRIS.*

Corolle hexapétale, inégale ; pétales alternativement étalés et genouillés ; stigmates pétaliformes, bilabiés, en forme de capuce.

1. Iris germanica. Linn.   *Iris germanique.*

Corolles barbues ; feuilles ensiformes, glabres, courbées en faux, plus courtes que la tige ; hampe multiflore ; tube plus long que le germe. ♃... Bull. Herb. pl. 141.

Fl. bleues. P. 2. Sur les vieilles murailles, sur les rochers. CC. Au Saint-Esprit, à Martinet, près d'Agen.

Obs. On extrait des fleurs de cette plante un verd très-gai, employé dans la peinture en détrempe sous le nom de Verd-d'Iris.

2. Iris pseudo acorus. Linn. *Iris des marais.*

Corolle nue ; feuilles ensiformes ; pétales intérieurs plus petits que les stigmates. ♃... Bull. Herb. pl. 137.
Fleurs jaunes. Sur le bord des marais et des ruisseaux. CCC. A Brax, à Sérignac.

3. Iris fœtidissima. Linn. *Iris fétide.*

Corolle nue; feuilles ensiformes ; hampe anguleuse d'un seul côté. ♃.
Fleurs d'un violet livide. E. 1. Dans les bois humides, les endroits ombragés. C. A Vivés, vallon de Foulayronnes (*fons latronum*); à la garenne de Saint-Amans.

4. Iris tuberosa. Linn. *Iris tubéreuse.*

Corolle nue ; feuilles tétragones. ♃... Lob. Obs. p. 51. f. 2... Moriss. 2. sect. 4. t. 5. f. 1.
Fleurs d'un violet sombre. P. 1. Trouvée à Débonayres, près Saint-Maurin, par M. Dumolin ; transplantée au jardin de Saint-Amans, près d'Agen.

†† *Fleurs inférieures.*

POLYCHNEMUM. *POLYNÈME.*

Calice à 3 folioles ; 5 pétales, dont 3 semblables au calice ; semence unique, presque nue.

1. Polychnemum arvense. L. *Polynème des champs.*

Triandre ; feuilles subulées à trois pans ; tige couchée. ☉... Lamk. Ill. pl. 29.
Fl. herbacées. P. 3. E. Dans les champs cultivés. CC.

††† *Fleurs inférieures à balles calicinales ; semence unique.*

SCHÆNUS. *CHOIN.*

Balles composées d'écailles univalves entassées ; corolle nulle ; semence unique, arrondie, placée entre les balles.

1. Schænus mariscus. Linn. *Choin marisque.*

Chaume cylindrique ; feuilles munies d'aiguillons sur les bords et la carène. ♃... Lamk. Ill. pl. 38. f. 2... Moriss. 3. sect. 8. t. 11. f. 24.

Fl. E. Dans les marais des Landes. C. A l'étang de Bugarrat, commune de Fargues.

2. Schœnus nigricans. Linn.   *Choin noirâtre.*

Chaume nu, cylindrique; épi ovale; corolle à deux
valves, dont une allongée, subulée. ♃... Lamk. Ill. pl.
38. f. 1... Moriss. 3. sect. 8. tab. 10. f. 28.
Epi noirâtre. Fl. P. 2. 3. Dans les marécages desséchés
des Landes. CCC.

3. Schœnus fuscus. Linn.   *Choin fauve.*

Chaume cylindrique, feuillé; épillets presque fasciculés;
feuilles filiformes, canaliculées. ♃... Moriss. Hist. 3.
sect. 8. tab. 11. f. 40.
Epi fauve. Fl. P. 3. Dans les marécages desséchés des
Landes, et aussi sur leurs sables mobiles. CC. A Durance,
à l'Hérété, à Boussès.
Obs. *Très-voisin du* S. albus, *dont il se distingue néanmoins au premier coup-d'œil par ses épis fauves rapprochés,
non fastigiés.*

4. Schœnus albus. Luin.   *Choin blanc.*

Chaume légèrement trigone, feuillé; fleurs en faisceau;
feuilles sétacées. ♃... Scheuz. Agr. 503. t. 11. f. 11.
Epi blanc. Fl. E. 1. 2. Dans les Landes marécageuses.
CCC. A Boussès, entre Barbaste et la Menine.

CYPERUS.   *SOUCHET.*

Balles composées d'écailles imbriquées sur deux rangs;
corolle nulle; semence unique, nue.

1. Cyperus longus. Linn.   *Souchet long.*

Chaume triangulaire, feuillé; ombelle feuillée, surcom-
posée; pédoncules nus; épis alternes. ♃... Moriss. Hist.
3. sect. 8. t. 11. f. 13.
Fl. E. Epillets fauves. Les bords des rivières, des ruisseaux. CCC.
Obs. *La longueur remarquable de l'une des feuilles de
l'ombelle lui a fait donner l'épithète de* longus, *qui peut se
justifier aussi par le prolongement de sa racine, dont l'odeur
est agréable.*

2. Cyperus fuscus. Linn.   *Souchet brun.*

Chaume triangulaire; ombelle composée, triphylle;
épis ramassés, linéaires; balles aiguës, imbriquées. ◉...

J. B. 2. p. 471. f. 2... Moriss. Hist. 3. sect. 8. tab. 11. f.
38... Dalech. Hist. 1006. f. 2... Leers Herb. t. 1. f. 2.
Épillets d'un brun noirâtre. E. A. Sur le bord, des eaux
dans les lieux sablonneux. C. Sur les graviers herbeux de
la Garonne.

3. Cyperus flavescens. Linn. *Souchet jaunâtre.*

Chaume triangulaire, nu ; ombelle presque composée,
triphylle ; épis compactes lancéolés ; balles obtuses. ◉ ...
Scheuz. Agr. 385... Lamk. Ill. pl. 38. f. 1.
Fl. E. 2. Épillets jaunâtres. Les lieux sablonneux humides.
RR. Dans les bois auprès de Lauseignan ; sur les bords
ombragés de la Garonne.

Obs. *Extrêmement voisin du C. fuscus, dont il se dis-*
tingue par la couleur de ses balles et par ses épillets lancéolés
non linéaires.

SCIRPUS. *SCIRPE.*

Balles composées ; écailles imbriquées sur toutes les faces ;
corolle nulle ; semence unique.

✳ *Épi solitaire.*

1. Scirpus palustris. Linn. *Scirpe des marais.*

Chaume cylindrique, nu ; épi presque ovale, terminal.
♃... Leers. Herb. t. 1. fig. 3... J. B. Hist. 2. p. 523.
f. 3.
β. S. p. *minor.* Plus petit, plus grêle ; épis moins garnis
de fleurs.
γ. S. p. *intermedius.* Plus petit ; chaumes disposés en touffes... S. *intermedius* Thuill. Fl. par. p. 21.
δ. S. p. *reptans.* Beaucoup de chaumes stériles.. S. *reptans*
Thuill. Fl. par. p. 22.
Fl. P. E. α dans les fossés aquatiques, les mares. CC. β
et δ dans les prairies le long des eaux. C.

2. Scirpus multicaulis. Smith. *Scirpe multicaule.*

Racine fibreuse ; chaume cylindrique, engainé à sa base ;
épi ovale, terminal ; balles obtuses ; 3 stigmates ; fruit
triangulaire, entouré de poils sétacés. ♃... Journ. bot.
an. 1814. vol. 3. p. 14. tab. 21.
Fl. E. Dans les Landes humides. RR. Entre Sos et
Gabarret.

3. Scirpus cæspitosus. Linn.   *Scirpe touffu.*

Chaume strié, nu ; épi terminal, bivalve ; balles du calice inégales, ovales-oblongues, terminées par une pointe verte aiguë, la plus longue égalant l'épi ; racines écailleuses. ♃... Scheuz. Agr. t. 7. f. 20.. Moriss. Hist. 3. sect. 8. t. 10. f. 35.

Fl. P. 2. Les lieux tourbeux et noyés des Landes. R.

4. Scirpus bæothryon. Willd. Sp.   *S. des tourbières.*

Chaume strié, nu ; épi bivalve ; balles calicinales ; inégales, ovales, presque obtuses, membraneuses, l'extérieure plus courte que l'épi. ♃... Scheuz. Agr. t. 7. f. 19 et 21.

Fl. P. 2. Les lieux tourbeux des Landes. C. Sur les rives du Lot, dans les endroits marécageux. R.

Obs. *Cette espèce se rapproche tellement par le port du* S. cæspitosus, *qu'on ne peut les distinguer qu'en observant leur caractère essentiel. Quant au* S. campestris, *il diffère si peu du* S. bæothryon, *qu'il ne peut pas même en être séparé comme variété.*

5. Scirpus acicularis. Linn.   *Scirpe aciculaire.*

Chaume cylindrique, nu, sétiforme ; épi terminal, ovale, bivalve ; semences nues. ♃... Moriss. Hist. 3. sect. 8. t. 10. f. 37.

Fl. E. 2. Sur les bords des marais, vis-à-vis l'embouchure du Gers dans la Garonne. Trouvé par M. Debeaux.

6. Scirpus fluitans. Linn.   *Scirpe flottant.*

Chaumes foibles et flasques, produisant des paquets de feuilles alternes, d'où sortent des rameaux nus et cylindriques. ♃... Moriss. Hist. 3. p. 230. sect. 8. t. 10. f. 31... Scheuz. Agr. t. 7. f. 20.

Fl. P. 3. E. Dans les marais des Landes. CC. Dans le ruisseau de Lavance ; à Boussès.

⁎ ⁎ *Chaume cylindrique à plusieurs épis.*

7. Scirpus lacustris. Linn.   *Scirpe des étangs.*

Chaume cylindrique, nu ; plusieurs épis ovales, pédonculés et terminaux. ♃... Moriss. Hist. 3. sect. 8. t. 10. f. 1.

Fl. P. 3. E. Dans les marais. C. A Brax, à Sérignac.

8. Scirpus holoschænus. Linn. *Scirpe à têtes rondes.*

Chaume cylindrique, nu ; épis presque globuleux, agglomérés, pédonculés ; involucre diphylle, inégal, mucroné. ♃... Dalech. Hist. p. 987... Scheuz. Agr. t. 8. f. 2-5... Moriss. Hist. sect. 8. t. 10. f. 1.

β. S. h. *romanus.* Fleurs en tête solitaire, sessile... Scheuz. Agr. t. 8. f. 6... *S. romanus.* Linn. Sp. 12.

Fl. P. 3. E. Sur les rives de la Garonne, de la Baïse. CCC.

9. Scirpus setaceus. Linn.   *Scirpe sétacé.*

Chaume nu, sétacé ; épis latéraux, presque tous solitaires, sessiles.◉... Moriss. Hist. 3. p. 232. sect. 8. t. 10. f. 23... Leers. Herb. t. 1. f. 6.

β. S. s. *major.* Plus grand ; épis au nombre d'un à trois, pédonculés et sessiles.

Fl. P. 3. E. Les bords des marais dans les Landes. C. Au lac de la Laguë ; à Villeneuve sur le bord du Lot. La var. β sur les graviers de la Garonne.

    ✳ ✳ ✳ *Chaume triangulaire ; panicule nue.*

10. Scirpus mucronatus. Linn.   *Scirpe mucroné.*

Chaume triangulaire, nu, acuminé, creusé sur les côtés, comprimé sur les angles ; épillets glomérulés, sessiles, latéraux. ♃... Moriss. Hist. sect. 8. t. 10. f. 20... Scheuz. Agr. t. 9. f. 14.

Fl. P. 3. E. Les bords des eaux dans les Landes. R.

    ✳ ✳ ✳ ✳ *Chaume triangulaire ; panicule feuillée.*

11. Scirpus maritimus. Linn.   *Scirpe maritime.*

Chaume triangulaire ; panicule agglomérée, foliacée ; écailles des épis munies de trois barbes, l'intermédiaire subulée. ♃... Scheuz. Agr. t. 9. f. 9 et 10.

Fl. E. Les fossés des prairies aquatiques ; les mares. CC. A Genevois près d'Agen.

12. Scirpus sylvaticus. Linn.   *Scirpe des bois.*

Chaume triangulaire, feuillé ; ombelle feuillée ; pédoncules nus, plusieurs fois ramifiés ; épis ramassés aux extrémités. ♃... Lamk. Ill. t. 38. f. 2... Leers. Herb. t. 1. f. 4.

Fl. P. 3. E. Les bords de la Garonne, R. ; de la Baïse, CC.

ERIOPHORUM.   *LINAIGRETTE.*

Balles composées d'écailles imbriquées ; corolle nulle ; semence unique, environnée de longs filamens lauugineux.

1. Eriophorum angustifolium. w. *L. à feuil. étroites.*

Chaumes cylindriques, feuillés ; feuilles triangulaires-canaliculées ; épis pédonculés, droits. ♃... Vaill. Bot. par. t. 16. f. 1... Dalech. Hist. p. 1026. f. 2-3.
Fl. P. 2. Les prairies marécageuses des Landes. C. Au marais de Vigneau, à Bugarrat.

2. Eriophorum polystachyon. L. *L. à plusieurs épis.*

Chaumes cylindriques ; feuilles planes ; épis pédonculés. ♃... Vaill. Bot. par. t. 16. f. 2... Garid. Aix. p. 44... Barr. Ic. 12... *E. latifolium.* Poit. et Turp. Fl. par. t. 50.
Fl. P. 2. Les marécages des Landes. C. A Fargues. Les fossés près Combebonnet.

NARDUS.   *NARD.*

Calice nul ; corolle bivalve.

1. Nardus stricta. Linn.   *Nard fluet.*

Epi droit unilatéral. ♃... Scheuz. Agr. p. 90. t. 2. f. 10... Leers. Herb. t. 1. f. 7.
Fl. E. 1. Les Landes ; dans la terre de bruyère ; entre Sos et Gabarret.

DIGYNIE.

† Calices uniflores, disposés d'une manière indéterminée (vagi.)

PHLEUM.   *PHLÉODE.*

Calice bivalve, sessile, linéaire, tronqué, bicuspidé au sommet ; corolle incluse.

1. Phleum nodosum. Linn.   *Phléode noueux.*

Epi cylindrique ; chaume ascendant ; feuilles obliques ; racine bulbeuse. ♃... Leers. Herborn. t. 3. f. 2... Barr. Ic. 53... Gaud. Agr. 1. p. 37.

β. P. n. *pratense*. Racine moins noueuse, épi très-long.
P. *pratense* Linn.
Fl. E. Dans les prairies, sur le bord des chemins. C.

PHALARIS.   *ALPISTE.*

Calice bivalve, cariné; valves égales, renfermant la corolle.

1. Phalaris canariensis. L. *Alpiste des Canaries.*

Panicule ovoïde, mutique; balles calicinales entières, carinées; corolle à 4 valves, les extérieures lancéolées glabres, les intérieures velues. ⊙... Moriss. Hist. 3. sect. 3. t. 3. f. 1.
Fl. E. 2. Originaire des Canaries; spontané au haut de la côte de Montbran près d'Agen, à la gauche du chemin.
Obs. *La semence peut fournir un gruau très-délicat; mais on l'abandonne aux petits oiseaux, auxquels la nature semble l'avoir destinée. Les serins des Canaries sur-tout en sont très-friands.*

2. Phalaris paradoxa. Linn.   *Alpiste rongée.*

Panicule oblongue, spiciforme; balles calicinales, navi-culaires, unidentées; corolle bivalve, glabre; fleurs in-férieures rongées. ⊙... Moriss. Hist. 3. sect. 8. t. 3. f. 6.
Fl. E. 2. Dans les champs après la moisson. RR. A la Sauvetat-de-Savères, à Cambes près d'Agen.

3. Phalaris phleoides. Linn.   *Alpiste phléoïde.*

Panicule cylindrique, spiciforme, mutique; balles cali-cinales carinées, très-entières, un peu rudes; corolle bivalve, glabre. ♃... Barr. Ic. 21. f. 2.
Fl. P. 2. 3. Dans les friches arides des collines. CC.
Obs. *Malgré la différence du genre, il est facile, au pre-mier coup d'œil, de confondre cette espèce avec le P. no-dosum.*

4. Phalaris arenaria. Wild. Sp. 1. p. 328. *Alpiste des sables.*

Panicule en épi cylindrique, mutique; balles calicinales carinées, très-entières, ciliées; chaume rameux à la base. ⊙... *Phleum arenarium* Linn.
Fl. P. 3. E. 1. Les sables des Landes. A Guilleri, entre Barbaste et Casteljaloux. R. Sur les grands graviers de la Garonne à Malause. RR.

LEERSIA.   *LEERSIE.*

Calice nul; corolle bivalve, fermée.

1. Leersia oryzoïdes. Wild. Sp.   *Leersie oryzoïde.*

Panicule étalée; épillets triandres, étalés; balles à carène ciliée. ♃... *Phalaris oryzoïdes.* Linn. Sp... *Homalocenchrus.* Hall... *Asperilla oryzoïdes.* Lamk. Ill. n.° 858... Schreb. Gram. t. 22.
Fl. E. 1. 2. Sur le bord du ruisseau derrière Saint-Côme à Agen. A Montanou, vallon du Pont-du-Casse. RR.

PANICUM.   *PANIC.*

Calice à trois valves, dont une plus petite.

✳ *Fleurs en épi.*

1. Panicum verticillatum. Linn.   *Panic verticillé.*

Epi verticillé, petits rameaux quaternés; involucre partiel uniflore à deux soies; chaumes étalés. ◉... Scheuz. Agr. 47.
Fl. E. 1. Au pied des rochers. C. A l'Hermitage, au St.-Esprit près d'Agen.
Obs. *Fort ressemblant au* P. viride, *dont il se distingue par les soies denticulées de ses involucres partiels, qui le rendent très-accrochant.*

2. Panicum viride Linn.   *Panic verd.*

Involucres partiels biflores, couverts de soies en faisceau; semences marquées de nervures. ◉... Leers. Herb. n.° 40. t. 2. f. 2... Moriss. Hist. 3. sect. 8. t. 4. f. 10.
Fl. E. 1. 2. Dans les lieux cultivés. CCC.

3. Paniculum glaucum. Linn.   *Panic glauque.*

Epi cylindrique; involucres partiels biflores, couverts de soies en faisceau; semences ridées transversalement. ◉... Leers. Herb. n.° 39. t. 2. f. 1.
Fl. E. 2. 3. Les champs sablonneux. CCC.
Obs. *Très-voisin du* P. viride, *dont il se distingue par la couleur glauque de ses feuilles, par ses épis plus courts d'un jaune roussâtre, et ses semences striées transversalement.*

4. Panicum italicum. Linn.   *Panic d'Italie.*

Epi composé, interrompu à la base, penché; épillets agglomérés; involucres partiels sétacés, beaucoup plus

longs que les fleurs ; rape tomenteuse. ◉... Lob. Ic. t.
42. f. 1.
Fl. E. 2. 3. Spontané en plusieurs endroits.

Obs. *Cultivé en grand dans les Landes et conjointement avec
le seigle parmi lequel il est semé au printems , lorsque ce dernier s'élève à quelques pouces au-dessus du sol. Après la
moisson du seigle , le panic croît en liberté , et l'on voit le
même sable produire deux récoltes la même année en grains
différens, sans avoir exigé les travaux d'une double culture.
Connu sous les noms vulgaires de* panis *et de* petit-mil.

5. Panicum crus corvi. l. *Panic pied de corbeau.*

Epis alternes, unilatéraux ; épillets presque divisés ;
balles légèrement aristées , hérissées ; rape triangulaire. ◉.
Fl. E. 1. Les fossés, les champs sablonneux. CC.

Obs. *Très-voisin du* P. crus galli *, dont il n'est peut-être
qu'une variété ; mais ses épis sont plus ramifiés , ses semences
plus isolées , moins rudes parce que les petites arétes de leur
base sont plus courtes.*

6. Panicum crus galli. Linn. *Panic pied de coq.*

Epis alternes conjugués ; épillets presque divisés , balles
aristées, hérissées ; râpe à cinq angles. ◉... Leers. Herb.
n.° 41. t. 2. f. 3... Moriss. Hist. 3. sect. 3. t. 4. f. 15.
Fl. E. 1. 2. Les bords des fossés aquatiques, les champs
cultivés dans la plaine de la Garonne. C.

Obs. *Les barbes des balles, dans cette espèce, comme dans
la précédente, varient beaucoup pour la longueur, et avortent
quelquefois complètement.*

7. Panicum sanguinale. Linn. *Panic sanguin.*

Epis digités, noueux à leur base ; floscules géminés ,
mutiques ; gaînes des feuilles ponctuées. ◉... *Syntherisma vulgare.* Lois. Fl. gall. not. p. 12... *Dactylon sanguinale.* Vill. Delph. 2. p. 69... *Digitaria sanguinalis.*
Allion. Fl. ped. 2. p. 239... *Paspalum sanguinale.* Dec.
Fl. fr. p. 16. n.° 1504... Leers. Herborn. n.° 42. t. 2. f.
6... Schreb. Gram. t. 16.
β. P. s. *ciliare.* Valve extérieure ciliée ; gaînes et feuilles
velues. *Pan. ciliare.* Willd. Sp... *Syntherisma ciliare.*
Lois. Fl. gall. not... *Paspalum ciliare.* Dec. Fl. fr. VI.
p. 250.
γ. P. s. *brevifolium.* Feuille supérieure, courte , ovale ,
lancéolée.

Fl. E. 2. 3. Les champs sablonneux. CC. β sur les graviers de la Garonne. γ dans les vignes au-dessus de
Mérens près d'Agen.

Obs. *La variété* β, *remarquable par les cils blancs, souvent jaunes, de ses balles, ne peut constituer une espèce,
puisqu'on trouve souvent des individus dont les balles sont
ciliées au sommet des épis et glabres à leur base. On sait
d'ailleurs que dans un sol aride et graveleux les plantes
acquièrent souvent des poils qu'elles n'ont point dans d'autres
localités. Cette observation, pour le dire en passant, nous
paroît trop négligée par quelques botanistes modernes, qui,
d'après un caractère aussi accidentel, ont institué néanmoins
beaucoup d'espèces hasardées. Nous n'admettrons ces espèces
qu'après un examen très-réfléchi ; voyez à cet égard la Phil.
bot. de Linné,* 272.

8. Panicum dactylon. Linn. *Panic digité.*

Epis digités, étalés, intérieurement velus à leur base;
fleurs solitaires ; chaume à rejets rampans. ♃... Clus.
Hist. 2. p. 217. f. 2... Dalech. Hist. 421. f. 2... Scheuz.
Agr. t. 2. f. 11.
Fl. E. 2. 3. Les bords des chemins. CCC.

Obs. *Il est employé en médecine sous le nom de* chiendent,
ainsi que le triticum repens ; *mais celui-ci est plus sucré,
plus succulent et plus pectoral.*

* * *Fleurs en panicule.*

9. Panicum miliaceum. Linn. *Panic millet.*

Panicule lâche, flasque ; gaîne des feuilles hérissées ;
balles mucronées, nerveuses. ◉.
Fl. E. 2. 3. Spontané en plusieurs endroits dans les
champs sablonneux.

Obs. *Cultivé dans les landes conjointement avec le seigle,
et de la même manière que le* P. *italicum. Il varie à
semences blanches. Sa farine, détrempée avec du lait, de
l'eau ou du bouillon, produit des crèmes, des bouillies,
des potages aussi agréables au goût que d'une digestion
facile.*

ALOPECURUS. *VULPIN.*

Calice bivalve ; corolle univalve. *(Trois balles calicinales
dont une recouverte par les deux autres.)*

1. Alopecurus agrestis. Linn. *Vulpin agreste.*

Chaume à épi droit ; balles lisses. ♃... Leers. Herborn.
t. 2. f. 5... Moriss. Hist. 3. sect. 8. t. 4. f. 12.
Fl. P. E. Les champs cultivés. CCC.
Obs. *Très-voisin de l'*A. pratensis *qui ne croît point dans
nos contrées.*

2. Alopecurus geniculatus. Linn. *Vulpin géniculé.*

Chaume géniculé à la base, à épi droit ; corolles émous-
sées au sommet. ♃... Leers. Herborn. t. 2. f. 7.
Fl. E. 1. Les lieux marécageux, les fossés aquatiques. CC.
A Brax près d'Agen.

POLYPOGON. *POLYPOGON.*

Balle uniflore, à deux valves aristées ; périgone à deux
valves, la plus petite aristée.

1. Polypogon Monspeliense. Desf. Atl. *P. de Montpell.*

Panicule presque en épi ; balles velues ; corolles aristées.
⊙... Barr. Ic. 115. f. 1... *Alopecurus Monspeliensis* Linn.
Fl. E. 2. 3. Dans le sable des Landes. RR.

MILIUM. *MILLET.*

Calice bivalve, uniflore ; valves presque égales ; corolle
très-courte ; stigmates en forme de pinceaux.

1. Milium lendigerum. Linn. *Millet lendigère.*

Panicule presque en épi ; fleurs aristées. ⊙... *Agrostis
ventricosa.* Gouan. Hort. Monsp. p. 39. t. 1. f. 2... *Agrostis
lendigera.* Dec. Fl. fr... *Agrostis panicea.* Lamk. III.
Fl. E. 2. 3. Dans les champs après la moisson. CCC.

AGROSTIS. *AGROSTIS.*

Calice bivalve, uniflore, un peu plus court que la corolle ; stigmates hérissés longitudinalement.

※ *Aristés.*

1. Agrostis spica venti. L. *Agrostis jouet du vent.*

Pétale extérieur muni d'une barbe roide, droite, très-
longue ; panicule étalée. ⊙... Leers. Herborn. n.° 51. t.
4. f. 1... Scheuz. Agr. 144. t. 3. f. 10... Lamk. III. pl. 41.

Fl. E. 1. 2. Sur les bords du Lot et de la Garonne. RR. Vis-à-vis les Ondes près Libos. A Boé près d'Agen.

2. Agrostis canina. Linn.   *Agrostis des chiens.*

Feuilles radicales et inférieures sétacées ; fleurs ovales-aiguës ; valvules inégales ; corolle munie d'une barbe géniculée. ♃... Scheuz. Agr. 141. n.° 3. t. 3. f. 9.
Fl. E. 1. 2. Les lieux marécageux des Landes. CCC. Dans un petit bois à gauche de la route d'Agen à Roquefort, au-delà du Mestrot.

3. Agrostis setacea. Curt. Lond.   *Agrostis sétacé.*

Feuilles radicales capillaires, touffues, glauques ; panicule droite ; calices lancéolés ; corolle munie à la base d'une barbe géniculée. ♃.
Fl. P. 3. E. Les Landes sèches. CCC.

✳ ✳ Non aristés.

4. Agrostis stolonifera. Linn.   *Agrostis traçant.*

Panicule resserrée ; chaume rameux, rampant ; fleurs entassées ; balles calicinales égales, hérissées de poils rudes ; languette longue. ♃... Scheuz. Agr. 128.
β. A. s. *verticillata.* Panicule en verticilles irréguliers, distans... *A. verticillata.* Vill. Delph. 2. p. 74... Willd. Sp. 1. p. 374.
Fl. E. 2. 3. Les bords des bois, les prairies principalement dans les plaines.
Obs. *Cette espèce est cultivée en fourrage sous le nom de* fiorin, *par les Anglais, qui en font le plus grand éloge.*

5. Agrostis vulgaris. With.   *Agrostis commun.*

Panicule étalée, à rameaux divergens ; valves calicinales égales ; pétale intérieur plus court de moitié, émoussé au sommet ; languette courte, obliquement tronquée. ♃... *A. hispida.* Willd. Sp... *A. capillaris.* Lamk. Dict... *A. violacea et varians.* Thuill. Par. p. 35... Leers. Herborn. n.° 53. t. 4. f. 6.
β. A. v. *minor.* Nob. Haute d'environ cinq pouces. *A. vulgaris* β *pumila.* Pers. Synops... *A. vulgaris* γ *pumila.* Gaud. Agrostogr. 1. p. 85. exclus. syn.? *A. pumila.* Dec. Fl. fr. 1519. exclus. syn.?
Fl. E. 2. 3. Les lieux herbeux dans les friches des collines, le long des chemins. CCC.
Obs. *La variété* β *croît dans les landes. Certains botanistes*

paroissent l'avoir confondue avec l'A. pumila Linn., qui s'en distingue cependant par plusieurs caractères.

Cette espèce est tellement voisine de l'A. alba, qu'il est difficile de croire qu'elle n'en soit point une variété. Nourrie dans un sol plus influencé par le soleil, la panicule ne se contracte point par la dessication comme dans l'espèce précédente.

6. Agrostis alba. Linn.   *Agrostis blanc.*

Panicule lâche ; chaume rampant à la base ; valves calicinales égales, mutiques ; languette courte, non tronquée. ♃... Leers. Herb. n.° 54. t. 4. f. 3. Balles blanchâtres. Fl. E. 2. 3. Dans les saussaies qui bordent la Garonne. CC.

Obs. *Les balles calicinales des individus exposés au soleil prennent une teinte violette, qui devient le caractère d'une variété chez certains auteurs. Il est alors extrémement difficile de distinguer cette espèce de la précédente.*

Obs. gén. *Quoique les* A. stolonifera, vulgaris *et* alba *se distinguent par un faciès qui leur est propre, ils sont néanmoins si voisins l'un de l'autre, et il est si difficile de les bien caractériser, qu'ils ont fait jusqu'ici le désespoir des botanistes. L'admirable patience de Gaudin l'auroit même abandonné dans le travail de ces trois espèces, sans le secours de Haller le fils, auquel il paye à ce sujet un tribut d'actions de grâces. Agrostogr. tom. 1. p. 86. Pour nous, qu'une juste défiance retenoit dans les bornes de la plus délicate circonspection, ce n'est qu'après avoir long-temps flotté dans l'incertitude, au milieu des ambiguités, des notions vagues, des méprises qui fourmillent sur ces plantes, dans les auteurs les plus accrédités, ce n'est qu'après avoir soumis leur synonymie à un examen rigoureux, et comparé laborieusement leurs descriptions, que nous avons cru pouvoir nous fixer à leur égard. Auroit-il mieux valu imiter Hudson et Loiseleur, qui ont pris le parti de réunir ces trois espèces en une seule? Ce parti est audacieux sans doute ; mais on ne sauroit le blâmer dans un pareil embarras. Il plane, au reste, une telle fatalité sur le genre* Agrostis, *qu'on trouve dans le Supp. de l'Enc. méth., deux espèces de ce genre, l'A.* aspera *et l'A.* scabra, *n.° 50 et 53, désignés sous la même dénomination française.*

*7. Agrostis pumila. Linn?   *Agrostis mineur.*

Panicule très-étalée, un peu dirigée d'un seul côté ; chaumes droits en touffes serrées, semences surmontées du style. ♃... Linn. Mant. 31... Roth. Germ. 2. p. 86.

Fl. E. 2. Les Landes, dans les lieux inondés pendant l'hiver. R. Sur le chemin au pont de Gorre.

Obs. *Cette plante se distingue si bien de ses congénères, par le peu de hauteur de ses tiges droites et non rampantes, et par la grosseur de ses semences toujours surmontées du style, qu'elle ne sauroit étre regardée comme une variété de l'A. vulgaris With., ainsi que l'ont fait certains botanistes, qui probablement avoient alors sous les yeux notre Agr. vulg. minor. La description que donne M. Decandolle de l'A. pumila, dans la Flor. franç., n.º 1519, fait soupçonner qu'il n'avoit pas vu notre plante.*

8. Agrostis minima. Linn.   *Agrostis nain.*

Panicule mutique, filiforme. ☉... *Knappia agrostidea.* Smith... *Sturmia minima.* Hopp... *Chamagrostis minima.* Dec. Fl. fr. J. B. 2. p. 165. f. 1... Dalech. Hist. 424. Fl. P. 1. Dans les champs sablonneux des Landes. CCC. Dans une vigne sous les moulins d'Espalais, entre Aiguillon et le Port-Sainte-Marie. C. Dans la plaine de la Garonne aux environs de Valence. RRR.

STIPA.   *STIPE.*

Calice bivalve, uniflore; valve extérieure de la corolle à barbe terminale articulée à la base.

1. Stipa pennata. Linn.   *Stipe plumet.*

Barbes plumeuses. ♃... Clus. Hist. 2. p. 221. f. 3... Lamk. Ill. t. 41. f. 1... Barr. Ic. 46. Fl. P. 3. Les collines sablonneuses dans le département du Lot, et sans doute aussi sur la frontière orientale de celui de Lot-et-Garonne.

Obs. *Clusius compare ingénieusement les barbes pennées de cette graminée aux plumes hypochondres de l'oiseau du paradis. Paradisca apoda. Linn. Syst. Aves. p. 399.*

2. Stipa capillata. Linn.   *Stipe chevelue.*

Barbes nues, courbes; calices plus longs que la semence; feuilles pubescentes sur la face inférieure. ♃... Dec. Fl. fr. 1532... *Stipa juncea* β Lamk. Fl. fr. 3. p. 575. Fl. E. Les sables des Landes. R. Dans la plaine de Beaudignan. Trouvée par M. Graulhié.

Obs. *Les balles de cette graminée prennent à leur maturité une couleur roussâtre qui contribue, avec la pubescence des feuilles, à la faire distinguer du Stipa juncea, dont elle est très-voisine.*

†† *Calices biflores disposés d'une manière indéter-*
minée (vagi.)

AIRA.   *CANCHE.*

Calice bivalve, biflore, sans rudiment de troisième
fleur.

∗ *Mutiques (non aristées.)*

1. Aira aquatica. Linn.   *Canche aquatique.*

Panicule étalée; fleurs mutiques, lisses, plus longues
que les calices, feuilles planes. ◉... Vaill. Bot. par. t.
17. f. 7... *Poa airoïdes.* Dec. Fl. fr. 1620.
Fl. P. 3. Les lieux aquatiques, les fossés, les fontaines.
CCC.

Obs. *Cette plante, dit-on, contribue à rendre l'air des
marais moins malfaisant, par la grande quantité d'oxigène
qu'elle verse dans l'atmosphère.*

2. Aira globosa. Thore.   *Canche globuleuse.*

Chaume droit, filiforme; feuilles roulées en dedans,
subulées; panicule resserrée; valves calicinales presque
hémisphériques; pétales ciliés. ◉... Thore. Journ. bot.
1. p. 197. t. 7. f. 3-4... *Milium tenellum.* Cav. Ic. rar. 3.
p. 37. t. 274. f. 1... *Agrostis tenella.* Poir. Encycl. meth.
suppl... *Airopsis globosa.* Desv. Journ. bot. 1. p. 200...
Dec. Fl. fr. VI. p. 262.
Fl. P. 2. 3. Les terrains sablonneux des Landes. RR. Entre
Basbaste et Casteljaloux. A Guilléri. C.

3. Aira cespitosa. Linn.   *Canche touffue.*

Feuilles planes; panicule étalée; pétales velues à leur
base et aristés; arête droite, courte. ♃... Leers. Herb.
n.° 59. t. 4. f. 8... Scheuz. Agr. 244. t. 2. f. 2-3.
Fl. E. Dans les bois marécageux. RRR. Notamment
entre le Passage-d'Agen et Roquefort, à la droite de la
route.

4. Aira flexuosa. Linn.   *Canche flexueuse.*

Feuilles sétacées; chaumes presque nus; panicule divergente; pédoncules flexueux. ♃... Scheuz. Agr. t. 4.
f. 16... Append. t. 4. f. 4... Leers. Herborn. *A. flexuosa*
n.° 60, et *A. montana* n.° 61. t. 5. f. 1. 2... Schreb.
Gram. t. 30.

Fl. E. Les bois des Landes. R. Au lac de la Laguë.

Obs. *Le caractère tiré des pédoncules, quoique solide, n'est pas très-constant : on trouve toujours quelques individus sur lesquels ils ne sont presque point flexueux. Leers, et d'autres botanistes, ont appliqué à ces individus le nom d'*A. montana, *soit . pourvu qu'on ne confonde pas cette espèce avec l'*A. montana *de Linné, qui, selon Smith, est très-différente.*

5. Aira variegata. Linn.   *Canche panachée.*

Feuilles sétacées, la supérieure en forme de spathe, enveloppant la jeune panicule. ♃... *A. canescens.* Lin... Dec. Fl. fr. n.° 1569... Moriss. Hist. 3. sect. 8. t. 3. f. 10.
Fl. E. Panicule d'une couleur argentée et mélangée de rose ou de violet. Dans les terres sablonneuses des Landes. CCC.

Obs. *L'arête de la balle extérieure est très-courte et un peu en massue au sommet.*

6. Aira præcox. Linn.   *Canche précoce.*

Feuilles sétacées, gaînes anguleuses ; panicule resserrée en épi ; floscules aristés à la base. ◉... Scheuz. Agr. 219.
Fl. P. 2. 3. Les terrains bas et déprimés des Landes. CC. Au pont de Gorre, sur la route de Damazan à Boussès.

Obs. *Cette espèce est voisine de la précédente ; mais son peu de hauteur, la forme de sa panicule et ses arêtes deux fois plus longues que les balles, la distinguent suffisamment.*

7. Aira caryophyllea. Linn.   *Canche caryophyllée.*

Feuilles sétacées ; panicule divergente ; fleurs aristées, distantes. ◉... Lamk. Ill. pl. 44... Moriss. 3. sect. 8. t. 5. f. 11... Leers. Herborn. n.° 62. t. 7. f. 7... Scheuz. Agr. 215. t. 4. f. 15.
Fl. E. Dans les champs sablonneux des Landes et de la plaine de la Garonne. CCC.

MELICA.   *MÉLIQUE.*

Calice bivalve, biflore ; rudiment intermédiaire d'une troisième fleur.

1. Melica ciliata. Linn.   *Mélique ciliée.*

Fleur inférieure à pétale extérieur cilié ; panicule cylindrique en épi. ♃... Barr. Ic. 13. f. 2... Scheuz. Agr. t. 3. f. 16. G... Clus. Hist. 2. p. 219... J. B. Hist. 2. p. 434. f. 1.

Fl. E. 2. 3. Sur les rochers dans le canton de Tournon
RRR. A Susvallon, au haut de la côte de Fumel, près
Sainte-Foi-d'Ante; à Tauroux.

2. Melica uniflora. Retz.   *Mélique uniflore.*

Panicule lâche, foible, penchée; calices à deux fleurs,
l'une hermaphrodite, l'autre neutre. ♃...Willd. Sp. 1. p.
383... Roth. Ger. 2. p. 102... *M. nutans* Lamk. Ill. 957.
p. 44.... *M. lobelii.* Willd. Delph. 2. p. 89. t. 3.
Fl. E. 1. 3. Glumes violettes. Au pied des rochers ombragés, dans les bois, les haies touffues CC.

3. Melica cærulea. Linn.   *Mélique bleue.*

Panicule resserrée; fleurs cylindriques. ♃... Leers Herb.
n.° 58. t. 4. f. 7... Moriss. 3. sect. 8. t. 5. f. 22...
Scheuz. Agr. 207. t. 4. f. 11. 12... *Aira cærulea.* Linn.
Sp. pl. 2. p. 95... id. Leers. l. c... *Festuca cærulea.* Dec.
Fl. fr. 1673.
β. M. c. *Minor.* A peine haute d'un pied.
Fl. E. 2. 3. Dans les friches arides des coteaux où elle
acquiert jusqu'à 5 pieds d'élévation. CCC. A Gambes, à
Cruzel, près d'Agen; à Joatas, canton de Puymirol. La
var. β dans les marécages tourbeux des Landes.
Obs. *Le chaume n'a qu'un seul nœud à la base.*

† † † *Calices multiflores; fleurs le plus souvent*
                    paniculées.

BRIZA.   *BRIZE.*

Calice bivalve multiflore; épillets distiques; valves
cordiformes, obtuses, l'intérieure très-petite.

1. Briza minor. Linn.   *Brize mineure.*

Epillets triangulaires à 7 fleurons; calices plus longs
que les fleurs. ⊙... Linn. Sp. ed. 3... Willd. Sp. exclus.
Hall. et Scheuz. syn.
Fl. E. Les champs sablonneux. R. A Laclaverie, près
d'Agen.
Obs. *Cette espèce se rapproche tellement de la suivante
qu'il est possible qu'elle n'en soit qu'une variété dont les épillets sont plus petits et les feuilles plus étroites; ses calices
prennent quelquefois une légère teinte violette.*

2. Briza virens. Linn.   *Brize verte.*

Epillets ovales à 7 fleurons; calices égalant les fleurs.
⊙... Barr. Ic. 16... *Briza virens* Dec. Fl. fr. 1627 ?

Fl. E. Parmi les moissons, dans les terres sablonneuses des rives de la Garonne. C. A Dolmayrac, près d'Agen.

Obs. Cette espèce ne peut être confondue avec le B. media Linn., dont elle est parfaitement distincte par sa racine annuelle, ses feuilles deux ou trois fois plus larges, munies d'une languette linéaire-lancéolée, par sa panicule plus rameuse, plus fournie d'épillets, par les callosités noueuses qui dépriment la base des rameaux, enfin, par ses fleurs toujours vertes, plus petites, et qui se détachent à une légère compression. Ces caractères différentiels et solides, la plupart omis dans la description de Decandolle, qui d'ailleurs indique les bois pour la station de cette plante, nous ont forcé à le citer avec doute.

3. **Briza media.** Linn.   *Brize moyenne.*

Epillets ovales, à 7 fleurons ; calice plus court que les floscules ♃... Scheuz. Agr. 204. 205. t. 4. f. 89... Linn. Sp. pl. ed. 3... Willd. Sp. exclus. syn... Barr... Leers. Herb. n.° 64. t. 7. f. 2... Lamk. Ill. pl. 45. f. 1.
Fl. P. 3 E. Balles tirant sur le violet. Les prairies, les pelouses. CCC.
Obs. Le synonyme de Scheuz. 205, donné par Willd. pour le B. minor, appartient évidemment au B. media, et le syn. de Barr. Ic. 16, au B. virens.

4. **Briza eragrostis.** Linn.   *Brize amourette.*

Epillets lancéolés, à 20 fleurons. ◉... Clus. Hist. 2. p. 218... Barr. Ic. 43. Moriss. 3. sect. 8. t. 6. f. 52... Schreb. Gram. t. 39.
Fl. E. A. Dans les prairies et les champs sablonneux des plaines. CCC.

POA.   *PATURIN.*

Calice bivalve, multiflore ; épillets ovales ; balles un peu aiguës et membraneuses sur les bords.

1. **Poa trivialis.** Linn.   *Paturin trivial.*

Panicule un peu diffuse ; épillets triflores, pubescens à la base ; chaume droit, cylindrique. ♃... Villd. Sp. p. 387.
β. P. t. *scabriuscula.* Gaînes des feuilles rudes... *P. dubia* Leers. Herborn. n.° 69. t. VI. f. 5... *P. Scabra* Dec. Fl. fr. 1607.
Fl. E. Dans les prairies CCC. ; la variété dans les saussaies qui bordent la Garonne.

Obs. *La languette des feuilles est plus longue que dans le*
P. angustifolia *et le* P. pratensis.

2. Poa angustifolia. Linn. *P. à feuilles étroites.*

Panicule diffuse ; épillets quadriflores , pubescens ;
chaume droit , cylindrique. ♃... Leers Herborn. n.º 67.
t. 6. f. 3. et n.º 66. t. 6. f. 2... Dec. Fl. fr. 1608 et
1610... *P. pratensis angustifolia.* Gaud. Agr. 1. p. 214.
Fl. P. 2. Les prairies CCC.

3. Poa pratensis. Linn. *Paturin des prés.*

Panicule diffuse; épillets quinqueflores , glabres; chaume
droit, cylindrique. ♃... Leers Fl. herborn. n.º 68.
t. 6. f. 4... Decand. Fl. fr. 1609... Gaudin. Agr. 1. p. 212.
Fl. E. 1. Les prairies C.

Obs. *Il est difficile de bien caractériser cette plante , et
de la distinguer de la précédente , dont elle diffère cependant par sa panicule plus étalée , ses épillets plus gros ,
et ses feuilles plus larges.*

4. Poa annua. Linn. *Paturin annuel.*

Panicule étalée à angles droits ; épillets obtus ; chaume
oblique, comprimé. ☉... Lamk. Ill. pl. 45. f. 3... Dec.
Fl. fr. 1606.
Fl.E.A. Les bords des chemins , les allées des jardins. CCC.
Obs. *Cette espèce est mal nommée ; elle est bien loin d'être
la seule de son genre qui soit annuelle.*

5. Poa pilosa. Linn. *Paturin poilu.* (1)

Panicule étalée, roide , base des premières ramifications,
munie de longs poils. ☉... Scheuz. Agr. 193... Lois.
Fl. gall. p. 51 , et not. p. 17... Dec. Fl. fr. VI. p. 272.
synop. 1599. exclus. syn... *Poa eragrostis* Poir. dict.
β. P. t. *minor.* A peine haut de 3 pouces.
Fl. E. 3. Epillets violets. Dans les champs sablonneux.
CCC. La var. au moulin *d'Escournat*, près d'Agen, dans
les vignes.
Obs. *Le Poa eragrostis. Fl. fr. 1599. n'est autre chose que
le* P. pilosa *Linn., selon Decandolle lui-même. Ainsi , le*
P. eragrostis, *Linn. n'est décrit nulle part dans cet ouvrage ,
quoique l'auteur y ait dit expressement qu'il croit en France.
(Fl. fr. VI. p. 270.)*

---

(1) Je préfère ce nom , quoique assez mal sonnant , à celui de
Paturin à manchettes , bien plus joli , que lui donne un auteur célèbre.

6. Poa rigida. Linn.   *Paturin roide.*

Panicule lancéolée, légèrement rameuse, unilatérale,
à ramifications alternes. ⊙... Barr. Ic. 49... Moriss. Hist.
3. sect. 8. t. 2. f. 9... Scheuz. Agr. t. 6. f. 2. 3... Dec. Fl.
fr. 1625.

β. P. r. *minor.* Plus petit; panicule presque en épi. *Gramen minus vulgare panicula rigida.* Tournef. inst. 522...
Gramen minus Mapp. Pl. alsat. p. 134.

Fl. E. 2. 3. Sur les rochers, sur les murailles, dans les
friches pierreuses des coteaux. C.

7. Poa compressa. Linn.   *Paturin comprimé.*

Panicule resserrée, unilatérale; chaume oblique, comprimé. ♃... Leers Herborn. n.° 71. t. 5. f. 4... Vaill. Bot.
par. t. 18. f. 5... Dec. Fl. fr. 1612.

Fl. E. 1. 2. Les terrains crétacés, sur les rochers, les
murailles. CC.

8. Poa nemoralis. Linn.   *Paturin des bois.*

Chaume débile; feuilles pliées à la base, plus larges et
plus longues que la gaîne; panicule effilée, inclinée;
épillets de 2 à 3 fleurs. ♃... Leers Herb. t. 5. f. 3.

β. P. n. *firmula.* Gaud. Agr. p. 181... Panicule pyramidale moins débile; calices plus courts que l'épillet.

γ. P. n. *Coarctata.* Gaud. Agr. p. 185... Panicule resserrée;
épillets de 3 à 4 fleurs; chaumes touffus... *P. coarctata.*
Dec. Fl. fr. VI. p. 273.

Fl. E. Dans les bois humides, les lieux ombragés; la
garenne de St.-Amans. C. β dans les saussaies, près d'A-
gen. γ à la Mayrade, sur les bords du Lot, près Penne.

9. Poa bulbosa. Linn.   *Paturin bulbeux.*

Panicule unilatérale peu étalée; épillets quadiflores.
♃... Vaill. Bot. par. t. 17. f. 8... Dec Fl. fr. 1613.

β. P. b. *vivipara.* Panicule à épillets vivipares... Barr.
Ic. 703.

Fl. E. 1. 2. Les bords des chemins, les revers des fossés,
sur les murailles. CCC.

KŒLERIA.   *KŒLERIE.*

Calice bivalve, valves comprimées, carinées; corolle
bivalve, brièvement aristée; balles marquées de nervures.

1. Kœleria cristata. Pers. Syn. *Kœlerie à crêtes.*

Panicule en épi, interrompue à sa base; épillets un peu lâches de trois à quatre fleurs; fleurs très-aiguës, presque aristées, un peu rudes sur la carène; chaume pubescent au sommet; feuilles planes. ♃... Pers. Syn. 1. p. 97.... Dec. Fl. fr. VI. p. 268... Gaud. Agr. 1. p. 148... *Poa cristata* Leers Herb. 73. t. 5. f. 6... Willd. Sp. 1. pag. 402... *Aira cristata* Linn. Sp. pl. 94.
Fl. E. 1. Les collines sèches. R. Aux environs de Tournon.

2. Kœleria tuberosa. Pers. *Kœlerie tubéreuse.*

Panicule plus dense, plus allongée; épillets de 2 à 3 fleurs très-aiguës; chaumes et gaînes presque glabres; feuilles inférieures roulées sur elles-mêmes. ♃... Pers. Syn. p. 97... *Kœl. setacea* Dec. Fl. fr. VI. p. 269.
β. K. t. *setacea* Pers. l. c. Chaumes et gaînes pubescentes. K. *setacea*, α. Dec. Fl. fr. l. c... *Phalaris pectinata.* Lamk. III. 1. p. 183.
Fl. E. 1. Les collines arides R. Dans les friches à Pecaou, à Lacassaigne, près d'Agen.

Obs. *Très-voisine de la précédente dont elle n'est peut-être qu'une variété.*

3. Kœleria gracilis. Pers. *Kœlerie effilée.*

Panicule en épi, très-allongée, interrompue à la base, presque rameuse; épillets de deux fleurs, mutiques, brillantes; feuilles un peu glauques, pubescentes, ainsi que le chaume, roulées sur elles-mêmes par la dessication. ♃...: Pers. Syn. 1. p. 97.
β. K. g. *albescens.* Chaume entièrement recouvert par les feuilles... *Kœl. albescens.* Dec. Fl. fr. VI. p. 269.
γ. K. g. *violacea.* Balles et anthères violettes; panicule moins serrée, plus courte; chaume très-grêle.
Fl. à balles d'un verd gai mêlé de blanc brillant. E. 1. Les sables, dans les bois-taillis de la lisière des Landes. C. Au lac de la Lagüe. La var. γ à Tillet.

4. Kœleria Phléoïdes. Pers. *Kœlerie phléoïde.*

Panicule en épi, oblongue, cylindrique, très-serrée; épillets de quatre à cinq fleurs; fleurs aristées à balles lancéolées munies de nervures, hérissées de poils roides; feuilles pubescentes; chaume glabre. ☉... Pers. Syn. p. 97... *Festuca phleoïdes.* Villd. Dauph. 2. p. 95... Dec. Fl. fr. 1593 et VI. p. 271... Barr. Ic. 717.

Fl. P. 3. Les bords des chemins dans les coteaux. CCC.
A St.-Vincent, à Castillou, près d'Agen.

DACTYLIS.   *DACTYLE.*

Calice bivalve, comprimé; une valve plus grande et
carinée.

2. **Dactylis. glomerata.** Linn.   *Dactyle aggloméré.*

Panicule agglomérée, unilatérale. ♃... Leers Herb. n.°
57. t. 3. f. 3... Lamk. Ill. pl. 44. f. 1... Moriss. Hist. 3.
sec. 8. t. 6. f. 38.

β. D. g. *pubescens*, à balles hérissées de poils.

Fl. E. Les prairies, les pelouses. β sur les coteaux. CCC.
à Combemingué, près d'Agen.

FESTUCA.   *FÉTUQUE.*

Calice bivalve; épillets oblongs, un peu cylindriques;
balles acuminées.

* *Panicule unilatérale.*

1. **Festuca bromoïdes** Linn.   *Fétuque bromoïde.*

Panicule unilatérale; épillets droits, lisses; balles calicinales, l'une entière, l'autre aristée. ◉... *Gramen
paniculatum, bromoïdes, minus, paniculis aristatis unam
partem spectantibus.* Scheuz. Agr. 297. t. 6. f. 14. (1)
Fest. uniglumis. Ait ?... *Fest. uniglumis* Dec. Fl. fr. 1597...
Lois. Fl. gall. p. 57.

Fl. P. 3. Dans les champs sablonneux des Landes parmi
les moissons. R. Les bords du lac de la Lagüe, près Xaintrailles. C.

Balles *longues d'environ 6 lignes dans les épillets mûrs,
l'arête non comprise, et d'environ un pouce avec l'arête.
Valves calicinales très-inégales; l'intérieure presque imperceptible, à peine longue d'un tiers de ligne; l'intérieure
de 4 à 7 lignes de longueur, terminée par une arête de 2
à 3 lignes.*

Obs. 1.° *La valve intérieure du calice presque imperceptible, s'allonge quelquefois sur le même individu au point
d'acquérir environ une ligne de longueur;*

2.° *La grandeur des fleurons de cette espèce, et ses pédicelles renflés, ne permettent point de la confondre avec le*
F. myuros *Linn.* et sciuroïdes *Roth;*

---

(1) L'individu que Scheuchzer a décrit et figuré avoit été recueilli
en France par le célèbre B.ᵈ Jussieu, qui le lui avoit envoyé. L. c.

3.° *Le Sp. de Willdenow* 1. p. 418. *lig.* 32 , *renferme une erreur , au lieu de* Altera acuminata , *lisez* Altera aristata. *Sp. pl.* 100. *Cette faute, copiée par presque tous les nouveaux botanistes , a peut-être occasionné leur méprise sur le* F. bromoïdes *Linn. La même faute est dans le Systema veg. de Muray , bien antérieur à Willdenow*

2. **Fest. sciuroïdes.** Roth. *Fétuque queue d'écureuil.*

Panicule unilatérale en forme de grappe ; calice court ; fleurs diaphanes, rudes; barbes longues ⊚... Roth. Germ. 2. p. 130... Scheuz. Agr. 290. t. 6. f. 10. excellente... *F. bromoïdes* Murr. syst... Willd. Sp. pl. p. 418... Lamk. III. 1026. pl. 46. f. 4... Dec. Fl. fr. 1596... Lois. Fl. gall. p. 57... Gaud. Agr. helv. 1. p. 245... Barr. Ic. 100... *Bromus dertonensis.* All. Ped. 2. n.° 2225... Smith. Fl. brit. 1. p. 117.

β. F. s. *major.* Chaume plus élevé , panicule moins ferme; ramifications inférieures presque géminées... Scheuz. Agr. 291. décrit sur des échantillons recueillis en France par B.ᵈ de Jussieu.

Fl. E. Dans les champs sablonneux de la plaine de la Garonne. C. à Beauregard, à Brax , près d'Agen.

Obs. *Cette espèce se distingue au premier coup-d'œil du* F. myurus *Linn. par la forme de la panicule , sa couleur verte plus intense , et sa valve extérieure du calice sensiblement acuminée.*

3. **Festuca myurus** Linn. *Fétuque queue de rat.*

Panicule unilatérale, très-longue, presque en épi , débile ; rameaux inférieurs géminés , floscules rudes sur toute leur surface. ⊚... Scheuz. Agr. p. 293. non 294. tab. 6. f. 11... Barr. Ic. 99... Leers. Herb. n.° 77. t. 3. f. 5... Dec. Fl. fr. 1594... Gaud. Agr. 1. p. 245.
Fl. E. Les champs, les murailles. CC.

4. **Festuca ciliata.** Brot. Fl. lusit. *Fétuque ciliée.*

Panicule unilatérale, très-longue, presque en épi droit ; rameaux inférieurs géminés ; balles florales bordées de longs cils ⊚... Danth. Gram. inéd. d'après Dec. Fl. fr. 1595... Scheuz. Agr. 294. t. 6. f. 12... *F. myurus* Gouan. Hort. monsp. 49... *F. myurus var.* St.-Am. Soc. Agr. d'Agen an XII. p. 85.
Fl. E. Les bords des champs dans les lieux secs et sablonneux, sur les rochers arides R. A Beauregard, à Martinet, à Mérens , près d'Agen.

Obs. *Cette plante qu'on distingue avec tant de facilité du F. myurus n'en diffère néanmoins que par les longs cils de ses balles florales, caractère qui pourroit bien n'être pas essentiel.*

✳ 5. Festuca juncifolia. N.   *F. à feuilles de jonc.*

Panicule unilatérale, peu ample, velue; feuilles filiformes, fermes; languette courte, déchirée en forme de cils.

Fl. E. Dans les Landes. RR.

Desc. Racine *rampante*. Chaume *haut d'environ deux pieds, muni de deux ou trois articulations un peu renflées. Feuilles roulées, cylindriques très-longues, striées, de la grosseur d'une ficelle, les radicales longues d'un pied et au-delà, les caulinaires de 2 à 4 pouces. Languette à peine longue d'une demi ligne, déchirée en forme de cils, et non auriculée. Panicule peu ample, un peu en épi, devenant blanchâtre en vieillissant, ramifications inférieures géminées, quelquefois solitaires. Epillets velus, oblongs, applatis, longs d'un demi pouce, composés de six fleurons longs de quatre lignes, surmontés d'une arête très-courte.*

✳ 6. Festuca Rubra. Linn.   *Fétuque rouge.*

Glauque; panicule unilatérale, roide; épillets de six à neuf fleurs à peine aristées, le dernier fleuron mutique; feuilles roulées en dedans, fermes, très-lisses en dehors; racine rampante. ♃... Smith. Brit. p. 116, non Dec. Fl. fr.

Fl. P. 3. E. 1. 2. Parmi les bruyères dans les sables des Landes. Au Pont de Gorre, à Fouguerolles. R.

Desc. *Toute la plante d'un bleu glauque. Racine rampante, émettant de distance en distance des touffes à racines lanugineuses. Feuilles roulées en dedans, filiformes, roides, lisses en dehors, nullement striées, pubescentes et striées en dedans; les radicales longues de quatre à dix pouces, les caulinaires de deux à trois. Languette tronquée, à deux oreillettes. Gaînes glabres, profondément striées. Chaumes droits ou un peu redressés, hauts d'un pied à un pied et demi, munis de deux articulations vers la base, feuillés jusqu'au tiers de leur hauteur seulement; demi cylindrique au-dessous de la panicule, couverts le plus souvent de poils rudes très-courts. Panicule plus ou moins étalée, médiocre, glauque, le plus souvent colorée d'un rouge tirant sur le violet, rameaux flexueux, roides, hérissés de poils rudes très-courts, les inférieurs géminés ou solitaires. Epillets glabres de sept à neuf fleurs, comprimés, de grandeur variable ordinairement longs de deux lignes.*

Fleurons *à peine aristés, le dernier mutique, hérissés au sommet seulement.* Balles *calicinales très-inégales, pointues, hérissées au sommet, l'intérieure munie de trois nervures saillantes.*

7. Festuca ovina. Linn.   *Fétuque des brebis.*

Panicule unilatérale ramassée; floscules aristés; chaume quadrangulaire, presque nu ; feuilles fermes, sétacées, lisses. ♃... Scheuz. Agr. 279. t. 6. f. 8... Leers. Herb. 74. t. 8. f. 3. , 4.

β.F o. *hirsuta.* Epillets légèrement velus...*F. hirsuta.* Host., d'après Dec. Fl. fr. VI. p. 264.

Fl. E. 1. Dans les friches arides, sur les rochers, les vieilles murailles. C. A Pecaou, près d'Agen.

8. Festuca duriuscula. Linn.   *Fétuque durette.*

Panicule unilatérale oblongue ; épillets de six fleurs oblongs, lisses ; feuilles sétacées, un peu fermes, striées. ♃... Scheuz. Agr. 285... Leers. Herb. n.° 75. t. 8. f. 2... Willd. Sp. pl. p. 421... Dec. Fl. fr. 1584... *F. rubra.* Leers. Herb. n.° 76. t. 8. f. 1... Dec. Fl. fr. 1583.

β. F. d. *dumetorum.* Balles pubescentes et ciliées. Gaud. Agr. p. 253... *F. dumetorum* Linn.

γ. F. d. *heterophylla.* Feuilles caulinaires planes. *F. heterophylla.* Lamk. Fl. fr.

Fl. E. 1. Les friches, les pelouses arides des collines C. Les bords des chemins CC.

9. Festuca tenuifolia. Sibth.   *F. à feuilles menues.*

Panicule unilatérale, ramassée ; épillets à quatre ou cinq fleurs mutiques; chaume presque quadrangulaire, feuilles capillaires, roulées en dedans, lisses. ♃... Dec. Fl. fr. VI. p. 264... *F. capillata.* Lamk. Fl. fr. 3. p. 597. illust. 1. p. 192.

Fl. P. 3. E. 1. Les Landes tourbeuses R. auprès du pont de Gorre.

10. Festuca nigrescens. Lamk.   *Fétuque noirâtre.*

Panicule unilatérale oblongue; épillets de quatre à cinq fleurs, surmontées d'une arête aussi longue que les fleurons; feuilles sétacées, anguleuses-planes, très-menues; racine fibreuse. ♃... Lamk. Dict. p. 460... Gaud. Agr. helv. 1. p. 264... Dec. Fl. fr. VI. p. 266.

β. F. n. *vestita.* Epillets pubescens , d'un rouge noirâtre.

Fl. E. Les terrains arides et stériles des collines. R. Aux bois de Darel et de Beauregard , près d'Agen.

11. Festuca decumbens. Linn.   *Fétuque inclinée.*

Panicule droite ; épillets ovoïdes , mutiques ; calices plus grands que les fleurons ; chaume à demi couché , oblique. ♃... Leers Herbor. n.° 78. tab. 7. f. 5... Moriss. Hist. 3. sect. 8. t. 1. f. 6... Scheuz. Agr. 170. t. 3. f. 16. A. B. C... *Danthonia decumbens*. Dec. Fl. fr. 1543... Gaud. Agr. 1. p. 154.

Fl. E. Dans les bois , parmi les bruyères de nos Landes. C. A Lacandelie , à Cruzel , près d'Agen.

Obs. *Cette espèce a peut-être autant d'affinité avec les* Melica *qu'avec les* Festuca.

12. Festuca arundinacea. Schreb.   *F. arondinacée.*

Panicule légèrement inclinée, lâche ; épillets presque cylindriques , de 4 à 6 fleurs , peu ou point aristées ; feuilles fortement striées. ♃... Scheuz. Agr. 266 t. 5. f. 18... Gaud. Agr. 1. p. 256... Decand. Fl. fr. 1580... *Bromus littoreus.* Willd. Sp. 1. p. 433.

Fl. E. Dans les prairies, sur les bords de la Garonne. CCC.

Obs. *La barbe des balles de la corolle est insérée un peu au-dessous du sommet, comme dans les bromes.*

13. Festuca pratensis. Huds.   *Fétuque des prés.*

Panicule unilatérale , droite ou presque droite , lâche ; épillets linéaires , comprimés, obtus , les extérieurs cylindriques , munis d'arètes nulles ou très-courtes. ♃... Smith. Fl. brit. 1. p. 123... Schreb. Gram. 34. t. 2... Leers Herb. 76. t. 8. f. 6... Scheuz. Gram. 200. t. 4. f. 6. β. *F. p. loliacea.* Epi distique ; épillets sessiles ou presque sessiles... *F. loliacea* Huds. ex Smith. Fl. brit. 1. p. 122.... Dec. Fl. fr. 1578... *Gram. loliacea vulgaris variet. spicis rarius dispositis.* Moriss. Hist. 3. s. 8. t. 2. f. 2.

Fl. E. Les prairies humides. R. Au vallon de Naux, à Beauregard , près d'Agen.

Obs. *Il nous est impossible de ne pas regarder le* Festuca loliacea *Huds. comme une pure variété du* Festuca pratensis *du même auteur. Ces deux plantes croissent ensemble de manière à lever tous les doutes à cet égard ; d'ailleurs le nombre des épillets dans les rameaux inférieurs de la panicule du* Festuca pratensis *varient de deux à quatre.*

4. Festuca fluitans. Linn. *Fétuque flottante.*

Panicule rameuse, droite ; épillets presque sessiles, cylindriques, mutiques. ♃... Leers. Herborn. n.º 80. t. 8. f. 5... *Poa fluitans* Smith... Dec. Fl. fr. 1600... Gaud. Agr. 1. p. 117... Schreb. Gram. t. 3.

Fl. É. Dans les fossés pleins d'eau, les marais, les étangs, où son feuillage divergeant par faisceaux est très-remarquable. CCC.

Obs. *Sa semence cuite avec du lait, forme une bouillie ou gruau, dont les Polonois et les Prussiens font un grand usage, d'où lui vient le nom de* manne de Prusse. *Vu la petitesse de sa semence, combien celte plante ne doit-elle pas être multipliée dans ces régions du Nord de l'Europe !*

Noc. festucae.

BROMUS. *BROME.*

Calice bivalve ; épillets oblongs, cylindriques, distiques ; arête ou barbe insérée au-dessous du sommet de la corolle.

1. Bromus racemosus. Linn. *Brome à grappes.*

Fleurs en grappes simples ; épillets ovales à six fleurs, glabres, comprimés ; pédoncules à demi verticillés, uniflores. ☉... Smith. Fl. brit. 1. p. 128... Moriss. Hist. 3. s. 8. t. f. 19... Dec. Fl. fr. VI. p. 275.

β. B. r. *Subpaniculatus.* Epillets de sept à douze fleurs ; l'un des pédoncules inférieurs biflores.

Fl. E. 3. Les prés, les bords des champs dans la plaine de la Garonne. C. A Brax, à la Salève, près d'Agen.

2. Bromus squarrosus. L. *B. à barbes divergentes.*

Panicule penchée ; épillets ovales ; barbes divergentes. ☉... Scheuz. Agr. 251. t. 5. f. 11... Barr. Ic. 24. f. 1... Dec. Fl. fr. 1632.

Fl. E. Parmi les broussailles, près des rochers. R. A Tibet, à Ferrou, près d'Agen.

3. Bromus mollis. Linn. *Brome mollet.*

Panicule droite ; épillets ovales, pubescens ; arêtes droites ; feuilles couvertes d'un duvet mou. ☉... Scheuz. Agr. 254. t. 5. f. 12... Leers. Herbor. t. 11. f. 1... Lamk. Ill. pl. 46. f. 1... Morisson. Hist. 3. sect. 8. t. 7. f. 18... Dec. Fl. fr. 1630.

Fl. P. 3. Les prairies, les champs cultivés. CCC.

4. Bromus erectus. Huds.   *Brome droit.*

Panicule droite, presque simple ; épillets oblóngs,
presque cylindriques ; barbes droites, plus courtes que
la balle ; feuilles radicales très-étroites, ciliées. ♃...
Vaill. Bot. par. t. 18. f. 2?.. *B. pratensis* Lamk. Dict...
Dec. Fl. fr. 1633... Scheuz. Agr. t. 5. f. 13. excellente.
Fl. P. 2. 3. Les friches arides des coteaux, les prairies.
CC. A Cambes, vallon du Pont-du-Casse, derrière Mal-
conte, près d'Agen.

5. Bromus arvensis. Linn. *Brome des champs.*

Panicule rameuse, penchée ; épillets ovales-oblongs.
◉... Leers. Herbor. n.° 84. t. 11. f. 3... Scheuz. Agr.
262. t. 5. f. 15... Dec. Fl. fr. 1634.
Fl. E. 1. Le bord des champs. CC.

6. Bromus asper. Linn.   *Brome rude.*

Panicule rameuse, penchée, un peu rude ; épillets de
dix fleurs, presque cylindriques, poilus, aristés ;
chaume et feuilles hérissées. ♃... Moriss. Hist. 3. sect.
8. t. 7. f. 27.
Fl. E. Dans les bosquets, les broussailles. CC. A Cambes,
à Ferou, près d'Agen.

✳ 7. Bromus abortiflorus. N. *B. à fleurs avortées.*

Panicule presque unilatérale, pendante ; épillets linéaires, cylindriques, multiflores ; floscules supérieurs
avortés ; arêtes de la longueur des balles. ◉.
Fl. E. 1. Le bord des champs sablonneux, à St.-Lau-
rent, vis-à-vis le Port-Sainte-Marie, à Villeneuve-sur-Lot.
C. Dans les Landes, à la Laguë, près Xaintrailles.

DESC. *Chaume haut d'un pied à un pied et demi, muni de*
4 à 5 articulations, un peu couché à la base ; feuilles,
ainsi que les gaînes, couvertes d'un duvet mou ; languette
arrondie, pectinée-ciliée ; panicule *ample, rameuse, pen-*
chée, rameaux inférieurs verticillés, au nombre de 4 à
7 ; épillets, *velus ou glabres, linéaires-cylindriques de 10 à*
12 fleurs, dont les trois inférieures seulement sont fertiles ;
balles *membraneuses, brillantes sur les bords ;* corolle *ciliée.*

OBS. *Cette jolie plante paroît très-voisine du* **B. tectorum**
Linn., *dont elle ne diffère que par le nombre des fleurs*
de ses épillets : on pourroit peut-être la considérer comme
une de ses variétés.

8. Bromus sterilis. Linn.   *Brome stérile.*

Panicule très-étalée ; épis oblongs, distiques ; balles
subulées, aristées. ⊙... Scheuz. Agr. 258. t. 5. f. 14...
Moriss. Hist. 3. sect. 8. t. 7. f. 11... Leers. Herbor. n.°
83. t. 11. f. 4... Dec. Fl. fr. 1638.
Fl. E. 1. Les lieux cultivés, les haies, les prairies. CCC.

9. Bromus madritensis. Linn.   *Brome de Madrid.*

Panicule pauciflore, droite étalée ; épillets linéaires ;
pédoncules dilatés, les intermédiaires géminés. ⊙... Barr.
Ic. 76. f. 1... Scheuz. Agr. 260... Decand. Fl. fr. 1640.
β. B. m. *maximus.* Plus velu ; épillets, les arêtes comprises,
deux fois plus grands... *B. maximus.* Desf. Atl... Dec.
Fl. fr. VI. p. 277.
Fl. E. Les lieux secs cultivés, sur les murailles. CC. La
var. β parmi des pierres à Lespinasse, près d'Agen, dans
un excellent terrain.

10. Bromus scoparius. Linn.   *Brome balai.*

Panicule en faisceau ; épillets presque sessiles, glabres ;
arêtes d'abord droites, puis divergentes. ⊙... Dec. Fl.
fr. 1641.
β. B. s. *rubens.* Epillets velus... *B. rubens.* Linn. Sp. p. 124.
Fl. E. Sur les rochers, dans les friches arides des coteaux.
R. A l'Hermitage, près d'Agen. C. Sur le chemin de Nérac
à Mezin.

11. Bromus sylvaticus. Poll.   *Brome des bois.*

Epillets sessiles, alternes, droits, cylindriques, velus ;
barbes de la longueur des balles. ♃... Lamk. Dict. 1.
p. 469... *Triticum sylvaticum.* Dec. Fl. fr. 1665.
β. B. s. *gracilis.* Epillets glabres... *B. gracilis.* Willd...
Fl. E. 1. 2. Les lieux pierreux, humides et ombragés. C.
A Peyrequatre, à Cambes, à Saint-Amans près d'Agen.
Obs. *Le* B. sylvaticus *se distingue du* B. pinnatus *par sa
panicule plus grêle et par les articulations de son chaume
munies de poils plus longs.*

12. Bromus pinnatus. Linn.   *Brome pinné.*

Epillets presque sessiles, alternes, cylindriques, pubescens ; chaume simple. ♃... *B. pinnatus* α Linn. Sp...
Scheuz. Agrost. 35... Leers. Herborn. n.° 39. t. 10.
f. 3... *B. corniculatus.* Lamk. Dict. 1. p. 469... *Triticum
pinnatum.* Dec. Fl. fr. 1663.

Fl. E. Dans les bois frais et ombragés. C. A Baurelle, près d'Agen.

Obs. Il est facile de le confondre avec le B. sylvaticus, qui croît dans les mêmes localités : celui-ci est plus grand, plus robuste.

13. Bromus ramosus. Linn. *Brome rameux.*

Epillets presque sessiles, cylindriques, lisses ; feuilles d'abord planes, puis roulées en dedans et subulées ; épillets brievement aristés. ♃... Linn. Mant. 34... *Festuca phœnicoïdes.* Linn. Mant. 84... Gerard. Gallop. 95. n.º 5. tab. 2. f. 2. excellente... *Triticum phœnicoïdes.* Dec. Fl. fr. 1667.

β. B. r. *corniculatus.* Epillets de 20 fleurs, longs d'environ un pouce, un peu arqués... Barr. 1c. 25. excellente.

Fl. E. 2. Les lieux arides et pierreux, le long des chemins. CCC.

Obs. Cette espèce s'élève à deux et trois pieds de hauteur, ses feuilles sont larges de deux lignes, d'abord planes, puis roulées en dedans. Est-ce avec raison qu'on la distingue du Festuca cæspitosa Desf. ?

14. Bromus distachyos. Linn. *Brome à deux épillets.*

Epillets au nombre de deux ou trois, alternes, sessiles, de 8 à 10 fleurs ; feuilles ciliées. ◉... Ger. Prov. 98. t. 3. f. 1... Barr. 1c. 83... *Festuca ciliata.* Gouan. Hort. Monsp. p. 48 et 547... *Triticum ciliatum.* Dec. Fl. fr. 1666.

Fl. E. 1. 2. Au pied des rochers exposés au midi. C. A Pecaou près d'Agen, au Pech de Mauzac, commune de Castelcuiller.

Obs. Cette petite graminée n'offre souvent qu'un seul épillet dans les sols extrémement secs ; elle en a quelquefois trois et plus dans les bonnes terres.

AVENA. *AVOINE.*

Calice bivalve, multiflore ; arête ou barbe dorsale, tordue.

1. Avena elatior. Linn. *Avoine fromental.*

Paniculée ; calices biflores ; fleur hermaphrodite, presque mutique ; fleur mâle aristée ; arête insérée à la base du fleuron. ♃... Leers. Herborn. n.º 88. t. 10. f. 4...

Moriss. Hist. 3. sect. 8. t. 7. f. 37... Dec. Fl. fr. 1562...
Lamk. Dict. 1. p. 35... *Holcus avenaceus.* Gaud. Agr. 1.
p. 136.

β. *A. e. biaristata.* Tous les floscules aristés.

γ. *A. e. bulbosa.* Racines noueuses en forme de chapelet.
A. bulbosa. Willd. Nov. act. soc. ber. V. 2. ex pers...
Dec. Fl. fr. VI. p. 261... *A. precatoria.* Thuill. Par. 2.
p. 58... *Holcus avenaceus* β. Gaud. Agr. 1. p. 136...
Moriss. Hist. 3. sect. 8. t. 7. f. 38... Scheuz. Agr. t.
4. f. 17... Dalech. Hist. 1. p. 429. f. 1.

Fl. E. 1. Les prés, les pelouses. CCC. La var. γ, dans le
voisinage des haies. R.

Obs. *Cette graminée forme un excellent fourrage. Elle est
très-célébrée dans les écrits des Agronomes sous le nom de
Fromental ; nos paysans la désignent sous celui de* Paillolo.

Avena longifolia. Thore. *A. à longues feuilles.*

Paniculée ; épillets courts, biflores ou triflores, la fleur
supérieure mutique ; arête insérée au-dessous du sommet des fleurons ; feuilles planes, roulées par la dessication, velues, les inférieures très-longues, articulations
couvertes de poils blanchâtres réfléchis. ♃... Thor.
Prom. dans les Landes. p. 92.——Certè ex speciminibus
missis.

Fl. variées de verd, de bleu et de pourpre. E. 1. 2. Parmi
les bruyères dans les Landes. C. Au pont de Gorre, entre
Durance et Barbaste.

Descrip. Hauteur, *deux à quatre pieds.* Racine *vivace
oblique ou rampante.* Tiges *à trois articulations, couvertes
de poils blancs réfléchis.* Feuilles *velues, striées, rudes,
planes, roulées en dedans par la dessication ; les inférieures
longues de un à deux pieds, larges d'une ligne et demi.*
Languette *courte, souvent déchirée, ciliée.* Panicule *semblable à celle de l'*A. elatior. Calices *biflores ou triflores à
fleur supérieure mutique.* Balles *calicinales ovales, aiguës au
sommet, presque aussi longues que les fleurons. Arêtes insérées au-dessus du milieu des balles florales.*

Diffère : 1.° *De l'*A. elatior, *par ses fleurs de moitié
plus courtes, quoique aussi larges, par l'insertion de l'aréte,
par ses articulations velues, et par les feuilles roulées dans
l'état de dessication.*

2.° *De l'*A. sempervirens, *Vill.*, *par ses fleurs beaucoup
plus courtes, par ses languettes, ses articulations, la longueur
de ses feuilles, et ses fleurons entourés à leur base par des
poils très-courts.*

3. Avena sativa. Linn.　　　*Avoine cultivée.*

Paniculée ; calices à deux semences lisses ; un seul floscule aristé. ◉... Lob. Ic. 31. f. 2. obs. p. 19. f. 2. Vulgairement *chibado* en gascon.

Fl. P. 3. Cultivée, spontanée dans les champs de blé. C.

Obs. *Les semences de l'avoine, mondées et pilées légèrement, forment, avec du lait ou de l'eau, une bouillie qui nourrit presque tous les habitans de la Basse-Bretagne.*

4. Avena nuda. Linn.　　　*Avoine dépouillée.*

Paniculée ; calices 3 flores, moins longs que le réceptacle; 2 pétales aristés, le 3.e mutique. ◉... J. B. Hist. 2. p. 433... Lob. Ic. f. 1... Moriss. Hist. 3. sect. 8. t. 7. t. 4.

Fl. E. 3. Dans les champs d'avoine cultivée, et végétant avec elle. R.

Obs. *Cette espèce est très-voisine de l'A. sativa ; mais ses semences tombent dépouillées de leur balle, et ses barbes ne sont coudées ni contournées.*

5. Avena fatua. Linn.　　　*Avoine folle.*

Paniculée ; calices 3 flores ; toutes les fleurs aristées et poilues à la base. ◉... Barr. Ic. 75. f. 2... Leers. Herb. t. 9. f. 4... Schreb. Gram. t. 15.

Fl. P. 2. Dans les champs cultivés, parmi les moissons, où elle n'est que trop commune; vul. *Couilloulo.*

6. Avena pubescens. Linn.　　*Avoine pubescente.*

Panicule presque en épi; calices à 2 ou 3 fleurs, poilues à la base ; feuilles pubescentes. ♃... Leers. Herborn. n.° 91. t. 9. f. 2... Scheuz. Agr. 226. t. 4. f. 20... Dec. Fl. fr. 1549... Lamk. Dict. 1. p. 333.

Fl. E. 1. Dans les prairies. CC. A la Salève, au vallon des Barsalous, près d'Agen.

Obs. *Cette espèce se rapproche beaucoup de l'A. pratensis, dont elle se distingue par ses fleurs moins nombreuses, et ses feuilles non roulées en dedans.*

7. Avena versicolor. Vill. Delph.　　*Avoine bigarrée.*

Panicule presque en épi, droite; feuilles planes, obtuses; épillets bigarrés, de 5 à 6 fleurs ; râpe très-velue. ♃... Vill. Dauph. 2. p. 142. t. 4. f. 5... Scheuz. Agr. 231. prod. t. 3... Dec. Fl. fr. 1451... Lamk. Dict. 1. p. 333... Gaud. Agr. 1. p. 317.

Fl. E. 1. Les Landes sèches, entre Xaintrailles et Durance. R.

Obs. *Très-voisine de l'A. pratensis Linn. ; mais elle en
diffère par sa tige munie de deux articulations très-apparentes, par ses feuilles planes plus larges, à languette lancéolée, aiguë, par ses épillets un peu plus petits, et dont la
rape très-velue, n'est point pileuse. Cette plante, qui n'est pas,
à beaucoup près, la seule espèce alpine qu'on trouve dans nos
Landes, y acquiert quelquefois jusqu'à 4 pieds de hauteur.*

8. Avena flavescens. Linn.   *Avoine jaunâtre.*

Panicule lâche; calices 3 flores, courts; toutes les fleurs
aristées. ♃... Leers Herborn. n.° 93. t. 10. f. 5... Scheuz.
Agr. t. 4. f. 19... Dec. Fl. fr. 1560.
Fl. E. 2. 3. Les prés secs, les pelouses. CCC.

9. Avena fragilis. Linn.   *Avoine fragile.*

Fleurs en épi; calices 4 flores, plus longs que la fleur.
☉... Scheuz. Agr. t. 1. f. 7 G... Schreb. Gram. t. 24...
Barr. Ic. 905... Dec. Fl. fr. 1556... Lamk. Dict. 1. p.
334.
Fl. E. 2. Les paturages secs, le long des chemins sur les
collines. C.

ARUNDO.   *ROSEAU.*

Calice bivalve; floscules ramassés, entourés de poils lanugineux.

1. Arundo donax. Linn.   *Roseau cultivé.*

Calices à 5 fleurs; panicule étalée; chaume dur, presque
ligneux. ♃... Scheuz. Agr. 159. t. 3. f. 14 ABC... J. B.
Hist. 2. p. 486... Lob. Obs. 28. f. 2. Ic. 51. f. 2.
Fl. très-rarement dans nos campagnes, et produit alors
une belle panicule terminale argentée. Ce roseau, qu'on
emploie à divers usages, est généralement cultivé sur les
penchans des coteaux exposés au midi, où il est presque
naturalisé.

Obs. *La racine des roseaux, selon Allioni. fl. ped. t. 2. p.
256, contient les mêmes principes (le sacharin surtout), en
plus grande abondance que celles du chiendent, triticum repens Linn., et peut servir plus utilement aux mêmes usages.*

2. Arundo phragmites. Linn.   *Roseau balai.*

Calice à 5 fleurs; panicule lâche. ♃... Lamk. Ill. pl.

46... Leers Herborn. t. 7. f. 1... Lob. Ic. t. 51. f. 2...
Dec. Fl. fr. 1571.
Balles d'un violet foncé.
Fl. E. 2. Les bords des rivières, les lieux aquatiques. CC.
Le long du ruisseau du Pont-du-Cassé, près d'Agen.

Obs. *On fait avec la panicule de ce roseau de jolis balais,
vulgairement appelés* BALAIS DE SILENCE.

Carab. germanus.

3. Arundo calamagrostis. Linn.   *Roseau des bois.*

Calices uniflores ; corolles linéaires, pileuses : barbe
courte ; chaume rameux. ♃... J. B. 2. p. 476... *Calamagrostis lanceolata.* Dec. Fl. fr. 1529.
Fl. panachées de vert et de violet. E. 2. Les lieux aquatiques C. A Brax, près d'Agen.

4. Arundo colorata. Wild. Sp.   *Roseau coloré.*

Calices carenés, uniflores ; corolles glabres avec deux
pinceaux de poils à leur base ; feuilles planes. ♃... *Phalaris arundinacea.* Linn. Sp. 80... Leers. Herborn. n.º
49. t. 7. f. 3... *Calamagrostis colorata.* Dec. Fl. fr. 1528...
Moriss. List. 3. sec. 8. t. 6. f. 41.
Fl. lavées d'une légère teinte de rouge. E. 1. Les prairies
humides, les bords des ruisseaux. CC.

Obs. *On cultive dans les jardins une variété de cette plante,
dont les feuilles sont panachées de blanc.*

†††† *Calice uniflore ou multiflore ; fleurs le plus
souvent disposées sur l'axe de l'épi.*

LOLIUM.   *IVRAIE.*

Calice univalve, multiflore, assujetti contre l'axe de
l'épi.

1. Lolium temulentum. Linn.   *Ivraie énivrante.*

Epi aristé ; épillets comprimés, multiflores ; calices égalant la longueur des épillets. ☉... Bull. Herb. pl. 107...
Lamk. Ill. pl. 48. f. 2... Leers, Herborn. n.º 98. t. 12.
f. 2... Scheuz. Agr. 31. t. 1. f. 17. E. F... Schreb. Gram.
t. 36. Vulgairement *Biraguo.*
β L. t. *subbivalve.* Epillets inférieurs à calice bivalve.
Fl. E. 1. Dans les champs de blé, de seigle. C.

Obs. *Ses semences énivrantes, acres, rendent le pain in-
digeste quand leur farine y abonde. Parmentier assure qu'il*

est possible, par le mélange de la farine de maïs, de dépouiller l'ivraie de sa qualité malfaisante.

2. Lolium multiflorum. Lamk.   *Ivraie multiflore.*

Epi peu ou point aristé; épillets comprimés de 12 à 20 fleurs, trois fois plus longs que le calice. ⊙... Lamk. Ill. n.° 1186... Vaill. Bot. par. t. 17. f. 3... Dec. Fl. fr. 1677.

Fl. E. 1. Dans les champs cultivés. C. Aux moulins à nef, près d'Agen.

Obs. *Très-voisine du* L. perenne, *dont elle n'est très-vraisemblablement qu'une variété.*

3. Lolium perenne. Linn.   *Ivraie vivace.*

Epi dépourvu de barbes; épillets comprimés multiflores. ♃... Leers Herborn. n.° 97. t. 12. f. 1... Lamk. Ill. pl. 48. f. 1... Schreb. Gram. t. 37... Decand. Fl. fr. 1674.

Fl. E. 1. Dans les prairies, sur les pelouses, le bord des champs. CC.

Obs. *C'est le trop fameux* Ray Grass *des agronomes anglais.*

Vbomb. Morio.

4. Lolium tenue. Linn.   *Ivraie fluette.*

Epi sans barbes, cylindrique; épillets de 3 fleurs. ⊙?.. Dec. Fl. fr. 1675.

Fl. E. 1. Dans les prairies. CC. Derrière Malconte, près d'Agen.

Obs. *Cette espèce, que plusieurs botanistes regardent, peut-être avec raison, comme une variété du* L. perenne, *en diffère par son chaume plus effilé, ses feuilles plus étroites, et ses épillets de 3 fleurs.*

HORDEUM.   *ORGE.*

Calices latéraux, bivalves, uniflores et ternés.

1. Hordeum vulgare. Linn.   *Orge commune.*

Floscules tous hermaphrodites, aristés, droits, disposés sur six rangs, dont deux plus prononcés. ⊙... Lamk. Ill. pl. 49... J. B. 2. p. 430... Dec. Fl. fr. 1680... Lob. Obs. p. 15. f. 2.

Fl. E. 1. 2. Cultivé. Originaire de Russie.

Obs. *L'orge est préférée à tous les autres grains, pour la fabrication de la bière. Sa farine, employée seule, fait un mauvais pain; mélangée avec celle du froment et du seigle,*

*elle fournit un aliment très-salubre. On faisoit autrefois une
liqueur avec l'orge, qu'on nommoit* orgcade *, et qu'il ne faut
pas confondre avec l'orgeat.*

2. **Hordeum hexastychon.** Linn.   *Orge à six rangs.*

Floscules tous hermaphrodites, aristés; semences régu-
lièrement espacées sur six rangs. ◉... J. B. 2. p. 129...
Dec. Fl. fr. 1681... *H. vulgare.* β. Lamk. Fl. fr. 3. p. 623.
Fl. E. 1. Cultivé. Sa patrie est inconnue.

3. **Hordeum Distycon.** Linn.   *Orge distique.*

Floscules mâles latéraux dépourvus de balles; semences
anguleuses, imbriquées. ◉... Moriss. Hist. 3. sect. 8.
t. 6. f. 1... Lob. Ic. 29. f. 2... J. B. 2. p. 429... Dec. Fl.
fr. 1682. Vulgairement *baillarge* ou *paumelle.*
Fl. E. 1. Cultivé. Originaire de la Tartarie.

4. **Hordeum murinum.** Linn. *Orge queue de souris.*

Floscules mâles, latéraux, aristés ; involucres intermédiaires, ciliés. ◉... Moriss. Hist. 3. sect. 8. t. 6. f. 4...
Lob. Obs. p. 15. f. 2. Ic. 28. f. 2... Dec. Fl. fr. 1684...
Lamk. Dict. 4. p. 604.
Fl. E. Au pied des murailles, dans les haies, aux environs des habitations. CCC. On peut faire avec cette plante
de très-jolis gazons dans les jardins.

5. **Hordeum secalinum.** Linn.   *Orge seigline.*

Floscules mâles, latéraux, aristés, involucres sétacés,
rudes. ◉... Vaill. Bot. par. t. 17. f. 6... Moriss. Hist. 3.
sect. 8. t. 2. f. 6... Dec. Fl. fr. 1685... Poir. Ency. 604...
H. murinum. β. Linn. Sp. 126.
Fl. E. Dans les prairies. C. A Malconte, à la Salève près
d'Agen.

SECALE.   SEIGLE.

1. Secale cereale.   Linn.   *Seigle céréal.*

Cils des barbes rudes. ◉... Bull. Herb. pl. 111... Lamk.
Ill. pl. 49... Dec. Fl. fr. 1672.
Fl. P. 2. 3. Cultivé dans les terres légères et sablonneuses.
On le croit originaire de Crète.

*Obs. La farine de seigle, mêlée avec le miel, étoit la base
de ce fameux pain d'épice, si vanté par nos aïeux. Sa semence torréfiée en guise de café, forme, avec du lait, une
boisson agréable et saine.*

TRITICUM.   *FROMENT.*

Calices bivalves, solitaires, souvent triflores; épillets un peu pointus, comprimés.

1. **Triticum sativum.** Lamk.   *Froment commun.*

Epillets de 4 fleurs, presque glabres, imbriqués; rape pileuse sur les marges. ⊙... Lamk. Dict. 2. p. 554... Dec. Fl. fr. 1656... Gaud. Agr. 1. p. 336... *Triticum æstivum.* Linn. Sp. 126.

β T. s. *hybernum.* Epillets lisses, peu on point aristés. *T. hybernum.* Linn. Sp. 126.

Fl. P. 3. E. 1. Cultivé partout, excepté dans les Landes.

Obs. *Le pays d'où le froment est originaire, n'est point connu, et son usage dans l'économie domestique est si ancien, qu'il se perd dans la nuit des siècles. Une antique culture paroît l'avoir tellement perfectionné, que l'homme peut le considérer aujourd'hui comme son ouvrage. D'autres graminées sont peut-être aussi susceptibles d'être appropriées à nos besoins par une culture long-temps continuée. Si par ce moyen on s'est procuré le froment, le seigle, l'orge et l'avoine, pourquoi ne seroit-il pas possible d'obtenir des succès analogues de quelqu'autre espèce de cette même famille? Ce genre d'expérience mériteroit d'être tenté, et de fixer l'attention de ceux qui s'occupent d'économie rurale.*

Nous pourrions mentionner ici plusieurs sous-variétés intéressantes pour les agriculteurs; mais elles sont suffisamment connues, et n'entrent point dans le plan de notre ouvrage.

Malachius rufus.

2. **Triticum turgidum.** Linn.   *Froment renflé.*

Epillets renflés, velus, aristés. ⊙... Linn. Sp. 126... Gaud. Agr. p. 338.

Fl. E. 1. Cultivé. Vulgairement connu sous les noms de *grossagne, gros blé.*

Obs. *Decandolle et d'autres botanistes ont fait de cette espèce une variété du* T. sativum *Lamk. Elle est cependant cultivée dans nos campagnes, conjointement avec cette dernière, depuis un temps immémorial, sans que ce voisinage lui ait fait éprouver la moindre altération. Elle se fait toujours distinguer, au premier coup-d'œil, par son chaume plus élevé, plus robuste, par ses épis carrés et bien fournis. Pour ne citer qu'un seul exemple : que de fétuques ne voit-on pas, mentionnées comme espèces, dans les ouvrages modernes, qui n'ont pas des caractères aussi saillans !*

3. Triticum spelta. Linn.   *Froment épautre.*

Calices à 4 fleurs, tronqués ; floscules aristés, hermaphrodites, l'intermédiaire neutre. ⊙... Dec. Fl. fr. 1658...
Lob. Ic. 31. f. 1. Obs. 19. f. 1... Dalech. Hist. 1. p.
395.

Fl. E. 1. Cultivé. R.

Oʙs. *Les semences de cette espèce de froment sont peu employées à la fabrication du pain, à cause de leur peu de volume. Elles servent plus communément à faire la bierre ou du
gruau.*

*Dans les moissons, Ascalaphus C. niger. Authrax morio.
Chrysomela fastuosa. Sp. Apiformia.*

4. Triticum monococcum. Linn.   *Froment locular.*

Calices à deux ou trois fleurs, la première aristée, l'intermédiaire stérile. ⊙... Dec. Fl. fr. 1659... *Monoccum.*
Dod. Pemp. 493.

Fl. E. Cultivé dans les terres des collines qui ont peu de
fond. Vulgairement *espauto, espotoun.*

5. Triticum repens. Linn.   *Froment rampant.*

Calices à 4 fleurs, pointus ; feuilles planes. ♃... Leers
Herborn. n.º 95. t. 12. f. 3... Schreb. Gram. 2. p. 24. t.
26... Dec. Fl. fr. 1661.

β. T. r. *aristatum.* Dec. Fl. fr. 1661 ; épillets un peu aristés... Vaill. Bot. par. 81. t. 17. f. 1.

Fl. P. 3. Sur le bord des champs, principalement dans
les terres sablonneuses. CCC.

6. Triticum pungens. Pers.   *Froment piquant.*

Glauque ; racine rampante ; feuilles roulées en dedans au
sommet, piquantes ; balles acuminées, mutiques, à carène mucronée. ♃... Pers. Syn. 1. p. 109... Lois. Not.
p. 29... Dec. Fl. fr. VI, p. 283... T. *intermedium.* Gaud.
Agr. 1. p. 345.

Fl. P. 3. Les bords des champs, les revers des fossés ; notamment dans les terrains sablonneux, avec le précédent,
dont il est tellement voisin, que nous avons de la peine à
l'en séparer. Il se distingue toutefois du *T. repens* par ses
feuilles, et par sa couleur glauque très-remarquable.

Oʙs. *Ces deux espèces fournissent le* chiendent des bouti-
ques, *sans doute ainsi nommé parce que les chiens ont recours
aux feuilles de ces plantes pour provoquer le vomissement qui
doit les soulager. Les chats néanmoins en font autant, et dans
les mêmes circonstances sont dirigés par le même instinct.*

Il paroît, par le témoignage des anciens, que les Egyptiens avoient trouvé le moyen de retirer du chiendent un aliment journalier. Pourquoi dans les années disetteuses n'essayeroit-on point de faire moudre les racines bien lavées et desséchées des espèces dont il s'agit ? Nul doute qu'on n'en retirât un pain nourrissant et salubre. Les qualités médicamenteuses et alimentaires reconnues de ces racines, d'ailleurs si multipliées dans les terrains meubles, devroient engager à faire quelques essais à ce sujet. Plusieurs agriculteurs très-instruits les ont déjà recommandées, sous ce rapport, au peuple des campagnes.

7. Triticum caninum. Schreb.   *Froment des haies.*

Calices acuminés de 4 à 5 fleurs ; corolles aristées ; feuilles planes ; racine fibreuse. ♃... Gaud. Agr. 1. p. 347... *T. sepium.* Lamk. Dict. 2. p. 563... Dec. Fl. fr. 1660... *Elymus caninus.* Linn. Sp. 124.

Fl. P. 3. Les bords des champs, dans les lieux sablonneux. RR. A S.te-Radegonde, près d'Agen.

8. Triticum hispanicum. Wild.   *Froment d'Espagne.*

Epi linéaire ; calices à 6 fleurs ; épillets aristés, d'abord alternes, puis unilatéraux. ◉... Wild. Sp. 1. p. 479... *Festuca maritima.* Sp. pl. 1. p. 110... *T. tenellum.* Lamk. Dict. 561... *T. nardus.* Dec. Fl. fr. 1671... Lois. Fl. gall. 1. p. 71... Gaud. Agr. 1. p. 350.

Fl. P. 3. E. Dans les friches à l'exposition du midi, sous les rochers. CC. Au Bédat, près d'Agen.

Obs. *Cette espèce, qui n'offre d'épis tournés du même côté qu'après leur épanouissement, est-elle bien distinguée du T. tenuiculum, Lois. Not. p. 47., par le seul caractère de ses épillets unilatéraux ?*

Le nombre des fleurs varie dans les épillets de 4 à 7. Le T. nardus, n'offrant pas le moindre caractère distinctif, ne peut être séparé de l'espèce de Linné.

9. Triticum Halleri. Viviani.   *Froment de Haller.*

Epi linéaire ; épillets écartés, distiques, de 4 à 6 fleurs, mutiques, obtuses ; chaume géniculé à la base. ◉... Gaud. Agr. 1. p. 349... *T. poa.* Dec. Fl. fr. 1668. et VI. p. 285.

Fl. P. 2. 3. Les lieux humides et sablonneux, dans les Landes. RR. Au lac de la Laguë.

Desc. Racine *fibreuse, couverte de poils lanugineux, annuelle.* Chaume *haut de 4 à 6 pouces, ferme, pourvu de deux articulations, geniculé.* Feuilles *inférieures subulées, d'abord canaliculées, puis roulées en dedans.* Languette *courte, obtuse, auriculée.* Gaines *striées.* Epi *simple.* Epillets *sessiles, alternes, distiques, écartés.* Floscules *oblongs.* Balles *mutiques, obtuses, concaves, les calicinales chargées de 3 nervures très-apparentes. Toute la plante glabre.*

CYNOSURUS. Linn.   *CYNOSURE.*

Calice bivalve, multiflore; réceptacle propre unilatéral foliacé.

1. Cynosurus cristatus. Linn.   *Cynosure à crêtes.*

Bractées pinnatifides; épi simple, linéaire. ♃... Leers Herborn. n.º 99. t. 7. f. 4... Lamk. Ill. pl. 47. f. 1. Dict. 2. p. 185... Barr. Ic. 27. f. 2... Moriss. Hist. 3. Sect. 8. t. 4. f. 6.
Fl. E. Les pelouses sèches, les bois. CC.

2. Cynosurus echinatus. Linn.   *Cynosure hérissé.*

Bractées pinnées, terminées en longues barbes; épi rameux, unilatéral. ♃... Lamk. Ill. pl. 47. f. 2... Barr. Ic. 123... Moriss. Hist. 3. sect. 8. t. 4. f. 13... Dec. Fl. fr. 1646.
Fl. E. 1. Les terres légères et sablonneuses, parmi les moissons. R. A Beauregard, à Roquefort, près d'Agen.

3. Cynosurus durus. Linn.   *Cynosure dur.*

Epillets unilatéraux, alternes, serrés, roides, sessiles, obtus, comprimés. Involucre nul. ●,.. Barr. Ic. 50...
Poa dura. Dec. Fl. fr. 1624.
Fl. P. Les bords des chemins, RRR. A Agen, dans les allées de la Porte-du-Pin. C.

Nota. Les graminées nourissent beaucoup d'insectes ; principalement des genres Cryptocephalus, Leptura, Hispa, Carabus, Melolontha, Mordella, Crioceris, Chrysomela, etc.

OBSERVATION GÉNÉRALE. *Linné, ne considérant ici les végétaux que sous le rapport sexuel, a été forcé de dilacérer la grande famille naturelle des graminées, et de la disséminer dans sept classes différentes. Il est à propos de consulter les ouvrages du célèbre M. Richard, de Palissot de Beauvois, de M. Desvaux sur cette importante famille, afin de la bien connoître. Je recommanderai surtout, à cet égard, la lecture d'un mémoire récemment publié par M. Turpin. Ce mémoire, plein de détails précieux et d'aperçus nouveaux, établit entre l'inflorescence des graminées et des autres plantes phanérogames des rapprochemens très-curieux.*

TRIGYNIE.

MONTIA.   *MONTIE.*

Calice diphylle; corolle monopétale irrégulière; capsule uniloculaire bivalve.

1. Montia fontana. Linn.   *Montie des fontaines.*

Tige rameuse; feuilles opposées, spatulées, très-entières; fleurs axillaires. ◉... Vaill. Bot. par. t. 3. f. 4... Mich. Nov. gen. t. 13. f. 2... J. B. 3. p. 678. f. 1... Lamk. Ill. pl. 50... Dec. Fl. fr. 3638.
Fl. blanchâtres. P. 1. 2. Les champs sablonneux, dans les sillons. C. A Beauregard, à Brax, près d'Agen, à Sérignac.

HOLOSTEUM.   *HOLOSTÉE.*

Calice diphylle; 5 pétales; capsule uniloculaire, presque cylindrique, s'ouvrant au sommet.

1. Holosteum umbellatum. Linn. *Holostée ombellée.*

Fleurs disposées en ombelle, triandres. ◉... Lamk. Ill. pl. 51. f. 1... *Alsine umbellata.* Dec. Fl. fr. 4384.
Fl. blanches. P. 1. Les terres sablonneuses, des bords de la Garonne. RRR. Trouvé à Riols, près d'Agen, par M. Chaubard.

POLYCARPON.   *POLYCARPON.*

Calice pentaphylle; 5 pétales, petits, ovales; capsule uniloculaire, trivalve.

1. Polycarpon tetraphyllum. Linn.   *P. quaterné.*

Tige rameuse, débile, couchée; feuilles quaternées. ◉...
Barr. Ic. 524... Lamk. Ill. pl. 51... Dec. Fl. fr. 4377.
Fl. d'un blanc sale. E. 1. 2. Les lieux incultes sablonneux ou graveleux. R. Le long du chemin, à Lécussan, près d'Agen, au pied des murailles du château de Clermont-Dessous.

CLASSE QUATRIÈME.

TÉTRANDRIE.

MONOGYNIE.

† *Fleurs monopétales, monospermes, inférieures.*

GLOBULARIA.   *GLOBULAIRE.*

Calice commun imbriqué; calice propre tubulé, inférieur; lèvre supérieure de la corolle bipartie, l'inférieure tripartie; réceptacle paléacé.

1. Globularia vulgaris. Linn. *Globulaire commune.*

Tige herbacée; feuilles radicales tridentées au sommet,
les caulinaires lancéolées. ♃... Clus. Hist. 2. p. 6... Lob.
Adv. 199 et 200, Ic. 478. f. 2... Besl. Hort. Eyst. Æst.
ord. 4. fol. 2. f. 3... Moriss. Hist. 3. sect. 6. t. 15. f. 46.
Fl. bleues, quelquefois blanches. P. 2. Les terrains crétacés incultes des coteaux. CCC.

†† *Fleurs monopétales, monospermes, supérieures,*
agrégées.

DIPSACUS.   *CARDÈRE.*

Calice commun polyphylle; calice propre supérieur, réceptacle paléacé.

1. Dipsacus laciniatus. Linn.   *Cardère laciniée.*

Feuilles connées, laciniées. ♂... Moriss. Hist. 3. sect. 7.
t. 36. f. 4.
Fl. blanches. E. Dans les vallons, le long des chemins. CC.
A Naux, à Montanou, près d'Agen. A Gaillardet, commune de Castelcuiller.
Obs. *Les tondeurs de draps se servent des têtes de fleurs*
de cette espèce, au défaut de celles du D. fullonum. *Ses*
paillettes sont moins fermes, mais elles le sont plus que celles
du D. Sylvestris. *Si le* D. fullonum *est une variété produite*

par la culture, c'est au D. sylvestris *qu'il faut rapporter son origine.*

2. Dipsacus fullonum. Linn. *Cardère des foulons.*

Feuilles sessiles, dentées en scie; paillettes recourbées au sommet. ♂... Lob. Ic. 2. p. 17.
Fl. d'un bleu pâle. E. Cultivé pour l'usage des manufacturiers. Quelquefois spontané le long des routes.

3. Dipsacus sylvestris. Wild. Sp. *Cardère des bois.*

Feuilles sessiles, dentées en scie; paillettes droites. ♂...
D. *fullonum* α Linn. Sp. 140... Fuchs. Hist. 225. *Labrum veneris*... J. B. Hist. 3. p. 74... Dalech. Hist. 1447.
Fl. d'un bleu très-pâle. E. Le long des chemins, sur le bord des champs. CC.

4. Dipsacus pilosus. Linn. *Cardère poilue.*

Feuilles pétiolées, auriculées à leur base. ♂... Lamk. Ill. pl. 58. f. 2.
Fl. purpurines. E. 1. 2. Près de Cauzac, à Gavaudun, à Sauveterre, sur les bords de l'Allemance et de la Lède.

SCABIOSA. *SCABIEUSE.*

Calice commun polyphylle; calice propre double, supérieur; réceptacle paléacé ou nul.

✳ *Corolles quadrifides.*

1. Scabiosa leucantha. Linn. *S. à fleurs blanches.*

Corolle quadrifide, presque égale; écailles calicinales ovales, imbriquées; feuilles pinnatifides. ♃... Lob. Ic. 538. f. 2.
Fl. blanches. Sur les collines du département du Lot, et sans doute sur la frontière orientale de celui de Lot-et-Garonne.

2. Scabiosa succisa. Linn. *Scabieuse succise.*

Corolle quadrifide, égale; tige simple à rameaux rapprochés; feuilles lancéolées, ovales. ♃... Dalech. Hist. 1. p. 1066... Moriss. Hist. 3. sect. 6. t. 13. f. 7.
β. S. s. *hirsuta.* Dec. Fl. fr. 3300. velue.
γ. S. s. *incisa*, feuilles supérieures incisées.
Fl. bleues, rarement blanches. A. Les bois, les prés. CCC.
La Var. γ à Lalande et au Passage, près d'Agen.
Obs. *Sa racine, toujours tronquée, semble avoir été mor-*

*due par un animal. Cet animal souterrain ne pouvoit être que
le diable, d'où vient le nom de* morsus diaboli, *que les anciens
lui avoient donné.*

3. Scabiosa sylvatica. Linn.   *Scabieuse des bois.*

Corolles quadrifides, radiantes; feuilles toutes indivises,
ovales, oblongues, dentées; tige hérissée. ♃... Dec. Fl.
fr. 33o3... Clus. Hist. 2. p. 2. f. 1.
Fl. purpurines. E. Les bords du Lot, dans les lieux ombragés. R.
Obs. *Elle se distingue du* S. arvensis integrifolia, *par ses
involucres plus larges et ses feuilles embrassantes à la base.*

4. Scabiosa arvensis. Linn. *Scabieuse des champs.*

Corolles quadrifides, radiantes; feuilles pinnatifides,
incisées; tige hérissée. ♃... Dec. Fl. fr. 33o1... Moriss.
Hist. 3. sect. 6. t. 13. f. 1.
β. S. a. *hybrida,* à feuilles entières... *S. hybrida.* Bouch. Abb.
p. 12... J. B. Hist. 3. lib. 25. p. 2. f. 2.
Fl. purpurines. P. 2. 3. Les terres cultivées des collines,
parmi les moissons. C. A S.t-Vincent, à Tibet, près d'A-
gen.

5. Scabiosa colombaria. Linn. *Scabieuse colombaire.*

Corolles quinquefides, radiantes, feuilles radicales,
ovales, crénelées; les caulinaires pinnatifides, à segmens
sétacés. ♃... Clus. Hist. tom. 2. p. 2. f. 2... Moriss. Hist.
3. sect. 6. t. 14. f. 1. mal.
β. S. c. *lucida,* à feuilles tout-à-fait glabres et luisantes.
S. lucida. Vill. Dauph. 2. p. 293.
γ. S. c. *pyrenaïca.* Un peu plus duvetée; tige uniflore,
feuillée seulement à la base... *S. pyrenaïca.* All. Ped.
14o. t. 25. f. 2. excellente.
Fl. d'un bleu purpurin. E. La var. γ P. 1. A. 3. Les bois
découverts, les friches des coteaux, les chemins. CCC.

* 6. Scabiosa calyptocarpa. N. *S. à fruit enveloppé.*

Corolles 5 fides, radiantes; feuilles radicales, ovales-spa-
tulées, crénelées, les caulinaires décomposées, à segmens
linéaires; réceptacle des fleurs subulé. ♃.
β. S. c. *atropurpurea,* à fleurs d'un pourpre noir. ♂...
S. atropurpurea Linn. Sp. pl. 144... Clus. Hist. 2. p.
3. f. 1.
Fl. purpurines. P. 3. E. Les lieux incultes, les bords des
chemins et des champs écartés de toute habitation. Plus

commune que le *S. colombaria*, et certainement originaire de nos contrées. Cette plante a été observée, pour
la première fois, par M. de Godailh.

Obs. *La var.* β, *sur la patrie de laquelle on n'est point
fixé, se cultive dans tous les jardins sous le nom de* veuve.
*Cette variété, qui se trouve aussi quelquefois spontanée au-
près des maisons rurales, n'est peut-être qu'une modification
accidentelle et propagée par la culture. On voit même souvent, dans les lieux où on la reproduit de semences, des individus qui ne diffèrent point de ceux de nos campagnes.*

Cette espèce a le port du S. colombaria, *mais ses fleurs
sont purpurines, ses semences sont couronnées par une membrane repliée en dedans, le réceptacle des fleurs est allongé
en alène et non ovoïde.*

† † † *Fleurs monopétales, monocarpes, inférieures.*

CENTUNCULUS.　　*CENTENILLE.*

Calice 4 fide; corolle 4 fide, ouverte; étamines courtes;
capsule à une loge, s'ouvrant transversalement, polysperme.

1. Centunculus minimus. Linn.　　*Centenille naine.*

Feuilles ovales alternes; fleurs axillaires sessiles; tige
redressée. ☉... Vaill. Bot. par. tab. 14. f. 2.
Fl. blanches E. Les allées des bois dans les lieux humides
et sablonneux. RR. A Beauregard, dans un petit bois entre le Passage d'Agen et Roquefort.

PLANTAGO.　　*PLANTAIN.*

Calice 4 fide; corolle 4 fide à limbe réfléchi; étamines
très-longues; capsule à deux loges, s'ouvrant transversalement.

✳ *Hampe nue.*

1. Plantago major. Linn.　　*Plantain majeur.*

Feuilles ovales, nues; hampe cylindrique; épi à fleurs
imbriquées. ♃... Lamk. Ill. pl. 85. f. 3... Moriss. Hist.
sec. 8. t. 15. f. 2... J. B. Hist. 3. p. 502... Dodon. Pempt.
p. 107. f. 1.
β. P. m. *intermedia* Hampe rude, redressée; feuilles disposées en rosette sur la terre, irrégulièrement dentées.
P. intermedia Gil. Elem. 1. p. 125. t. 1... Dec. Fl. fr. VI.
2296.

γ. P. m. *minima*. A peine haute d'un pouce : c'est la miniature du type. *P. minima*... Dec. Fl. fr. 2297.

δ. P. m. *subfoliata*. Hampe munie d'une petite feuille au-dessous de l'épi.

Fl. blanchâtres anthères violettes. P. 3. Les bords des prés et des champs. CCC. La var. β, dans les lieux où l'eau a séjourné pendant l'hiver. R. La var. δ, dans la plaine de la Garonne. RRR.

Obs. *La variété* γ *n'est point à la rigueur une vraie variété ; les individus qui paroissent la constituer, proviennent de graines répandues au printemps, que des circonstances favorables ont fait lever et fleurir dans l'automne de la même année. Cette particularité ne se présente pas seulement dans cette espèce ; elle se reproduit dans plusieurs autres plantes précoces, telles que le* calendula arvensis. Linn. *, etc.*

2. Plantago media. Linn.   *Plantain moyen.*

Feuilles ovales-lancéolées, pubescentes ; épi cylindrique ; hampe cylindrique. ♃... Clus. Hist. 2. p. 109. f. 1... Moriss. Hist. 3. sect. 8. t. 15. f. 6.
Fl. blanchâtres, anthères purpurines ; épi d'un rose clair. Les pelouses, les bords des chemins. CCC.

Obs. *Voisin du* P. major; *mais distingué par ses feuilles duvetées, ses hampes quelquefois longues de 2 pieds, et les épis purpurins.*

3. Plantago lanceolata. Linn.   *Plantain lancéolé.*

Feuilles lancéolées; épi nu, ovale-cylindrique ; hampe anguleuse. ♃... J. B. Hist. 3. p. 505... Dodon. Pempt. p. 107. f. 3.

β. P. l. *altissima*. Epi long de 2 à 3 pouces ; hampe de 3 pieds; feuilles à dentelures plus prononcées. *P. altissima.* Linn.

γ P. l. *sublanuginosa*. Feuilles hérissées de longs poils à la base.

δ. P. l. *digitata*. Epi digité. Leers Herborn. n.° 108.
Fl. d'un blanc sale, anthères blanchâtres. P. E. Partout. La var. β plus particulièrement sur le bord des ruisseaux, dans les bons terrains. C. La var. γ sur les rochers.

Obs. *Cette espèce produit un très-grand nombre de variétés. Ses feuilles sont plus ou moins étroites, d'un verd plus ou moins clair, ses épis tantôt noirâtres ou blanchâtres, tantôt ovales ou cylindriques. Quelquefois la base de l'épi est munie de 3 ou 4 petites feuilles disposées en rosette.*

Nota. Les papillons damiers, tels que les Cinxia, Matburna, Delia, Phoebe, Athalia, fréquentent les plantains.

4. Plantago graminea. Lamk.   *Plantain graminé.*

Feuilles linéaires, presque nues, à dentelures très-écartées, souvent nulles ; hampe cylindrique, hérissée ; épis cylindriques. ♃... Lamk. Ill. n.° 1685... Poir. Dict. 5. p. 380... Dodon. Pempt. 108. fig. excellente.
Fl. E. 2., anthères jaune-citron. Sur les graviers de la Garonne. RRR. Entre Malause et Pommevic, à Dolmayrac, près d'Agen.

Obs. *Cette espèce se distingue très-imparfaitement du* Pl. maritima, *Linn., et pourroit bien n'être qu'une de ses variétés. Il n'est pas rare de trouver des individus dont les feuilles sont dépourvues de dentelures.*

5. Plantago subulata. Linn.   *Plantain subulé.*

Feuilles subulées, triangulaires, striées, rudes ; hampe cylindrique. ♃... J. B. Hist. 3. p. 511. f. 1... Moriss. Hist. 3. sect. 8. t. 17. f. 28.
Fl. P. 3. E. anthères jaunes. Dans les sables des Landes. RR.

Obs. *Voisin, mais bien distinct du précédent.*

6. Plantago coronopus. Linn. *Plantain corne de cerf.*

Feuilles pinnatifides ; hampe cylindrique. ⊙... J. B. Hist. 3. p. 511... Moriss. Hist. 3. sect. 8. t. 7. f. 31... Dodon. Pempt. 109. f. 1.
β. P. c. *columnæ.* Beaucoup plus grand ; feuilles bipinnatifides, à folioles confluentes, la supérieure auriculée... *P. columnæ.* Gouan. Ill. p. 6.
Fl. d'un blanc jaunâtre. E. Les bords des chemins, dans les terrains sablonneux. CC. Au Passage d'Agen. La var. β pêle-mêle avec le type, dans le sable des Landes. RR.

✳ ✳ *Tige rameuse.*

7. Plantago arenaria. Wald.   *Plantain des sables.*

Tige très-rameuse ; feuilles linéaires, pubescentes, un peu visqueuses ; épis ovales, compactes ; écailles calicinales dilatées, membraneuses au sommet. ⊙... Poir. Dict. 5. p. 392... Dec. Fl. fr. 2315... Lois. Fl. gall. not. p. 35... *P. psyllium.* Bull. Herb. pl. 363.
Fl. blanchâtres. E. A. Dans les champs sablonneux de la plaine de la Garonne. CC.

8. Plantago cynôps. Linn.   *Plantain cynôps.*

Tige rameuse ligneuse ; feuilles filiformes, très-entières,

roides ; épi ovale, presque feuillé. ♃... Moriss. Hist. 3.
sect. 8. t. 17. f. 1... J. B. Hist. 3. p. 513.
Fl. blanchâtres. E. Sur les anciens graviers de la Garonne. C. Sur les rochers entre les moulins d'Espalais, et
le Port S.te-Marie.
OBS. *Voisin, mais bien distinct du précédent.*

EXACUM.   *EXACUM.*

Calice 4 phylle ; corolle 4 fide ; tube globuleux ; capsule
à 2 sillons longitudinaux, biloculaire, s'ouvrant au
sommet.

1. Exacum filiforme. Wild. Sp.   *Exacum filiforme.*

Corolles 4 fides ; tige filiforme, peu ou point rameuse,
feuilles radicales arrondies, les supérieures subulées. ◉...
    Vaill. Bot. par. 32. t. 6. f. 3... Dec. Fl. f. 2784... *Gen-*
    tiana filiformis. Linn. Sp. pl. 335.
Fl. jaunes. E. 1. 2. Les lieux inondés en hiver, dans les
terres sablonneuses. A Beauregard, dans les allées du bois ;
dans les Landes, plaine de la Menine. CC.

2. Exacum pusillum. Dec.   *Exacum fluet.*

Tige filiforme, rameuse, étalée ; feuilles linéaires-lancéolées ; corolle à limbe fermé. ◉... *Chironia inaperta.*
Wild. Sp. 1069... Vaill. Bot. par. t. 6. f. 2.
β. E. p. *candolii.* Plus grêle, pédoncules plus allongés...
    E. candolii. Bast. Maine-et-Loire Suppl. p. 22... Dec.
    lc. Gall. rar. t. 16... Fl. fr. VI. 429.
Fl. blanc jaunâtre avant l'épanouissement, puis purpurines. E. 1. Les lieux sablonneux incultes, où l'eau a séjourné pendant l'hiver. C. Dans les paturages des Landes.
La var. β dans un petit bois entre le Mestrot et Roquefort, près d'Agen.

OBS. *Ces deux plantes ne peuvent être séparées, faute de*
caractère qui les distingue suffisamment. Les fleurs ne s'épa-
nouissent que vers le milieu du jour. De jaunâtres qu'elles
étoient, elles deviennent alors purpurines, du moins à l'inté-
rieur. D'un autre côté, les pédoncules augmentent progressi-
vement de longueur, à mesure que la plante se développe,
ensorte qu'ils sont toujours plus longs à proportion dans les
grands individus, que dans les petits. On ne sauroit donc re-
garder ces deux caractères comme essentiels. Au reste, on
trouve confondus dans les mêmes lieux, et les individus qui
constituent ces deux prétendues espèces, et tous les intermé-
diaires qu'on peut desirer, pour s'assurer de leur identité.

†††† *Fleurs monopétales, monocarpes, supérieures.*

SANGUISORBA.   *SANGUISORBE.*

Calice diphylle inférieur; corolle supérieure. Germe entre le calice et la corolle.

1. Sanguisorba officinalis. Linn.   *S. pimprenelle.*

Tige droite, anguleuse; feuilles pinnées, alternes; folioles non échancrées au sommet; fleurs en épi ovale. ♃... Fuchs. Hist. 788... Lamk. Ill. pl. 85. f. 4... Dodon. Pempt. 105. f. 2... J. B. H.st. 3. p. Fl. d'un pourpre foncé. E. Le bord des eaux, dans les terrains tourbeux des Landes. RR. A Boussés, au pont de Gorre, canton de Damazau.

Obs. *Cette station, analogue à celle indiquée par J. Bauhin, ne ressemble guère aux prés secs que certains botanistes français assignent pour habitation à cette plante. Il faut, au reste, se garder de la confondre avec le* Poterium sanguisorba.

††††† *Fleurs monopétales supérieures; fruit à deux coques (étoilées).*

RUBIA.   *GARANCE.*

Corolle monopétale, campanulée; baie disperme.

1. Rubia tinctorum. Linn. *Garance des teinturiers.*

Feuilles verticillées 5 à 5, ou 6 à 6, lancéolées, très-rudes sur les marges et sur la carène; tige presque épineuse. ♃... Clus. Hist. 2. p. 177. f. 2... Dec. Fl. fr. 3388. Fl. jaunes. Les lieux pierreux, parmi les décombres. R. Sur les escarpemens près du château de Fumel. Le bord d'un sentier, au-dessus de l'église de St.-Amans, près d'Agen; aux environs de Puymirol et de la Sauvetat de Savères.

Obs. *Les racines de cette plante, dont l'usage est assez connu dans l'art du teinturier, offrent un singulier phénomène. Mêlées avec les alimens des mammifères et des oiseaux, elles colorent leurs os en rouge, et communiquent la même couleur au lait des vaches qui s'en nourrissent.*

M. Richard, agriculteur distingué, et propriétaire dans

*les environs de Monclar, y a cultivé la garance avec succès
pendant plusieurs années.*

Spb. galii.

2. Rubia peregrina. Linn.   *Garance étrangère.*

Feuilles verticillées 4 à 4, persistantes, ovales-lancéolées, très-rudes sur leurs bords et leur carène, très-
lisses en-dessus; fleurs à 5 lobes, brusquement retrécis
en pointe filiforme. ♃... Moriss. Hist. sect. 9. t. 21.
f. 2.

β. R. p. *sylvatica*, feuilles linéaires à carène lisse, ou n'offrant que de légères aspérités.

Fl. d'un blanc sale, quelquefois d'un rouge de sang. E. 1.
Les haies, les broussailles. CCC. La var. β, dans les bois
ombragés.

GALIUM.   *GAILLET.*

Corolle monopétale, plâne; deux semences arrondies.

* *Fruit glabre.*

* **1. Galium orbibracteatum.** Chaub. *G. à bractées arr.*

Feuilles verticillées 4 à 4, obtuses, élargies vers la base,
à trois nervures, un peu rudes sur les bords; tige droite,
obscurément quadrangulaire; bractées ovales, arrondies; panicule droite, presqu'en faisceau, ♃.

β. G. o. *parvum.* Haut de 3 à 4 pouces, feuilles aussi longues que les entrenœuds.

Fl. blanches, purpurines en dessous. E. 1. Les bords des
champs cultivés, dans les Landes. R. A Durance.

DESC. Tige *ferme, lisse, haute d'un à deux pieds, obscurément quadrangulaire, presque cylindrique; articulations
presque point renflées, et munies d'un ou deux rameaux latéraux.* Feuilles *verticillées quatre à quatre, presque égales,
lancéolées, obtuses, plus larges vers la base, à trois nervures,
un peu rudes et roulées en leurs bords, longues de cinq à six
lignes, sur une de largeur.* Panicule *trichotome droite, presque fasciculée.* Feuilles florales *opposées, ovales-arrondies.*
Limbe de la corolle *aigu, non sétacé.* Fruit glabre. (*Chaub.
misc. ined.*)

2. Galium palustre. Linn.   *Gaillet des marais.*

Feuilles verticillées 4 à 4, lancéolées-ovales, inégales,
obtuses, peu rudes sur les bords; tige diffuse, quadran-

gulaire , rude ; bractées ovales , pédoncules fructifères ,
très-divergens. ♃... Dec. Fl. fr. 3360.

β. *G. p. majus.* Haut de 1 à 2 pieds ; feuilles plus grandes ,
lancéolées-linéaires , verticillées 6 à 6.

Fl. blanches. E. 2. 3. Les bords des eaux , les marécages.
CCC. A Montanou , près d'Agen.

Obs. *Cette espèce devient noire par la dessication , plus
facilement que la plupart de ses congénères.*

3. Galium constrictum. Chaub.   *Gaillet aggloméré.*

Feuilles verticillées 6 à 6, inégales, linéaires, mutiques,
un peu rudes en leurs bords ; tige droite quadrangulaire , munie de légères aspérités , fleurs entassées ;
bractées linéaires ; fruits agglomérés. ♃... *G. c. palustre* β
glomeratum. Dec. Fl. fr. 3360 ?

Fl. blanches, purpurines en dessous. E. 1. Les prés humides. R. A Montanou, à Lacassagne, à Ste.-Radegonde,
près d'Agen. A Durance, dans les Landes.

Desc. Tige *droite, ferme, quadrangulaire , presque lisse.
Feuilles 6 à 6, inégales, 4 à 4 sur les rameaux , linéaires ,
mutiques , légèrement rudes sur les marges , et un peu roulées
en dehors. Fleurs entassées, à limbe concave ; fruits glabres ,
agglomerés ; pédoncules courts , à peine aussi longs que le
fruit. Facies de l'asperula cynanchica.*

Obs. *Cette espèce diffère du* G. palustre *, dont elle est voisine , 1.° par ses feuilles linéaires très-étroites , verticillées 6
à 6 et non 4 à 4 ; 2.° par ses pédoncules moitié plus courts ;
3.° par ses fruits agglomerés et non divergens à angle droit ;
4.° par son facies. (Chaub. misc. ined.)*
*Mon ami Chaubard tient à cette espèce, je la respecte ;
mais il me semble qu'il est difficile de ne pas la regarder
comme une variété du* G. palustre.

4. Galium uliginosum. Linn.   *Gaillet fangeux.*

Feuilles verticillées 6 à 6 ou 7 à 7, lancéolées, pointues,
fermes , bordées d'aspérités , presque épineuses , réfléchies ; corolles plus amples que le fruit. ♃... J. B.
Hist. 3. p. 716. f. 2... Barr. Ic. 82 ?

β. *G. u. spinulosum.* Tiges moins ramifiées , presque simples , aspérités des tiges un peu plus nombreuses... *G.
spinulosum.* Mérat, Fl. par. p. 58.

Fl. blanches. E. Les bords des marais. R. A Brax. La var.
près d'un endroit inondé , au bois des Jésuites ou de Darel,
près d'Agen.

Obs. *Cette espèce ne noircit pas toujours par la dessication ,*

*comme le dit M. Mérat. La manière de dessécher une plante,
l'état de l'atmosphère lorsqu'on la recueille, même l'heure du
j. ur, peuvent déterminer ou prévenir sa noirceur dans l'herbier, qui ne doit pas servir de caractère spécifique.*

5. **Galium argenteum.** Vill.   *Gaillet argenté.*

Feuilles verticillées 6 à 6 et 8 à 8, lancéolées, mucronées, rétrécies à la base; tiges relevées, glabres; ramifications supérieures triflores, sans bractées. ♃... *G.
austriacum.* Jacq.? *G. anisophyllum...* *G. montanum* Vill.
Dauph. 2. p. 317, 318, t. 7... *G. leve* Thuill. Fl. par.
p. 77... Dec. Fl. fr. 3366. excl. syn. Linn... *G. pusillum.*
Lois. Fl. gall. p. 83.
Fl. blanches. P. 3. E. Les friches des coteaux, les lieux
arides et pierreux. CCC. A Tibet, près d'Agen.

Obs. *Cette espèce varie beaucoup en grandeur. On trouve
dans la même saison, dans la même localité, des individus
qui ont à peine trois ou quatre pouces de longueur, et d'autres
qui atteignent celle de dix-huit pouces. Des milliers d'exemples prouvent chaque jour combien il faudroit être réservé en
employant le caractère de la hauteur des tiges dans la description des plantes; et cependant ce caractère, sans cesse
modifié par la température, l'âge, l'exposition, la nature du
sol, et d'autres causes accidentelles, est d'un usage presque
habituel dans la plupart de nos ouvrages, même de nos
meilleurs ouvrages français en botanique. Encore, si l'on mar-
quoit avec soin le* maximum *et le* minimum *de l'échelle vé-
gétative de telle ou telle plante, seroit-il possible de se fixer
quelquefois à cet égard avec plus ou moins de certitude;
je ne saurois apprécier un tel caractère exprimé d'une manière absolue; et je ne conçois pas comment ces Messieurs
font. (Piron, Métrom.)*

6. **Galium mollugo.** Linn.   *Gaillet mollugine.*

D'un verd glauque. Feuilles verticillées 8 à 8, ovales,
linéaires, mucronées, très-étalées, fermes, bordées d'aspérités, presque épineuses, rétrécies et distinctes à la
base; tige flasque, à rameaux étalés. ♃... Bull. Herb.
pl. 283... Fuchs 281... Moriss. Hist. 3. sect. 9. t. 22. f.
1... Lob. obs. p. 465. f. 3. Ic. 802. f. 1... Dec. Fl. fr.
3361. var. α seulement.
β. *G. m. scabrum*, base de la tige hérissée de poils rudes.
   G. scabrum. Jacq... Wild. Sp. 2. p. 590.
Fl. blanches à lobes terminés par une soie. P. Les haies,
les lieux pierreux. La var. β sur les ruines, les rochers.
CCC.

7. Galium elatum. Thuill.   *Gaillet élevé.*

D'un verd gai ; feuilles lancéolées-ovales , mucronées , rudes en leurs bords , molles , peu retrécies et peu distinctes à la base ; tige flasque , rameaux étalés , fleurs petites. ♃... Thuill. Fl. par. p. 76... Lob. Obs. 466. f. 1... Ic. 802. f. 2... Dodon. Pempt. 351. f. 1... Clus. Hist. 2. p. 176. f. 1... *G. mollugo* β *elatum.* Dec. Fl. fr. 3361... Lois. Fl. gall. p. 84.
Fl. d'un blanc verdâtre , lobes terminés par une soie. E. A. Les lieux humides et sablonneux , dans les broussailles. C. A Brax , près Roquefort.

Obs. Il est aisé de distinguer cette espèce au premier coup d'œil du G. mollugo *, quoiqu'il soit très-difficile de la bien caractériser. On la reconnoît à ses feuilles plus molles , plus grandes , lancéolées-ovales , d'un verd tendre , à ses fleurs d'un blanc verdâtre plus petites , plus nombreuses , plus serrées , enfin à ses tiges beaucoup plus hautes. Les anciens auteurs avoient , avec raison , distingué ces deux espèces , que certains modernes ont peut-être confondues , faute de les avoir bien examinées.*

8. Galium verum. Linn.   *Gaillet vrai.*

Feuilles verticillées 8 à 8 , linéaires , avec un sillon longitudinal ; rameaux florifères très-courts. ♃... J. B. Hist. 3. p. 720... Lob. Obs. p. 467. f. 2. Ic. 804. f. 1... Dec. Fl. fr. 3349.
Fl. jaunes , odorantes. E. Les prés secs. CCC.
8pß. gałii.

9. Galium divaricatum. Lamk. Ill.   *Gaillet divergent.*

Feuilles verticillées 6 à 6 ou 7 à 7 , linéaires , hérissées ; rameaux supérieurs capillaires , dichotomes , divergens. ◉... Dec. Fl. fr. 3370. Ic. rar. gall. p. 8. t. 24.
Fl. blanchâtres , ou un peu rougeâtres. E. Aux environs du marais de Montesquieu. RR.

Obs. Cette espèce ne se distingue du G. parisiense granulatum *, que par ses pédoncules plus allongés et plus grêles. Peut-être n'en est-elle qu'une variété.*

✱ ✱ *Fruits chagrinés ou hérissés.*

10. Galium Parisiense. Linn.   *Gaillet de Paris.*

Feuilles verticillées 6 à 6 , linéaires ; tiges et bords des feuilles hérissés d'aspérités ; rameaux supérieurs bi-

flores ; fruits hérissés. ◉... *G. litigiosum* Dec. Fl. **fr.**
3382. Ic. gall. rar. 1. t. 26. et Fl. fr. VI. p. 497.
β. G. p. *granulatum*, fruits légèrement granulés ou chagrinés, non hérissés. *G. anglicum* Huds... Dec. Fl. fr.
3369... Lois. Fl. gall. p. 82.
Fl. rougeâtres. E. 2. 3. Dans les tas de pierres, sur les
bords de la Garonne. RR. La var. β dans les champs cultivés. CCC.

Obs. *Ces deux plantes ne se distinguent que par leurs
fruits hérissés ou seulement chagrinés. D'ailleurs ce caractère
n'est ni essentiel, ni constant, puisque nous avons vu des individus sur les fruits desquels les poils étoient si courts, si
peu apparens, qu'il falloit s'aider d'une forte loupe pour les
apercevoir.*

11. **Galium tricorne.** With.　　　*Gaillet à trois cornes.*

Feuilles verticillées 7 à 7 ou 8 à 8 ; tiges et bords des
feuilles hérissés d'aspérités réfléchies ; pédoncules axil-
laires triflores ; fruits chagrinés, penchés. ◉... Vaill.
Bot. par. t. 4. f. 3, a a... Lois. Fl. gall. p. 720... Dec.
Fl. fr. 3378.
Fl. blanchâtres, très-petites. E. 1. Les champs cultivés
des collines, dans les moissons. CCC. A St.-Vincent, à
Monbran, près d'Agen.

12. **Galium aparine.** Linn.　　　*Gaillet grateron.*

Feuilles verticillées 8 à 8, lancéolées, carinées, hérissées d'aspérités réfléchies en leurs bords ; articulations
de la tige velues ; fruit hérissé. ◉... Bull. Herb. pl.
316... J. B. 3. p. 713... Moriss. Hist. 3. sect. 9. t. 21. f.
1... Dodon. Pempt. p. 350... Lob. Ic. 800. f. 2.
β. G. a. *vaillantii*. Plus petit, moins ramifié, fruits moin-
dres de moitié... *G. vaillantii*. Dec. Fl. fr. 3381.
Fl. blanches, petites. P. 2. 3. Les broussailles, les haies.
CCC. La var. β dans les jardins, les potagers et les moissons.

Noctua gothica.

ASPERULA.　　　　*ASPÉRULE.*

Corolle monopétale en entonnoir : deux semences globuleuses.

1. **Asperula arvensis.** Linn.　*Aspérule des champs.*

Feuilles verticillées 6 à 6 ; fleurs sessiles, agregées, ter-

minales. ◉... J. B. Hist. 3. p. 719. f. 1... Dodon. Pempt. 352. f. 2... Lob. Ic. 801. f. 2.
Fl. bleues. P. 3. Les champs cultivés, parmi les blés. CCC.

2. Asperula cynanchica. Linn.   *A. cynanchique.*

Feuilles quaternées, linéaires, les supérieures opposées; tiges droites, fleurs quadrifides. ♃... J. B. hist. 3. p. 723. f. 2.
β. A. c. *prostrata.* Tige très-rameuse, couchée.
Fl. purpurines. E. Les friches arides, le voisinage des rochers. CCC.

SHERARDIA.   *SHÉRARDIE.*

Corolle monopétale en entonnoir; deux semences tridentées.

1. Sherardia arvensis. Linn. *Shérardie des champs.*

Feuilles toutes verticillées; fleurs terminales. ◉...Lamk. Ill. pl. 61.
Fl. purpurines. P. 2. Les prés secs, le bord des champs. CCC.

Obs. *Cette plante ressemble beaucoup à l'asperula arvensis, quoique de genre différent.*

CRUCIANELLA.   *CRUCIANELLE.*

Corolle monopétale, en entonnoir, tube filiforme, limbe unguiculé : calice diphylle; deux semences linéaires.

1. Crucianella angustifolia. Linn. *C. à feuilles étroites.*

Droite; feuilles verticillées 6 à 6, linéaires; fleurs en épi. ◉... Lamk. Ill. pl. 61... Barr. Ic. 550.
Fl. variées de blanc et de vert. E. 1. Les terres arides, sur la frontière orientale du département. C.

†††††† *Fleurs supérieures à 4 pétales.*

CORNUS.   *CORNOUILLER.*

Involucre 4 phylle, caduc; fruit charnu, noyau biloculaire.

1. Cornus sanguinea. Linn. *Cornouiller sanguin.*

Rameaux droits; feuilles ovales, vertes en-dessous; sommités déprimées. ♭... Lob. Ic. 169. f. 2... Dodon. Pempt. 580... Duham. Arb. tom. 1. p. 184.
Fl. blanches. P. 2. Les friches, les haies. CCC.
Obs. *Les semences de cet arbrisseau fournissent une huile bonne à brûler, et dont on a fait usage dans le département, lorsque, pendant la révolution, la désastreuse loi du maximum avoit suspendu tout commerce, et avoit obligé l'industrie à se replier sur les substances indigènes.*
Staphilinus floralis.

2. Cornus mascula. Linn. *Cornouiller mâle.*

Arbre. Fleurs en ombelle, ne dépassant point les involucres ♭... Clus. Hist. 1. p. 12. f. 3.
Fl. jaunâtres. P. 1. Les haies du département du Lot, et sans doute aussi sur la frontière orientale du Lot-et-Garonne.

ISNARDIA. *ISNARDIE.*

Corolle nulle; calice campanulé, 4 fide. Capsule enveloppée par le calice, 4 loculaire, polysperme.

1. Isnardia palustris. Linn. *Isnardie des marais.*

Feuilles ovales, opposées; fleurs sessiles; tige rampante. ♃... Lamk. Ill. pl. 77... Dec. Fl. fr. 3663.
Fl. herbacées. E. Les fossés, les terrains aquatiques. RRR.
Au bois de Pourquières, commune de Cauzac; à Combebonnet, près Beauville; les marais des Landes, au pont de Gorre.

†††††† *Fleurs incomplètes inférieures.*

ALCHEMILLA. *ALCHEMILLE.*

Calice 8 fide : corolle nulle; semence unique.

1. Alchemilla alpina. Linn. *Alchemille alpine.*

Feuilles digitées, dentées, revêtues en-dessous d'un duvet soyeux-argenté. ♃... Moriss. Hist. 2. Sect. 2. t. 20. f. 3... Barr. Ic. 756.
Fl. d'un jaune verdâtre. P. 3. Dans les sables des Landes. RRR. Aux environs de Rhimbés, plaine de Beaudignan; au Béas. Trouvée par M. Graulhié.

2. Alchemilla aphanes. Leers. *Alchemille obscure.*

Feuilles à trois lobes trifides, pubescentes, fleurs axillaires agglomerées, monandres. ◉... Leers, Herborn. n.° 122... *Aphanes arvensis.* Linn. Sp. pl. 179... Moriss. Hist. 2. sect. 2. p. 195. t. 20. f. 4.
Fl. d'un jaune verdâtre. E. Les terrains cultivés. CCC.

Obs. *Nous avons observé constamment 8 divisions au calice, dont 4 sont presque imperceptibles, une seule étamine et presque toujours une seule semence, rarement deux.*

DIGYNIE.

CUSCUTA.   *CUSCUTE.*

Calice 4 fide. Corolle monopétale. Capsule biloculaire.

1. Cuscuta minor. Bauh. Pin.   *Cuscute mineure.*

Fleurs sessiles ; écailles crénelées à la base des étamines ; styles distincts jusqu'à leur base ; étamines incluses. ◉... *Cuscuta europœa β epithymum.* Linn. Sp. pl. 130... Dec. Fl. fr. 2755 et VI. p. 425.
Fl. purpurines. E. Les lieux arides des collines, sur différentes plantes, principalement sur le serpolet, les genets. C. Au St.-Esprit, près d'Agen ; au bois de Darel ou des jésuites.

Obs. *Cette plante, après s'être développée dans la terre, et avoir végété d'abord sur ses propres racines, les abandonne, devient parasite, s'attache aux végétaux qui sont à sa portée, et vit ensuite à leurs dépens.*
J'ai souvent vu les raisins et les feuilles de la vigne couverts de cuscute ; mais, prévenu de l'idée que ce ne pouvoit être que la cuscute ordinaire, j'ai toujours négligé de le vérifier. Cependant M. Decandolle, Fl. fr. VI. p. 425, mentionne une cuscute, dit-il, très-commune sur la vigne, dans le Bas-Languedoc, et qui, selon lui, se trouveroit une espèce désignée par Tournefort, Valh, Willdenow, et récemment par M. Poiret, Enc. méth., comme une plante du levant. Sans rien préjuger à cet égard, je saisirai cette occasion pour engager nos botanistes à s'assurer s'il y a réellement identité dans nos contrées, entre la cuscute qui s'attache au thim, et celle qui s'élève sur la vigne.

TÉTRAGYNIE.

ILEX.   *HOUX.*

Calice à 4 dents ; corolle en roue ; style nul : baie à 4 semences.

1. **Ilex aquifolium.** Linn.   *Houx commun.*

  Feuilles ovales, ondulées, épineuses. ♭... Lamk. Ill. pl. 89... Duham. Arb. p. 66.
Fl. herbacées. P. 2. Dans les bois. C. A Beauregard, à St.-Ferréol, près d'Agen.

SAGINA.   *SAGINE.*

Calice 4 phylle ; pétales au nombre de quatre ; capsule à une loge quadrivalve, polysperme.

1. **Sagina procumbens.** Linn.   *Sagine couchée.*

  Tiges demi-couchées ; pétales très-courts. ◉... Lamk. Ill. pl. 90... Lind. Hort. Als. p. 204. t. 8.
β. S. p. *fasciculata.* Tige rampante, radicante ; rameaux presque droits, feuilles fasciculées presque latérales.
Fl. blanches. P. 2. Les bords des champs, des chemins, les revers des fossés, dans les terres légères. CC.

  Obs. *Le facies particulier de la var.* β *nous l'auroit fait regarder comme espèce, si nous n'eussions vu des échantillons intermédiaires, qui nous forcent à l'envisager comme une simple variété. Nous l'eussions rapportée au* S. fasciculata, *Poiret, Dict.* 2. p. 391, *si cette dernière n'étoit vivace.*

2. **Sagina apetala.** Linn.   *Sagine sans pétales.*

  Tige redressée, droite, pubescente ; fleurs alternes sans pétales. ◉... Dec. Fl. fr. 4381.
Fl. E. 1. Les champs sablonneux, parmi les seigles. CC.

  Obs. *Très-voisine du* S. procumbens, *dont elle n'est peut-être qu'une variété.*

3. **Sagina erecta.** Linn.   *Sagine droite.*

  Tige droite, uniflore ou triflore ; folioles calicinales aiguës ; pétales entiers. ◉... Vaill. Bot. par. t. 3. f. 3... Dec. Fl. fr. 4382.
Fl. blanches ; calices variés de blanc et de verd. P. 2. Les

terrains sablonneux, sur les pelouses sèches. R. A Brax,
à Ratier, près d'Agen.

TILLÆA.　　　　　*TILLÉE.*

Calice à 3 ou 4 divisions ; 3 ou 4 pétales ; 3 ou 4 capsules polyspermes.

1. Tillæa muscosa. Linn.　　　*Tillée mousse.*

Tiges redressées ; fleurs trifides. ◉... Mich. Gen. nov.
22. t. 20... Lamk. Ill. pl. 90. f. 2... Dec. Fl. fr. 3603.
Fl. d'un blanc rougeâtre, ainsi que toute la plante. P. 3.
Les terrains sablonneux, sur les sentiers, notamment dans
les Landes. R. A Beauregard, au Passage, dans les vignobles graveleux, au-dessous du moulin d'Escournat, près
d'Agen.

POTAMOGETON.　　　*POTAMOT.*

Calice nul ; corolle 4 pétale ; style nul ; 4 semences.

1. Potamogeton natans. Linn.　　*Potamot nageant.*

Feuilles surnageantes, pétiolées, elliptiques, pointues,
arrondies et cordiformes à la base. ♃... Lamk. Ill. pl.
89. f. 3... Dalech. Hist. 1007. f. 2... Dec. Fl. fr. 1870.
Fl. légèrement verdâtres. E. Les eaux stagnantes. C. Au
marais de Brax, au bord de la Garonne, dans des terres
noyées, vis-à-vis l'embouchure du Gers.

2. Potamogeton fluitans. Roth.　　Potamot flottant.

Feuilles surnageantes, ovales, lancéolées, retrécies à leurs
deux extrémités, portées sur de longs pédoncules. ♃...
Roth. Germ. 2. p. 204... Wild. Sp. 2. p. 713... Dec. Fl.
fr. 1872.
Fl. légèrement verdâtres. E. Les ruisseaux marécageux,
dans la Baïse.

Obs. *Très-voisine du* P. natans, *dont elle n'est peut-être
qu'une variété.*

3. Potamogeton heterophyllum. S. *P. hétérophylle.*

Feuilles supérieures pétiolées, elliptiques, retrécies à leurs
deux extrémités, les inférieures rapprochées, linéaires ;
épi presque de la longueur des feuilles. ♃... Schreb.
Spic. p. 21... Wild. Sp. 2. p. 713.

Fl. légèrement verdâtres. E. Les eaux stagnantes. CC. A Brax, près d'Agen.

Obs. Les feuilles supérieures ressemblent à celles du P. fluitans, mais sont plus petites de moitié. Les inférieures peuvent être comparées à celles du P. gramineum.

4. Potamogeton densum. Linn.   *Potamot dense.*

Feuilles ovales, acuminées, opposées, très-rapprochées; tiges dichotomes; épi à 4 fleurs. ♃... J. B. Hist. 3. p. 777. f. 2.

Fl. légèrement verdâtres. P. E. Les fontaines. CCC.

Galeruca speciosa.

5. Potamogeton lucens. Linn.   *Potamot pellucide.*

Feuilles lancéolées, planes, rétrécies en pétiole. ♃... J. B. Hist. p. 177. f. 1... Roch. Germ. 204... Dec. Fl. fr. 1875 ?

Fl. E. Les eaux dormantes. CC. A Brax près d'Agen, dans les Landes.

Obs. Le pédoncule de l'épi est plus gros que la tige qui le soutient.

6. Potamogeton crispum. Linn.   *Potamot crispé.*

Feuilles lancéolées, alternes ou opposées, ondulées, dentées. ☉ ou ♃... Lob. Ic. 286. f. 2... Clus. Hist. 2. p. 252... Dec. Fl. fr. 1878.

Fl. E. Les eaux dormantes. CC. A Sérignac; dans un marais sur le bord de la Garonne, vis-à-vis l'embouchure du Gers.

7. Potamogeton compressum. Linn.   *P. comprimé.*

Feuilles linéaires, obtuses; tige comprimée. ☉... Dec. Fl. fr. 1880.

Fl. verdâtres. E. Les fontaines. R. A Dondas. Trouvé par M. Dumolin.

8. Potamogeton gramineum. Linn.   *P. graminé.*

Feuilles linéaires lancéolées, alternes sessiles, plus larges qus les stipules. ☉... Dec. Fl. fr. 1874.

Fl. couleur herbacée. E. Les fossés aquatiques; les marais. CC. A Brax.

9. Potamogeton pusillum. Linn.   *Potamot fluet.*

Feuilles linéaires, opposées ou alternes, distinctes, éta-

lées dès la base ; tige cylindrique. ◉... Dec. Fl. fr.
1883.
Fl. couleur herbacée. E. Dans les marais , les fossés pleins
d'eau. C.

CLASSE CINQUIÈME.

PENTANDRIE.

MONOGYNIE.

† *Fleurs monopétales , monospermes ,* (borraginées).

HELIOTROPIUM.   *HÉLIOTROPE* (1).

Corolle hypocratériforme, 5 fide , dents intermédiaires,
gorge nue.

1. Heliotropium europæum. Linn.   *H. d'Europe.*
Feuilles ovales, entières, pubescentes , chagrinées ; épis
solitaires. ◉... Clus. Hist. 2. p. 47. f. 1... Lamk. Ill. pl.
91. f. 1.
Fl. blanches. E. 3. A. Les terrains cultivés. A Agen. CC.
Obs. *On trouve quelquefois des individus de cette espèce ,
qui ont à peine deux pouces de haut.*

*Le suc de l'héliotrope d'Europe a-t-il une qualité acre et
corrosive , capable de détruire les verrues , ainsi qu'on le croiroit d'après son nom vulgaire ? Non. C'est une erreur de la
doctrine des signataires , qui n'a d'autre fondement que la
forme verruqueuse des fruits de cette plante.*

Bombix pulchella.

---

(1) *Heliotropium ,* cadran solaire chez les Grecs. On a d'abord
donné ce nom à une plante dont la fleur tourne avec le soleil ; puis
à un genre dont les fleurs ne paroissent point obéir à l'influence de
cet astre. Voilà un exemple de la dégénération des étymologies.

MYOSOTIS.　　　*MYOSOTE.*

Corolle hypocratériforme, 5 fide, émarginée, gorge fermée en forme de voute, par des écailles.

2. Myosotis scorpioides. Linn.　*Myosote scorpione.*

Annuelle ; semences lisses ; tige rameuse ; feuilles velues.
⊙... *M. scorpioïdes α arvensis.* Linn. Sp. pl. 188... *M.
annua Mœnch*... Dec. Fl. fr. 2724... Bull. Herb. pl. 355.
Fleurs bleues, la gorge jaune. P. 2. Les bords des chemins, les lieux cultivés. CCC.

Obs. *Cette plante varie prodigieusement dans les dimensions de toutes ses parties. Nous l'avons trouvée en fleur,
sur les pelouses arides, avec une tige de six lignes et même
de deux lignes de haut. Dans cet état, les fleurs inférieures
étoient alternes, et les supérieures commençoient à se rouler
latéralement en spirale. Il est alors facile de la confondre
avec le* M. pusilla. *Lois. Not. 36. pl. 1. f. 2.*

2. Myosotis perennis. Mœnch.　　*Myosote vivace.*

Semences lisses ; tige presque simple ; feuilles lancéolées,
obtuses ; fleurs plus grandes. ♃... *M. perennis* Mœnch.
Hass. n.º 154... Barr. Ic. 404. bien... *M. scorpioides* β
palustris. Linn. Sp. 188... Dec. Fl. fr. 2725.
β M. p. *parviflora.* Fleurs petites, de la grandeur de celle
du M. scorpioïdes. Toute la plante d'un verd pâle,
presque glabre.
Fleurs bleues, la gorge jaune. E. Les marécages. RRR. A
Riols, près d'Agen.

Obs. *Les feuilles sont hérissées de poils roides non couchés, et les fleurs six fois au moins plus grandes que dans
l'espèce précédente.*

3. Myosotis lapula. Linn.　　*Myosote lapule.*

Semences couvertes d'aiguillons crochus ; feuilles lancéolées-oblongues, pileuses. ⊙... Lamk. Ill. pl. 91...
J. B. Hist. 3. p. 600... Clus. Hist. 2. p. 163. f. 1.
Fleurs bleues, quelquefois blanches. A. Les lieux pierreux,
crétacés, les vignes. CC. Au Saint-Esprit, près d'Agen ;
au moulin d'Escournat.

LITHOSPERMUM.　　*GREMIL.*

Corolle en entonnoir ; gorge nue ; calice à 5 divisions.

1. Lithospermum officinale. Lamk.   *G. officinal.*

Semences lisses ; corolle surpassant à peine le calice. ♃... Lamk. Ill. pl. 91.
Fleurs blanches. P. 3. Les bords des chemins, des ruisseaux, dans les lieux ombragés. CCC. A Beauregard, près d'Agen. Vulgairement *herbe aux perles.*

2. Lithospermum arvense. Linn.   *G. des champs.*

Semences chagrinées ; corolle surpassant à peine le calice. ⊙... Dec. Fl. fr. 2713.
Fleurs blanches. P. 3. Dans les champs, parmi les moissons. CCC.

3. Lithospermum purpureo cœruleum. L. *G. p. bleu.*

Semences lisses ; corolle surpassant de beaucoup le calice. ♃... Clus. Hist. 2. p. 163. f. 2.
Fleurs bleues et pourprées. P. 3. Les haies, les broussailles. CCC.

ANCHUSA.   *BUGLOSSE.*

Corolle en entonnoir ; gorge fermée en forme de voûte ; semences ciseléesà leur base.

1. Anchusa Italica. Rethz.   *Buglosse d'Italie.*

Feuilles luisantes, hérissées de poils roides ; grappes dichotomes, diphylles ; fleurs presque régulières ; gorge couverte par un pinceau de poils. ♂... J. B. Hist 3. p. 578... A. *officinalis.* Lamk. Dict... Fuchs. Hist. 343... Lob. Obs. p. 310. f. 1. Ic. 576. f. 1.
Fleurs bleues. P. 3. Les terrains cultivés, parmi les fourrages. R. Au Nom-Dieu, à Pleichac, à Cayssac, à N. D. de Bon-Encontre, près d'Agen: connue vulgairement sous le nom de *Buglosse* ou *Langue de bœuf.*

2. Anchusa undulata. Linn.   *Buglosse ondulée.*

Feuilles hérissées de poils rudes, linéaires, dentées ; pédicelles plus courts que la bractée ; calices fructifères renflés. ♃.
Fleurs bleues. P. 2. Les bords des chemins, dans les décombres, aux environs d'Aiguillon. C. Trouvée par M. Graulhié.

CYNOGLOSSUM.   *CYNOGLOSSE.*

Corolle en entonnoir ; gorge fermée en forme de voûte ;

semences comprimées, attachées au style par le côté
seulement.

1. Cynoglossum officinale. Linn.   *C. officinale.*

Etamines plus courtes que la corolle ; feuilles larges,
lancéolées, rétrécies à la base, duvetées, sessiles ; segmens du calice oblongs. ◉ - ♂ ... Lamk. Ill. pl. 92. f.
1... Dec. Fl. fr. 2736.

Fleurs d'un pourpre foncé. P. 2. 3. E. 2. Entre Piombié
et Monsempron, à Martiloque (1), aux environs de Fumel. RR. Cette plante est beaucoup moins commune dans
e département que la suivante.

Bombix dominula.

2. Cynoglossum pictum. Ait.   *Cynoglosse peinte.*

Corolle de la grandeur du calice, à segmens arrondis,
dilatés ; feuilles lancéolées, duvetées ; les supérieures
cordiformes à la base. ♂ ... Clus. Hist. 2. p. 162. f. 2...
J. B. Hist. 3. p. 600. f. 3... Dec. Fl. fr. 2738.

Feurs d'un bleu clair, veinées de pourpre. P. 2. 3. E. 1.
Les bords des champs, des chemins. CC.

3. Cynoglossum sylvaticum. Jacq.   *C. des bois.*

Etamines plus courtes que le calice ; feuilles vertes,
presque rudes, les radicales ovales, lancéolées, pétiolées;
les caulinaires oblongues, sessiles. ◉ - ♂ ... *C. dioscoridis.*
Vill. Fl. du Dauph. 2. p. 457... *C. montanum.* Lamk.
Dict. 2. p. 235... *C. officinale* β. Wild. Sp... Dec. Fl.
fr. 2737.

Fleurs bleues. E. Les collines pierreuses du département
du Lot, et sans doute aussi celles de même nature,
vers la frontière orientale de celui de Lot-et-Garonne.

PULMONARIA.   *PULMONAIRE.*

Corolle en entonnoir ; gorge nue ; calice prismatique à
cinq pans.

4. Pulmonaria officinalis. Linn.   *P. officinale.*

Feuilles radicales ovales, peu cordiformes à la base,
rudes. ♃ ... Lamk. Ill. pl. 93... Clus. 2. p. 169. 1...

---

(1) Lieu où les prêtres de Mars lui faisoient sans doute rendre des
oracles, et très-voisin de Monsempron ; *mons Sempronii.*

Moriss. Hist. 3. sect. 8. t. 29. f. 8. bonne... Lob. Obs.
p. 317. f. 1. et lc. 586. f. 1.
Fleurs purpurines et bleues. P. 1. 2. Les bords des ruisseaux. CCC.

Obs. *Les premières feuilles radicales sont lancéolées, très-
longues ; celles qui viennent ensuite sont ovales , brusquement
rétrécies à la base.*

2. Pulmonaria angustifolia. L. *P. à feuilles étroites.*

Feuilles radicales lancéolées. ♃... Clus. Hist. 2. p. 170.
f. 2.
Fleurs rouges et bleues. P. 1. Les bords des ruisseaux.
RRR. à Peyrequatre , près d'Agen.

Obs. *Elle ne diffère du* P. officinalis *que par ses feuilles
radicales. Ces deux espèces ont toujours ici leurs feuilles
maculées de taches blanches.*

SYMPHYTUM. *CONSOUDE.*

Limbe de la corolle tubulé renflé ; gorge fermée par
des filets subulés.

1. Symphytum tuberosum. Linn. *C. tubéreuse.*

Feuilles semi-décurrentes , les supérieures opposées.
♃... Clus. Hist. 2. p. 166... J. B. Hist. 3. p. 593.
Fleurs jaune de soufre , penchées. P. 1. 2. Les bords des
ruisseaux. CC. A Courbarieu , à Naux , près d'Agen.

Obs. *Le* S. officinale, *qui ne croît point spontanément
dans nos campagnes, et qui se rapproche beaucoup du* S. tuberosum, *est cultivé dans presque tous les jardins des paysans.*

BORAGO. *BOURRACHE.*

Corolle en roue , gorge fermée par des écailles rayonnantes.

1. Borago officinalis. Linn. *Bourrache officinale.*

Feuilles toutes alternes ; calices étalés. ☉... Fuchs. 1.
p. 142.
Fl. bleu de ciel. P. 2. 3. E. Originaire du levant , d'où
elle fut apportée du temps des croisades. Naturalisée
dans tous les jardins , et aux environs des habitations
rurales.

6

LYCOPSIS. *LYCOPSIDE.*

Corolle à tube recourbé.

1. Lycopsis arvensis. Linn. *Lycopside des champs.*
Feuilles lancéolées, hérissées ; calices fleuris droits. ☉...
Lamk. Ill. pl. 92... J. B. Hist. 3. p. 581... Moriss. Hist.
3. sect. 8. t. 26. f. 8.
Fl. bleu de ciel. P. 3. E. Le long des chemins, principalement dans les lieux sablonneux. CC. Sur les bords de la Garonne.

ECHIUM. *VIPÉRINE.*

Corolle irrégulière, gorge nue.

1. Echium vulgare. Linn. *Vipérine commune.*
Tige tuberculée, hérissée ; feuilles caulinaires lancéolées,
hérissées ; fleurs latérales en épi. ♃... Lamk. Ill. pl. 94..,
Clus. Hist. 2. p. 163. f. 3.
β. E. v. *parviflorum.* Tige rameuse ; feuilles caulinaires
élargies à la base ; fleurs petites dépassant à peine le
calice ; limbe moins irrégulier, étamines incluses, à filets
blanchâtres. *E. parviflorum.* Roth. Cat. 14 ?
Fl. bleues. P. 3. E. Sur les rochers, les murailles, le long
des chemins. CCC. La var. sur les bords de la Garonne.

Obs. *Notre variété* β, *que nous eussions rapportée à l'E.
calicinum Viv., si celle-ci n'eût pas été si petite, doit certainement être rangée sous l'E. vulgare ; car M. Chaubard en
a cueilli des individus qui portoient en même temps et les fleurs
du type et celles de la variété.*

2. Echium Pyrenaïcum. L. *Vipérine des Pyrénées.*
Très-hérissée de poils roides ; tige ramifiée ; feuilles
lancéolées-linéaires ; corolles presque régulières, velues ;
pistil un peu plus court que les étamines ; semences
rostrées. ♂... *E. Pyrenaïcum* Linn. Mant. 334... Dec. Fl.
fr. 2708 ?... *E. pyramidale* Laper. Pyr. abr. p. 90... *E.
asperrimum.* Lamk. Ill. ?
Fl. couleur de chair. E. 1. 2. Les bords des chemins. RR.
Sur le bord de la Garonne, vis-à-vis Saint-Côme, près
d'Aiguillon. Trouvé par M. Graulhié.

† † *Fleurs monopétales inférieures, angyospermes.*

PRIMULA.   *PRIMEVÈRE.*

Corolles tubuleuses, gorge nue ; stigmate globuleux.

1. Primula veris. Linn.   *Primevère officinale.*

Feuilles ridées, dentées ; limbe de la corolle concave ;
lobes du calice obtus ; fleurs inclinées. ♃... *P. veris* α
officinalis Linn. Sp. 204... Bull. Herb. pl. 172... *P. officinalis* Dec. Fl. fr. 2367... Fuchs, Hist. 850.
Fl. d'un jaune pâle. P. 1. Les lieux humides ombragés.
RRR. Dans un petit taillis, au vallon de la Catte, près
Condat.

Obs. *Les feuilles de cette plante se mangent en salade. On
fait, dans le nord, une boisson recherchée avec ses fleurs et
du miel. Ses fleurs infusées dans le vin, lui communiquent,
dit-on, un parfum agréable.*

2. Primula elatior. Jacq.   *Primevère élevée.*

Feuilles ridées, dentées ; limbe de la corolle plane ;
lobes du calice aigus ; étamines insérées à la gorge de
la corolle ; style moitié plus court que le tube ; fleurs
inclinées. ♃... Dec. Fl. fr. 2365... *P. veris elatior* Linn.
Sp... Clus. Hist. 1. p. 301... Fuchs. Hist. 851... Lob.
Ic. 567. f. 1.
β. **P. e.** *decipiens.* Etamines insérées au milieu du tube ;
style presque saillant. (Chaub. *Misc. inéd.*)
Fl. d'un jaune pâle. P. 1. Les bords des ruisseaux ombragés. C. A Courborieu, à Naux, près d'Agen.

3. Primula acaulis. Jacq.   *Primevère sans tige.*

Feuilles ridées, dentées ; hampe uniflore ; étamines insérées à la gorge de la corolle ; style moitié plus court
que le tube. ♃... *P. veris acaulis* Linn. Sp... *P. grandiflora* Bast. Maine et Loire, Suppl. p. 26... *P. brevistyla*
Dec. Fl. fr. VI. p. 383.
β. **P. a.** *variabilis.* Etamines insérées au milieu du tube ;
style presque saillant... *P. variabilis* Bast. Maine et
Loire, Suppl. p. 26... *P. grandiflora* Dec. Fl. fr. VI.
p. 383.
γ. **P. a.** *umbellifera.* Hampe ombellifère.
Fl. grandes d'un jaune pâle. P. 1. Au bois de Beauregard,
près d'Agen ; plus commune dans les Landes.

Obs. *L'anomalie remarquable que présentent les variétés β des deux espèces précédentes, et qui rappèle ces étamines déplacées que l'on voit quelquefois errer sur le tablier de certains Ophris, nous montre combien il faut être circonspect à décorer du titre d'espèce, des plantes qui n'offrent qu'un seul caractère différentiel.*

MENYANTHES.   *MENYANTHE.*

Corolle velue ; stigmate bifide ; capsule 1 loculaire.

1. Menyanthes trifoliata. Linn. *Ményanthe trifolié.*

Feuilles ternées ; corolles velues intérieurement. ♃...
Bull. Herb. pl. 131... Dodon. Pempt. 570.
Fl. blanches. P. 3. Dans les eaux de l'Ourbise, entre Saint-Julien et Villefranche ; au moulin de l'Esclau sur le même ruisseau, commune d'Anzex, où elle se fait remarquer par l'élégance de ses fleurs.

Obs. *Si les racines de cette plante ont quelquefois servi à faire du pain, ce fut sans doute la dernière ressource de la misère dans le temps d'une absolue disette. Elle a quelquefois aussi remplacé le houblon dans la fabrication de la bière.*

2. Menyanthes nymphoïdes. L. *M. nymphoïde.*

Feuilles arrondies, cordiformes ; corolles ciliées. ♃...
Lamk. Ill. pl. 100. f. 2... *Villarsia nymphoïdes* Dec. Fl. fr. 2758.
Fl. jaunes. E. 2. Naturalisée dans les viviers à Espalais, près le Port-Sainte-Marie, et à Muge, commune de Damazan.

HOTTONIA.   *HOTTONIE.*

Corolle hypocratériforme ; étamines insérées sur le tube de la corolle ; capsule à une seule loge.

1. Hottonia palustris. Linn. *Hottonie des marais.*

Feuilles verticillées, pinnatifides ; pédoncules verticillés.
♃... Lob. Obs. 460. f. 2. *id.* Ic. 790. f. 1.
Fl. blanches ou légérement purpurines. E. 1. Les marais. C.
A Sérignac, dans les Landes. Vulgairement *plumeau.*

LYSIMACHIA.   *LYSIMACHIE.*

Corolle en roue ; capsule globuleuse, mucronée, à 10 valves.

1. Lysimachia vulgaris. Linn.   *L. commune.*

Tige droite, simple, pubescente ; feuilles lancéolées presque sessiles ; fleurs en panicule terminale. ⚥...
Bull. Herb. pl. 347... Clus. Hist. 2. p. 5o... Lamk. Ill. pl. 101.
β. *L. v. verticillata.* Feuilles verticillées 3 à 3 ou 4 à 4. Fl. jaunes. E. 2. Les bords des ruisseaux, les lieux humides, ombragés. CC.

Obs. *Les filets des étamines sont réunis à la base.*

2. Lysimachia nemorum. L. *Lysimachie des bois.*

Tige couchée cylindrique ; feuilles ovales, pointues ; pédoncules solitaires ; lobes du calice lancéolés. ⚥...
Clus. Hist. 2. p. 182. f. 2.
Fl. jaunes. E. 2. Les bords des ruisseaux, à l'ombre. RR. Dans les Landes, à l'étang de Bardin, près Rhimbés.

3. Lysimachia nummularia. Linn.   *L. nummulaire.*

Tige rampante ; feuilles arrondies, presque cordiformes ; pédoncules solitaires ; divisions du calice ovales. ⚥...
Fuchs. Hist. 4oo... Dodon. Pempt. 590... Lob. Obs. p. 251. f. 1. *id.* Ic. 474. f. 1... J. B. Hist. 3. p. 371... Dec. Fl. fr. 3347.
Fl. jaunes. P. 3. E. Les prairies humides, les bois. CCC. Quelquefois désignée sous le nom ridicule d'*Herbe aux écus.*

ANAGALLIS.   *MOURON.*

Corolle en roue ; capsule s'ouvrant transversalement.

1. Anagallis arvensis. Linn.   *Mouron des champs.*

Tige foible, presque couchée ; feuilles ovales, ponctuées en dessous ; lobes de la corolle légérement crénelés. ☉...
Dodon. Pempt. 32... Fuchs. Hist. 18-19... Clus. Hist. 2. p. 183. f. 1... *A. phœnicea* et *A. cœrulea* des botanistes français.
β. **A. a.** *verticillata.* Feuilles verticillées 3 à 3. *A. verticillata* All. Ped. 318. t. 85. f. 4.
Fl. rouges ou bleues, quelquefois bleues au centre et rouges sur les bords. Dans les terrains cultivés. CCC.

Obs. *Nous ne pouvons regarder comme formant des espèces différentes, des plantes qui ne se distinguent que par la couleur de la corolle. Au surplus, la couleur rouge et la bleue ne sont point exclusives l'une de l'autre, puisqu'on trouve des individus dont la corolle est bleue au centre et rouge sur les bords. Je le demande ici : à quelle des deux espèces, fondées sur la couleur de la corolle, rapportera-t-on ces individus ? Quant aux caractères distinctifs qu'on a voulu tirer des feuilles, de la longueur des pétioles, des divisions du calice, et de la forme des pétales, ils sont tous plus ou moins fugaces ou insuffisans.*

2. **Anagallis tenella.** Linn. Mant.   *Mouron délicat.*

Tiges filiformes couchées ; feuilles opposées, arrondies, pétiolées ; pédoncules plus longs que les feuilles ; filets des étamines velus. ♃... Moriss. Hist. 2. sect. 5. t. 26. f. 2... *Lysimachia tenella* Linn. Sp. 211... Dec. Fl. fr. 2342.

Fl. couleur de rose. P. 2. 3. E. Les lieux humides et tourbeux des Landes. CCC. Les fontaines sur la rive droite du Lot.

CONVOLVULUS.   *LISERON.*

Corolle campanullée, plissée ; deux stigmates ; capsule biloculaire ; loges dispermes.

1. **Convolvulus arvensis.** Linn. *Liseron des champs.*

Tige foible, volubile ; feuilles sagittées, aiguës à leur sommet, ainsi qu'à l'extrémité des lobes de leur base ; pédoncules uniflores ou biflores, bractées linéaires. ♃... Bull. Herb. pl. 269... Dodon. Pempt. 389... Fuchs. Hist. 258.

Fl. variées de blanc et de rose. P. 3. E. Les lieux cultivés. CCC.

2. **Convolvulus sepium.** Linn. *Liseron des haies.*

Tige volubile, anguleuse ; feuilles sagittées ; lobes de leur base tronqués postérieurement ; pédoncules quadrangulaires, uniflores. ♃... Lamk. Ill. pl. 104. f. 1... Lob. Obs. 340. f. 1. Ic. 619. f. 1... Dodon. Pempt. 388.

Fl. blanches, quelquefois lavées de rouge tendre. E. 1. Les haies. CCC. (1)

------

(1) Et le Convolvulus éclatant en blancheur,
Sur les buissons voisins entrelaçant sa fleur,
De ses nombreux festons couvrant leurs intervalles,
Semble le nœud charmant des grâces végétales. Castel.

3. **Convolvulus cantabrica.** Linn. *Liseron cantabre.*

Tige rameuse, ascendante ; feuilles linéaires-lancéolées, aiguës ; calices velus ; pédoncules biflores ou triflores. ♃... Clus. Hist. 2. p. 49. f. 1... Dalech. Hist. 1425... J. B. Hist. 2. p. 160.
Fl. d'un rose pâle. P. 3. Sur les rochers exposés au midi. RR. A Pecaou , au-dessus de Chantilli près d'Agen ; aux environs de Tournon, de Saint-Maurin.

VERBASCUM.   *MOLÈNE.*

Corolle en roue, un peu irrégulière ; capsule uniloculaire, bivalve.

✳ *Feuilles très-décurrentes.*

1. Verbascum thapsus. Linn.   *Molène thapse.*

Feuilles très-décurrentes, aiguës, tomenteuses sur les deux faces ; tige simple ; épi non-interrompu, très-dense ; calices grands ; deux filets des étamines glabres. ♂... Lamk. Ill. pl. 117... Rozier, Cours d'Agr. 2. p. 404. pl. 14... Dodon. Pempt. 143. f. 1... Lob. Obs. 303. Ic. 561. f. 2... Fuchs. Hist. 846.
Fl. jaunes, grandes. P. 3. E. Les terres légères et sablonneuses des plaines, où il atteint quelquefois la hauteur de huit ou neuf pieds.
Noctua verbasci.

2. Verbascum tapsiforme. Schreb. *Molène tapsiforme.*

Feuilles très-décurrentes, presque obtuses, tomenteuses ; tige simple ; épi non-interrompu, très-dense ; calices grands ; deux filets des étamines glabres du côté extérieur seulement. ♂... Dec. Fl. fr. VI. p. 412.
Fl. jaunes. E. 1. Les lieux pierreux des collines. CC. Aux deux rocs, à Taffetas, près d'Agen.

Obs. *Ce* Verbascum , *très-voisin du* Thapsus , *et que le vulgaire confond avec lui sous le nom de* Bouillon blanc, *ne se distingue de ce dernier que par ses feuilles presque obtuses, ses étamines glabres d'un seul côté, et ses corolles semblables à celles du* V. *phlomoïdes.*

✳ **3.** Verbascum calyculatum. Chaub. *M. à petits calices.*

Feuilles décurrentes, drapées, les supérieures ovoïdes, mucronées ; fleurs sessiles, en épi rameux à la base,

continu et très-dense ; calices petits ; deux étamines glabres du côté extérieur seulement. ♂.
Fl. jaunes médiocres, barbe des étamines purpurine. E. 3.
Les bords de la Garonne. RR. A la Borde-Basse, près le Port-Sainte-Marie.

DESCRIPT. Plante *tomenteuse, drapée, d'un aspect roussâtre, analogue à celui du* V. thapsus, *haute de 3 à 6 pieds.*
Tige *droite, simple.* Feuilles *inférieures oblongues, rétrécies en pétioles, les intermédiaires aiguës, très-décurrentes, les supérieures ovales, arrondies à la base, mucronées.* Epi *rameux à la base, continu, dense, à bractées très-petites, presque point apparentes.* Fleurs *sessiles, ou presque sessiles, à corolles médiocres, jaunes, à calices aussi petits que ceux du* V. sinuatum. *Etamines à barbe purpurine, les deux inférieures glabres du côté extérieur seulement.* (Chaub. *Misc. ined.*)

Le V. calyculatum *se distingue du* V. tapsoïdes *par la petitesse de ses calices et ses fleurs sessiles. Ces caractères le distinguent encore du* V. australe *Schreb., au moins d'après la description de Decandolle, Fl. fr.* VI. *p.* 413.

* 4. Verbascum semialbum. Chaub. *M. semi-blanche.*

Feuilles décurrentes, tomenteuses, blanches en-dessous, tomenteuses, vertes en dessus, les supérieures mucronées ; épi simple continu ; calice petit ; bractées blanches en-dessous, vertes en dessus ; les deux grandes étamines nues au sommet. ♂.
Fl. jaunes, médiocres ; barbe des étamines roussâtre. E.
Les sables mobiles dans les bois de chênes liégiers (*surrèdes*) entre Mezin et Poudenas, et entre Barbaste et le lac de la Laguë. C.

DESCRIPT. *Plante toute couverte, principalement en dessous, d'un duvet ras, cotonneux et très-blanc.*
Hauteur *deux à quatre pieds.* Tige *simple.* Feuilles *tomenteuses très-blanches en dessous, tomenteuses, vertes en dessus, analogues à celles du* V. lychnitis; *les inférieures ovales, elliptiques, rétrécies en pétiole ; les intermédiaires oblongues, rétrécies à la base, très-décurrentes ; les supérieures arrondies, mucronées.* Epi *simple, continu ; bractées pointues, élargies à la base ; petites, très-blanches en dehors ; vertes, presque glabres en dedans.* Fleurs *sessiles, médiocres, jaunes ; les deux grandes étamines barbues seulement à la base ; le stimate pileux.* Calices *petits, à lobes lancéolés, aigus,* Capsule *tomenteuse, très-blanche.* (Chaub. *Misc. ined.*)

Diffère essentiellement du V. candidissimum *Decand.*

Fl. fr. VI. p. 413, par les fleurs disposées en épi continu, par ses feuilles radicales obtuses, par son duvet point du tout floconneux, et probablement par les couleurs contrastées de ses feuilles, ainsi que par la forme de son calice, et par ses étamines.

5. Verbascum longiracemosum. Chaub. *M. à long épi.*

Feuilles très-decurrentes, sinuées, dentées, peu drapées ; tige rameuse ; épi interrompu, plus long que la tige ; calices médiocres ; bractées inférieures décurrentes. ♂.

Fleurs jaunes, grandes ; à barbe des étamines purpurine. E. 2. Les bords de la Garonne. R. A S.t-Laurent, près le Port-Sainte-Marie. C.

Descrip. *tomenteuse, roussâtre, quelquefois très-peu drapée, haute de 3 à 4 pieds.*

Tige droite, rameuse ; feuilles oblongues-lancéolées, les radicales sinuées, dentées, rétrécies en pétiole ; les intermédiaires sinuées ou ondulées, dentées, très-décurrentes, pointues ; les supérieures moins allongées, décurrentes même sur les rameaux ; épi terminal, plus long que la tige, simple, interrompu, formé par des pelotons de fleurs distans ; épis latéraux sortant de l'aisselle des feuilles supérieures, moins garnis, à bractées inférieures décurrentes, petites, larges et mucronées ; fleurs grandes (comme celles du **V.** *nigrum), jaunes, à barbe des étamines purpurine ; calices moyens entre ceux du* **V.** *thapsus et ceux du* **V.** *sinuatum, sessiles. (Chaub. misc. ined.)*

Cette espèce ne pourroit être confondue qu'avec le **V.** *sinuatum ; mais elle en est bien séparée par la longueur excessive de son épi terminal, par ses calices de moyenne grandeur, et ses feuilles caulinaires très-décurrentes.*

✳ ✳ *Feuilles peu ou point décurrentes.*

6. Verbascum sinuatum Linn. *Molène sinuée.*

Feuilles inférieures profondément sinuées, dentées ; les intermédiaires sessiles ; les supérieures cordiformes, amplexicaules ; tige rameuse ; épis interrompus, grèles ; calices petits. ♂... J. B. Hist. 3. p. 872... Dalech. Hist. 1302. f. 2... Moriss. Hist. 2. sect. 5. t. 9. f. 6.

β. **V.** s. *decurrens.* Feuilles plus ou moins décurrentes... **V.** *sinuatum.* Dec. Fl. fr. 2681.

Fleurs jaunes, médiocres. E. 2. Le long des chemins dans la plaine. CCC.

7. Verbascum phlomoïdes. Linn. *M. plomoïde.*

Feuilles sessiles, presque point décurrentes, à duvet caduc ; les supérieures amplexicaules, mucronées ; épi très rameux, interrompu ; fleurs pédicellées ; calice petit ; deux étamines sans barbe du côté extérieur seulement. ♂... Lamk. Dict. 1. p. 217... Moriss. Hist. 2. p. 485, sect. 5. t. 9. f. 2.
Fleurs d'un jaune pâle, la barbe des étamines roussâtre. E. 2. Les terres légères. CCC.

8. Verbascum lychnitis. Linn. *Molène lichnite.*

Feuilles ovales - lancéolées, blanches en dessous, tomenteuses, vertes en dessus, sessiles ; épi rameux à la base, dense ; fleurs pédonculées ; calices petits. ♂. Lob. Obs. 303. f. 2. Ic. 562. f. 1... Fuchs. Hist. 847.
Fleurs blanches, médiocres. E. 2. Les friches arides. R. Aux environs de Castillonnés, de Lausseignan, de Boussés.

9. Verbascum nigrum. Linn. *Molène noire.*

Feuilles ovales-oblongues, cordiformes à la base, pétiolées. ♃... Dec. Fl. fr. 2675.
Fl. jaunes. E. 1. Sur la lisière des Landes. R. A Poudenas, à Lausseignan.

10. Verbascum blattaria. Linn. *Molène blattaire.*

Feuilles glabres, les inférieures crénelées, sinuées ; les caulinaires semi-amplexicaules, aiguës ; fleurs pédonculées, solitaires, dépassant la bractée. ☉... Lob. Obs. 304. f. 2. Ic. 564. f. 2... J. B. Hist. 3. p. 874. f. 1.
Fleurs jaunes, grandes, à barbe des étamines purpurine. E. 1. 2. Le long des chemins. CCC.

11. Verbascum blattarioïdes. Lamk. *M. blattairiforme.*

Feuilles légèrement hérissées, les inférieures crénelées-sinuées, les caulinaires semi-amplexicaules, aiguës ; fleurs géminées ; pédoncules courts. ♂... Lob. Ic. 564. f. 1... Lamk. Dict. 1. p. 225... *V. viscidulum* Pers. Syn. p. 215.
β. *V. b. intermedium.* A fleurs solitaires.
Fleurs jaunes. E. 3. Les friches arides des environs de Castillonnés ; la variété le long des chemins, à Barbaste. C.
Obs. Très-voisine du V. blattaria, *dont elle ne se distingue que par la pubescence de ses feuilles et les pédoncules de ses fleurs.*

DATURA. *DATURE.*

Corolle infundibuliforme, plissée ; calice tubulé, anguleux, caduc ; capsule à 4 valves.

1. Datura stramonium. Linn.   *Dature stramoine.*

Péricarpes épineux. droits, ovales ; feuilles anguleuses,
aiguës. ◉... Bull. Herb. pl. 13... Lamk. Ill. pl. 113.
Fleurs blanches ou d'un violet clair. E. 2. 3. Le long des
chemins, les lieux cultivés des plaines. CCC.

Obs. *Originaire de l'Amérique, d'où elle fut apportée pour
la décoration des jardins. Ses feuilles appliquées extérieurement passent pour anodines ; prises à l'intérieur, elles sont
nauséabondes, stupéfiantes ; ses semences, surtout, sont un
poison mortel. Singulier effet de l'industrie ! cette plante redoutable devient quelquefois un meuble utile chez nos paysans.
Coupée au pied dans son état adulte et desséchée, ses rameaux dichotomes sont exactement nivelés à leur sommet ; elle
est renversée : une chandelle placée dans le canal médullaire,
éclaire la famille, les voisins, les amis, qui, réunis autour
de cette espèce de candelabre. passent, en faisant de vieux
contes, ou dans une activité laborieuse, les longues soirées
de l'hiver.*

HYOSCIAMUS.   *JUSQUIAME.*

Corolle infundibuliforme, obtuse ; étamines inclinées ;
capsule operculée, biloculaire.

1. Hyosciamus niger. Linn.   *Jusquiame noire.*

Feuilles amplexicaules sinuées ; fleurs sessiles. ◉...
Bull. Herb. pl. 93... Best. Eyst. Æst. ord. 3. fol. 3. f. 1.
Fleurs jaunâtres dans le centre, et d'un pourpre noir sur
les bords. E. 1. Près des habitations rurales. CC.

Obs. *Les arabes, qui ont pour cette plante le même goût
que les turcs pour l'opium, en éprouvent des effets analogues.*

Chrisomela hyosciami.

NICOTIANA.   *NICOTIANE.*

Corolle infundibuliforme, à limbe plissé ; étamines inclinées ; capsule-bivalve, biloculaire.

1. Nicotiana tabacum. Linn.   *Nicotiane tabac.*

Feuilles lancéolées-ovales, sessiles, décurrentes ; fleurs
aiguës. ◉... Bull. Herb. pl. 285... Lamk. Ill. pl. 113...
Nicotiana sive herba sancta. Swert. Florileg. 2. t. 23.
f. 4... Vulgairement *tabac.*

Fleurs rouges. Cultivée. Originaire d'Amérique. Introduite en France , par Nicot, en 1559.

2. Nicotiana rustica. Linn. *Nicotiane rustique.*

Feuilles pétiolées , ovales , entières ; fleurs obtuses. ⊙...
Bull. Herb. pl. 289.
Fleurs d'un jaune verdâtre. Cultivée comme la précédente,
quelquefois spontanée autour des habitations rurales.

PHYSALIS. *PHYSALIDE.*

Corolle en roue ; étamines conniventes ; calice enflé ,
renfermant une baie à deux loges.

1. Physalis alkekengi. Linn. *Physalis alkekenge.*

Feuilles géminées , entières , aiguës ; tige herbacée , un
peu rameuse à la base. ♃... J. B. Hist. 3. p. 609. f.
1... Lob. Ic. 262. f. 2.
Fleurs blanches. P. 2. E. Dans les vignes , sur le bord des
bois. C. A Ferrou , à Cambes , à Martinet , près d'Agen.
Dans la garenne de S.t-Amans.

Obs. *Les calices , renflés pendant la maturité du fruit ,
sont d'un rouge très-éclatant. Cette plante se retrouve au
Japon ; elle est aussi à la Chine , à la Cochinchine (Lour.
Fl. cochin. 1. p. 164.) Ses baies sont éminemment diurétiques.
Elle est connue aussi sous le nom de* Coqueret.

SOLANUM. *MORELLE.*

Corolle en roue ; anthères réunies, presque soudées entr'elles, leur sommet percé de deux pores ; baie à deux
loges.

1. Solanum dulcamara. Linn. *Morelle douce-amère.*

Tige sans épines , frutescente, flexueuse ; feuilles
supérieures hastées ; fleurs en grappes. ♄ ... Lob. Obs.
p. 136. f. 4. Ic. 266. f. 1... Bull. Herb. pl. 23.
Fleurs violettes. E. Les haies, les lieux humides ombragés,
les bords des ruisseaux. CCC.

2. Solanum tuberosum. Linn. *Morelle tubéreuse.*

Tige sans épines , herbacée ; feuilles pinnées , très-entières ; pédoncules sou-divisés en corymbe. ♃ ...Swert.
Florileg. 2. t. 28. f. 4... Vulgairement *Pomme de terre.*

Fleurs blanches, violettes ou purpurines. E. Généralement cultivée. Originaire du Pérou.

Obs. *Ses nombreuses variétés à tubercules jaunes, rouges et violets, sont connues, ainsi que leur usage dans l'économie domestique et rurale.*

Sphinx atropos.

3. Solanum nigrum. Linn.   *Morelle noire.*

Tige herbacée, rude; feuilles ovales, sinuées, dentées; grappes en corymbes simples, pendantes. ◉... Bull. Herb. pl. 67.

β. S. n. *miniatum.* Fruit d'un rouge orangé. *S. miniatum.* Wild. ex Dec. Fl. fr. 6. p. 417.

Fleurs blanches, fruits noirs ou rouges. E. Les lieux cultivés. Cette plante a une légère odeur du musc. CCC.

4. Solanum villosum. Lamk.   *Morelle velue.*

Tige sans épines, herbacée, rameuse, cylindrique, velue; feuilles anguleuses, légèrement velues; fruits jaunes ou rouges. ◉... Lamk. Dict. 4. p. 289... *S. nigrum.* γ. Linn. Sp. 266.

Fl. blanches. E. Les champs cultivés, les jardins. R.

Obs. *Cette plante diffère du S.* nigrum, *avec lequel elle a été long-temps confondue, par ses feuilles anguleuses, velues, et par la couleur de ses fruits.*

CAPSICUM.   *PIMENT.*

Corolle en roue; baie sèche.

1. Capsicum annuum. Linn.   *Piment annuel.*

Tige herbacée; pédoncules solitaires. ◉... Swert. Florileg. 2. t. 35. f. 3.

Fleurs blanches; fruit conique, d'un rouge éclatant dans sa maturité. E. Cultivé dans presque tous les jardins ruraux, sous le nom vulgaire de *Pebrinos*, *Pebrinettos*. Employé par les paysans en guise de poivre.

CHIRONIA.   *CHIRONIE.*

Calice à cinq divisions; corolle infundibuliforme; limbe à cinq lobes; style penché; cinq étamines insérées dans le tube de la corolle ; anthères contournées en spirale après la déflorescence ; capsule biloculaire.

1. Chironia centaurium. Smith. *Chironie centaurée.*

Tige herbacée, dichotome, paniculée ; feuilles ovales-lancéolées ; calice plus court que le tube de la corolle. ⊛... *Gentiana centaurium.* α. Linn... Bull. Herb. pl. 253... J. B. Hist. 3. p. 353. f. 2... D.c. Fl. fr. 2780... *Erythrea centaurium* Pers. Syn.
Fleurs d'un rouge tendre, quelquefois blanches. E. 1. 2. 3. Les pelouses, les sentiers des bois. CCC.

2. Chironia pulchella. Smith. *Chironie élégante.*

Tige herbacée, très-rameuse ; feuilles ovales ; calices divisés jusqu'à la base en cinq segmens subulés presqu'aussi longs que le tube de la corolle ; fleurs pédonculées et sessiles. ⊛... Vaill. Bot. par. t. 6. f. 1... Smith Fl. brit. p. 258... *Gentiana centaurium* β. Linn. Sp. pl. 333.
β. C. p. *gracilis.* Effilée ; fleurs plus écartées ; pédoncules plus longs ; feuilles supérieures plus allongees. *C. intermedia.* Mérat. Fl. par. 91.
Fleurs d'un rouge pâle. E. A. Les lieux humides. CCC.

OBS. *Les deux espèces de* Chironia *se recommandent par leurs propriétés fébrifuges. Elles sont confondues par les bonnes femmes et les pharmaciens ignorans, sous le nom de petite* Centaurée.

VINCA.   *PERVENCHE.*

Corolle contournée, deux follicules redressées, semences nues.

1. Vinca major. Linn.   *Pervenche à grande fleur.*

Tiges droites ; feuilles presque cordiformes, ciliées dans leur premier developpement ; fleurs pédonculees. ♃... Duham. Arbr. t. 2. p. 114... Garid. Aix. t. 81... Swert. Florileg. 2. t. 12. f. 4.
Fleurs bleues. P. 1. 2. Les broussailles, les haies, sur les rochers exposés au midi. C. A Ferrou, à Charpaud, à Labarthe, vallon de Foulayronnes, près d'Agen.

2. Vinca minor. Linn.   *Pervenche à petites fleurs.*

Tige couchée, feuilles lancéolées-ovales, fleurs pédon-

culées. ♃... Lamk. Ill. pl. 172. f. 2... Fuchs. Hist.
360... Dodon. Pempt. 405. f. 1.
Fleurs bleues, quelquefois blanches. P. 1. 2. Les bois des
collines, sur les rochers. CC. A Cruzel, à l'Escale, près
d'Agen.

Obs. *On trouve quelquefois une variété de cette plante à
feuilles lancéolées deux fois plus longues et d'un verd gai.*

††† *Fleurs monopétales supérieures.*

SAMOLUS.   *SAMOLE.*

Corolle hypocratériforme ; étamines portées par de petites écailles situées à la base des échancrures de la
corolle ; capsule inférieure à une loge.

1. **Samolus valerandi.** Linn.   *Samole aquatique.*

Feuilles ovales ; fleurs en grappes ; tige droite. ♂...
Lamk. Ill. pl. 101... Moriss. Hist. 2. sect. 3. t. 24. f.
28... J. B. Hist. 3. p. 791. f. 1... Lob. Obs. p. 249. f.
1., et Ic. 467. f. 1... Dalech. Hist. p. 1090. f. 3... Dec.
Fl. fr. 2381.
Fleurs blanches, dépassant à peine le calice. P. Les bois
humides, les bords des ruisseaux ombragés.

Obs. *Une plante de ce nom qui croissoit dans les lieux
humides, étoit au rapport de Pline (liv. 24, ch. 11), l'objet
d'une pratique superstitieuse assez remarquable chez les gaulois. Il falloit être à jeûn pour la cueillir, ne point la
regarder alors, et l'arracher de la main gauche. Ils at-
tribuoient à cette plante de grandes vertus contre les maladies
des animaux domestiques. Est-ce le* Salomus *d'aujourd'hui
dont il s'agit ?*

PHYTEUMA.   *RAIPONCE.*

Calice en roue, à 5 divisions linéaires ; stigmates 2 ou
3 ; capsule bi ou triloculaire, inférieure.

1. **Phyteuma lanceolata.** Vill. *R. à feuilles lancéolées.*

Fleurs en tête arrondie ; feuilles toutes oblongues-lancéolées, dentées. ♃... Vill. Dauph. 2. p. 517. t. 12. f.
1. et non t. 11... P. *orbicularis* β *lanceolata* Wild. Sp. 2,
p. 921... Barr. Ic. 526.

Fleurs bleues. E. Les lieux herbeux et ombragés du départ-
tement du Lot, et sans doute aussi dans la partie orientale
de celui de Lot-et-Garonne.

CAMPANULA.   *CAMPANULE.*

Corolle campanulée, close inférieurement par des écailles
staminifères ; capsule inférieure, ouvertures latérales.

1. Campanula rotundifolia. Linn. *C. à feuilles rondes.*

Tige ascendante; feuilles radicales cordiformes, crénelées,
les caulinaires linéaires, glabres ; panicule étalée. ♃...
Dodon. Pempt. 167... Lob. Obs. 178. f. 1. et Ic. 328.
f. 1. Dalech. Hist. 827.
β. C. r. *cœspitosa.* Villd. Sp. 2. p. 892. Feuilles radicales
ovales-lancéolées... *C. pusilla* Dec. Fl. fr. 2833.
Fleurs bleues E. 1. 2. Sur un vieux tronc de saule derrière
l'église de Sainte Radegonde, près d'Aiguillon. La variété
dans les rochers sur les bords du Lot, et dans les lieux
ombragés, près de Montaigut.

2. Campanula patula. Linn.   *Campanule étalée.*

Feuilles radicales ovales, dentées, rétrécies à la base,
les caulinaires lancéolées-linéaires, légérement dentées;
panicule étalée ; folioles calicinales denticulées à la base,
β. C. p. *aspera.* Calice hérissé de poils rudes, ainsi que
les angles de la tige... Dill. Elth. t. 58. f. 68. d'après
Dec... C. *decurrens.* Thor. Cihore des Landes.
Fleurs d'un bleu purpurin. P. 2. Les broussailles, le long
des chemins. CCC. La variété dont les feuilles ne sont
point réellement décurrentes, dans les bois. CC. A Ferrou,
près d'Agen.

3. Campanula rapunculus. Linn.   *C. raiponce.*

Tige canelée ; feuilles radicales ovales-lancéolées, les
caulinaires lancéolées-linéaires ; panicule resserrée. ♂...
Fuchs Hist. 214... Dodon. Pempt. 165. f. 1.
Fleurs bleues, plus longues que le diamètre de leur ou-
verture. P. 3. Les taillis, les saussaies des bords de la
Garonne. RRR. Au moulin près de Colayrac.

4. Campanula persicifolia. L. *C. à feuilles de pêcher.*

Glabre ; feuilles radicales ovales, rétrécies en pétiole,
les caulinaires lancéolées-linéaires, très-légérement den-

ticulées, écartées. ♃... Clus. Hist. 2. p. 171. f. 3... Dodon.
Pempt. 166. f. 2... Moriss. Hist. 2. sect. 5. t. 1. f. 2...
Dec. Fl. fr. 2838.
Fleurs bleues, très-belles. P. 3. E. Les berges du Lot, à
Libos. RRR.

Obs. *Une variété à fleurs doubles ou pleines, de cette
plante, est cultivée dans presque tous les parterres.*

5. Campanula trachelium. Linn.   *C. gantelée.*

Hérissée ; tige anguleuse ; feuilles pétiolées, cordiformes ; calices ciliés ; pédoncules trifides. ♃... Clus. Hist.
2. p. 170. f. 2... Dodon. Pempt. 164. f. 1.
Fleurs bleues. E. Dans les bois taillis, les lieux ombragés.
CC.

Obs. *Les Campanules à feuilles de pêcher et gantelées,
peuvent être employées comme herbes potagères.*

6. Campanula glomerata. Linn.   *C. agglomérée.*

Tige anguleuse, simple, peu hérissée ; feuilles rudes,
les radicales pétiolées, oblongues-lancéolées, dentées ;
les caulinaires sessiles, semi-amplexicaules ; fleurs ramassées en tête terminale. ♃... Barr. Ic. 523. f. 3... Dec.
Fl. fr. 2845.
Fleurs bleues, quelquefois blanches. E. A. Les bois des
coteaux. CCC.

7. Campanula hederacea. L. *C. à feuilles de lierre.*

Glabre ; tige débile ; feuilles pétiolées, cordiformes, à
5 lobes peu profonds. ⊙... Roem. Fl. europ. fasc. 1. t.
5... Moriss. Hist. 2. sect. 5. t. 2. fig. 18... Dec. Fl. fr.
2831.
Fleurs bleues. E. Les berges des fossés, dans les lieux
couverts et un peu humides des Landes. RR. Aux environs
de Boussés, canton de Damazan.

Obs. *Cette plante se fait remarquer par le verd tendre
de ses feuilles, et la délicatesse de toutes ses parties.*

8. Campanula erinus. Linn.   *Campanule érine.*

Tige dichotome ; feuilles sessiles, les supérieures opposées, tridentées. ⊙... Moriss. Hist. 2. sect. 5. t. 3. f.
25... J. B. Hist. 2. p. 799. f. 2... Dec. Fl. fr. 2849.
Fleurs bleues. E. Dans les champs sablonneux, sur les
murailles. R. A Survallon, canton de Tournon, aux

Tricheries, à Saint-Amans, à Bouffeben, commune de Castelcuiller.

9. Campanula speculum. L. *C. miroir de Vénus.*

Tige à rameaux nombreux, étalés ; feuilles oblongues, légérement crénelées ; calices solitaires, plus longs que la corolle ; capsule prismatique. ◉... Curtis Bot. mag. t. 3. pl. 102... Dodon. Pempt. 168. f. 1... *Legousia arvensis.* Durand. Fl. Burg... *Prismatocarpus speculum.* Dec. Fl. fr. 2856.

Fleurs violettes. P. 2. 3. Dans les moissons, les lieux cultivés. CC. Les racines de cette plante peuvent se manger en salade.

LONICERA.   *LONICÈRE.*

Corolle monopétale irrégulière ; baie polysperme biloculaire, inférieure.

1. Lonicera periclymenum. L *Lonicère périclimène.*

Têtes des fleurs ovales, imbriquées, terminales ; feuilles toutes distinctes à leur base. ♭... J. B. Hist. 3. p. 104. f. 1... Dodon. Pempt. 406. f. 1... Fuchs. Hist 646... Dec. Fl. fr. 3393.

Fleurs d'un rouge purpurin, mêlé de jaune. P. 2. A. Dans les bois, les haies. C.

2. Lonicera caprifolium. L. *Lonicère chèvre-feuille.*

Fleurs verticillées, terminales, sessiles ; feuilles supérieures connées-perfoliées. ♭... Duham. Arb. 1. p. 126... Dodon. Pempt. 406. f. 2... J. B. Hist. 2. p. 104. f. 2... Dec. Fl. fr. 3392.

β. **L. c. *pubescens.*** Feuilles pubescentes ; fleurs en tête. *L. etrusca.* Santi. Viagg. Ic. 1. p. 113... Dec. Fl. fr. VI. p. 500.

Fleurs purpurines, jaunes à l'intérieur. P. 2. E. Dans les bois, sur les rochers. CCC. La variété aux environs d'Agen, au bois de Véronne, à la garenne de S.t-Amans, et ailleurs. C.

Papilio camilla.

. Lonicera Xylosteum. Linn. *Lonicère xylosteon.*

Pédoncules biflores ; baies réunies, digynes ; feuilles ovales-lancéolées. ♭ ... Duham. Arb. 1. p. 154... Dodon. Pempt. 407. f. 1.

Fleurs blanches. P. Dans les bois, les haies. C. La garenne de S.t-Amans.

†††† *Fleurs pentapétales inférieures.*

RHAMNUS.　　　*NERPRUN.*

Calice tubulé ; écailles recouvrant les étamines ; corolle nulle ; baie.

1. Rhamnus catharticus. Linn. *Nerprun cathartique.*

Epines terminales ; fleurs quadrifides, dioïques ; feuilles ovales ; tige droite. ♭... Duham. Arb. 2. p. 216... Dodon. Pempt. 744. f. 2.
Fleurs d'un blanc verdâtre. P. 2. Les bois des coteaux, les rochers. R. A Baurèle, à Ferrou, près d'Agen. Il existe deux superbes individus de cette espèce, dans l'ancien cimetière de l'hôpital Saint-Jacques, à Agen.

Obs. *C'est avec les baies du Nerprun cathartique qu'on fait le verd de vessie employé par les peintres en miniature : assez mauvaise couleur.*

Papilio Rhamni.

2. Rhamnus frangula. Linn.　*Nerprun bourdaine.*

Sans épines ; fleurs hermaphrodites, monogynes ; feuilles entières. ♭... Duham. Arb. 1. p. 246... Lob. Obs. p. 594. f. 2. Ic. 2. 175. f. 2... Dodon. Pempt. 772. f. 1.
Fleurs blanchâtres. E. 1. Les bois de la plaine, les haies, dans les terrains sablonneux des Landes. C. A Beauregard, près d'Agen.

3. Rhamnus alaternus. Linn.　*Nerprun alaterne.*

Sans épines ; fleurs dioïques ; stigmate triple ; feuilles dentées, toujours vertes. ♭... Duham. Arb. 1. p. 40... Clus. Hist. 1. p. 50. f. 2.
Fleurs d'un blanc jaunâtre. P. 2. Sur les rochers exposés au midi. CC. A Pécaou, près d'Agen.

Obs. *Certains individus portent des fleurs hermaphrodites, tandis que d'autres n'ont que des fleurs femelles.*

Papilio Rhamni.

EVONIMUS.   *FUSAIN.*

Corolle pentapétale ; capsule colorée à 5 angles , à 5
loges, à 5 valves ; semences enveloppées d'une tunique.

1. Evonimus europeus. Linn.   *Fusain d'Europe.*

Fleurs la plupart quadrifides ; angles du calice obtus.
♭... Bull. Herb. pl. 135... Duham. Arb. 1. p. 228.
Fleurs blanches ; fruit d'un beau rouge. P. Les rochers ,
les bords des ruisseaux , dans les coteaux. CC.

Obs. *Les fruits du fusain se font remarquer par l'éclat de
leur couleur , lorsque dans l'arrière saison, la nature se dé-
pouille de tous ses agrémens. Leur forme qui se rapproche
de celle d'un bonnet quarré , a fait donner à cet arbuste
le nom vulgaire de* Bonnet de prêtre. *Son bois réduit en
charbon , dans un tube de métal bien fermé , sert de crayon
aux dessinateurs.*

VITIS.   *VIGNE.*

Pétales cohérens par le sommet ; 5 étamines ; baie **pen-**
tasperme, supérieure à la corolle.

1. Vitis vinifera. Linn.   *Vigne vinifère.*

Feuilles lobées, sinuées, nues. ♭.
α. V. v. *labrusca.* Feuilles à lobes peu prononcés ; baies
  petites... *V. labrusca.* Linn... Lamk. Ill. pl. 145.
β. V. v. *sativa.* Feuilles à lobes bien distincts ; baies
  grosses.
γ. V. v. *apyrena.* Baies très-petites sans pepin , vulgairement raisin de Corinthe... Roz. Dict. t. 10. pl. 27.
Fleurs d'un blanc verdâtre , très-odorantes. P. 2.

Obs. *La variété α, qu'on doit regarder comme le type
de l'espèce, se trouve dans les haies et sur les bords des
bois. C. Il seroit inutile d'indiquer la station de la vigne
cultivée :* Bacchus amat colles.

*Cette plante, par la prodigieuse quantité de fruits qu'elle
porte quelquefois, a mérité d'être regardée comme l'emblême
de la fécondité. Sa végétation , sous un climat et dans des
circonstances favorables , n'est pas moins extraordinaire :*
Vites sine fine crescunt. *Plin.*

Il existe un très-grand nombre de sous-variétés de la

vigne cultivée, dont l'énumération est étrangère à la botanique systématique.

Sphinx lineata. Sp. vitis. Attelabus Bacchus. Att. Betullae. Eumolpus vitis. Melolontha vitis et frischii.

2. Vitis laciniosa. Linn.   *Vigne lacinée.*

Feuilles à cinq folioles multifides. ♭... J. B. Hist. 2. p. 73... Roz. Dict. t. 10. pl. 22... Vulgairement *Plan de Carbé.*
Fleurs blanchâtres. P. 2. Cultivée.

Oʙꜱ. *Cette espèce mûrit ses fruits un peu plus tard que la vigne commune.*

††††† *Fleurs pentapétales supérieures.*

RIBES.   *GROSELLIER.*

Cinq pétales ; cinq étamines insérées sur le calice ; style bifide ; baie polysperme, inférieure.

1. Ribes rubrum. Linn.   *Grosellier rouge.*

Sans épines ; grappes glabres, pendantes ; fleurs planes. ♭... Jomt. Arb. t. 65. f. ult... J. B. Hist. 2. p. 97... Duham. Arb. 1. pl. 110... Swert. Florileg. 2. t. 33. f. 3... Dodon. Pempt. 737. f. 1.
Fl. d'un blanc verdâtre. P. Cultivé dans tous les potagers.

2. Ribes nigrum. Linn.   *Grosellier noir.*

Sans épines ; grappes pileuses ; fleurs oblongues. ♭... Dodon. Pempt. 737. f. 2... Vulgairement *cassis.*
Fl. d'un blanc verdâtre. P. Cultivé dans les potagers. R.

3. Ribes uvacrispa. Lamk.   *Groseiller épineux.*

Aiguillons ternés à la base des bourgeons et des rameaux ; fleurs pubescentes, souvent géminées. ♭... Lamk. Ill. pl. 146. f. 2... Enc. méth. n.° 7.
α. R. u. *grossularia.* Petites feuilles pubescentes ; baies hérissées de poils rares et caducs.
β. Feuilles plus larges, luisantes, presque glabres ; baies glabres plus grosses. *Ribes uvacrispa.* Linn... Vulgairement, groselllier à maqueraux, *agrassol.*
Fl. d'un blanc sale. P. Cultivé et se voit assez fréquem-

ment dans les haies des jardins ; il se trouve sous un rocher, à Lassort, près d'Agen.

Il y en a une variété à fruit rouge, plus estimée.

HEDERA.   *LIERRE.*

Cinq pétales oblongs ; baie pentasperme, environnée
par le calice.

1. **Hedera helix.** Linn.   *Lierre grimpant.*

Feuilles toujours vertes, à 3 ou à 5 angles, les floréales
ovales entières ; ombelle droite. ♭ ... Bull. Herb. pl. 133...
Lamk. Ill. pl. 145... Duham. Arb. 1. p. 292.
Fl. d'un blanc verdâtre. P. 1. A. 3. Les rochers, les arbres, les vieilles murailles, sur lesquels elle se cramponne
au moyen des radicules qui naissent sur ses nombreux rameaux.

OBS. *Le lierre est l'emblème de la fidélité. Une ancienne
maison de Bretagne, la maison de* Lomaria, *avoit le lierre
dans ses armoiries, et pour devise :* Je meurs où je m'attache.

†††††† *Fleurs incomplettes inférieures.*

ILLECEBRUM.   *ILLECEBRUM.*

Calice pentaphylle, cartilagineux ; corolle nulle ; stigmate simple ; capsule à 8 valves, monospermes.

1. **Illecebrum verticillatum.** Linn.   *I. verticillé.*

Fl. verticillées, nues ; tige couchée. ◉... Lamk. Ill. pl.
180... *Paronichia verticillata.* Dec. Fl. fr. 2286... J. B.
Hist 3. p. 378. f. 2.
Fl. blanches, ainsi que les capsules. P. 3. Les Landes,
dans les sentiers. C.

††††††† *Fleurs incomplettes supérieures.*

THESIUM.   *TESIUM.*

Calice monophylle staminifère ; corolle nulle ; semence
1 inférieure.

1. Thesium linophyllum. Linn. *Tesium linophylle.*

Panicule feuillée; feuilles linéaires; fleurs la plupart quadrifides. ♃... Moriss. Hist. 3. sect. 15. t. 1. f. 3... Clus. Hist. 1. p. 324. f. 1.

Fl. blanchâtres. E. Les environs des lieux cultivés dans les Landes. R. Auprès de Damazan, à Sos. Il est aussi près de Castillonnés et ailleurs.

DIGYNIE.

† *Fleurs monopétales inférieures.*

ASCLEPIAS.   *ASCLÉPIADE.*

Corolle contournée; 5 nectaires, ovales, concaves, corniculés à l'extrémité.

1. Asclepias vincetoxicum. Linn. *A. dompte-venin.*

Feuilles ovales acuminées, finement ciliées en leurs bords; tige droite; ombelles prolifères. ♃... Bull. Herb. pl. 51.

Fl. blanches. E. 1. Les broussailles, les lieux pierreux des collines. CCC.

GENTIANA.   *GENTIANE.*

Corolle monopétale; capsule bivalve, uniloculaire; deux réceptacles longitudinaux.

1. Gentiana pneumonanthe. Linn. *G. pneumonanthe.*

Corolles 5 fides, campanulées, opposées, axillaires, pédonculées; feuilles presque linéaires, obtuses. ♃... Clus. Hist. 1. p. 313. f. 2... Moriss. Hist. 3. s. 12. t. 5. f. 12... Barr. Ic. 52... Lob. Obs. p. 166. f. 2. Ic. 309. f. 2... Lamk. Ill. pl. 109. f. 2.

β. G. p. *uniflora.* Haute de 2 à 3 pouces, uniflore. Vill. Fl. Dauph. 2. p. 525. n.° 5... Lamk. Dict.

Fl. bleues et jaunes. A. ou E. 3. Les lieux humides des Landes. RR. A Boussés, à Baudignan. C.

Obs. *La variété qu'on seroit tenté de regarder comme une*

*espèce, perd ses caractères par la culture , et devient sembla-
ble au type.*

†† *Fleurs incomplettes.*

CHENOPODIUM.   *CHENOPODE.*

Calice 5 phylle, pentagonal; corolle nue; semence lenticulaire supérieure.

* *Feuilles anguleuses.*

1. **Chenopodium bonus-henricus.** Linn. *C. bon-henri.*

Feuilles triangulaires-sagittées , très-entières; épis composés , non feuillés, terminaux, axillaires. ♃... Bull·
Herb. pl. 317... Dodon. Pempt. 640... J. B. Hist. 2·
p. 965. f. 2.
Fl. herbacées. P. E. Cultivé dans les potagers. Originaire
des montagnes.

2. **Chenopodium urbicum.** Linn.   *C. urbain.*

Feuilles triangulaires, presque dentées ; grappes fermes,
rapprochées , longues, légérement appliquées contre la
tige. ◉... Lamk. Dict. 1. p. 193... Dec. Fl. fr. 2256.
Fl. herbacées. P. 1. Les rives de la Garonne. R. A la Digue
près d'Agen.

Obs. *Cette espèce devient rougeâtre en vieillissant, ainsi
que la suivante , dont elle se distingue au premier coup d'œil
par ses grappes appliquées contre la tige.*

3. **Chenopodium rubrum.** Linn. *Chenopode rouge.*

Feuilles triangulaires, un peu cordiformes à la base,
plus profondément dentées ; grappes composées, droites,
un peu feuillées , plus courtes que la tige. ◉... Fuchs.
Hist. 653... Dodon. Pempt. 605. f. 1... J. B. Hist. 2. p.
975. f. 2... Dec. Fl. fr. 2257.
Fl. herbacées. E. Le long des murs dans les villages. CC.

4. **Chenopodium murale.** Linn.   *C. des murs.*

Feuilles ovales , inégalement dentées , aiguës , luisantes;
grappes nues en corymbe ; tige rameuse , étalée. ◉...
Lamk. Dict. 1. p. 193... Dec. Fl. fr. 2258... J. B. Hist.
2. p. 976. f. 1.
Fl. herbacées. E. Le long des murailles, dans les villes et
les villages. Cette plante et la précédente se plaisent,

comme la pariétaire et l'ortie, dans les terres impregnées
de nitrate de potasse et de chaux. CCC.

Obs. *Le C.* murale *se distingue du* rubrum *et de* l'urbicum *par la forme de ses grappes, et des suivans par ses
feuilles bien plus grandes, luisantes, jamais pulvérulentes,
enfin par ses tiges moins élevées.*

5. Chenopodium ficifolium. Smith. *C. à f. de figuier.*

Feuilles deltoïdes, sinuées-dentées, un peu hastées, les
supérieures oblongues, très-entières; grappes terminales;
semences chagrinées. ⊙... Smith. Brit. 276... Dec. Fl.
fr. 2260.
Fl. herbacées. E. 3. A. Les lieux humides. R. A Sérignac,
sur le bord du chemin.

Obs. *Les sinuosités de ses feuilles sont plus profondes que
dans les espèces suivantes.*

6. Chenopodium album. Linn. *Chenopode blanc.*

Feuilles romboïdales-ovales, aiguës, dentées-sinuées,
les supérieures lancéolées, presque entières; grappes
rameuses, un peu feuillées; semences lisses. ⊙... Fuchs.
Hist. 119... *C. leiospermum.* Dec. Fl. fr. 2259.
β. *C. a. viridescens.* Grappes plus lâches... *C. viride.* Linn.
Sp. 319, exclus. Vaill. Syn... J. B. Hist. 2. p. 972.
Fl. herbacées. E. A. Les lieux cultivés. CCC.

Obs. *Cette plante, dans l'état adulte, offre souvent une
teinte blanchâtre remarquable; les angles de la tige, les
bords des feuilles et les pelotons des fleurs se colorent alors en
rouge. La var.* β*, regardée par Linné comme une espèce distincte, n'en diffère que par la teinte verte et persistante de
ses feuilles, et par ses grappes moins denses.*

7. Chenopodium opulifolium. Schrad. *C. à f. d'aubier.*

Feuilles rhomboïdales-ovoïdes courtes, obtuses, dentées-sinuées, les raméales lancéolées; grappes rameuses,
courtes. ⊙... Dec. Fl. fr. VI. p. 372... Vaill. Bot. par.
t. 7. f. 1.
Fl. blanchâtres. E. A. Les lieux incultes, auprès des habitations, dans la plaine de la Garonne. R. Auprès des
bains de St.-Antoine à Agen, pêle et mêle avec la précédente.

Obs. *Cette espèce est très-voisine du C. viride; mais elle
en diffère par ses feuilles obtuses plus courtes et plus glauques
en dessous.*

8. Chenopodium hybridum. Linn.   *C. hybride.*

Feuilles cordiformes, aiguës, sinuées-anguleuses; grappes ramifiées, nues. ◉... Vaill. Bot. par. 36. t. 7. f. 2. Fl. herbacées. E. Le long des murs dans les villages. C. A Dolmayrac près d'Agen, au port Sainte-Marie, à Casti:onnes.

9. Chenopodium botrys. Linn.   *Chenopode botrys.*

Feuilles oblongues, sinuées; grappes nues, très-divisées. ◉... Dodon. Pempt. 34... Lamk. Dict. 1. p. 193...Dec. Fl. fr. 2262.
Fl. herbacées. E. A. Les terres légères, sablonneuses, des rives de la Garonne. CCC.

Obs. *Un suc balsamique très-abondant s'échappe par les pores des feuilles de cette plante, s'éfleurit à leur surface, les rend brillantes et fortement aromatiques. Si elle n'a point des vertus analogues, et surtout supérieures, ainsi que certains médecins l'ont avancé, aux baumes du Pérou, de la Mecque, du Styrax, etc., tout engage du moins à mieux étudier ce chenopode, sous les rapports médicamenteux. Son arôme approche beaucoup de celui du ciste ladanifère.*

10. Chenopodium ambrosioïdes. L. *C. ambrosioïde.*

Feuilles lancéolées, dentées; fleurs axillaires, sessiles, agglomérées. ◉... Moriss. Hist. 2. sect. 5. t. 31. f. 8... Dec. Fl. fr. 2263... Vulgairement *thé du Mexique.*
Fl. herbacées. E. A. Les terres sablonneuses des rives de la Garonne. CC. Originaire du Mexique.

Obs. *Son odeur est pénétrante, mais n'a rien de désagréable. L'infusion de ses feuilles est diurétique, sudorifique, anthelmintique.*

⁕ ⁕ *Feuilles entières.*

11. Chenopodium vulvaria. Linn. *Chenopode fétide.*

Feuilles très-entières, rhomboïdales-ovoïdes; fleurs ramassées en pelotons axillaires; tige couchée. ◉... Bull. Herb. pl. 323... Dec. Fl. fr. 2265.
Fl. herbacées. E. A. Le long des murailles, près des habitations. CC.

12. Chenopodium polyspermum. L. *C. polysperme.*

Feuilles très-entières, ovales; tige ascendante; grappes rameuses, multiflores, axillaires, terminales. ◉...Moriss.

Hist. 2. sect. 5. t. 3o. f. 6... Lob. Obs. 129. f. 1.
Ic. 256. f. 1.
Fl. herbacées. E. A. Les bonnes terres humides et ombra-
gées des plaines. C. A S.t-Amans, à Riols près d'Agen.

Oʙs. *Les tiges de cette plante ne sont pas toujours couchées.*

BETA. *BETTE.*

Calice 5 phille; corolle nulle; semence réniforme dans
la base du calice.

1. Beta vulgaris. ʟɪɴɴ. *Bette-rave.*

Tige droite; feuilles inférieures ovales ; fleurs ternées ou
quaternées. ♂.
α. B. v. *rapacea.* Racine épaisse, charnue , rouge ou
jaune.
β. B. v. *cycla.* Linn. Racine dure, cylindrique.
Fl. blanchâtres. P. 2. La var. α cultivée généralement. La
var. β, le long des chemins, les bords des champs, dans
les lieux cultivés , près des habitations. CCC.

Oʙs. *Est-il besoin de dire aujourd'hui que la bette-rave
fournit un sucre qui rivalise avec celui de la canne? On cultive une de ses sous-variétés , très-improprement nommée racine de disette, puisqu'elle fournit une nourriture aussi abondante que salubre aux bestiaux.*

HERNIARIA. *HERNIAIRE.*

Calice à 5 divisions ; corolle nulle; 5 étamines dénuées
d'anthères; capsule monosperme.

1. Herniaria hirsuta. ʟɪɴɴ. *Herniaire velue.*

Velue; tige couchée, rameuse; feuilles ovoïdes , ciliées ;
fleurs en pelotons axillaires pauciflores. ☉... Dec. Fl. fr.
2293... J. B. Hist. 3. p. 379. f. 1.
Fl. herbacées. E. Les champs cultivés des plaines. CC.

2. Herniaria glabra. ʟɪɴɴ. *Herniaire glabre.*

Glabre ; tige couchée, rameuse ; feuilles ovales ciliées;
fleurs en pelotons axillaires multiflores. ♃... Dec. Fl.
fr. 2292... J. B. Hist. 3. p. 378. f. 3... Dodon. Pempt. 114.
Fl. herbacées. E. A. Les sables des Landes , les graviers de
la Garonne. RR.

ULMUS.   ORME.

Calice à 5 divisions ; corolle nulle ; capsule comprimée, membraneuse.

1. Ulmus campestris. Linn.   *Orme champêtre.*

Feuilles surdentées, inégales à leur base ; fleurs presque
sessiles agglomerées, pentandres ; fruits glabres. ♄ ...
Lamk. Ill. pl. 185... Duham. Arb. t. 2. p. 370.
Fl. rougeâtres. P. 1. Les bois des plaines, les bords des
routes et des champs. CCC.

Obs. *Cet arbre produit une grande quantité de variétés
qui se distinguent par des feuilles plus ou moins grandes,
plus ou moins glabres, ou plus ou moins dentées. Il est sujet,
dans les bons terrains, à une maladie pléthorique, presque
toujours mortelle, lorsqu'elle est parvenue à son dernier degré. On peut voir un mémoire où j'ai traité de cette maladie,
dans le n.° 34 des bulletins de la société d'agriculture du
Gers, dans le Recueil de la société médicale de Bordeaux, et
dans le Journal d'histoire naturelle, rédigé par feu Bertholon.*

*L'orme est, sous tous les rapports, l'un des arbres les plus
utiles de nos campagnes. Son bois est surtout précieux pour
le charronage. Nous mentionnerons à cet égard la variété si
recherchée pour la construction des affuts et des charriots,
dans les trains d'artillerie. Les madriers que fournit cette
variété sont un objet de commerce assez lucratif pour le
canton de Monclar, où elle est plus répandue et plus estimée, particulièrement sur la propriété rurale de Verdegas,
que dans aucun autre canton du département. Cet orme est
connu sous le nom d'orme de Monclar. On le désigne aussi,
même dans les pays étrangers, par celui de verdegas, et il
est souvent appelé chez nous orme à bouton. Ses nombreuses
nodosités et l'entrelacement de ses fibres, qui le rendent si
difficile à fendre, lui ont mérité le nom français de tor-
tillard.*

*Les feuilles de l'orme procurent aux bestiaux une nourriture
saine, abondante, et souvent nécessaire à la fin de l'été.
C'est le seul arbre de nos climats dont le fruit mûrisse avant
le développement des feuilles.*

*On a dit que l'orme n'étoit point indigène en France, qu'il
y avoit été apporté sous le règne de François Ier, et qu'il y
étoit seulement naturalisé au troisième degré. Cela peut être
vrai pour le nord du royaume ; mais si cet arbre n'est pas
aussi ancien chez nous qu'en Italie, où il a été mentionné par*

Pline, Horace et Virgile, nous avons au moins des preuves certaines de son existence dans nos contrées, bien avant le seizième siècle, par des actes authentiques datés de 1445, de 1338, et de 1195.

La tendance qu'ont les racines de l'orme à se diriger dans un systéme horizontal, le rend redoutable dans le voisinage des terres cultivées. On peut tirer parti de cette disposition naturelle des racines, pour jetter des ponts végétans sur les ruisseaux ; tel est celui qu'on voit à S.t-Amans près d'Agen.

Elater ferrugineus. Astrapoeus ulmi.

1. Ulmus suberosa. Wild. *Orme subéreux.*

Feuilles surdentées, inégales à leur base; fleurs presque sessiles, agglomérées, tétrandres; fruits glabres; écorce des jeunes rameaux subéreuse. ♭... Wild. Sp. pl. 1. p. 1324.

Fl. rougeâtres. P. 1. Les bords des routes. CCC.

Obs. *Cette espèce paroît bien hasardée.*

† † † *Fleurs pentapétales supérieures, dispermes.*
(Ombelliferes.)

⁕ *Involucres universels et partiels.*

ERYNGIUM.   PANICAUT.

Fleurs en tête ; réceptacle paléacé.

1. Eryngium campestre. Linn. *Panicaut champêtre.*

Feuilles amplexicaules, laciniées-pinnatifides. ♃... Clus. Hist. 2. p. 157. f. 2... Dec. Fl. fr. 3552.

Fl. blanchâtres. E. Les bords des fossés, des chemins. CCC.

HYDROCOTYLE.   *HYDROCOTYLE.*

Ombelle simple, involucre, 4 phylle ; pétales entiers ; semence semi-orbiculaire, comprimée.

1. Hydrocotyle vulgaris. Linn. *H. commune.*

Feuilles orbiculaires crénelées; ombelle de 5 fleurs. ♃... Lindern. Hort. als. t. 12... Lamk. Ill. pl. 188... Dalech. Hist. 1091.

F. blanches. E. Le long des fossés, des ruisseaux, les lieux aquatiques dans les Landes. CC.

SANICULA.　　SANICLE.

Ombelles ramassées en pelotons; fruits hérissés; fleurs du disque stériles.

1. **Sanicula Europæa.** Linn.　*Sanicle d'Europe.*

Feuilles palmées-lobées; tige presque nue; fleurons tous sessiles. ♃... Bull. Herb. pl. 267... Lamk. Ill. pl. 191. f. 1... Fuchs. Hist. 671.
Fl. blanches ou légèrement purpurines. P. 2. Les bois, les lieux ombragés. C. Au Pelatier, à Cruzel, à la garenne de Saint-Amans.

HERACLEUM.　　*HERACLÉE.*

Fruit elliptique, échancré, comprimé, strié, bordé d'une membrane; corolle irrégulière; pétales échancrés, fléchis en dedans; involucre caduc.

1. **Heracleum sphondylium.** L.nn.　*Héraclée berce.*

Feuilles pinnées; folioles oblongues, pinnatifides, aiguës, dentées; corolles presque uniformes. ♃... Lamk. Ill. pl. 200... Dalech. Hist. p. 739. f. 1... Dec. Fl. fr. 3476.
Fl. d'un blanc sale. E. Les lieux ombragés, près des ruisseaux, des fontaines. CCC.

Obs. *Dans les contrées du nord de l'Europe, on retire de cette plante une liqueur spiritueuse ; on mange les tiges dépouillées de leur écorce, et on retire une farine ou fécule agréable au goût du pétiole de ses feuilles.*

ŒNANTHE.　　*ŒNANTHE.*

Fleurs irrégulières, sessiles, stériles dans le disque; fruit couronné par le calice et le pistil.

1. **Œnanthe fistulosa.** Linn.　*Œnanthe fistuleuse.*

Racine rampante; feuilles caulinaires pinnées, filiformes, fistuleuses. ♃... Moriss. Hist. 3. sect. 9. t. 7. f. 8... Lamk. Ill. pl. 203.
Fl. blanches. P. 3. E. Les prairies marécageuses. C. A Ferrou, à Genevois, près d'Agen.

2. OEnanthe Pimpinelloïdes. L. *OE. pimpinelloïde.*

Feuilles radicales cunéiformes, les caulinaires entières linéaires. ♃... J. B. Hist. 3. p. 191. f. 1 non 2.
Fl. blanches. P. Les lieux ombragés, dans les prés. CC. Les saussaies de la Garonne.

CAUCALIS.   *CAUCALIDE.*

Corolle radiée; fleurs mâles dans le disque; pétales fléchis en dedans, échancrés; fruits hérissés, involucres entiers.

1. Caucalis grandiflora. Linn. *C. à grandes fleurs.*

Involucres 5 phylles, une foliole deux fois plus grande que les autres; pétales extérieurs plus grands que les involucres partiels. ⊙... Moriss. Hist. 3. sect. 9. t. 14. f. 3... Lamk. Ill. pl. 192. f. 1.
Fl. blanches. E. Parmi les blés. CCC.

2. Caucalis daucoïdes. Linn. *Caucalide daucoïde.*

Ombelles trifides; involucre général nu; involucre partiel 3 phylle; ombelle partielle 3 sperme. ⊙... Moriss. Hist. 3. sect. 9. t. 14. f. 6.
Fl. d'un blanc pourpré. E. Les terres crétacées, dans les moissons. CCC.

3. Caucalis leptophylla. Linn. *Caucalide leptophylle.*

Involucre général presque nul; ombelle bifide; involucres partiels 5 phylles. ⊙... *C. parviflora.* Lamk. Dict. 1. p. 657... Dec. Fl. fr. 3509.
Fl. d'un blanc pourpré. E. Les champs cultivés. CCC.

4. Caucalis latifolia. Linn. Syst. *C. à larges feuilles.*

Ombelle universelle trifide; ombelles partielles à 5 semences; feuilles pinnées; pinnules dentées. ⊙... *Tordylium latifolium.* Linn. Sp. 345... Garridel. Aix. 90. t. 22... J. B. Hist. 3. lib. 27. p. 81. f. 2.
Fl. rouges. E. Les terres cultivées des coteaux, parmi les moissons. CC.

5. Caucalis arvensis. Huds. *Caucalide des champs.*

Involucre universel, presque nul; semences ovoïdes; styles réfléchis; feuilles décomposées; foliole du sommet linéaire-lancéolée; tige très-rameuse. ⊙... Wild. Sp.

1. p. 1387... Dec. Fl. fr. 3510... *C. aspera* Lamk. Dict.
1. p. 655.
Fl. blanches. E. A. Les champs cultivés, parmi les chaumes. CCC.

6. Caucalis anthriscus. Scop. *Caucalide anthrisque.*

Involucres polyphylles ; semences ovoïdes ; styles réfléchis ; feuilles décomposées ; la foliole du sommet linéaire-lancéolée. ♂... Willd. Sp. 1. p. 1388... Dec. Fl. fr. 3511... *Tordylium anthriscus.* Linn. Sp. 346.
Fl. purpurescentes. E. Dans les haies. C.

Obs. *Voisine de la précédente, mais bien plus élevée.*

7. Caucalis nodosa. Huds.   *Caucalide noueuse.*

Ombelles latérales, presque sessiles ; semences hérissées, souvent d'un seul côté. ◉... *Tordylium nodosum.* Linn... J. B. Hist. 3. lib. 27. p. 83. f. 2.
Fl. Blanches. E. Les lieux incultes, dans les haies. CC.

DAUCUS.   *CAROTTE.*

Corolles presque radiées ; toutes les fleurs hermaphrodites ; fruit hérissé de poils ; ombelle resserrée lors de la maturité des semences.

1. Daucus carotta. Linn.   *Carotte commune.*

Semences hérissées ; pétioles munis de nervures en dessous ; feuilles velues, 2 ou 3 fois aîlées. ♂.
α. D. c. *sylvestris.* Racine dure. Lamk. Ill. pl. 190... Dalech. Hist. 722.
β. D. c. *sativus.* Racine charnue, rouge ou jaune.
Fl. blanches ; le fleuron central souvent pourpre foncé. E. A. Le bord des champs, des chemins ; les prairies sèches. CCC. La variété cultivée dans les potagers.

Obs. *Les racines de la Carotte fournissent de l'eau-de-vie et du sucre. On peut faire, avec le fleuron pourpre du centre, une espèce de carmin.*

2. Daucus visnaga. Linn.   *Carotte visnage.*

Semences lisses ; feuilles décomposées à folioles linéaires, lisses ; pédoncules de l'ombelle réunis par la base. ◉... Lob. Obs. 419. f. 1. et Ic. 721. f. 1... Moriss. Hist. 3. sect. 9. t. 2. f. ult... Dalech. Hist. 710. f. 3... *Ammi*

visnaga. Lamk. Dict. 1. p. 132... Dec. Fl. fr. 3499...
Gingidium alterum. Dodon. Pempt. 690.
Fl. blanches. E. A. Les champs cultivés dans les terres
légères. R. A Brax près d'Agen, au Port-Sainte-Marie, à
Layrac, au Nomdieu. J'ai été fort étonné de trouver
cette plante à *Sauvagnas*, dans un sol si différent de ses
autres stations.

OBS. *On apporte du levant les rayons de son ombelle,
devenus presque ligneux après la fructification, pour faire
des curedents. Cet usage étoit établi du temps de Dodoën, qui
le mentionne.*

AMMI.   *AMMI.*

Involucres pinnatifides ; corolle radiée ; toutes les fleurs
hermaphrodites ; fruit lisse.

1. Ammi majus. Linn.   *Ammi majeur.*

Feuilles inférieures pinnées, lancéolées, dentées, les
supérieures multifides, linéaires. ⊙... Lamk. III. pl. 193...
Lob. Ic. 721. f. 1... Dodon. Pempt. p. 299. f. 1.
Fl. blanches. E. A. Les champs cultivés, dans les chaumes. CCC.

2. Ammi glaucifolium. Linn. *A. à feuilles glauques.*

Feuilles radicales pinnées, les caulinaires bipinnées ; la
pinnule du sommet à 5 lobes. ⊙... Lapeyr. Fl. pyr.
abr. p. 144... Dec. Fl. fr. 3498.
Fl. blanches. E. A. Pêle-mêle avec le précédent. CC.

OBS. *La foliole terminale de l'involucre, quelquefois incisée dans l'Ammi majus, est très-souvent absolument semblable dans l'Ammi glaucifolium, et ne peut être employée
comme caractère spécifique. Nous sommes très-portés à croire
que celui-ci est une variété du premier, à feuilles plus
décomposées.*

TORDYLIUM.   *TORDYLE.*

Corolles radiées, toutes hermaphrodites ; fruit presque
orbiculaire, crénelé sur les bords ; involucres longs,
entiers.

1. Tordylium maximum. Linn.   *Tordyle élevé.*

Ombelles resserrées, radiées ; folioles lancéolées, incisées, dentées, l'impaire très-longue. ⊙... J. B. Hist. 3.

p. 2. p. 85... Wild. Sp. 2. p. 1382... Dec. Fl. fr. 3516.
Fl. blanches, les extérieures purpurines. ♅. Dans les
haies. CCC.

LASERPITIUM.   *LASER.*

Fruit oblong à 8 angles membraneux; pétales fléchis en
dedans, émarginés, ouverts.

1. Laserpitium gallicum. Linn.   *Laser français.*
Feuilles cunéiformes trifides, divisions oblongues un peu
obtuses, calleuses et mucronées au sommet. ♃... J. B.
Hist. 3. lib. 27. p. 137... Dec. Fl. fr. 3471.
Fl. blanches. E. Les lieux pierreux du département du
Lot, et sans doute aussi sur la frontière orientale de celui
de Lot-et-Garonne.

PEUCEDANUM.   *PEUCEDANE.*

Fruit ovale, strié sur ses deux faces, presque ailé; involucres très-courts.

1. Peucedanum silaüs. Linn.   *Peucedane silaüs.*
Folioles pinnatifides, lanières opposées; involucre uni-
versel à 2 folioles. ♃... Dodon. Pempt. 308. f. 2...
Leonard. Turneis. Hist. lib. 1. p. 126. Ic... Dec. Fl.
fr. 3519.
Fl. jaunâtres. E. A. Les prairies humides. CC.

CONIUM.   *CONIUM.*

Involucres partiels réduits à la moitié de leurs folioles;
fruits globuleux à 5 stries, crénelés.

1. Conium maculatum. Linn.   *Conium ciguë.*
Semences striées; tige maculée. ♂... Bull. Herb. pl. 53...
Lamk. Ill. pl. 195... Clus. 2. p. 200. f. 2... *Cicuta major.*
Dec. Fl. fr. 3494.
Fl. blanches. P. 2. Près des eaux stagnantes et corrom-
pues, dans les décombres ombragés et voisins des habita-
tions rurales. CC. Vulgairement grande Ciguë.

Obs. *L'odeur nauséabonde et très-forte de cette plante,
indique ses propriétés vénéneuses. Ses feuilles prises pour*

celles du Persil, ses graines pour celles du Fenouil, et ses racines pour celles du Panais, ont coûté la vie à une infinité de personnes. (Bull.)

BUNIUM. *BUNIUM.*

Corolle uniforme ; ombelle ramassée ; fruits ovales.

1. Bunium majus. Gouan. *Bunium majeur.*

Feuilles caulinaires très-étroites ; involucre universel nul ; fruits ovales acuminés ; styles persistans. ♃... Gouan. Ill. p. 10... Dec. Fl. fr. 3495.
Fl. blanches. É. 1. Les bosquets des coteaux dans les lieux frais et pierreux. C. A Ferrou, à Beauregard et ailleurs, près d'Agen.

Obs. *Indépendamment de sa collerette générale nulle, le B. majus différe du B. bulbocastanum, dont il est très-voisin, par sa tige rameuse, moins feuillée, nue à sa partie inférieure et un peu flexueuse ; les tubercules de ses racines sont également bons à manger.*

ATHAMANTA. *ATHAMANTE.*

Fruit ovale, oblong, strié ; pétales fléchis en dedans, échancrés.

1. Athamanta libanotis. Linn. *A. libanotide.*

Feuilles bipinnées, planes ; ombelles hémisphériques ; semences hérissées. ♃... Roth. Germ. 2. p. 313... J. B. Hist. 3. p. 105. lib. 27.
Fl. blanches. E. Nous avons oublié la localité où cette plante a été recueillie ; mais il est vraisemblable qu'elle nous vient des frontières de notre département vers celui du Lot. RR.

2. Athamanta cervaria. Linn. *Athamante cervaire.*

Feuilles bipinnées, se coupant à angles droits dans leur direction ; folioles anguleuses, incisées ; semences nues. ♃... Lamk. Ill. pl. 200... Fuchs. Hist. 233... *Selinum cervaria.* Dec. Fl. fr. 3494.
Fl. d'un blanc sale. E. Les friches pierreuses des coteaux. CC.

BUPLEVRUM.   *BUPLÈVRE.*

Involucres des ombellules plus grands, le plus souvent
5 phylles ; pétales roulés en dedans ; fruit un peu arrondi, comprimé, strié.

1. Buplevrum rotundifolium. L. *B. à feuill. rondes.*

Involucre universel nul ; involucres partiels ovales,
mucronés ; feuilles perfoliées. ☉... Barr. Ic. 1128...
Lamk. Ill. pl. 189. f. 1... Tournef. Inst. t. 3. pl. 463...
Dodon. Pempt. 104. f. 1.

β. B. r. *diforme.* Feuilles trois fois plus longues que
larges.

Fl. jaunes. E. Les terres argileuses des collines, parmi les
moissons. CC.

2. Buplevrum falcatum. Linn. *Buplèvre en faux.*

Involucres partiels 5 phylles aigus ; l'universel souvent
5 phylle ; feuilles lancéolées ; tige flexueuse. ♃... J. B.
Hist. 3. lib. 27. p. 200. f. 1... Lob. Obs. 243. f. 3. et Ic.
456. f. 1... Dec. Fl. fr. 3536.

Fl. jaunes. E. 2. 3. Les endroits pierreux du coteau de
Condat, au midi. R.

3. Buplevrum graminifolium. L. *B. à f. de gramen.*

Involucres partiels 6 ou 8 phylles ; involucre universel
3 ou 5 phylle, inégal ; feuilles linéaires ; tige à une
seule feuille. ♃... *B. petræum* Vill. Dauph. 2. p. 576. t.
14. exclus. Linn. Syn.

Fl. jaunes. E. La plaine de Baudignan dans les Landes.
RRR. trouvé par M. Graulhié.

4. Buplevrum tenuissimum. Linn. *Buplèvre fluet.*

Ombelles latérales, simples ; les terminales composées ;
involucres 5 phylles ; ombelle tri-flore, plus longue
que l'involucre ; feuilles linéaires ; tige très-rameuse.
☉... Moriss. Hist. 3. sect. 9. t. 12. f. 4... J. B. Hist. 3.
p. 201. f. 2... Barr. Ic. 1248.

Fl. jaunes. E. 3. Les terres légères cultivées, après la
moisson. C. La plaine de la Garonne à Brax, au Passage,
près d'Agen.

SIUM.   *BERLE.*

Fruit presque ovale, strié; involucre polyphylle ; pétales cordiformes.

1. Sium angustifolium. L. *B. à feuilles étroites.*

Feuilles pinnées, ombelles opposées aux feuilles, pédonculées ; involucre universel polyphylle ; folioles presque entières. ♃... *S. berula.* Gouan. Mousp. p. 218... Dalech. Hist. 1092. f. 2.
Fl. blanches. E. Dans les fossés pleins d'eau en toutes saisons. R. A Brax, à Sérignac.

2. Sium nodiflorum. Linn.   *Berle nodiflore.*

Feuilles pinnées, ombelles opposées aux feuilles, presque sessiles ; involucre universel souvent nul. ♃... Moriss. Hist. 3. sect. 9. t. 5. f. 3.
Fl. blanches. E. Les ruisseaux, les fossés aquatiques. CCC.

SISON.   *SISON.*

Fruit ovale, strié; involucre 3 ou 4 phylle.

1. Sison amomum. Linn.   *Sison amome.*

Feuilles pinnées; ombelles droites. ◉... Barr. Ic. 1190... Dodon. Pempt. 685. f. 1... Dec. Fl. fr. 3456.
Fl. blanches. E. Les lieux humides, ombragés, dans les haies. R. A Charpaut, à Brax près d'Agen.

2. Sison segetum. Linn.   *Sison des moissons.*

Feuilles pinnées; ombelles penchées. ◉... Moriss. Hist. 3. sect. 9. t. 5. f. 6. pag. 283... Dec. Fl. fr. 3455.
Fl. blanches. E. 2. Après la moisson dans les champs.

Obs. *Les feuilles sont desséchées lorsque la plante mûrit ses fruits. La différence de longueur respective dans les rayons de l'ombelle est remarquable.*

3. Sison inundatum. Linn.   *Sison inondé.*

Feuilles inférieures submergées, pinnées, à divisions capillaires ; feuilles supérieures pinnées ; folioles entières, celle du sommet trilobée ; ombelles trifides. ♃. non ◉... Moriss. Hist. 3. sect. 9. p. 283, non 223. t. 5, non t. 9. f. 5... Dec. Fl. fr. 3452.

Fl. blanches. E. Les eaux stagnantes dans les Landes. R.
Obs. *L'ombelle a quelquefois quatre rayons.*

4. Sison verticillatum. Linn.   *Sison verticillé.*

Feuilles à divisions capillaires, presque verticillées. ♃...
Dalech. Hist. 718... Moriss. Hist. 3. sect. 9. t. 7. f. 10...
Dec. Fl. fr. 3452.
Fl blanches. E. Les lieux marécageux dans les Landes.
CCC.

CRITHMUM.   *CRITHME.*

Fruit ovale, comprimé ; fleurons égaux.

1. Crithmum maritimum. Linn. *Crithme maritime.*

Feuilles lancéolées, charnues. ♃... Lamk. Ill. p. 197...
J. B. Hist. 3. lib. 27. p. 194... Dec. Fl. fr. 3480.
Fl. blanches. E. A. Naturalisée dans les murs de l'enclos
de l'ancien séminaire à Agen. Vulgairement *Percepierre* ou
Bacille.

ANGELICA.   *ANGÉLIQUE.*

Fruits arrondis, solides ; styles réfléchis ; corolle égale ;
pétales repliés en dedans.

1. Angelica archangelica. Linn. *A. archangélique.*

Feuilles bipinnées, foliole terminale lobée. ♃... Dalech.
Hist. 724... Dodon. Pempt. 315. f. 1... Lob. Obs. 398. f.
3. et Ic. 698. f. 2.
Fl. blanches. P. 3. E. Cultivée dans les potagers, quelquefois spontanée sur les bords ombragés des ruisseaux.

Obs. *Caules angelicæ hujus sunt Lapponum deliciæ et
fructus æstivi, quibus benigna natura eos donavit, dura nimis
et immisericordia existente Pomona, quæ Lapponum terram
nunquam intravit.* » (Linn. Fl. Lapp. 73.)

2. Angelica sylvestris. Linn.   *Angélique sylvestre.*

Feuilles bipinnées, folioles égales, ovales-lancéolées,
dentées. ♃... Moriss. Hist. 3. sect. 9. t. 3. f. 2... Dodon.
Pempt. 315. f. 2... *Imperatoria sylvestris.* Dec. Fl. fr.
3422... *Selinum angelica.* Roth. Germ. 1. 133.
Fl. blanches. E. A. Les lieux humides ombragés.

*** * *Involucre partiel ; involucre universel nul.***

ÆTHUSA.   *ÆTHUSE.*

Involucre partiel, unilatéral, réduit à la moitié, 3 phylle, pendant ; fruit strié ; involucre universel remplacé par une ou deux folioles.

1. AEthusa cynapium. Linn. *AEthuse, petite ciguë.*

Feuilles radicales et caulinaires semblables. ◉... J. B. Hist. 3. p. 179... Bull. Herb. pl. 91... Lamk. Ill. pl. 196... *Cicutaria fatua.* Lob. Ic. 280... Dec. Fl. fr. 3436. Fl. blanches. E. Dans quelques endroits ombragés de la plaine de la Garonne. RRR. Trouvée par M. Chaubard.

Obs. *Dans les pays où cette plante très-pernicieuse est commune, on l'a quelquefois confondue avec le persil des jardins.*

CORIANDRUM.   *CORIANDRE.*

Corolle radiée ; pétales courbés en dedans ; involucre universel 1 phylle ; involucre partiel n'embrassant qu'un côté de l'ombelle ; fruit sphérique.

1. Coriandrum testiculatum. Linn.   *C. didyme.*

Feuilles une ou deux fois aîlées ; fruits géminés. ◉... J. B. Hist. 3. p. 91... Lamk. Ill. pl. 196. f. 2... Lob. Obs. p. 404... Dalech. Hist. p. 136.
Fl. blanches. P. 3. E. Dans les champs près de Saint-Maurin, canton de Puymirol ; à Fauroux, près le Bourg.

SCANDIX.   *SCANDIX.*

Corolle radiée ; fruit subulé ; pétales échancrés ; fleurs du disque souvent mâles.

1. Scandix pecten Veneris. Linn. *S. peigne de Vénus.*

Semences à bec très-long ; folioles multifides. ◉... Lamk. Ill. pl. 102... Dalech. Hist. 713. f. 1... Moriss. Hist. 3. sect. 9. t. 11... Dec. Fl. fr. 3432.
Fl. blanches. E. Les champs cultivés dans les moissons. CCC.

2. Scandix cerefolium. Linn.   *Scandix cerfeuil.*

Semences luisantes, ovales, subulées; ombelles latérales.
⊚... Dodon. Pempt. 688. f. 2... *Chærophyllum sativum.*
Dec. Fl. fr. 3431.
Fl. blanches. E. Cultivé dans tous les potagers.

3. Scandix anthriscus. Linn.   *Scandix anthrisque.*

Semences ovales, acuminées, hérissées sur le dos ; co-
rolle régulière; tige lisse. ⊚... *Chærophyllum anthriscus.*
Lamk. Dict. 1. p. 685... *Caucalis scandicina.* Dec. Fl. fr.
3515.
Fl. blanches. P. 3. E. Sur les murs, les décombres. C. A
Dolmayrac, près d'Agen ; à Monsempron, près Fumel.

Obs. *Son odeur forte et désagréable peut seule le faire
distinguer du* cerfeuil cultivé, *avec lequel il a de grands
rapports.*

CHÆROPHYLLUM.   *CHÆROPHYLLE.*

Involucre réfléchi, concave; pétales cordiformes, fléchis
en dedans; fruit oblong, lisse.

1. Chærophyllum temulum. Linn.   *C. enivrant.*

Tige rude, articulations renflées. ♂... Moriss. Hist. 3.
p. 302. sect. 9. t. 10. f. 7... Dec. Fl. fr. 3430.
Fl. blanches. P. 3. E. Les lieux incultes ombragés, des
plaines, des vallons. R. A Naus, près d'Agen.

Obs. *Les ombelles sont pendantes avant l'épanouissement
des fleurs. Les feuilles sont velues.*

2. Chærophyllum sylvestre. Linn.   *C. des bois.*

Tige striée, articulations peu renflées. ♃... *Cicutaria
vulgaris.* Clus. Hist. 2. p. 200. f. 2... Dec. Fl. fr. 3425.
Fl. blanches. P. Les bords ombragés des ruisseaux. CCC.

PHELLANDRIUM.   *PHELLANDRIE.*

Fleurons du disque plus petits; fruit ovale, lisse, couronné par le calice et le pistil.

1. Phellandrium aquaticum. Linn.   *P. aquatique.*

Feuilles tripinnées, ramifications divergentes. ♂... Bull.
Herb. pl. 147... Moriss. Hist. 3. sect. 9. t. 7. f. 7... J. B.

Hist. 3. p. 184. f. 1... Dodon. Pempt. 580. f. 2... *OEnanthe aquaticum.* Lamk. Dict. n.º 8... *OEnanthe phellandrium.* Dec. Fl. fr. 3439.

Fl. blanches. E. Dans les marais. CC. A Brax, près
d'Agen.

Obs. *Cette plante est très-vénéneuse ; elle n'a cependant,
selon Bulliard, qu'un goût de cerfeuïl qui n'est point désagréable, et n'annonce rien de malfaisant.*

*Linné avoit attribué au charançon paraplectique la ma-
ladie des chevaux qui ont mangé de la phellandrie. Il pensoit
que la larve de cet insecte , et l'insecte parfait lui-même , qui
naît et se transforme dans cette plante , occasionnoit la maladie dont il s'agit. Des observations suivies et plus exactes
ont disculpé le charançon. La phellandrie ne doit qu'à elle-
même ses propriétés délétaires. En effet, les chevaux sont également attaqués de la paraphlégie, après avoir mangé la
plante séche mélée avec le foin , quoique l'insecte ne l'habite
plus depuis long-temps : il faudroit changer le nom spécifique
de cet insecte. On croit au surplus cette plante utile contre le
squirre , le cancer et la gangrène.*

Helodes phellandrium. Helodes violaceum.

SESELI.   *SESELI.*

Ombelles globuleuses; involucre à 1 ou 2 folioles; fruit
ovale , strié.

1. **Seseli glaucum.** Linn.   *Seseli glauque.*

Pétioles ramifères , membraneux , oblongs , entiers;
feuilles inférieures bipinnées, les supérieures à folioles
linéaires-filiformes. ♃.

β. *S. g. montanum.* Feuilles moins allongées, pinnules tri-
foliées... *S. montanum.* Linn. Sp. pl. 372... Vaill. Bot.
par. t. 5. f. 2... *S. montanum* α et β. Dec. Fl. fr. 3417...
Daucus glaucofolio. J. B. Hist. 3. p. 16.

Fl. blanches , purpurines avant l'épanouissement. E. A.
Les friches pierreuses des coteaux. CCC.

Obs. *Ces deux variétés sont unies par des intermédiaires
qui ne permettent pas de les séparer et de les regarder
comme des espèces distinctes. M. Decandolle , qui l'a ainsi
pensé , a , par inadvertence , préféré le nom de* montanum *à
celui de* glaucum *pour cette plante, qui n'a point de station
exclusive , et dont les feuilles sont également glauques dans
ses deux variétés.*

*** *** *** *Sans involucre général ni partiel.*

SMYRNIUM.   *SMYRNIUM.*

Fruit oblong, strié ; pétales acuminés, carinés.

1. Smyrnium olusatrum. Linn. *Smyrnium olusatre.*
   Feuilles caulinaires ternées, pétiolées, dentées en scie.
   ♂... Lamk. Ill. pl. 204... J. B. Hist. 3. p. 126... Moriss.
   Hist. 3. sect. 9. t. 4. f. 1... Dalech. Hist. 707... Dec. Fl.
   fr. 3524.
   Fl. d'un blanc jaunâtre. P. 2. Dans l'escarpement au-des-
   sous de Prouchet, près d'Agen, où elle est sans doute na-
   turalisée.

   OBS. *Cette plante répand une odeur forte qui se rapproche
   de celle du céleri : elle étoit employée jadis comme herbe potagère.*

PASTINACA.   *PANAIS.*

Fruit elliptique applati; pétales roulés en dedans, entiers.

1. Pastinaca sativa. Linn.   *Panais cultivé.*
   Feuilles simplement pinnées. ♂... Fuchs. Hist. 753...
   Lamk. Ill. pl. 206.
   β. P. s. *oleracea*, feuilles glabres plus larges... Lob. Obs.
   407. f. 2. et Ic. 709. f. 2.
   Fl. jaunâtres. E. Les lieux incultes, le long des chemins.
   La var. β cultivée dans les potagers pour l'usage de la
   cuisine, et dans les champs pour la nourriture des bestiaux.

   OBS. *Gilibert a tenté sans succès de donner par la culture, à
   la première variété, les caractères et les propriétés de la
   deuxième. Peut-on regarder celle-ci comme une espèce distincte ?*

ANETHUM.   *ANETH.*

Fruit presque ovale, comprimé, strié; pétales entiers,
roulés en dedans.

1. Anethum fœniculum. Linn.   *Aneth fenouil.*
   Fruits ovales. ♃... Dodon. Pempt. 295... Lob. Ic. 775.

f. 2... Turneis. lib. 1. p. 47... *Ligusticum fœniculum* Roth.
Germ. 1. p. 124.
Fl. jaunes. E. Les friches, les lieux arides des coteaux
exposés au midi. CCC.
Les italiens mangent en guise de céleri les racines d'une
variété du fenouil. *Fœniculum dulce.* G. Bauh. Pin.

2. Anethum graveolens. Linn. *Aneth aromatique.*

Fruits comprimés. ☉... Lob. Obs. 449. f. 1 et 1c. 776...
Dodon. Pempt. 296... *Anethum graveolens* Linn.
Fl. jaunes. E. Cultivé dans presque tous les jardins.
OBS. *Cette plante est connue sous le nom vulgaire* d'Ecar-
late, *qu'on donnoit dans l'ancien français à tout ce qui se
distinguoit par des qualités supérieures. Nos auteurs du sei-
zieme siècle désignoient par la dénomination d'écarlate verte
ou violette, des draps plus fins ou d'une couleur plus vive que
les draps ordinaires.* L'aneth *aromatique étant plus joli, d'une
odeur plus agréable que l'autre, reçut alors le nom* d'écarlate,
qui lui est resté, du moins dans notre idióme gascon.

APIUM.   *APIUM.*

Fruit ovale, strié, involucre, 1 phylle; pétales égaux.

1. Apium graveolens. Linn.   *Apium céleri.*

Folioles caulinaires cunéiformes; ombelles sessiles. ♂.
Fl. d'un blanc verdâtre. E. Naturalisé en quelques endroits.
R. Cultivé dans tous les potagers.

2. Apium petroselinum. Linn.   *Apium persil.*

Folioles caulinaires linéaires; involucres très-petits. ♂.
Fl. d'un blanc verdâtre. E. Naturalisé aux environs de
certains potagers. Cultivé dans tous.

PIMPINELLA.   *BOUCAGE.*

Fruit ovale-oblong; pétales fléchis en dedans; stigmates
presque globuleux.

1. Pimpinella magna. Linn.   *Boucage majeure.*

Feuilles uniformes; folioles toutes lobées, celle du sommet trilobée. ♃... Barr. Ic. 243... Dodon. Pempt. 312.
f. 1... Dec. Fl. fr. 3412.

Fl. blanches. E. Les lieux humides ombragés. CC. A Ratier, à Courborieu, près d'Agen.

2. **Pimpinella saxifraga.** Linn. *Boucage saxifrage.*

Feuilles pinnées, les radicales à folioles arrondies, les
supérieures à folioles linéaires. ♃... Barr. Ic. 738... Dec.
Fl. fr. 3411.

β. P. s. *dissecta.* Feuilles inférieures décomposées en lobes
plus ou moins étroits. *P. dissecta* Retz ? Lob. Obs. p.
413, et Ic. 719. f. 2... Dodon. Pempt. 312. f. 2.

Fl. blanches. E. Les friches, les bords des chemins dans
les coteaux. CCC.

*Nota. Le papillon Macbaon, le Poiladrius et beaucoup
d'autres se trouvent en général sur toutes les ombellifères, avec un
grand nombre d'autres insectes : les Clytus, les Celonia, les
Cerambix, les Clytbra, presque tous les Hymenoptères.*

TRIGYNIE.

† *Fleurs supérieures.*

VIBURNUM.   *VIORNE.*

Calice supérieur à 5 divisions; corolle 5 fide; baie 1
sperme.

1. **Viburnum lantana.** Linn.   *Viorne commun.*

Feuilles cordiformes, dentées, veinées, tomenteuses en
dessous. ♭... Duham. Arb. 2. p. 352... Dodon. Pempt.
769... Dec. Fl. fr. 3402.

Fl. blanches odorantes. Fruits rouges, noirs dans leur
maturité. P. 1. 2. Les bois, les bocages, les haies sur les
coteaux. CCC.

2. **Viburnum opulus.** Linn.   *Viorne obier.*

Feuilles trilobées à pétioles glanduleux. ♭... Dodon.
Pempt. 834. f. 1... Dec. Fl. fr. 3403.

Fl. blanches disposées en fausse ombelle; celles de la circonférence plus grandes et souvent stériles. P. 2. Les marais, les bords des ruisseaux. R. Le long de l'Allemance,
les marais de Sérignac, et les Landes à Boussés.

OBS. *On cultive dans les jardins, sous le nom de* boule de

neige, *ou de* rosier de Gueldres, *une variété de cet arbrisseau, dont toutes les fleurs sont stériles.*

3. **Viburnum tinus.** Linn. *Viorne tin.*

Feuilles ovales, très-entières, veinées, velues et glanduleuses en dessous. ♄... Clus. Hist. 1. p. 49. n.º 2... Dodon. Pempt. 838.
Fl. blanches, purpurines en dessous, odorantes. P. E. A. Cultivé et naturalisé sur les rochers exposés au midi. Vulgairement *laurier tin.*

SAMBUCUS. SUREAU.

Calice à 5 divisions; corolle 5 fide ; baie à 3 semences.

1. **Sambucus nigra.** Linn. *Sureau noir.*

Grappes en forme d'ombelle à cinq rayons ; feuilles pinnées; folioles presque ovales, dentées ; tige arborescente. ♄... Dec. Fl. fr. 3405... Duham. Arb. 2. p. 256... Dodon. Pempt. 832. f. 1... Vulgairement *Chagut*, en gascon.
Fl. blanches odorantes. P. 2. Les haies. CCC. On cultive dans quelques jardins *le sambucus laciniata*, qu'on croit une variété de cette espèce. Jonston. Arb. t. 66 f. ult.

2. **Sambucus ebulus.** Linn. *Sureau yèble.*

Grappes en forme d'ombelle à trois rayons ; tige herbacée. ♃... Fuchs. Hist. 65... Dec. Fl. fr. 5404.
Fl. blanches purpurescentes en dessous. E. Les bords des champs et des routes dans les bons terrains. CCC.
Phaloena sambucaria

† † *Fleurs inférieures.*

RHUS. SUMAC.

Calice à 5 divisions ; 5 pétales ; baie 1 sperme.

1. **Rhus coriaria.** Linn. *Sumac des corroyeurs.*

Feuilles pinnées, velues en-dessous; folioles elliptiques, à dents obtuses. ♄... Duham. Arb. 2. p. 220... Clus. Hist. 1. p. 17... J. B. Hist. 1. p. 555. Lob. Obs. p. 529. f. 1. et Ic. 2. p. 98. f. 1... Dec. Fl. fr. 4062.

Fl. blanches, fruit velu. E. 2. 3. Sur les rochers exposés au midi, près d'Agen et de Tournon. CC.

1. Rhus typhinum. Linn.   *Sumac de Virginie.*

Feuilles pinnées, folioles lancéolées, aiguës, finement dentées, un peu velues en dessous. ♃... Poiret. Dict. encycl.

Fl. rouges. P. Cultivé dans presque tous les jardins, naturalisé en quelques endroits, notamment sur la plaine du Bosc, près Tournon.

ALSINE.   *ALSINE.*

Calice 5 phylle; 5 pétales égaux; capsule 1 loculaire, à 3 valves.

1. Alsine media. Linn.   *Alsine morgeline.*

Pétales fendus; feuilles ovales cordiformes. ⊙... Dodon. Pempt. 29. f. 2... Dec. Fl. fr. 4383.

Fl. blanches. P. 1. 2. Les haies, les environs des habitations. CCC. Vulgairement *mouron des oiseaux.*

2. Alsine segetalis. Linn.   *Alsine des moissons.*

Pétales entiers; feuilles subulées, ordinairement unilatérales; tige droite, rameuse. ⊙... Vaill. Bot. par. t. 3. f. 3... Dec. Fl fr. 4432.

Fl. blanches. E. 1. Les terres sablonneuses, parmi les blés. C. A Beauregard, à Segougnac, près d'Agen.

Obs. *Cette espèce a le port d'une* arenaria.

CORRIGIOLA.   *CORRIGIOLE.*

Calice 5 phylle; 5 pétales; une seule semence triangulaire.

1. Corriogiola littoralis. Linn. *Corriogiole littorale.*

Feuilles oblongues; fleurs pédonculées, réunies en fascicules terminaux; tige couchée. ⊙... Barr. Ic. 532... Turneis. Als. t. 2. litt. c... J. B. Hist. 3. p. 379. f. 2... Dec. Fl. fr. 3636.

Fl. blanches. P. 3. E. Les graviers de la Garonne, dans les Landes, sur le chemin de Marmande à Ste.-Bazeille. C.

TETRAGYNIE.

PARNASSIA.   *PARNASSIE.*

Calice à 5 divisions ; 5 pétales ; 5 nectaires cordiformes, ciliés ; capsule à 4 valves.

1. Parnassia palustris. Linn. *Parnassie des marais.*

Feuilles radicales pétiolées, cordiformes ; la caulinaire sessile ; tige uniflore. ♃... Dodon. Pempt. 554. f. 1... Lamk. Ill. pl. 216... Dec. Fl. fr. 4290.
Fl. blanches. E. 3. A. Les terres tourbeuses des Landes. R. Entre la Menine et Barbaste. Entre Durance et le pont de Gorre.

PENTAGYNIE.

CRASSULA.   *CRASSULA.*

Calice 5 phylle ; 5 pétales ; 5 écailles nectarifères à la base de l'ovaire ; 5 capsules.

1. Crassula rubens. Linn.   *Crassule rougeâtre.*

Feuilles fusiformes, légèrement déprimées ; fleurs sessiles en fausse ombelle à 4 divisions, feuillée ; étamines réfléchies. ◉... Magn. Monsp. 237. Ic... Dec. Fl. fr. 3604.
Fl blanches, purpurescentes en dessous. E. Les champs en jachères, les vignes. CCC.

DROSERA.   *ROSSOLIS.*

Calice à 5 divisions ; 5 pétales ; capsule polysperme, 1 loculaire, à 5 valves au sommet.

1. Drosera rotundifolia. Linn. *R. à feuilles rondes.*

Hampe radicale ; feuilles orbiculaires. ◉... Lamk. Ill. pl. 220... Barr. Ic. 251. f. 1... Bull. Herb. pl. 181. f. A... Dec. Fl. fr. 4291.
Fl. blanches. E. 2. Les prés marécageux des Landes. CC. Près le pont de Gorre, canton de Damazan, à Boussés, dans les terres humides.

Obs. *Cette plante offre un mouvement analogue à celui de la* Dionea muscipula. *Broussonet l'a mentionné le premier,* Journ. de phys. Mai 1787. *et j'ai eu l'occasion de le vérifier dans les* Pyrénées. *Le* Dros. rotundifolia *étoit autrefois la base d'une liqueur appelée* rossolis *, maintenant passée de mode.*

2. **Drosera longifolia.** Linn. *R. à feuilles longues.*

Hampe radicale ; feuilles ovales-oblongues. ⊙... Bull. Herb. pl. 181. f. 3... Lamk. Ill. pl. 220. f. 2... Barr. Ic. 251. f. 2... Moriss. Hist. 3. sect. 15. t. 4. f. 2... Dalech. Hist. p. 1212. f. 2.

Fl. blanches. E. 1. 2. Les lieux marécageux des Landes. CC.

Obs. *Les trois premières figures citées représentent la hampe très-longue et les feuilles rétrécies insensiblement jusqu'à leur insertion radicale ; ce qui ne s'observe ni dans notre plante, ni dans les figures de Morisson et de Daléchamp.*

LINUM.   *LIN.*

Calice 5 phylle ; 5 pétales ; capsule à 5 valves, à 10 loges ; semences solitaires.

1. **Linum usitatissimum.** Linn.   *Lin usuel.*

Calices et capsules mucronés ; pétales crénelés ; feuilles lancéolées , alternes ; tige solitaire. ⊙... Moriss. Hist. 2. sect. 5. t. 26. f. 1... J. B. Hist. 3. p. 450.

Fl. d'un bleu clair. P. Les prairies. CC. Cultivé dans les champs.

2. **Linum gallicum.** Linn.   *Lin gaulois.*

Calices subulés, aigus ; feuilles linéaires, lancéolées, alternes; panicules plusieurs fois bifurquées; fleurs presque sessiles. ⊙... Gerard. Prov. p. 421. f. 16. n.° 1.

Fl. jaunes. E. A. Les terrains cultivés arides. CCC. Sa hauteur varie de quatre pouces, jusqu'à un pied de haut.

3. **Linum strictum.** Linn.   *Lin roide.*

Calices subulés ; feuilles lancéolées, roides, mucronées, rudes en leurs bords. ⊙... J. B. Hist. 3. p. 455. f. 3... Lob. Obs. 224. f. 2. et Ic. 411. f. 2... Dec. Fl. fr. 4445... L. *sessiflorum*... Lamk. Dict. 3. p. 419.

Fl. jaunes. E. Les friches pierreuses des coteaux, les terrains crétacés exposés au midi. CC.

4. Linum tenuifolium. Linn. *Lin à feuilles menues.*

Calices aigus; feuilles éparses linéaires-sétacées, rudes en leurs bords. ♃... Clus. Hist. 1. p. 318. f. 2... Lob. Ic. 415. f. 1... Dec. Fl. fr. 4450.
Fl. purpurines, ou couleur de chair. P. 3. E. Les friches pierreuses et crétacées des coteaux. CC.

5. Linum catharticum. Linn.   *Lin cathartique.*

Feuilles opposées, ovales-lancéolées ; tige dichotome ; corolles aiguës. ☉... Barr. Ic. 1165. f. 1... J. B. Hist. 3. p. 455. f. 2... Dec. Fl. fr. 4452.
Fl. blanches, jaunes à la gorge. P. E. Les lieux frais, les bords des ruisseaux, les prés, les pelouses. CCC.

6. Linum radiola. Linn.   *Lin radiole.*

Feuilles opposées ; tige dichotome ; fleurs tétrandres-tétragynes. ☉... Mich. Gen. t. 21... Vaill. Bot. par. t. 4. f. 6... Dec. Fl. fr. 4453.
Fl. blanchâtres. E. Les sentiers des bois sablonneux, les bords des chemins, dans les Landes. R. Au bois de Beauregard près d'Agen, à celui de Porquières, commune de Cauzac.
Obs. *Cette plante est très-rameuse, et s'élève à peine à la hauteur d'un pouce.*

STATICE.   *STATICE.*

Calice 1 phylle, entier, plissé, scarieux ; 5 pétales ; semence unique, supérieure.

1. Statice armeria. Linn.   *Statice armeria.*

Hampe simple ; fleurs en tête sphérique ; feuilles linéaires, planes, obtuses. ♃... J. B. Hist. 3. p. 336... Dec. Fl. fr. 2318.
Fl. purpurines. P. Les prairies des Landes. RR. Dans la plaine de Baudignan, près Caubeyres, canton de Damazan. Cultivé dans les parterres sous le nom de *gazon d'Hollande* ou *d'olympe*, et où il fleurit presque toute l'année.
Obs. *On distingue plusieurs variétés de cette plante, à tige plus ou moins haute ou plus ou moins glabre. J'ai trouvé l'une de ces variétés presqu'au dernier sommet du Pic du Midi, dans les Hautes-Pyrénées ; l'autre, au bord de l'Océan, près la Teste de Buch, département de la Gironde ; c'est-à-dire aux deux extrémités de l'échelle de la végétation.*

2. Statice plantaginea. All. *S. à feuilles de plantain.*

Feuilles lancéolées-oblongues, acuminées, à cinq nervures longitudinales ; hampe simple, glabre ; fleur en
tête globuleuse ; écailles calicinales ovales, acuminées.
♃... All. Ped. 1606... Dec. Fl. fr. 2319... *S. cephalotes.*
Wild. Sp. pl. tom. 1., p. 1523.
Fl. purpurines. P. 3. E. 1. Les prairies sablonneuses dans
nos Landes. CC.

Obs. *Cette belle espèce est deux fois, au moins, plus
grande que la précédente. Ses feuilles varient pour la largeur ; les moins larges n'ont que trois nervures.*

3. Statice oleæfolia. Scop.   *S. à feuilles d'olivier.*

Hampe paniculée ; rameaux anguleux, ailés ; feuilles
lancéolées, aiguës, piquantes, cartilagineuses en leurs
bords. ♃... J. B. 3 app. p. 877... Lob. Ic. 295. f. 2.
et Obs. 157. f. 3. advers. p. 123 en miniature... Barr.
Ic. 790... Dalech. Hist. p. 1025. f. 1... Poir. Dict.
encycl.
Fl. blanches, ou légèrement bleuâtres. E. Trouvé par
M. Cyrille Graulhié, sur le bord d'un petit lac, entre
Lubon et la *Menine*, dans les Landes. RR.

CLASSE SIXIÈME.

HEXANDRIE.

MONOGYNIE.

† *Fleurs pourvues de calice et de corolle.*

BERBERIS.   *BERBÉRIDE.*

Calice 6 phylle ; 6 pétales ; corps glanduleux à leur
onglet ; style nul ; baie à 2 semences.

1. Berberis vulgaris. Linn. *Berbéride épine-vinette.*

Grappes simples, pendantes; feuilles ovales, ciliées-dentées. ♃... Lamk. Ill. pl. 53. f. r.
Fl. jaunes. P. Dans les haies des jardins, les broussailles.
RR. Sous la terrasse de Lécussan, près d'Agen; à Sérignac.

†† *Fleurs à spathe ou à glume.*

GALANTHUS. *GALANTHE.*

Trois pétales extérieurs, concaves; trois intérieurs plus petits, échancrés, et rapprochés; stigmate simple.

1. Galanthus nivalis. Linn. *Galanthe perceneige.*

Hampe uniflore; fleur penchée. ♃... Clus. Hist. 169.
f. 1... Lob. Obs. 64. f. 3. et Ic. 123. f. 2... Dalech. Hist.
1526. f. 1... J. B. Hist. 2. p. 591... Lamk. Ill. pl. 230...
Fidissimus veris nuncius. Scop. Fl. carn.
Fl. blanches; les pétales intérieurs verts au sommet. H. 2.
3. Les prairies des coteaux à l'ombre. RR. Au Pelatier,
près d'Agen; à Barre, non loin de St.-Ferréol, près
d'Agen.

Obs. *Cette plante est désignée, en langue vulgaire du pays,
sous le nom de* bergoungeouse. *Il fait allusion à la situation
penchée de la fleur, qui semble en effet s'incliner pour se dé-
rober aux regards. Ce nom vaut bien la dénomination ridicule
de* galant d'hiver, *par laquelle il paroît qu'on a voulu traduire le latin* galanthus nivalis; *celui-ci cependant vient de
deux mots grecs* gala *et* anthos, *et signifie* fleur couleur de
lait; *il n'y a point là de galanterie.*

NARCISSUS. *NARCISSE.*

6 pétales égaux; nectaire d'une seule pièce, campani-
forme, renfermant les étamines.

1. Narcissus pseudonarcissus. Linn. *N. faux narcisse.*

Feuilles presque planes, glauques; hampe uniflore,
presque cylindrique, légèrement comprimée, à 2 angles; nectaire de la longueur des pétales, campanulé,
évasé, ondulé, crénelé sur les bords. ♃... Lois. Fl. gall.
not. 158... Bull. Herb. pl. 389... Clus. Hist. p. 165...

Swert. Floril. p. 21. f. 2-3... J. B. hist. p. 594... Dec.
Fl. fr. 1981. exclus. syn. Linn. var. β.
β. N. p. *luxurians.* Fleurs pleines.
Fl. nectaires d'un beau jaune, pétales blanchâtres. P. 1.
Les bois découverts. CC. A Ferrou, à Papet, à Tuquet,
près d'Agen. La var. à Cathala.

2. **Narcissus incomparabilis.** Mill.   *N. nompareil.*

Feuilles presque planes, glauques; hampe uniflore,
presque cylindrique, légèrement comprimée, à 2 angles; nectaire campanulé, évasé, ondulé, à 6 crénelures,
moitié plus court que les pétales. ♃... Curt. Bot. mag.
121... Dec. Fl. fr. VI. p. 321... *Narc. odorus,* Gouan.
Ill. p. 23... *N. Gouani,* Roth. Cat. 1. p. 32... Lois. Fl.
gall. not. p. 158... Swert. Florileg. 25. f. 1-2-3... Barr.
Ic. 932-948.
Fl. peu odorantes, nectaire d'un beau jaune, pétales d'un
jaune de souffre. P. 2. Dans les bois. RR. Au pied du rocher de Guitard, vallon de Foulayronnes; à Baurèle.

3. **Narcissus bulbocodium.** Linn.   *N. bulbocode.*

Spathe uniflore; nectaire conique, plus grand que les
pétales; étamines inclinées. ♃... Curt. Bot. mag. t. 3.
pl. 88... Clus. Hist. 1. p. 166. f. 1... Dalech. Hist. p.
1522. f. 1... J. B. Hist. 2. p. 597. f. 1. et 598. f. 2...
Swert. Florileg. t. 30. f. 3... Dec. Fl. fr. 1981.
Fl. jaunes. P. Trouvée dans une prairie des Landes, entre
Sos et Baudiet, par M. Graulhié.

4. **Narcissus biflorus.** Curt.   *Narcisse biflore.*

Feuilles glauques, presque planes, un angle saillant sur
leur carène; hampe le plus souvent biflore, peu comprimée à 2 angles; nectaire très-court, membraneux.
♃... Lois. Fl. gall. not. p. 52... Curt. Bot. mag. n.°
197... Dec. Fl. fr. VI. p. 321.
Fl. odorantes, d'un blanc lavé de jaune; le nectaire d'un
jaune vif. Les bois découverts. R. A Catala; à St.-Ferréol,
près d'Agen; aux environs de St.-Maurin.

5. **Narcissus jonquilla.** Linn.   *Narcisse jonquille.*

Feuilles demi-cylindriques, subulées, presque canaliculées; Hampe de 1 à 4 fleurs; nectaire en forme de
coupe évasée, entier, beaucoup plus court que les pétales. ♃... Curtis Bot. mag. pl. 15... Bull. herb. pl.
334... J. B. hist. 2. p. 607. f. 1 et 2.

Fl. jaunes, odorantes. P. 1. Les collines du département du Lot, et sans doute aussi celles de Lot-et-Garonne, vers la frontière orientale.

AMARYLLIS.   *AMARYLLIS.*

Corolle hexapétale, campanulée; stigmate trifide.

1. Amaryllis lutea. Linn.   *Amaryllis jaune.*

Spathe uniflore ; corolle égale, campanulée, à tube presque nul ; étamines droites, alternativement plus courtes. ♃... Clus. Hist. 1. p. 164. f. 1... Dalech. Hist. 1522. f. 3... Lob. Obs. 72. f. 1. *et* Ic. 147. f. 2... Curtis. Bot. mag. pl. 290.
Fl. jaunes. A. Sur les rochers exposés au midi. R. A Montagnac sur Auvignon, au S.t-Esprit près d'Agen. Vulgairement *la vendangeuse*, parce qu'elle fleurit dans le temps des vendanges.

Obs. *Quelques auteurs mentionnent une variété à fleurs doubles de cette belle plante.*

ALLIUM.   *AIL.*

Corolle à 6 divisions, ouverte; spathe multiflore; ombelle serrée; capsule supérieure.

1. Allium ampeloprasum. Linn.   *Ail ampeloprase.*

Tige à feuilles planes ; ombelle globuleuse ; étamines tricuspidées ; pétales rudes sur leur carêne. ♃... Mich. Gen. t. 24. f. 5... Dodon. Pempt. 678. f. 2.
Fl. d'un blanc purpurin. E. 1. Dans les vignes. CCC.

Obs. *La bulbe de cette espèce offre deux lobes ovales et solides, placés de chaque côté de la tige. Cet ail est très-connu sous le nom vulgaire de* pourret *ou de* pourriole. *Les pauvres gens de la campagne le mangent cru et dans leur soupe, en telle quantité, qu'il seroit détruit chez nous depuis long-temps, s'il ne se reproduisoit avec une profusion plus grande encore, et par ses semences et par les cayeux de sa bulbe radicale.*

2. Allium porrum. Linn.   *Ail poireau.*

Tige à feuilles planes; fleurs en ombelle ; étamines tricuspidées; racine tuniquée. ♂... Moriss. Hist. 2. sect. 4. t. 15. f. 1... Lamk. Dict. 1. p. 64.

Fl. d'un blanc légèrement purpurin. E. Cultivé comme plante potagère. On le croit originaire de la Suisse.

Obs. *Très-voisin du précédent, dont il diffère principalement par le défaut des deux lobes solides de la racine.*

3. Allium suaveolens. Jacq.   *Ail suave.*

Tige à feuilles planes ; fleurs en tête ; étamines subulées, deux fois plus longues que la corolle. ♃... Poir. Encycl. suppl. 1. p. 264... Thore, Chl. Land. 123... *A. ambiguum.* Dec. Fl. fr. 1955.

Fl. d'un blanc lavé de rouge tendre. A. Les Landes. R. A Boussés.

Obs. *La fleur de cet ail exhale une odeur de musc très-agréable, dont Thore ne parle point. On rencontre des individus de 15 à 18 pouces de haut, ce qui, joint à l'odeur, ne permet pas de douter que cette espèce de nos Landes, ne soit celle de Jacquin.*

4. Allium sativum. Linn.   *Ail cultivé.*

Obs. *Cette espèce est assez connue des gascons.*

5. Allium scorodoprasum. Linn.   *Ail rocambole.*

Tige à feuilles planes, bulbifère ; feuilles légèrement crénelées ; étamines tricuspidées, plus longues que la corolle. ♃... Clus. Hist. 1. p. 191. f. 1.

Fl. purpurines. E. Cultivé comme plante potagère.

6. Allium magicum. Linn.   *Ail magique.*

Hampe débile, bulbifère ; feuilles planes ; appendice radical ligulé, presque foliacé, amplexicaule à la base, bulbifère au sommet. ♃... *A. magic. bulbiferum.* S. Am. Rec. soc. d'agr. sc. et arts d'Agen. 1. p. 79... *Moly indicum.* Clus. Hist. p. 192... *Narcissus sive pancratium Clusii.* Swert. Floril. p. 33... *Moly latifolium indicum.* Rudb. Camp. elys. ic... *Nota.* Ces figures sont incomplettes par le défaut de l'appendice ligulé, et représentent les feuilles trop courtes.

Fl. nulles. P. 1. Les champs cultivés des coteaux. R. A Boulet, commune de Saint-Pierre de Clairac, canton de Puymirol ; à Monbran, à Bellevue près d'Agen, aussi dans une prairie à Peyrequatre, vallon de Foulayronnes. Loiseleur, Not. p. 55, mentionne cette plante qu'il a vue dans le jardin botanique de Bordeaux, où je l'avois envoyée dès l'année 1786, ainsi qu'à celui de Paris.

DESCRIPT. Bulbe *radicale arrondie, applatie à la base,*
un peu comprimée d'un côté par l'impression de la hampe,
terminée en pointe, longitudinalement divisée en 3 parties,
divisions indiquées par deux légers défauts d'adhérence,
et par une petite fente au sommet ; renfermant à l'intérieur
une autre bulbe aussi divisée en 3 parties, celle-ci conte-
nant les rudimens d'une troisième, qui doit perpétuer le
système d'emboîtement ; revêtue enfin par autant d'enveloppes
succulentes que la plante doit avoir de feuilles, et par les
fragmens de l'ancienne bulbe progressivement repoussée à l'ex-
térieur. Odeur ingrate et nauséabonde. Hampe cylindrique,
solide, débile, prenant naissance latéralement à la base de
la bulbe radicale, chargée au sommet de petites bulbes dis-
posées en tête arrondie. Bulbes caulinaires, *semblables*
pour la substance et la composition intérieure à la bulbe
radicale, comprimées aux points de leur contact, accom-
pagnées d'une spathe marcescente qui se déchire en lambeaux
irréguliers. Appendice bulbifère, *presque foliacé, étroit,*
canaliculé, engainant la hampe par sa base, portant dans
un repli terminal une petite bulbe pareille aux bulbes cau-
linaires. Feuilles *au nombre de* 4 *à* 5, *larges de* 2 *à* 4
pouces, plus longues que la hampe, obtuses, canaliculées,
légèrement striées, fléchies ou étalées dans leur plus grand
développement, se flétrissant de bonne heure.

OBS. *Les bulbes caulinaires semblent, au premier coup*
d'œil, agglomérées sans ordre régulier ; examinées plus at-
tentivement, on voit qu'elles sont disposées par étages, en
pyramide obtuse, sur des placenta *horisontaux ; que chacun*
de ces étages est muni d'une spathe particulière, et que
chaque lambeau de cette spathe déchirée paroît accompa-
gner sa bulbe respective. Cette disposition des bulbes cauli-
naires en étages pyramidaux est cependant quelquefois dif-
ficile à reconnoître, parce que ces étages sont tellement
pressés, qu'ils semblent confondus. Au reste, cette plante
affecte parfois les développemens les plus bisarres, pré-
sente les monstruosités les plus singulières et les plus variées.
Elle produit souvent du centre du glomérule de ses bulbes cau-
linaires une seconde hampe chargée d'un second glomérule
terminal, tantôt elle porte deux bulbes dans le repli anté-
rieur de l'appendice, tantôt enfin elle offre un second appen-
dice, et il y en a deux au lieu d'un. Dans le désordre de
toutes ces productions accidentelles, il est souvent impossible
de retrouver la trace des caractères primitifs.

Nul doute que cette plante extraordinaire ne soit une
*variété de l'*Allium magicum *Linn. ; nul doute encore que*
*l'*Allium sive moly latifolium *de Rudbeck, le* Moly theo-

phrasti *de Clusius et de Lobel, le* Moly indicum *de l'Hortus eystetensis, l'*Allium capitulum bulbiferum *de Sauvages, l'*Allium monspessulanum *de Gouan, l'*Allium speciosum *du docteur Cyrillo, et peut-être l'*Allium multibulbosum *de Jacquin ; nul doute que toutes ces plantes à fleurs purpurines verdâtres ou blanches, avec ou sans bulbes axillaires, à fleurs sans bulbe, ou à bulbes sans fleurs, ne soient toutes des variétés de l'*Allium magicum *plus ou moins caractérisées, et dans lesquelles on reconnoît le type de cette espèce capricieuse, que tous ces auteurs ont observée dans un état différent. Voyez, pour de plus grands développemens, le t.* I. *des Mém. de la soc. d'agr., etc., d'Agen, ci-dessus cité.*

J'ajouterai qu'Homère parle de cette espèce d'ail sous le nom de Moly, *et lui attribue dans l'Odyssée, liv.* X, *une racine noire*, qu'il étoit difficile aux mortels d'arracher. *On est toujours surpris de l'instruction d'Homère. En effet, les restes de l'ancienne bulbe, dans notre variété du moins, prennent une couleur noirâtre très-remarquable, et lorsqu'elle a végété quelques années dans le même sol, sa bulbe se trouve à une telle profondeur, qu'il faut fouiller très-avant, très-péniblement la terre pour l'enlever.*

Théophraste mentionne aussi le Moly, *au liv. IX. chap.* 15 *de son Hist. des plantes, et comme Mercure, dans Homère, le donne à Ulysse pour se préserver des charmes de Circé, il le recommande sérieusement comme un très-bon spécifique contre les sortilèges des magiciens.*

7. Allium sphærocephalon. L. *Ail sphærocéphale.*

Feuilles demi cylindriques ; fleurs en ombelle ; étamines tricuspidées, plus longues que la corolle. ♃... Clus. Hist. 1. p. 195... *A. montanum capite rotundo.* Moriss. Hist. 2. sect. 4. t. 14. f. 4... Dec. Fl. fr. 1975.
Fl. d'un pourpre foncé. E. Dans les vignes. CC.

* 8. Allium descendens. Linn.   *Ail descendant.*

Tige à feuilles presque cylindriques, ombellifère ; pédoncules des fleurs extérieures plus courts que les autres ; étamines alternativement tricuspidées. ♃... Curt. Bot. mag. 251.
Fl. d'un rouge vineux. P. 3. Les champs, dans les saussaies des rives de la Garonne. R. Au Bédat, près d'Agen.

9. Allium vineale. Linn.   *Ail des vignes.*

Feuilles cylindriques ; tige bulbifère ; 3 étamines tricuspidées, saillantes hors de la corolle. ♃... Moriss. Hist. sect. 4. t. 15. f... Dec. Fl. fr. 1976.

Fl. d'un pourpre foncé. E. Dans les vignes. CCC. Les
bulbes de la tige émettent souvent des feuilles capillaires
avant d'abandonner la plante.

10. Allium paniculatum. Linn.   *Ail paniculé.*

Feuilles presque cylindriques ; fleurs en ombelle ; pédoncules capillaires, longs, inégaux, débiles ; étamines
simples, de la longueur des pétales ; spathe très-longue.
♃... Linn. Sp. pl. 428... Lapey. Pyr. abr. 180... *A. intermedium.* Dec. Fl. fr. VI. p. 318. non *A. paniculatum.*
Dec. Fl. fr. 1972.
Fl. purpurines. E. Les champs, les vignes. CC.

Obs. 1. *Spathe très-longue, moins cependant que celle de
l'Allium pallens ; étamines pas plus longues que les pétales ;
style dépassant plus ou moins la corolle ; pétales obtus.*

Obs. 2. *L'A.* paniculatum *Dec. l. c. ayant des étamines
saillantes, ne peut être rapporté à celui de Linné.*

11. Allium pallens. Linn.   *Ail pâle.*

Feuilles presque cylindriques ; fleurs en ombelles ; pédoncules inégaux, débiles ; étamines simples, incluses ;
pétales émoussés ; spathe très-longue. ♃... Linn. Sp. pl.
427... Dec. Fl. fr. 1971.
Fl. d'un blanc sale, légèrement purpurines au sommet ;
la carène des pétales verte. E. 2. Les champs, les vignes.
CCC.

Obs. *Style d'abord très-court, s'allongeant ensuite. Cette
espèce est très-voisine de la précédente.*

12. Allium oleraceum. Linn.   *Ail des potagers.*

Tige bulbifère ; feuilles cylindriques rudes, striées en
dessous ; étamines simples ; spathe très-longue. ♃...
A. virens. Lamk. Dict. 1. p. 67... Clus. Hist. 1. p. 193.
f. 2. et p. 194. f. 1-3... J. B. Hist. 2. p. 261. f. 2.
Fl. d'un blanc purpurin. E. Les vignes, les lieux cultivés. CC.

13. Allium ascalonicum. Linn.   *Ail échalotte.*

Hampe nue, cylindrique ; feuilles subulées ; ombelle
globuleuse ; étamines tricuspidées. ♃... Moriss. Hist. 2.
sect. 4. t. 14. f. 3.
Fl. bleues selon Linné. Ne fleurit jamais cheznou . Cultivé
dans les potagers.

Obs. *Cette espèce, originaire d'Ascalon, ville de la Pales-*

tine, d'où le nom d'Echaloigne en vieux français, qui a dégénéré en Echalotte, *fut apportée en France du temps de la première croisade.*

L'Echalotte et l'Ail cultivé sont plus doux à l'odorat et au goût dans le midi que dans le nord de la France, ce qui explique à la fois l'éloignement des parisiens pour ces plantes, et l'espèce de prédilection dont elles jouissent dans nos contrées.

14. **Allium cepa.** Linn.   *Ail oignon.*

Hampe nue, fistuleuse, renflée inférieurement ; feuilles cylindriques. ♂... Moriss. Hist. 2. sect. 4. t. 14. f. 1... Dodon. Pempt. 675.

Fl. d'un blanc sale. E. 2. Cultivé comme plante potagère.

Obs. *On connoît plusieurs variétés de cette espèce ; il seroit superflu de les mentionner ici.*

15. **Allium schœnoprasum.** Linn.   *Ail civette.*

Hampe nue ; feuilles cylindriques, subulées, filiformes, aussi longues que la hampe. ♃... Moriss. Hist. 2. sect. 4. t. 14. f. 4... Dodon. Pempt. 678. f. 1.

β. A. s. *foliosum.* Une ou deux feuilles sur la tige... *A. foliosum.* Clar. in Dec. Fl. fr. 3. p. 725.

Fl. purpurines. E. Cultivé comme plante potagère. La variété se trouve sur les rochers qui forment le lit du Lot, près de Ladignac, entre Villeneuve et Libos.

† † † *Fleurs nues.*

HEMEROCALLIS.   *HÉMÉROCALLE.*

Corolle campanulée ; tube cylindrique, étamines déjettées.

1. **Hemerocallis fulva.** Linn.   *Hémérocalle fauve.*

Feuilles linéaires, carenées ; trois pétales intérieurs obtus, ondulés ; nervures des pétales extérieurs rameuses. ♃... Lob. Ic. 93. f. 1 .. Curt. Bot. mag. pl. 64.

Fl. d'un fauve vif. P. 3. Les bords de Lalemance à Martiloque. CC. Dans un bois près de Ferrussac, canton de Puymirol ; naturalisée à la garenne de Saint-Amans. Ses fleurs se fanent très-vite, d'où vient le nom du genre : *Hémérocalle,* belle d'un jour.

CONVALLARIA. *MUGUET.*

Corolle à 6 divisions; baie maculée, triloculaire.

1. Convallaria polygonatum. Linn. *M. anguleux.*

Feuilles alternes amplexicaules; tige à deux angles aigus; fleurs axillaires, presque solitaires. ♃... J. B. Hist. 3. p. 529. f. 1... Dec. Fl. fr. 1859... Vulgairement *Sceau de Salomon.*

Fl. blanches. P. 2. Les Landes. R. Auprès du pont de Gorre.

2. Convallaria majalis. Linn. *Muguet de mai.*

Hampe nue; feuilles ovales-lancéolées; fleurs en épi. ♃... J. B. Hist. 3. p. 531. f. 3... Bull. Herb. pl. 219... Dodon. Pempt. 205. f. 1.

Fl. blanches odorantes. P. 2. Les lieux frais et ombragés des Landes. R. Sur les bords du lac de Lalaguë au sud-ouest.

HYACINTHUS. *JACINTHE.*

Corolle campanulée; trois pores mellifères à l'ovaire.

1. Hyacinthus orientalis. Linn. *Jacinthe d'orient.*

Corolle en entonnoir, ventrue à la base, divisée jusqu'à la moitié en 6 découpures. ♃... Clus. Hist. 1. p. 175. f. 2... Lob. Obs. p. 54. f. 1... J. B. Hist. 2. p. 575 et 576... Dalech. Hist. 1507. f. 3.

Fl. bleues. P. 1. Les bosquets des coteaux entre Guittard et Baurèle, vallon de Foulayronnes, près d'Agen. Originaire du levant; naturalisée.

2. Hyacinthus non scriptus. Linn. *Jacinthe inédite.*

Epi penché; bractées géminées; corolle campanulée; divisée en 6 découpures roulées en dehors au sommet; feuilles droites. ♃... Bull. Herb. pl. 353... Lob. Obs. p. 53. f. 2. Ic. 103. f. 1... Swert. Florileg. 2. t. 13. f. 1 et 2... *Scilla nutans.* Dec. Fl. fr. 1933.

Fl. bleues. P. 2. Les bosquets. RRR. Non loin de Lauzun, à Fonroques, à Burguet, à Baurèle, près d'Agen.

3. Hyacinthus patulus. Desf. *Jacinthe étalée.*

Epi droit; bractées géminées; corolle campanulée à 6 divisions; feuilles longues étalées sur la terre. ♃... H.

amethistinus. Lamk. Dict. 1. p. 190. exclus. syn. Linn...
Scilla patula. Dec. Fl. fr. 1934.
Fl. bleues. P. 2. Les bosquets. RRR. A Riols près d'Agen.
Est-elle indigène ?

4. Hyacinthus comosus. Linn. *Jacinthe à toupet.*

Corolles cylindriques, un peu anguleuses, les supérieures
stériles à longs pédoncules. ♃... Dalech. Hist. p. 1512.
f. 1... Lob. Obs. p. 55. f. 1... Moriss. Hist. 2. sect. 4. t.
11. f. 2... Fuchs. Hist. 835... Curt. Bot. mag. pl. 133.
Fl. jaunâtres, les supérieures bleues. P. 3. Les terres cultivées. CCC.

5. Hyacinthus botryoïdes. Linn. *Jacinthe botryoïde.*

Corolles globuleuses, uniformes ; feuilles canaliculées,
demi cylindriques, roides. ♃... Clus. Hist. 1. p. 181.
f. 2... Lob. Obs. p. 55. f. 4... Curt. Bot. mag. pl. 157...
Muscari botryoïdes. Dec. Fl. fr. 1927.
Fl. bleues inodores. P. 2. Les prairies des rives de la Garonne. RR. A Riols, à Colayrac, près d'Agen.

Obs. *Ses feuilles fermes, plus larges, et ses fleurs globuleuses inodores la distinguent de la suivante.*

6. Hyacinthus racemosus. Linn. *Jacinthe à grappe.*

Corolles ovales, les supérieures sessiles ; feuilles subulées,
cylindriques, canaliculées, flasques. ♃... Clus. Hist. 1.
p. 181. f. 1... Lob. Obs. p. 55. f. 2. et Ic. 107. f. 2...
Curt. Bot. mag. pl. 122... *Muscari racemosum.* Dec. Fl.
fr. 1926.
Fl. bleues odorantes. P. 2. Les terres cultivées, les
vignes. CCC.

ALPHODELUS.   *ALPHODÈLE.*

Corolle à 6 divisions ; nectaire formé par 6 valvules
recouvrant l'ovaire.

1. Asphodelus ramosus. Linn. *Asphodèle rameux.*

Tige nue, rameuse ; pédoncules alternes, plus longs
que la bractée ; feuilles ensiformes, carenées, lisses. ♃...
Linn. Sp. pl. 444. exclus. syn. Bauh. et Clus... Clus.
Hist. 196. f. 2... Dec. Fl. fr. 1917.
Fl. blanches, la carène pourpre. P. Dans les forêts de
Biron et de Gavaudun. C. Sur le roc de Pinc, près d'Ai-
guillon. R. A Laspeyres.

Obs. *La racine tuberculeuse de cette plante, cuite et mêlée avec de la farine et un peu de sel, peut servir d'aliment en temps de disette.*

ANTHERICUM.   *ANTHÉRIC.*

Corolle à 6 pétales étalés ; capsule ovoïde.

1. Anthericum liliago. Linn.   *Anthéric liliacé.*

Feuilles planes ; hampe très-simple ; corolles planes ; pistil déjetté sur un côté. ♃... Lamk. Ill. pl. 240... Dodon. Pempt. 106. f. 2... *Phalangium liliago.* Dec. Fl. fr. 1931.
Fl. blanches. E. 1. Les friches des coteaux. RR. Au-dessus du Bédat, près d'Agen ; au Pech de Bère, près d'Aiguillon.

2. Anthericum planifolium. L. *A. à feuilles planes.*

Feuilles planes ; hampe rameuse ; filamens des étamines laineux. ♃... *Phalangium bicolor.* Dec. Fl. fr. 1929.
Fl. blanches, purpurines à l'extérieur. E. 1. Les terres incultes et sablonneuses de nos Landes. CCC.

Obs. *Les feuilles, d'abord planes, se roulent et se tordent ensuite d'une manière remarquable. Selon Thore, Chlore des Landes, p. 129, ses racines sont purgatives.*

3. Anthericum ossifragum. Linn. *Anthéric ossifrage.*

Feuilles ensiformes ; fleur en épi ; filamens des étamines laineux. ♃... Clus. Hist. 198. f. 1... Dodon. Pempt. 208. f. 2... *Abama ossifraga.* Dec. Fl. fr. 1852.
Fl. jaunes. E. Les marais tourbeux des Landes. R. Entre la Ménine et Barbaste.

Obs. *La propriété que l'on attribue à cette plante, de ra-mollir les os des animaux qui la mangent, lui a fait donner l'épithète d'ossifragum.*

ORNITHOGALUM.   *ORNITHOGALE.*

Corolle à 6 pétales, droite, persistante, ouverte au-delà de sa moitié inférieure ; filets des étamines alternative-ment dilatés à leur base.

** Etamines à filets subulés.*

1. Ornithogalum villosum. Marsch. *O. velu.*

Feuilles radicales géminées; deux bractées foliacées,
opposées; pédoncules rameux; corymbe et pétales velus. ♃... *O. villosum.* Poiret, Dict. suppl. p. 192... *O.
minimum.* Willd. Sp. pl. (non Linn.)... Dec. Fl. fr. 1943.
exclus. Linn. syn.
β. *O. v. proliferum.* Bulbifère à l'aisselle des feuilles... *O.
proliferum.* Pall... Moriss. Hist. 2. sect. 4. t. 13. f. 13.
Fl. jaunes. P. 1. Les champs de blé. RRR. Entre Coupat
et Pechagou, près d'Agen. Trouvé par M. Larivière.

** Etamines à filets dilatés.*

2. Ornithogalum umbellatum. Linn. *O. ombellé.*

Fleurs en corymbe; pédoncule plus long que la bractée;
filets des étamines dilatés à la base. ♃... Dodon. Pempt.
221. f. 1... Dec. Fl. fr. 1948.
Fl. blanches, chaque pétale verd en dessous avec les bords
blancs. P. 2. 3. Les champs cultivés. CCC.

Obs. *La fleur de cette plante, s'épanouissant un peu avant
midi, lui a fait donner le nom vulgaire de* Dame de onze
heures. *Ses bulbes torréfiées, cuites sous la cendre ou dans
l'eau, peuvent servir d'aliment en temps de disette. (Poiret,
Enc. méth.)*

3. Ornithogalum Pyrenaïcum. L. *O. des Pyrénées.*

Fleurs en grappes très-longues; filets des étamines lancéolés; pédoncules florifères étalés, égaux, les fructifères rapprochés de la tige. ♃... Clus. Hist. 1. p. 187.
f. 1... Lamk. Ill. pl. 242. f. 2... Dec. Fl. fr. 1945.
Fl. blanchâtres en dedans, verdâtres à l'extérieur. P. 2.
Les bois humides, les prairies des vallons. C. A Combe-
Mingué, à la garenne de Saint-Amans.

SCILLA. *SCILLE.*

Corolle à 6 pétales, ouverte, caduque, filets des étamines filiformes.

1. Scilla lilio-hyacinthus. Linn. *Scille lis-jacinthe.*

Grappe peu garnie ; pédoncules sans bractée ; feuilles lancéolées, étalées; bulbes écailleuses. ♃... Moriss. Hist. 2. sect. 4. t. 12. f. 21... Clus. Hist. 1. p. 183. f. 1-2... Lob. App. 459... Dalech. Hist. 1514. f. 2. 1515. f. 1... J. B. Hist. 2. p. 589. f. 1... Dec. Fl. fr. 1939.

Fl. bleues. P. 1. 2. Dans les bois. RR. A Roques, près de Montagnac-sur-Auvignon ; au cap du Bosc.

2. Scilla bifolia. Linn. *Scille à deux feuilles.*

Fleurs en corymbe peu nombreuses ; deux feuilles lancéolées-linéaires, canaliculées. ♃... Moriss. Hist. 2. sect. 4. t. 12. f. 15. 1... J. B. Hist. 2. p. 579. f. 2... Fuchs. Hist. 837... Clus. Hist. 1. p. 184. f. 3... Dec. Fl. fr. 1936.

Fl. bleues. P. Dans les bois. RRR. A Burguet, près de Lauzun.

3. Scilla verna. Ait. *Scille printanière.*

Bulbe tuniquée ; grappe pauciflore ; bractées membraneuses, de la longueur des pédoncules ; feuilles linéaires, canaliculées. ♃... Clus. Hist. 188. f. 1... *S. umbellata.* Dec. Fl. fr. 1938.

Fl. bleues. P. Les Landes. RR. A la métairie de la Branc, près d'Arx. Trouvée par M. C. Graulhié.

Obs. *Cette espèce diffère du S.* bifolia *par ses feuilles plus étroites, et ses pédoncules accompagnés de bractées.*

4. Scilla autumnalis. Linn. *Scille automnale.*

Feuilles filiformes, linéaires ; fleurs en corymbe ; pédoncules nus, ascendans, de la longueur de la fleur. ♃... Garid. Aix. p. 344. pl. 74... Clus. Hist. 1. p. 185... Moriss. Hist. 2. sect. 4. t. 12. f. 18... Dalech. Hist. 2. p. 1513. f. 3... Lob. Obs. p. 53. f. 1-2. et Ic. 102. f. 2.

Fl. bleues. Les collines du département du Lot ; sans doute aussi sur la frontière orientale de celui de Lot-et-Garonne.

ASPARAGUS.   *ASPERGE.*

Corolle à 6 divisions, droite ; 3 pétales intérieurs réfléchis à leur sommet ; baie 3 loculaire, disperme.

1. Asparagus officinalis. Linn. *Asperge officinale.*

Tige herbacée, droite, paniculée ; fleurs dioïques ; pédoncules articulés vers leur milieu. ♃... Clus. Hist. 2. p. 179... Moriss. Hist. sect. 1. t. 1. f. 4.
Fl. blanchâtres. E. Les lieux humides des terrains fertiles. RRR. L'île de la Séoune, sous Puymirol, et cultivée comme plante potagère.
Chrysomela asparagi.

2. Asparagus acutifolius. L. *A. à feuilles aiguës.*

Tige sans épines, anguleuse, frutescente ; feuilles roides un peu piquantes, persistantes, égales. ♃... Clus. Hist. 2. 177. f. 3... Duham. Arb. 1. t. 31... Moriss. Hist. 1. sect. 1. t. 1. f. 1... Dec. Fl. fr. 1855. excl. Clus. syn.
Fl. d'un blanc jaunâtre. E. Les coteaux arides, à l'exposition du midi. RR. A Lamassas, près d'Hautefage.

Obs. *On mange les jeunes pousses de cette plante, comme celles de l'Asperge cultivée.*

FRITILLARIA.   *FRITILLAIRE.*

Corolle à 6 pétales campanulée ; cavité nectarifère à chaque onglet ; étamines de la longueur de la corolle.

1. Fritillaria meleagris. Linn. *Fritillaire méléagre.*

Feuilles toutes alternes ; tige uniflore. ♃... Clus. Hist. 1. p. 152. 153... Moriss. Hist. 2. sect. 4. t. 18. f. 1... Swert. Florileg. 2. t. 7. f. 4... Dec. Fl. fr. 1907.
Fl. rougeâtres, avec des taches carrées d'un rouge plus pâle. P. Les prairies humides aux environs de Cahuzac, sur les bords de l'Alemance à Martiloque.

LILIUM.   *LIS.*

Corolle à 6 pétales, campanulée ; ligne longitudinale nectarifère ; capsule à valves réunies par des poils entrecroisés.

1. Lilium candidum. Linn.   *Lis blanc.*

Feuilles éparses ; corolle campanulée, glabre intérieurement. ♃... Lob. Obs. 83. et Ic. p. 183. f. 1... *Rosa Junonis.* Apul.

Fl. blanches. P. 3. Originaire de l'orient. Cultivée dans tous les jardins, naturalisée en quelques endroits.

Crioceria merdigera.

TULIPA.   *TULIPE.*

Corolle à 6 pétales, campanulée; style nul.

1. **Tulipa oculus solis.** S.t-Am.   *Tulipe œil du soleil.*

Tige uniflore, glabre, feuilles lancéolées-linéaires, les supérieures dépassant la fleur; trois pétales extérieurs très-aigus, trois intérieurs obtus. ♃... S.t-Am. Rec. soc. d'Agr. et sc. d'Agen. t. p. 75... *Tulipa scrotina rubra.* Clus. Hist. 1. p. 144., la description, non la figure... *Tulipa dubia pumilio.* J. B. Hist. 2. p. 676., la description, non la figure... Dec. Fl. fr. 1906... *Tulipa Aginnensis.* Red. Liliac. 1. n.° 6... Herb. de l'amateur, vol. 11. pl. 84.

Fl. rouges, avec une grande tache noire bordée de jaune, à la base de chaque pétale. P. 1. Les champs cultivés de nos plaines. C. Près de Labaou, commune de Bon-Encontre; à Lamothe-Daurée, près d'Agen; à Laspeyres; auprès de Penne et ailleurs. Vulgairement connue sous le nom de *Tulipan*, qu'on trouve appliqué à d'autres espèces dans Lobel et J. Bauhin.

Oᴮs. *Cette belle plante, connue par les anciens, étoit tombée dans l'oubli. Lorsque je l'ai mentionnée, Garridel étoit le seul des modernes qui parût l'avoir entrevue, hist. des plant. des environs d'Aix, p. 475: Gérard n'en parloit point. Depuis cette époque deux botanistes l'ont trouvée en Provence. L'un d'eux, oubliant ce qu'il avoit dit plusieurs fois, et très-à-propos, dans un grand ouvrage, sur l'inconvénient d'introduire sans raison des noms nouveaux, a tâché de remplacer celui d'Oculus solis, qui convient à notre tulipe, par celui d'Acutiflora qui ne lui convient point, puisque le T. sylvestris, le T. turcica, et autres, ont les fleurs plus aiguës. D'ailleurs, le nom tiré de celui d'Ochio di sole qu'on lui donnoit en Italie, et qui se trouve dans Clusius et Bauhin* (1), *réunit à une incontestable antériorité, l'autorité des pères de la botanique. Dans l'état actuel de la science, les noms nouveaux, substitués aux anciens, doivent être nécessaires ou meilleurs.*

____

(1) *Oculus solis.* Clus. Hist. p. 147... J. B. Hist. 2. p. 665 et 673.

M. Barbe a observé dans cette tulipe, un mode de réproduction par les cayeux, qui paroît différer assez de celui des autres plantes bulbeuses, pour mériter un travail particulier. On trouvera ce mode, reconnu depuis par M. Debeaux, indiqué dans la planche ci-après qui représente notre plante.

2. Tulipa sylvestris. Linn.　　　*Tulipe des bois.*

Tige uniflore, glabre; fleur d'abord penchée; pétales aigus, velus au sommet; feuilles lancéolées-linéaires. ♃... Tourn. Inst. t. 2. tab. 199. β... Decand. Fl. fr. 1903.

β. T. s. *biflora.* Tige biflore. Clus. Hist. 1. p. 151. f. 1. Fl. jaunes, légérement odorantes. P. 1. Les champs cultivés des collines. C. Entre Cruzel et Lacandélie, près d'Agen; à Saint-Amans; près du hameau de Piles; au Noindieu.

Ous. *Les bulbes de cette espèce cuites dans l'eau, perdent, dit-on, leur âcreté, et peuvent servir de nourriture.*

††††　*Fleurs incomplettes.*

JUNCUS.　　　*JONC.*

Calice à 6 folioles; corolle nulle; capsule uniloculaire.

*　*Chaume nu.*

1. Juncus maritimus. Lamk.　　　*Jonc maritime.*

Chaume nu, mucroné, un peu piquant; panicule latérale munie d'un petit involucre à deux folioles; capsule de la longueur du calice. ♃... Lamk. Dict. ency. 1. p. 264... Moriss. Hist. 3. sect. 8. t. 10. f. 14. bien... Dec. Fl. fr. 1830... *J. acutus α.* Wild. Sp. pl. 204? *Scolitus limbatus.*

Fl. d'un fauve verdâtre. E. 3. Les marais des Landes. R.

2. Juncus conglomeratus. Linn.　　　*Jonc pelotonné.*

Chaume nu; panicule latérale ramassée en peloton. ♃... J. B. Hist. 2. p. 520. f. 2... Leers. Herb. n.º 361. t. 13. f. 1... Gaud. Agr. helv. 2. p. 211... Dec. Fl. fr. 1832.

Fleurs fauves. E. Les lieux humides, les bords des fossés. CCC.

3. Juncus effusus. Linn. *Jonc diffus.*

Chaume nu, ferme; panicule latérale diffusément étalée; fleurs oblongues, obtuses. ♃... Leers. Herb. n. 262. t. 13. f. 2... Moriss. Hist. 3. sec. 8. t. 10 f. 4... Gaud. Agr. hel. 2. p. 210.

Fl. verdâtre. E. Les lieux aquatiques. CC. A Beauregard, à Brax, près d'Agen.

4. Juncus glaucus. Ehrh. *Jonc glauque.*

Chaume nu, glauque, fléchi au sommet; panicule latérale, éparse, à ramifications allongées, un peu courbée en dedans; fleurs aiguës. ♃... Gaud. Agr. hel. 2. p. 208... Dec. Fl. fr. VI. p. 307... *J. inflexus.* Leers, Herb. n. 263. t. 13. f. 2... Moriss. Hist. 3. sect. 8. t. 10. f. 13... Dec. Fl. fr. 1834... *J. tenax.* Poir. Dict. suppl. p. 156.

Fl. fauves. E. Les lieux aquatiques, les bords des fossés. CCC.

5. Juncus squarrosus. Linn. *Jonc rude.*

Chaume nu; feuilles sétacées-canaliculées; panicule terminale, composée, à fleurs rapprochées. ♃... Lob. Ic. p. 18. f. 1... Gaud. Agr. hel. 2. p. 218.... Dec. Fl. fr. 1838.

Fl. fauves, membraneuses à la marge. E. Les lieux marécageux des Landes. R.

6. Juncus ericetorum. Poll. *Jonc des bruyères.*

Chaume nu, filiforme; feuilles filiformes canaliculées; fleurs en tête arrondie, souvent solitaire, munie d'un involucre foliacé. ☉... *Juncus foliatus minimus.* J. B. Hist. 2. p. 523. bien... Dec. Fl. fr. 1836... *J. capitatus.* Willd., Sp.

β. J. e. *Tricuspidatus.* Trois têtes de fleurs, une sessile, et deux pédonculées; deux à trois petites feuilles à l'insertion des pédoncules.

Fl. d'un fauve clair, puis rougeâtre. E. 1. Les lieux sablonneux et humides. R. Dans les allées du bois de Beauregard, près d'Agen; dans les sentiers des Landes. C.

Obs. *La longueur des feuilles de l'involucre est sujette à varier; quelquefois les unes sont aussi longues que la plante, tandis que sur le même individu, il en est d'autres qui dépassent à peine deux fois les têtes des fleurs; les folioles calicinales sont membraneuses en leurs bords, et terminées par une pointe sétacée.*

7. Juncus pygmæus. Thuil. Fl. par. 178.   *Jonc pygmée.*

> Petit, droit ; chaumes feuillés ; feuilles capillaires, à
> peine articulées, noueuses ; fleurs en têtes sessiles et pé-
> donculées ; folioles calicinales étroites, très-aiguës,
> les extérieures avec une très-courte pointe sétacée. ⊙...
> *J. mutabilis* α. Lamk. Dict. 3. p. 270.

Fl. verdâtres ou violâtres. E. Les sables des Landes humides. R. Au bord du lac de la Laguë, par M. Chaubard.

> Obs. *Très-ressemblant à un petit individu du J.* uliginosus ;
> *mais sa racine est annuelle, entièrement fibreuse, et ses
> folioles calicinales sont plus longues et plus étroites.*

8. Juncus uliginosus. Roth. germ. 2. p. 405. *Jonc des marais.*

> Polymorphe ; chaume feuillé, articulé-noueux, ordi-
> nairement droit ; feuilles à peines articulées-noueuses,
> un peu canaliculées ; panicule composée ; fleurs en têtes
> latérales et terminales ; racine globuleuse sous le collet.
> ♃... *J. subverticillatus erectus.* Merat. Fl. par. 137.

> β. J. u. *fluitans.* Chaumes plus grêles, ordinairement flot-
> tans ; têtes des fleurs prolifères, entremêlées de feuilles
> sétacées... Scheuz. Agr. 330. t. 7. f. 10... *J. fluitans.*
> Lamk. Dict. 3. p. 270... *J. subverticillatus* α. Willd. Sp.
> 2. p. 212.

> δ. J. u. *radicans.* Chaume long, couché, radicant, avec
> des faisceaux de feuilles et des tiges florifères de distance
> en distance... *J. mutabilis* δ. Lamk. l. c.

> ζ. J. u. *luxurians.* Têtes florales remplacées par des fais-
> ceaux de feuilles ou de gaînes.

Fl. fauves. E. Les sables des Landes dans les lieux marécageux ou inondés en hiver, au bord des lacs et des marais.
CCC.

✳ ✳ *Chaume feuillé.*

9. Juncus sylvaticus. All.   *Jonc des bois.*

> Chaume droit ; feuilles cylindriques, articulées-noueuses ;
> panicule surcomposée ; folioles calicinales très-aiguës,
> les intérieures plus longues. ♃... Moriss. Hist. 3. sect.
> 8. t. 9. f. 1... Dec. Fl. fr. 1849... *J. articulatus* β. Linn.

Fl. fauves ou verdâtres. E. Les bois humides, les prairies
aquatiques. CCC.

10. Juncus articulatus. Linn.   *Jonc articulé.*

> Chaume ascendant ; feuilles articulées-noueuses, légé-

.rement comprimées ; panicule composée ; folioles calicinales égales, obtuses. ♃... *J. articulatus* α. Linn.
Sp. pl. 465... Leers Herb. t. 13. f. 6... Dec. Fl. fr. 1848.
β. J. a. *repens*. Rampant, prolifère à la base extérieure
de la gaine... *J. repens*. Dec. Fl. fr. VI. p. 308.
Fl. fauves. E. Les lieux marécageux. CC. Les bords de la
Garonne.

Obs. *Cette espèce et la précédente sont très-voisines l'une
de l'autre.*

11. Juncus bufonius. Linn.   *Jonc des crapauds.*

Fleurs solitaires, sessiles ; folioles calicinales lancéolées,
pointues ; capsule ovale, moins longue que le calice ;
feuilles anguleuses ; chaume rameux. ◉... Barr. Ic. 264...
Leers, Herb. t. 13. f. 8... Moriss. Hist. 3. sect. 9. t. 9. f.
14... Dec. Fl. fr. 1844.
β. J. b. *gracilis*. Chaumes flasques, très-ramifiés, couchés ;
rameaux presque capillaires, souvent flexueux.
Fl. verdâtres. E. Les lieux humides. CCC. La var. β dans
les Landes.

12. Juncus tenageya. Linn. Fil.   *Jonc fangeux.*

Chaume grêle, rameux, paniculé ; fleurs solitaires,
sessiles ; folioles calicinales ovales-oblongues ; capsule
presque sphérique. ◉... Vaill. Bot. par. t. 20. f. 1...
Dec. Fl. fr. 1843.
Fl. fauves. E. Les Landes inondées en hiver. CC. Dans
la plaine de la Menine.

13. Juncus bulbosus. Linn.   *Jonc bulbeux.*

Chaume comprimé, simple ; feuilles linéaires canaliculées ; corymbe terminal ; folioles calicinales obtuses ;
feuille florale de la longueur du corymbe. ♃... Barr. Ic.
747. f. 1. non 2... Moriss. Hist. 3. sect. 8. t. 9. f. 11...
J. B. Hist. 2. p. 522... *J. parvus*. Leers Herb. t. 13.
f. 7... Dec. Fl. fr. 1842.
Fl. jaunâtres. P. 3. Les marais, les prairies humides. CCC.

Obs. *La racine n'est point bulbeuse, mais tubéreuse, ou
simplement renflée.*

14. Juncus pilosus. Linn.   *Jonc pileux.*

Feuilles planes, pileuses ; corymbe presque simple ;
pédoncules uniflores, pendans ; folioles calicinales
ovales pointues, plus courtes que la capsule. ♃... Leers,
Herb. n.º 268. t. 13. f. 10... J. B. Hist. 2. p. 492. f. 2...

Moriss. Hist. 3. sect. 8. t. 9. f. 1... *Luzula vernalis.* Dec.
Fl. fr. 1825... *J. nemorosus.* Lamk. Dict. 1. p. 272.
Fl. fauves. P. 1. 2. Les bois. CCC.

15. Juncus campestris. Linn.　　　*Jonc champêtre.*

Feuilles planes, pileuses ; épis pédonculés, ombellés,
l'intermédiaire sessile ; folioles calicinales mucronées,
plus longues que la capsule ; racine rampante. ♃...
Leers. Herb. n.° 270. t. 13. f. 5... Scheuz. Agr. p.
311... Lob. Ic. 15... J. B. Hist. 2. p. 493... *Gram. luzula.*
Moriss. Hist. 3. sect. 8. t. 9. f. 1.
Fl. fauves, un peu noirâtres. E. Les bois découverts, les
pelouses des coteaux. CC. A Darel, près d'Agen.

16. Juncus multiflorus. Hoff.　　　*Jonc multiflore.*

Feuilles planes, pileuses ; épis pédonculés, ombellés,
l'intermédiaire sessile ; folioles calicinales mucronées,
à peine aussi longues que la capsule ; racine fibreuse.
♃... *J. intermedius.* Thuill. Fl. par... *J. campestris* γ.
Dec. Fl. fr. 1827... *Luzula multiflora.* Fl. fr. VI. p. 306.
Fl. roussâtres. E. Les friches sablonneuses. R. A Beauregard, près d'Agen, et dans tous les bois de la plaine de
la Garonne.

Obs. *On distingue ce jonc du* J. campestris *de Linné, à
ses épis plus pâles, à ses fleurs plus petites, à ses chaumes
plus grêles, à sa racine non rampante.*

PLEPIS.　　　*PLEPIDE.*

Calice campanulé à 12 divisions marginales ; 6 étamines
insérées sur le calice ; capsule biloculaire.

1. Peplis portula. Linn.　　　*Péplide portulacée.*

Fleurs axillaires, solitaires, sessiles ; feuilles pétiolées,
ovales, arrondies ; tiges rampantes. ☉... Lamk. Ill. pl.
262... Vaill. Bot. par. pl. 15. f. 5... Mich. Gen. t. 18. f.
1... Dec. Fl. fr. 3652.
Fl. herbacées, lavées de rouge. P. Les lieux humides, où
l'eau a séjourné pendant l'hiver. CC. Les bois de Porquières,
commune de Cauzac, les fossés de la plaine de la Garonne.

TRIGYNIE.

COLCHICUM. *COLCHIQUE.*

Spathe ; corolle à 6 divisions, tube radical (*aboutis-sant à la racine*) ; 3 capsules réunies, gonflées.

1. Colchicum autumnale. Linn. *C. d'automne.*

Fleurs sans feuilles ; lanières de la corolle ovales-oblon-gues, obtuses; feuilles planes, lancéolées, fermes, droites, protégeant le fruit. ♃... Bull. Herb. pl. 18... Fuchs. Hist. 356 et 357.
Fl. purpurines. A. 2. Les prairies. RR. A Jourdain, à Malconte, près d'Agen; à Condat; aux environs de Beau-ville.

RUMEX. *RUMEX.*

Calice 3 phylle ; 3 pétales connivens; semence unique, à 3 pans.

* *Hermaphrodites; valvules calicinales granifères.*

1. Rumex patientia. Linn. *Rumex patience.*

Fleurs hermaphrodites ; valvules entières , une seule granifère; feuilles ovales-lancéolées. ♃... Moriss. Hist. 2. sect. 5. t. 27. f. 3. 2.ᵉ série... Dec. Fl. fr. 2219.
Fl. herbacées. E. Cultivée comme plante potagère , et na-turalisée auprès des habitations rurales.

2. Rumex sanguineus. Linn. *Rumex sanguin.*

Fleurs hermaphrodites ; valvules très-entières , une seule granifère ; feuilles cordiformes, lancéolées. ♃... J. B. Hist. 2. p. 289. f. 1... Dodon. Pempt. 639. f. 2... Dec. Fl. fr. 2224. Vulgairement connue sous le nom de *sang-dragon.*
Fl. herbacées. E. Cultivée comme plante médicinale, et naturalisée en quelques endroits.

3. Rumex crispus. Linn. *Rumex crépu.*

Fleurs hermaphrodites; valvules entières, granifères à la base ; feuilles lancéolées, aiguës, crépues, ondulées. ♃... Lamk. Ill. pl. 271. f. H... Dec. Fl. fr. 2222.

Fl. herbacées, souvent avec une teinte rougeâtre. E. Dans les saussaies des bords de la Garonne. C.

4. **Rumex nemolapathum.** Linn. *R. patience des bois.*

Fleurs hermaphrodites ; valvules linéaires, obtuses, très-entières, granifères à leur base ; verticilles écartés, ramifications étalées ; feuilles inférieures cordiformes-lancéolées, les supérieures lancéolées. ♃... J. B. Hist. 3. p. 985. f. 2... Lob. Ic. 284. f. 2... Dec. Fl. fr. 2223... *R. crispus* β. Poll.
Fl. herbacées. E. Les bois, les saussaies des bords de la Garonne. CCC.

Obs. *Ce* rumex *est très-voisin du* crispus, *dont il n'est peut-être qu'une variété. Sa teinte rougeâtre, les feuilles caulinaires bien plus crépues, les feuilles florales plus petites et qui disparoissent dans les sommités, distinguent cette dernière espèce.*

5. **Rumex pulcher.** Linn.   *Rumex panduri-forme.*

Fleurs hermaphrodites ; valvules dentées, ordinairement une seule granifère à la base ; feuilles radicales en forme de violon. ♃... J. B. Hist. 2. p. 288. f. 3... Moriss. Hist. 2. sect. 5. t. 27. f. 13... Dec. Fl. fr. 2225.
Fl. herbacées. E. Les bords des bois, des champs, des chemins. CCC.

6. **Rumex maritimus.** Linn. Sp. 478. *Rumex maritime.*

Fleurs hermaphrodites ; valvules dentés, granifères ; feuilles lancéolées - linéaires. ♃... *Anthoxanthum* J. B. Hist. 2. p. 987... Dec. Fl. fr. 2228.
Fl. herbacées. E. 2. 3. Sur les grands graviers de la Garonne. C.

7. **Rumex acutus.** Linn.   *Rumex aigu.*

Fleurs hermaphrodites ; valvules dentées-ciliées, granifères à la base ; feuilles cordiformes à la base, oblongues, acuminées. ♃... J. B. Hist. 2. p. 984. f. 1... Dec. Fl. fr. 2226.
Fl. herbacées. E. Les rives de la Garonne. C. Au passage de Layrac.

8. **Rumex obtusifolius.** Linn.   *R. à feuilles obtuses.*

Fleurs hermaphrodites ; valvules dentées-ciliées, granifères à la base ; feuilles inférieures cordiformes, ovales,

obtuses, légérement crenelées. ♃... Lob. Ic. 285. f. 1...
Dec. Fl. fr. 2227.
Fl. herbacées. E. Les lieux incultes dans les villages, et
près les habitations rurales. CC.

*** * Hermaphrodites ; valvules non granifères, nues.**

9. **Rumex bucephalopharus. L.** *R. bucéphalophore.*
Fleurs hermaphrodites ; valvules dentées-ciliées, nues ;
pédicelles planes, renflés, réfléchis. ⊙... Dec. Fl. fr.
2229.
Fl. herbacées. E. 1. Les terres légères cultivées des bords
du Lot. RRR. Trouvé au Port-de-Penne et à St.-Sylvestre,
par M. Chaubard.

10. **Rumex aquaticus.** Linn. *Rumex aquatique.*
Fleurs hermaphrodites ; valvules entières, nues ; feuilles
cordiformes, glabres, aiguës. ♃... Lob. Ic. 285. f. 2...
Dalech. Hist. 604. f. 3... Dec. Fl. fr. 2221.
Fl. herbacées. P. 3. Les fossés aquatiques, les prairies.
CCC.

Obs. *On substitue chez nous la racine de cette plante à
celle du* R. patientia.

*** * * Unisexuelles.**

11. **Rumex acetosa.** Linn. *Rumex oseille.*
Fleurs dioïques ; feuilles oblongues sagittées, les oreil-
lettes parallèles. ♃... J. B. Hist. 2. p. 990. f. 1... Moriss.
Hist. 2. sect. 5. t. 28. f. 1... Dec. Fl. fr. 2231.
β. R. a. *crispa.* Feuilles crépues... J. B. Hist. 2. p. 990.
f. 2.
Fl. herbacées rougeâtres. P. 3. Les vignes, les prairies.
CC.
Meloloutba farinosa.

12. **Rumex acetosella.** Linn. *Rumex petite oseille.*
Fleurs dioïques ; feuilles lancéolées-hastées. ♃... J. B.
Hist. 2. p. 992. f. 1 .. Moriss. Hist. 2. sect. 5. t. 28. f. 11
et 12... Dodon. Pempt. 639. f. 1... Dec. Fl. fr. 2233.
β. R. a. *obtusa.* Plus petite. Feuilles ovales, obtuses,
hastées. *R. acetosella* γ. Linn. Sp. pl. 482.
γ. R. a. *multifida.* Oreillettes des feuilles à 2 lobes inégaux ;

lobes munis d'une dent à la base du bord extérieur.
R. acetosella δ. Linn. Sp. pl. 482... *R. intermedius*. Dec.
Fl. fr. VI. p. 369.
Fl. herbacées rougeâtres. E. Les terres légères et sablon-
neuses de la plaine de la Garonne et des Landes. C. La
var. γ dans les vignes à Pecaou, près d'Agen.

Obs. *Decandole*, *Fl. fr.* VI. *p.* 369, *cite l'acetosa minor
erecta lobis multifidis*, *Buccon. mus.* 164. *t.* 126, *comme
synonyme certain du* R. multifidus. Linn.; *mais Linné rapporte lui-même ce synonyme à son* R. acetosella δ. *Lequel des
deux faut-il croire? Nous demandons encore si les* R. acetosella δ. *Linn.* R. multifidus. *Linn. et* R. intermedius. *Dec.,
sont trois plantes différentes , ou si elles constituent une seule
et même espèce.*

POLYGYNIE.

ALISMA.   *FLUTEAU.*

Calice triphylle; 3 pétales; plusieurs semences.

1. Alisma plantago. Linn.   *Fluteau plantaginé.*
Feuilles ovales-aiguës ; fleurs en verticilles composés ;
fruits à 3 angles obtus. ♃... Fuchs, Hist. 42... J. B.
Hist. 3. p. 787. f. 3... Lamk. Ill. pl. 272... Dec. Fl. fr.
1885. α.
β. A. p. *angustifolia*. Feuilles lancéolées... Dec. Fl. fr.
1885. β... Dodon. Pempt. 596. f. 1.
γ. A. p. *angustissima*. Feuilles plus longues et plus étroites...
Dec. Fl. fr. 1885. γ.
Fl. d'un blanc purpurin. E. Les fossés aquatiques. Les
mares et le bord des étangs. CCC.

2. Alisma natans. Linn.   *Fluteau nageant.*
Feuilles radicales submergées, linéaires, les supérieures
flottantes, ovales, obtuses; pédoncules souvent solitaires.
⊙... Dec. Fl. fr. 1887.
Fl. d'un blanc légèrement lavé de rouge, l'onglet jaune.
E. Les eaux courantes dans les Landes. R.

3. Alisma repens. Lamk.   *Fluteau rampant.*
Feuilles lancéolées-oblongues ; fleurs verticillées, peu

nombreuses sur un verticille souvent presque solitaire ;
tige couchée, radicante. ♃... Lam. Dict. enc. 2. p.
510... Dec. Fl. fr. 1888.

Fl. d'un blanc purpurin. P. 3. Les bords des fossés aquatiques dans les Landes. R. Près de Damazan, au Pont-de-
Gorre et ailleurs.

Obs. *Nous avons trouvé des individus de cette espèce, dont
la tige n'avoit pas deux pouces de longueur, tandis que d'autres s'étendoient au-delà d'un pied.*

4. Alisma ranunculoïdes. Linn.　*F. ranunculoïde.*

Feuilles linéaires-lancéolées ; fleurs verticillées ; verticilles simples ; fruits globuleux, rudes. ◉... Lob. Ic.
300. f. 2... Dec. Fl. fr. 188.

Fl. d'un blanc lavé de rouge tendre. E. Les marécages desséchés dans les Landes. CCC.

CLASSE SEPTIÈME.

HEPTANDRIE.

MONOGYNIE.

ÆSCULUS.　　　*MARRONIER D'INDE.*

Calice monophylle, ventru, à 5 dents; corolle à 5 pétales insérés sur le calice; capsule à 3 loges.

1. Æsculus hippocastanum. Linn. *Marronier d'Inde.*

Feuilles palmées à 7 folioles; fleurs en grappes droites.
♄... Lamk. Ill. pl. 273.

Fl. blanches, tachetées de jaune et de rouge. P. Originaire
des Indes orientales : apporté en Europe en 1550. Aujourd'hui généralement cultivé, et se reproduisant de lui-
même.

Obs. A combien d'usages n'a t-on pas dit que les fruits de ce bel arbre pouvoient être appropriés ? A blanchir le linge, à faire de la bougie, à nourrir la volaille, à faire de l'amidon, même à faire du pain, en combinant cet amidon avec la pomme de terre ou d'autres farineux. Voyez le journal de Trévoux, année 1719, les mémoires de l'Académie royale des sciences, année 1720, et depuis presque toutes les feuilles périodiques, échos perpétuels de ces précieuses découvertes. En attendant qu'on les utilise, au grand profit de nos ménages, les marrons d'Inde restent négligés, et l'humble brebis seule a l'air de les rechercher. On a aussi beaucoup prôné l'écorce de cet arbre, comme un spécifique contre la fièvre ; mais l'expérience a fixé les médecins sur la valeur de ce remède : il paroît que son usage étoit bien moins salutaire que dangereux, surtout pour les personnes d'une constitution délicate.

L'art vétérinaire emploie cependant les marrons d'Inde contre la pousse des chevaux, d'où le nom d'hyppocastanum, sous lequel cet arbre est connu depuis sa transplantation dans nos climats.

CLASSE HUITIÈME.

OCTANDRIE.

MONOGYNIE.

† *Fleurs complettes.*

EPILOBIUM.	*EPILOBE.*

Calice 4 fide ; 4 pétales ; capsule oblongue inférieure ; semences aigretees.

* *Etamines déjettées.*

1. Epilobium angustissimum. Ait. *E. à f. menues.*

Feuilles éparses, linéaires, à dentelures écartées ; pé-

tales sensiblement égaux, entiers. ♃... Curt. Bot. Mag.
pl. 76... Lob. Ic. 843. f. 3... *E. rosmarinifolium.* Dec.
Fl. fr. 3666... *E. angustifolium.* Lamk. Dict. enc. 2.
p. 374.
Fl. purpurines. A. Sur les graviers de la Garonne, où il
est apporté lors du débordement de cette rivière. RRR.
Trouvé près de Malauze, par M. Chaubard.

Obs. *Les feuilles florales sont insérées sur le pédoncule.*

✳ ✳ *Etamines droites ; corolle régulière ; pétales
bifides.*

2. **Epilobium hirsutum.** Linn.   *Epilobe velu.*

Feuilles opposées et alternes, presque amplexicaules,
ovales lancéolées, dentées, presque glabres, velues sur
les nervures ; tige rameuse, très-velue. ♃... Moriss.
Hist. 2. sect. 3. t. 11. f. 3... J. B. Hist. 2. p. 905. f. 3...
E. hirsutum α. Linn. Sp. pl. 494... Dec. Fl. fr. 3667... *E.
amplexicaule.* Lamk. Dict. enc. 2. p. 374.
Fl. purpurines, grandes. E. Les bords des ruisseaux, des
marais. CCC.

3. **Epilobium molle.** Lamk.   *Epilobe mollet.*

Feuilles opposées et alternes, sessiles, lancéolées, dentées, couvertes d'un duvet mou sur les deux faces ; tige
simple, duvetée. ♃... *E. hirsutum* β. Linn. Sp. pl. 494...
E. molle... Lamk. Dict. enc. 2. p. 475... Dec. Fl. fr.
3668... *E. pubescens.* Roth. Germ. 1. p. 167... Wild. Sp.
2. p. 315... Lois. Fl. gall. p. 222... Moriss. Hist. 2. sect.
3. t. 11. f. 4... J. B. Hist. 2. p. 905.
β. E. m. *ternatum.* Feuilles ternées.
Fl. purpurines, petites. E. Les lieux aquatiques ombragés. CCC.

Sphinx oenotherae.

4. **Epilobium montanum.** Linn.   *E. de montagne.*

Tige cylindrique ; feuilles opposées, ovales-lancéolées,
glabres, dentées, brièvement pédonculées ; stigmate 4
fide. ♃... Dodon. Pempt. 85. f. 1... Dec. Fl. fr. 3672.
β. E. m. *angustatum.* Feuilles plus étroites, presque lancéolées.
Fl. purpurines, petites. E. Les lieux graveleux ou sablonneux. RR. A Beauregard, près d'Agen ; au moulin d'Escournat, commune de Segougnac.

5. **Epilobium tetragonum.** Linn. *Epilobe tétragone.*

Feuilles opposées, lancéolées, denticulées, sessiles, très-
sensiblement décurrentes sur la tige ; stigmate entier ;
tige obscurément tétragone. ♃... Dec. Fl. fr. 3670.
Fl. purpurines, petites. E. Les fossés aquatiques, les lieux
marécageux. CCC.

ÆNOTHERA.   *ONAGRE.*

Calice 4 fide ; 4 pétales ; capsule cylindrique, inférieure ;
semences nues.

1. **ÆEnothera biennis.** Linn.   *Onagre bisannuel.*

Feuilles ovales-lancéolées, planes ; tige rude, velue ;
étamines plus courtes que la corolle. ♂... Barr. Ic.
1232... Lamk. Ill. pl. 279... Dec. Fl. fr. 3684.
Fl. jaunes odorantes. E. Les rives de la Garonne. C. Originaire de la Virginie. Transportée en Europe depuis 1614.

Obs. *On mange , dit-on, les racines de cette plante cuites
comme celles du salsifix.*

CHLORA.   *CHLORE.*

Calice 8 phylle ; corolle monopétale 8 fide ; capsule
uniloculaire, à 2 valves polyspermes.

1. **Chlora perfoliata.** Linn.   *Chlore perfoliée.*

Feuilles ovales, aiguës, opposées, connées ; tige droite,
dichotome dans sa partie supérieure. ⊙... Clus. Hist. 2.
p. 180... Dec. Fl. fr. 2759.
Fl. jaunes. E. Les bois découverts, les pelouses des collines. CC.

Obs. *Cette plante a été désignée naguères par le nom
français de chlore enfilée. Je n'envisage ici cette ridicule dénomination que sous le rapport botanique. J'observe seulement
qu'elle ne rend pas même le sens qu'on a voulu lui donner,
et qu'on devoit lui donner ; qu'elle n'indique point, comme le
latin* perfoliata, *la partie de la plante qui est enfilée. Pourquoi cette constante manie de rejetter les bons termes adoptés
par l'usage, et qu'il est si avantageux de conserver ? Pourquoi
ne point traduire* perfoliata *par perfoliée, qui est d'une pré-
cision rigoureuse ? Quand on ne veut pas dire comme les autres, il faut dire mieux.*

ERICA. *BRUYÈRE.*

Calice 4 phylle ; corolle 4 fide ; filets des étamines insérés sur le réceptacle ; anthères bifides ; capsule 4 loculaire.

1. Erica tetralix. Linn. *Bruyère quaternée.*

Anthères aristées ; corolles ovales ; style inclus ; feuilles
quaternées ciliées ; fleurs en tête. ♭ ... J. B. Hist. 1. p.
358. lib. 10... Dec. Fl. fr. 2801.
Fl. purpurines, quelquefois blanches. E. Les terres tourbeuses et marécageuses des Landes. C.

2. Erica ciliaris. Linn. *Bruyère ciliée.*

Anthères mutiques incluses ; corolles ovales renflées ;
style saillant ; feuilles ternées ; grappes unilatérales. ♭ ...
Clus. Hist. 1. p. 46... Dec. Fl. fr. 2804.
Fl. purpurines. E. Les terrains marécageux des Landes.
R. A Boussés , à Durance et ailleurs.

Obs. *C'est une des plus jolies bruyères de l'Europe , et sans
doute la plus jolie , lorsqu'elle est cultivée. MM. Lille et
Graulhié l'ont transportée dans leurs jardins , près le Port-
Ste.-Marie.*

3. Erica cinerea. Linn. *Bruyère cendrée.*

Anthères aristées ; corolles ovoïdes ; pistil en forme de
massue , un peu saillant ; feuilles ternées. ♭ ... Bull.
Herb. pl. 237... Clus. Hist. 1. p. 43. f. 2... Dec. Fl.
fr. 2800.
Fl. purpurines , quelquefois blanches. E. Les friches et les
bois. CCC. Et sur toute la Lande.

4. Erica decipiens. N. *Bruyère trompeuse.*

Anthères mutiques , saillantes ; corolles sphériques-
campanulées ; folioles calicinales ovales-arrondies ; pédoncules 4 fois plus longs que les fleurs , munis de deux
paires de petites bractées. ♭ ... *E. purpurascens.* Linn.
Syst. ?... *E. multiflora.* Dec. Fl. fr. VI. p. 439. non
Linné.
Fl. d'un pourpre clair. Juillet. Les clarières du bois des
Jésuites, ou de *Darel,* près d'Agen ; du bois de *Courty,*
près la Sauvetat-de-Savères, et sur la lisière des Landes. R.

Descript. Racine *rampante.* Tige *haute de 8 à 15 pouces,
droites la première année, puis ascendantes, naissant en*

touffes serrées. Feuilles quaternées, quinées au sommet, étroites, peu pointues, avec un sillon longitudinal sur le dos. Fleurs terminales sur les jeunes rameaux, axillaires et en épis allongés sur les rameaux plus âgés. Pédoncules rassemblés à l'aisselle des feuilles, au nombre de 5, 4, 3, ou 2, dans un petit involucre en forme de calice, 4 ou 5 fois plus longs que la fleur, munis de deux paires de petites bractées membraneuses, tantôt opposées, tantôt éparses. Calice membraneux, à folioles ovales, arrondies, obtuses, concaves. Corolle sphérique avant le parfait épanouissement, puis campanulée. Anthères saillantes d'un violet noirâtre, oblongues, partagées en deux lobes distincts, presque coniques, oblongs et ouverts au sommet par un orifice ou pore oblique. Style deux fois plus long que la corolle.

Obs. *Cette espèce est la même que l'on trouve entre Miolan et Rabastens, sur la route de Tarbes, et à la droite du chemin de Barèges, près Pierrefitte. Quoique très-connue des botanistes, et presque dans tous les herbiers, elle est encore cependant assez mal caractérisée dans les auteurs, pour qu'on puisse la rapporter avec quelque apparence de certitude à une espèce déjà décrite. Nous l'eussions peut-être regardée comme* l'E. purpurasceus *Linn., si le synonyme cité de Seguier n'attribuoit point à cette espèce des calices subulés et des corolles cylindriques. Gouan, à qui nous l'avons communiquée en l'an 6, la regardoit comme une variété de l'E.* multiflora *Linn, à laquelle Decandole la rapporte aussi. Néanmoins elle nous semble bien distincte de cette dernière :*

1.° Par ses fleurs un tiers plus courtes, sphériques ou campanulées, non oblongues et cylindriques. 2.° Par ses calices à lobes ovales arrondis, et non lancéolés-oblongs. 3.° Par ses pédoncules quatre ou cinq fois plus longs que la fleur, accompagnés de deux paires de bractées outre l'involucre, et non égaux à la longueur de la fleur, et nus. 4.° Par l'absence des écailles imbriquées qui sont à la base des pédoncules de l'E. multiflora. 5.° Enfin par ses anthères plus grosses et bien moins allongées.

*Telles sont les raisons qui nous ont engagés à faire de cette bruyère une nouvelle espèce sous le nom d'*Erica decipiens.

4. **Erica scoparia.** Linn.   *Bruyère à balais.*

Anthères aristées; corolles campanulées sphériques avant l'épanouissement; stigmate saillant, en bouclier; feuilles ternées. ♃... Clus. Hist. 1. p. 42. f. 3... Dec. Fl. fr. 2805. Fl. verdâtres. P. 3. Dans les bois arides des collines. R. Dans les Landes. CCC.

5. **Erica vulgaris.** Linn. *Bruyère commune.*

Anthères aristées; corolle campanulée presque égale,
calice double; feuilles opposées, sagittées. ♭... Bull.
Herb. pl. 341... *Calluna erica.* Dec. Fl. fr. 2808.
Fl. purpurines. A. Les bois des collines. CCC. Vulgairement *brano*, en gascon.

†† *Fleurs incomplettes.*

DAPHNE. *DAPHNÉ.*

Calice nul; corolle monopétale, régulière, 4 fide, infondibuliforme; baie ou capsule 1 sperme.

1. **Daphne laureola.** Linn. *Daphné lauréole.*

Rameaux axillaires à cinq fleurs; feuilles lancéolées,
glabres. ♭... Bull. Herb. pl. 37... Dodon. Pempt. 361...
Dec. Fl. fr. 2192.
Fl. d'un verd clair. P. 1. 3. Les bois des coteaux exposés au
nord. Dans ceux de Tournés, de Vérone, de Lacépède,
près d'Agen. C.
Flores tristes colore, odore, tempore. Wild.

2. **Daphne cneorum.** Linn. *Daphné odorant.*

Fleurs fasciculées, terminales, sessiles; feuilles lancéolées nues. ♭... Duham. Arb. n.° 13. p. 328... Clus. Hist.
1. p. 90. f. 1... Dalech. Hist. p. 1364. f. 1... Dec. Fl.
fr. 2195.
Fl. rouges, quelquefois blanches, odorantes. P. 1. *Bis quo-
tannis floret.* Scop. Dans les Landes, parmi les bruyères.
R. Autour du lac de la Laguë, près Xaintrailles, non loin
du Pont de Gorre. Sur le chemin de Damazan à Boussés.

STELLERA. *STELLÉRE.*

Calice nul; corolle 4 fide; étamines très-courtes; sé-
mence unique, rostree.

1. **Stellera passerina.** Linn. *Stellére passerine.*

Feuilles linéaires, éparses; fleurs axillaires, sessiles. ☉...
Lamk. Ill. pl. 293... J. B. Hist. 3. p. 456. f. 1... Moriss.
Hist. 3. sect. 11. t. 31. f. 9... Dec. Fl. 2201.
Fl. jaunâtres ou un peu rougeâtres. E. Dans les champs
cultivés. CC. A St.-Vincent, au Passage, près d'Agen.

TRIGYNIE.

POLYGONUM.   *POLYGONE.*

Calice nul; corolle calicinale à 5 divisions; semence
unique; anguleuse.

1. Polygonum amphibium. Linn.   *P. amphibie.*

Fleurs pentandres semi-digynes; épis ovales. ♃,... Dalech.
Hist. 1008. f. 1... Dodon. Pempt. 572. f. 1. (Cité par
Wildenow, Sp. pl., pour le *potamogeton lucens!*)...
Dec. Fl. fr. 2205.

β. P. a. *terrestre.* Feuilles lancéolées-linéaires, hérissées
de poils roides, couchés; pétioles courts; étamines
saillantes.

Fl. légérement purpurines. E. Les lieux où l'eau a séjourné
pendant l'hiver, le marais de Brax, les bords de la Garonne. C.

2. Polygonum lapathifolium. L. *P. à f. de patience.*

Fleurs hexandres, semidigynes; stipules mutiques; pédoncules rudes; semences concaves des deux côtés. ◉...
Lob. Ic. 315. f. 1... Dec. Fl. fr. 2210.

β. P. l. *albescens.* Feuilles blanches en dessous.

γ. P. l. *maculatum.* Feuilles marquées d'une tache noire.

Fl. purpurines. E. 3. A. Les terreins frais, les fossés. CC.
Dans la plaine de la Garonne et ailleurs.

Obs. *Il est facile de confondre cette espèce avec le* P. persicaria, *qui croît dans les mêmes lieux, et dont il ne se distingue que par le caractère essentiel. Certains individus acquièrent quelquefois un tel développement, que les tiges sont
de la grosseur du petit doigt, et les feuilles aussi grandes que
celles du* phytolacca decandra.

3. Polygonum persicaria. Linn. *Polygone persicaire.*

Fleurs hexandres, digynes; épis ovales-oblongs; feuilles
lancéolées; stipules ciliées; semence convexo-plane.
◉... J. B. Hist. 3. p. 779. f. 1... Dec. Fl. fr. 2208...

β. P. p. *maculosa.* Tourn. inst. 509... Feuilles chargées d'une
tâche noire ou brune, en forme de fer à cheval. Dodon.
Pempt. 597. f. 1... Lob. Ic. 315. f. 2.

γ. P. p. *incanum.* Feuilles blanches en-dessous. *P. incanum.*
Schmidt... Dec. Fl. fr. 2209.

Fl. légérement purpurines, ou blanches. E. Les fossés et les lieux humides. CCC.

OBS. *Le caractère tiré de la blancheur des feuilles en dessous n'étant point constant, puisqu'on trouve des individus dont les feuilles supérieures sont totalement vertes et semblables à celles du* P. persicaria *. nous avons dû regarder cette espèce nouvelle comme une pure variété. La persicaire donne une couleur jaune.*

4. Polygonum hybridum. Chaub. Ined. *P. hybride.*

Fleurs hexandres, semi-trigynes ; épis grêles, pauciflores, souvent interrompus ; feuilles oblongues lancéolées, hérissées sur les nervures ; stipules ciliées ; semences à 3 pans. ◉.

Fl. légérement purpurines. E. Les lieux inondés pendant l'hiver, les fossés à Colayrac, à Lacapellette près d'Agen, à Sérignac, à Malauze, pêle-mêle avec le *P. persicaria* et le *P. hydropiper.*

DESCRIPT. Tige *articulée redressée, haute d'un à deux pieds, obscurément anguleuse, glabre.* Feuilles *oblongues lancéolées, hérissées sur les nervures de poils roides couchés, et couvertes en dessous de petits points protubérans invisibles à l'œil nu, qui paroissent être des supports de poils.* Gaîne *membraneuse, ciliée.* Saveur *nullement acre.*

OBS. *Les caractères de cette espèce participent évidemment de ceux du* P. persicaria, *et du* P. Hidropiper. *Elle a les feuilles, la saveur, et la couleur des fleurs du premier, les épis et les semences du second. Il seroit facile de la confondre avec celui-ci ; mais ses épis purpurins, et non d'un verd jaunâtre, suffisent pour la faire distinguer au premier coup-d'œil.*

5. Polygonum hydropiper. Linn. *P. poivre d'eau.*

Fleurs hexandres, sémi-digynes ; épis filiformes ; feuilles lancéolées, acuminées, lisses ; stipules ciliées ; semences à 3 pans. ◉... Bull. Herb. pl. 127... Fuchs. Hist. 842... J. B. Hist. 3. p. 780... Dec. Fl. fr. 2206.

Fl. d'un verd jaunâtre, légérement purpurines au sommet. E. Les fossés aquatiques, les marres, les lieux humides. CCC.

OBS. *Cette plante est extrémement acre et très-caustique. On ne voit point à la loupe sur ses feuilles les points élevés qui paroissent sur celles des deux espèces précédentes. Ses semences peuvent tenir lieu de poivre.*

6. Polygonum bellardi. All. *Polygone de Bellardi.*

Droit; fleurs axillaires, octandres, trigynes; feuilles elliptiques-lancéolées; gaînes ciliées; sommités des tiges filiformes. ⊙... All. Pedem. n.° 2052. t. 90. f. 2... Dec. Fl. fr. 2214.

Fl. blanches, purpurines au sommet. P. 3. Les terreins argileux, crétacés des collines. R. A Montbran, à Lacaudelie, près d'Agen.

Obs. *Cette espèce a de grands rapports avec le* P. *aviculare; mais ses tiges sont toujours droites, et ses feuilles sont petites et linéaires à l'extremité des tiges et des rameaux. Elle acquiert souvent plus de deux pieds de hauteur dans les terres médiocres.*

7. Polygonum aviculare. Linn. *Polygone aviculaire.*

Fleurs octandres, trigynes, axillaires; feuilles lancéolées; tige couchée, herbacée. ⊙... Moriss. Hist. 2. sect. 5. t. 29. f. dernière, 3.ᵉ série... J. B. Hist. 3. p. 375. f. 1... Lamk. Ill. pl. 315. f. 1... Dec. Fl. fr., 2215. Vulgairement *trainasse.*

β. P. a. *erectum.* Tige droite.

Fl. blanches, purpurines au sommet. E. Les champs, les bords des chemins. Partout. CCC.

Obs. *Il faut prendre garde de ne point confondre la variété avec l'espèce précédente, qui est beaucoup plus grande.*

8. Polygonum fagopyrum. Linn. *Polygone sarrasin.*

Feuilles cordiformes, sagittées; tige droite, lisse; angles des semences égaux. ⊙... Lob. Obs. 513. f. 2. et Ic. 63. f. 1... Moriss. Hist. 2. sect. 5. t. 29 f. 1... Vulgairement *blé noir, blé sarrasin.*

Fl. légérement purpurines. E. Naturalisée dans les terres cultivées des Landes seulement et de la plaine de la Garonne. RRR. Cultivée en quelques endroits pour la nourriture de la volaille.

9 Polygonum convolvulus. Linn. *Polygone liseron.*

Feuilles cordiformes, sagittées; tige volubile, anguleuse; fleurs obtuses. ⊙... J. B. Hist. 2. p. 157... Moriss. Hist. 2. sect. 5. t. 29. f. 2... Dec. Fl. fr. 2217.

Fl. blanches, les anthères violettes. E. Les champs cultivés. CCC.

10. Polygonum dumetorum. Linn. *P. des buissons.*

Feuilles cordiformes, sagittées; tige volubile, lisse;

semences ailées. ●... Lob. Ic. 624. f. 1... Dec. Fl. fr.
2218.
Fl. blanches, les anthères blanches. E. Les bois, dans les
terreins sablonneux. RRR. A Beauregard, et dans les
saussaies de la Garonne, près d'Agen.

CLASSE NEUVIÈME.

ENNÉANDRIE.

MONOGYNIE.

LAURUS.   *LAURIER.*

Calice nul; corolle à 6 divisions; nectaire composé de
trois glandules munies chacune de 2 soies, et entourant
l'ovaire; filets intérieurs des étamines glandifères; drupe
1 sperme.

1. Laurus nobilis. Linn.   *Laurier des poètes.*

Feuilles lancéolées, veinées, persistantes; fleurs 4
fides, dioïques. ♭... Duham. Arb. n.° 2. p. 152... Dec.
Fl. fr. 2202.
Fl. d'un blanc jaunâtre. P. 1. Naturalisé ou généralement
cultivé près des habitations rurales.

Obs. *Le nombre des étamines est sujet à varier.*

Ce n'étoit point, au surplus, avec les rameaux du laurus
nobilis *qu'on formoit la couronne des vainqueurs dans les jeux
du cirque et dans les triomphes; mais avec ceux du* ruscus
hyppophyllum, *qui en a conservé le nom de* laurus alexan-
drina, *chez les anciens botanistes. On peut vérifier ce fait
sur les revers de certaines médailles, et sur plusieurs monu-
mens de l'antiquité.*

HEXAGYNIE.

BUTOMUS.   *BUTOME.*

Calice nul ; 6 pétales; 6 capsules polyspermes.

1. **Butomus umbellatus.** Linn.   *Butome ombellé.*

Feuilles triangulaires, radicales ; hampe cylindrique ;
fleurs en ombelle terminale. ♃... Moriss. Hist. sect. 12.
t. 5. f. 1... J. B. Hist. 2. p. 524... Dodon. Pempt. 590.
f. 2... Dec. Fl. fr. 1890.
Fl. d'un pourpre clair. E. Les marais, les fossés aquatiques. R. A Brax, à Sérignac, derrière Malconte, près
d'Agen.

CLASSE DIXIÈME.

DECANDRIE.

MONOGYNIE.

† *Fleurs polypétales irrégulières.*

CERCIS.   *GAINIER.*

Calice à 5 dents, une protubérance à la base ; corolle
papillonacée ; étendart court, caché sous les aîles; fruit
légumineux.

1. **Cercis siliquastrum.** Linn.   *Gainier à siliques.*

Feuilles orbiculaires, cordiformes à la base, glabres ;
fleurs en grappes. ♄... Clus. Hist. 1. p. 13... Lamk. Ill.
pl. 328... Dec. Fl. fr. 3797... Vulgairement *Arbre de
Judée.*
Fl. purpurines. P. 2. Dans la forêt de Verteuil, dans le

bois de Gourdon? Assez généralement cultivé dans les jardins.

†† *Fleurs polypétales égales.*

RUTA.   *RUE.*

Calice à 5 divisions; pétales concaves; réceptacle entouré de 10 points mellifères; capsule lobée.

1. Ruta graveolens. Linn.   *Rue fétide.*

Feuilles surcomposées; folioles oblongues, cunéiformes, celle du sommet ovale; pétales entiers. 2⊦... Bull. Herb. pl. 85... Dalech. Hist. 972. f. 1... Lob. Obs. 506. f. 1. et 1c. 52. f. 2... Dec. Fl. fr. 4296.
Fl. jaunes. E. Les rochers exposés au midi. RRR. Sur les coteaux, au bord des vignes et des rochers. R. A Bouloc, près Lauzerte. Presque partout cultivée dans les jardins des paysans.

Obs. *Les fleurs sont la plupart octandres, et n'ont que 4 pétales. Chacune des 8 étamines féconde à son tour le pistil, en s'inclinant vers lui, lorsque la précédente se relève.*

2. Ruta Chalepensis. Linn.   *Rue de Chalep.*

Feuilles surcomposées oblongues, à lobe du sommet plus grand, oblong; pétales dentés-ciliés. 2⊦... Moriss. Hist. 2. p. 508. t. 35. fig. 8... Dec. Fl. fr. 4298.
Fl. jaunes. E. 1. Au pied des collines sur les rochers. RR. A Baurèle, près d'Agen.

MONOTROPA.   *MONOTROPE.*

Calice nul; 10 pétales, les 5 extérieurs avec une cavité mellifère à leur base; capsule à 5 valves.

1. Monotropa hypopithys. Linn.   *M. succepin.*

Tige très-simple; feuilles en forme d'écailles éparses; fleurs terminales, presque en grappe, la terminale décandre, les latérales octandres. 2⊦... Lamk. Ill. pl. 362... Moriss. Hist. 3. sect. 12. t. 16. f. 10... Dec. Fl. fr. 4688.
Fl. d'un jaune fauve. P. E. Les bois de pins des Landes. RR.

DIGYNIE.

SCLERANTHUS.　　*SCLÉRANTHE.*

Calice monophylle; corolle nulle; deux semences renfermées dans le calice.

1. Scleranthus annuus. Linn.　*Scléranthe annuel.*

Calices ouverts après la fructification. ⊙... Dec. Fl. fr. 3640.

Fl. vertes, blanchâtres sur les bords. E. Les champs cultivés. CCC.

Obs. *Le nombre des étamines n'étant jamais égal dans les fleurs des mêmes individus, ce n'est que par la situation de ces organes de la génération qu'on peut se fixer sur la classe où le Scléranthe annuel doit être rapporté. Un coup-d'œil suffit pour s'assurer que ses fleurs sont décandriques, où doivent l'être.*

SAXIFRAGA.　　*SAXIFRAGE.*

Calice à 5 divisions; corolle à 5 pétales; capsule birostrée, 1 loculaire, polysperme.

1. Saxifraga geum. Linn.　*Saxifrage benoite.*

Feuilles réniformes arrondies; dentées en scie; tige nue paniculée; calice réfléchi. ♃... Moriss. Hist. 3. sect. 12. t. 9. f. 12... Dec. Fl. fr. 3594.

Fl. blanches. P. Dans les Landes. RRR. Aux environs de Villefranche; entre Lubon et Rhimbés, près d'une butte de sable.

2. Saxifraga granulata. Linn.　*Saxifrage granulée.*

Feuilles caulinaires réniformes, lobées; tige rameuse; racine granulée. ♃... Lamk. Ill. pl. 372. f. 1... Dalech. Hist. 1113. f. 2... Moriss. Hist. 3. sect. 22. t. 9. f. 23... J. B. Hist. 3. p. 706. f. 3... Dec. Fl. fr. 3574.

Fl. blanches. P. Sur les rochers des rives du Lot, vis-à-vis Rigoulières. RR.

3. Saxifraga tridactylites. Linn. *Saxifrage tridactyle.*

Feuilles caulinaires cunéiformes, trifides, alternes; tige droite, rameuse. ⊙... Moriss. Hist. 3. sect. 12. t. 9. f. 31...

Dalech. Hist. 1214. f. 2. mal... Lob. Obs. p. 249. f. 2. et
Ic. 469. f. 2... Dec. Fl. fr. 3576.
β. S. t. *major*. Tige très-rameuse à la base ; feuilles nfé-
rieures à 5 lobes.
Fl. blanches. P. 1. Les champs, les décombres, les murailles, les toits. CCC. La var. β dans les champs *al Curé*,
près d'Agen. RRR.

GYPSOPHYLA.   *GYPSOPHILE.*

Calice 1 phylle, campanulé ; 5 pétales, ovales, sessiles ;
capsule globuleuse , uniloculaire.

1. Gypsophyla muralis. Linn. *Gypsophile des murs.*
Feuilles linéaires, planes ; calices nus ; pétales crénelés.
⊙... Dalech. Hist. p. 1191. f. 2... Lamk. Ill. pl. 375.
f. 1... Dec. Fl. fr. 4303.
Fl. légérement purpurines. E. A. Les murs, les lieux
pierreux, les champs sablonneux des rives de la Garonne. C.

SAPONARIA.   *SAPONAIRE.*

Calice monophylle nu ; 5 pétales à onglets ; capsule
oblongue uniloculaire.

1. Saponaria officinalis. Linn. *Saponaire officinale.*
Calices cylindriques ; feuilles ovales-lancéolées. ♃...
Bull. Herb. p. 257... Lamk. Ill. pl. 376... Dalech. Hist.
822. f. 1... Dec. Fl. fr. 4305.
Fl. d'un blanc purpurin. E. Le long des chemins dans les
lieux humides. CC.
Clatex.

O_{BS}. *Cette plante peut, jusqu'à un certain point, remplacer
le savon pour blanchir le linge.*

2. Saponaria vaccaria. Linn. *Saponaire des vaches.*
Calices pyramidaux à 5 angles ; feuilles ovales, sessiles,
acuminées. ⊙... Lob. Obs. 190. f. 2. et Ic. 352. f. 2...
Moriss. Hist. 2. sect. 5. t. 21. f. 27... Dalech. Hist. 515.
f. 1 et 2.
Fl. purpurines. E. Les champs argilleux parmi les moissons. CC.

3. Saponaria ocymoïdes. L. *Saponaire ocymoïde.*

Calices cylindriques, velus ; tiges dichotomes couchées. ♃... J. B. Hist. 2. p. 344. f. 2... Dec. Fl. fr. 4307.
Fl. purpurines. E. Les lieux pierreux ombragés du département du Lot, et sans doute aussi sur la frontière orientale de celui de Lot-et-Garonne.

DIANTHUS.   *ŒILLET.*

Calice cylindrique, monophylle, 4 écailles à sa base ; 5 pétales à onglet étroit ; capsule cylindrique uniloculaire.

1. Dianthus carthusianorum. L. *OE. des chartreux.*

Fleurs presque agrégées ; écailles calicinales, ovales, aristées, plus courtes que le tube ; involucre obloug, aristé, plus court que les fleurs ; feuilles linéaires à 3 nervures. ♃... Linn. Sp. pl. 586.
Fl. rouges. E. 1. Dans les Landes, près de Saint-Julien ; au lac de la Laguë. R.

2. Dianthus armeria. Linn.   *OEillet velu.*

Fleurs agrégées, en faisceaux ; écailles calicinales lancéolées, velues, égales à la longueur du tube. ◉... J. B. Hist. 3. part. 2. pag. 335. f. 2... Dec. Fl. fr. 4314... *D. hirsutus.* Lamk. Fl. fr. 2. p. 533.
Fl. rouges. E. Les friches, les bois découverts. C.

3. Dianthus prolifer. Linn.   *OEillet prolifère.*

Fleurs agrégées en tête ; écailles calicinales ovales-obtuses, mutiques, plus longues que le tube. ◉... J. B. Hist. 3. part. 2. p. 335. f. 1... Dec. Fl. fr. 4315.
Fl. d'un rouge pâle. E. Les coteaux arides, le long des chemins. CCC.

4. Dianthus caryophyllus. Linn. *OEillet gyroflée.*

Fleurs solitaires ; écailles calicinales, ovales-aiguës, très-courtes ; corolle crénelée, glabre. ♃... Lamk. Ill. pl. 376. f. 1... Dec. Fl. fr. 4316.
Fl. rouges odorantes. P. 2. Sur les masures, les murailles des villages, des églises. CC. A Castelcuiller, à Vianne, à Mezin, à Tonneins, au Port-Sainte-Marie.

Obs. *Les nombreuses variétés de cette espèce décorent nos jardins par la beauté de leurs fleurs.*

5. Dianthus superbus. Linn.   *OEillet superbe.*

Fleurs solitaires, paniculées ; écailles calicinales très-courtes, acuminées ; pétales pinnatifides, à pinnules incisées jusqu'au-delà de la moitié de leur longueur, en lanières capillaires ; tige droite. ♂... Clus. Hist. t. p. 284. f. 2... Curt. Bot. mag. p. 297... Dec. Fl. fr. 4323.

Fl. d'un rouge tendre, odeur suave. P. 3. Dans les Landes, près de Boussés, et dans la plaine de Baudignan. R.

OBS. *Nulle autre espèce de ce genre n'exhale une odeur plus agréable. Quelques-unes de ses fleurs suffisent pour embaumer un appartement. Clusius a dit depuis long-temps qu'elles étoient* suavissimi odoris et è longinquo nares ferientis. *Il est à regretter qu'elles se flétrissent presqu'aussitôt après avoir été cueillies.*

TRIGYNIE.

ARENARIA.   *SABLINE.*

Calice 5 phylle, étalé ; 5 pétales entiers ; capsule uniloculaire, polysperme.

1. Arenaria trinervia. Linn. *Sabline à trois nervures.*

Feuilles ovales-aiguës, pétiolées, à trois nervures. ◉...
J. B. Hist. 3. p. 364. f. 1... Dec. Fl. fr. 4413.
Fl. blanches. P. Les lieux ombragés des coteaux, auprès des fontaines. CC.

2. Arenaria serpillifolia. L. *S. à feuill. de serpolet.*

Feuilles presque ovales, sessiles, aiguës ; corolle plus courte que le calice. ◉... Moriss. Hist. 2. sect. 5. t. 23. f. 5... Fuchs. Hist. 23... Dec. Fl. fr. 4415.
β. A. s. *viscida.* Plus petite, visqueuse ; tige simple ; les nervures du calice plus prononcées... *A. viscida.* Hall. Fil.
Fl. blanches. P. E. Les champs, les vignes, les murailles, les rochers. CCC. La variété sur les rochers, près Ferrou, vallon de Foulayronnes.

3. Arenaria montana. Linn.   *Sabline de montagne.*

Feuilles linéaires-lancéolées, rudes ; tiges stériles très-longues et couchées. ♃... Dec. Fl. fr. 4416.

Fl. blanches, grandes. P. 3. E. Les broussailles de la lisière des Landes, les bois de pins. CC. A Boussés, à Xaintrailles.

4. Arenaria setacea. Thuill.   *Sabline sétacée.*

Tige redressée, rameuse à la base ; rameaux souvent simples ; feuilles sétacées, fasciculées, fermes ; fleurs en panicule terminale ; folioles calicinales très-aiguës, dépassant le calice. ♃... Vaill. Bot. par. 7. t. 2. f. 3... Lois. Fl. gall. not. 69... Dec. Fl. fr. 4429... *A. heteromalla.* Pers. Syn. 504.
Fl. blanches. E. Les lieux arides et pierreux. RRR. Aux environs de Castillonnés.

Ons. *Cette espèce se rapproche beaucoup de l'A.* tenuifolia ; *mais ses fleurs sont plus grandes que le calice, ses racines sont vivaces, et la bractée de la dichotomie générale est dilatée à la base, et membraneuse sur les bords.*

5. Arenaria tenuifolia. Linn.   *S. à feuilles menues.*

Feuilles subulées ; tige paniculée; capsules droites, plus longues que le calice ; pétales lancéolés plus courts que le calice. ◉... Barr. Ic. 580... Vaill. bot. par. 7. t. 3. f. 1... Dec. Fl. fr. 4427.
Fl. blanches. E. Les bords des champs, des chemins, sur les murs. CCC.

6. Arenaria hispida. Linn.   *Sabline hispide.*

Feuilles subulées, hérissées en dessous ; tige paniculée ; capsule globuleuse de la longueur du calice, ainsi que les pétales. ♃... Dec. Fl. fr. 4426, et Ic. rar. gall. pl. 47.
Fl. blanches. E. Les terres arides et pierreuses, aux environs de Castillonnés. R.

Obs. *Cette espèce a beaucoup de rapports avec la précédente, dont elle se distingue par la longueur de ses pétales, par ses feuilles hérissées de poils rares et épars, enfin par ses folioles calicinales plus larges, et sa capsule globuleuse ; ses feuilles et les pédoncules sont, dans certains individus, un tiers plus courts que dans la figure citée.*

7. Arenaria rubra. Linn.   *Sabline rouge.*

Feuilles filiformes; stipules membraneuses en forme de gaines. ◉... J. B. Hist. 3. p. 722. f. 3... Lind. Alsat. t. 4... Dec. Fl. fr. 4433. α.
Fl. d'un rouge tendre. E. Les terres légères et sablonneuses

des plaines de la Garonne et du Lot. C. Dans les Landes.
CC.

STELLARIA. *STELLAIRE.*

Calice 5 phylle , étalé ; 5 pétales bifides ; capsule 1
loculaire , polysperme.

1. Stellaria nemorum. Linn. *Stellaire des bois.*

Feuilles cordiformes , pétiolées ; fleurs paniculées ; pédoncules rameux. ♃... Moriss. Hist. 2. sect. 5. t. 23 f.
2... Dec. Fl. fr. 4435.
Fl. blanches. E. Les bois , dans les Landes. RRR.

Obs. *Cette plante a le facies du Cerastium aquaticum
qui , comme elle , n'a souvent que 3 pistils : on la reconnoît à
ses feuilles plus longuement pétiolées.*

2. Stellaria holostea. Linn. *Stellaire holostée.*

Feuilles lancéolées , très-finement dentées ; pétales bifides. ♃... J. B. Hist. 3. p. 361. f. 2... Dec. Fl. fr. 4437.
Fl. blanches. P. 1. 2. Les haies , les broussailles. CCC.

3. Stellaria graminea. Linn. *Stellaire graminée.*

Feuilles linéaires , très-entières ; fleurs paniculées ; pé-
tales de la longueur du calice. ♃... Lob. Ic. 46. f. 1. et
Obs. p. 26. f. 2. Dalech. Hist. 1. p. 422. f. 1... Dec. Fl.
fr. 4439.
Fl. blanches. P. 3. Dans les saussaies sur le bord de la
Garonne , les prairies. C.

4. Stellaria alsine. Hoff. *Stellaire alsine.*

Feuilles oblongues-lancéolées ; pédoncules souvent géminés , à une ou plusieurs fleurs ; pétales plus courts
que le calice. ☉... *S. dilleniana.* Leers, Herb n.º 331...
S. uliginosa. Vill. et Roth... *S. aquatica.* Dec. Fl. fr.
4440... J. B. Hist. 3. p. 365. f. 2.
Fl. blanches. P. 2. Les lieux marécageux , ombragés. R.
Sur les bords d'une fontaine au-dessus du marais de Brax ,
près d'Agen.

CUCUBALUS. *CUCUBALE.*

Calice enflé ; 5 pétales à onglet , dépourvus de couronne
à la gorge ; capsule 3 loculaire.

1. Cucubalus bacciferus. Linn. *Cucubale baccifére.*

Calices campanulés ; pétales distans ; péricarpes colorés ; rameaux divergens. ♃... Clus. Hist. 2. p. 183. f.
2... Dec. Fl. fr. 4361.
Fl. blanchâtres. E. 3. A. 1. Les haies, les lieux humides
ombragés. C. Dans le vallon de Foulayronnes, près
d'Agen.

2. Cucubalus behen. Linn.   *Cucubale behen.*

Calices presque globuleux, glabres, réticulés ; capsules
3 loculaires ; corolles presque nues. ♃... J. B. Hist. 3.
p. 356... Lamk. Ill. pl. 377... Bull. Herb. pl. 321... *Silene
inflata.* Dec. Fl. fr. 4328.
Fl. blanches. P. 3. Les bords des ruisseaux, des chemins,
des prairies. CCC.

3. Cucubalus otites. Linn.   *Cucubale otite.*

Fl. dioïques ; pétales linéaires, entiers. ♃... Roem. Fl.
eur. fasc. 3. t. 8... Clus. Hist. 1. p. 295. f. 1... *Silene
otites.* Dec. Fl. fr. 4341.
Fl. d'un blanc sale, très-petites. E. Les terres sablonneuses des Landes parmi les bruyères. R. Entre Sos et
Gabarret, à Buzet.

SILENE.   *SILÈNE.*

Calice ventru ; 5 pétales à onglet, couronne à la gorge ;
capsule 3 loculaire.

∗ *Fleurs solitaires latérales.*

1. Silene gallica. Linn.   *Silène de France.*

Fl. presqu'en épi, alternes, unilatérales ; pétales entiers ;
fruits droits. ☉... Vaill. Bot. par. t. 16. f. 12... Dec. Fl.
fr. 4352.
Fl. d'un blanc purpurin. E. Les champs cultivés dans les
Landes. RR.

2. Silene cerastioïdes. Linn.   *Silène cerastioïde.*

Hérissé ; pétales échancrés ; fruits droits alternes,
hérissés, presque sessiles ; limbe des pétales vertical.
☉... Vill. Dauph. 4. p. 607. ♂.
Fl. couleur de chair en dedans, purpurines en dehors.

E. Les terres légères, sablonneuses des plaines, après la moisson. R.

3. Silene Lusitanica. Linn.   *Silène de Lusitanie.*

Hérissé ; pétales émarginés, crénelés ; fleurs droites ; fruits horisontaux et divergens dans leur maturité.◉... Dec. Fl. fr. VI. p. 606.

Fl. purpurines. E. Les terres sablonneuses. RR. Dans les *surrèdes* à Feugarolles, dans les champs près Roquefort.

Obs. *Les pétales sont un peu échancrés dans les dernières fleurs.*

4. Silene Anglica. Linn.   *Silène d'Angleterre.*

Hérissé ; pétales très-entiers ; fleurs droites ; fruits réfléchis, pédoncules alternes ; calices hérissés sur les angles seulement. ◉... Linn. Sp. pl. 594. exclus... Vaill. syn.

Fl. blanches, petites. E. Les champs sablonneux. R. Dans les Landes.

*** Fleurs latérales nombreuses.***

5. Silene nutans. Linn.   *Silène penché.*

Pétales bifides ; fleurs unilatérales, pendantes ; panicule penchée. ♃... Clus. Hist. 1. p. 291. f. 1... Moriss. Hist. 2. sect. 5. t. 20. f. 4... Dec. Fl. fr. 4343.

Fl. d'un blanc sale, souvent d'un rouge sanguin en dessous. E. Les rochers, les vieux murs. CC.

Obs. *Cette plante est très-visqueuse ; les pétales de ses fleurs se roulent en dedans après la fécondation.*

***** Fleurs sur la dichotomie de la tige.**

6. Silene conica. Linn.   *Silène conique.*

Calices coniques après la fructification, marqués de 30 stries ; feuilles molles ; pétales bifides. ◉... Dec. Fl. 4362.

Fl. purpurines. E. Les champs sablonneux. RR. Dans les Landes, sur les grands graviers de la Garonne où il est apporté par les débordemens.

7. Silene rubella. Linn.   *Silène rubelle.*

Tige droite, lisse ; feuilles radicales ovales-oblongues,

un peu velues, les caulinaires linéaires-lancéolées presque glabres ; pédoncules longs ; calices globuleux ; pétales bifides. ☉... Lois. Fl. gall. not. p. 67... Dec. Fl. fr. fr. VI. p. 604... *S. annulata.* Thore, Chlor. des Landes, 173... *S. inaperta.* Dec. Fl. fr. 4335. non Linn... *Cucubalus inapertus.* Lamk.

Fl. rouges. P. 2. 3. Les terres légères et sablonneuses. C. Parmi les lins de la plaine de la Garonne et ailleurs.

Obs. Les pétales avortent souvent en tout ou en partie, quelquefois ils sont à peine longs d'une ligne et très-peu échancrés à leur sommet. Quand la fleur atteint son entier développement, ce qui est rare, le limbe des pétales est long de 3 lignes et fendu jusqu'au tiers. Selon M. Decandole, les individus, ainsi caractérisés, appartiendroient au S. cretica Linn., au moins comme variété ; mais ce célèbre botaniste n'a pas remarqué que celui-ci est visqueux aux articulations, tandis que le nôtre ne l'est point.

Les noms spécifiques d'inapertus, d'inaperta ne sauroient convenir à cette plante, du moins chez nous, puisque ses fleurs s'ouvrent et s'épanouissent vers le milieu du jour, lorsque le le ciel est serein.

8. Silene portensis. Linn.   *Silène paniculé.*

Tige dichotome, paniculée ; calices striés, en forme de massue ; pétales bifides ; feuilles linéaires, aiguës. ☉... Linn. Sp. pl. p. 600... Poir. Dict. enc. t. 7. p. 178... *S. bicolor.* Thore, Chl. Land. p. 174... Dec. Fl. fr. 4337. et Ic. rar. gall. t. 42.

Fl. blanches, d'un pourpre sanguin à l'extérieur. E. Les sables des Landes. CCC.

Obs. Les tiges sont droites ; elles ne paroissent couchées que lorsque l'individu se ramifiant beaucoup par le bas, elles sont forcées, pour ne pas se nuire mutuellement, à prendre diverses directions, ainsi qu'on peut le remarquer sur toutes les autres plantes ; les capsules sont globuleuses et pédonculées dans le calice.

9. Silene armeria. Linn.   *Silène armérie.*

Fleurs groupées en faisceaux ; feuilles supérieures cordiformes, glabres. ☉... Dec. Fl. fr. 4338... Clus. Hist. 1. p. 288. f. 1... Dodon. Pempt. 176. f. 4.

Fl. rouges. E. 3. Trouvée deux fois dans les saussaies de la Garonne, près d'Agen ; naturalisée dans le jardin de S.t Amans.

PENTAGYNIE.

COTYLEDON. *COTYLEDON.*

Calice à 5 divisions ; corolle monopétale ; 5 écailles nectarifères à la base de l'ovaire ; 5 capsules.

1. Cotyledon umbilicus. Linn. *Cotyledon ombiliqué.*

Feuilles orbiculaires, ombiliquées, concaves, crénelées ; .tige presque simple ; fleurs pendantes ; bractées entières ; racine tuberculeuse. ♃... Clus. Hist. 2. p. 63. f. 1... Lob. Obs. p. 209. f. 3. et lc. 386. f. 2... Moriss. Hist. 3. sect. 12. t. 10. f. 4... J. B. Hist. 3. p. 684. f. 1... *Umbilicus pendulinus.* Dec. Fl. fr. 3600.
Fl. jaunâtres. E. 1. Les vieilles murailles, les toits. R. Au moulin de S.t-George ; à l'arceau, près de celui de S.t-Caprais, à Agen.

SEDUM. *SEDUM.*

Calice à 5 divisions ; corolle à 5 pétales ; 5 écailles nectarifères à la base de l'ovaire ; 5 capsules.

* *Feuilles planes.*

1. Sedum telephium. Linn.   *Sedum orpin.*

Feuilles planes, dentées ; corymbe feuillé ; tige droite. ♃... Bull. Herb. pl. 249... Clus. Hist. 2. p. 66. f. 1... J. B. Hist. 3. p. 682. f. 2... Fuchs. Hist. 800, *bien...* Dec. Fl. fr. 3606. Vulgairement *Herbo dé Nostro-Damo.*
Fl. rouges. E. Les bois taillis, les vignes. R. A Ferrou, à Beauregard, à Charpaut, près d'Agen.

2. Sedum cepæa. Linn.   *Sedum portulacé.*

Feuilles planes, lancéolées ; tige rameuse ; fleurs paniculées. ◉... Clus. Hist. 2. p. 68. f. 1... Moriss. Hist. 3. sect. 12. t. 7. f. 37... Dec. Fl. fr. 3610... *S. paniculatum* Lamk. Dict. 4. p. 630.
β. *S. c. verticillatum.* Feuilles verticillées 3 à 3, ou 4 à 4. Dec. Fl. fr. VI. p. 523.
Fl. blanches. E. Les haies, les bois, dans les lieux frais. CC.

Obs. *Il faut se garder de confondre la variété β avec le S. gallioides All., qui est glabre et n'a point les pétales aristés.*

3. Sedum dasyphyllum. Linn. *S. à grosses feuilles.*

Feuilles opposées, ovales-obtuses, charnues; tige débile; fleurs éparses. 2... Bull. Herb. t. 11... Dalech. Hist. 1133. f. 2... Dec. Fl. fr. 3616.

Fl. blanches, tirant sur le rouge. E. Les lieux pierreux du département du Lot, et sans doute aussi sur la frontière orientale de celui de Lot-et-Garonne.

4. Sedum reflexum. Linn.   *Sedum réfléchi.*

Feuilles subulées, éparses, séparées à la base; les inférieures recourbées en hameçon. 2... Clus. Hist. 2 p. 60. f. 1... Fuchs. Hist. 33... Dec. Fl. fr. 3625.

Fl. jaunes. E. Les rochers. R. A Charpaut, près d'Agen les bords du ruisseau à la Salève.

5. Sedum altissimum. Lamk.   *Sedum élevé.*

Tige rameuse; feuilles ovales, mucronées; panicule éparse. 2... Clus. Hist 2. p. 60 f. 1. ?... Dec. Fl. fr. 3627... *Sempervivum sediforme.* Jacq.

Fleurs d'un jaune pâle. E. Les toits, les murailles, les rochers. CCC.

6. Sedum album. Linn.   *Sedum blanc.*

Feuilles oblongues, obtuses, cylindriques, sessiles, étalées. 2... Bull. Herb. pl. 179... Dalech. Hist. 1132. f. 4... Lob. Obs. p. 205. f. 2... Dec. Fl. fr. 3613... Vulgairement *Petite joubarbe.*

Fl. blanches. E. Les murs, les rochers. CCC.

7. Sedum villosum. Linn.   *Sedum velu.*

Feuilles oblongues, presque planes en dessus, axillaires; pédoncules pubescens, axillaires, presque toujours uniflores; pétales ovales, obtus. ◉... Clus. Hist. 2. p. 59. f. 3... Dec. Fl. fr. 3619.

Fl. d'un rouge très-clair. E. Les marais des Landes. RR.

8. Sedum acre. Linn.   *Sedum âcre.*

Feuilles ovoïdes, aplaties en dessus, alternes, sessiles, renflées, presque droites; cime bifide. 2... Clus. Hist. 2. p. 61. f. 1... Bull. Herb. pl. 30... Dec. Fl. fr. 3621.

Vulgairement *Vermiculaire brûlante.*

Fl. jaunes. E. Les toits, les friches des collines. CCC.

SPERGULA. *SPERGULE.*

Calice 5 phylle; 5 pétales, entiers; capsule ovoïde, uniloculaire, à 5 valves.

1. Spergula arvensis. Linn. *Spergule des champs.*

Feuilles linéaires, verticillées; fleurs paniculées; pédoncules du fruit pendans; semences nues. ⊙... J. B. Hist. 3. p. 722. f. 3... Dalech. hist. 1338 f. 2... Duham. Cult. des terres. VI. pl. 1... Dec. Fl. fr. 4388.
Fl. blanches. E. Les terres sablonneuses des plaines et des Landes. CC.

Obs. *Est cultivée en prairies artificielles dans quelques parties de la France. Les Norvégiens, dit-on, font du pain avec ses semences.*

2. Spergula pentandra. Linn. *Spergule pentandre.*

Feuilles verticillées; fleurs pentandres; semences munies d'un rebord membraneux. ⊙... Lamk. Ill. pl. 392. f. 2... Dec. Fl. fr. 4380.
Fl. blanches. E. Les terres légères. C. Au Passage d'Agen.

3. Spergula subulata. Swarts. *Spergule subulée.*

Presque glabre; tige couchée à la base; rameaux droits; feuilles linéaires, subulées, aristées; pédoncules longs, axillaires; pétales un peu plus courts que le calice. ⊙... Dec. Fl. fr. 4394.
Fl. blanches. E. Les sentiers dans les Landes. C. Entre Damazan et Boussés.

Obs. *Cette petite plante ressemble beaucoup au* Sagina procumbens.

CERASTIUM. *CERAISTE.*

Calice à 5 folioles; pétales bifides; capsule 1 loculaire, s'ouvrant au sommet.

* *Capsule ovale cylindrique.*

1. Cerastium vulgatum. Linn. *Ceraiste commun.*

Couché; feuilles lancéolées-oblongues; pédoncules plus

longs que le calice ; bractées de la dichotomie partielle
membraneuses et blanches au sommet ; pétales de la
longueur du calice. ◉... Linn. Sp. pl. 627... *Myosotis
arvensis hirsuta parvo flore.* Vaill. Bot. par. 142. t. 3o. f.
1... Lamk. Ill. pl. 392. f. 1... *C. viscosum.* Dec. Fl. fr.
4396... Lois. Fl. gall. p. 270.
Fl. blanches. P. E. Les champs cultivés. CCC.

*Obs. Cette plante d'un verd foncé, rougeâtre, n'est jamais
visqueuse ; ses tiges sont diffuses, couchées ou redressées et
longues de 2 à 8 pouces.*

2. Cerastium obscurum. Chaub. *Ceraiste obscur.*

Droit, hérissé de poils visqueux ; feuilles lancéolées-
oblongues, rétrécies à la base ; pédoncules plus longs
que le calice ; bractées entièrement foliacées ; pétales
de la longueur du calice. ◉... *Myosotis arvensis hirsuta
minor.* Vaill. bot. par. 142. t. 3o. f. 2... *C. semidecandrum.* Dec. Fl. fr. 4398 ?... Lois. Fl. gall. p. 271 ?...
Fl. blanches. P. 2. Les lieux arides, notamment dans les
terrains sablonneux. R. A Tibet, à Beauregard, près
d'Agen ; dans les Landes.

*Obs. Toute la plante est d'un verd foncé ou rougeâtre ;
ses tiges hautes de 1 à 10 pouces, sont toujours droites ; le
nombre des étamines est variable. On en trouve le plus souvent 5, quelquefois 6, 7 ou 8, et très-rarement 10 ; ses poils
visqueux, ses bractées nullement membraneuses au sommet,
ses tiges droites, empêchent de la confondre avec les petits
individus du* C. vulgatum *dont elle a le faciès.*

Le Cer. semidecandrum *Linn. ne peut être notre plante ;
il en est évidemment séparé par ses poils qui ne paroissent point
être visqueux, par ses pétales plus courts que le calice, ses
étamines alternativement dépourvues d'anthères, et sa couleur blanchâtre.* (Chaub. *misc ined.*)

3. Cerastium viscosum. Linn. *Ceraiste visqueux.*

Droit, hérissé, visqueux ; feuilles ovales-arrondies ;
fleurs agglomérées ; pédoncules plus courts que le calice ;
pétales de la longueur du calice. ◉... *Myosotis hirsuta
altera viscosa.* Vaill. Bot. par. 142. t. 3o. f. 3. *très-bien...*
C. vulgatum. Dec. Fl. fr. 4395... Lois. Fl. gall. 272... *C.
ovale.* Pers. Syn. 521.
β. *C. v. glomeratum.* Touffu, point visqueux ; tiges redressées... *C. glomeratum.* Thuill. Fl. par. 226.
γ. *C. v. apetalum.* Fleurs pentandres, apétales ; point
visqueux.

§. C. v. *murale.* Haut de 6 à 12 lignes... *C. murale.* Dec.
Fl. fr. VI. p. 609.
Fl. blanches. P. 3. E. Les bords des champs, des chemins. CCC. Nous avons aussi trouvé la variété γ dans un
herbier de Poiteau, recueilli à Saint-Domingue.

Obs. *Cette espèce est toujours d'un verd blanchâtre ; mais
n'est pas toujours visqueuse.*

*La figure 3. pl. 30. du bot. par. de Vaillant appartient
certainement à son* Myosotis hirsuta altera viscosa, *et la
figure 1. à son* Myosotis arvensis hirsuta parvo flore.
On peut s'en convaincre par les descriptions p. 142. *Cette
erreur vraisemblablement commise par l'éditeur du* plantarum
explicatio, *est peut-être la cause de la confusion qui règne
à l'égard de ces deux plantes dans les auteurs français.*

4. Cerastium brachypetalum. Desp. *C. brachypétale.*

Droit, velu, quelquefois visqueux ; feuilles ovales ;
pédoncules écartés, 3 ou 4 fois plus longs que le calice ;
pétales plus courts que le calice. ◉... Dec. Fl. fr. 4397.
et Ic. rar. gall. t. 44... Lois. Fl. gall. 271... *C. semidecandrum.* Linn. ?
Fl. blanches. P. 3. E. Les bords des chemins, des champs,
des prairies arides. CCC. Dans la plaine de la Garonne.

Obs. *Toute la plante est hérissée de longs poils, tantôt
droits, tantôt couchés, qui lui donnent un aspect blanchâtre ;
ses étamines sont au nombre de* 10. *Elle est rarement aussi
grande que la représente la figure citée.*

Cette espèce ne se distingue du C. semidecandrum *Linn.
Sp. pl.* 627 *et* 628, *que par ses étamines toutes pourvues
d'anthères, et non alternativement stériles. Ce caractère est-
il constant ?*

5. Cerastium pellucidum. Chaub.　　　*C. pellucide.*

Velu, visqueux, pentandre ; tiges redressées ; feuilles
ovales-arrondies ; pédoncules 3 ou 4 fois plus longs que
le calice ; bractées de la dichotomie générale à demi
membraneuses, transparentes ; pétales moins longs que
le calice. ◉.
Fl. blanches. P. 2. Les terres sablonneuses. R. Dans la
plaine de la Garonne, dans les Landes. C.

Descript. *Plante d'un verd gai, visqueuse ; tiges souvent
touffues, redressées, rameuses, hautes de 3 à 8 pouces, glabres à la base ; feuilles radicales, spatulées, les supérieures*

ovales-arrondies ; calices courts, presque sphériques ; pétales plus courts que le calice, bifides ; 5 étam., quelquefois 7 ou 8.

Obs. *Dans le nombre des ceraistes à petites fleurs, celui-ci est le seul dont les bractées de la dichotomie générale soient demi membraneuses ; l'exiguité des calices et des pétales le font distinguer au premier coup-d'œil du* C. obscurum. (Chaub. misc. ined.)

En général, pour bien distinguer toutes les plantes de ce genre, il faut une attention scrupuleuse, attendu qu'elles se ressemblent presque toutes par le facies.

6. Cerastium arvense. Linn.   *Ceraiste des champs.*

Tiges rameuses, et couchées à la base, velues ; feuilles oblongues-lancéolées, velues ; bractées de la dichotomie générale à demi membraneuses ; pétales beaucoup plus grands que le calice. ♃... Vaill. Bot. par. t. 3o. f. 5... *C. arvense.* β. Dec. Fl. fr. 44o2... Poir. Dict. suppl. t. 2. p. 165... *C. repens.* Lois. Fl. gall. p. 271.
Fl. blanches. P. 1. 2. Les terres sablonneuses sur les rives de la Garonne, du Lot et dans les Landes. RR. A Lespinasse, près d'Agen.

Obs. *On n'a point encore trouvé dans l'Agenois la variété* α *de la Fl. fr. : ses feuilles inférieures glabres, et les bractées de sa dichotomie générale très-peu membraneuses, la distinguent de la plante que nous avons ici pour objet.*

✳ ✳ *Capsules ovales, arrondies.*

7. Cerastium aquaticum. Linn. *Ceraiste aquatique.*

Tige rameuse, débile, dichotome ; feuilles ovales, presque cordiformes ; fleurs solitaires, pédonculées ; pétales bifides plus longs que le calice ; capsule ovoïde. ♃... Dec. Fl. fr. 44o6.
Fl. blanches. E. Les lieux frais ombragés, sur le bord des rivières. C.

Obs. *Quelquefois les fleurs de cette plante n'ayant que 3 styles, il est facile de la prendre pour le* Stellaria nemorum ; *mais celle-ci a les feuilles cordiformes et les pétioles plus longs.*

AGROSTEMMA.   *AGROSTEMME.*

Calice monophylle, coriace ; 5 pétales onguiculés à limbe obtus, entier ; capsule uniloculaire.

1. **Agrostemma githago.** Linn.   *A. des moissons.*

Tige velue ; calice de la longueur de la corolle ; pétales nus, entiers. ⨀... J. B. Hist. 3. p. 341. f. 2...
Moriss. Hist. 2. sect. 5. t. 21. f. 2... Lob. Obs. 23. f. 3...
Lychnis githago. Lamk. Dict. enc. 3. p. 643... Dec. Fl.
fr. 471.
Fl. d'un rouge violet. E. Dans les moissons. CCC.

LYCHNIS.   *LYCHNIDE.*

Calice monophylle, oblong, lisse ; 5 pétales onguiculés,
à limbe presque bifide ; capsule à 5 loges.

1. **Lychnis dioïca.** Linn.   *Lychnide dioïque.*

Feuilles lancéolées-oblongues ; fleurs dioïques. ♃... J.
B. Hist. 3. p. 342... Clus. Hist. 1. p. 294. f. 1... Dec. Fl.
fr. 4366.
β. L. d. *hermaphrodita.* Fl. hermaphrodites.
Fl. blanches. E. Les rochers, les haies, les lieux incultes.
CC. La variété RRR.

2. **Lychnis sylvestris.** Hop.   *Lychnide des bois.*

Feuilles ovales-lancéolées ; fleurs le plus souvent hermaphrodites. ♃... Dec. Fl. fr. 4367... *L. dioïca.* Var.
Linn. Sp. pl. 626.
Fl. rouges. Le bord des bois, les lieux ombragés dans les
Landes. RRR.

Obs. *Très-voisin du précédent ; mais ses caractères, tout
foibles qu'ils sont, se reproduisent par les semences.*

3. **Lychnis flos cuculi.** Linn.   *L. fleur de coucou.*

Pétales 4 fides ; fruit ovoïde. ♃... Lamk. Ill. pl. 391...
Moriss. Hist. 2. sect. 5. t. 20. f. 8... Clus. Hist. 1. p. 292.
f. 2... Dec. Fl. fr. 4364.
Fl. purpurines. P. 2. 3. E. 1. Les prairies marécageuses. R.
A Brax, à Sérignac, dans les Landes. C.

Obs. *On cultive dans les jardins une variété de cette
Lychnide à fleurs pleines.*

OXALIS.   *OXALIDE.*

Calice 5 phylle ; pétales adhérens par leur onglet ; capsule pentagone, s'ouvrant par les angles.

1. Oxalis corniculata. Linn.   *Oxalide corniculée.*

Feuilles ternées, velues; tige rameuse, diffuse, rampante; pédoncules multiflores en ombelle. ♃ non ☉... Clus. Hist. 2. p. 249. f. 1... J. B. 2. p. 388... Moriss. Hist. 2. sect. 2. t. 17. f. 2... Dec. Fl. fr 4364.
Fl. jaunes. P. 1. 2. 3. Les berges des fossés, dans les terres légères. R. Au Passage-d'Agen. C.

2. Oxalis acetosella. Linn.   *Oxalide petite-oseille.*

Hampe uniflore; feuilles ternées; racine écailleuse-dentée. ♃... Dodon. Pempt. 568. f. 2... Lamk. Ill. pl. 391. f. 1... Dec. Fl. fr. 4563.
Fl. blanches. P. 3. Les lieux marécageux et ombragés des Landes. RRR. Au pied des vieilles souches d'arbres le long du Rhimbés.

Obs. *C'est du suc de cette plante que l'on extrait l'oxalate de potasse, ou sel d'oseille du commerce.*

DECAGYNIE.

PHYTOLACCA.   *PHYTOLAQUE.*

Calice nul; 5 pétales calicinales; baie supérieure à 10 loges et à 10 semences.

1. Phytolacca decandra. Linn. *Phytolaque décandre.*

Tige rameuse; feuilles alternes, ovales-lancéolées, aiguës; grappes opposées aux feuilles. ♃... Lamk. Ill. pl. 393. f. 1.
Fl. blanchâtres. E. Originaire d'Amérique; spontanée en plusieurs endroits aux environs d'Agen et ailleurs.

Obs. *Toutes les tentatives qu'on a faites pour fixer la belle couleur que fournissent les fruits de cette plante, ont été sans succès.*

CLASSE ONZIÈME.

DODÉCANDRIE.

MONOGYNIE.

PORTULACA.   *POURPIER.*

Corolle 5 pétales ; calice bifide ; capsule 1 loculaire,
s'ouvrant en travers, ou 3 valves.

1. Portulaca oleracea. Linn.   *Pourpier potager.*

Tige rameuse, couchée; feuilles cunéiformes, charnues;
fleurs ramassées, sessiles. ◉... J. B. Hist. 3. p. 678...
Dec. Fl. fr. 3637.
Fl. jaunes, s'épanouissant vers 11 heures du matin. E.
Les terres légères des plaines de la Garonne. R. Quelquefois cultivée dans les potagers, où elle se reproduit d'elle-
même.

Obs. *Le Pourpier est l'une des cinq à six plantes qui
composent la flore de l'île de l'Ascension, dans l'Océan
atlantique.*

LYTHRUM.   *LYTHRUM.*

Calice à 12 divisions ; 6 pétales insérés sur le calice ;
capsule biloculaire, polysperme.

1. Lythrum salicaria. Linn.   *Lythrum salicaire.*

Tige droite, tétragone ; feuilles opposées, lancéolées,
cordiformes à la base ; fleurs dodécandres, en long épi.
♃... Clus. Hist. 2. p. 51. f. 2.
β. L. s. *verticillata.* Feuilles verticillées 3 à 3 ou 4 à 4.
Fl. purpurines. E. Les bords des ruisseaux, des marécages. CCC.

2. **Lythrum hyssopifolia.** ʟ. *L. à feuilles d'hyssope.*

Feuilles alternes linéaires ; fleurs hexandres. ◉... J. B.
Hist. 3. p. 792. f. 2... Barr. Ic. 773. f. 1... Dec. Fl.
fr. 3648.
Fl. purpurines. E. Les lieux où l'eau a séjourné pendant
l'hiver, les fossés. C.

3. **Lythrum thymifolium.** ʟ. *L. à feuilles de thym.*

Feuilles alternes linéaires ; fleurs axillaires, tétrapétales,
diandres. ◉... Barr. Ic. 773. f. 2... J. B. Hist. 3. p. 792.
f. 3... Dec. Fl. fr. 3649.
Fl. purpurines. E. Les terres légères et sablonneuses où
l'eau a séjourné pendant l'hiver. C. Dans un petit bois
entre le Passage-d'Agen et Roquefort.

Oʙs. *Très-voisine de la précédente, dont elle n'est qu'une
variété, selon quelques auteurs ; elle est d'ailleurs plus petite
dans toutes ses parties.*

———

DIGYNIE.

AGRIMONIA.   *AIGREMOINE.*

Calice double, à 5 dents ; 5 pétales ; 2 semences au fond
du calice.

1. **Agrimonia eupatoria.** ʟɪɴɴ.   *A. eupatoire.*

Fruits hérissés ; feuilles pinnées, alternatives ; fleurs en
long épi. ♃... Dalech. 1251... Bull. Herb. pl. 229... Dec.
Fl. fr. 3722.
β. A. e. *odorata.* Fleurs odorantes ; pinnules ordinairement
plus longues... *A. odorata.* Cam... Dec. Fl. fr. 3723.
Fl. jaunes. E. Les pelouses sèches des plaines ; les bords des
bois, des chemins. C.

———

TRIGYNIE.

RESEDA.   *RESEDA.*

Calice monophylle, divisé ; pétales frangés ; capsule
s'ouvrant au sommet.

1. Reseda luteola. Linn.   *Reseda gaude.*

Feuilles oblongues, entières, obtuses ; fleurs en épi ; calices 4 fides. ♂... J. B. Hist. 3. p. 465. f. 2... Dalech. Hist. 1. p. 501... Lob. Obs. p. 190. f. 3. et Ic. 353. f. 1... Dec. Fl. fr. 4282.

Fl. d'un verd jaunâtre. E. Les lieux stériles, les revers des fossés, les bords des chemins. CC.

Obs. *La belle couleur jaune qu'on retire de cette plante est assez connue.*

Papilio daplidice.

2. Reseda sesamoïdes. Linn.   *Reseda sesamoïde.*

Tige redressée ; feuilles radicales lancéolées-oblongues, les caulinaires linéaires ; fleurs en épi ; fruits étoilés. ♃... Dec. Fl. fr. 4284. et Ic. rar. gall. t. 14.

β. R. s. *purpurascens.* Plus grand ; fleurs 5 gyn. Clus. Hist. 1. p. 295. f. 2... R. *purpurascens.* Linn. Sp. pl. 644.

Fl. blanches. E. Les champs sablonneux des Landes. CCC.

Obs. *Le nombre des pistils varie de 4 à 5 souvent sur le même individu. Ce caractère ne peut donc servir à distinguer comme espèces les* R. sesamoïdes *et* purpurascens *de Linné.*

3. Reseda lutea. Linn.   *Reseda jaune.*

Tige rameuse ; feuilles pinnatifides, les supérieures à trois lobes ; fleurs trigynes. ♃... Bull. Herb. pl. 281... Dalech. Hist. 292. f. 1... Dec. Fl. fr. 4287.

β. R. l. *crispa.* Feuilles crispées, ondulées, à pinnules plus étroites.

γ. R. l. *rugosa.* Capsules hérissées de petites verrues.

Fl. d'un blanc jaunâtre. P. E. Les bords des champs et des chemins dans les terrains meubles. C. La var. γ sur les graviers de la Garonne.

4. Reseda alba. Linn.   *Reseda blanc.*

Feuilles pinnées ; fleurs tétragynes ; épi alongé, pointu ; calices à 6 divisions. ☉... Lob. Ad. 76. et Ic. 222. f. 1... Dalech. Hist. 1199. f. 2... Dec. Fl. fr. 4285.

Fl. blanches. E. Auprès d'Agen, sur le bord de la Garonne. RRR. Apporté par les débordemens.

Obs. *Assez ressemblant au* R. phyteuma, *mais plus grand ; ses feuilles sont aussi plus longues ; les franges de sa corolle moins nombreuses, plus larges, et ses calices moins amples.*

5. Reseda phyteuma. Linn.   *Reseda calicinier.*

Tige rameuse, étalée ; rameaux peu redressés ; feuilles entières et trilobées ; calices à 6 grandes divisions ; grappes terminales. ◉... J. B. Hist. 3. p. 386. f. 1... Dalech. Hist. p. 1198. f. 1.

Fl. blanches. E. Les champs sablonneux en jachères, les vignes. R. Au Pech de Mauzac, commune de Castelcuiller ; sur les rochers à Bellevue, près d'Agen.

Obs. Les fleurs de cette espèce ont souvent une odeur très-approchante de celle du R. odorata Linné, avec lequel elle a plusieurs rapports ; ses calices l'en séparent.

EUPHORBIA.   *EUPHORBE.*

Corolle à 4 ou 5 pétales, insérées sur le calice ; calice monophylle, ventru ; capsule à 3 coques. (Les étamines ne se développent pour l'ordinaire que successivement.)

*** * *Ombelle trichotome.***

1. Euphorbia chamœcise. Linn. *Euphorbe monoyère.*

Tige couchée, rameuse, dichotome ; feuilles rondes, opposées ; fleurs axillaires, solitaires ; pétales entiers ; capsules glabres. ◉... Cl. s. Hist. 2. p. 187... *Chamœcise.* Dec. Fl. fr. 2144.

Fl. rougeâtres. E. 2. Sur les graviers de la Garonne. CCC.

2. Euphorbia peplus. Linn.   *Euphorbe peplus.*

Ombelle trifide, dichotome ; involucres partiels, ovales ; feuilles très-entières, ovales, rétrécies vers la base, pétiolées ; pétales lunulés. ◉... Bull. Herb. pl. 79... Fuchs. Hist. 603... Lob. Ic. 362. f. 2.. Dodon. Pempt. 371. f. 2... Dec. Fl. fr. 2146.

Fl. jaunâtres. P. E. Les lieux cultivés près des habitations rurales. RR. A Agen, dans les vieux jardins.

Meloe proscarabaeus.

3. Euphorbia falcata. Linn.   *Euphorbe falciforme.*

Ombelle trifide, dichotome ; involucres partiels, presque cordiformes, mucronés ; feuilles éparses, lancéolées-cunéiformes ; pétales à deux cornes. ◉... Barr. Ic. 751... Dec. Fl. fr. 2147... *E. mucronata,* Lamk. Dict. enc. 2. p. 426.

β. E. f. *acuminata.* Plus petite; capsules un peu coniques...
E. acuminata. Lamk. Dict. 2. p. 426... Moriss. Hist. 3.
sect. 10. t. 2. f. 3.
Fl. jaunâtres. E. Les terres cultivées. CCC.

Obs. *Le nombre des rayons de l'ombelle est souvent de 3;
mais il varie de 2 à 5.*

4. Euphorbia exigua. Linn. *Euphorbe fluette.*

Ombelle trifide, dichotome; involucres partiels, lancéolés; feuilles linéaires; pétales à deux cornes. ◉...
J. B. Hist. 3. p. 664... Dalech. Hist. p. 1656. f. 2.
β. E. e. *retusa.* Willd. Sp. Feuilles linéaires, échancrées
au sommet... *E. retusa.* Cavan... Dec. Fl. fr. VI. p. 358...
Magnol. Bot. monsp. Ic. 19. p. 259.
Fl. jaunâtres. E. Les terres cultivées. CC. La var. β dans
les friches arides des coteaux. R. Au Pech de Mauzac,
commune de Castelcuiller, près d'Agen.

Obs. *La var.* β, *que certains botanistes regardent comme
une espèce, ne peut être séparée du type : on trouve fréquemment des individus dont les feuilles échancrées dans le bas des
tiges ne le sont point dans le haut.*

** * Ombelle 4 fide.*

5. Euphorbia lathyris. Linn. *Euphorbe épurge.*

Ombelle 4 fide, dichotome; feuilles opposées, lancéolées; pétales lunulés. ♂... Bull. Herb. pl. 103... Lob.
Obs. p. 197. f. 1. et Ic. 362... Dec. Fl. fr. 2150.
Fl. d'un jaune pâle. P. 2. Dans les haies et les broussailles
aux environs des habitations rurales : cultivée dans les
potagers des paysans.

** * * Ombelle 5 fide.*

6. Euphorbia dulcis. Linn. *Euphorbe douce.*

Ombelle 5 fide, bifide; involucres partiels ovoïdes,
très-finement dentés; feuilles lancéolées, obtuses, finement dentées; capsules verruqueuses; pétales entiers.
♃... Moriss. Hist. 3. sect. 10. t. 3. f. 10.
β. E. d. *purpurata.* Feuilles et involucres à dentelures
oblitérées... *E. purpurata.* Thuill. Fl. par. p. 235... Dec.
Fl. fr. 2165.
γ. E. d. *filipendula.* Ombelle presque toujours 3 fide;

feuilles et involucres finement dentés ; racine munie de distance en distance de tubercules oblongs ou arrondis. Fl. jaunâtres ou rougeâtres. P. 2. E. Les lieux ombragés, les bois ; la var. γ dans les Landes.

Obs. Les poils des capsules tombent de bonne heure ; les dentelures des feuilles et des colerettes s'oblitèrent plus ou moins ; les rayons de l'ombelle sont de 3 à 5 ; enfin, les racines varient suivant les terrains : dans les argiles, les tubercules sont cylindriques et contigus, tandis que dans les sables tourbeux ils sont oblongs, arrondis et distans de plus d'une palme.

7. **Euphorbia helioscopia.** Linn.   *E. reveille-matin.*
Ombelle 5 fide, bifide, dichotome ; involucres partiels ovoïdes, rétrécis à la base ; feuilles cunéiformes, dentées, glabres ; capsules lisses. ◉... Barr. Ic. 212... J. B. 3. p. 669. f. 1... Fuchs. Hist. 811... Dodon. Pempt. 367. f. 1... Dec. Fl. fr. 2155.
Fl. jaunâtres. P. A. Dans les vignes, les lieux cultivés, le long des chemins. CCC.

8. **Euphorbia serrata.** Linn.   *E. à feuilles dentées.*
Ombelle 5 fide, trifide, dichotome ; involucres partiels à deux feuilles réniformes ; feuilles amplexicaules, oblongues, lancéolées, dentées. ♃... Bull. Herb. pl. 75... Clus. Hist. 2. p. 189. f. 2... Moriss. 3. sect. 10. t. 1. f. 6... Dec. Fl. fr. 2156.
Fl. jaunâtres. P. Près d'Agen, au haut de la côte de la Lux, sur le bord d'une vigne.

9. **Euphorbia platyphyllos.** Linn.   *E. platyphylle.*
Ombelle 5 fide, 3 fide, dichotome ; involucres partiels presque cordiformes ; feuilles lancéolées, dentées, pileuses en dessous ; capsules verruqueuses ; pétales entiers. ◉... Fuchs. Hist. 813... Moriss. Hist. 3. sect. 10. t. 3. f. 1... Dec. Fl. fr. 2172.
β. E. p. *coderiana.* Rayons de l'ombelle feuillés... *E. coderiana.* Dec. Fl. fr. VI. p. 365.
Fl. jaunâtres. E. 2. 3. Les bords des fossés, dans les haies. R. La variété sur les rives de la Baïse et du Lot. CCC.

Obs. Le caractère spécifique assigné à la variété β n'est point constant. Certains individus ont les rayons de l'ombelle nus et feuillés en même temps. Reproduite de semence dans un jardin, cette plante n'a plus offert aucune diffé-rence.

10. Euphorbia verrucosa. Linn. *E. verruqueuse.*

Ombelle 5 fide, presque trifide, bifide ; involucres par-tiels ovales; feuilles lancéolées, très-légérement dentées, pubescentes ; capsules couvertes de verrues ; pétales entiers. ♂ ou ♃... Moriss. 3. sect. 10. t. 3. f. 3... Dec. Fl. fr. 2171.

Fl. jaunâtres. P. 1. Les prés, les bords des ruisseaux. CCC.

11. Euphorbia pilosa. Linn. *Euphorbe pileuse.*

Ombelle 5 fide, trifide, bifide, involucres partiels, ova-les, arrondis ; pétales entiers ; feuilles lancéolées, pi-leuses, légérement dentées au sommet ; capsules pres-que verruqueuses, pileuses. ♃... Linn. Sp. pl. 659... Dec. Fl. fr. VI. p. 364.

β. E. p. *illirica.* Feuilles des tiges latérales entières au sommet ; capsules lisses, avec quelques poils dans leur jeunesse... *E. illirica.* Lois. Fl. gall. 728. exclus. syn... *E. pilosa* β. Dec. Fl. fr. VI. p. 364.

Fl. jaunâtres. P. 2. Les lieux ombragés, au voisinage des sources et sur les bords des ruisseaux. C. Au vallon de Courberieu, de Naux, près d'Agen ; sur les rives de la Baïse, près Feugarolles.

$$* * * * \quad Ombelle \; multifide.$$

12. Euphorbia cyparissias. Linn. *Euphorbe cyprès.*

Ombelle multifide, dichotome ; involucres partiels, presque cordiformes ; rameaux stériles à feuilles séta-cées, les caulinaires lancéolées linéaires ; pétales lunu-lés ; capsules lisses. ♃... Bull. Herb. pl. 87... Lob. Ic. 356. f. 2... *E. cyparissias* et *E. esula.* Dec. Fl. fr. 2158 et 2159.

Fl. jaunâtres. P. 2. 3. Sur les rives de la Garonne et du Lot. CCC. Non ailleurs.

OBS. *Les capsules vues à la loupe paroissent légérement chagrinées, ainsi que dans la plupart des autres espèces.*

Sphinx euphorbiae. — J'ai nourri la larve de ce bel insecte avec les feuilles du Polygonum aviculare.

13. Euphorbia esula. Linn. *Euphorbe esule.*

Ombelle multifide, bifide ; involucres partiels presque cordiformes ; feuilles un peu cunéiformes, lancéolées,

linéaires, toutes uniformes ; pétales échancrés presque
à deux cornes; capsules lisses. ♃... Dodon. Pempt. 36o.
f. 2... Dalech. Hist. 1653. f. 1... Lob. Obs. 192. f. 4. et
1c. 357. f. 1... Dec. Fl. fr. VI. 2157 ?

β. E. e. *salicifolia.* Feuilles plus courtes, obtuses au sommet ; involucre général à folioles ovales-oblongues, plus
courtes... *E. salicifolia.* Host. ex Dec. Fl. fr. VI. p. 362.
var. β.

Fl. jaunâtres. E. Les collines sablonneuses, dans les clai-
rières des surrèdes. RRR. A Lausseignan. CCC.

Obs. *Cette espèce a des rapports avec l'E.* cyparissias;
*mais on l'en distingue, au premier coup-d'œil, à son aspect
plus dur, à ses feuilles plus épaisses, plus larges et uniformes. Elle en diffère essentiellement par ses pétales non lunulés, échancrés de manière à former deux petites pointes
sur les côtés.*

14. Euphorbia Nicæensis. All. *Euphorbe de Nice.*

Ombelle multifide, bifide ; involucres partiels réniformes, échancrés en cœur à la base, très-entiers ; feuilles
lancéolées-ovales, très-entières, un peu épaisses; pétales
à deux cornes ; capsules lisses. ♃... All. Ped. 1039.
t. 59. f. 1... Dec. Fl. fr. 2161.

Fl. jaunâtres. P. 2. Les prairies sur les rives de la Garonne.
C. A Riols, à Ratier, près d'Agen.

Obs. *Toute la plante jaunit en vieillissant. Ses involucres partiels cordiformes, ses feuilles très-entières, oblongues, arrondies au sommet, à peine mucronées, ainsi que
son aspect moins dur, empêchent de la confondre avec la
suivante. L'involucre général a ses folioles tantôt ovales-
arrondies, tantôt ovales-allongées, presque semblables aux
feuilles.*

15. Euphorbia sylvatica. Linn. *Euphorbe des bois.*

Ombelle 5 ou 7 fide, bifide ; involucres partiels ovales, presque cordiformes, perfoliés ; feuilles lancéolées à rebours, très-entières, obtuses ; pétales lunulés ;
capsules lisses. ♃... Bull. Herb. pl. 95... Dec. Fl. fr.
2165 ?

Fl. jaunâtres, quelquefois rougeâtres. P. 2. Les bords des
bois. R. A Tuquet, à la garenne de Saint-Amans, derrière Charpant, à Saint-Vincent-des-Corvs ou des Cor-
beaux, vis-à-vis Guittard, vallon de Foulayronnes.

Obs. *Les involucres partiels varient beaucoup. Nous possé-
dons une suite d'individus de cette espèce, dans lesquels ils*

affectent une forme différente jusqu'à paroître ligulés et point perfoliés. Les inférieurs sont en outre souvent pubescens en dessous, et les rayons de l'ombelle sont presque toujours pileux, ce que nous n'avons jamais observé dans l'espèce suivante. Est-ce bien l'E. sylvatica de Linné ? Elle a quelquefois les pédoncules multipliés et les sommités rougeâtres d'une manière très-remarquable.

16. Euphorbia amygdaloïdes. Linn. *E. amygdaloïde.*

Ombelle 5 ou 7 fide, dichotome ; involucre partiel orbiculaire, semi bifide ; feuilles lancéolées à rebours, très-entières, très-obtuses ; pétales lunulés ; capsule lisse. ♃ presque ♭... J. B. Hist. 3. p. 671... Barr. Ic. 829, 830, 839.

Fl. jaunâtres, quelquefois rougeâtres. P. 2. Les bords des bois, les haies des coteaux. CCC.

Obs. *Les tiges de cette espèce, ainsi que celles de la précédente, ne portent des fleurs qu'à la seconde année. Les feuilles inférieures persistent pendant l'hiver et se déjettent vers le bas. Toute la tige est souvent d'un rouge noirâtre.*

DODÉCAGYNIE.

SEMPERVIVUM.   *JOUBARBE.*

Calice à 12 divisions ; 12 pétales ; 12 capsules polyspermes.

1. Sempervivum tectorum. Linn. *Joubarbe des toits.*

Feuilles ciliées, charnues ; rejettons étalés ; nectaires cunéiformes. ♃... Dalech. Hist. 1129. f. 1... Lob. Obs. 201. f. 2. et Ic. 373. f. 2... Besl. Eyst. æst. ord. 13. fol. 5... Moriss. Hist. 3. sect. 12. t. 7. f. 41... Dec. Fl. fr. 3628.

Fl. d'un rouge pâle. E. Sur les rochers, les toits, les vieilles murailles. R. A Charpaut, près d'Agen.

CLASSE DOUZIÈME.

ICOSANDRIE.

MONOGYNIE.

CACTUS.   *CACTIER.*

Calice monophylle, supérieur, imbriqué; corolle mul-
tiple; baie uniloculaire, polysperme.

1. Cactus opuntia. Linn.   *Cactier raquette.*

Tige articulée, sans feuilles; articulations ovales-
applaties, prolifères; aiguillons sétacés, fasciculés;
fleurs sessiles. ♭... Besl. Hort. Eyst. autum. ord. 4.
fol. 6 et 7... J. B. Hist. 1. p. 154... Lamk. Ill. pl. 114.
Fl. jaunes. E. Naturalisé dans une friche au S.t-Esprit,
près d'Agen, ainsi qu'à S.t-Giniés, commune de Castets,
près Valence.

Obs. *Si l'on touche légérement la base des étamines, elles
s'inclinent vers le pistil.*

PHILADELPHUS.   *PHILADELPHE.*

Calice à 4 ou 5 divisions, supérieur; pétales 4 ou 5;
capsules à 4 ou 5 loges polyspermes.

1. Philadelphus coronarius. Linn.   *P. syringa.*

Feuilles opposées, ovales-lancéolées, presque dentées;
fleurs en grappes terminales. ♭... Clus. Hist. 1. p. 55...
Lamk. Ill. pl. 420... Dalech. Hist. 355. f. 2... Dec. Fl.
fr. 3675. Vulgairement *syringa, muguet.*
Fl. blanches, odeur suave un peu forte. P. 2. Originaire
de Perse; naturalisé dans les haies des jardins, où il est
assez généralement cultivé.

PUNICA.   *GRENADIER.*

Calice à 5 divisions, supérieur; 5 pétales; pomme à plusieurs loges polyspermes.

1. Punica granatum. Linn.   *Grenadier commun.*

Tige arborescente; rameaux épineux; feuilles opposées, ovales-lancéolées; fleurs sessiles. ♄... Lamk. Ill. pl. 415... J. B. Hist. 1. p. 76... Duham. Arb. 2. p. 196... Dec. Fl. fr. 3677.

Fl. d'un rouge éclatant. E. Les rochers, les coteaux arides exposés au midi. Cultivé dans les jardins. Originaire d'Afrique. Vulgairement *Miouráné* et le fruit *Miourane*, mille graines, autant de Zopires!

AMYGDALUS.   *AMANDIER.*

Calice à 5 divisions, inférieur; 5 pétales; fruit à noyau percé de pores nombreux.

1. Amygdalus communis. Linn. *Amandier commun.*

Feuilles lancéolées-oblongues, dentées; dents de la base glanduleuses; fleurs sessiles, géminées. ♄ ... Lamk. Ill. pl. 430... Dalech. Hist. 317... Dec. Fl. fr. 3793.

β. A. c. *amara*. A amandes amères.

Fl. blanches, très-légèrement purpurines. P. 1. Cultivé dans les vergers, les jardins, où il se reproduit spontanément de semences. La var. β n'est pas commune.

2. Amygdalus persica. Linn.   *Amandier pêcher.*

Feuilles lancéolées, dentées; fleurs solitaires, sessiles; fruit couvert d'un léger duvet. ♄ ... Lamk. Ill. pl. 430. f. 1... *Persica vulgaris*. Dec. Fl. fr. 3794.

β. A. p. *pavia*. Fruit dont la chair adhère au noyau. Vulgairement *Pêches mâles*.

γ. A. p. *levis*. Fruit lisse. Vulgairement *Brugnon*... *Persica levis*. Dec. Fl. fr. 3695.

Fl. purpurines. P. 1. Cultivé dans tous les vignobles, les vergers, où il se reproduit spontanément de semences. Originaire de l'Asie.

Obs. *Nous n'avons pas besoin dans nos contrées de pratiquer la culture des jardiniers de Montreuil pour obtenir du Pêcher des fruits délicieux ; mais nous devrions soigner davantage sa taille annuelle pour augmenter son rapport et prolonger sa durée.*

On dit que les boîtes de bois de Pêcher, qui n'est point mort sur pied, donnent au tabac qu'on y renferme un parfum très-agréable.

PRUNUS.   *PRUNIER.*

Calice à 5 divisions ; 5 pétales ; fruit à noyau dont les sutures sont proëminentes.

1. **Prunus laurocerasus.** Linn. *Prunier laurier-cerise.*

Fleurs en grappes ; feuilles toujours vertes, avec deux glandes à la base. ♄... Bull. Herb. pl. 153... Clus. Hist. p. 4... Barr. Ic. 873.
Fl. d'un blanc sale. P. 1. Cultivé dans les jardins, aux environs des habitations rurales. CC.

Obs. *Ses feuilles, qui donnent au lait un goût agréable, pourroient être dangereuses, si elles n'étoient employées à cet usage avec une prudente circonspection.*

2. **Prunus mahaleb.** Linn.   *Prunier mahaleb.*

Fl. terminales, presque en corymbe ; feuilles ovoïdes, dentées. ♄... J. B. Hist. 1. p. 227... *Cerasus mahaleb.* Dec. Fl. fr. 3782.
Fl. blanches. P. 1. Les bois des coteaux. C. A Charpaut, à Cruzel, à Cambes, près d'Agen.

Obs. *Vulgairement* Bois de Sainte-Lucie, *du nom d'un village de la Lorraine, auprès duquel il croît en abondance, et où son bois, recherché par les tourneurs, s'emploie en très-grande quantité à une infinité de petits ouvrages qui entrent dans le commerce.*

On dit que ses feuilles introduites dans le corps des volailles qu'on veut faire rôtir leur communique un fumet très-agréable qui tient de celui de la perdrix... Thore, Chlore des Landes. *Staphylinus floralis.*

3. **Prunus cerasus.** Linn.   *Prunier cerisier.*

Ombelles presque pédonculées ; feuilles ovales-lancéolées, glabres, pliées longitudinalement. ♄... Lamk. Ill. pl. 432. Roz. Cours. d'Agric. pl. 27... Duham. Arb. 1. pl. 56.
β. *P. c. capronia.* Fruits aigres ; *guains* ou *guines.*
Fl. blanches. P. 1. Cultivée dans les vignobles et le long des chemins.

OBS. *Les nombreuses variétés de cet arbre utile sont trop connues pour être ici décrites.*

Le jus de cerise, après avoir fermenté dans des tonneaux avec les noyaux concassés, devient, en y ajoutant du sucre, une liqueur agréable qui acquiert de la force et peut se conserver long-temps.

C'est avec les cerises sauvages qu'on fait le kiershwasser *et le* marasquin.

On prétend que le cerisier a été apporté de Cérasonte *en Italie par* Lucullus. *Cela peut être vrai pour quelque variété perfectionnée par la culture ; car cet arbre paroît avoir toujours existé dans nos forêts.*

Hesperia Vbetulae.

4. Prunus avium. Linn.   *Prunier merisier.*

Ombelles sessiles ; feuilles ovales-lancéolées, pubescentes en dessous, pliées longitudinalement. ♭... J. B. Hist. 1. p. 220... *Cerasus avium.* Dec. Fl. fr. 3786.
β. P. a. *duracina.* Fruit gros, à pulpe ferme... *Cerasus duracina.* Dec. Fl. fr. 3787... Vulgairement *Bigarreau.*
Fl. blanches. P. 1. Les bois des coteaux, les bords des rochers. CCC. Les nombreuses variétés de cet arbre sont partout cultivées dans les vignes, les vergers et sur le bord des chemins.

OBS. *On accommode, dit-on, comme les petits pois le fruit du merisier sauvage lorsqu'il est jeune et que le noyau n'est point encore formé : c'est un essai facile à faire.*

Cet arbre paroît indigène ainsi que le précédent. (Voyez Rozier, *Cours complet d'agriculture, et* Thore, *Chlore des Landes, pag. 202.)*

Chrisomela cilindrica.

5. Prunus spinosa. Linn.   *Prunier prunelier.*

Pédoncules solitaires ; feuilles elliptiques-lancéolées, pubescentes en dessous ; fruits droits ; rameaux épineux. ♭... J. B. Hist. 1. p. 193... Dec. Fl. fr. 3788... Vulgairement *Broc négré, Buisson noir.*
Fl. blanches. P. 1. Les broussailles. CCC.

OBS. *On fait quelquefois dans nos contrées en temps de disette, une boisson acidulée, analogue à la piquette, avec les fruits de ce prunier. Les suédois font usage de ses feuilles en guise de thé.*

Buprestis tenebrionis.

6. Prunus armeniaca. Linn.   *Prunier abricotier.*

Fl. sessiles; feuilles cordiformes à la base. ♭ ... J. B. Hist. 1. p. 167... Duham. Arb. 1. pl. 27... *Armeniaca vulgaris.* Dec. Fl. fr. 3792.
Fl. d'un blanc lavé de rouge. P. 1. Cultivé dans les vergers, les vignes, les jardins. CCC.

Noctua psi.

7. Prunus domestica. Linn.   *Prunier domestique.*

Pédoncules souvent solitaires; feuilles lancéolées-ovales, dentées, rameaux sans épines. ♭ ... Roz. Cours d'agric. tom. 8. pl. 28, 29, 30, 31, 32, 33 et 34... Dec. Fl. fr. 3790.
Fl. blanches. P. 1. Les bois, les haies, les broussailles, cultivé sur le bord des champs, dans les vignobles, dans les vergers.

Oɴs. *Quoiqu'il n'entre point dans le plan de notre ouvrage de mentionner les nombreuses variétés et sous-variétés de cette espèce, nous ne pouvons néanmoins nous empêcher de dire un mot, en passant, de trois de ces variétés, dont les fruits sont un objet de commerce assez lucratif pour le département ; et d'en mentionner une quatrième encore très-peu connue, mais qui sous le rapport de la délicatesse du goût mérite d'être distinguée.*

La première de ces variétés est le **Prunier de robe de sergent,** *cultivé principalement aux environs de Clairac, de Montpezat, de Sainte-Livrade. Son fruit confit est délicieux. Il est connu dans toute l'Europe sous le nom de prune de robe de sergent, d'ente,* ou de **prune d'Agen.**

La deuxième variété est le **Prunier de roi ;** *la troisième,* le **Prunier de monsieur.** *Les fruits de ces deux variétés sont plus gros, plus arrondis : ils entrent aussi dans le commerce ; mais sont moins délicats et moins recherchés.*

La quatrième, qui, mieux observée, pourra peut-être former une espèce particulière, se distingue notamment par le noyau de son fruit qui se prolonge en pointe recourbée d'une manière très-remarquable. Cette variété est connue sous le nom de **Prunier de cornemuse** *dans la commune de la Sauvetat-de-Savères, canton de Larroque-Timbault, où elle semble exister exclusivement, et d'où nous l'avons transportée dans nos vergers. Pour la douceur, la délicatesse et le parfum, la* **prune de cornemuse** *l'emporte sur les trois variétés précédentes ; elle est cependant plus petite, mais elle est plus charnue. Mangée en vert, elle est excellente. Sa forme* *est ovale, sa couleur violette, et sa pulpe verdâtre. Je crois devoir la recommander aux amateurs de bons fruits.*

Enfin, il existe encore une autre variété du Prunier domestique que nous ne pouvons passer sous silence ; c'est le Prunier Saint-Antonin, *ou* commun, *dont les fruits beaucoup moins bons au goût que ceux des variétés précédentes se vendent moins cher, mais ne laissent pas d'avoir beaucoup de débit. Ces fruits confits, se recommandent, dit-on, par leurs vertus laxatives et anti-scorbutiques. Ils sont pour l'ordinaire mal préparés ; mais s'exportent en grande quantité dans le nord de l'Europe pour se consommer sur les vaisseaux, ou servir à la fabrication d'une boisson salutaire.*

On fait avec les prunes une confiture dans laquelle on peut se passer de sucre, au moyen d'une cuisson prolongée.

DIGYNIE.

CRATÆGUS.   *ALISIER.*

Calice à 5 divisions; 5 pétales; baie inférieure, disperme.

1. Cratægus aria. Linn.   *Alisier allouchier.*

Feuilles ovales, inégalement dentées ; couvertes d'un duvet blanc en dessous ; fleurs en corymbe. ♭ ... Dalech. hist. 202... J. B. Hist. 1. p. 65... Dec. Fl. fr. 3683.
Fl. blanches. P. 2. Les bois. RRR. Aux environs de la Sauvetat-de-Savères et de Dondas.

2. Cratægus torminalis. Linn.   *Alisier commun.*

Feuilles cordiformes à la base, à 7 lobes, les inférieurs divergens ; fleurs en corymbe. ♭ ... Duham. Arb. tom. 1. pl. 79... J. B. Hist. 1. p. 63.
Fl. blanches. P. 2. Les bois. C. A Darel, à Cruzel, à Catala, près d'Agen.

Obs. *Les baies, dans leur maturité, sont d'une acidité agréable qui rappelle celle des fruits du tamarin.* Tamarindus indica *Linn.*

3. Cratægus oxyacantha. Linn. *Alisier oxyacanthe.*

Feuilles obtuses, à demi trifides, dentées, lisses ; fleurs digynes, pédoncules et calices presque glabres ; dents du calice courtes. ♭ ... Wild. Sp. pl. 2. p. 1005... Dodon.

Pempt. 738. f. 2... *C. oxiacanthoïdes.* Thuill. Fl. par.
p. 245... *Mespilus oxiacanthoïdes*... Dec. Fl. fr. 3687.
Fl. blanches. P. 1. Les haies, les broussailles. C. A Saint-
Vincent-des-Corvs, à Toutcaou, près d'Agen.

Obs. *Cette espèce se distingue, au premier coup-d'œil, de
la suivante, par ses feuilles plus brillantes, moins découpées, et par ses fruits plus gros d'un rouge moins intense.*
Papilio crataegi.

4. **Cratægus monogyna.** Linn. *Alisier monogynie.*

Feuilles aiguës, presque trifides, dentées, glabres ;
fleurs monogynes, pédoncules et calices duvetés ; dents
du calice acuminces. ♭... Wild. Sp. pl. 2. p. 1006...
Bull. Herb. pl. 333... *Mespilus oxiacantha.* Dec. Fl. fr.
3686. exclus. Linn et Jacq. syn... Vulgairement *Buisson
blanc. Broc blan.*
Fl. blanches ou légèrement purpurines. P. 1. Les haies,
les broussailles. CCC.

Obs. *Les fleurs de cet arbuste ne sont monogynesque par
avortement, comme le prouve son style placé sur le côté de
l'ovaire. Il s'élève quelquefois, ainsi que le précédent, jusqu'au point de devenir un arbre de la troisième grandeur.
Employés généralement l'un et l'autre à faire des haies vives
pour clôturer les champs, les vergers, les jardins ; ils sont
les meilleurs gardiens de nos prorpiétés rurales.*
Papilio crataegi.

TRIGYNIE.

SORBUS.   *SORBIER.*

Calice 5 fide ; 5 pétales ; baie inférieure, 5 sperme.

1. **Sorbus domestica.** Linn.   *Sorbier domestique.*

Feuilles, pinnées, velues en dessous ; fleurs en co-
rymbe. ♭ ...Clus. Hist. 1. p. 10... Lob. Ic. 2. p. 106. f. 2...
Dec. Fl. fr. 2693.
Fl. blanches. P. 2. Les bois. C. Cultivé dans les vignes.

Obs. *Les fleurs sont toujours pentagynes.*

PENTAGYNIE.

MESPILUS. *NÉFLIER.*

Calice 5 fide ; 5 pétales ; baie inférieure 5 sperme.

1. Mespilus germanica. Linn.   *Néflier commun.*

Epineux ; feuilles lancéolées, légérement dentées, velues en dessous ; fleurs sessiles, solitaires. ♭ ... Duham.
Arb. tom. 2. pl. 4... Dalech. Hist. 334... J. B. Hist. 1. p.
69... Lamk. Ill. pl. 436... Dec. Fl. fr. 3690... Vulgairement *Mesplé.*
Fl. blanches. P. 2. Les bois, les haies. C.

2. Mespilus pyracantha. Linn.   *N. buisson ardent.*

Epineux ; feuilles lancéolées-ovales, crénelées ; fleurs en
corymbe, calice fructifère obtus. ♭ ... Dalech. Hist. p.
134... Barr. Ic. 874... Lob. Ic. 2. 182. f. 1... Dec. Fl. fr.
3689.
Fl. blanches. P. 3. Les friches pierreuses, arides. RR. A la
Magdelaine, canton de Puymirol ; à Cambes, à Montréal,
près d'Agen.

PYRUS. *POIRIER.*

Calice 5 fide ; 5 pétales ; fruit inférieur à 5 loges, polysperme.

1. Pyrus communis. Linn.   *Poirier commun.*

Feuilles ovales, dentées en scie ; pédoncules en corymbe. ♭ ... Lamk. Ill. pl. 435... Roz. Cours comp.
d'Agric. tom. 8. pl. 1. 2. 3. 4. etc... Dec. Fl. fr. 3679.
Fl. blanches. Les bois. RR. Ses nombreuses variétés sont
cultivées dans les vergers ; les jardins, les vignobles. CCC.

2. Pyrus malus. Linn.   *Poirier pommier.*

Feuilles ovales, acuminées, dentées ; ombelles sessiles.
♭ ... Dodon. pempt. 777... Roz. Cours comp. d'agric. tom.
3. pl. 20. 21. 22. 23. 24... *Malus communis.* Dec. Fl. fr.
3978.
Fl. blanches légérement purpurines en dessous. P. 1. Les
bois, les haies. R. Ses diverses variétés cultivées dans les
jardins, les vergers, les vignobles. CCC.

3. **Pyrus cydonia.** Liun.   *Poirier coignassier.*

Feuilles ovales, très-entières, couvertes d'un duvet
blanchâtre en dessous ; fleurs solitaires, grandes. ♭ ...
Duham. Arb. tom. 1. pl. 83... Dalech. Hist. p. 291...
J. B. Hist. 1. p. 27... Dec. Fl. fr. 3680... Vulgairement
Condougné.

Pl. légèrement purpurines. P. 1. Les haies, près des habitations rurales ; le bord des champs, où il sert souvent
de limites. Le fruit de cet arbre d'un goût acerbe, pour-
roit-il être, ainsi qu'on l'a dit, la pomme des Hespérides
de l'antiquité ?

MESEMBRIANTHEMUM.   *FICOÏDE.*

Calice à 5 divisions, pétales très-nombreux, linéaires,
soudés à leur base ; capsule charnue, inférieure, polysperme.

1. **Mesembrianthemum cristallinum.** L. *F. cristallin*

Toute la plante couverte de verrues cristallines, contiguës;
feuilles ovoïdes, rétrécies en pétiole, ondulées, charnues,
les inférieures opposées, les supérieures alternes; rameaux
allongés, débiles. ☉... Vulgairement *Glaciale.*

Fl. d'un blanc pourpré. E. 3. A. Originaire des contrées
les plus méridionales de l'Europe ; naturalisée à Bernou,
près d'Agen, sur un rocher abrité et exposé au midi, où
elle se reproduit de semence depuis plus de trente ans.

SPIRÆA.   *SPIRÉE.*

Calice 5 fide ; 5 pétales ; capsule polysperme.

1. **Spiræa crenata.** Linn.   *Spirée crénelée.*

Feuilles oblongues, dentées au sommet ; corymbes latéraux. ♭ ... Barr. Ic. 564... Dec. Fl. fr. 3777.

Fl. blanches. P. 2. Sur les hautes collines du département
du Lot, et sans doute aussi sur celles qui s'enchaînent
avec elles à l'orient de notre territoire.

2. **Spiræa filipendula.**   *Spirée filipendule.*

Feuilles pinnées ; folioles uniformes, dentées ; tige
herbacée. ♃... Lamk. Ill. pl. 439. f. 1... Dalech. Hist.
p. 782. f. 1... Dec. Fl. fr. 3778.

Fl. blanches. E. 1. Les friches des collines, les bords des bois. R. Au bois de Courty, à Xaintrailles, à Lécussan, à Saint-Vincent-des-Corvs, près d'Agen.

3. Spiræa ulmaria. Linn.   *Spirée ulmaire.*

Feuilles pinnées; la foliole impaire plus grande, tribobée; fleurs en cimier. ♃... Clus. Hist. 2. p. 198. f. 1... Dalech. Hist. 1. p. 1081. f. 2... J. B. Hist. 3. p. 488. f. 2... Dec. Fl. fr. 3779... Vulgairement *Reine des prés.*
Fl. blanches odorantes. E. 1. Les lieux ombragés aquatiques. R. A Sainte-Foi-d'Ante, canton de Tournon; à Feugarolles, dans les saussaies, près d'Agen; sur les bords de l'Allemance.

Obs. *On dit que les fleurs de cette plante infusées dans le vin lui communiquent un goût de malvoisie.*

POLYGYNIE.

ROSA.   *ROSIER.*

5 pétales; calice urcéolé, 5 fide, charnu, étranglé à la gorge; semences nombreuses, hérissées, attachées aux parois intérieures du calice.

✳ *Styles réunis en colonne plus ou moins longue.*

1. Rosa sempervirens. Linn.   *Rosier toujours verd.*

Styles velus, soudés en colonne; feuilles lisses trèsluisantes, persistantes, à dents simples imbriquées; folioles calicinales ovales peu acuminées, entières; aiguillons peu crochus; tige débile. ♭... Dec. Fl. fr. 3714.
β. R. s. *prostrata.* Styles peu velus, souvent glabres; divisions calicinales, quelquefois un peu pinnatifides; tige couchée... R. *prostrata.* Dec. Fl. fr. VI. p. 536.
Fl. blanches à odeur ingrate, quelquefois d'un rouge sanguin entre les divisions calicinales. E. 2. Les haies, les bois. CCC. Dans les sables des Landes. R.

Obs. 1. *Les ovaires de cette espèce sont aussi souvent glabres qu'hérissés de poils glanduleux; leur forme n'est pas moins inconstante : on trouve des individus qui les ont ovales ou oblongs pendant que d'autres les ont globuleux.*

Obs. 2. *Ce Rosier est peut-être le seul qui végète dans les sables de nos Landes : nous l'y avons observé en plusieurs endroits, notamment sur la lisière des bois de* Surriers, *auprès de* Durance.

2. Rosa arvensis. Linn.   *Rosier des champs.*

Styles glabres, soudés en colonne ; feuilles d'un verd mat, à dents simples non imbriquées ; divisions calicinales longuement acuminées, un peu pinnatifides ; aiguillons peu crochus : tige débile. ♭... Dec. Fl. fr. 3696.

β. R. a. *pubescens.* Desv. Jour. bot. 1813. p. 112. Feuilles un peu pubescentes sur les nervures, les marges et le pétiole.

Fl. blanches. E. 2. Les bords des champs, les haies de la plaine de la Garonne. R. Derrière Malconté, près d'Agen.

Obs. *Les ovaires de cette espèce sont globuleux ou un peu oblongs, glabres ou hérissés de poils glanduleux.*

3. Rosa leucochroa. Desv.   *Rosier pâle.*

Styles glabres, réunis en colonne souvent incluse ; feuilles d'un verd pâle, oblongues alongées, la dernière paire lancéolée, à dents simples, velues sur les nervures ; tige ferme ; aiguillons très-crochus. ♭... Desv. Jour. bot. 1813. p. 113. t. 15... R. brevistyla. Dec. Fl. fr. VI. p. 536.

Fl. blanches à légère odeur de musc. E. 2. Les bois découverts, sur les rochers. R. A Charpaut, près d'Agen.

Obs. *Les pédoncules sont tantôt glabres, tantôt hérissés de poils glanduleux.*

4. Rosa stylosa. Desv.   *Rosier à longs styles.*

Styles glabres, réunis en colonne ; feuilles à dents simples, d'un verd mat, velues ; tige ferme élevée ; aiguillons très-forts, très-crochus ; pinnules des divisions calicinales élargies, rapprochées. ♭... Desv. (l. c.) t. 14... Dec. Fl. fr. VI. p. 536... R. leucantha. Lois. Not. 82... Dec. Fl. fr. VI. p. 535.

β. R. s. *dibracteata...* Feuilles entièrement glabres ; pédoncules centraux munis de deux bractées oblongues, acuminées... R. dibracteata. Bast. in Dec. Fl. fr. VI. p. 537.

Fl. roses ou blanches. P. 3. E. 1. Les bois découverts, les haies, les broussailles. CCC. Derrière Tuquet, à Charpaut, près d'Agen.

Obs. *Cette espèce ressemble extrêmement par le port, les feuilles, les tiges et les fleurs au* R. alba. *Les styles ont peu d'adhérence entr'eux : on les trouve quelquefois distincts et séparés ; les feuilles sont ordinairement velues sur les deux faces, souvent sur la face inférieure ou sur les nervures seulement, rarement glabres comme dans la var. β.*

✳ ✳ *Styles distincts et séparés.*

5. Rosa dumetorum. Thuil. ***Rosier des broussailles.***

Styles velus, saillans par le stigmate seulement; feuilles velues en dessous; folioles rapprochées, contiguës, à dents presque simples ; tige ferme ; aiguillons très-crochus ; pinnules des divisions calicinales élargies très-rapprochées. ♭... *R. dumetorum.* Thuil. Par. p. 250... Dec. Fl. fr. VI. p. 534... *R. canina dumetorum.* Desv. l. c.
Fl. roses ou blanches à odeur suave. P. 3. Les broussailles, les haies. CC. Au Saint-Esprit, près d'Agen.

Obs. *Cette espèce a bien plus d'affinité avec le* R. stylosa *qu'avec le* R. canina. *On la distingue du premier par ses styles courts, distincts et par ses aiguillons un peu moins crochus ; du second par ses folioles velues et contiguës.*

6. Rosa villosa. Linn. ***Rosier velouté.***

Styles velus, saillans par les stigmates seulement ; feuilles veloutées sur les deux faces, à dents surdentées ; tiges débiles, aiguillons effilés peu crochus ; fruits très-gros à leur maturité, le plus souvent hérissés d'aiguillons simples ou glanduleux. ♭... *R. villosa* et *tomentosa.* Dec. Fl. fr. 3600 et 3701.
Fl. roses. E. 1. Les bois, les friches. RR. A la garenne de Combebonnet, près Beauville, au pied du rocher derrière Monbran, près d'Agen.

7. Rosa canina. Linn. ***Rosier des chiens.***

Styles velus, saillans, distincts ; feuilles polymorphes plus ou moins glabres ; folioles distantes, à dents presque simples, tige ferme ; aiguillons peu crochus. ♭...
Dec. Fl. fr. 3716.
β. R. c. *grandidentata.* Desv. l. c... Feuilles à dents plus profondes, velues sur le pétiole ; ovaires hérissés de poils glanduleux, ainsi que le pédoncule. *R. andegavensis,*
Bast. Main. et Loir. 189... Dec. Fl. fr. VI. p. 539.

γ. R. c. *fallax*... Styles glabres ou presque glabres ; dents
des folioles surdentées.
Fl. roses. P. 2. 3. Les haies, les bois, les broussailles. CCC.
La variété β. Au St.-Esprit , à l'Hermitage ; près d'Agen.

Obs. *Si nous ne mentionnons ici que les deux modifications
les plus remarquables de cette espece, c'est afin de ne pas
surcharger la mémoire d'un poids inutile ; car , si on vouloit
tenir un compte rigoureux des différences offertes par les
glandules ou les poils des pétioles , des dentelures , des pédoncules, par la forme et l'état de l'ovaire , des feuilles , etc., on
auroit plus de variétés à décrire qu'il n'y a de lettres dans
l'alphabet grec.*

8. Rosa eglanteria. Linn.   *Rosier églantier.*

Styles très-velus , saillans , distincts ; feuilles glanduleuses en leurs bords , odorantes , à dents surdentées ;
divisions calicinales , hérissées d'aiguillons à leur base ;
tige droite ; aiguillons effilés, presque droits. ♭ ... Dec.
Fl. fr. 3694.
Fl. jaunes. P. 3. Les haies. RRR. Aux environs de Talives,
près d'Agen ; de Sauvagnas.

Obs. *Cette espèce n'est point indigène de nos contrées.*

9. Rosa rubiginosa. Linn.   *Rosier rouillé.*

Styles velus, saillans, distincts; feuilles velues, glanduleuses , odorantes, à dents surdentées ; tige ferme , à
rameaux flexueux ; aiguillons très-dilatés à leur base ,
très-crochus. ♭
β. R. r. *sepium*...Feuilles dépouillées de poils, glanduleuses,
odorantes; styles peu velus; ovaires et pédoncules nus...
R. sepium. Thuill. Fl. par. 250... Dec. Fl. fr. VI. p. 538.
γ. R. r. *parviflora*...Feuilles arrondies, velues, glanduleuses;
ovaires ordinairement hérissés d'aiguillons glanduleux
au sommet ; fleurs très-petites roses ou blanches.
Fl. roses , quelquefois blanches. E. 1. Les bois , les haies ,
les broussailles. CCC.

Obs. *Si l'on considère les différences occasionnées par les
glandules et les poils sur les feuilles, les pédoncules et les
ovaires , cette espèce offre presqu'autant de variétés que le
R. canina. On rencontre quelquefois des individus dont les
feuilles ne sont glanduleuses qu'en leur marge , en sorte qu'on
ne les distingue du R. canina fallax , autrement que par les
aiguillons très-gros et très-crochus de leurs tiges.*

10. Rosa gallica. Linn.   *Rosier français.*

Styles laineux, saillans, distincts; feuilles duvetées en dessous, à dents surdentées; tige basse; aiguillons droits, foibles, nombreux et caducs. ♭... Dec. Fl. fr. 3709... Vulgairement *Rosier de Provins*.

β. R. g. *versicolor*. Linn. Sp... Feuilles un peu plus allongées, moins obtuses; fleurs bigarrées de rose et de blanc.

Fl. d'un rose vineux à odeur suave. P. 3. Les bords des rochers, les haies. C. A l'Hermitage, à Saint-Vincent-des-Corvs, derrière Ferrou, près d'Agen. La variété β. dans une haie aux environs d'Aiguillon.

11. Rosa centifolia. Linn.   *Rosier à cent feuilles.*

Styles très-velus, distincts, saillans; feuilles un peu duvetées en dessous, à dentelures simples; tige droite; aiguillons effilés, nombreux, presque droits. ♭

Fl. Roses à odeur suave. P. 3. E. 1. Cultivé dans tous les jardins.

Obs. *Ses fleurs ainsi que celles du R. semperflorens servent à faire de l'eau rose qui est consommée dans nos ménages.*

12. Rosa semperflorens. Desf.   *R. de tous les mois.*

Styles très-velus, distincts, saillants; feuilles un peu duvetées en dessous, à dentelures simples; tige droite; aiguillons peu dilatés à leur base, très-peu crochus. ♭... Dec. Fl. fr. 3706.

Fl. roses à odeur suave. P. 2. E. Dans tous les jardins, cultivé pour l'agrément de ses fleurs et pour l'économie domestique.

Obs. *On trouve dans presque tous les jardins plusieurs autres espèces de Rosier; savoir: le Rosier du Bengale, R. Bengalensis, Pers.; le Rosier musqué, R. moschata, Ait.; le Rosier mousseux, R. muscosa, Linn.; le Rosier pompon, R. pomponina, Dec.; le Rosier de Bourgogne, R. Burgundiaca, Desf.; le Rosier souffré, R. sulphurea, Linn... Les plus communs sont le Rosier du Bengale dont on fait des haies et des pallissades magnifiques; le Rosier à cent feuilles et celui de tous les mois.*

RUBUS.   *RONCE.*

Calice 5 fide; 5 pétales; baie composée de grains succulens, agrégés, monospermes.

1. Rubus idæus. Linn.   *Ronce frambroisier.*

Tige frutescente, hérissée d'aiguillons ; feuilles pinnées à 3 ou 5 folioles, et couvertes en dessous d'un duvet blanchâtre ; pédoncules rameux. ♭... Dodon. Pempt. 731... Dec. Fl. fr. 3775.
Fl. blanches. E. 1. Dans une haie, aux marais de Brax. Cultivé à cause de ses fruits aussi sains qu'agréables au goût. Comme ceux du fraisier, ils font les délices des botanistes, *gaudium et solatio botanicorum*, dans leur pérégrinations alpines.

2. Rubus cæsius. Linn.   *Ronce bleuâtre.*

Tige frutescente, couchée, armée d'aiguillons ; feuilles un peu duvetées en dessous, ternées ; folioles latérales, presque bilobées ; fleurs en panicule peu fournie. ♭... Bull. Herb. pl. 381... J. B. Hist. 2. p. 59... Dec. Fl. fr. 3770.
Fl. blanches. E. Les champs cultivés, les haies. CCC. Ses baies ne sont point désagréables au goût.
    Noctua auricoma.

3. Rubus hybridus. Vill.   *Ronce hybride.*

Tige frutescente, armée d'aiguillons crochus, hérissée, ainsi que les pétioles, les pédoncules et les calices, de poils glanduleux ; feuilles vertes en dessous. ♭... *R. glandulosus.* Dec. Fl. fr 3771.
Fl. blanches. E. Les fondrières du bois de Darel ou des Jésuites, près d'Agen. R.

Obs. *Très-voisine du* R. fruticosus, *dont il n'est vraisemblablement qu'une variété.*

4. Rubus fruticosus. Linn.   *Ronce en arbrisseau.*

Tige frutescente, anguleuse, armée d'aiguillons crochus, ainsi que les pétioles ; feuilles pinnées à 3 ou 5 folioles couvertes en dessous d'un duvet blanc ; fleurs paniculées. ♭... Lob. Obs. p. 619. f. 1. et Ic. 211. f. 2... Dalech. Hist. p. 119... J. B. Hist. 2. p. 57... Dec. Fl. fr. 3773.
β. R. f. *tomentosus.* Feuilles molles, tomenteuses sur leurs deux faces... *R. tomentosus.* Willd. Sp. pl. 1083.
Fl. blanches ou légèrement purpurines. E. Les haies, les lieux incultes. CCC. La variété dans le bois de Beauregard et le vallon de Naux, près d'Agen.

Obs. *Les feuilles de cet arbuste sont persistantes dans nos contrées, si l'hiver n'a pas été très-rigoureux. On se sert de ses baies pour colorer le vin.*

Buprestis rubi. Bup. undatus. Papilio rubi.

FRAGARIA.   *FRAISIER.*

Calice 10 fide ; 5 pétales ; réceptacle ovale en forme de baie, caduc.

1. Fragaria vesca. Linn.   *Fraisier comestible.*

Rejets traçans ; feuilles ternées, dentées, soyeuses en dessous. ♃... Lamk. Ill. pl. 442... Moriss. Hist. 2. sect. 2. t. 19. f. 1... Dec. Fl. fr. 3761.
β. F. v. *magna.* Folioles pétiolées, fleurs plus grandes que le calice... *F. magna.* Thuill. Fl. par. 254.
γ. F. v. *caulescens.* Tige feuillée à la naissance des pédoncules.
Fl. blanches. P. Les bords des bois. CCC. Cultivée dans les jardins.

Obs. *On rencontre quelquefois cette plante dans les friches arides des coteaux ; elle γ est beaucoup plus petite dans toutes ses parties. En général, la grandeur de ses fleurs est sujette à des variations remarquables. Linné, dit-on, calmoit les douleurs de la goutte en mangeant des fraises ; il ne faut pas compter sur ce remède ; voici qui est plus certain : broyez la pulpe des fraises avec de l'eau-rose, du sucre et du jus de citron, vous aurez une conserve délicieuse.*

2. Fragaria sterilis. Linn.   *Fraisier stérile.*

Tige couchée ; rameaux florifères droits, feuillés, souvent biflores ; feuilles ternées, peu soyeuses en dessous ; réceptacle sec. ♃... Lob. Ic. 698. f. 1... *Potentilla fragaria.* Poir. Dict. enc. 5. p. 590... Dec. Fl. fr. 3759... *Fraga sterilis.* Lapey. Pyr. p. 287.
Fl. blanches. P. r. Les anciens bois, à Beauregard, à l'Escale, près d'Agen. R.

Obs. *Les pétales sont tantôt plus longs tantôt plus courts que le calice. Presque tous les botanistes modernes placent cette espèce dans le genre Potentilla ; mais, ce me semble, sans trop de raison. En effet, si son réceptacle n'est pas charnu, il ne laisse pas d'augmenter de volume après la fructification, et de s'élever en forme de cône. Il vaudroit*

14

*mieux, sans doute, à l'exemple de M. Lapeyrouse, créer
pour cette plante un genre intermédiaire entre les Poten-
tilles et les Fraisiers. Mais pourquoi ne pas regarder le
caractère tiré du réceptacle charnu comme variable, et le
remplacer par celui de* Réceptacle prenant de l'accroissement après la floraison ?

POTENTILLA.   *POTENTILLE.*

Calice à 10 divisions ; 5 pétales ; semences presque rondes, nues, fixées sur un réceptacle sec.

* *Feuilles pinnées.*

1. Potentilla anserina. Linn.   *Potentille anserine.*

Tige rampante, herbacée ; feuilles pinnées ; folioles alternativement grandes et petites, dentées, soyeuses,
blanches en dessous ; pédoncules axillaires, uniflores.
♃... Bull. Herb. pl. 157... Moriss. Hist. 2. sect. 2. t. 20.
f. 4... Lob. Obs. p. 395. f. 1. et Ic. 693. f. 1... Dalech.
Hist. p. 1064. f. 1... Dec. Fl. fr. 3732.
Fl. jaunes. P. 3. Les rives de la Baïse et du Lot. R. Au
passage de l'Arderet, près Thouars ; à Ladignac, sur la
rive gauche.

* * *Feuilles digitées.*

2. Potentilla argentea. Linn. *Potentille argentée.*

Tige droite duvetée ; feuilles quinées ; folioles cunéiformes, incisées, soyeuses, blanches en dessous ; fleurs
en corymbe. ♃... Moriss. Hist. 2. sect. 2. t. 19. f. 11...
J. B. Hist. 2. p. 398. f. 1... Dec. Fl. fr. 3745.
Fl. jaunes. P. 3. Les lieux arides, sablonneux des collines. RRR. Dans une friche derrière le moulin d'Escournat,
près d'Agen.

3. Potentilla rubens. Vill. *Potentille rougeâtre.*

Tige un peu redressée ; feuilles radicales quinées, les
caulinaires ternées ; folioles cunéiformes incisées-dentées, échancrées au sommet ; pétales échancrés beaucoup plus grands que le calice. ♃... Vill. Dauph. 3.
p. 366... *P. sabauda.* Dec. Fl. fr. 3738... *P. verna rubens.*
Willd. Sp. pl. 1104.

Fl. d'un jaune doré. P. 1. Les friches pierreuses sur les collines. R. Non loin et à l'est du Saint-Esprit, près d'Agen, sur le bord d'un rocher qui domine les vignes ; à Muraille.

Obs. *Cette espèce se distingue au premier coup-d'œil du P. verna par ses feuilles moins velues, souvent composées de 7 folioles, par ses tiges rouges plus longues, un peu re-dressées, par ses fleurs plus grandes et d'un jaune plus brillant.*

4. Potentilla verna. Linn. *Potentille printanière.*

Tige couchée ; feuilles radicales quinées ; folioles cunéi-formes, incisées-dentées, très-velues ; fleurs terminales ; pétales un peu plus grands que le calice. ♃... Clus. Hist. 2. p. 106. f. 3... Dec. Fl. fr. 3741.
Fl. jaunes. P. 1. E. A. Les friches, les pelouses des col-lines. CC.

5. Potentilla reptans. Linn. *Potentille rampante.*

Tige rampante ; feuilles quinées ; folioles ovales-cunéi-formes, incisées-dentées ; fleurs axillaires, solitaires. ♃... J. B. Hist. 2. p. 397... Moriss. Hist. 2. sect. 2. t. 19. f. 7... Dalech Hist. p. 1264... Lob. Obs. 393. f. 3. et Ic. 690. f. 1... Dec. Fl. fr. 3744.
Fl. jaunes. P. 3. Les bords des champs, des chemins ; les pelouses. CCC.

*** *Feuilles ternées.*

6. Potentilla splendens. Ram. *Potentille brillante.*

Tige couchée ; feuilles ternées ; folioles ovales-oblon-gues, dentées au sommet, soyeuses, blanches en-dessous ; pétioles très-hérissés ; fleurs axillaires et terminales ; réceptacle velu. ♃... Ramond in Dec. Fl. fr. 3757... *P. fragarioïdes.* Vill. Fl. dauph. 3. p. 561. non Linn... Vaill. Bot. par. t. 10. f. 1... Garid. Aix. pl. 109... *Fraga vaillantii.* Lapey. Fl. pyr. abr. p. 287.
Fl. blanches. P. E. Les bords des bois, des sentiers dans les sables des Landes. CC.

TORMENTILLA.　　TORMENTILLE.

Calice 8 fide ; 4 pétales ; 4 semences presque rondes, nues, fixées sur un petit réceptacle sec.

1. Tormentilla erecta. Linn.   *Tormentille droite.*

Tige droite, ou un peu redressée; feuilles sessiles, ternées; fleurs opposées aux feuilles, solitaires. ♃...
Besl. Eyst. æst. ord. 10. fol. 9. f. 3... Moriss. Hist. 2. sect. 2. t. 19. f. 13... Lamk. Ill. pl. 444... Garrid. Aix. pl. 103... Dec. Fl. fr. 3729.
Fl. jaunes. E. Les bois arides. CC. Près de Segougnac, au-delà du moulin d'Escournat.

Obs. *Les tartares substituent au thé la décoction de sa racine.*

2. Tormentilla reptans. Linn. *Tormentille rampante.*

Tige couchée, étalée; feuilles radicales quinées, les caulinaires ternées, pétiolées; fleurs solitaires, à l'aisselle des bifurcations. ♃... Dec. Fl. fr. 3730.
Fl. jaunes. E. Dans les bois. RR. Celui des Jésuites ou de Darel, près d'Agen.

Obs. *Très-rapprochée de la précédente. Tiges nombreuses, étalées, remarquables par leurs nombreuses dichotomies; pétioles longs de 2 à 4 lignes, diminuant progressivement jusqu'aux extremités des tiges ou des rameaux; stipules entières aux sommités; pétales échancrés dans les premières fleurs, entiers dans les dernières.*

GEUM.   *GEUM.*

Calice à 10 divisions; 5 pétales; semence munie d'une arète géniculée.

1. Geum urbanum. Linn.   *Geum benoîte.*

Tige droite; feuilles radicales pinnées ou ternées, les caulinaires ternées ou simples; fleurs droites, terminales; arêtes nues, crochues. ♃... Dalech. Hist. 686. f. 1... Clus. Hist. 2. p. 102. f. 2... Lob. Obs. p. 396. et Ic. 693. f. 2... Dec. Fl. fr. 3763... Vulgairement *Caryophillée. Benoîte.*
Fl. jaunes. E. Les bois frais et les lieux ombragés. C. Garenne de Saint-Amans, vallon de Foulayronnes, près d'Agen.

Obs. *Cette plante, pilée et appliquée sur le poignet avant l'accès, guérit, dit-on, les fièvres intermittentes, d'où lui vient le nom de Benoîte, herba benedicta. Elle doit celui de Caryophillée à l'odeur de ses racines qui, au printemps, sentent le Girofle.*

Buchave, médecin danois, a célébré la vertu fébrifuge de

cette plante ; Bouillon-Lagrange a constaté, par l'analyse chimique, qu'elle contenoit beaucoup de principe tanin ; Périlhe et Alibert la recommandent dans leur matière médicale comme un bon succedaneum *du kina.*

CLASSE TREIZIÈME.

POLYANDRIE.

MONOGYNIE.

† *Fleurs tétrapétales.*

CAPPARIS.   *CAPRIER.*

Calice 4 phylle, coriace ; 4 pétales ; étamines longues ; baie uniloculaire, pédonculée, recouverte d'une écorce.

1. Capparis spinosa. Linn.   *Caprier épineux.*

Pédoncules uniflores, solitaires ; stipules épineuses ; feuilles arrondies, obtuses, glabres ; capsules ovales. ♭ ... Lamk. Ill. pl. 446... J. B. Hist. 2. p. 63. f. 2... Lob. Obs. p. 359. f. 2. et Ic. 635. f. 1... Dalech. Hist. p. 155. f. 2... Dec. Fl. fr. 4281.
Fl. d'un blanc légèrement teint de pourpre. E. Cultivé dans beaucoup de jardins, et en grand sur un rocher du vallon du Pont-du-Cassé, près d'Agen, par M. Hyppolite Méja.

CHELIDONIUM.   *CHÉLIDOINE.*

Corolle 4 pétale ; calice 2 phylle ; silique uniloculaire, linéaire.

1. Chelidonium majus. Linn.   *Chélidoine éclaire.*

Pédoncules en ombelle ; feuilles à plusieurs lobes

obtus. ♃... Bull. Herb. pl. 61... Clus. Hist. 2. p. 203.
f. 1... Lamk. Ill. pl. 440. f. 1... Dec. Fl. fr. 4093.
Fl. jaunes. P. 2. 3. E. 1. Les haies ombragées, les vieux
murs. CC.

Obs. *Toute la plante contient un suc jaune très-abondant;
ce suc, extrémement âcre et corrosif, est quelquefois employé
dans les opthalmies. Malgré l'insuffisance et même le danger
d'un pareil collyre, il n'en a pas moins fait donner à la plante
qui le produit le nom d'Eclaire.*

2. Chelidonium glaucium. Linn. *Chélidoine glauque.*

Pédoncules uniflores; feuilles amplexicaules, sinuées;
tige glabre. ♂... Clus. Hist. 2. p. 82. f. 1... J. B. Hist.
3. p. 398... Dalech Hist. p. 1712. f. 1... Dec. Fl. fr. 4094...
Vulgairement *Pavot cornu.*
Fl. jaunes. E. Les lieux sablonneux des rives de la Garonne et de la Baïse. RR. Auprès de Valence et de
Nérac.

PAPAVER.   *PAVOT.*

Corolle tétrapétale; calice diphylle; capsule uniloculaire, ouverte par des orifices situés sous le stigmate
persistant.

⁎ *Capsules hérissées.*

1. Papaver argemone. Linn.   *Pavot argemone.*

Capsules en massue, hérissées; tige feuillée, multiflore.
◉... Moriss. Hist. 2. sect. 3. t. 14. f. 10... J. B. Hist.
3. p. 396... Lob. Obs. p. 144. f. 2... Dec. Fl. fr. 4087.
Fl. d'un rouge vif, l'onglet d'un violet noirâtre. P. 3. E.
Parmi les blés, sur les murailles. CCC.

2. Papaver hybridum. Linn.   *Pavot hybride.*

Capsule presque globuleuse, raboteuse, hérissée; tige
feuillée, multiflore. ◉... Moriss. Hist. 2. sect. 3. t. 14.
f. 9... Dec. Fl. fr. 4086.
Fl. d'un rouge-rose. P. 3. Parmi les lins. R. A Ségougnac,
près d'Agen.

⁎⁎ *Capsules glabres.*

3. Papaver rhœas. Linn.   *Pavot coquelicot.*

Capsules glabres, globuleuses; tige couverte de poils

hérissés, multiflore; feuilles pinnées; pinnules incisées.
◉... Lob. Obs. p. 143. et Ic. 175... Dalech. Hist. p.
439. f. 1... J. B. Hist. 3. p. 395... Dec. Fl. fr. 4089...
Moriss. Hist. 2. sect. 3. t. 14. f. 6.
Fl. d'un rouge éclatant. P. 3. E. 1. Dans les moissons.
CCC.

4. Papaver dubium. Linn.   *Pavot douteux.*

Capsules oblongues, glabres; tige multiflore, couverte
de poils appliqués; feuilles pinnatifides incisées. ◉...
Moriss. Hist. 2. sect. 3. t. 14. f. 11... Dec. Fl. fr. 4090.
Fl. d'un rouge pâle. E. Au pied des rochers exposés au
midi. C. A l'Hermitage, près d'Agen.

5. Papaver somniferum. Linn.   *Pavot somnifére.*

Calices et capsules glabres; feuilles amplexicaules incisées. ◉... Bull. Herb. pl. 57... Moriss. Hist. 2. sect. 3.
t. 14. f. 4... J. B. Hist. 3. p. 390... Dec. Fl. fr. 4091.
Fl. du violet le plus clair et du rouge le plus tendre,
jusqu'au violet le plus foncé et au rouge le plus vif. E.

OBS. *Cultivé dans les jardins, dont il fait l'ornement,
et quelquefois dans les champs, pour recueillir ses semences,
dont on extrait une huile improprement nommée* Huile d'œillet.

*Ses fleurs doublent aisément, et produisent une grande
quantité de belles variétés, mais elles sont éphémères. Ses
capsules fournissent l'opium, dont la vertu soporifique est
assez connue. On croit communément chez nous que l'huile
retirée de ses semences participe de cette vertu, et qu'il
est dangereux de l'employer dans les cuisines : c'est une
erreur.*

†† *Fleurs pentapétales.*

CISTUS.   *CISTE.*

Corolle pentapétale; calice à 5 folioles, dont deux plus
courtes; capsule polysperme.

* *Capsule de 5 à 10 loges; feuilles sans stipules.*

1. Cistus laurifolius. L. *Ciste à feuilles de laurier.*

Arbrisseau sans stipules; feuilles ovales-lancéolées, ondulées, pétiolées, à trois nervures, glabres, visqueuses
en dessus, tomenteuses en dessous; pétioles connés à

la base ; bractées caduques , multiflores. ♭... Lamk.
Dict. enc. 2. p. 16... Dec. Fl. fr. 4479. exclus. syn.
Clus. ?

Fl. blanches. P. 3. Sur le bord d'un petit bois à Tulle,
près Lectoure.

Obs. *M. Decandolle ayant vu dans mon jardin des individus de cette espèce que j'y avois transportés, et auxquels
il ne donna sans doute qu'une légère attention, les regarda
comme appartenant au Cistus lanadiferus ; mais il est vraisemblable que s'il avoit eu le temps de les examiner, il eût
aisément reconnu qu'ils ne pouvoient se rapporter à cette
espèce, dont les caractères, d'après Linné, d'après Lamark,
d'après lui-même, ne sauroient leur convenir.*

2. Cistus salvifolius. ʟ. *Ciste à feuilles de sauge.*

Petit arbrisseau sans stipules ; feuilles opposées, ovales-
oblongues, pétiolées, chagrinées, presque crénelées,
hérissées sur les deux faces ; pédoncules très-longs,
penchés avant l'épanouissement des fleurs. ♭... J. B.
Hist. 2. p. 4. f. 2... Clus. Hist. 1. p. 70... Lob. Obs. p.
549. f. 2... Dalech. p. 226. f. 2... Dec. Fl. fr. 4492.

Fl. d'un jaune très-pâle. E. 1. Les bois de pins, *pinadas,*
de la lisière des Landes. C.

✳ ✳ *Capsules uniloculaires, feuilles sans stipules.*

3. Cistus umbellatus. ʟɪɴɴ.　　*Ciste ombellé.*

Sous-arbrisseau, sans stipules ; feuilles opposées, linéaires ; fleurs en ombelle pédonculée. ♭ ... *Helianthemum umbellatum.* Dec. Fl. fr. 4482.

Fl. blanches. E. 1. Les bois des Landes. CC. A Xaintrailles.

4. Cistus scabrosus. ᴀɪᴛ.　　*Ciste rude.*

Petit arbrisseau, sans stipules ; feuilles opposées, ovales
à 3 nervures, hérissées de faisceaux de poils étoilés ;
calices 3 phylles. ♭ ...Willd. Sp. pl. 1192... *C. alyssoïdes.*
Lamk. Dict. 2. p. 20... *Helianthemum alyssoïdes.* Dec.
Fl. fr. 4488.

β. *C. s. rotundifolius.* Feuilles quatre fois plus petites,
orbiculaires-ovales... *Helianthemum microphullum.* Dec.
Fl. fr. VI. p. 622.

Fl. jaunes, l'onglet orangé. E. Les Landes découvertes.
CCC. La var. β dans les bois. R.

5. Cistus fumana. Linn. *Ciste fumane.*

Très-petit arbrisseau couché, sans stipules ; feuilles alternes, linéaires, rudes sur les bords ; pédoncules uniflores. ♭... Barr. Ic. 286 et 446... Clus. Hist. 1. p. 75. f. 2... *Helianthemum fumana.* Dec. Fl. fr. 4484.
Fl. jaunes. E. Les friches arides des coteaux, les rochers. CC.

6. Cistus guttatus. Linn. *Ciste taché.*

Tige herbacée, sans stipules ; feuilles opposées, oblongues, à trois nervures, hérissées, les radicales ovoïdes ; rameaux sans bractées, pétales entiers. ◉... Clus. Hist. 2. p. 327... J. B. Hist. 2. p. 13. f. 1... Dec. Fl. fr. 4490.
β. C. g. *serratus.* Pétales légérement dentés... *C. serratus.* Cav... *Helianthemum guttatum* γ. Dec. Fl. fr. VI. p. 623.
Fl. jaunes, avec ou sans tache noirâtre ronde sur chaque pétale. E. 1. 2. Les bois sablonneux des Landes. CCC. A Beauregard, et entre le Passage et Roquefort, près d'Agen. R.

*** * *** *Capsules 1 loculaires ; feuilles avec des stipules.*

7. Cistus helianthemum. Linn. *Ciste hélianthème.*

Petit arbrisseau couché ; stipules lancéolées ; feuilles oblongues, un peu pileuses, blanchâtres en dessous, bords roulés en dehors ♭... J. B. 2. p. 15. f. 2... Clus. Hist. 1. p. 73... *Helianthemum vulgare.* Dec. Fl. fr. 4495.
β. C. h. *hirtellum.* Calices hérissés de poils roides.
Fl. jaunes, quelquefois blanches. E. Les friches pierreuses des coteaux, les rochers. CCC. La var. à fleurs blanches dans le canton de Tournon.

8. Cistus pulverulentus. Pour. *Ciste pulvérulent.*

Petit arbrisseau couché, très-rameux, couvert d'un duvet blanchâtre ; stipules linéaires, droites ; feuilles oblongues, obtuses, à bords roulés en dehors ; calices pubescens. ♭... Dec. Fl. fr. 4501... *C. polyfolius.* Lamk. Dict. 2. p. 26.
Fl. blanches. E. Les coteaux arides exposés au midi. R. Entre Blanquefort et la Sauvetat dans le haut Agenais, à Tournon, à Condat.

TILIA.   *TILLEUL.*

Corolle à 5 pétales ; calice à 5 divisions ; baie sèche, globuleuse, à 5 valves, s'ouvrant par la base.

1. **Tilia Europæa.** Linn.   *Tilleul d'Europe.*

Fleurs dépourvues de nectaire. ♄.
β. T. e. *microphylla.* Petites feuilles... *T. microphylla.* Dec. Fl. fr. 4503.
γ. T. e. *platyphillos.* Feuilles larges... *T. platyphillos.* Dec. Fl. fr. 4504.
Fl. d'un blanc verdâtre. E. 1. Dans les bois. RR. Vallon de Lacépède, à Escournat, près d'Agen.

††† *Fleurs polypétales.*

NYMPHÆA.   *NÉNUPHAR.*

Corolle polypétale ; calice de 4 à 5 feuilles ; baie à plusieurs loges, tronquée.

1. **Nymphæa lutea.** Linn.   *Nénuphar jaune.*

Feuilles cordiformes, très-entières ; calice pentaphylle plus grand que les pétales. ♃... Dalech. Hist. 1009. f. 1... J. B. Hist. 3. p. 771... Clus. Hist. 2. p. 77. f. 2... Dec. Fl. fr. 4084.
Fl. jaunes. E. 2. Les étangs des Landes ; dans le Drot, l'Auvignon de Bruch ; Lauroue au-dessous de Gimbrède, canton d'Astaffort. C.

2. **Nymphæa alba.** Linn.   *Nénuphar blanc.*

Feuilles cordiformes, très-entières ; calice tétraphylle, plus court que les pétales. ♃... Dalech. Hist. 1008. f. 2... J. B. 3. p. 770... Clus. Hist. 2. p. 77. f. 1... Dec. Fl. fr. 4085.
Fl. blanches. E. 2. Les eaux tranquilles, les marais des Landes. R. Entre Barbaste et la Menine, dans l'Avance. CC.

———

TRIGYNIE.

DELPHINIUM.   *DAUPHINELLE.*

Calice nul ; 5 pétales ; nectaire bifide ; éperon postérieur ; 3 ou 1 silique.

*** *Capsule. unique.***

1. Delphinium consolida. Linn. *D. consoude.*

Nectaire d'une seule pièce ; tige droite, rameuse ; rameaux très-ouverts ; feuilles multifides ; fleurs en épi, très-lâche. ☉... Dec. Fl. fr. 4674... Dodon. Pempt. 252. f. 2... Lob. Obs. 427. f. 1. et Ic. 739. f. 2.
Fl. d'un beau bleu. E. Les champs cultivés des rives de la Garonne. RRR. Sans doute apportée par cette rivière lors de ses débordemens.
Noctua Delphini.

2. Delphinium Ajacis. Linn. *Dauphinelle d'Ajax.*

Nectaire d'une seule pièce ; tige droite, rameuse ; rameaux redressés ; feuilles multifides ; fleurs en long épi serré. ☉... Dodon. Pempt. 252. f. 1... Lob. Obs. p. 426. f. 2. et Ic. p. 739. f. 1... Dec. Fl. fr. 4675.
Fl. bleues, roses ou blanches. E. 2. Dans les champs après la moisson. C. A. Daunefort, à Cruzel, près d'Agen ; à la Gaffe, près Clermont-Dessous ; entre Nérac et Mezin.

> *Dic quibus in terris inscripti nomine regum*
> *Nascuntur flores, et Phyllida solus habeto.*
> *Ecce suos genitus foliis inscripsit et A I A.*
> VIRG. Egl.

*** * *Trois capsules réunies.***

3. Delphinium peregrinum. Linn. *D. voyageuse.*

Nectaire diphylle ; corolle à 9 pétales ; feuilles inférieures, divisées en plusieurs lanières obtuses ; épi long très-serré. ☉... Clus. Hist. 2. p. 206. f. 1... All. Ped. 1508. t. 25. f. 3... Besl. Eyst. æst. ord. 2. fol. 11. f. 1... Dec. Fl. fr. 4676.
Fl. d'un bleu foncé. E. 2. Les champs de la plaine de la Garonne. CC. A Riols, à Notre-Dame de Bon-Encontre, près d'Agen ; sur les collines à Monbran, près d'Agen ; à Fauroux.

PENTAGYNIE.

AQUILEGIA. *ANCOLIE.*

Calice nul ; 5 pétales ; 5 nectaires corniculés, situés entre les pétales ; 5 capsules distinctes.

1. Aquilegia vulgaris. Linn.   *Ancolie commune.*

Nectaires courbés en dedans ; tige feuillée, multiflore ; feuilles ternées, à folioles trilobées, obtuses. ♃... Lamk. Ill. pl. 488. f. 1... Besl. Eyst. æst. ord. 2. fol. 9. f. 3... Barr. Ic. 628... Dalech. Hist. p. 820... Dec. Fl. fr. 4670.

β. A. v. *pauciflora.* Plus petite, tige portant de 2 à 3 fleurs... *A. v.* Gouan. Ill. 33. t. 19... Linn. Mant. 77.

γ. A. v. *parviflora.* Fleurs moins amples et plus rares. Fl. bleues. P. 3. Les lieux frais et pierreux. C. A Cambes, à Charpaut, au bois de Véronne, près d'Agen. La var. β derrière Lécussan ; dans le vallon de Ferrou. La var. γ derrière Lécussan, près d'Agen.

Obs. *Le haut de la tige et les calices de l'A.* vulgaris *devenant visqueux après la fructification, nous sommes induits à penser que l'A.* viscosa *de Gouan n'est que la même plante, qu'il aura recueillie en fruit (il dit n'avoir pas vu la fleur.) Cette identité nous semble d'autant plus probable, que Murray ayant semé des graines de la prétendue A.* vis-cosa, *envoyées par Gouan lui-même, n'a obtenu de ces graines que des individus de l'A.* vulgaris.

NIGELLA.   *NIGELLE.*

Calice nul ; 5 pétales ; 5 nectaires ; 3 fides, situés dans la corolle ; 5 capsules réunies.

1. Nigella damascena. Linn.   *Nigelle de Damas.*

Feuilles divisées en plusieurs lanières linéaires ; fleurs ceintes par un involucre foliacé. ◉... Lamk. Ill. pl. 488. f. 2... Besl. Eyst. æst. ord. 2. fol. 10. f. 3... Clus. Hist. 2. p. 208. f. 1... Dec. Fl. fr. 4668. Fl. blanches lavées de bleu. P. 3. Les champs parmi les moissons. R. Sur les hauteurs des vallons de Foulayronnes et de Naux, près d'Agen. C.

Obs. *Cette espèce est cultivée en grand dans l'Orient, où ses graines sont employées comme épiceries, sous le nom d'*Abesode. *Olivier.* Voy. en Egypte. *2, pag.* 168.

2. Nigella sativa. Linn.   *Nigelle cultivée.*

Cinq pistils ; capsules arrondies, hérissées d'aspérités y feuilles un peu pileuses. ◉... J. B. Hist. 3. p. 208... Lob. Obs. p. 428. f. 2. Fl. bleues. E. Cultivée dans quelques jardins ruraux.

Obs. *Les semences de cette plante sont employées en guise d'épiceries, quoiqu'un ancien traducteur de Dioscoride ait dit, de sa décoction, que si on en buvoit par-trop, elle feroit mourir la personne.*

3. Nigella arvensis. Linn.   *Nigelle des champs.*

Cinq pistils ; pétales entiers ; capsules ovales, rétrécies à la base. ◉... Bull. Herb. pl. 126... Lamk. Ill. pl. 488. f. 1... Dec. Fl. fr. 4669.
Fl. blanches, avec une légère teinte de bleu. E. 2. Dans les champs sur les plateaux des collines. R. A Grabiat, près d'Agen ; à Bauloc, près Beauville.

4. Nigella hispanica. Linn.   *Nigelle d'Espagne.*

Huit pistils contournés en spirale, aussi longs que la corolle ; capsule presque en forme de cône ; pédoncules renflés. ◉... Moriss. Hist. 3. sect. 12. t. 18. f. 8 et 9... Fuchs. Hist. p. 505 ?... Besl. Eyst. æst. ord. 2. fol. 10. f. 2.
Fl. d'un bleu pâle. E. 2. 3. Dans le champs cultivés. RR. Vallon de Naux, près d'Agen, et vis-à-vis ce vallon, entre la grande route et les saussaies qui bordent la Garonne.

Obs. *Toute la plante est glabre ; mais couverte d'aspérités qui la rendent rude au toucher ; ses nectaires, au nombre de 8, sont pétaloïdes, bleuâtres à leur base, marqués d'une ligne rouge transversale vers leur milieu, terminés par deux lobes, surmontés d'une soie renflée au sommet, et portant une troisième soie verticale point renflée, au dessous de la ligne rouge ; sa capsule est conique, rude, à plusieurs angles saillans et rentrans.*

POLYGYNIE.

CLEMATIS.   *CLÉMATITE.*

Calice nul ; 4 pétales, rarement 5 ou 6 ; semences terminées par une longue queue.

1. Clematis vitalba. Linn.   *Clématie des haies.*

Tige sarmenteuse, grimpante ; feuilles pinnées ; folioles un peu cordiformes ; fleurs paniculées. ♄ ... Bull. Herb. pl. 69... Lob. Obs. p. 345. f. 2... J. B. Hist. 2. p. 125.

f. 2... Dec. Fl. fr. 4590... Vulgairement *Herbe aux gueux.*
Fl. blanches. E. Les haies, les broussailles. CCC.

Obs. *Les feuilles de cette plante sont escarotiques ; ses tiges sont employées à la grosse vanerie par les paysans.*

THALICTRUM.   *PIGAMON.*

Calice nul ; corolle à 4 au 5 pétales ; semences sans queue.

1. Thalictrum minus. Linn.   *Pigamon menu.*

Folioles arrondies, trifides; fleurs inclinées. ♃...Dodon. Pempt. p. 58. f. 2... Dec. Fl. fr. 4598.
Fl. d'un blanc jaunâtre. E. 2. Les lieux frais des collines du département du Lot, et sans doute aussi celles du Lot-et-Garonne qui les avoisinent.

ELLEBORUS.   *ELLÉBORE.*

Calice nul ; 5 pétales ou davantage ; nectaires bilabiés, tubulés ; capsules polyspermes, presque redressées.

1. Elleborus viridis. Linn.   *Ellébore verd.*

Tige bifide; rameaux feuillés, biflores; feuilles digitées. ♃... Moriss. Hist. 3. sect. 12. t. 4. f. 5... Dalech. Hist. p. 1635... Clus. Hist. 1. pag. 275. f. 1... Lob. Obs. p. 387. f. 2. et Ic. 680. f. 1... Best. Eyst. hyem. fol. 2... Dec. Fl. fr. 4665.
Fl. verdâtres. P. 1. Les bois humides, les lieux ombragés, les bords des ruisseaux. R. A Lecussan, à Naux, près d'Agen ; aussi près de Clermont-Dessous.

2. Elleborus fetidus. Linn.   *Ellébore fétide.*

Tige multiflore, feuillée; feuilles digitées, très-entières. ♃... Lob. Obs. p. 337. f. 2. et Ic. 676. f. 2... Dalech. Hist. p. 1638. f. 2... Moriss. Hist. 3. sect. 12. t. 4. f. 6... Bull. Herb. pl. 71... Best. Eyst. hiem. fol. 3. f. 1... Dec. Fl. fr. 4662... Vulgairement *Pied de Griffon.*
Fl. verdâtres, d'un rouge de sang en leurs bords. H. 3. P. 1. Les bois, les friches incultes dans les coteaux. CCC.

CALTHA.   *POPULAGE.*

Calice nul ; 5 pétales ; point de nectaires ; plusieurs
capsules polyspermes.

1. Caltha palustris. Linn.   *Populage des marais.*

Tige droite , rameuse ; feuilles en cœur , arrondies ,
crénelées sur les bords ; fleurs pédonculées , terminales.
♃... J. B. Hist. 3. p. 470 et 471... Lob. Obs. p. 323.
f. 2. et Ic. 594. f. 1... Lamk. Ill. pl. 500... Dalech. Hist.
p. 1049... Dec. Fl. fr. 4684. Vulgairement *Souci des
marais.*
Fl. jaunes. P. 1. 2. Les bords des ruisseaux , aux environs
de Lauzun , de Libos et dans les Landes. R.

ANEMONE.   *ANÉMONE.*

Calice nul ; 6 à 9 pétales ; plusieurs semences.

※ *Semences aigrettées.*

1. Anemone pulsatilla. Linn.   *Anémone pulsatille.*

Pédoncule muni d'un involucre ; pétales droits ; feuilles
bipinnées. ♃... Bull. Herb. pl. 49... Dalech. Hist. p.
849. f. 2... Clus. Hist. 1. p. 246... Dec. Fl. fr. 4608.
Fl. d'un violet foncé. P. Les sables des Landes , dans les
lieux secs. C. Au lac de la Laguë , au pont de Gorre , à
Tillet , en général dans toutes les Landes rases.

※ ※ *Semences nues.*

2. Anemone nemorosa Linn.   *Anémone sylvie.*

Tige uniflore ; feuilles caulinaires biternées , à folioles
lancéolées , trifides , dentées ; corolle hexapétale. ♃.
α. A. n. *linneana.* Pétales ovales-obtus , élargis intérieurement , les 3 extérieurs recouvrant les 3 intérieurs
par la base. Dodon. Pempt. 432. f. 2... Lob. Ic. 673 f.
2. Obs. 214. f. 2... Clus. Hist. 1. p. 247. f. 1.
β. A. n. *grandiflora.* Pétales ovales-oblongs , obtus ,
distincts à la base. Fuchs. Hist. 161... Dalech. Hist.
1030. f. 2... J. B. Hist. 3. p. 412. f. 2.
γ. A. n. *cœrulea.* Pétales bleus , ovales-oblongs , obtus ,

distincts à la base ; feuilles plus obtuses. Dec. Fl. fr. 4616. var. γ.

Fl. blanche, lavée de rose extérieurement. P. 1. Les prairies. R. A Peyrequatre, vallon de Foulayronnes et derrière Monbran, près d'Agen ; aux environs du Port-Sainte-Marie et de Saint-Maurin. La variété γ près de Condom.

Obs. *La figure de l'A. nemorosa Bull. herb., ne convient point à notre plante. Si cette figure est bonne, l'A. nemorosa des flores parisiennes n'est point celle de Linné.*

3. Anemone ranunculoïdes. Linn. *A. ranunculoïde.*

Tige portant de 1 à 3 fleurs ; feuilles caulinaires biternées ; folioles presque trifides, dentées au sommet ; pétales oblongs, obtus, ouverts. ♃... Dalech. Hist. 1030. f. 3... Fuchs. Hist. p. 161... Dec. Fl. fr. 4617.

Fl. jaunes. P. 1. 2. Les bords des ruisseaux, R. Dans les vallons de Foulayronnes et de Naux, près d'Agen. CC.

ADONIS. *ADONIS.*

Calice 5 phylle ; 5 pétales ou davantage ; point de nectaire ; semences nues.

1. Adonis æstivalis. Linn. *Adonis estival.*

Fl. à 5 ou 8 pétales ovales-oblongs ; fruit en épi cylindrique, ovale ou oblong. ◉... J. B. Hist. 3. p. 126. f. 2... Swert. Florileg. 2. t. 13. f. 4.

β. A. æ. *flammea.* Pétales linéaires, aigus. *A. flammea.* Jacq.

Fl. d'un rouge de feu vif. E. A. Les champs cultivés. CC.

Obs. *Lorsque cette espèce n'offre que 5 pétales au lieu de 8, ce n'est dû qu'à l'avortement des trois autres. La position respective de ces cinq pétales, qui laissent entre eux précisément trois intervales vides, ne permet nul doute à cet égard. L'A. autumnalis Linn. doit donc être supprimé. Quant à l'A. flammea Jacq., il n'est bien certainement qu'une modification de l'A. æstivalis Linn., puisqu'on peut observer, à la fois, dans une même fleur, des pétales oblongs et des pétales linéaires.*

RANUNCULUS. *RENONCULE.*

Calice 5 phylle ; 5 pétales munis d'une glande, ou pore mellifère à leur onglet ; semences nues.

* *Feuilles simples.*

1. Ranunculus flammula. l. *Renoncule flammette.*

Feuilles ovales-lancéolées, pétiolées ; tige obliquement penchée. ♃... Bull. Herb. pl. 15... Lob. Obs. 382. f. 2. et lc. 670. f. 1... Moriss. Hist. 2. sect. 4. t. 29. f. 35... Dec. Fl. fr. 4658.

β. R. f. *serrata.* Feuilles dentées. Lob. Obs. (loc. cit.) f. 3.

γ. R. f. *reptans.* Feuilles linéaires ; tige rampante, longue de 2 à 4 pouces... *R. reptans.* Linn... Dec. Fl. fr. 4659.

Fl. jaunes. E. Les prairies marécageuses. R. A Brax, près d'Agen. La variété γ dans les marais des Landes. R.

Obs. Les tiges de cette espèce qui se trouvent accidentellement couchées après la floraison et qui touchent le sol, deviennent prolifères à l'aisselle des vieilles feuilles. Mais, chose remarquable ! les petits individus qui paroissent alors sont parfaitement conformes au R. reptans, *figuré dans la Flora lapponica, t. 3. f. 5., ensorte qu'il est impossible de ne pas les rapporter à cette espèce, si l'on ne s'est préalablement assuré qu'ils sont nés sur les vieilles tiges du* R. flammula. *Cette observation détruit certainement le caractère spécifique du* R. reptans. Linn. *, et nécessite sa réunion avec le* R. Flammula, *déjà faite par le célèbre Smith.*

2. Ran. ophioglossifolius. vill. *R. à f. d'ophioglosse.*

Feuilles très-entières, obtuses, les radicales cordiformes, les caulinaires ovales-lancéolées, les supérieures linéaires ; tige droite. ♃... Vill. Dauph. 2. p. 1310. t. 49.... R. *flammula.* δ. Dec. Fl. fr. 4658.

Fl. jaunes. E. Les prairies noyées. RR. A la Sauvetat-de-Savères. Trouvée par le docteur Itier.

3. Ranunculus ficaria. Linn. *Renoncule ficaire.*

Feuilles cordiformes, anguleuses, pétiolées ; tiges uniflores, huit pétales. ♃... Bull. Herb. pl. 48... Dalech. Hist. 1048... J. B. Hist. 3. p. 468... Moriss. Hist. 2. sect. 4. t. 30 f. 45... Fuchs. Hist. 867... *Ficaria ranunculoïdes.* Dec. Fl. fr. 4620.

Fl. d'un jaune brillant. P. 1. Les prés, les champs, les bois. CCC.

Obs. Les calices sont, pour l'ordinaire, triphylles ; mais on les trouve cependant, même assez souvent, à cinq folioles, comme ceux des autres renoncules. Il faut donc n'avoir point observé le calice de cette espèce pour adopter le genre Ficaria *de Roth.*

*** * *Feuilles lobées ou décomposées.***

4. Ranunculus sceleratus. L. *Renoncule scélérate.*

Feuilles inférieures palmées , les supérieures digitées ; fruits oblongs. ♃... Fuchs. Hist. 159... Bull. Herb. pl... Lob. Obs. 382. et 1c. 669. f. 1... Dalech. Hist. 1027. J. B. Hist. 3. p. 668. f. 1... Dec. Fl. fr. 4639... Moriss. Hist. 2. sect. 4. t. 20. f. 27 et 28.
β. R. s. *minutus.* A peine haute de trois pouces.
Fl. jaunes. P. 2. Les marécages. CC. A Brax , à Genevois, près d'Agen.

Obs. *Cette plante est pour l'homme l'un des plus violens poisons que l'on connoisse , cependant les chèvres et les moutons la mangent ; les vaches et les chevaux n'en veulent pas.* Poir. *dict. enc.*

5. Ranunculus philonotis. Retz. *R. philonote.*

Calice pileux , réfléchi ; pédoncules striés ; feuilles trifides à divisions incisées-lobées , hérissées ; fruit arrondi. ◉... J. B. Hist. 3. p. 417. f. 3. *bonne...* Dec. Fl. fr. 4649.
β. R. p. *intermedius.* Tige moins ramifiée , plus petite et presque glabre. *R. intermedius.* Poir. Dict. enc. 6. p. 116.
γ. R. p. *parvulus.* Tige naine , presque toujours uniflore. *R. parvulus.* Linn. Mant. 79.
Fl. jaunes. P. 3. Les terrains frais , cultivés , les bords des fossés. CC. Les variétés β et γ naissent ensemble dans les sols légers et sablonneux.

Obs. *Toutes les variétés de cette plante ont les feuilles radicales entières ou à peine incisées. Il seroit facile de les confondre avec le* R. bulbosus, Linn. ; *mais leur racine fibreuse et la couleur pâle de toute la plante les font suffisamment distinguer. Les tiges du* R. philotonis, *couchées après la fructification , deviennent polifères aux aisselles de vieilles feuilles , comme celles du* R. flammula.

6. Ranunculus bulbosus. L. *Renoncule bulbeuse.*

Calices réfléchis ; pédoncules sillonnés ; tige droite ,

multiflore ; feuilles trifides à divisions incisées-lobées ;
racine globuleuse. ♃... Bull. Herb. pl. 27... Lob. Obs.
p. 380. f. 3. et Ic. 667. f. 1... J. B. Hist. 3. p. 417. f 4...
Moriss. Hist. 2. sect. 4. t. 28. f. 13... Dec. Fl. fr. 4648.
α. R. b. *linneanus*. Divisions des feuilles presque pétiolées.
β. R. b. *augustifolius*. Feuilles trilobées très-légèrement incisées.
γ. R. b. *parvus*. A peine haute de 3 pouces ; feuilles trilobées
incisées.
Fl. jaunes. P. 2. α et β. Dans les prairies humides , sur
les bords des fossés... CC. γ. Dans les friches crétacées.

7. Ranunculus repens. L.   *Renoncule rampante.*

Feuilles ternées à folioles pétiolées, trifides, l'intermédiaire plus allongée ; tige à rejets rampans ; rameaux
florifères droits. ♃... Dec. Fl. fr. 4642.
β. R. r. *prostatus*. Tiges couchées à rejets rampans ; fleurs
ordinairement terminales... Dalech. Hist. 1031. f. 3...
Bull. Herb. pl. 77... Lob. Ic. p. 664. f. 2... Dodon.
Pempt. 422. f. 1... *R. prostratus*. Poiret, Dict. 6. p. 113.
Fl. jaunes. P. 2. Les terrains frais, au voisinage des sources.
CCC. La variété β sur les coteaux dans les vignes. C.

8. Ranunculus villosus. N.   *Renoncule pileuse.*

Calices très-ouverts ; pédoncules sillonnés ; tige et pé-
tioles très-velus ; feuilles pileuses trifides, à lobes crénelés.
♃... *R. magnus hirsutus, flore luteo.* J. B. Hist. 3. p. 417.
Fl. jaunes , grandes. P. 2. Les bois. CC. A Beauregard , à
Naux , à Cruzel , à Ferrou , près d'Agen.

DESCRIPT. *Hérissée de poils blanchâtres ou un peu roussâtres ; tige redressée , haute de 1 à 2 pieds , sillonnée ainsi
que les pédoncules ; feuilles radicales , presque trifides , à
divisions incisées, lobées ; la première caulinaire semblable aux
radicales , mais plus profondément incisée , les supérieures à
trois lobes linéaires , entiers ; fleurs plus grandes que celles
du R. acris , à pétales d'un jaune luisant plus pâle à
l'onglet ; semences comprimées , surmontées d'une pointe en
forme de bec crochu de couleur jaune.*

*Cette espèce a souvent les feuilles marquées de taches d'un
violet sombre , ainsi qu'on l'observe sur celles du R. bulbosus.*

*Elle diffère essentiellement du R. lanuginosus , et du R.
sylvaticus , Thuill. par ses tiges et ses pédoncules sillonnés,
non cylindriques , par ses pétales qui ne sont point entièrement d'un jaune luisant , et par ses tiges toujours plus foibles.*

Le synonyme de J. B. est mal à propos rapporté par Linné

à son R. lanuginosus *; d'après la description des deux plan-*
tes, il appartient à la nôtre exclusivement.

9. Ranunculus polyanthemos. L. *R. polyanthème.*

Calices ouverts; pédoncules sillonnés; tige droite; feuilles à plusieurs divisions linéaires. ♃... Lob. Ic. 666. f.
1. et Obs. 380. f. 2... Dodon. Pempt. 423. f. 2... Dec. Fl.
fr. VI. p. 638.
Fl. jaunes. P. 2. Les lieux cultivés. RR. Auprès de la
manufacture de toiles à voiles, et des ci-devant petits
Carmes d'Agen. Une variété de cette espèce à fleurs pleines,
est cultivée dans les jardins sous le nom de *Bouton d'or*,
ainsi que la variété également à fleurs pleines du R. *repens.*

10. Ranunculus acris. Linn.　　*Renoncule âcre.*

Calices ouverts ; pédoncules cylindriques ; feuilles à 3
divisions découpées en lobes pointus incisés , les supérieures à lobes linéaires. ♃... Bull. Herb. pl. 109... J. B.
Hist. p. 416... Lob. Obs. 379. f. 2... Dalech. Hist. 1032.
f. 1... Moriss. Hist. 2. sect. 4. t. 28. f. 16... Dec. Fl. fr.
4643.
β. R. a. *dissectus.* Feuilles plus profondément incisées ,
presque décomposées. Dec. Fl. fr. (l. c.) Variété β.
Fl. jaunes. P. 2. Les prairies , les bords des fossés. CCC.

Cryptocephalus sericeux ?

Obs. *Très-voisine de la précédente.*

11. Ranunculus arvensis. L. *Renoncule des champs.*

Semences hérissées de pointes ; feuilles supérieures décomposées à divisions linéaires. ☉... Bull. Herb. pl. 117...
J. B. Hist. 3. p. 856. f. 1... Moriss. Hist. 2. sec. 4. t. 29.
f. 23... Dalech. Hist. p. 1030 f. 1... Lob. Obs. p. 380 f.
1... Dec. Fl. fr. 4652.
Fl. d'un jaune de soufre. E. 1. et 2. Dans les champs.
CCC.

12. Ranunculus parviflorus. Linn.　　*R. parviflore.*

Semences hérissées d'asperités ; feuilles simples , laciniées, aiguës, velues ; tige diffuse. ☉... Moriss. Hist.
2. sect. 4. t. 28. f. 21... Dec. Fl. fr. 4650.
Fl. d'un jaune de soufre, très-petites. E. Les bords des
champs , des chemins , le long des murailles. CC. A
Malconte , à Dolmayrac près d'Agen.

Obs. *Les feuilles radicales sont profondément échancrées*

cœur à leur base. Cette espèce a un facies tous différent de ses congénères, si l'on excepte le R. muricatus *Linn. Comment est-il donc possible qu'on lui ait trouvé beaucoup de rapports avec le* R. philonotis *Retz ? Voy. la Fl. fr. loc. cit.*

13. Ranunculus hederaceus. Linn.　　*R. hédéracée.*

Feuilles réniformes, à 3 ou 5 lobes, très-entières, tige rampante. ♃... J. B. Hist. 3. p. 782. f. 1... Dalech. Hist. p. 1031. f. 2... Moriss. Hist. 2. sect. 4. t. 29 f. 29... Dec. Fl. fr. 4634.

Fl. blanches, très-petites. p. 1. 2. Les lieux aquatiques, bourbeux, au voisinage des sources, des fontaines. R. Près de Dolmayrac, en montant à la gauche du chemin d'Agen à Beauregard.

14. Ranunculus aquatilis. Linn.　　*R. aquatique.*

Feuilles submergées capillaires, celles qui surnagent réniformes à 3 ou à 5 lobes. ♃... Barr. Ic. 655... J. B. Hist. 3. p. 781 f. 1... Moriss. Hist. 2. sect. 4. t. 29. f. 31... Dec. Fl. fr. 4685.

Fl. blanches, grandes. P. 1. 2. 3. Les fossés aquatiques des Landes. R. A la Menine, entre Boussés et Damazan; à Lausseignan; au passage de Layrac.

15. Ranunculus fluviatilis. Hoff.　　*R. fluviatile.*

Feuilles toutes divisées en filamens longs et parallèles ; tige flottante. ♃... Wild. Sp. 2. p. 1333... J. B. Hist. 3. p. 782 f. 1... *R. peucedanifolius.* All. Fl. ped. n.° 1469... *R. aquatilis.* δ Linn. Sp. pl. 782.

β R . f. *capillaceus.* Feuilles plus courtes à filamens divergens... *R. capillaceus.* Thuill. Fl. par... *R. aquatilis* γ. Linn. Sp. pl. 782... J. B. Hist. 3. p. 781. f. 2.

γ R. f. *cœspitosus.* Feuilles très-courtes, linéaires; pinnules pétiolées... *R. cœspitosus.* Thuill. Fl. par. 279.

Fl. blanches, P. E. Les fossés aquatiques, les étangs, Les marais. CCC. La var. γ dans les marécages désséchés en été, et sur la vase extraite du fond des fossés.

Obs. *Le ranunculus tripartitus Dec. Ic. rar., si commun auprès de Mont-de-Marsan n'a jamais été observé dans nos contrées.*

CLASSE QUATORZIÈME.

DIDYNAMIE.

—

GYMNOSPERMIE.

† *Calices presque 5 fides.*

AJUGA.   *BUGLE.*

Lèvre supérieure de la corolle très-courte ; étamines plus longues que la lèvre supérieure.

1. Ajuga genevensis. Linn.   *Bugle de Genève.*

Multicaule, feuilles velues, ovales-oblongues, les caulinaires inférieures plus grandes que les radicales, les florales à 3 lobes. Calices velus. ♂... J. B. Hist. 3. p. 432. f. 1... Vill. Dauph. 2. p. 348.

β A. g. *Simplex.* Tige solitaire; feuilles florales peu sensiblement trilobées... A. *pyramidalis.* Bull. Herb. pl. 361... Dec. Fl. fr. 2495.

Fl. bleues. P. 2. Les terres légères et sablonneuses, dans les prairies. C. Celles des bords de la Garonne. La var. β dans les prés des collines. RR. A Catala près d'Agen.

2. Ajuga reptans. Linn.   *Bugle rampante.*

Tige simple, droite; feuilles ovales-oblongues, crénelées, glabres, les radicales plus longues que les caulinaires inférieures; rejets rampans, ♃... Bull. Herb. pl. 345. Lamk. Ill. pl. 501. f. 2... Barr. Ic. 337... Clus. Hist. 2. pl. 43 f. 3... Dec. Fl. fr. 2491.

Fl. bleues. P. E. Les prairies, les pelouses, les bois. CCC.

Obs. *On trouve au commencement de l'été des individus provenus des rejets et qui en sont dépourvus.*

TEUCRIUM.　　　*GERMANDRÉE.*

Lèvre supérieure de la corolle (nulle) divisée jusqu'au delà de la base en deux parties divergentes ; étamines saillantes par cette fissure.

1. Teucrium botrys. Linn.　　*Germandrée botrys.*

Feuilles multifides ; folioles trilobées ; verticilles des fleurs réduits à la moitié. ⊙... Lob. Obs. p. 209. f. 3... Dalech. Hist. 1162. f. 1... Dodon. Pempt. 46. f. 2... J. B. Hist. 2. p. 298... Moriss. Hist. 3. sect. 11. t. 22. f. 18... Dec. Fl. fr. 2498.
Fl. purpurines. E. 2. 3. Les champs cultivés. R. Dans le vallon de Foulayronnes ; sur la colline de Monbran , près d'Agen.

2. Teucrium chamœpitys. Linn.　　*G. camépitys.*

Feuilles trifides , segmens linéaires très-entiers ; fleurs latérales, sessiles , solitaires ; tige diffuse ⊙... Dalech. Hist. p. 1159... Lob. Obs. 207 f. 2. et Ic. 282. f. 2... Dodon. Pempt. 46. f. 1... *Ajuga chamœpitys.* Wild. Sp... Dec. Fl. fr. 2495.
Fl. jaunes P. 3. E. Les rochers , les friches pierreuses des coteaux. C. A *Bellevue*, à *Pecaou* près d'Agen.

Obs. *Odeur résineuse ou camphrée.*

3. Teucrium iva. Linn.　　*Germandrée ivette.*

Feuilles linéaires , souvent tricuspidées ; fleurs sessiles, latérales, solitaires. ⊙... Moriss. Hist. 3. sect. 11. t. 22. f. 3... J. B. Hist. 3. p. 296... Clus. Hist. 2. p. 186. f. 1... Lob. Obs. p. 208. f. 2. et Ic. 384. f. 2... *Ajuga iva.* Dec. Fl. fr. 2496.
Fl. d'un pourpre clair. E. Les terrains sablonneux. RR. Dans les Landes , à l'extrémité de la garenne de Durance.

4. Teucrium scordium. Linn.　　*G. scordium.*

Feuilles ovales-oblongues , dentées , pubescentes , sessiles ; fleurs axillaires, géminées ; tiges diffuses. ♃... Bull. Her. pl. 205... Moriss. Hist. 3. sect. 11. t. 22. f. 14... J. B. Hist. 2. p. 292. f. 2... Dec. Fl. fr. 2503.
Fl. purpurines. E. Les lieux marécageux. R. A la Sauvetat-de-Savères , à l'étang de Bugarrat dans les Landes , sur les rives du Lot.

5. **Teucrium scorodonia.** Linn.   *G. scorodonia.*

Feuilles cordiformes, chagrinées, crénelées, pétiolées ;
grappes unilatérales ; lèvre supérieure du calice arrondie ;
tige droite. ♃... Bull. Herb. pl. 3o1... Moriss. Hist. 5.
sect. 11. t. 20. f. 15... Lob. Obs. 262. f. 1. et Ic. 407.
f. 2... Dec. Fl. fr. 2501.
Fl. d'un blanc jaunâtre, E. Les bois arides, le bord des
chemins dans les coteaux CCC.

6. **Teucrium chamœdrys.** Linn.   *G. chamedrys.*

Feuilles cunéiformes, ovales, incisées, crénelées, pétiolées ; fleurs ternées ; tiges redressées, un peu pileuses.
♃... J. B Hist. 3 p. 288... Lob. Adv. 209... Clus. Hist.
1. p. 351. f. 2... Dec. Fl. fr. 2504. Vulgt. *petit chêne.*
Fl. purpurines quelquefois blanches. E. Les rochers, les
friches pierreuses des coteaux. CCC.

7. **Teucrium montanum.** Linn.   *G. de montagne.*

Feuilles lancéolées-oblongues, tomenteuses en dessous ;
fleurs en tête corymbiforme, terminales ; tige couchée,
très-rameuse, presque ligneuse. ♃... Clus. Hist 1. p.
363. f. 1... Lob. Obs. 258. f. 2. et Ic. 488. f. 2... Moriss.
Hist. 2. sect. 11. t. 2. f. 17... Dec. Fl. fr. 2509.
Fl. blanchâtres E. Les coteaux incultes ; aux Peyrous
près Poudenas, trouvée par M. C. Graulhié ; près de
S.t Maurin à Roustido, par M. Dumoulin.

⁕ 8. **Teucrium gnaphalodes.** Vahl.   *G. gnaphalode.*

Fleurs solitaires très-rapprochées ; feuilles tomenteuses,
linéaires, roulées en dessous, crénelées, caliceslanu-
gineux. ♭... Villd. Sp. 3. p. 35... Poir. Dict. enc. supl.
770... *Polium montanum V purpureo flore.* Clus. Hist.
1. p. 362... Barr. Ic. 1083.
Fl. purpurines ? E. Les graviers de la Garonne. RRR. Au
Portnau de Malauze. Trouvé par M. Chaubard.

Obs. *Couverte d'un duvet blanc cotonneux. Tige ligneuse
couchée à la base, très-rameuse ; rameaux à peine de la longueur du doigt ; feuilles linéaires roulées en dessous, crénelées, sessiles, très-rapprochées, presqu'en faisceau dans les
rameaux stériles ; les supérieures plus grandes, moins roulées
en dessous. Fleurs purpurines d'après les auteurs, très-briè-
vement pédonculées, ramassées en têtes oblongues terminales.
Bractées petites, spatulées, hérissées de poils laineux assez
longs ; calices laineux.*

SATUREIA.   *SARRIETTE.*

Divisions de la corolle presque égales ; étamines distantes.

1. Satureia montana. Linn.   *S. de montagne.*

Pédoncules axillaires , dichotomes , bi ou triflores ;
feuilles linéaires , mucronées. ♄ ... *Thymbra.* Dodon.
Pempt. 287... Dalech. Hist. p. 898. f. 2... Dec. Fl. fr.
2516.
Fl. blanches ou légérement purpurines. E. Les coteaux
arides. RR. A la Sauvelat-de-Savères , dans le ci-devant
haut Agenais. C.

2. Satureia hortensis. Linn.   *S. des Jardins.*

Pédoncules axillaires , biflores ; feuilles linéaires-lancéolées. ☉... Lamk. Ill. pl. 504. f. 1... Dec. Fl. fr. 2514.
vulgt. *Sadrejo ou satrejo.*
Fl. purpurines. E. Dans les saussaies et sur les graviers
des rives de la Garonne. RR. Cultivée comme herbe potagère.

HYSSOPUS.   *HYSSOPE.*

Corolle labiée, inférieure ; division intermédiaire de la
lèvre inférieure crénelée ; étamines droites et distantes.

1. Hyssopus officinalis. Linn.   *Hyssope officinal.*

Tiges droites , presque simples ; feuilles linéaires-lancéolées, fleurs en epi unilatéral. ♃... Bull. herb. t. 322...
Dec. Fl. fr. 2520.
Fl. bleues ou rouges E. Naturalisée dans les jardins des
paysans , aux environs des habitations rurales. R. A Mérens , près d'Agen.

NEPETA.   *NEPETA.*

Lobe intermédiaire de la lèvre inférieure de la corolle
crénelé ; bord de la gorge du tube réfléchi ; étamines
rapprochées.

1. Nepeta cataria. Linn.   *Nepeta chataire.*

Tige droite , rameuse ; feuilles pétiolées , cordiformes ,
dentées , tomenteuses , blanchâtres en dessous ; fleurs

verticillées, réunies en épi. ♃... Lamk. Ill. pl. 502.
f. 1. Bull. Herb. pl. 278... Dec. Fl. fr. 2521.
Fl. blanches. E. Les lieux incultes. RR. Au dessous de
Dondas, canton de Puymirol. A Monségur, dans la cour
du château.

Cimex griseus.

MENTHA.   *MENTHE.*

Corolle peu sensiblement labiée, quadrifide, la plus
large des divisions échancrée; étamines droites et distantes.

*** *Fleurs en épi.***

1. Mentha sylvestris. Linn.   *Menthe sauvage.*

Tomenteuse, blanchâtre. Feuilles sessiles, oblongues, aiguës, à dentelures pointues, inégales ; étamines saillantes. ♃... Fuchs. Hist. 290... J. B. Hist. 3.
p. 221... Moriss. Hist. 3. sect. 11. t. 6. f. 6... Dodon.
Pempt. 96... Lob. Obs. p. 273. f. 1. et Ic. 509. f. 2...
Besl. Eyst. æst ord. 7. fol. 3. f. 1... Dec. Fl. fr. 2534.
β M. s. *gratissima.* Etamines ne dépassant point la corolle.
M. gratissima. Willd. Sp. pl. 3. p. 75.
Fl. d'un blanc lavé de pourpre. E. Les lieux incultes, herbeux, les rives de la Garonne. R.

2. Mentha nemorosa. Willd.   *Menthe des bois.*

Pileuse, verdâtre. Feuilles ovales, sessiles, cordiformes
à la base, à dentelures égales, presque obtuses, brième-
ment pétiolées sur les rameaux; dents du calice plus larges
à la base. ♃... Willd. Sp. 3. p. 75... Dodon. Pempt. 95...
Mentha altera. Lob. Ic. 508. f. 2... Fuchs. Hist. 292.
Fl. d'un bleu violet. E. 2. Les rives de la Garonne et de
la Gelise. R. A l'Espinasse près d'Agen, à Poudenas.

Obs. *Cette espèce, que la plupart des auteurs regardent
comme une variété du* M. sylvestris *en est, à notre avis,
bien distincte, par ses feuilles obtuses dont les dentelures sont
égales, par sa couleur d'un verd intense, ses fleurs bleues,
les dents calicinales plus élargies, et son odeur agréable quoique très-forte.*

*Notre plante diffère de l'espèce de Willdenow par ses éta-
mines saillantes ; mais nous avons eu souvent lieu de nous assurer que ce caractère est trop équivoque, trop inconstant,
pour être spécifique.*

3. Mentha rotundifolia. Linn. *M. à feuilles rondes.*

Epis oblongs ; feuilles arrondies ; chagrinées , crénelées, sessiles , étamines plus longues que la corolle. ♃... Dalech. Hist. p. 677 f. 2... J. B. Hist. 3. p. 219 f. 2. Dec. Fl. fr. 2535.
Fl. d'un blanc légèrement purpurin. E. A. Les bords des fossés , des chemins. CCC.

Obs. *les épis offrent quelquefois des divisions espacées et distinctes. Les feuilles sont ovales-oblongues sur certains individus.*

4. Mentha piperita. Huds. *Menthe poivrée.*

Epis obtus ; interrompus à la base ; feuilles pétiolées , ovoïdes, glabres ; calices glabres. ♃... Smith. Fl. brit. 2. p. 251... Dec. Fl. fr. 2537.
Fl. bleues. E. Cultivée dans les jardins potagers.

Obs. *Les pastilles parfumées avec cette plante sont connues ; elle est la base d'une excellente liqueur.*

✳ ✳ *Fleurs en tête ou verticillées.*

5. Mentha hirsuta. Linn. Mant. *Menthe velue.*

Fleurs en tête , feuilles ovales , dentées ; presque sessiles, pubescentes, étamines plus longues que la corolle. ♃... J. B. Hist. 3. p. 224. Lib. 28... Dalech. Hist. 677. f. 1... Moriss. 3. s. 11. t. 6. f. 3... *M. rotundifolia spicata*... Dec. Fl. fr. 2538.
β M. h. *Levis.* Feuilles et calice glabres plus petits... *M. hirsuta* δ. Smith. Fl. brit. 617... *M. piperita Linn.*
γ M. h. *rotundifolia.* Feuilles velues, arrondies... *M. hirsuta* β. Smith. Fl. brit. 617.
Fl. légérement purpurines. E. Les lieux aquatiques. CC. La var. β plus rare ; sur le bord des ruisseaux à Coupat , près d'Agen ; à Castillonnés.

6. Mentha sativa. Linn. *Menthe cultivée.*

Fl. verticillées , réunies en tête obtuse au sommet ; feuilles ovales-oblongues ; pointues , dentées , étamines plus longues que la corolle. ♃... J. B. Hist. 3. p. 216... *M. hirsuta* ζ Smith , Fl. brit. 617.
Fl. d'un blanc purpurin. E. Trouvée dans un tas de pierres sur le bord de la Garonne près d'Agen. RR.

Obs. *Cette espèce pourroit bien n'être en effet qu'une variété du* **M.** hirsuta, *ainsi que le pense Smith , loc. cit.*

7. Mentha gentilis. Linn.   *Menthe gentilis.*

Fleurs verticillées ; feuilles ovales-oblongues, aiguës ; tige rameuse, étalée ; étamines plus courtes que la corolle ; calice couvert de points résineux. ♃... Fuchs. Hist. 291... J. B. Hist. 3. p. 217. f. 1.
Fl. d'un bleu pourpre. E. Sur les rives de la Garonne. RR.

8. Mentha arvensis. Linn.   *Menthe des champs.*

Fleurs verticillées ; feuilles ovales, dentées ; calices hérissés, petits ; étamines de la longueur de la corolle. ♃... Moriss. Hist. 3. sect. 11. t. 7. f. 5. *très-mal...* Dec. Fl. fr. 2540.
Fl. d'un blanc purpurin. E. Les terres légères des plaines de la Garonne et du Lot, après la moisson. R.

Obs. *Très-voisine de la précédente dont elle se distingue facilement par ses calices courts et blanchâtres.*

9. Mentha pulegium. Linn.   *Menthe pouliot.*

Fleurs verticillées ; feuilles ovales ; tiges couchées, presque cylindriques ; étamines plus longues que la corolle. ♃... Fuchs. Hist. 199.. Lob. Obs. p. 266. et Ic. 500. f. 2... Moriss. Hist. 3. sec. 11. t. 7. f. 2... Dalech. Hist. 391... J. B. Hist. 3. p. 256. f. 2... Dec. Fl. fr. 2543.
Fl. purpurines ou blanches. E. A. Dans les fossés déssechés ; le long des chemins. CCC.

Obs. gén. *On cultive dans les jardins, pour divers usages économiques ou médicinaux, les* mentha sativa, mentha aquatica levis *et* mentha piperita.

GLECHOMA.   *GLECHOME.*

Chaque paire d'anthères conniventes en forme de croix : calice 5 fide.

1. Glechoma hederacea. Linn. *Glechome hédéracé.*

Tige rampante à la base, puis redressée ; feuilles réniformes, crénelées ; fleurs axillaires souvent ternées. ♃... Vaill. Bot. par. t. 6. fig. 4, 4, 5, 6... Bull. Herb. pl... Lamk., Ill. pl. 505... Dec. Fl. fr 2545. Vulgt. *Lierre terrestre.*
β. G. h. *magna.* Plus élevée ; deux à quatre fleurs par ver-

ticille deux fois plus grandes... *G. magna*. Mérat. Fl.
par. p. 225.
Fl. d'un pourpre violet. P. Les haies, les bois. CCC. Dans
les saussaies des bords de la Garonne près d'Agen.

LAMIUM. *LAMIER.*

Lèvre supérieure de la corolle entière, et courbée en
forme de voute; lèvre inférieure bilobée; gorge de la
corolle dentée sur le bord.

1. **Lamium maculatum.** Linn. *Lamier maculé.*

Feuilles cordiformes, acuminées, verticilles de dix
fleurs. ♃... Moriss. Hist. 3 .sect. 11. t. 11. f. 2... Garid.
Aix. t. 58... Dec. Fl. fr. 2550.
Fleurs purpurines. E. 1. Les lieux humides ombragés. RR.
Auprès d'une fontaine au marais de Brax; au pied du
rocher, vallon de S.te-Radegonde, près d'Agen; à St.
Maurin.

Obs. *Les feuilles offrent d'abord une tache blanchâtre
longitudinale, mais qui ne tarde pas à disparoître lorsque la
plante vieillit.*

2. **Lamium album.** Linn. *Lamier blanc.*

Feuilles cordiformes; acuminées, pétiolées; verticilles
de vingt fleurs. ♃... Bull. Herb. pl. 213... Lob. Obs.
p. 280 f. 2. et Ic. 520. f. 2... Dec. Fl. fr. 2549.
Fl. blanches. E. Au pied des murailles dans les villages
du haut agenois. CC. A Montsempron, à Condat, à
Tournon.

Obs. *Très-voisin du précédent.*

3. **Lamium purpureum.** Linn. *Lamier pourpré.*

Feuilles cordiformes, obtuses; pétiolées, à dents égales
et obtuses; les supérieures tres-rapprochées. ◉... Lob.
Obs. p. 280 f. 1. et Ic. 520. f. 1... Moriss. Hist. 3. sect.
11. t. 11. f. 9... Dec. Fl. fr. 2553.
Fl. d'un rouge pourpre. P. 1. Le voisinage des haies, et
des habitations rurales, les potagers. CC.

4. **Lamium amplexicaule.** Linn. *L. amplexicaule.*

Feuilles florales sessiles, amplexicaules, obtuses. ◉...

Dalech. Hist. p. 1253. f. 2... Moriss. Hist. 3. sect. ii. t. 11. f. 12... Dec. Fl. fr. 2555.
Fl. purpurines. P. 1. 2. Les terrains graveleux; les murailles. C. à Dolmayrac, au St.-Esprit, près d'Agen.

GALEOPSIS.   *GALÉOPSE.*

Lèvre supérieure; crénelée, voutée; lèvre inférieure munie de deux dents à sa base.

1. Galeopsis tetrahit. Linn.   *Galéopse chanvrin.*

Entrenœuds de la tige renflés supérieurement; verticilles du sommet presque contigus; calices piquans, corolle un peu plus grande que le calice. ◉... Dalech. Hist. 497... Dec. Fl fr. 2559.
Fl. purpurines. E. Les attérissemens de la Garonne où elle est apportée par les débordemens de cette rivière. R. Dans l'île de St. Hilaire, entre Agen et le Port-S.te-Marie. Parmi les pierres qui doivent servir à la construction du pont d'Agen.

2. Galeopsis villosa. Huds.   *Galéopse velue.*

Entrenœuds de la tige point renflés; feuilles ovales-lancéolées, dentées velues; casque de la corolle crénelé incisé. ◉... Smith Fl. brit. 529... *G. ochroleuca.* Lamk. Dict. 2. p. 600... Dec. Fl. f. 2556... *G. grandiflora.* Fl. gall. 352.
Fl. d'un blanc jaunâtre, quatre fois plus longues que le calice. E. 2. Trouvée une fois parmi les pierres destinées à la construction du pont d'Agen, où elle avoit été apportée par les crues d'eau de la Garonne.

3. Galeopsis ladanum. Linn.   *Galéopse ladanum.*

Entrenœuds de la tige point renflés; verticilles écartés; dents du calice subulées, piquantes, étalées; tige presque pubescente. ◉... J. B. Hist. 3. app. 855. Moriss. Hist. 3. sect. 11. t. 12. f. 18... Dalech. Hist. 443... Dec. Fl. fr. 2857.
Fl. purpurines ou blanches. E. Les champs après la moisson. CCC.

GALEOPDOLON.   *GALEOPDOLON.*

Calice 5 fide, à dents inégales aristées; lèvre supérieure

de la corolle entière , voutée, l'inférieure à trois lobes aigus.

1. Galeopdolon luteum. Hud. *G. à fleurs jaunes.*

Verticilles de six fleurs ; involucre tétraphylle. ♃... Smith. Fl. brit. 631... Dec. Fl. fr. 2581... *Galeopsis galeopdolon.* Linn. Sp. pl. 810... J. B. Hist. 1. p. 323. f. 1. Fl. jaunes avec des taches d'un rouge brun sur la lèvre inférieure. P. 2. Les lieux ombragés un peu humides. R. Vallon de Foulayronnes sur le bord du ruisseau; à Charpaut près d'Agen.

BETONICA.   *BÉTOINE.*

Divisions calicinales aristées ; lèvre supérieure de la corolle droite, presque plane ; tube cylindrique.

1. Betonica officinalis. Linn. *Bétoine officinale.*

Epi interrompu ; casque de la corolle entier ; division intermédiaire de la lèvre inférieure échancrée. ♃... Bull. Herb. pl. 41... Dodon. Pempt. 40. fig. 1... Dec. Fl. fr. 2561. Fl. rouges. E. Les bois découverts. CC. A Tuquet , près d'Agen.

STACHYS.   *EPIAIRE.*

Lèvre supérieure de la corolle voutée ; lèvre inférieure réfléchie sur les côtés; lobe intermédiaire échancré ; filets des étamines déjettés sur les côtés après la fécondation.

1. Stachys sylvatica. Linn. *Epiaire des bois.*

Verticilles de six fleurs disposés en épi; feuilles cordiformes dentées, pétiolées ; tige droite, hérissée. ♃... Clus. Hist. 2. β. 36. f. 1... Dec. Fl. fr. 2566. Fl. d'un rouge vineux. E. 1. Les bords des ruisseaux , les lieux humides, ombragés. CCC.

2. Stachys Palustris. Linn. *Epiaire des marais.*

Verticilles d'environ huit fleurs disposés en épi; feuilles lancéolées-oblongues, sessiles , dentées en scie ; tige droite. ♃... Moriss. Hist. 3. sect. 11. t. 10. f. 16... Dalech. Hist. 2. p. 1557... Dec. Fl. fr. 2568.

Fl. purpurines. E. A. Les lieux aquatiques , les marais.
CCC.

3. Stachys germanica. Linn. *Epiaire germanique.*

Verticilles multiflores ; feuilles couvertes d'un duvet
blanc, les inférieures cordiformes à la base, oblongues,
dentées, sessiles ; tige droite, laineuse. ♃... Moriss. Hist.
3. sect. 11. t. 10. f. 1... J. B. Hist. 3. p. 310... Dalech.
Hist. 963 f. 2... Dec. Fl. fr. 2569.
Fl. purpurines, quelquefois blanches. E. Les bords des
champs; le long des chemins dans ies terres sablonneuses.
C. A Riols, près d'Agen ; aux environs du Passage, sur la
rive gauche de la Garonne.

4. Stachys alpina. Linn.   *Epiaire des alpes.*

Verticilles multiflores ; dentelures des feuilles cartilagineuses au sommet ; lèvre de la corolle plane. ♃.
β. S. a. *augustifolia.* Feuilles radicales oblongues, à peine
cordiformes , ressemblant à celles de la *bétoine officinale.*
Fl. d'un pourpre obscur, tachetées de blanc. E. Cette var.
croît dans le dép.t du Lot ; et sans doute aussi sur la frontière orientale de celui de Lot-et-Garonne. La var. α ne
se trouve pas dans nos contrées.

5. Stachys recta. Linn.   *Epiaire redressée.*

Verticilles presque en épi ; feuilles cordées-elliptiques ,
crénelées; tiges redressées. ♃... *S. sideritis.* Dec. Fl.
fr. 2575.
Fl. jaunâtres, tachées de rouge brun. E. 1. Les lieux arides
incultes ; sur les rochers. CC.

6. Stachys annua Linn.   *Epiaire annuelle.*

Verticilles de six fleurs ; corolle deux fois plus longue
que le calice ; feuilles inférieures ovales-oblongues ,
obtuses, crénelées, pétiolées ; les supérieures obiongues,
aiguës ; tige droite. ◉... J. B. Hist. 3. p. 427. f. 2...
Dec. Fl. fr. 2574.
Fl. d'un jaune pâle, tachées de rouge brun. E. Les champs
cultivés. CC.

7. Stachys arvensis. Linn.   *Epiaire des champs.*

Verticilles de six fleurs ; corolle à peine plus longue
que le calice ; feuilles ovales-cordiformes , obtuses , crénelées , pétiolées ; tige débile, hérissée. ◉... Linn. Sp.
pl. 814... Dec. Fl. fr. 2574.

Fl. purpurines tachetées. E. 3. A. Dans les vignes des
collines. R. A Saint-Vincent des Corvs ; au moulin
d'Escournat ; à Beauregard, près d'Agen. C.

BALOTTA. *BALOTTE.*

Calice hypocratériforme à cinq dents, à dix stries ; lèvre
supérieure de la corolle crénelée, concave.

1. Ballota nigra. Linn. *Ballote noire.*

Tige droite, un peu velue ; feuilles ovales, crénelées,
pétiolées ; verticilles pédonculés, multiflores. ♃... Bull.
Herb. pl. 397... Dec. Fl. fr. 2576.
Fl. purpurines ou blanches. E. Auprès des murs dans les
villages, sur les rochers. CCC. Vulgairement *Marrube noir.*
Odeur ingrate.

MARRUBIUM. *MARRUBE.*

Calice hypocratériforme, roide, marqué de dix stries ;
lèvre supérieure de la corolle bifide, linéaire droite.

2. Marrubium vulgare. Linn *Marrube commun.*

Tige droite, laineuse ; feuilles arrondies, ovales, cré-
nelées, ridées, pétiolées ; verticilles sessiles multiflores ;
calices à dix dents sétacées. ♃... J. B. Hist. 3. p. 316...
Moriss. Hist. 3. sect. 11. t. 9 f. 1... Bull. Herb. pl. 165...
Clus. Hist. 2. p. 34. f. 1... Dec. Fl. fr. 2577.
Fl. blanches. E. Le long des chemins. CCC.

† † *Calices bilabiés.*

CLINOPODIUM. *CLINOPODE.*

Involucre composé d'un grand nombre de folioles déliées
et placées sous le verticille.

1. Clinopodium vulgare. Linn. *Clinopode commun.*

Tige droite, hérissée ; feuilles ovales-lancéolées, obscurement dentées, velues ; fleurs verticillées presque en
épi ; bractées sétacées. ♃... Clus. Hist. 1. p. 354... Moriss.
Hist. 3. sect. 11. t. 8. f. 1... Dec. Fl. fr. 2585.
Fl. purpurines. E. A. Les lieux incultes, secs et pierreux
des coteaux. CCC.

ORIGANUM.   *ORIGAN.*

Strobile tétragone, en épi, réunissant les calices.

1. Origanum vulgare. Linn.   *Origan commun.*

Epis un peu arrondis, paniculés, agglomérés; bractées ovales, plus longues que les calices; feuilles ovales, legérement velues; tige droite, pileuse. ♃... Bull. Herb. pl. 193... Besl. Hort. Eyst. aut. ord. 2. fol. 5. f. 2. 3. Fl. purpurines. E. A. Les friches herbeuses, les bords des bois. CCC.

Nota. *Origani foliis et floribus ad venenatam agaricorum vini tollendam usus est hucusque celsissimus quidam S. R. I. princeps et episcopus, idemque fungorum amator nulli secundus. (Scop. fl. carn.)*

THYMUS.   *THYM.*

Calice bilabié, fermé par des poils à son orifice.

1. Thymus serpillum. Linn.   *Thym serpolet.*

Fl. capitées; tiges couchées; feuilles obtuses, ciliées à la base. ♄... J. B. Hist. 3. p. 269... Lob. Obs. 230. f. 2. et Ic. 423. f. 2... Clus. Hist. 1. p. 359, f. 2.

β. T. s. *parviflorus.* Fleurs petites; étamines de la longueur de la corolle.

γ. T. s. *grandiflorus.* Fleurs grandes; étamines plus longues que la corolle.

δ. T. s. *citriodorus.* Feuilles à odeur de citron.

ε. T. s. *lanuginosus.* Toute la plante couverte de poils laineux... *T. lanuginosus.* Willd. Sp. 3. p. 138.

θ. T. s. *verticillatus.* Fleurs médiocres; verticilles nombreux et distans.

Fl. purpurines. E. Les friches sèches des coteaux. CCC. ε. Sur les graviers de Garonne. R. θ sur le bord des champs et les revers des fossés le long des chemins. CC. Cette variété fleurit plus tard que les autres.

Obs. *Selon Willdenow, la variété θ ne perd point, dit-on, dans les jardins, les poils qui la distinguent. Cette espèce de phénomène, qui déroge à l'effet ordinaire de la culture, mériteroit d'être constaté.*

2. Thymus vulgaris. Linn.   *Thym commun.*

Tiges droites; feuilles roulées en dehors, ovales; fleurs

verticillées en épi. ♃... Dodon. Pempt. 273. f. 3... J. B.
Hist. 3. p. 263... Dec. Fl. fr. 2592.
Fl. d'un pourpre violet. E. Cultivé dans tous les pota-
gers. Vulgairement *Herbettos.*

3. Thymus acinos. Linn.   *Thym des champs.*

Fl. verticillées, pédoncules uniflores ; tiges droites,
peu rameuses ; feuilles aiguës, dentées. ♃... Dalech.
Hist. p. 907. f. 2... J. B. Hist. 3. p. 259... Bull. Herb.
pl. 318... Dec. Fl. fr. 2593.
Fl. d'un pourpre violet. E. A. Les champs des coteaux
en jachères, sur les murailles. CCC.

MELISSA.   *MÉLISSE.*

Calice desséché, aplati en dessus, à lèvre supérieure
presque fastigiée ; corolle à lèvre supérieure en voûte bifide ; lobe intermédiaire de la lèvre inférieure cordiforme.

3. Melissa officinalis. Linn.   *Mélisse officinale.*

Verticilles latéraux ; bractées oblongues, pédicellées ;
feuilles ovales, dentées. ♃... Besl. Hort. Eyst. æst.
ord. 7. fol. f. 2... Lob. Obs. p. 277. f. 1... J. B. Hist. 3.
p. 232... Barr. Ic. 1222... Moriss. Hist. 3. sect. 11. t. 21.
f. 1... Dec. Fl. fr. 2600.
Fl. blanchâtres. E. Auprès des habitations rurales dans
les lieux ombragés. CC. A Charpaut, au Pelatier, près
d'Agen.

2. Melissa calamintha. Linn.   *Mélisse calament.*

Tige droite, hérissée ; feuilles ovales, obtuses, dentées,
un peu velues ; pédoncules axiliaires, multiflores. ♃...
Besl. Hort. Eyst. æst. ord. 7. fol. 7. f. 2... J. B. Hist.
3. p. 228... Bull. Herb. pl. 251... Moriss. Hist. 3. sect. 11.
t. 21. f. 3. 2.ᵉ série... *Thymus calaminthus.* Dec. Fl. fr.
2597.

3. Melissa nepeta. Linn.   *Mélisse nepeta.*

Tige hérissée, couchée à la base ; feuilles ovales, obtuses, dentées, velues ; pédoncules axiliaires, multiflores,
dichotomes. ♃... Moriss. Hist. 3. sect. 11. t. 19. f. 5...
Thymus nepeta. Dec. Fl. fr. 2598.
β. M. n. *stricta.* Pédoncules uniflores, solitaires.
Fl. d'un pourpre violet. E. Les terres sablonneuses le long
des chemins, sur les murs, sur les rochers. CCC.

MELITTIS.   *MÉLITTE.*

Calice plus ample que le tube de la corolle ; lèvre supérieure de la corolle plane , l'inférieure crénelée ; anthères cruciées.

1. Melittis melissophyllum. L.   *M. Mélissophylle.*

Tige très-simple, droite , hérissée ; feuilles ovales , crénelées , pétiolées, solitaires ou ternées ; lèvre supérieure de la corolle entière. ♃... Dalech. Hist. 1336 f. 1... Moriss. Hist. 3. sect. 11. t. 11. f. 2... Lamk. Ill. pl. 513... Dec. Fl. fr. 2602.

Fl. blanches, tachées de pourpre. Aux environs de Tournon où elle a été trouvée par M. de Godailh. RR.

SCUTELLARIA.   *SCUTELLAIRE.*

Bord du calice entier , fermé et operculé après la floraison.

1. Scutellaria galericulata. Linn.   *Scutellaire toque.*

Tige rameuse, redressée ; feuilles lancéolées-oblongues , à dents obtuses ; fleurs axillaires, unilatérales. ♃... Bull. Herb. pl. 275... Moriss. Hist. 3. sect. 11. t. 20. f. 6... Dalech. Hist. p. 1060. f. 1... Lob. Obs. 186. f. 3... Dec. Fl. fr. 2615.

Fl. d'un bleu tirant sur le violet. E. Les lieux aquatiques ombragés. C. A Brax ; sur le bord du ruisseau de la Salève, près d'Agen.

2. Scutellaria minor. Linn.   *Scutellaire mineure.*

Tige rameuse , redressée ; feuilles cordiformes-ovales presque entières ; fleurs axillaires , géminées, unilatérales. ♃... Moriss. Hist. 3. sect. 11. t. 20 f. 8... Dec. Fl. fr. 2616.

Fl. d'un blanc lavé de pourpre et tachées de la même couleur. E. Les terres sablonneuses des Landes, aux bords des marais. C. Dans un petit bois entre le Passage-d'Agen et Roquefort. R.

✳ 3. Scutellaria albida. Linn. Mant.   *S. blanchâtre.*

Feuilles cordiformes , obtusément dentées , hérissées de poils courts ; fleurs axillaires, solitaires, en long

épi unilatéral ; bractées pédonculées, ovales-pointues.
♃... *S. teucrii facie flore albo.* J. B. Hist. 3. p. 291 ,
très-bien... Poiret. Dict. enc.
Fl. blanches, légèrement purpurines au sommet. P. 3.
Trouvée dans les Landes par M. Graulhié, sur le bord
d'une petite mare, non loin du lac de la Laguë, en allant
vers Saint-Julien. RR.

Dᴇsᴄʀɪᴘᴛ. Racine *vivace ; tige haute de* 1 *à* 2 *pieds ,
tétragone, émoussée sur les angles , couverte de poils courts;
feuilles pétiolées , ovoïdes , cordiformes à la base , obtuses ,
chargées de poils courts et soyeux , à dentelures arrondies ;
rameaux situés aux aisselles des feuilles , opposés , velus ;
bractées pétiolées , ovales-arrondies , terminées par une
petite pointe , velues , deux ou trois fois plus longues que le
calice ; fleurs en long épi unilatéral , de la grandeur de
celles du* S. galericulata *; calices couverts de poils longs
et soyeux.*

PRUNELLA. *PRUNELLE.*

Filets des étamines bifurqués ; anthères placées sur l'une
des bifurcatures ; stigmate bifide.

1. Prunella vulgaris. Lɪɴɴ. *Prunelle commune.*

Tige couchée à la base , ascendante , un peu hérissée ;
feuilles ovales-lancéolées ; fleurs en épi compacte ; dents
de la lèvre supérieure du calice peu profondes , l'intermédiaire un peu plus saillante. ♃... Lob. Ic. 474. f. 2.
et Obs. 251. f. 3... Dec. Fl. fr. 2605.
β. P. v. *laciniata.* Tige plus hérissée ; feuilles supérieures
pinnatifides... *P. laciniata.* Linn. Sp... J. B. Hist. 3. p.
429. f. 3... Lob. Ic. 475. f. 1. et Obs. 251. f. 2... Clus.
Hist. 3. p. 429... Vaill. Bot. par. t. 5. f. 1.
γ. P. v. *parviflora.* Plus petite des deux tiers dans toutes
ses parties... *P. parviflora.* Poir. Itin. 2. p. 188. et Dict.
suppl. 1. p. 711.
Fl. bleues ou blanches. E. Les prés , les pelouses. β sur
les collines. γ le long des chemins. CCC.

2. Prunella grandiflora. Pollich. *P. à grandes fleurs.*

Tige couchée à la base , ascendante , un peu hérissée ;
feuilles oblongues ; fleurs en épi compacte ; dents de
la lèvre supérieure du calice profondes , l'intermédiaire
moins saillante; fleurs trois fois plus grandes. ♃... Dec.

Fl. fr. 2607... *P. vulgaris grandiflora.* Linn. Sp. 837...
Clus. Hist. 2. p. 43. f. 1.

β. *P. g. pinnatifida.* Tige plus courte, plus hérissée ;
feuilles supérieures pinnatifides... *P. pinnatifida.* Pers.
Syn. 137... Mérat. Fl. par. 234... *P. intermedia.* Roth.
Germ. 3. p. 432..? *P. laciniata.* Dec. Fl. fr. 2606.
Fl. bleues. L. Les collines sèches, sur la frontière du dé-
partement, à Bouloc. Par M. Dumoulin.

ANGIOSPERMIE.

† *Calices quadrifides.*

BARTSIA.   *BARTSIE.*

Calice bilobé, échancré, coloré ; corolle moins colorée
que le calice, à lèvre inférieure plus longue que la
supérieure ; capsule biloculaire.

1. Bartsia viscosa. Linn.   *Bartsie visqueuse.*

Feuilles dentées, les supérieures alternes ; fleurs latérales distantes ; anthères velues. ♃... Smith. Fl. brit.
648... Barr. Ic. 209. t. 665. *bien*... Dec. Fl. fr. 2430.
Fl. jaunes. P. 2. 3. Les terres légères, sablonneuses et
humides. R. A la Capelette, à Beauregard, près d'Agen ;
dans les Landes.

RHINANTHUS.   *RHINANTHE.*

Calice quadrifide, ventru ; capsule biloculaire, comprimée.

1. Rhinanthus cristagalli. Linn.   *R. cocrête.*

Tige droite, presque simple, très-glabre ; feuilles sessiles, opposées, lancéolées-oblongues, dentées ; fleurs
axillaires, presque en épi ; calices très-glabres. ⊙... Bull.
Herb. pl. 125... Lamk. Ill. pl. 517. f. 1... *R. glabra.* Dec.
Fl. fr. 2431.
Fl. jaunes avec une tache bleue au sommet. P. 2. 3. Les
prairies. CC. Principalement dans les saussaies qui bordent
la Garonne.

2. Rhinanthus alectorolopus. Pollich. *R. velue.*

Tige un peu velue; feuilles lancéolées-oblongues, dentées;
fleurs presque en épi ; calices velus. ◉... J. B. Hist. 3.
lib. 3o. p. 436.. t. 2... *R. hirsuta.* Dec. Fl. fr. 2432.
Fl. jaunes tachées de bleu au sommet. P. 2. 3. Les prairies.
CCC.

Obs. *Très-ressemblante à la précédente, dont elle pourroit
bien n'être qu'une variété ; ses fleurs plus grandes, ses calices
velus , d'un jaune de souffre , la font distinguer au premier
coup-d'œil.*

EUPHRASIA. *EUPHRAISE.*

Calice quadrifide, cylindrique ; capsule biloculaire ; l'un
des lobes des anthères inférieures épineux à la base.

1. Euphrasia odontites. Linn. *Euphraise odontite.*

Feuilles linéaires-lancéolées, dentées ; lobes de la lèvre
inférieure obtus ; bractées , à peine aussi longues que
les fleurs. ◉... Barr. Ic. 276. f. 2... Dec. Fl. fr. 2422.
Var. α... *E. serotina.* Lamk. Fl. fr. 2. p. 35o.
β. E. o. *verna.* Bractées deux fois plus longues que les
fleurs... *E. verna.* Bell... Dec. Fl. fr. VI. p. 39o.
Fl. purpurescentes. P. E. A. Les champs et les friches des
coteaux. CC.

Obs. *La longueur des bractées est trop variable pour servir
de caractère spécifique. Lamk. indique une variété de cette
plante à fleurs blanches.*

2. Euphrasia lutea. Linn. *Euphraise jaune.*

Feuilles linéaires, dentées, les supérieures très-entières;
lobes latéraux de la lèvre inférieure denticulés. ◉...
Moriss. Hist. 3. sect. 11. t. 24. f. 16... Dec. Fl. fr.
2423.
Fl. jaunes. E. A. Les friches, les pelouses des collines.
CCC.

3. Euphrasia officinalis. Linn. *Euphraise officinale.*

Tige droite , souvent rameuse ; feuilles ovales obtuses ,
dentées , les supérieures alternes. ◉... Bull. Herb. pl.
233... Lamk. Ill. pl. 518. f. 2... Besl. Eyst. æst. ord.
fol. 13. f. 3... Dec. Fl. fr. 2418.

Fl. variées de blanc, de violet et de jaune. E. Les pelouses des coteaux. C.

MELAMPYRUM.   *MELAMPYRE.*

Calice quadrifide ; corolle à lèvre supérieure comprimée et repliée en ses bords ; capsule biloculaire, oblique, s'ouvrant par le côté ; deux semences bosselées.

1. Melampyrum cristatum. L. *Melampyre à crêtes.*

Epi quadrangulaire ; bractées en cœur, compactes, denticulées, imbriquées. ◉... J. B. Hist. 3 p. 440. f. 2... Moriss. Hist. 3. sect. 11. t. 23. f. 2... Dec. Fl. fr. 2447.
Fl. rouges, panachées de blanc et de jaune. P. 3. Les bois. RR. Aux environs de Tournon, à Gimbrède, entre Astaffort et Auvillars ; à Beauville.

2. Melampyrum pratense. Linn.   *M. des prés.*

Fl. axillaires, unilatérales ; corolles fermées ; feuilles lancéolées, les florales hastées. ◉... Lamk. Dict. 4. p. 21... Dec. Fl. fr. 2449... *M. vulgatum.* Pers. Syn. 2. 151... Besl. Eyst. æst. ord. 12. fol 2. f. 3.
Fl. jaunes, quelquefois légérement purpurescentes au sommet. P. 3. E. Les lieux herbeux dans les bois découverts. CC. A Darel, à Ségougnac, près d'Agen.

3. Melampyrum sylvaticum. Linn.   *M. des bois.*

Fl. axillaires, unilatérales ; corolles un peu ouvertes ; toutes les feuilles lancéolées. ◉... Dec. Fl. fr. 2450... *M. alpestre.* Pers. Syn. 2. p. 151.
Fl. entièrement jaunes. E. Les bois des Landes, entre Sos et Gabarret.

Obs. *Cette espèce ne diffère de la précédente que par la petitesse de ses fleurs dont le tube même est tout-à-fait jaune ; ses bractées sont souvent incisées à la base.*

LATHRAEA.   *LATHRAÉE.*

Calice quadrifide ; petite glande aplatie à la base de la suture de l'ovaire ; capsule uniloculaire.

1. Lathraea clandestina. L. *Lathraée clandestine.*

Tige cylindrique, rameuse, couverte d'écailles charnues, arrondies, imbriquées ; fleurs droites, pédonculées,

solitaires à l'aisselle des écailles. ♃... Lamk. Ill. pl. 551.
f. 1... Dec. Fl. fr. 2459.
Fl. d'un pourpre violet. P. 1. 2. Les bords des ruisseaux,
les lieux humides ombragés.

*Oʙs. Cette plante est parasite, et vit sur les racines du
peuplier, à l'aide de petits succoirs en forme de tubercules
arrondis ; ses fruits sont élastiques, et lancent au loin leurs
semences ; les deux valves se replient alors en dedans, et
forment chacune un petit tube. La tige de cette plante est
souterraine ; ses fleurs s'élèvent à la surface de la terre, comme
celles des plantes aquatiques au-dessus des eaux, pour ac-
complir le mystère de la fécondation.*

2. Lathraea squamaria. ʟɪɴɴ. *Lathraée écailleuse.*

Tige très-simple ; corolles pendantes ; lèvre inférieure
trifide. ♃... Math. Valg. 964. *Dentaria...* Dec. Fl. fr.
2460.
Fl. blanches légèrement purpurines. E. 2. Sous l'église
de Saint-Michel, à Villeréal ; sur le bord du ruisseau de
Saint-Etienne, près l'endroit où il coupe le chemin vicinal.

*Oʙs. Nous mentionnons ici cette espèce sur la foi de M. le
baron de Ferrussac, le père, qu'une mort inattendue vient
d'enlever à ses amis et aux sciences physiques, dans lesquelles
il étoit très-initié. (10 janvier 1814.)*

† † Calices 5 fides.

PEDICULARIS.   *PÉDICULAIRE.*

Calice 5 fide ; capsule biloculaire, mucronnée, oblique ;
semences renfermées dans une tunique.

1. Pedicularis sylvatica. ʟɪɴɴ. *Pédiculaire des bois.*

Tige rameuse à la base ; feuilles pinnées ; pinnules à
dents aiguës ; calices oblongs, enflés, à cinq divisions
inégales découpées en forme de crête au sommet ; lèvre
supérieure de la corolle obtuse, tronquée, terminée par
deux dents aiguës. ☉...Lob. Ic. 748. f. 2...Dodon. Pempt.
546. f. 2... Dec. Fl. fr. 2434.
Fl. purpurines. P. Les prairies marécageuses des Landes.
C. Au pont de Gorre, canton de Damazan ; à Rhimbés.

ANTHIRRHINUM.   *MUFLIER.*

Calice 5 phylle; base de la corolle en saillie et nectarifère; capsule biloculaire.

* *Corolles à éperon ; feuilles pétiolées.* (Linaires.)

1. Antirrhinum cymbalaria. Linn. *M. cymbalaire.*

Tiges couchées, glabres; feuilles cordiformes à cinq lobes ; fleurs axillaires, solitaires très-longuement pédonculées. ♃... Dalech. Hist. 1322... Bull. Herb. p. 3o5... *Linaria cymbalaria.* Dec. Fl. fr. 2634.
Fl. violettes. E. 1. Sur les vieilles murailles. RRR. Près le *Nomdieu* au *cap de la coste* dans un puits ; à Muges, près de Damazan.

2. Antirrhinum elatine. Linn. *Muflier élatine.*

Tiges couchées, velues; feuilles inférieures ovales, opposées, les supérieures hastées; fleurs axillaires ; pédoncules allongés, filiformes. ◉... *Linaria elatine.* Dec. Fl. fr. 2636.
Fl. jaune, la lèvre supérieure d'un violet foncé. E. 3. Les terres légères, sablonneuses sur le bord des champs, le revers des fossés. CC. Au-delà du Passage-d'Agen.

3. Antirrhinum spurium. Linn. *Muflier bâtard.*

Tiges couchées velues ; toutes les feuilles ovales-arrondies, les inférieures opposées, les supérieures alternes ; fleurs axillaires ; pédoncules allongés, filiformes. ◉... Dodon. Pempt. 42. f. 1... Fuchs. Hist. 167... *A. elatine.* Bull. Herb. pl. 245... *Linaria spuria.* Dec. Fl. fr. 2637... Vulgairement *Velvote.*
Fl. jaune, la lèvre supérieure d'un violet foncé. E. Les bords des champs. CCC.

Oвs. *Extrémement voisine de la précédente, dont elle ne se distingue que par la forme de ses feuilles supérieures.*

* * *Corolles à éperon, feuilles sessiles* (Linaires.)

4. Antirrhinum supinum. Linn. *Muflier couché.*

Feuilles souvent quaternées, linéaires ; tiges étalées ;

fleurs en grappe ; éperon presque droit. ☉... Clus. Hist.
1. p. 321... *Linaria supina.* Dec. Fl. fr. 2644.
β. A. s. *major.* Plus grande dans toutes ses parties ; feuilles
lancéolées-linéaires... *A. pyrenœum.* Ram. in Dec. Fl. fr.
2643. et Ic. rar. gall. 4. t. 11.
γ. A. s. *cærulescens.* Toutes les feuilles verticillées, linéaires ;
lèvre supérieure bleuâtre en dehors... *Linaria maritima.*
Dec. Fl. fr. syn. et Ic. rar. gall. 5. t. 12.
Fl. jaunes, le palais plus foncé. P. 2. E. A. Les terres
cultivées, les murailles. CC.

Obs. *Cette espèce donne des fleurs presque toute l'année,
et varie selon les saisons. Au printemps, ses tiges sont grêles
et ses feuilles linéaires, étroites ; en été, la lèvre supérieure
de la corolle et l'éperon prennent une teinte bleuâtre, les
individus qui se trouvent dans une bonne terre poussent des
tiges plus vigoureuses et des feuilles plus larges : si les caractères attribués au* Linaria maritima *Dec. étoient constans,
il seroit permis de le distinguer comme espèce ; mais les dimensions de la capsule étant extrémement variables, le rapport
de grandeur avec les folioles calicinales s'évanouit.*

5. Antirrhinum pelisserianum. L.　*M. de Pelissier.*

Feuilles des drageons lancéolées, ternées, les caulinaires linéaires, alternes ; éperon plus long que la fleur ;
semences ciliées. ☉... Magn. Bot. Monsp. p. 159. Ic...
Barr. Ic. 1162... *Linaria pelisseriana.* Dec. Fl. fr. 2648.
Fl. violettes, le palais blanc rayé de violet. E. Les terres
légères, sablonneuses. R. Plaine de la Garonne, à Brax,
près d'Agen.

6. Antirrhinum sparteum. Linn.　*Muflier sparte.*

Tige florifère, droite, rameuse ; feuilles demi-cylindriques, canaliculées, les inférieures souvent verticillées,
les supérieures éparses, celles des drageons ovales-
oblongues, charnues, ternées ou quaternées ; fleurs en
grappes, glabres. ☉... Lois. Fl. gall. 376... Curt. Bot.
mag. n.º 200... *A. junceum.* Lamk. Dict. 4. p. 352... Dec.
Fl. fr. 3. p. 729.
Fl. d'un jaune clair, le palais plus foncé. P. 3. E. 1. Les
champs sablonneux des Landes. CCC.

7. Antirrhinum repens. Linn.　*Muflier rampant.*

Feuilles linéaires, glauques, verticillées ou éparses ;
tige paniculée, calice glabre, de la longueur de l'éperon.

♃...Smith. Fl. brit. 638... *Linaria striata*. Dec. Fl. fr. 2641.

β. A. r. *monspessulanum*. Feuilles plus rapprochées, éparses ; fleurs ramassées en épi court, odorantes. R... *A. monspessulanum*. Linn. Sp. pl. 854... J. B. Hist. 3. p. 459. Fl. blanches, rayées de violet. E. A. Les haies, les bords des champs et des vignes. CC.

Obs. *Les fleurs ne sont pas toujours odorantes ; ses feuilles varient par leur insertion d'une manière remarquable. Ce* Muflier *doit son nom à la direction horisontale de ses racines ; ses tiges sont verticales.*

8. Antirrhinum linaria. Linn.   *Muflier linaire.*

Feuilles lancéolées, linéaires, éparses ; tige droite, rameuse; fleurs droites, imbriquées; épi terminal, effilé. ♃... Bull. Herb. pl. 261... *Linaria vulgaris*. Dec. Fl. fr. 2654.

β. A. l. *angustissimum*. Feuilles plus étroites ; fleurs moins rapprochées ; pédoncules un peu plus longs que les capsules... *A. angustissimum*. Lois. Fl. gall. not. p. 167 ? Fl. jaunes, le palais orangé. E. A. Les terres légères sablonneuses. C. Sur les bords de la Garonne, près d'Agen, et du Port-Sainte-Marie.

9. Antirrhinum minus. Linn.   *Muflier nain.*

Un peu visqueux; la plupart des feuilles alternes, lancéolées-obtuses; tige diffuse, très-rameuse. ☉... Barr. Ic. 652... *Linaria minor*. Dec. Fl. fr. 2652. Fl. d'un violet clair. E. A. Les vignes, les champs cultivés des collines. CCC.

* * * *Corolles sans éperons.* (Mufliers.)

10. Antirrhinum majus. Linn.   *Muflier majeur.*

Tige droite ; feuilles lancéolées, opposées et alternes ; Fleurs en grappe ; éperon remplacé par une protubérance. ♃... Bull. Herb. pl. 277... Besl. Eyst. æst. ord. fol. 9. f. 1. 2... Swert. Florileg. 2. t. 19. f. 3 et 4... Lamk. Ill. pl. 531. f. 1... Dec. Fl. fr. 2655. Vulgairement *Mufle de veau ; Pantoufle de Vénus.* Fl. d'un pourpre foncé, d'un rose clair, blanches, ou d'un blanc soufré. P. 3. E. Les rochers, les vieilles murailles. CCC.

OBS. *Cette belle plante est quelquefois employée à la décoration des jardins.*

11. Antirrhinum orontium. Linn. *Muflier rubicond.*

Tige droite, un peu rameuse ; fleurs en épi très-lâche ; calices digités, dépassant la corolle. ☉... Besl. Eyst. æst. ord. 1. fol. 9. 3... Lamk. Ill. p. 531. f. 2... Moriss. Hist. 2. sect. 5. t. 14. f. 5... Lob. Obs. p. 222. f. 1... Dec. Fl. fr. 2656.
Fl. purpurines ou blanches. E. A. Les vignes. CC. Au Saint-Esprit, à l'Hermitage, près d'Agen.

⁂ *Corolle à gorge entr'ouverte.* (Anarrhines.)

12. Antirrh. bellidifolium. L. *M. à f. de paquerette.*

Feuilles radicales spatulées, obtuses, dentées, les caulinaires digitées, entières ; éperon recourbé, très-petit. ♂... Dodon. Pempt. 183. f. 1. *mal*... Dec. Fl. fr. 2660.
Fl. bleues, tirant sur le violet à leur extrémité, et tachetées de blanc. E. 1. 2. Les bords de la Garonne. RRR. Trouvé deux fois seulement auprès d'Agen, où ses semences avoient été sans doute apportées par le debordement de la rivière.

SCROPHULARIA. *SCROPHULAIRE.*

Calice à 5 divisions; corolle presque globuleuse, retournée en dessus ; capsule biloculaire.

1. Scrophularia nodosa. L. *Scrophulaire noueuse.*

Feuilles cordiformes, aiguës, à trois nervures à la base ; angles de la tige aigus, non membraneux. ♃... Dalech. Hist. p. 1085. f. 2... Moriss. Hist. 2... sect. 5. t. 8. f. 3. Lob. Obs. p. 289. f. 1. et Ic. 533. f. 2... Dec. Fl. fr. 2625... Smith. Fl. brit. 663.
Fl. verdâtres; d'un rouge de sang, ou pourpre noirâtre au sommet. E. Les lieux ombragés, humides. R. Dans les saussaies, près d'Agen ; au bois de Courty, près la Sauvetat-de-Savères.

2. Scrophularia scopolii. Happe. *S. de scopoli.*

Tige velue; feuilles grandes, cordiformes, à dentelures larges, arrondies ; fleurs en grappe paniculée, terminale; bractées lancéolées-linéaires, les inférieures dentées à

la base, les supérieures entières. ♃... Dec. Fl. fr. VI.
p. 406... *S. auriculata.* Scop. Carn. ed. 2. n. 777. t. 32.
Fl. d'un pourpre livide. E. 3. A. Sur les berges de la
Garonne où elle est apportée des Pyrénées par les débordemens. RRR.

3. **Scrophularia aquatica.** Linn.   *S. aquatique.*

Feuilles cordiformes, pétiolées, décurrentes, obtuses,
glabres ; tige membraneuse sur les angles ; grappes terminales. ♂... Dec. Fl. fr. 2627... Smith. Fl. brit. 663.
β. *S. a. apendiculata.* Mérat. Fl. par. p. 242. Pétioles des
feuilles inférieures munis de deux oreillettes... *Betonica
aquatica.* Lob. Obs. p. 288. f. 1. et Ic. 533. f. 1... Dodon.
Pempt. 50. f. 2. bien... Moriss. Hist. 2. sect. 5. t. 9.
f. 8.
Fl. d'un rouge noirâtre. E. Les bords des fossés aquatiques, des ruisseaux, des fontaines. CCC. La var. α plus
rare, dans les saussaies des bords de la Garonne.

Obs. *Comment se peut-il que personne, avant Mérat,
n'eût signalé la variété β, qu'il est si facile de prendre pour
le S. trifoliata Linn., dont elle ne diffère essentiellement que
par les angles membraneux de ses tiges.*

Curculio pericarpius. Linn.

4. **Scrophularia canina.** L. *Scrophulaire des chiens.*

Feuilles pinnées ; grappe terminale nue ; pédoncules
bifides. ☉... Clus. Hist. 2. p. 209. f. 1... Moriss. Hist. 2.
sect. 5. t. 9. f. 8... Dalech. Hist. 973. f. 2... Dec. Fl.
fr. 2632.
Fl. d'un pourpre foncé. P. 3. E. Sur les bords de la Garonne. CC.

5. **Scrophularia lucida.** Linn. *Scrophulaire luisante.*

Feuilles inférieures bipinnées, un peu charnues, très-
glabres ; grappes biparties. ♃ ?... Dec. Fl. fr. 2633.
Fl. d'un pourpre foncé. E. Sur les bords ombragés de la
Garonne. R. Trouvée à Ratier, près d'Agen, par M. de
Godailh.

Obs. *Très-ressemblante à la précédente.*

DIGITALIS.   *DIGITALE.*

Calice à 5 divisions, corolle campanulée, 5 fide, ventrue ; capsule ovale biloculaire.

α. **Digitalis lutea.** Linn.   *Digitale jaune.*

Folioles calicinales lancéolées ; corolles aiguës ; lèvre supérieure bifide. ♃... Lob. Ic. 573. f. 2... *D. parviflora.* Dec. Fl. fr. 2664.

Fl. jaunes. E. Les collines de la frontière orientale du département ; à Bouloc, près Beauville. R. Trouvée par M. Dumoulin.

††† *Calices bifides.*

OROBANCHE.   *OROBANCHE.*

Calice bifide ; corolle à deux lèvres ouvertes ; capsule uniloculaire, bivalve, polysperme, nue ; glandule sous la base de l'ovaire.

* *Bractées solitaires.*

1. Orobanche major. Linn.   *Orobanche majeure.*

Tige très-simple ; corolles quadrilobées, enflées ; étamines glabres à la base ; stigmates à deux lobes distans ; style pubescent au sommet. ♃... Bull. Herb. pl. 359... Lamk. Ill. pl. 551. f. 1... Clus. Hist. 1. p. 270. f. 2... Dec. Fl. fr. 2452.

Fl. d'un roux pâle, ainsi que toute la plante. P. 2. 3. Les bois. CC.

2. Orobanche elatior. Sutton.   *Orobanche élevée.*

Tige simple ; corolle tubulée ; étamines pileuses à la base ; stigmate obcordé ; style glabre au sommet. ♃... Dec. Fl. fr. 2455 ?... Smith. Fl. brit. 670.

Fl. d'un roux jaunâtre, ainsi que toute la plante. P 3. E. Les bords des champs, dans les haies ; les friches. R. A Lusignan-Grand ; à l'Hermitage, près d'Agen.

3. Orobanche epithymum. Dec. 2456.   *O. suce-thym.*

Violâtre, visqueuse ; tige simple ; corolle tubulée ; étamines pileuses à leur base ; style glabre ; stigmate presque entier. ♃... Mérat , Fl. par. p. 246. ◉... *O. minor* β. Lois. Fl. gall. 385.

Fl. légèrement violâtres. P. 3. E. 1. Les prés, principalement dans les terres légères sablonneuses. CC. Au Passage, à Lalande, près d'Agen.

Obs. *Le facies particulier de cette espèce et la forme de sa corolle ne permettent point de la confondre avec l'O. minor. Sutt.*

4. Orobanche minor. Sutton. *Orobanche mineure.*

Tige simple, corolle enflée, crépue ; folioles calicinales, entières ; étamines pileuses à la base ; stigmate violet, à deux lobes très-distincts. ♃... Smith. Brit. 670... Dec. Fl. fr. 2454.

Fl. d'un blanc sale veiné de rose clair. E. 1. La garenne de Combebonnet, près Beauville. Trouvée par M. Dumoulin.

Obs. *Voisine de l'O. caryophyllacea Smith. Elle en diffère par sa petitesse, ses fleurs rares et blanchâtres ; par ses folioles calicinales, son stigmate violâtre à deux lobes très-distincts.*

5. Orobanche cariophyllacea. Smith. *O. gyroflée.*

Tige simple ; corolle enflée, crépue, découpée ; lèvre intérieure à lanières obtuses, égales ; étamines hérissées à la base ; stigmate jaune, presque entier. ♃... *O. vulgaris.* Dec. Fl. fr. 2453.

Fl. jaunâtres à l'extérieur, d'un pourpre noirâtre à l'intérieur, odorantes. P. 2. 3. Les prairies. CCC. A Bayon, près d'Agen.

Obs. *Il faut quelque attention pour ne point confondre ces cinq espèces, qui peuvent paroître identiques au premier coup d'œil.*

* * *Bractées ternées.*

6. Orobanche ramosa. Linn. *Orobanche rameuse.*

Tige rameuse à la base ; calices plus courts ; *profondément et inégalement quadrifides.* ☉... Lamk. Ill. pl. 551. f. 2... Bull. Herb. pl. 399... Clus. Hist. 1. p. 271. f. 1... Dec. Fl. fr. 2458... Smith. Fl. brit. 671.

Fl. bleues ou jaune pâle. E. Les terres légères sablonneuses dans les champs, les prairies.

Obs. GÉN. *Toutes les Orobanches sont parasites et tirent leur subsistance des racines des autres plantes. La première vit dans les bois des collines aux dépens des Genêts et de l'Ulex Europæus ; la troisième, dans les champs et les prairies, principalement sur les racines des Trèfles ; la cinquième se multiplie quelquefois tellement dans les chanvres et les plantations de tabac, qu'elle leur porte un préjudice notable.*

On peut manger, dit-on, les jeunes tiges de l'Orobanche majeure en guise d'asperges.

CLASSE QUINZIÈME.

TÉTRADYNAMIE.

SILICULEUSE.

†† *Silicule entière, non échancrée au sommet.*

MYAGRUM.   *CAMELINE.*

Silicules terminées par un style conique ; une ou deux semences dans chaque loge.

1. Myagrum perenne. Linn.   *Cameline vivace.*

Tige très-rameuse, diffuse ; feuilles denticulées, sinuées, pinnatifides, à lobes dirigés en dehors ; silicules biarticulées, monospermes. ♃... Roth. Fl. germ. 3. p. 80... *Cakile perennis.* Dec. Fl. fr. 4272 ?
Fl. jaunes. E. 3. Les collines. RRR. Trouvée auprès du moulin à vent de Vérone.

Obs. *La silicule offre quelques poils rares conformément à la description de Roth. Selon Decandole elle devroit être glabre. Le collet de la racine, dans nos individus, est renflé, et présente les cicatrices des feuilles de l'année précédente.*

2. Myagrum rugosum. Linn.   *Cameline ridée.*

Tige droite, rameuse ; feuilles oblongues, sinuées, dentées ; silicule pileuse, articulée, sillonnée, ridée, monosperme. ☉... Lamk. Dict. 1. p. 569... Mapp. Als. 266. Ic... *Cakile rugosa.* Dec. Fl. fr. 4273.
Fl. jaunes. E. 2. 3. Les champs, les vignes. CCC.

Obs. *La figure citée de Mappus, quoiqu'en disent les*

auteurs, pourroit peut-être convenir aussi bien au **M. perenne** *qu'au* rugosum.

3. Myagrum perfoliatum. Linn. *Cameline perfoliée.*

Glabre ; tige droite, rameuse au sommet ; feuilles radicales, sinuées, les caulinaires amplexicaules, auriculées ; silicules presque cordiformes, presque sessiles. ☉... J. B. Hist. 2. p. 894. f. 2... Besl. Hort. Eyst.
æst. ord. 10. fol. 8. f. 1... Moriss. Hist. 2. sect. 3. t. 21.
f. 1... *Cakile perfoliata.* Dec. Fl. fr. 4274.
Fl. jaunes. E. Les champs cultivés. C.

Obs. *Cette plante est désignée, tant en latin qu'en français, sous une fausse dénomination : ses feuilles sont simplement amplexicaules. Pourquoi donc un auteur renchérissant
encore sur l'impropriété de cette dénomination, a-t-il fait
de cette cameline un caquilier enfilé ? Il suffisoit ici d'une
embrassade.*

4. Myagrum sativum. Linn. *Cameline cultivée.*

Tige droite, rameuse au sommet ; feuilles oblongues,
amplexicaules, très-entières ; silicule ovoïde, pédonculée. ☉... Lind. Als. p. 94. Ic... Lamk. Dict. 1. p. 570...
Dec. Fl. fr. 4269.
Fl. blanchâtres ou d'un jaune pâle. E. Spontanée dans
quelques champs. R.

Obs. *Cette plante est cultivée pour sa graine qui peut être
mêlée avec la farine dont on fait le pain, et qui, surtout,
fournit une huile propre à l'éclairage.*

5. Myagrum paniculatum. L. *Cameline paniculée.*

Tige droite, hérissée, rameuse au sommet ; feuilles
rudes, les radicales pétiolées, les caulinaires lancéolées,
sagittées, amplexicaules, presque dentées ; silicule
ovoïde, presque ronde. ☉... *Bunias pedunculata.* Dec.
Fl. fr. 4276.
Fl. jaunes. E. Parmi les blés. CCC.

6. Myagrum erucæfolium. Vill. *C. à f. de Roquette.*

Tige rameuse, couchée à la base ; feuilles lyrées, obtuses, glabres, les radicales pétiolées, les supérieures
rétrécies à la base, presque auriculées ; silicule globuleuse. ☉... Barr. Ic. 1252... Vill. Dauph. 3. p. 279...
Bunias cochlearioïdes. Willd. Sp... Dec. Fl. fr. 4277...
M. bursifolium. Thuill... *Crambe corvini.* All. Fl. ped.

Fl. blanches. P. 2. Les bords des chemins, des prés, dans la plaine de la Garonne. RR. A Malause ; a Sainte-Quiterie, près d'Agen.

BUNIAS.　　　*BUNIAS.*

Calice étalé ; pétales plus longs que le calice à onglet droit ; silicule sans valves à quatre pans, bi ou quadriloculaire.

1. Bunias erucago. Linn.　*Bunias fausse Roquette.*

Tige hérissée, droite, rameuse ; feuilles radicales, roncinées, les caulinaires oblongues, presque dentées ; silicule à quatre pans, dentée, frangée sur les angles. ☉...
J. B. Hist. 2. p. 858. f. 3... Dec. Fl. fr. 4275.
Fl. jaunes. E. 1. Les terres légères et sablonneuses de la plaine de la Garonne.

DRABA.　　　*DRAVE.*

Silicule entière, ovale-oblongue ; valves aplaties, parallèle à la cloison ; style nul.

1. Draba verna. Linn.　　*Drave printanière.*

Feuilles oblongues, un peu aiguës, presque dentées, un peu velues ; hampe nue ; pétales bifides ; stigmate sessile. ☉... Lamk. Ill. pl. 556. f. 1... Lob. Ic. 469. f. 1...
Dec. Fl. fr. 4228.
Fl. blanches. P. 1. Partout. CCC.

Cantharis aeneus.

2. Draba muralis. Linn.　　*Drave des murs.*

Tige rameuse ; feuilles ovales, amplexicaules, dentées ; silicules étalées, glabres. ☉... Barr. Ic. 816... J. B. Hist. 2. p. 939. f. 1... Dec. Fl. fr. 4231.
β. D. m. *simplex.* Tige simple... Lamk. Ill. pl. 556. f. 2.
Fl. blanches. P. 2. Sur les ruines du château de Gavaudun, dans le haut Agenais ; les revers des fossés du chemin à Brax ; entre les deux Rocs et le Saint-Esprit, près d'Agen.

†† *Silicule émarginée au sommet.*

LEPIDIUM.   *PASSERAGE.*

Silicule émarginée, cordiforme, polysperme ; valvules carinées, opposées à la cloison.

1. Lepidium latifolium. Linn. *P. à larges feuilles.*

Feuilles ovales-lancéolées, entières, dentées. ♃... Dodon. Pempt. 704. f. 1... *L. plinii.* Fuchs. Hist. 484... Dec. Fl. fr. 4240.
Fl. blanches, petites. E. Les lieux ombragés, un peu humides ; les rochers, les vieilles murailles à l'exposition du nord. R. Au moulin de Valère, arrondissement de Nérac, sur la Baïse. Trouvé par M. Louis Brondeau.

DESCRIPT. Tiges *hautes de 3 pieds, droites, rameuses, glabres, paniculées, multiflores.* Feuilles *radicales ovales, dentées en scie, les caulinaires alternes, ovales-lancéolées, amincies à la base, glabres, très-entières ou légérement dentées dans leur partie moyenne.* Fleurs *en grappes très-amples ou paniculées.* Silicules *elliptiques, terminées par le stigmate.*

2. Lepidium petræum. Linn. *Passerage des pierres.*

Tige rameuse, ascendante ; feuilles toutes pinnées ; pétales échancrés, plus courts que le calice. ☉... Magn. Bot. monsp. p. 187. Ic... Crantz. Crucif. t. 2. f. 4. 5... Dec. Fl. fr. 4243.
Fl. blanches. P. Sur les rochers qui dominent Cahors, sur ceux des environs de Lauzerte. CC. Sur les atterrissemens de la Garonne, près le Port-Sainte-Marie. R.

3. Lepidium sativum. Linn.   *Passerage cultivé.*

Tige droite, rameuse dans sa partie supérieure ; feuilles inférieures bipinnées, à pinnules incisées, les supérieures presque simples, linéaires ; fleurs en grappes terminales. ☉... Moriss. Hist. 2. sect. 3. t. 19. f. 2... J. B. Hist. 2. p. 913... *Thlaspis sativum.* Dec. Fl. fr. 4247. Vulgairement *Nasitort* ou *Anitort.*
Fl. blanches. E. 1. Cultivé dans tous les potagers. Spontané aux environs des habitations rurales.

4. Lepidium graminifolium. L. *P. à f. de gramen.*

Tige droite, effilée ; feuilles radicales pinnées, les supé-

rieures linéaires, très-entières; fleurs hexandres; silicule
ovale, pointue. ♃... Linn. Sp. pl. 900. non Willd. Sp...
Pers. Syn. 2. p. 188... Lamk. Dict. 5. p. 47. Ill. pl.
556. f. 1... J. B. Hist. 2. p. 918. f. 1... Dec. Fl. fr. VI.
p. 595... *L. pollichii.* Lois. Fl. gall. 394 ?
β. **L. g.** *decipiens.* Feuilles radicales, lancéolées, incisées,
dentées... *L. iberis.* Dec. Fl. fr. 4241, non Linn.
Fl. blanches. E. A. Les bords des chemins dans les lieux
arides. CCC.

Obs. *Cette espèce, confondue par la plupart des botanistes
français avec le* L. iberis *Linn., en diffère essentiellement par
sa racine vivace et par ses fleurs hexandres.*

THLASPI.   *THLASPI.*

Silicule échancrée, un peu en cœur, polysperme; valvules naviculaires, à bordures saillantes.

1. Thlaspi arvense. Linn.   *Thlaspi des champs.*

Tige droite, peu rameuse; feuilles glabres, oblongues,
dentées, les supérieures amplexicaules; silicules orbicu-
laires, à large bordure. ◉... Lamk. Ill. pl. 557... J. B.
Hist. 2. p. 923... Moriss. Hist. 2. sect. 3. t. 17. f. 12...
Lob. Obs. 108. f. 1... Dec. Fl. fr. 4250. Vulgairement
la Monoyère.
Fl. blanches. P. 2. Les terres légères, sablonneuses. RRR.
A Saint-Amans, près d'Agen.

2. Thlaspi campestre. Linn.   *Thlaspi champêtre.*

Pubescent; tige droite; feuilles radicales ovales, presque lyrées, les supérieures sagittées, denticulées; silicules nues. ♂... Fuchs. Hist. 306... J. B. Hist. 2. p. 921.
f. 1... Dec. Fl. fr. 4257.
Fl. blanches. E. 1. Le bord des champs et des routes.
CCC.

3. Thlaspi perfoliatum. Linn.   *Thlaspi perfolié.*

Glabre; tige rameuse; feuilles radicales, ovales, pétiolées, les caulinaires cordiformes, amplexicaules, peu
denticulées; corolles de la longueur du calice; silicule
en cœur. ◉... Barr. Ic. 815... Moriss. Hist. 2. sect. 3.
t. 17. f. 15... Clus. Hist. 2. p. 131. f. 2... J. B. Hist. 2.
p. 131. f. 2... Dec. Fl. fr. 4253.
Fl. blanches. P. Les bords des chemins et des champs,
dans les lieux arides des coteaux. CCC.

Obs. *La hauteur de cette plante varie depuis un pouce et demi jusqu'à un pied.*

4 **Thlaspi bursa pastoris.** Linn. *T. bourse à pasteur.*

Tige droite, rameuse; feuilles herissées, pinnatifides ou lyrées, caulinaires lancéolées-sagittées, sessiles; silicule en cœur. ☉... Bull. Herb. pl. 223... J. B. Hist. 3. p. 936... Lamk. Ill. pl. 557. f. 2... Lob. Obs. p. 110. f. 1... Dec. Fl. fr. 4249... *Nasturtium bursa pastoris.* Roth. Fl. germ. β. T. b. *lancifolia.* Feuilles lancéolées, tige simple. Fl. blanches. P. E. A. Près les habitations rurales; les potagers mal cultivés; sur les vieilles murailles. La variété dans les sols cretacés.

COCHLEARIA. *COCHLÉARIA.*

Silicule échancrée, renflée, rude; valvules gibbeuses, obtuses.

1. **Cochlearia draba.** Linn. *Cochléaria drave.*

Tige droite, pubescente; feuilles lancéolées, dentées, un peu pubescentes, les caulinaires amplexicaules; silicules cordiformes à la base. ♃... Clus. Hist. 2. p. 224. f. 2... Moriss. Hist. 2. sect. 3. t. 21. f. 1... J. B. Hist. 2. p. 529. f. 2... Dalech. Hist. p. 664. f. 2... Dec. Fl. fr. 4237. Fl. blanches. P. Les saussaies des bords de la Garonne. C. près d'Agen.

2. **Cochlearia coronopus.** Linn. *C. corne de cerf.*

Tige rameuse, couchée; feuilles pinnées; folioles pinnatifides, incisées; grappes des fleurs opposées aux feuilles; silicule réniforme, tuberculée. ☉... Lamk. Ill. pl. 558... J. B. Hist. 2. p. 919. f. 2... Lob. Obs. p. 240. f. 1... Dalech. Hist. 671. f. 1... *Coronopus vulgaris.* Dec. Fl. fr. 4239. Fl. blanches. P. E. A. Sur le bord des chemins; sur les pelouses. CCC.

IBERIS. *IBÉRIDE.*

Corolle irrégulière; les deux pétales extérieurs plus grands; silicule échancrée, polysperme.

1. Iberis amara. Linn.   *Ibéride amère.*

Tige herbacée, rameaux étalés ; fleurs d'abord en corymbe, puis en grappe. ◉... J. B. Hist. 2. p. 928. f.
1... Dec. Fl. fr. 4262.
Fl. blanches ou purpurines. P. 3. Les champs parmi les
moissons, principalement sur les hauteurs depuis les Tricheries jusqu'auprès de Tournon. CCC. A Montbran, près
d'Agen.

2. Iberis pinnata. Linn.   *Ibéride pinnée.*

Tige herbacée, rameuse ; feuilles pinnatifides ; pinnules
linéaires ; fleurs d'abord en corymbe, puis en grappe.
◉... Barr. Ic. 1306. f. 1... Lob. Adv. 75. f. 2... Moriss.
Hist. 2. sect. 3. t. 17. f. 19... Dec. Fl. fr. 4263.
Fl. blanches ou purpurines. P. 3. Les graviers et les allu-
vions de la Garonne. C.

3. Iberis nudicaulis. Linn.   *Ibéride nudicaule.*

Tige herbacée ; hampe simple, presque nue ; feuilles
radicales pinnatifides ; fleurs d'abord en corymbe, puis
en grappe. ◉... J. B. Hist. 2. p. 937... Dodon. Pempt.
203. f. 2... *Guepinia iberis.* Dec. Fl. fr. VI. p. 596.
Fl. blanches. P. 1. Les Landes sèches. CC.

ALYSSUM.   *ALYSSE.*

Quelques filets des étamines munis intérieurement d'une
petite dent ; silicule échancrée.

1. Alyssum calicinum. Linn.   *Alysse calicinal.*

Tige herbacée ; étamines toutes dentées ; calices persistans. ◉... Clus. Hist. 2. p. 133. f. 3... Dec. Fl. fr.
4221.
Fl. jaunes. P. 2. Les pelouses arides des collines, sur les
rochers. C. A Charpaut, au Saint-Esprit, près d'Agen.

SILIQUEUSE.

† *Calice béant , sommet de ses folioles écarté.*

CARDAMINE.   *CARDAMINE.*

Silique s'ouvrant par un mouvement élastique ; valvules se roulant sur elles-mêmes ; stigmate entier ; calice un peu béant.

1. Cardamine impatiens. L. *Cardamine impatiente.*

Feuilles pinnées, stipulées ; pinnules incisées ; fleurs sans pétales. ♂ ... Barr. Ic. 155... J. B. Hist. 2. p. 886... Dec. Fl. fr. 4201.
Fl. blanches. P. Dans les saussaies des bords de la Garonne. RR.

Obs. *Les fleurs de cette espèce ne sont pas absolument dépourvues de pétales ; mais leur corolle très-petite et presque invisible est caduque , et tombe bientôt après son épanouissement.*

2. Cardamine hirsuta. Linn. *Cardamine hérissée.*

Tige striée plus ou moins hérissée de poils distincts ; feuilles pinnées , folioles arrondies , anguleuses-dentées , brièvement pétiolées ; fleurs tétrandres. ◉ ... J. B. Hist. 2. p. 888... Dalech. Hist. p. 659. f. 2... Barr. Ic. 455... Dec. Fl. fr. 199.
β. C. h. *nasturtifolia.* Feuilles caulinaires à folioles ovales-allongées ; fleurs tétradynames... *C. nasturtiana.* Thuill. Fl. par. 330.
Fl. blanches. P. Les champs , les vignes. CCC. La variété β dans les prés marécageux, au bord des fontaines.

Obs. *Il est quelquefois difficile de reconnoître au premier coup-d'œil les poils de cette plante ; certains individus dans les terrains gras en sont presque dépourvus.*

3. Cardamine pratensis. Linn. *Cardamine des prés.*

Feuilles pinnées , les radicales à folioles arrondies , anguleuses dentées , les supérieures lancéolées-linéaires. ♃... J. B. Hist. 2. p. 889. f. 2... Lamk. Ill. pl. 562. f. 1... Dec. Fl. fr. 4198.

Fl. purpurines, grandes. P. 2. Les prairies humides et ombragées, les bords des ruisseaux.

Obs. Lorsque les feuilles radicales de cette espèce touchent la terre, la base de la foliole impaire émet d'abord des radicules qui produisent bientôt une touffe de feuilles semblables à celles de la plante, mais plus petites dans leurs dimensions.

La Cardamine ou le Cresson des prés est une belle plante qui fixe de loin les regards. Un poëte a dit :

> *Sitôt que dans les prés s'élève le cresson,*
> *De la mer à l'envi franchissant les barrières,*
> *Les saumons, en sautant, remontent les rivières.*
>
> CASTEL.

Dans la Garonne, l'arrivée du poisson devance de beaucoup l'apparition de la plante.

Papilio cardamine. Pap. eupheno.

SISYMBRIUM. *SISYMBRE.*

Siliques dont les valvules en s'ouvrant ne se roulent point sur elles-mêmes ; calice et corolle ouverts.

1. Sisymbrium nasturtium. L. *Sisymbre cresson.*

Siliques divergentes ; feuilles pinnées ; folioles presque cordiformes. ♃... J. B. Hist. 2. p. 884... Bull. Herb. pl. 302. Dalech. Hist. 658. f. 1... Dec. Fl. fr. 4148. Vulgairement *Cresson de fontaine.*
Fl. blanches. P. E. Dans les ruisseaux, les fontaines.

2. Sisymbrium silvestre. Linn. *Sisymbre sylvestre.*

Siliques écartées de leur axe ; feuilles pinnées ; folioles lancéolées, dentées en scie ; racine rampante. ♃... Dalech. Hist. 653. f. 2... J. B. Hist. 2. p. 866. f. 2... Dec. Fl. fr. 4149.
Fl. jaunes. E. Le fond des fossés, les terres un peu humides où il est bien difficile de la détruire à cause de ses racines traçantes stolonifères.

3. Sisymbrium palustre. Will. *Sisymbre des marais.*

Siliques ovales-oblongues écartées de leur axe ; feuilles pinnatifides, dentées ; pétales plus ouverts que le calice ; racine fusiforme. ◉... J. B. Hist. 2. p. 867. f. 1... Dec. Fl. fr. 4150.
β. S. p. *pusillum.* Nain ; tiges couchées... *S. pusillum.* Vill. Dauph. 3. p. 341. t. 39.

Fl. jaunes. E. A. Les graviers et les atterrissemens de la Garonne. C. près d'Agen.

4. Sisymbrium amphibium. Linn. *S. amphibie.*

Siliques ovales-oblongues, écartées de leur axe ; feuilles oblongues-lancéolées ou pinnatifides, dentées ; pétales dépassant le calice. ♃... Dec. Fl. fr. 4151.
β. S. a. *palustre.* Willd. Feuilles inférieures capillaires, les supérieures pectinées-pinnatifides.
Fl. jaunes. E. 1. 2. Les fossés aquatiques, les marais. CC. A Brax, à Sérignac.

5. Sisymbrium Pyrenaïcum. Linn. *S. des Pyrénées.*

Siliques ovales-oblongues ; feuilles pinnatifides amplexicaules, les inférieures à lobes larges, les supérieures à lobes linéaires très-entiers ; styles filiformes. ♃... Moriss. Hist 2. sect. 3. t. 7. f. 1. 2.ᵉ série... Dec. Fl. fr. 4152.
Fl. jaunes. E. Les terres sablonneuses des Landes, dans les moissons. R. Aux marais de Vignau, près de Casteljaloux, près de Fargues, canton de Damazan.

6. Sisymbrium tenuifolium L. *S. à feuilles menues.*

Siliques droites ; feuilles glabres, presque entières, ou pinnatifides, les supérieures entières. ♃... Fuchs. Hist. 262... J. B. Hist. 2. p. 861... Dec. Fl. fr. 4159.
Fl. jaunes. E. A. Sur les bords de la Garonne. RRR. Au dessus de l'hôpital Delas ; à Saint Antoine, près d'Agen.

Obs. *On peut confondre au 1.ᵉʳ coup d'œil cette plante avec le S.* murale *; mais celui-ci a la tige nue.*

⁎ ⁎ *Siliques axillaires, sessiles.*

7. Sisymbrium polyceratium. Linn. *S. polycerat.*

Siliques axillaires, sessiles, subulées, agrégées ; feuilles sinuées, dentées, le lobe terminal triangulaire. ☉... Dalech. Hist. 653. f. 2... J. B. Hist. p. 864... Dec. Fl. fr. 4160.
Fl. jaunes. E. Les lieux incultes près des habitations. R. A St. Hilaire, près d'Agen ; à Fumel dans la ville, à Condat, à Montsempron. CC.

✳ ✳ ✳ *Tige nue.*

8. Sisymbrium murale. Linn.   *Sisymbre des murs.*

Tige presque nulle, hérissée des poils rares ; feuilles lyrées-roncinées, lisses. ◉... Dec. Fl. fr. 4154. exclus. syn. Barr. et J. Bauh.

β. *S. m. erucastrum.* Tiges presque feuillées à la base... *S. erucastrum.* Gou. III. 42. t. 20.

Fl. jaunes. E. A. Les lieux sablonneux dans la plaine de la Garonne ; sur les murailles. CCC.

9. Sisymbrum vimineum. Linn.   *S. des vignes.*

Tige nulle ; feuilles lyrées, lisses ; hampe ascendante ; fleurs très-petites. ◉... J. B. Hist. 2. p. 862. f. 2... Barr. Ic. 131... Dec. Fl. fr. 4157.

Fl. jaunes. E. 3. A. Dans les vignes près du Port-S.te Marie. C. Très-voisin du précédent.

✳ ✳ ✳ ✳ *Feuilles pinnées.*

10. Sisymbrium asperum. Linn.   *Sisymbre rude.*

Siliques rudes ; feuilles pinnatifides ; pinnules linéaires-lancéolées ; corolles plus longues que le calice. ♃... J. B. Hist. 2 p. 858. f. 3... Dec. Fl. fr. 4164.

Fl. jaunes. E. A. Aux environs de Tournon ; sur les graviers de la Garonne, où il est apporté par les crues d'eau de cette rivière. R.

11. Sisymbrium sophia. Linn.   *Sisymbre sophie.*

Tige droite, presque simple ; feuilles bipinnées ; fleurs en grappes terminales ; pétales plus courts que le calice. ◉... Bull. Herb. pl. 271... Dec. Fl. fr 4165.

Fl d'un jaune pâle. P. 3. Dans les Landes près des habitations et dans les moissons.

Obs. *Cette plante est appelée vulgairement* la sagesse des chirurgiens, *à cause de ses propriétés vulnéraires.*

12. Sisymbrium irio. Linn.   *Sisymbre irio.*

Feuilles roncinées, dentées, nues ; tige lisse ; silique droite. ◉... Dec. Fl. fr. 4166.

Fl. jaunes petites. A. Parmi les décombres dans la cour de l'hôpital Delas ; à Lescale, vallon de Foulayronnes,

sur les murailles du ci-devant couvent du chapelet à
Agen. RR.

ERYSIMUM. *VELAR.*

Silique en colonne exactement tétragone ; calice fermé.

1. **Erysimum officinale.** Linn. *Velar officinal.*

Siliques serrées contre l'axe de l'épi ; feuilles presque
ailées , roncinées , à lobe terminal assez ample, ☉...
Bull. Herb. pl. 259... Fuchs. Hist. 592...*Sisymbrium officinale.* Dec. Fl. fr. 4172. Vulgt. *herbe au chantre, tortelle.*
Fl. petites. E. Les lieux incultes , près les habitations rurales. CCC.

2. **Erysimum barbarea.** Linn. *V. de Sainte-Barbe.*

Feuilles inférieures lyrées , à lobe terminal arrondi , les
supérieures ovoïdes, dentées. ♃... J. B. Hist. 2. p. 869.
Lob. Obs. p. 104... Moriss. Hist. 2. sect. 3. t. 11...
Dalech. Hist. 650. f. 1... Dec. Fl. fr. 4145. Vulgt.
velar, herbe de Sainte-Barbe , barbarée.
Fl. jaunes. P. 3. Les bords des fossés , les lieux humides ,
ombragés. CCC.

3. **Erysimum præcox.** Smith. *Velar précoce.*

Feuilles inférieures lyrées , les supérieures pinnatifides
à divisions linéaires-oblongues , très-entières ; siliques
beaucoup plus longues. ♂... Smith. Brit. 707... Dec.
Fl. fr. 4147.
Fl. jaunes P. 1. Les lieux frais dans les terres légères. RR.
Sur les bords de la Garonne près d'Agen ; à Riols dans les
saussaies.

Obs. *Cette plante voisine de la précédente offre deux caractères qui la font distinguer : la longueur de ses siliques ,
et la forme de ses feuilles supérieures.*

4. **Erysimum alliaria.** Linn. *Velar alliaire.*

Feuilles en cœur ; fleurs blanches. ♂ ou ♃... Bull.
Herb. pl. 338... J. B. Hist. 2. p. 883... *Hesperis alliaria.*
Dec. Fl. fr. 4125. Vulgt. *alliaire.*
Fl. blanches. P. Les lieux incultes, ombragés. CCC.

Obs. *Toute la plante quand on la froisse, exhale une forte
odeur d'ail.*

CHEIRANTHUS.   *VIOLIER.*

Petite dent glanduleuse à chaque côté de l'ovaire ; calice fermé, deux de ses folioles gibbeuses à leur base ;
semences planes.

1. **Cheiranthus cheiri.** Linn.   *V. des murailles.*

Tige rameuse, sous-ligneuse à la base; feuilles lancéolées-
oblongues, très-entières, aiguës, glabres; fleurs en
grappes terminales. ♃... Bull. Herb. pl. 249... Dec. Fl.
fr. 4138. Vulgt. *violier jaune, giroflée jaune.*
Fl. jaunes avec des veines d'un rouge brun à l'extérieur,
odorantes. P. Sur les vieilles murailles. CCC.

HESPERIS.   *HESPÉRIDE.*

Pétales fléchis obliquement ; petite glande entre les
étamines les plus courtes ; silique roide ; stigmate fourchu et connivent à sa base ; calice fermé.

1. **Hesperis matronalis** Linn.   *H. des matrones.*

Tige simple droite ; feuilles ovales-lancéolées, denticu-
lées ; pétales échancrés au sommet. ♃... Clus. Hist.
1. p. 297. f. 1... Moriss. Hist. 2. sect. 3. t. 10. f. 1...
Dec. Fl. fr. 4126.
Fl. d'un pourpre violet. P. 3. Les bois des coteaux. R. A
Lamontjoie ; à Moncrabeau ; sur les rives de la Baïse, à
Nérac ; à Buzet.

ARABIS.   *ARABETTE.*

Quatre glandes nectarifères à la base des folioles du
calice, et relevées en forme d'écailles.

1. **Arabis alpina.** Linn.   *Arabette des alpes.*

Feuilles oblongues-lancéolées, amplexicaules à dentelures aiguës. ♃... Clus. Hist. 2. p. 125. f. 2... Curtis,
Bot. mag... Dec. Fl. fr. 4177.
Fl. blanches, grandes. E. Les lieux ombragés des collines
pierreuses du dépt. du Lot, et sans doute aussi sur la
frontière orientale de notre département.

1. Arabis turrita. Linn. *Arabette tourrette.*

Feuilles amplexicaules ; siliques arquées, fort longues , comprimées, linéaires, un peu plus épaisses sur les bords. ◉ ou ♂ ... Barr. Ic. 353... Clus. Hist. 2. p. 126. f. 2 ?... Dec. Fl. fr. 4174.
Fl. jaunâtres. Les bords du Lot. A Penne , à Libos.

2. Arabis thaliana Linn. *Arabette thaliane.*

Feuilles radicales oblongues , pétiolées , les caulinaires lancéolées, sessiles ; tige droite, hérissée à la base ; pétales deux fois plus longs que le calice. ◉... Barr. Ic. 269 et 270... J. B. Hist. 2. p. 870. f. 2... Crantz. Crucif. t. 3. f. 2... Dec. Fl. fr. 4184.
Fl. blanches , petites. P. 1. Les Champs, les bords des chemins , sur les murailles. CCC.

TURRITIS. *TOURRETTE.*

Silique très-longue, anguleuse ; calice connivent, droit, corolle droite.

1. Turritis glabra. Linn. *Tourrette glabre.*

Tige droite, effilée, simple ; feuilles radicales oblongues , sinuées, lyrées , rudes, les caulinaires glabres , amplexicaules , entières ; fleurs en grappes terminales ; siliques rapprochées de leur axe commun. ♂ ... *Arabis perfoliata.* Lamk. Dict. 1. p. 219... *Arabette enfilée.* Dec. Fl. fr. 4174 !
Fl. blanches. P. 3. Les terres sablonneuses dans les Landes. C.

Papilio cardamine.

2. Turritis hirsuta. Linn. *Tourrette velue.*

Hérissée de poils souvent bifurqués ; tiges simples , droites , fermes ; feuilles inférieures , oblongues , spatulées , les caulinaires supérieures amplexicaules ; silique comprimée. ♂ .
β. T. h. *sagittata.* Feuilles caulinaires sagittées. T. *Sagittata.* Bert... *Arabis sagittata.* Dec. Fl. fr. VI. p. 572.
Fl. blanches. P. 3. E. 1. Les bois pierreux. R. A Cambes , près d'Agen ; à Combebonnet.

Obs. *Les caractères de la var.* β *sont souvent confondus avec ceux du type de l'espèce sur le même individu.*

BRASSICA.   *CHOU.*

✳ *Silique non terminée par un appendice en forme*
de corne.

Calice droit, connivent; semences glabres, globuleuses;
glandule entre les deux plus courtes étamines et le pistil, une autre entre les deux plus longues et le calice.

1. Brassica orientalis. Linn.   *Chou oriental.*

Feuilles amplexicaules, glabres, les radicales rudes,
très-entières ; siliques très-longues , tétragones. ◉...
Clus. Hist. 2. p. 127. f. 1... *B. perfoliata.* Dec. Fl.
fr. 4115.
Fl. d'un jaune très-pâle. E. Dans les moissons. R. A Saint-
Maurin ; à Combebonnet. Trouvé par M. Dumoulin.

Papilio cardamine.

2. Brassica napus. Linn.   *Chou navette.*

Racine caulescente, fusiforme ; feuilles lisses, les supérieures lancéolées-cordiformes à la base, amplexicaules,
les inférieures lyrées, dentées ; calice étalé ♂ ... B. *napus.*
Dodon. Pempt. 633... *Bunias sylvestris.* Fuchs. Hist.
177... Rozier, Cours d'Agric.
Fl. jaunes. P. 1. Les champs, les vignes. Spontané. CCC.

Obs. *Originaire , à ce qu'on croit , de la Belgique. Géné-*
ralement cultivé dans nos campagnes sous le nom de Caulet
rabo , *soit pour la nourriture des bestiaux , soit pour extraire*
de ses semences une huile propre à l'éclairage et à d'au-
tres usages domestiques. Cette huile est vulgairement appelée
Huile de rave, Oli de rabo. *Au printems, les jeunes pousses de*
cette plante employées dans les cuisines avec d'autres herbes
potagères forment un aliment très-sain.

3. Brassica rapa. Linn.   *Chou rave.*

Racine caulescente, orbiculaire, comprimée, charnue;
feuilles radicales, lyrées, hérissées, les caulinaires très-
entières , lisses; calice étalé. ♂ ... *Napum sativum ;*
Fuchs. Hist. 212... Vulgt. *rave.*
β. B. r. *oblonga.* Racine oblongue, fusiforme; vulgt. *navet.*
Fl. jaunes. Les vignes des collines, le voisinage des habitations rurales. CC.

Obs. *La rave est généralement cultivée pour l'utilité de la racine dans l'économie rurale et domestique. Le bouillon de rave est regardé comme un béchique très-doux ; on l'emploie dans les maladies de poitrine. Le navet, comme la râve, sert aussi à la nourriture des bestiaux.*

4. Brassica oleracea. Linn. *Chou potager.*

Racine caulescente, cylindrique, charnue; feuilles glabres, glauques, sinuées, lobées. ♂... Vulgt. *chou*, en gascon *caulet.*
Fl. d'un jaune pâle. P. 2.

Obs. *Cultivé dans tous les potagers. Originaire des côtes de la Manche, où il croît spontanément sur les rochers : il n'existe peut-être pas de plante plus modifiée par la culture. Ses variétés sont très-nombreuses ; il n'entre point dans le plan de notre ouvrage de les mentionner. Le Saur kraut, si estimé des allemands, se compose avec la feuille du chou coupée en menus fragmens, et mise avec du sel dans un tonneau, où elle passe à la fermentation acide.*

Le Chou-fleur et le Brocoli sont de véritables monstruosités de cette espèce, qui se reproduisent par les semences, et qui figurent sur nos tables au rang des mets les plus délicats.

✳ ✳ *Siliques terminées par un appendice en forme de corne.*

5. Brassica eruca. Linn. *Chou roquette.*

Feuilles lyrées ; tige hérissée ; siliques glabres. ◉...
Bull. Herb. pl. 313... Dalech. Hist. p. 649... Fuchs. Hist. 539... Dec. Fl. fr. 4121. Vulgt. *roquette.*
Fl. jaunes veinées de violet. E. 1. Les lieux incultes, voisins des habitations. R. Au pied du coteau de Condat, et ailleurs dans le haut Agenais.

6. Brassica cheiranthos. Vill. *Chou giroflée.*

Feuilles pétiolées, pinnatifides, dentées, hérissées; siliques toruleuses, terminées par une corne applatie. ♂... Allion. Ped. 963. t. 87.
β. B. c. *montana.* Plus petit; lobe des feuilles inférieures presque triangulaire. Dec. Fl. fr. VI. p. 589.
Fl. jaunes. E. Les terres sablonneuses cultivées, sur les atterrissemens de la Garonne, où cette plante est apportée par les débordemens. R. Dans les champs des Landes. C.

Obs. *L'appendice corniforme qui termine la silique, renferme toujours à sa base une semence et quelquefois deux.*

SINAPIS.   *SENEVÉ.*

Calice ouvert, étalé ; onglet de la corolle droit, une glandule entre les étamines les plus courtes et le pistil, une autre entre les plus longues et le calice.

1. **Sinapis arvensis.** Linn.   *Senevé des champs.*

Siliques glabres à plusieurs angles, toruleuses ; corne terminale comprimée ; plus courte que la silique. ◉... Fuchs. Hist. 257... Dec. Fl. fr. 4111.
Fl. jaunes. E. 1. Sur les atterrissemens de la Garonne. RRR.

2. **Sinapis alba.** Linn.   *Senevé blanc.*

Tige hérissée ; feuilles pinnatifides et lyrées, dentées, corne terminale comprimée, plus longue que la silique. ◉... Lamk. Ill. pl. 566... J. B. Hist. 2. p. 838... Dec. Fl. fr. 4113.
Fl. d'un jaune clair. P. A. Au pied des rochers exposés au midi. CC. *A Bellevue*, près d'Agen.

Coccinella 13 punctata.

3. **Sinapis nigra.** Linn.   *Senevé noir.*

Siliques glabres, rapprochées de leur axe commun ; tétragones au sommet. ◉... J. B. Hist. 2. p. 855... Dalech. Hist. p. 646. f. 1... Dec. Fl. fr. 4109. Vulg. moutarde.
Fl. jaunes. P. 2. Les champs, les prés, les bords des ruisseaux. C. A Montanou, au Pelatier, à la Salève, près d'Agen.

Obs. *On compose la moutarde avec la semence de cette espèce de sinapis.*

4. **Sinapis incana.** Linn.?   *Senevé blanchâtre.*

Siliques rapprochées de leur axe commun ; corne striée pyriforme, surmontée par le style ; feuilles lyrées, hérissées de poils nombreux et roides ; les supérieures lancéolées, entières. ◉... Dec. Fl. fr. 4114.
Fl. d'un jaune pâle. A. 1. 2. Sur les bords de la Garonne. CCC.

Oʙs. *Les siliques sont tantôt glabres tantôt hérissées de poils roides et réfléchis comme les tiges.*

RAPHANUS.　　*RAIFORT.*

Calice fermé ; silique toruleuse, presque articulée, cylindrique : deux glandules nectarifères entre les étamines les plus courtes et le pistil, deux autres entre les plus longues et le calice.

1. Raphanus raphanistrum. ɪ. *Raifort ravanelle.*

Feuilles lyrées ; siliques cylindriques articulées, lisses, uniloculaires. ◉... J. B. Hist. 2. p. 851... Dec. Fl. fr. 4108. Vulgt. *ravanelle.*
Fl. jaunes ou blanchâtres, veinées de violet pâle. P. E. Les champs cultivés, principalement dans les terres légères et sablonneuses, où elle se multiplie souvent au point d'étouffer les moissons.

2. Raphanus sativus. ʟɪɴɴ. *Raifort cultivé.*

Feuilles lyrées ; siliques cylindriques, toruleuses, biloculaires. ◉... Lamk. Ill. pl. 566... Dec. Fl. fr. 4107. Fl. violettes. Originaire de la chine. Cultivé dans tous les potagers. Il fournit plusieurs variétés qui se multiplient assez régulièrement par les semences.

Oʙs. *On sert aujourd'hui les petites raves ou raiforts à l'entrée du repas pour exciter l'appetit ; mais on prescrivoit jadis comme règle diététique de ne les manger qu'au dessert.* Le reffort, *disoit-on*, est plaisant à la bouche et fait bon ventre ; mais il faut le manger sur le dernier mets ; car avant la past, il engendre flatuosités, fait routter et soulever la viande. *Tel étoit le langage des médecins du* 16.ᵉ *siècle.* Mathée, *trad. des comm. de Mathiole sur Dioscoride, in-fol. p.* 177.

CLASSE SEIZIÈME.

MONADELPHIE.

—

PENTANDRIE.

ERODIUM.   *ERODIUM.*

Calice 5 phylle, quelquefois un peu irrégulier ; 5 étamines fertiles, alternant avec 5 filets stériles et mona-
delphes ; style 5 stigmates ; 5 glandules nectarifères à
la base des étamines ; capsule à arêtes velues sur la
face interne.

1. **Erodium cicutarium.** Willd. Sp.   *E. à f. de ciguë.*
Pédoncules multiflores ; feuilles pinnées ; pinnules pinnatifides, incisées ; tige pileuse, couchée ; pétales plus
longs que le calice. ☉... *Geranium cicutarium.* Linn. sp...
Geranium chœrophyllum. Cav. Diss. 3. t. 95. f. 1... Dec.
Fl. fr. 4532. Vulgt. *la cicutaire.*
β. E. c. *bipinnatum.* Pédoncules souvent biflores ; tige presque droite... *G. bipinnatum.* Cav. Diss. 4. p. 273. t. 126.
f. 3.
γ. E. c. *præcox*, pédoncules souvent biflores, plus petit...
G. præcox, Cav. Diss. 5. p. 272. t. 126. f. 2. ?
δ. E. c. *pimpinellifolium.* Corolles plus courtes que le calice... *E. pimpinellifolium.* Willd. Sp... Cav. Diss. 4. p.
226. t. 93. f. 1.
Fl. purpurines. P. E. 1. Les bords des chemins, dans les
vignes. CCC.

OBS. *Les caractères des G. bipinnatum, præcox. Cav. et*
pimpinellifolium. *Willd. n'étant point constans, nous avons*
cru devoir mentionner ces espèces comme variétés.

2. **Erodium moschatum.** Willd.   *Erodium musqué.*
Pédoncules multiflores ; feuilles pinnées ; pinnules pres-

que pétiolées, oblongues, incisées, dentées ; pétales de
la longueur du calice ; tige couchée. ☉... *Geranium mos-*
chatum. Linn. Sp. pl... Cav. Diss. 4. p. 227. t. 94. f. 1...
Lob. Obs. p. 376. f. 1. et 1c. 658. f. 2... Dec. Fl. fr.
4533.
Fl. purpurines P. 3. E. Les environs du village de Saint-
Loup, près Montagnac sur Auvignon. CCC. Naturalisé
dans quelques jardins, à Saint-Amans, près d'Agen.

Obs. *Cette plante exhale une forte odeur de musc. Elle se*
trouve indigène au Cap de Bonne-Espérance, au Brésil, au
Pérou.

3. Erodium malacoïdes. Willd. ***Erodium malvacé.***

Pédoncules multiflores ; feuilles ovoïdes, cordiformes,
obtuses, un peu lobées, dentées, velues ; tige penchée,
souvent presque couchée. ☉... Dec. Fl. fr. 4536... *G.*
malachoïdes. Linn. Sp... Cav. Diss. 4. p. 220. t. 91. f. 1...
Lob. 1c.662. f. 1.
Fl. purpurines. P. E. 1. Les bords des chemins au pied des
coteaux exposés au midi. C. Près d'Agen.

Obs. *Willdenow, Sp. pl. 3. p. 629, attribue à cette espèce*
des feuilles glabres ; c'est une faute d'inadvertance ou d'im-
pression, puisqu'il cite le syn. de Cavanilles.

DÉCANDRIE.

GERANIUM.   *GERANIUM.*

Calice 5 phylle ; 5 pétales réguliers ; 10 étamines mona-
delphes, alternativement plus courtes, avec 5 glandules nectarifères à leur base ; capsule à 5 loges ; arêtes
glabres sur la face interne.

1. Geranium sanguineum. Linn. *Geranium sanguin.*

Pédoncules uniflores ; feuilles orbiculaires à cinq divisions trilobées. ♃... Bull. Herb. pl... Cav. Diss. 4. p.
195. t. 76 f. 1... Clus. Hist. 2. p. 102. f. 1... Dec. Fl.
fr. 4541.
Fl. rouges. E. Les lieux ombragés, les haies sur les collines du département du Lot, et sans doute sur la frontière
orientale de celui de Lot-et-Garonne.

2. Geranium nodosum. Linn.   *Geranium noueux.*

Pédoncules biflores, pétales émarginées ; feuilles cauli-
naires à trois lobes dentés, oblongs, aigus ; tige tétra-
gone ; capsules couvertes de poils nombreux et couchés.
♃... Cav. Diss. 4. p. 208. t. 80. f. 1... Dec. Fl. fr. 4545.
Fl. purpurines. E. 1. 2. 3. Les lieux frais, ombragés, R.
A Lécussan, à Beauregard, près d'Agen. Au dessous de
l'écluse du moulin de la Jeole entre Moirax et Layrac.
A Saint-Maurin.

3. Geranium pyrenaïcum. Linn. *G. des Pyrénées.*

Pédoncules biflores ; feuilles réniformes à sept lobes
oblongs, obtus, divisés en trois lanières tridentées au
sommet, tige droite, rameuse ; pétales échancrés. ♂...
Cav. Diss. 4. p. 203. t. 79. f. 2... Dec. Fl. fr. 4552.
Fl. purpurines. E. 1. 2. Les lieux frais herbeux des collines
du département du Lot, et sans doute aussi sur la frontière orientale de celui de Lot-et-Garonne.

4. Geranium lucidum. Linn.   *Geranium luisant.*

Pédoncules biflores ; feuilles luisantes, arrondies, à cinq
lobes ; calices ridés transversalement ; capsules sillon-
nées. ☉... Cav. Diss. 4. p. 214. t. 80. f. 2... Dec. Fl.
fr. 4553.
Fl. purpurines. E. 1. 2. Les lieux pierreux, sur les vieilles
murailles. R. A Tournon, à la Sauvetat de Savères, à
Montsempron. C.

5. Geranium molle. Linn.   *G. à feuilles molles.*

Pédoncules biflores, alternes, opposés aux feuilles ;
feuilles tomenteuses, arrondies, 7 ou 9 lobes trifides ;
pétales bifides ; capsules glabres, ridées transversalement ; semences lisses. ☉... Cav. Diss. 4. p. 202. t. 83.
f. 1... Vaill. Bot. par. t. 15. f. 3... Dec. Fl. fr. 4554.
Fl. purpurines. P. 3. E. Les bords des chemins, les friches
herbeuses. CCC.

6. Geranium pusillum. L.   *G. à petites fleurs.*

Pédoncules biflores ; fleurs pentandres; pétales échancrés, de la longueur du calice ; feuilles réniformes, palmées, incisées ; capsules pubescentes ; semences lisses.
☉... Vaill. Bot par. t. 15. f. 1... Cav. Diss. 4. t. 83. f.
2... Dec. Fl. fr. 4558.

Fl purpurines. E. Les lieux arides des collines. RR. A
Combebonnet, près Beauville. Par M. Dumoulin.

OBS. *Très-ressemblant au G. molle. On l'en distingue au
premier coup d'œil, à ses feuilles découpées en lobes plus
profonds et plus étroits.*

7. Geranium rotundifolium. L. *G. à feuilles rondes.*

Pédoncules biflores ; pétales entiers ; feuilles arrondies,
lobées, incisées, tomenteuses ; capsules velues ; semences chagrinées. ☉... Cav. Diss. 4. p. 214. t. 93. f. 2...
Dec. Fl. fr. 4557.
Fl. d'un pourpre clair. P. E. Les lieux pierreux, les vignes. CCC.

8. Geranium dissectum. Linn. *Geranium disséqué.*

Pédoncules biflores, plus courts que les feuilles ; feuilles
à cinq divisions laciniées ; pétales échancrées ; divisions
calicinales aristées, aussi longues que les pétales ; capsules
velues ; semences chagrinées. ☉... Cav. Diss. 4. p. 199.
t. 78. f. 2... Vaill. Bot. par. t. 15. f. 2... Dec. Fl. f. 4556.
Fl. purpurines. P. E. Dans les haies, les vignes, au bord
des champs. CC.

9. Geranium columbinum. Linn. *G. colombin.*

Pédoncules biflores, plus longs que les feuilles ; feuilles
à cinq divisions laciniées ; pétales émarginés ; divisions
calicinales aristées, de la longueur des pétales ; capsules
velues ; semences chagrinées. ☉... Cav. Diss. 4. p. 200.
t. 82. f. 1... Vaill. Bot. par. t. 15. f. 4... Dec. Fl. fr. 4555.
Fl. purpurines. P. E. Les haies, les vignes. CC.

10. Geranium robertianum. Linn. *G. robertin.*

Pédoncules biflores ; feuilles ternées et quinées à folioles
pinnatifides ; pétales entiers ; divisions calicinales aristées,
de moitié plus courtes que les pétales ; capsules réticu-
lées ; semences lisses. ♂... Cav. Diss. 4. p. 215. t. 86.
f. 1... Bull. Herb. pl. 201... Dec. Fl. fr. 4559... Vulgt.
herbe à Robert.

β. *G. r. purpureum.* Plus petit ; lobes des feuilles moins pinnatifides ; pétales un peu plus longs que les divisions
calicinales... *G. purpureum.* Vill. Dauph. 3. p. 374.
t. 40.

Fl. purpurines. P. E. Les lieux frais et ombragés. CC.

POLYANDRIE.

ALTHEA.　　　*GUIMAUVE.*

Calice double; l'extérieur à 9 divisions; plusieurs capsules monospermes.

1. Althea officinalis. Linn.　*Guimauve officinale.*

Feuilles tomenteuses, simples, presque à cinq lobes.
♃... Cav. Diss. 2. p. 93. t. 30. f. 2... Bull. herb. pl.
373... Clus. Hist. 2. p. 24 f. 1... Dec. Fl. fr. 4515. Vulgt.
guimauve.
Fl. d'un blanc poupré. E. Les lieux humides, le bord des
eaux. CC.

2. Althea hirsuta. Linn.　　*Guimauve hérissée.*

Feuilles inférieures cordiformes, obtuses, crénelées, les
supérieures à trois ou cinq lobes; tige hérissée. ☉... Cav.
Diss. 2. p. 95. t. 29. f. 1... Barr. Ic. 1169... Dalech. His.
p. 594. f. 2... Dec. Fl. fr. 4518.
Fl. d'un blanc lavé de poupre ou tout-à-fait blanches. E.
Les terres crayeuses dans les vignes, au pied des rochers. C.

3. Althea cannabina. Linn. *G. à feuilles de chanvre.*

Feuilles tomenteuses, rudes, les inférieures palmées-
digitées, les supérieures ternées, la foliole impaire très-
longue. ♃... Cav. Diss. 2. p. 94. t. 30. f. 1... Clus. Hist.
2. p. 25. f. 2... Dec. Fl. fr. 4517.
Fl. couleur de rose. E. 2. 3. Le long des chemins dans les
haies. R. A Sainte Radegonde, près d'Agen; à Guittard,
vallon de Foulayronnes.

MALVA.　　　*MAUVE.*

Calice double, l'extérieur triphylle; plusieurs capsules,
monospermes.

1. Malva parviflora. Linn. *Mauve à petites fleurs.*

Tige étalée; feuilles anguleuses-lobées; fleurs axillaires
agglomérées, presque sessiles; calices glabres à divisions étalées. ☉... Cav. Diss. 2. p. 68 t. 26 f. 1.

β. M. p. *rugosa*. N. Divisions extérieures du calice ovales lancéolées ; capsules chagrinées sans côtes saillantes ; pétales un peu plus longs que le calice.
Fl. blanches lavées de pourpre clair. P. E. A. Les bords
des champs, des chemins , auprès des habitations rurales.
CC. La variété seule se trouve dans nos contrées.

Obs. *L'embarras que nous occasionne cette plante dont
nous n'avons jamais vu le type, nous oblige à la décrire ainsi
qu'il suit. Hérissée ; tiges longues d'un pied environ, étalées
ou couchées, celle du centre droite ; feuilles inférieures profondément cordiformes, à 7 lobes arrondis, les supérieures
à 5 lobes d'autant plus pointus que les tiges sont plus longues ;
stipules ovales, membraneuses ; pédoncules axillaires au nombre de 1 à 4, inégaux, le plus long dépassant à peine la longueur du calice. Folioles calicinales extérieures, ovales dans
les fleurs inférieures, plus étroites ou lancéolées dans les fleurs
supérieures ; pétales à peine deux fois plus longs que le calice. Capsule glabre, quelquefois velue, dépourvue de côtes,
couverte de petites cavités séparées par des protubérances.
Cette plante diffère du M. parviflora. Linn. par ses calices hérissés de poils, et dont les divisions extérieures sont
ovales-lancéolées. Au reste, elle est si bien représentée dans
la figure citée de Cavanilles, que malgré ces différences, nous
n'avons pas crû devoir la séparer de cette espèce.*

2. Malva rotundifolia. Linn.   *M. à feuilles rondes.*

Tiges couchées ; feuilles cordiformes , orbiculaires, à
5 lobes peu profonds ; pédoncules fructifères pendans ;
capsules velues à côtes saillantes. ⊛... Cav. Diss. 2. p.
79. t. 26. f. 3... Bull. Herb... Dec. Fl. fr. 4508.
Fl. d'un blanc lavé de rose. E. A. Au pied des murs dans
les villages. CCC.

3. Malva sylvestris. Linn.   *Mauve sauvage.*

Tige droite, herbacée ; feuilles à 7 lobes aigus ; pédoncules et pétioles pileux. ⊛... Cav. Diss. 2. p. 78. t. 26.
f. 2... Bull. Herb. pl. 225... Dec. Fl. fr. 4509. Vulgt.
mauve.
Fl. purpurines striées. P. 3. E Les bords des bois, les
prairies , les lieux cultivés près des habitations. CCC.

4. Malva fastigiata. Cav.   *Mauve fastigiée.*

Tige droite, rameuse ; feuilles en cœur, les supérieures
à 5 lobes aigus, celui du milieu plus prolongé ; fleurs
axillaires, solitaires, les terminales fastigiées. ♃... Barr.

Ic. 479... *M. lobata et M. fastigiata*... Cav. Diss. 2. p. 76.
t. 18. f. 4 et p. 75. t. 23. f. 2... Lamk. Dict. enc. tom.
3. p. 749... Dec. Fl. fr. VI. p. 625.
β. M. f. *dissecta*, feuilles profondément divisées; lanières
incisées pinnatifides. (Chaub. misc. ined.)
Fl. d'un poupre clair. E. 2. Dans les haies, les friches
pierreuses, sur le bord des bois. R. Derrière Tuquet, à
Montréal, à Lacépède, près d'Agen; à Monplaisir, entre
Nérac et Mezin; sur les bords du ruisseau de Saint-Clair,
près le Port-Sainte-Marie.

Obs. *Cette espèce acquiert, dans les terreins humides, jusqu'à 7 à 8 pieds de hauteur. Elle pourroit être employée
à la décoration des jardins.*

5. Malva moschata. Linn. *Mauve musquée.*

Tige droite; feuilles un peu rudes, les radicales incisées,
les caulinaires divisées en lanières pinnatifides; divisions extérieures du calice linéaires; capsules velues.
♃... Cav. Diss. 2. p. 76. t. 18. f. 1... Dec. Fl. fr. 4512.
Fl. d'un rose pâle, odorantes. E. 1. Dans les saussaies des
bords de la Garonne, où elle est apportée par les débordemens. R.

CLASSE DIX-SEPTIÈME.

DIADELPHIE.

HEXANDRIE.

FUMARIA.   *FUMETERRE.*

Calice diphylle; corolle entrouverte; deux filamens
membraneux portant chacun 3 anthères.

1. Fumaria officinalis. Linn. *Fumeterre officinale.*

Tige rameuse, diffuse; siliques globuleuses, monospermes, émoussées au sommet; feuilles supérieures décom-

posées, à folioles cunéiformes, lancéolées et incisées.
◉... Bull. Herb. pl. 189... Dalech. Hist. 1292. fig. 1...
Fuchs. Hist. 338. Ic... Dec. Fl. fr. 4103.
Fl. purpurines ou blanches ; d'un pourpre foncé au som-
met. P. 2. Les champs cultivés. CC.

2. Fumaria media. Lois. *Fumeterre intermédiaire.*

Tige rameuse, droite ; feuilles bipinnées ; pinnules à 3
ou 5 divisions ; pétioles un peu roulés en forme de
vrilles ; folioles du calice dentées ; péricarpes légérement tuberculeux. ◉... Lois. Fl. gall. supp. 2. p. 101...
Vaill. Bot. par. 56. t. 10. f. 4... Dec. Fl. fr. VI. p. 587.
Fl. d'un blanc purpurin, et d'un pourpre noirâtre au
sommet. E. 1. Les champs cultivés. C.

*Obs. Cette plante a les fleurs et les feuilles plus petites
que le F. capreolata, et plus grandes que celles du F. officinalis, dont quelques botanistes pensent qu'elle doit former
une variété qu'ils attribuent à la qualité du terrein. Je ne
partage pas leur opinion. Un sol très-substantiel peut donner
lieu sans doute à de plus grands développemens et occasion-
ner certaines variétés ; mais son influence a ses limites. Elle
ne sauroit ici produire l'enroulement des pétioles, ni retarder
la floraison dont elle devroit au contraire hâter les progrès.
D'ailleurs, ces plantes se trouvent souvent confondues dans
les mêmes localités. Telles sont les principales raisons qui m'en-
gagent à maintenir cette espèce.*

3. Fumaria parviflora. Lamk. *Fumeterre parviflore.*

Tige rameuse, diffuse ; siliques globuleuses, un peu
aiguës, monospermes ; feuilles supérieures décomposées, à folioles linéaires, canaliculées. ◉... *F. spicata.*
β. Linn. Syst... Moriss. Hist. 2. s. 3. t. 12. f. 11.
β. *F. p. vaillantii.* Plus grande ; folioles plus larges, peu
ou point canaliculées... *F. vaillantii...* Lois. Fl. gall.
suppl. 2. p. 102... Vaill. Bot. par. t. 10. fig. 6.
Fl. blanches ou purpurines, d'un pourpre noir au sommet. E. Les bords des chemins, des ruisseaux. R. Aux
environs de Lauzerte. La var. β. près le moulin de la Salève à Agen.

Obs. Très-voisine du fumaria officinalis.

4. Fumaria capreolata. Linn. *Fumeterre grimpante.*

Tige rameuse, grimpante ; siliques globuleuses, monospermes ; feuilles triternées, à folioles ovales cunéifor-

mes, incisées; pétioles partiels, roulés en guise de vrilles. ⊙... Dec. Ic. rar. gall. pl. 34 et Fl. fr. 4101.
Fl. blanches d'un pourpre noir au sommet. P. E. Dans
les haies des potagers ruraux. R. A Notre-Dame de Bou-
Encontre ; à Saint-Amans, près d'Agen.

OCTANDRIE.

POLYGALA.   *POLYGALE.*

Calice 5 phylle ; deux folioles en forme d'ailes, colorées ; gousse obcordée, biloculaire.

1. **Polygala vulgaris.** Linn.   *Polygale commun.*
Fleurs en grappes, pétale inférieur frangé ; tiges herba-
cées, simples, redressées ; feuilles linéaires-lancéolées.
♃... Bull. Herb. pl. 177... Lamk. Ill. pl. 598 f. 1... J. B.
Hist. 3. p. 387... Dalech. Hist. p. 491. f. 1... Dec. Fl.
fr. 2382... Vaill. Bot. par. t. 33. f. 1.
Fl. purpurines ou bleues. P. 1. 3. Les friches des collines;
les prairies sèches. CCC.

Obs. *Cette plante fut appelée* ambarvalis, *d'ambiendis*
arvis, champs qu'on doit parcourir. La raison en étoit que
les anciens romains couronnoient les vierges avec les fleurs de
ce polygale, lorsqu'ils faisoient des processions autour des
champs, dans le mois de mai, pour obtenir de bonnes récoltes.
C'est de ces espèces de rogations des païens que sont venues
sans doute celles des catholiques romains. Invocation tou-
chante, qui, comme l'on voit, tire son origine des temps
antiques, et qui, à beaucoup d'égards, en a conservé les
formes.

2. **Polygala austriaca.** Crantz.   *Polygale d'Autriche.*
Tiges débiles, couchées ; feuilles radicales arrondies ,
plus petites; fleurs en grappes souvent paniculées ; pétale inférieur frangé; ailes calicinales aiguës , ne dépassant point la corolle. ♃... Crantz. Aust. p. 439. t. 2. n.
4... Poir. Dict. 5. p. 488... *P. amara* β... Dec. Fl. fr. 2383.
Fl. bleues ou blanches. P. 2. 3. Parmi les bruyères. R.
Au bois noir, près de Sainte-Colombe. Dans celui des Jésuites, près d'Agen; dans les Landes.

3. Polygala amara. Linn.   *Polygale amer.*

Tiges redressées ; feuilles radicales ovales beaucoup plus grandes ; fleurs en grappes ; pétales inférieurs frangés ; ailes calicinales obtuses, dépassant la corolle. ♃... Dalech. Hist. p. 1175. f. 1... Vaill. Bot. par. t. 33. f. 2... Dec. Fl. fr. 2338. Exclus. var. β.

Fl. bleues, purpurines ou blanches. 1. 3. Les friches pierreuses des collines. CCC.

Obs. Ces trois espèces de polygale sont tellement voisines l'une de l'autre qu'il faut une attention scrupuleuse pour les distinguer.

DÉCANDRIE.

SPARTIUM.   *SPARTIE.*

Stigmate longitudinal, velu en dessus ; filet des étamines adhérens à l'ovaire ; calice déjetté en arrière.

1. Spartium junceum. Linn.   *Spartie joncière.*

Rameaux opposés, cylindriques, florifères au sommet ; feuilles lancéolées. ♄... Duham. Arb. 1. pl. 103... Besl. Eyst. æst. pl. 3. f. 2... *S. hispanicum*... Curt. Bot. mag. 3. pl. 85... J. B. Hist. 1. p. 595... *Genista juncea*... Dec. Fl. fr. 3804. Vulgt. *genêt d'Espagne.*

Fl. jaunes, odorantes. E. 1. Les friches arides, et les bords des bois des collines. R. A Lacandelie ; derrière Montréal, près d'Agen et ailleurs. Cet arbrisseau est employé à la décoration des jardins.

2. Spartium scoparium. Linn.   *Spartie à balais.*

Feuilles ternées et solitaires ; rameaux anguleux sans épines. ♄... Duham. Arb. 1. pl. 84... Dalech. Hist. p. 152... J. B. p. 390... Lob. obs. p. 531. f. 1... *Genista scoparia*... Dec. Fl. fr. 3811... Vulgt. *genêt à balais.*

Fl. jaunes. P. 3. Les bords des bois. CCC.

Obs. ses fleurs à demi épanouies et confites au vinaigre peuvent remplacer les capres. On a prétendu que ses semences torréfiées avoient le goût et les propriétés de celles du café, quoique à un dégré moins éminent.

Aranea formosa.

GENISTA.   *GENÊT.*

Calice bilabié; deux dents à la lèvre supérieure, trois à la lèvre inférieure ; étendart de la corolle oblong rejetté en arrière par le pistil et les étamines.

1. Genista tinctoria. Linn.   *Genêt des teinturiers.*

Feuilles lancéolées , glabres ; rameaux cylindriques ; striés, droits. ♭... Dalech. Hist. p. 175... J. B. Hist. p. 391... Clus. Hist. 1. p. 101. f. 2... Lob. Obs. p. 532. f. 2... Dec. Fl. fr. 3805.
Fl. jaunes. E. Les bois découverts, les prairies ombragées. CCC.

Obs. *Les fleurs fournissent une couleur jaune très-solide aux teinturiers.*

2. Genista pilosa. Linn.   *Genêt pileux.*

Feuilles lancéolées, pliées longitudinalement ; pédoncules axillaires, très-courts ; corolles velues ; tige tuberculée, striée, redressée. ♭... Clus. Hist. 1. p. 103. f. 2... J. B. Hist. 2. part. 2. pag. 393. f. 2... Dec. Fl. fr. 3806.
Fl. jaunes. P. E. 1. Les bois des collines, parmi les bruyères. R. Au bois de Courty , à celui des jésuites , près d'Agen ; dans les Landes.

Obs. *M. Graullié a trouvé ce genêt de hauteur humaine dans les Landes du canton de Damazan.*

3. Genista sagittalis. Linn.   *Genêt sagitté.*

Tige herbacée ; rameaux ailés ; feuilles ovales-lancéolées, simples ; fleurs en grappes terminales. ♃... Clus. Hist. 3. p. 104. f. 1.
Fl. jaunes. P. 2. Les collines pierreuses et les bois du département du Lot.

4. Genista anglica. Linn.   *Genêt d'Angleterre.*

Epines simples ou composées ; rameaux florifères sans épines ; feuilles oblongues, glabres ; grappes feuillées, terminales; corolles glabres. ♭... J. B. Hist. 1. p. 402. Nous citons cette mauvaise figure avec Lamk., mais à regret... Lob. Obs. 535. et Ic. 93. f. 2... Dec. Fl. fr. 3813.
Fl. jaunes. P. 3. Les bois humides des Landes. R.

ULEX.   *AJONC.*

Calice 2 phylle ; gousse à peine plus longue que le calice.

1. **Ulex Europæus.** Linn.   *Ajonc d'Europe.*

Dents calicinales conniventes ; bractées ovales, lâches ; jeunes rameaux droits. ♭... Lamk. Ill. pl. 621... Clus. Hist. 1. p. 106. f. 2... Duham. Arb. 1. pl. 104... Dec. Fl. fr. 3799. Vulgairement *ajonc*, *thuie*, *toujo*, en gascon.
Fl. jaunes. P. 1. A. 3. Les lieux incultes, les bois, les bords des chemins. CCC.

2. **Ulex nanus.** Smith.   *Ajonc nain.*

Dents calicinales lancéolées, distantes ; bractées très-petites, appliquées ; jeunes rameaux inclinés. ♭... Smith. Fl. brit. 787... *U. europæus.* β. Linn. Sp. pl... Dec. Fl. fr. 3800.
Fl. jaunes. P. A. Sur la lisière du bois noir, commune de Sainte-Colombe ; dans les Landes. C.

Obs. *Très-voisin du précédent, mais beaucoup plus petit dans toutes ses parties.*

ONONIS.   *ONONIS.*

Calice à 5 divisions linéaires ; étendart de la corolle strié, gousse enflée, sessile ; filamens des étamines connés sans fissure (sur le dos.)

1. **Ononis arvensis.** Linn.   *Ononis des champs.*

Tige rameuse, couchée, velue, épineuse dans la vieillesse ; feuilles inférieures ternées, ovales, un peu visqueuses ; fleurs axillaires, solitaires ou géminées. ♃... Bull. Herb. pl. 105... Dalech. Hist. 448... Dec. Fl. fr. 3835. Vulgairement *bugrane*, *arrête bœuf.*
Fl. purpurines. E. A. Les champs, les revers des fossés. CCC.

2. **Ononis parviflora.** Lamk.   *Ononis parviflore.*

Fleurs sessiles, latérales ; feuilles inférieures ternées, les supérieures simples, à long pétiole ; calice scarieux à la base, plus long que la corolle. ♃... Lamk. Dict. 1.

p. 510... Dec. Fl. fr. 3837... *O. columnæ.* All. Ped. n.º
1165. t. 20. f. 3... Barr. Ic. 1107.
Fl. jaunes, petites. E. Sur les rochers. RR. A Survallon;
près Tournon ; sur les bords escarpés de la Monesse à son
embouchure dans le Lot ; à Sainte-Foi de Jérusalem, près
d'Agen ; à Roustide , près Saint-Maurin.

3. Ononis natrix. Linn. *Ononis natrix.*

Très-visqueux; tige presque ligneuse, rameuse, pileuse ;
feuilles ternes, oblongues, dentées au sommet. ♃... *O.
natrix* et *O. pinguis.* Linn. Sp. pl... Dalech. Hist. p.
449... Curt. Bot. mag. t. 9. pl. 329... Dec. Fl. fr. 3836.
Fl. jaune. L'étendard rayé de rouge. E. Les bords de la
Garonne. R. Sur le coteau de Condat, à Fauroux, près
Lauserte. C.
Obs. *Les gousses sont penchées comme dans l'O.* reclinata.
*Cette plante n'est point épineuse et repand une odeur forte
et désagréable que Willdenow compare à celle de la thériaque.*

ANTHYLLIS. *ANTHYLLIDE.*

· Calice ventru : gousse presque ronde, couverte par le
calice.

1. Anthyllis vulneraria. Linn. *A. vulnéraire.*

Tige redressée, rameuse à la base; feuilles pinnées,
inégales ; fleurs en tête géminée, terminale. ♃... Barr.
Ic. 578... Dalech. Hist. p. 509. f. 3... Lamk. Ill. pl.
615. f. 1... Dec. Fl. fr. 3850... Vulgt. *la vulnéraire.*
Fl. jaunes, blanches ou rougeâtres. P. 3. E. A. Les bois
arides, les friches pierreuses des coteaux. CCC.

LUPINUS. *LUPIN.*

· Calice bilabié ; cinq anthères oblongues ; cinq autres
arrondies ; gousse coriace.

1. Lupinus albus. Linn. *Lupin blanc.*

Calices alternes, sans appendices ; lèvre supérieure entière , l'inférieure tridentée. ☉... J. B. Hist. 2. p. 288...
Clus. Hist. 2. p. 228... Dalech. Hist. 466... Dec. Fl. fr.
3829.
Fl. blanches ; ou légérement bleuâtres. P. 3.

OBS. *Cultivé comme engrais dans les terres maigres et sablonneuses ainsi que dans les vignes aux environs de Damazan et du Port-Sainte-Marie. Palladius a recommandé cette dernière pratique.*

2. Lupinus angustifolius. L. *L. à feuilles étroites.*

Fleurs alternes, accompagnées d'appendices; lèvre supérieure bifide, lèvre inférieure entiere; folioles linéaires planes. ◉... Linn. Sp. 1015... Dec. Fl. fr. 3831.
Fl. bleues, P. 3. E. 1. Les Landes dans les champs *et les* bois sablonneux. R. A Lausseignan.

PHASEOLUS.   *HARICOT.*

Carène roulée en spirale avec les étamines et le pistil.

1. Phaseolus vulgaris. Linn.   *Haricot commun.*

Tige volubile; fleurs en grappe axillaire, plus courte que les feuilles; légumes pédonculés, pendans, géminés. ◉... Dalech. Hist. p. 474. f. 1... J. B. Hist. 2. p. 255... Moriss. Hist 2. s. 2. t. 5. f. 4... Dec. Fl. fr. 3942.
Fl. blanches ou rougeâtres. E. Cultivé dans les champs et dans les potagers. Originaire des Indes.

2. Phaseolus multiflorus. L. *Haricot multiflore.*

Tige volubile; grappes solitaires de la longueur des feuilles; pédoncules géminés; bractées appliquées, plus courtes que le calice; légumes pendans. ◉... Moriss. Hist. 2. sect. 2. t. 5 f. 4... Dec. Fl. fr. 3943... Vulgt. *mounjés*, en gascon.
Fl. écarlates, quelquefois blanches. E.

OBS. *Cultivé comme plante d'ornement ; on mange aussi ses légumes avant leur parfaite maturité. Cette belle espèce paroît originaire d'Amérique.*

3. Phaseolus nanus. Linn.   *Haricot nain.*

Tige rameuse, non volubile, droite, touffue; légumes comprimés, pendans, ridés. ◉... Dec. Fl. fr. 3944.
Fl. rouges ou blanches. E. Cultivé dans les potagers et dans les champs.

OBS. *On sème aussi, soit dans les champs, soit dans les potagers, quelques espèces de* Dolichos. *Elles se distinguent des véritables* haricots *par la carène de la fleur qui n'est point roulée en hélice. Dans l'usage ordinaire ces deux genres sont confondus sous la même dénomination.*

PISUM. *POIS.*

Style triangulaire, cariné, pubescent; deux divisions supérieures du calice plus courtes.

1. Pisum sativum. Linn. *Pois cultivé.*

Pétioles cylindriques; stipulés arrondies et crénelées à leur base; pédoncules multiflores. ☉... Dalech. Hist. 450... J. B. Hist. 2. p. 297. f. 1... Lamk. Ill. pl. 633... Dec. Fl. fr. 3999.
Fl. blanches. P. E. Cultivé et spontané dans les endroits où il s'est resemé lui même.

2. Pisum arvense. Linn. *Pois des champs.*

Pétioles 4 ou 6 phylles; stipules crénelées; pédoncules uniflores ou biflores. ☉... J. B. Hist. 2. p. 297. f. 2.
Fl. d'un rouge obscur. P. E. Spontané dans les moissons. R.

OROBUS. *OROBE.*

Style linéaire; calice obtus à sa base; divisions calicinales supérieures plus profondes et plus courtes.

1. Orobus tuberosus. L$_{inn}$. *Orobe tubéreux.*

Tige ailée; feuilles pinnées à 4 ou 6 folioles; stipules semi-sagittées, très-entières; racine tubéreuse. ♃... Clus. 2. p. 231 f. 1... Dec. Fl. fr. 4006.
β. O. t. *angustifolius*. Feuilles longues linéaires... O. *angustifolius*... Roth. Germ. 1. p. 305.
Fl. d'un pourpre foncé. P. Les bois. CCC.

Obs. *Les montagnards écossois* high landers *font sécher les tubercules de cette plante dont ils se nourrissent lorsqu'ils voyagent dans leurs montagnes stériles. En y ajoutant de l'eau, et un peu de levain, ces tubercules fermentent et donnent une boisson douce, rafraichissante et salubre.* Ann. des voy. *par* Malte-Brun. t. 4. p. 74. ed. 2.

2. Orobus niger. Linn. *Orobe noir.*

Tige rameuse; feuilles pinnées sans impaire; folioles au nombre de huit à douze, ovales-oblongues, surmontées d'une petite pointe ; pédoncules plus longs que les feuilles. ♃... *O. pannonicus.* 2. Clus. Hist. 2. p. 230... Dec. Fl. fr. 4003.

Fl. d'un pourpre bleuâtre. P. 3. Les bois des collines. RRR. A Saint-Léger, près de Penne. Trouvé par le docteur Garreau.

LATHYRUS.   *GESSE.*

Style plane, élargi et velu en dessus; les deux divisions supérieures du calice plus courtes.

1. **Lathyrus aphaca.** Linn.   *Gesse sans feuilles.*

Pédoncules uniflores ; vrilles dépourvues de folioles ; stipules larges, sagittées, cordiformes. ◉... J. B. Hist. 2. p. 316. f. 1... Dalech. Hist. 484... Dec. Fl. fr. 3981.
Fl. jaunes. P. 3. Les lieux cultivés. CCC.

2. **Lathyrus nissolia.** Linn.   *Gesse nissole.*

Pédoncules uniflores ou biflores ; feuilles simples, linéaires, dépourvues de vrilles ; stipules très-courtes, subulées. ◉... J. B. Hist. 2. p. 309...Moriss. Hist. 2. sect. 2. t. 3. f. 1. ult. ser... Roëm. Fl. eur. fasc. 2. t. 8... Dec. Fl. fr. 3982.
Fl. d'un rouge terne. E. 1. Les champs cultivés. RR. Au marais de Brax, près d'Agen ; les prairies humides des environs de la Sauvetat de Savères.

3. **Lathyrus cicera.** Linn.   *Gesse chiche.*

Pédoncules uniflores ; vrilles à deux folioles ; gousses ovales, comprimées, canaliculées sur le dos. ◉... J. B. Hist. 2. p. 507... Vulgt. *arbeillos.*
Fl. d'un rouge clair. E. Cultivée comme fourrage.

4. **Lathyrus sativus.** Linn.   *Gesse cultivée.*

Pédoncules uniflores ; vrilles à deux ou quatre folioles; gousses ovales, comprimées avec deux rebords longitudinaux. ◉... J. B. Hist. 2.p. 306. f. 1... Curt. Bot. mag. t. 4. pl. 115... Dec. Fl. fr. 3985... Vulgt. *gesse, pois quarré, geicho* en gascon.
Fl. d'un bleu clair, blanches, ou légérement purpurines. E. 1. Cultivée comme légume.

5. **Lathyrus setifolius.** Linn.   *Gesse fine-feuille.*

Pédoncules uniflores ; vrilles à deux folioles linéaires-

sétacées ; gousse ovale comprimée. ◉... J. B. Hist. 1.
p. 308... Dec. Fl. fr. 3989.
Fl. rougeâtre. E. 1. Les lieux arides du département du
Lot, et sans doute aussi sur la frontière orientale de celui
de Lot-et-Garonne.

6. **Lathyrus angulatus.** Linn.   *Gesse anguleuse.*

Pédoncules aristés, uniflores, beaucoup plus longs que
les pétioles ; vrilles rameuses, à deux folioles linéaires ;
semences anguleuses. ◉... Dec. Fl. fr. 3987 ?
Fl. bleuâtres ou violettes. E. Les terres légères, sablonneuses de la plaine de la Garonne.

7. **Lathyrus sphæricus.** Retz.   *Gesse sphérique.*

Pédoncules aristés, uniflores, de la longueur du pétiole ;
vrilles simples, à deux folioles linéaires ; gousse longue,
renflée ; semences sphériques. ◉... Willd. Sp. pl. 1081...
Dec. Fl. fr. 3988. et Ic. rar. gall. p. 10. t. 32.
β. *L. s. axillaris.* Fleurs axillaires ; pédoncule et arête
nuls... *L. axillaris.* Lamk. dict. 2. p. 706 ?
Fl. d'un rouge écarlate. P. 3. E. 1. Les lieux secs et pierreux, dans les champs cultivés, sur les collines. R. A Paradou, commune de Bon-Encontre ; à Montbran, près
d'Agen.

Obs. *M. Chaubard conserve dans son herbier des individus
de cette plante, qui réunissent aux caractères de l'espèce
ceux de la variété.*
*Les caractères qui distinguent les deux gesses précédentes
ressortent suffisamment de la comparaison de leurs phrases
spécifiques. Linné paroît les avoir confondues.*

8. **Lathyrus annuus.** Linn.   *Gesse annuelle.*

Pédoncules quelquefois biflores ; pétioles ailés, à deux
folioles linéaires : stipules biparties ; vrilles rameuses ;
gousses glabres. ◉... Dec. Fl. fr. 3990.
Fl. jaunes. P. 3. E. 1. Les champs cultivés. CCC.

9. **Lathyrus articulatus.** Linn.   *Gesse articulée.*

Pédoncules quelquefois biflores ; vrilles, à plusieurs
folioles alternes, lancéolées-linéaires ; pétioles ailés. ◉...
Curt. Bot. mag... Dec. Fl. fr. 3984.
Fl. variées de pourpre et de violet. E. 1. Les champs
sablonneux des Landes. RR.

10. Lathyrus hirsutus. Linn.   *Gesse hérissée.*

Pédoncules quelquefois biflores et même triflores ; vrilles rameuses, à deux folioles lancéoles-linéaires ; gousses hérissées ; semences rudes. ⊚... J. B. Hist. 2. p. 3o5... Dec. Fl. fr. 3992.
Fl. variées de pourpre et de violet. E. 2. 3. Les champs cultivés. CCC.

11. Lathyrus pratensis. Linn.   *Gesse des prés.*

Pédoncules multiflores ; vrilles la plupart simples , à deux folioles lancéolées-oblongues , aiguës, velues; stipules sagittées. ♃... J. B. Hist. 2. p. 5o4... Dec. Fl. fr. 3991.
Fl. jaunes. Les prairies , les haies , le bord des bois dans les plaines.

12. Lathyrus sylvestris. Linn.   *Gesse des bois.*

Pédoncules multiflores ; vrilles rameuses, à deux folioles ensiformes ; tige ailée. ♃... Lob. Ic. 2. p. 68. f. 2... Fuchs. Hist. 572... Clus. Hist. 2. p. 129. f. 2... Dec. Fl. fr. 3995.
Fl. pourpres. E. 1. Les bords des bois dans les lieux frais. RR. A Beauregard , près d'Agen ; à Trinqueléon, près Lavardac.

13. Lathyrus latifolius. Linn. *Gesse à larges feuilles.*

Pédoncules multiflores ; vrilles à deux folioles ; folioles ovales-lancéolées; tige ailée ; fleurs nombreuses, rapprochées et disposées en bouquet. ♃... Gar. Aix. tab. 108... J. B. Hist. 2. p. 3o3... Jaume Saint-Hilaire, Pl. de la France.
Fl. purpurines , très-belles. E. Les broussailles des collines. CCC.

Obs. *Cette espèce se distingue au premier coup d'œil de la précédente par ses fleurs en bouquets plus serrées et deux fois plus grandes , ainsi que par ses folioles ovales et lancéolées trois ou quatre fois plus larges. Elle devroit être employée à la décoration des jardins.*

VICIA.   *VESCE.*

Stigmate transversalement barbu par son côté inférieur.

1. **Vicia gerardi.** Jacq.   *Vesce de Gérard.*

Pédoncules multiflores, plus courts que les feuilles, fleurs imbriquées ; folioles oblongues, un peu pubescentes, nombreuses et serrées ; stipules semi-sagittées entières. ♃... Dec. Fl. fr. 4013... Ger. Gallo-pr. 497, n.° 5. t. 19... *V. cassulica*. Linn. Suppl. ?... Roth. Germ. 2. p. 181... Willd. Sp. pl. 2. p. 1096.
Fl. d'un pourpre bleuâtre. E. 1. Les bords des ruisseaux ombragés. R. A la Salève, à Beauregard, près d'Agen.

Obs. *Le* **V.** gerardi *Jacq. ressemble beaucoup au* **V.** cracca *Linn, dont il se distingue suffisamment néanmoins par ses fleurs presque de moitié plus courtes et par ses autres caractères. Les fleurs, ordinairement réunies et très-nombreuses, se trouvent cependant par fois dans certains individus au nombre de six seulement sur chaque pédoncule, conformément à la description du* **V.** cassulica *de Linné.*

2. **Vicia cracca.** Linn.   *Vesce cracca.*

Pédoncules multiflores, plus longs que les feuilles ; fleurs imbriquées ; folioles lancéolées, obtuses ; stipules semi-sagittées, entières, subulées. ♃... Dec. Fl. fr. 4014.
Fl. purpurines. E. Dans les moissons. CCC.

3. **Vicia sativa.** Linn.   *Vesce cultivée.*

Fleurs presque sessiles, solitaires ou géminées ; folioles échancrées au sommet et mucronées ; stipules dentées, avec une tache d'un violet noirâtre. ☉... J. B. Hist. 2. p. 310. f. 2... Dec. Fl. fr. 4019 α et γ.
β. **V.** s. *segetalis*. Feuilles linéaires échancrées au sommet... *V. segetalis*. Thuil... Dec. Fl. fr. VI. p. 579.
γ. **V.** s. *nemoralis*. Un peu pubescente ; feuilles ovales-lancéolées. Pers. Syn. 2. p. 307.
Fl. purpurines ; étendard très-pâle extérieurement. P. Les champs, les prairies. CCC. Cultivée. La var. β dans les terres sablonneuses et légères, parmi les moissons ; la var. γ dans les bois.

Obs. *Une sous-variété de cette espèce à semences noirâtres est cultivée comme fourrage sous le nom de* Garrousses.

4. **Vicia angustifolia.** Roth.   *V. à feuilles étroites.*

Fleurs presque sessiles, souvent géminées ; folioles inférieures, ovales, échancrées et mucronées au sommet, les supérieures linéaires acuminées ; stipules dentées ;

semences petites, noirâtres. ◉... Roth. Germ. 3. p 186...
Dec. Fl. fr. VI. p. 579... *V. sativa nigra*. Linn. Sp. pl.
1037 ?
β. V. a. *acuta*, Tige plus élevée, feuilles plus longues.
V. lathyroïdes. All. ped. t. 59. f. 2... *V. luganensis*.
Schleich. ex Dec. loc. cit.
Fl. pourpres, l'étendard aussi intense extérieurement
qu'intérieurement. Les bois. CCC. La var. dans les Landes
parmi les moissons.

Obs. *Cette espèce diffère des* V. sativa, segetalis *et nemoralis par ses légumes plus étroits, plus renflés, plus noirs
dans leur maturité, par ses semences plus petites, noirâtres et
luisantes. On la distingue surtout au premier coup d'œil par
l'étendard de la corolle plus large et d'un pourpre très-in-
tense à l'extérieur.*

5. Vicia cornigera. Chaub.   *Vesce cornigère.*

Fleurs presque sessiles, géminées; folioles linéaires,
très-étroites, velues; stipules entières, les inférieures
semi-sagittées, les supérieures lancéolées; étendard
roulé-subulé et contourné en spirale. ◉.
Fl. purpurines. P. 3. Les terres légères sablonneuses,
entre Agen et Estillac. RRR.

Descrip. *Facies du* V. angustifolia Roth, *Velue.* Racine
annuelle. Tige *haute d'un pied et au-delà, striée, un peu
flexueuse.* Feuilles *à cinq ou six paires de folioles linéaires,
à peine aussi larges que le pétiole, souvent alternes, velues.*
Vrilles *composées.* Stipules *entières, semi-sagittées, les supérieures lancéolées.* Fleurs *géminées, brièvement et inégalement pédonculées, purpurines; leur étendard roulé longitudinalement, subulé, contourné en tire bouchons, ou presque
droit si la fleur n'est pas entièrement developpée. (* Chaub.
misc. ined.)
Le V. cornigera *diffère des* V. angustifolia *et* sativa *par
ses folioles linéaires très-étroites et velues, par ses stipules
entières, par les dents du calice plus longues que le tube,
et par son singulier étendard. Nous n'avons encore vu qu'un
seul individu de cette espèce.*

6. Vicia lutea Linn.   *Vesce jaune.*

Fleurs presque sessiles, solitaires ou géminées; étendard glabre; légumes hérissés, pendans; folioles ovales-
linéaires, mucronées; stipules presque dentées, marquées
d'un point noir. ◉.

a. **V**. l. *glabriuscula.* Feuilles offrant quelques poils rares ; tige glabre.

β. **V**. l. *hirta.* Lois. Fl. gall. 462. Feuilles couvertes de poils , ainsi que la tige... *V. hirta.* Balb... Dec. Fl. fr. VI. p. 581.

Fl. jaune pâle. P. 3. E. Les champs cultivés. CC. A Corne , à Colayrac , près d'Agen.

Obs. *Les poils qui recouvrent la V.* β *, lui donnent un* facies *particulier ; mais ce caractère n'est point essentiel et ne peut légitimer une espèce.*

7. Vicia sepium. Linn.   *Vesce des haies.*

Fleurs pédonculées, ternées ou quaternées ; folioles lancéolées, obtuses, mucronées; stipules dentées. ♃... J.B. Hist. 2. p. 313. f. 2... Dec. Fl. fr. 4025.
Fl. d'un pourpre tirant sur le violet , ou d'un blanc jaunâtre. P. 2. Les haies. CCC.

8. Vicia Bithynica. Linn.   *Vesce de Bithynie.*

Fleurs solitaires ou géminées, pédonculées ; pédoncule fructifère allongé , aussi long que les feuilles ; folioles au nombre de 2 à 6 , ovales-allongées ; stipules dentées. ☉... Dec. Fl. fr. 4027.
β. **V**. b. *sessilis.* Fl. solitaires, sessiles ou presque sessiles.
Fl. d'un violet pâle ; l'étendard d'une nuance plus prononcée. P. 3. Les champs cultivés , parmi les moissons. C. Dans la plaine de la Garonne. C.

9. Vicia Narbonensis. Linn.   *Vesce de Narbonne.*

Fleurs presque sessiles, géminées ou ternées , légumes comprimés , ciliés sur le dos et sur la carène ; stipules dentées; folioles au nombre de six, ovales. ☉... Lob. Obs. 510 , et Ic. 58. fr. 1... Dalech. Hist. p. 451. f. 2... Dec. Fl. fr. 4026.
Fl. d'un pourpre violet. P. E. Dans les champs parmi les moissons. Trouvée une seule fois aux environs de Saint-Maurin , par M. Dumoulin.

10. Vicia faba. Linn.   *Vesce fève.*

Fleurs presque sessiles , géminées ou ternées; légumes coriaces , renflés ; folioles au nombre de six , ovales-arrondies ; vrilles nulles. ☉... Dalech. hist. 451. f. 1...
V. Vulgaris... Dec. Fl. fr. 4028.
Fl. blanches , maculées de noir. P. Généralement cultivée.

Obs. *Il existe une variété de la fève*, faba equina, *dont les semences sont beaucoup plus petites.*

Curculio angustatus.

ERVUM.   *ERS.*

Calice à cinq divisions ; stigmate capité, pileux.

1. Ervum gracile. Decand.   *Ers grêle.*

Pédoncules multiflores ; plus longs que les feuilles ; folioles linéaires, aiguës ; vrilles simples ; stipules semi-sagittées, linéaires ; légumes à 5 ou 6 semences. ☉... Dec. Fl. fr. VI p. 581... *Vicia gracilis.* Lois. Fl. gall. 460. t. 12.
Fl. d'un pourpre très-pâle. P. 3. Les broussailles, dans les moissons. C. Aux moulins à nef vis-à-vis Corne, près d'Agen.

Obs. *Outre son caractère essentiel, elle se distingue encore de* l'E. tetraspermum *par ses fleurs deux fois plus grandes.*

2. Ervum tetraspermum. Linn.   *Ers tétrasperme.*

Pédoncules biflores ou triflores, plus courts que les feuilles ; légumes glabres à quatre semences ; folioles de 8 à 10, oblongues, presque mucronées. ☉... Moriss. Hist. 2. sect. tab. 4. f. 16... J. B. Hist. 2. p. 315. f. 2... Dec. Fl. fr. 4029.
β. E. t. *macilentum.* Folioles de deux à six, linéaires ; pédoncules uniflores.
Fl. d'un pourpre pâle ou d'un bleu purpurin. P. 3. E. Parmi les moissons. CC, La var. β au coteau de Pecaou, près d'Agen.

3. Ervum hirsutum. Linn.   *Ers velu.*

Pédoncules multiflores, plus courts que les feuilles ; folioles émoussées ; légumes velus ; deux semences globuleuses. ☉... J. B. Hist. p. 315. f. 1... Lob. Obs. 522. f. 2 et Ic. 76. f. 1... Moriss. Hist. 2. s. 2. t. 4. f. 15... Dec. Fl. fr. 4030.

Fl. d'un pourpre pâle ou blanchâtre. P. 3. E. Dans les moissons, les broussailles. CC.

4. Ervum lens. Linn.   *Ers lentille.*

Pédoncules biflores ou triflores, aristés, aussi longs

que les feuilles; légumes renflés, à deux ou trois semences lenticulaires; folioles ovales-oblongues, très-entières. ◉... J. B. Hist. 2. p. 319. f. 3... Dalech. Hist. 475...
Dec. Fl. fr. 4031... Vulgt. *Lentille.*

Fl. d'un blanc lavé de violet ou de bleu. P. 3. E. Cultivée
dans les terres légères; spontanée dans quelques champs
cultivés. R.

5. Ervum monanthos. Linn.   *Ers monanthe.*

Pédoncules uniflores, brièvement aristés, plus courts
que les feuilles; légume glabre, comprimé; trois ou
quatre semences lenticulaires, très-convexes; stipules,
l'une entière, l'autre profondément découpée! ◉... Dec.
Fl. fr. VI. p. 582... *E. stipulaceum.* Bast. Jour. de Bot.
1814. 2. p. 18.

Fl. d'un blanc tirant sur le violet. P. 3. E. Cultivée comme
légume aux environs de Beauville, sous le nom de *gentilla
saubatjo.*

6. Ervum ervilia. Linn.   *Ers ervilie.*

Pédoncules biflores, aristés, plus courts que les feuilles; légumes articulés; 3 ou 4 semences; vrilles presque avortées. ◉... Moriss. Hist. 2. s. 2. t. 6. f. 1... *Vicia
ervilia.* Dec. Fl. fr. 4018.

Fl. d'un blanc tirant sur le violet. P. 3. E. Cultivée pour
la nourriture des pigeons, mais très-rarement.

Obs. *Les feuilles sont pinnées sans foliole impaire; le rudiment des vrilles a sans doute été regardé par Linné comme
le rudiment d'une foliole terminale.*

CICER.   CHICHE.

Calice à 5 divisions de la longueur de la corolle, les 4
supérieures couchées sur l'étendard; légume gonflé, 2
semences.

1. Cicer arietinum. Linn.   *Chiche tête de belier.*

Tiges droites; feuilles pinnées avec impaires; folioles
ovales-lancéolées; fleurs axillaires, solitaires. ◉...
Dalech. Hist. 461... Dec. Fl. fr. 4032... Vulgt. *pois chiche;
cesés béquis*, en gascon.

Fl. blanches. E. Généralement cultivé. On mange ses semences en vert. Le peuple en fait une grande consom-
mation.

CYTISUS.   *CYTISE.*

Calice bilabié, lèvre supérieure à deux dents, l'inférieure tridentée ; légume retréci à la base.

1. Cytisus argenteus Linn.   *Cytise argentin.*

Rameaux étalés, couchés à la base ; feuilles ternées , à folioles ovales , oblongues , soyeuses en dessous ; fleurs terminales ; bractées linéaires. ♭ ... Lob. Ic. 2. p. 41 f. 2... J. B. Hist. 2. p. 359... Dec. Fl. fr. 3828.
Fl. d'un jaune pâle. P. 3. Les friches pierreuses exposées au midi. RRR. A Barbène , près Montesquieu. C. Aux environs de Lauzerte.

ROBINIA.   *ROBINIER.*

Calice à 4 divisions ; légume bosselé et allongé.

1. Robinia pseudo-acacia. Linn.   *R. faux acacia.*

Grappes à pédicelles uniflores ; feuilles pinnées avec impaire ; épines à la naissance des rameaux. ♭ ... Tournef. Inst. tab. 417... Duham. Arb. t. 2. pl. 42... Dec. Fl. f. 3947. Vulg. et improprement *acacia*.
Fl. blanches , odorantes. P. 3. Cultivé. Originaire de l'Amérique septentrionale.

COLUTEA.   *BAGUENAUDIER.*

Calice à 5 divisions ; légume gonflé, s'ouvrant à la partie supérieure de sa base.

1. Colutea arborescens. Linn.   *B. arborescent.*

Tige frutescente ; feuilles pinnées avec impaire ; folioles ovales , échancrées au sommet ; fleurs en grappes axillaires ; légumes fermés au sommet. ♭ ... Lob. Obs. p. 530. f. 3. et Ic. 2. p. 88. f. 2... Duham. arb. t. 1. pl. 72... Dec. Fl. fr. 3948.
Fl. jaune. P. 3. E. A Survallon , près Tournon , et dans quelques bois voisins, où il s'est peut-être naturalisé. RRR.

CORONILLA.   *CORONILLE.*

Calice bilabié, lèvre supérieure à deux dents connées ; étendard à peine plus long que les ailes ; légumes divisés par des cloisons transversales.

1. Coronilla emerus. Linn.   *Coronille emerus.*

Tige frutescente, anguleuse ; feuilles pinnées avec impaire ; folioles ovoïdes, échancrées au sommet ; pédoncules à deux ou trois fleurs, axillaires ; les onglets des pétales trois fois plus longs que le calice. ♭ ... Clus. Hist. 1. p. 97. f. 1... Duham. Arb. t. 1. pl. 90... Dec. Fl. fr. 4044. Vulgt. *emerus.*
Fl. jaunes, l'étendard rougeâtre en dehors. P. 2. 3. Les bords des rochers, les friches pierreuses, dans les lieux ombragés. CC.

Obs. *Cet arbrisseau est employé à la décoration des jardins où il produit un bon effet. Si on le tond au ciseau après la première floraison, il refleurit à la fin de l'été.* (Jaum. Saint-Hilaire.)

2. Coronilla varia. Linn.   *Coronille bigarrée.*

Tige herbacée ; folioles ovales-oblongues, légérement échancrées au sommet et mucronées ; fleurs pédonculées, réunies en ombelles ; légumes nombreux, étroits, cylindriques, offrant plusieurs étranglemens. ♃ ... Clus. Hist. 2. p. 237... Dec. Fl. fr. 4050.
Fl. bigarrées de blanc, de violet et de rouge pâle. P. 3. E. Dans les broussailles, au bord des chemins dans les coteaux. C. A Corne, près d'Agen.

3. Coronilla minima. Linn.   *Coronille naine.*

Tige couchée à sa base ; folioles au nombre de neuf ; stipules opposées aux feuilles, échancrées ; gousses anguleuses à plusieurs renflemens raprochés. ♃ ... J. B. 2. p. 351... Dec. Fl. fr. 4049... *Lotus enneaphyllus.* Dalech. Hist. p. 510...
Fl. jaunes. P. 3. E. Les collines pierreuses du haut Agenais; sur le coteau de Condat. C.

ORNITHOPUS.   *ORNITHOPE.*

Légume articulé, cylindrique, arqué.

1. Ornithopus perpusillus. Linn.   *O. délicat.*

Tiges débiles, grêles ; folioles ovales-obtuses, pubescentes ; pédoncules axillaires ; fleurs en tête ; legumes arqués, articulés, un peu comprimés, deux fois plus longs que la bractée. ◉... Dalech. Hist. 486. f. 1 et 2... Lamk. Illust. pl. 631. f. 3... Dec. Fl. fr. 4037.

Fl. bigarrée ; l'étendard marqué de stries rouges ; les ailes blanches, la carène jaune. E.1. Les terreins légers et sablonneux. CC. A Beauregard, près d'Agen.

✻ 2. Ornithopus sativus. Brotero.   *Ornithope cultivé.*

Tomenteux, blanchâtre ; tiges redressées ; folioles ovales-lancéolées, aiguës ; pédoncules axillaires, beaucoup plus longs que les feuilles ; fleurs plus grandes ; légumes droits, articulés, un peu comprimés, pendans, deux fois plus longs que la bractée. ◉... *O. sativus.* Brot. Lusit. 2. p. 160. ex. Pers. Syn. 1. p. 315... *O. perpusillus.* β. *grandiflorus.* Lois. Fl. gall. p. 466... *O. compressus.* β. A fleurs d'un pourpre violet... Bast. Fl. Main... Lois. Suppl. p. 6... Dec. Fl. VI. p. 582.

Fl. d'un rose clair, avec des stries plus intenses. E. 1. 2. Les terres sablonneuses, à Brax, près d'Agen ; A Pommevic, parmi les chaumes ; dans les Landes, au lac de la Laguë, et ailleurs. C.

DESCRIPT. *Tomenteux, blanchâtre ; folioles des feuilles radicales ovales, celles des intermédiaires ovales-lancéolées, celles des supérieures lancéolées ; pédoncule deux fois plus long que la feuille, portant trois fleurs quatre fois plus grandes que celles de l'espèce précédente ; légumes droits, terminés par une pointe aiguë, pendans lors de la maturité.*

OBS. *Cette jolie espèce se rapproche par la forme de ses légumes de l'O.* perpusillus *et par ses feuilles de l'O.* compressus. Linn.*, avec lesquels on paroît indifféremment la confondre depuis long-temps. Elle se distingue par ses tiges plus fortes son aspect blanchâtre, la forme de ses folioles, la grandeur et la couleur de ses fleurs de l'O.* perpusillus, *et du* compressus *par ses légumes, et par ses fleurs autrement colorées.*

3. Ornithopus compressus. Linn.   *O. comprimé.*

Tiges débiles ; folioles ovales-lancéolées, pubescentes ; pédoncules axillaires de la longueur de la feuille ; légumes comprimés, deux ou trois fois plus longs que la bractée. ◉... Dalech. Hist. 493. fr 1... Moriss. Hist. 2.

s. 2. t. 10. f. 13... J. B. Hist. 2. p. 3g4... Dec. Fl. fr.
4o38.
Fl. jaunes. E. 2. Les terres légères et sablonneuses de la
plaine de la Garonne. CC. Dans les Landes.

4. **Ornithopus ebracteatus.** Brotero. *O. sans bractées.*

Glabre, tige herbacée ; folioles ovales.oblongues, écartées ;
pédoncules triflores ou quadriflores, dépourvus de bractées , légumes cylindriques. ⊚... *O. extipulatus.* Thore.
Chl. des Land. 3ı ı... *O. durus.* Dec. Fl. fr. 6o3. Excl. syn
Cav. et Willd... *O. ebracteatus.* Dec. Fl. fr. VI p. 582.
Fl. jaunes. E. Les terreins sablonneux , à Brax , près
d'Agen ; dans les Landes. CC.

5. **Ornithopus scorpioïdes** Linn.   *O. scorpion.*

Tige glabre , droite ; feuilles ternées, l'impaire arrondie,
très-grande ; bractées nulles. ⊚... Dalech. Hist. 1353.
f. 2... Moriss. Hist. 2. s. 2. t. 11. f. 5... Dec. Fl. fr.
4o4o.
β. *O. s. quinnatus.* Feuilles inférieures ternées , les supérieures quinnées.
Fl. jaunes, petites. E. Les terres argilleuses , dans les
moissons. CCC.

HIPPOCREPIS.   *HIPPOCRÉPIDE.*

Légume comprimé , arqué , plusieurs échancrures sur
l'une des sutures.

1. **Hippocrepis comosa.** Linn.   *H. couronnée.*

Tige diffuse, couchée ; feuilles pinnées ; pédoncules
axillaires, multiflores, plus longs que les feuilles ; légu-
mes rudes`, un peu arqués. ♃... Garid. Aix. tab. 33...
Moriss. Hist. 2. s. 2. t. 10. f. 3... Dec. Fl. fr. 4o43.
Fl. jaunes. P. 3. E. Sur les rochers exposés au midi. R.
A Pecaou , près d'Agen ; aux environs de Tournon , de
Beauville et ailleurs.

SCORPIURUS.   *SCORPIURE.*

Légume cylindrique, contourné en spirale, épineux ;
semences séparées par des étranglemens.

1. Scorpiurus vermiculata. Linn.   *S. vermiculée.*

Tiges couchées, feuilles lancéolées-oblongues, pétiolées, un peu pubescentes; pédoncules uniflores, légumes entierement recouverts d'écailles obtuses. ●...Moriss.
Hist. 2. s. 2. t. 11. f. 3... Dec. Fl. fr. 4o33.
Fl. jaunes. E. 3. Les friches herbeuses. RRR. A Poudenas,
près Mezin. Trouvé par M. Chaubard.

HEDYSARUM.   *SAINFOIN.*

Carène de la corolle obtuse transversalement;

1. Hedysarum onobrychis. L. *Sainfoin esparcette.*

Légume articulé; articulations monospermes; tige droite;
feuilles pinnées, glabres; ailes de la corolle de la longueur du calice; légumes épineux monospermes. ♃...
J. B. Hist. 2. p. 335. f. 2... Lob. Obs. p. 527. f. 1. ic.
2. p. 81. f. 1... *Onobrichys sativa.* Dec. Fl. fr. 4o55.
Vulgt. connu dans nos contrées, sous le nom im-
propre de *Luzerne.*
Fl. purpurines avec des stries d'une nuance plus foncée.
Cultivé dans les terreins arides des coteaux, naturalisé
dans la plupart des prairies.

Sphinx onobrychis.

ASTRAGALUS.   *ASTRAGALE.*

Légume biloculaire, bosselé.

1. Astragalus glycyphyllos. L. *Astragale reglissier.*

Tige ramifiée, couchée; légumes arqués à trois pans;
feuilles pinnées, plus longues que le pédoncule; folioles ovales. ♃... Lob. Obs. p. 526. f. 1. et Ic. 2. p. 80.
f. 1... Clus. Hist. 2. p. 233. f. 1.
Fl. d'un blanc jaunâtre ou verdâtre. P. E. 1. Les bois,
les bords des ruisseaux ombragés. CC. A Beauregard,
près d'Agen.

Obs. *La racine de cette plante est presque aussi douce au*
goût que celle de la reglisse officinale glycyrhiza glabra.

PSORALEA.   *PSORALIER.*

Calice parsemé de points calleux; gousse monosperme,
de la longueur du calice.

1. **Psoralea bituminosa** L. *Psoralier bitumineux.*

Feuilles ternées; fleurs en tête, pédonculées : odeur forte, bitumineuse. ♃... Besl. Eyst. æst. ord. 10. fol. 11... J. B. Hist. 2. p. 366... Moriss. Hist. 2. s. 2. t. 12. f. 1... Dalech. Hist. p. 504... Lob. Obs. p. 494... Lamk. Ill. pl. 614. f. 1.

β. P. b. *angustifolia.* Feuilles plus étroites, oblongues. La fig. des illust. de Lamk. peut lui être appliquée.

Fl. bleues et blanches. E. Les lieux incultes et pierreux des coteaux exposés au midi, le bord des vignes. CCC.

TRIFOLIUM. *TRÈFLE.*

Fleurs le plus souvent réunies en tête; légume à peine plus long que le calice, ne s'ouvrant point, caduc.

✳ *Légumes nus, fleurs en grappes.* (Melilots.)

1. **Trifolium indicum.** Willd. *Trèfle des indes.*

Légumes en grappes, nus, lisses, surmontés du style, monosperme; tige droite; fleurs petites. ☉... Moriss. Hist. 2. 161. sec. 2. t. 16. f. 5... *T. mel. indica.* Linn. sp. pl. 1077... *Melilotus parviflora...* Dec. Fl. fr. 3896.

Fl. jaunes. Les collines du département du Lot et sans doute aussi celles de la frontiere orientale de notre département.

2. **Trifolium officinale.** Willd. *Trèfle officinal.*

Tige droite; feuilles ovales-oblongues; grappes plus longues que les feuilles; ailes plus longues que la carène; Légumes nus, dispermes, rudes, aigus. ♃... Bull. Herb. t. 255... *Melilotus officinalis.* Dec. Fl. fr. 3894... *T. mel. officinalis.* Linn.

Fl. jaunes. P. 3. E. Les bords des champs et des prairies, dans les lieux frais. R.

3. **Trifolium altissimum.** Lois. *Trèfle élevé.*

Tige droite, ferme; folioles ovales-oblongues; grappes très-longues; ailes de la longueur de la carène; légumes nus, rudes, aigus par les deux bouts. ♃... Lois. Fl. gall. p. 479... *Melilotus altissima.* Thuill. Par. 378... *Melilotus officinalis* γ. Dec. Fl. fr. 3894.

Fl. jaunes. E. Les bords des eaux. CCC. A Corne, près d'Agen.

Obs. *Cette plante s'élève jusqu'à 6 ou 7 pieds de haut.*

4. Trifolium album. Lois.   *Trèfle blanc.*

Tige droite ; folioles ovales-oblongues ; grappes plus longues que les feuilles ; ailes de la longueur de la carène ; légumes nus, globuleux, monospermes ; fleurs plus petites. ♂... Lois. Fl. gall. p. 479... *Melilotus leucantha.* Dec. Fl. fr. VI. p. 564.
Fl. blanches, petites. E. Les bords de la Garonne. CCC.

✳ ✳ *Légumes recouverts, polyspermes.* (Lotiers.)

5. Trifolium strictum. Linn. Sp. 1079.   *Trèfle roide.*

Tige rameuse, étalée ; folioles oblongues, glabres, dentées ; stipules rhomboïdales, obtuses, dentelées ; fleurs en tête pédonculées ; calice de la longueur de la corolle ; légume mal recouvert, à deux semences. ◉... Mich. Gen. t. 25, f. 1... Dec. Fl. fr. 3858.
Fl. d'un blanc pourpré. E. 1. Les sables des Landes humides, parmi les bruyères. RRR. Au lac de la Laguë. Par M. Chaubard.

6. Trifolium elegans. Savi.   *Trèfle élégant.*

Tête de fleurs en ombelle pédonculée ; légumes oblongs, à deux ou trois semences ; tige fistuleuse, ascendante ; folioles ovales finement dentees ; dents calicinales subulees, égales. ♃... Vaill. Bot. par. t. 25. f. 1... Lois. Fl. gall. suppl. p. 108... Dec. Fl. fr. VI. p. 554... *T. vaillantii.* Poir. Dict. 8. p. 2. exclus. syn. Mich.
Fl. d'un rouge pâle. E. Les lieux ombragés des rives de la Garonne. RRR. Au Bédat, à Sainte-Catherine, près d'Agen. Peut-être cette plante est-elle apportée chez nous par les débordemens de la rivière.

Obs. *Les deux ou trois semences qui servent de caractère à cette espèce nouvelle, ne remplissant point la capacité de la gousse, on peut présumer que la quatrième est avortée. Se distingue-t-elle suffisamment du* T. hybridum *par ses dents calicinales plus étroites ?*

7. Trifolium repens. Linn.   *Trèfle rampant.*

Tête de fleurs en ombelle pédonculée, pendante après la fécondation ; légumes à quatre semences ; tige rampante. ♃... Vaill. Bot. par. t. 22. f. 1... Dec. Fl. fr. 3859.

Fl. d'un blanc sale. P. E. Les prairies. CCC.

*** *Calices velus.* (Lagopodes.)

8. Trifolium subterraneum. l. *Trèfle souterrain.*

Têtes composées de quatre à cinq fleurs, velues ; involucre central réfléchi après la fécondation, roide et recouvrant les fruits. ☉... Barr. Ic. 881... Moriss. Hist. 2. s. 2. t. 14. fig. 5... Dec. Fl. fr. 3864.

Fl. d'un blanc jaunâtre. P. 3. E. Les terres fraîches et sablonneuses. R. Les environs du Passage-d'Agen. C. A. Boussés, dans les Landes. CC.

Obs. *Les fruits pénètrent dans la terre et y mûrissent leurs semences.*

9. Trifolium lappaceum. Linn. *Trèfle bardane.*

Tige diffuse ; folioles ovoïdes, échancrées ; têtes florales hérissées, globuleuses ; dents du calice aussi longues que la corole, roides et divergentes après la fécondation. ☉... J. B. Hist. 2. p. 378. f. 3... Dec. Fl. fr. 3869.

Fl. blanchâtres, purpurines au sommet. E. A. Les champs cultivés. C. A la côte du Grezel, à Naux, près d'Agen.

10. Trifolium pratense. Linn. *Trèfle des prés.*

Tige redressée ; folioles ovales, presque entières ; têtes florales ovoïdes, un peu globuleuses ; stipules aristées ; dents calicinales inégales, l'inférieure beaucoup plus courte que la corolle. ♃... Fuchs. Hist. 817.

β. T. p. *monstrosum.* Corolles et calices de moitié plus courts, imbriqués et renversés.

Fl. purpurines. P. 3. E. Les prairies. CCC. La variété β à Ros, à las Mounges, près d'Agen, où elle a été observée par M. Chaubard. RRR.

Obs. *Des fleurs semblables à celles du type de cette espèce, se trouvant quelquefois parmi les fleurs semi-avortées de la plante β, il est avéré que cette plante est une véritable monstruosité. La fig. 818 de Fuchs la représenteroit fort bien, si les têtes florales n'étoient point nues.*

Zygaena filipendulae.

11. Trifolium medium. Linn. *Trèfle intermédiaire.*

Tige ascendante, rameuse, flexueuse ; folioles ovales-

oblongues, presque entières ; tête florale lâche, globuleuse, solitaire ; calice à dents inégales, trois fois
plus court que la corolle. ♃... Clus. Hist. 1. p. 245.
f. 2... Dec Fl. fr. 3872.
Fl. purpurines. E. Les bords des bois épais et humides.
CC.

12. Trifolium ochroleucum. Linn. *Trèfle jaune.*

Tige droite ou redressée, pubescente ; folioles ovales-
oblongues, les inférieures cordiformes ; têtes florales
ovoïdes, presque sessiles ; quatre dents calicinales trois
fois plus courtes que la corolle, la cinquième plus longue que les autres. ♃... Dec. Fl. fr. 3876. exclus. syn.
Fuchs.
Fl. d'un jaune roux. P. Dans les bois. CC. Près de Gimbrède,
à Beauregard, à Tuquet, à Ferrou, près d'Agen.

13. Trifolium incarnatum. Linn. *Trèfle incarnat.*

Tige droite ; folioles cordiformes, dentées, velues ;
stipules obtuses, engaînantes ; épis floraux oblongs, dé-
nués de feuilles ; dents calicinales sétacées, hérissées,
plus courtes que la corolle. ☉... Barr. Ic. 697... J. B.
Hist. 2. p. 376. f. 4 .. Dec. Fl. fr. 3875... Vulgairement
Farouche, du gascon *Fé rouge*, foin rouge, sans doute.
Fl. rouge incarnat. P. 2. 3. Très-cultivé comme fourrage
dans nos plaines.

14. Trifolium angustifolium. L. *T. à feuilles étroites.*

Tige droite, ferme ; folioles linéaires ; épis velus,
oblongs, coniques ; dents calicinales sétacées, presque
égales, de la longueur de la corolle. ☉... Barr. Ic. 698...
J. B. Hist. 2. p. 376. f. 3... Moriss. Hist. 2. s. 2. t. 12.
f. 1... Dec. Fl. fr. 3878.
Fl. purpurines. P. 3. Les bords des chemins, les bois. C.
A Corne, à Paradou, près d'Agen.

15. Trifolium arvense. Linn. *Trèfle des guérets.*

Tige droite, rameuse ; folioles oblongues ; épis velus,
cylindriques ; dents calicinales sétacées, plus longues
que la corolle. ☉... J. B. Hist. 2. p. 377. f. 2... Fuchs.
Hist. 494... Dec. Fl. fr. 2879... Vulgairement *Pied de
Lièvre.*
Fl. blanches ou légèrement purpurines. E. Les guérets.
CCC.

16. Trifolium irregulare. Pourr. *Trèfle irrégulier.*

Tige droite ; folioles oblongues , presque entières ; épis ovales, obtus , très-denses, terminaux ; dents calicinales un peu velues , presque égales , chargées de trois nervures. ♃... Clus. Hist. 2. p. 245. f. 1... Moriss. Hist. 2. s. 2. t. 14. *T. spicatum minor flore minore* , etc... Dec. Fl. fr. 3882... *T. maritimum.* Smith. brit. 786.

Fl. d'un pourpre clair. P. 3. Les prairies. R. Entre la Salève et Montanou , près d'Agen ; à Pleychac.

17. Trifolium striatum. Linn. *Trèfle strié.*

Tige droite ; folioles ovales, pubescentes ; têtes florales ovales-arrondies , presque sessiles , axillaires , terminales ; calices ovales , striés , pileux , à dents subulées, droites.☉... Barr. Ic. 869... Vaill. Bot. t. 28. f. 2... Dec. Fl. fr. 3885.

Fl. d'un blanc purpurin , petites. P. 3. E. Les pelouses sèches, les bois. R. A Beauregard , à Cambes , près d'Agen.

18. Trifolium scabrum. Linn. *Trèfle rude.*

Tiges étalées ; folioles ovoïdes ; têtes florales axillaires , sessiles ; dents calicinales inégales , lancéolées ; mucronées, roides, étalées lors de la maturité. ☉... Barr. Ic. 878... Dec. Fl. fr. 3884.

Fl. purpurescentes. P. 3. E. Les friches herbeuses. C. A Tibet, près d'Agen ; au bois de Pourquières canton de Larroque-Timbault, *(Rupes Theobaldi.)*

19. Trifolium glomeratum. Linn. *Trèfle aggloméré.*

Tige étalée ou droite ; folioles ovoïdes , dentelées ; têtes florales globuleuses, sessiles ; calices striés, glabres, à dents lancéolées, acuminées, égales , roides , réfléchies en dehors à la maturité. ☉... Barr. Ic. 882... Dec. Fl. fr. 3862.

Fl. d'un blanc purpurin. P. 3. E. Les terres sablonneuses, dans les prairies sèches, aux bords des bois. RR. Au Mestrot , à Ratier, près d'Agen.

Obs. *Les fleurs forment une tête hémisphérique régulière.*

20. Trifolium suffocatum. Linn. *Trèfle suffoqué.*

Glabre ; tiges très-courtes , étalées en touffes serrées ; pétioles aussi longs que les tiges ; folioles cunéiformes; têtes florales globuleuses, sessiles, axillaires ; dents ca-

licinales plus longues que la corolle , réfléchies en
dehors. ☉... Smith. Fl. brit. 790... Dec. Fl. fr. 3865.
Fl. d'un blanc purpurin. P. 3. E. Les coteaux arides des
environs de Penne. RRR.

*Obs. Cette espèce se rapproche de la précédente par ses
têtes florales ; mais ses tiges courtes, formant un coussinet
très-dense et serré contre la terre, ainsi que la longueur de
ses pétioles , l'en distinguent suffisamment.*

✳ ✳ ✳ ✳ *Calices enflés , ventrus. (* Vésicaires. *)*

21. **Trifolium fragiferum.** Linn.   *Trèfle fraisier.*

Tiges rampantes ; folioles ovoïdes ; têtes florales globu-
leuses, pédonculées ; calices fructifères enflés , membra-
neux , velus. ♃... Vaill. Bot. par. t. 22. f. 2... J. B.
Hist 2. p. 379. f. 3... Dec. Fl. fr. 3889.
Fl. d'un rouge pâle. Les pelouses, les bords des chemins.
CCC.

✳ ✳ ✳ ✳ ✳ *Etendard couché sur la corolle.*
(Lupulins.)

22. **Trifolium agrarium.** Linn.   *Trèfle agraire.*

Tige debile ; foliole intermédiaire, sessile dans les feuilles inférieures, pétiolée dans les supérieures ; épis ova-
les-globuleux ; fleurs imbriquées ; étendard de la fleur
persistant ; pédoncules deux ou trois fois plus longs que
les feuilles. ☉... *T. agrarium.* Dodon. Pempt. 566... Dec.
Fl. fr. VI. p. 561... Poir. Dict. enc. 8. p. 27... *T. campestre.* Schred. ex Lois. Fl. gall. suppl. p. 115 , et
Dec. Fl. fr. VI. p. 562.
β. *T. a. aureum.* Tige couchée ; épis pauciflores. Vaill. Bot.
par. t. 22. f. 4. non f. 3... *T. parisiense.* Dec. Fl. fr. VI.
p. 562. exclus. syn. Smith. Fl. britt.
Fl. d'un jaune intense. P. 3. E. Les prairies, les champs
cultivés. CC.

*Obs. 1. Dans tous les trèfles de cette division les pétioles
vont toujours en diminuant de longueur de la racine au sommet , tandis que les stipules augmentent de grandeur dans le
même sens ; ensorte que ces stipules d'abord plus courtes que
les pétioles, parviennent à les égaler , et finissent par les
dépasser. Telle est la solidité du caractère employé par le
professeur de botanique d'une école célèbre, pour séparer son*
T. pratense *du* **T.** agrarium *Linn.*

Obs. 2. *Dans ces mêmes espèces, les folioles sont petites, ovoïdes et cordiformes dans le bas de la plante ; mais à proportion que la tige s'allonge, elles augmentent de grandeur, se rétrécissent et finissent par devenir plus ou moins lancéolées.*

Obs. 3. *Dans le* T. agrarium *Linn., la foliole intermédiaire est sessile, ou presque sessile au bas de la plante ; mais à mesure que les individus commencent à dépasser la hauteur de 4 à 5 pouces, cette foliole devient sensiblement pétiolée; ce pétiole augmente progressivement avec la tige, au point d'acquérir enfin une ligne environ de longueur. C'est dans cet état que le* T. agrarium *a sans doute été décrit sous le nom de* T. campestre *et qu'il a été regardé comme une espèce nouvelle, quoiqu'il ne dût pas même constituer une simple variété. Or, dans les sols arides et les mauvaises prairies, cette plante atteint la hauteur de* 6 *pouces tout au plus, se soutient dans une direction verticale et a la foliole intermédiaire sessile, tandis que dans les prairies grasses et les terreins frais, à l'aide d'une végétation plus active, elle acquiert une longueur de* 3 *pieds ou davantage, que les tiges se couchent, se ramifient, et que la foliole impaire est pétiolée. Faudra-t-il donc rapporter les individus jeunes ou rabougris au* T. agrarium, *et les plus vieux, les plus développés, au* T. campestre *? La même plante, dans le même local, dans la même saison, appartiendra-t-elle successivement à deux espèces différentes? Il est bon de signaler de pareilles inadvertances, au moins jusqu'à ce qu'il soit bien reconnu que l'âge des plantes et la qualité du sol doivent être pris en considération pour la détermination des espèces.*

23. Trifolium procumbens. Linn.   *Trèfle étalé.*

Tige rameuse, flexueuse ; rameaux étalés, redressés ; foliole intermédiaire pétiolée ; fleurs imbriquées, en épi ovale-obtus, l'étendard fortement strié, persistant ; pédoncules de la longueur des feuilles, ou un peu plus longs. ◉... Linn. Sp. pl. 1088... Vaill. Bot. par. t. 22. f. 3... Smith. Fl. brit. 792... Dec. Fl. fr. 3892.

β. T. p. *erectum.* Tige simple, droite... *T. spadiceum.* Thuill. Fl. par. 1. p. 385.

Fl. jaunes. P. 3. E. Les pelouses, les bois découverts, les bords des chemins. CCC.

24. Trifolium filiforme. Linn.   *Trèfle filiforme.*

Tiges redressées ; pétiole commun, court ; foliole intermédiaire brièvement pétiolée ; fleurs peu nombreuses, en épi presque imbriqué, l'étendard dépourvu de stries;

pédoncules une ou deux fois plus longs que les feuilles ;
calices sensiblement pédicellés. ⊙... Lois. Fl. gall. 487...
Roth. Fl. germ. 3. p. 210.
α. T. f. *linneanum*. Epi de 3 à 8 fleurs. Dec. Fl. fr. 3893,
var. α... Smith. Fl. brit. 1404.
β. T. f. *multiflorum*. Epi de 8 à 20 fleurs ; tiges plus
fermes, plus élevées... *T. minus*. Smith. Fl. brit. 1403...
T. procumbens, var. β. Dec. Fl. fr. VI. p. 563.
Fl. d'un jaune pâle, petites. P. 3. E. Les prairies. CCC.

LOTUS.   *LOTIER.*

Légume cylindrique, roide ; ailes de la corolle relevées
et conniventes ; calice tubulé.

1. Lotus siliquosus. Linn.   *Lotier siliqueux.*

Légumes solitaires, quadrangulaires, membraneux sur
les angles ; tige co   hée ; feuilles pubescentes en dessous.
♃... J. B. Hist. 2. p. 359... Moriss. Hist. 2. sect. 2. t. 18.
f. 6... Dec. Fl. fr. 3930.
Fl. d'un jaune pâle. E. Les Landes. R. A Poudenas, à
Tillet, près le château de Lasale, à Rhimbés, et ailleurs.

2. Lotus hirsutus. Linn.   *Lotier hérissé.*

Têtes florales arrondies ; légumes ovales ; tige rameuse,
laineuse, ligneuse à la base ; rameaux étalés. ♭ ... Barr.
Ic. 1033... Moriss. Hist. 2. sect. 2. t. 18. f. 14... Dec.
Fl. fr. 3938... Vulgairement *Lotier hémorroïdal.*
Fl. d'un blanc mêlé de pourpre. E. 1. 2. 3. A. 1. Les
friches pierreuses des coteaux. CC.

Obs. *Cette plante ne doit point le nom français vulgaire
que certains auteurs lui ont conservé, à ses propriétés contre
les hémorroïdes, qui sont nulles, mais bien à la ressemblance
de ses fruits avec les symptômes extérieurs de cette douloureuse infirmité ; ressemblance, au reste, qui n'offre à l'esprit
rien de bien agréable, et qu'on auroit pu se dispenser de
renouveler des Grecs. M. Decandolle a dit que cette plante ne
s'avançoit vers le nord que jusqu'à Narbonne.*

3. Lotus uliginosus. Hoffm.   *Lotier des marais.*

Têtes florales un peu aplaties ; tiges cylindriques, fistuleuses, droites ; dents du calice recourbées et réfléchies
avant l'épanouissement ; légumes cylindriques , longs.

♃... Poir. Dict. enc. suppl. t. 3. p. 507... *L. villosus.*
Thuill. Fl. par. 387 ?
Fl. jaunes. E. 1. 2. Les bords des marais, les lieux humides ombragés. CCC. Au marais de Brax, au bois de Darel,
près d'Agen.

4. Lotus corniculatus. Linn.   *Lotier corniculé.*

Têtes florales aplaties ; tiges anguleuses, couchées à la
base ; dents du calice toujours droites ; légumes cylindriques étalés. ♃...Moriss.Hist. 2. sect. 2. t. 18. f. 10-11...
Dodon. Pempt. 563. f. 2... Fuchs. Hist. 527. Ic... Dec.
Fl. fr. 3936. α. γ.
β. **L. c.** *alpinus.* Tige couchée, glabre, ou presque glabre ;
fleurs au nombre de 1 à 3... *L. alpinus.* Schleich... Dec.
Fl. fr. l. c.
Fl. jaunes. E. 1. 2. Les prairies, les bords des chemins,
dans les bois. CCC. La variété parmi les bruyères dans les
Landes. CC.

Obs. *On ne sauroit désigner ici toutes les variétés de
cette plante dans ses dimensions quelquefois gigantesques, la
grandeur de ses fleurs, de ses feuilles, etc., selon les
terreins où elle croît et les expositions où elle se trouve.
Ses fleurs prennent une couleur verte en se conservant dans
les herbiers.*

5. Lotus tenuifolius. Pollich.   *L. à feuilles étroites.*

Têtes florales un peu aplaties ; tiges anguleuses, redressées, effilées ; poils appliqués sur les tiges ; stipules et
folioles lancéolées-linéaires aux extrémités. ♃... Pollich.
Palat. 711... *L. corniculatus.* ε. Dec. Fl. fr. 3936.
Fl. jaunes. E. Les prairies, les bords des fossés. CC.

Obs. *Cette espèce pourroit bien n'être qu'une variété du*
L. corniculatus.

6. Lotus angustissimus. Linn.   *Lotier grêle.*

Hérissé de longs poils mous ; pédoncules deux ou trois
fois plus longs que les feuilles, les inférieurs souvent
uniflores, les supérieurs biflores ou triflores ; tiges débiles, diffuses ; corolles presque deux fois plus longues
que les calices ; légume cylindrique, long et très-étroit.
◉... Dec. Fl. fr. VI. p. 573.
β. **L. a.** *brevis.* Légume à peine deux fois plus long que
le calice ; pédoncules inférieurs uniflores, les supérieurs
triflores... *L. hispidus.* Lois. Fl. gall. 490. tab. 16 ?

γ. L. a. *diffusus*. Tiges plus débiles ; légumes plus longs
et plus étroits... *L. diffusus*. Soland. ex Smith. Fl. brit.
794... Dec. Fl. fr. VI. p. 573.
Fl. jaunes. E. 1. 2. Les terres légères et sablonneuses,
au bord des bois. C. A Beauregard, au Mestrot, près
d'Agen. Les var. β et γ dans les Landes sèches. R.

Obs. *Le L. hispidus, Desf., ne paroît différer de la
var. β ci-dessus que par ses pédoncules chargés de 4 ou 5
fleurs. Ce caractère suffit-il pour le séparer du L. angustissimus Linné ?*

DORYCNIUM.   *DORYCNIUM.*

Calice à 5 dents, bilabié ; stigmate capité ; légume renflé,
monosperme et disperme.

1. Dorycnium suffructiosum. vill.   *D. ligneux.*

Feuilles linéaires-lancéolées, aiguës ; dents calicinales,
ovales ; tige ligneuse. ♭... Lob. Adv. 389... J. B. Hist.
1. part. 2. pag. 388. f. 1... Moriss. Hist. 2. sect. 2. t. 18.
f. 15... Dec. Fl. fr. 3940... *D. monspessulanum*. Willd.
Sp. pl. 2. p. 1396... *Lotus dorycnium*. Linn. Sp. 1093.
Fl. blanchâtres. E. 1. Les friches arides des collines. R.
A Lerou, près d'Agen ; à Beauville. C. Au bois de
Courty.

MEDICAGO.   *LUZERNE.*

Légume comprimé, roulé en guise de coquille ; carène
de la corolle s'écartant de l'étendard.

1. Medicago sativa. Linn.   *Luzerne cultivée.*

Fleurs en grappe pédonculée ; légumes lisses, contournés en hélice ; folioles oblongues, entières ; stipules
entières. ♃... J. B. Hist. 2. p. 383. f. 1... Clus. Hist. 2.
p. 242... Roz. Cours d'agric. 6. p. 335. t. 8... Dec. Fl.
fr. 3899... Vulgairement et mal à propos *Sainfoin*.
Fl. violettes ou jaunâtres. P. 3. E. 1. Les prés. CCC.
Cultivée en prairies artificielles dans les bonnes terres.

2. Medicago falcata. Linn.   *Luzerne faucillière.*

Fleurs en grappes pédonculées ; légumes courbés en
faucilles, pubescens ; folioles oblongues, dentées au

sommet. ♃... Clus. Hist. 2. p. 243. f. 1... J. B. Hist. 2.
p. 383. f. 2... Dec. Fl. fr. 3900.
Fl. jaunes. E. Les bords de la Garonne. R. A Pelissier,
près d'Agen, et ailleurs.

3. Medicago lupulina. Linn.   *Luzerne lupuline.*

Fleurs en épi ovale, pédonculé ; légumes réniformes,
striés, monospermes ; folioles ovales ; tige débile, cou-
chée. ⊛... Fuchs. Hist. 819... J. B. Hist. 2. p. 384. f. 2...
Moriss. Hist. 2. sect. 2. t. 16. f. 81... Dec. Fl. fr. 3903...
Vulgairement *Minette dorée.*
Fl. jaunes. P. E. Les champs, les prairies. CCC.

4. Medicago orbicularis. All. *Luzerne orbiculaire.*

Pédoncules uniflores ou biflores ; légumes contournés
en spirale, planes et lisses ; stipules à découpures séta-
cées ; folioles ovales, dentées. ⊛... All. Ped. 1150... J. B.
Hist. 2. p. 384. f. 2... Dec. Fl. fr. 3906... *M. polymorpha.*
Linn. Sp. 1097.
Fl. jaunes. P. E. Les pelouses, les prairies. CC.

5. Medicago intertexta. Willd. *Luzerne entremêlée.*

Pédoncules uniflores ou biflores ; légumes contournés
en spirale, ovales, chargés d'aiguillons, pubescens, distiques et appliqués ; stipules ciliées, dentées. ⊛...
Willd. Sp. pl. 3. p. 1411... Moriss. Hist. 2. sect. 2. t.
15. f. 7, 8, 9... Vaill. Bot. par. t. 33. f. 7... Dec. Fl.
fr. 3915.
Fl. jaune. E. 1. Les friches pierreuses. RR. Derrière Tibet, près d'Agen.

6. Medicago maculata. Willd.   *Luzerne maculée.*

Pédoncules uniflores ou biflores ; légumes roulés en
spirale, planes aux deux extrémités, munis d'aiguillons
subulés et arqués ; stipules dentées ; folioles cordiformes
dentées, avec une tache noirâtre. ⊛... *M. polymorpha
arabica.* Linn. Sp. 1098... Moriss. Hist. 2. sect. t. 15.
f. 12... Dec. Fl. fr. 3919.
Fl. jaunes. P. E. Les prairies. CCC.

7. Medicago denticulata. Willd. *Luzerne denticulée.*

Pédoncules multiflores ; légumes contournés en spirale,
planes aux deux extrémités, réticulés, munis d'aiguillons divergens, sur deux lignes parallèles ; stipules ci-

liées-dentées ; folioles ovales, dentées. ◉... Willd. Sp.
pl. 3. p. 1414... Dec. Fl. fr. 3921.

β. M. d. *apiculata.* Légumes décrivant deux tours de
spirale seulement ; aiguillons avortés et réduits à leur
base... *M. apiculata.* Willd. Sp. pl. l. c... Dec. l. c.
3920.

Fl. jaunes. E. Les prairies des plaines. CC.

8. Medicago minima. Willd.   *Luzerne naine.*

Pédoncules multiflores ; légumes roulés en spirale, un
peu pileux, munis d'aiguillons subulés, droits, crochus
à l'extrémité ; stipules presque entières ; folioles ovales,
dentées. ◉... Willd. S. pl. 3. p. 1418... Dec. Fl.
fr. 3913.

β. M. m. *hirsuta.* Plus grande, moins hérissée ; aiguillons
des légumes droits, courbés en hameçon au sommet...
M. polymorpha δ hirsuta. Linn. Sp. 1099... J. B. Hist.
2. p. 386. f. 2... Dalech. Hist. 513.

Fl. jaunes. P. E. Sur les coteaux, au pied des rochers. CC.

OBS. *Le nombre des fleurs varie de 2 à 6. On trouve
fréquemment l'enveloppe de la semence qui a produit cette
plante, traversée par la racine et fixée près du colet. Cette
particularité, représentée dans les figures citées de Dalechamp
et de J. Bauhin, peut, au premier coup d'œil, être attribuée
à une* Rhizoctone *Dec. Mém. du mus. t. 2. p. 209. t. 8, ou
regardée comme le travail d'un insecte.*

CLASSE DIX-HUITIÈME.

POLYADELPHIE.

POLYANDRIE.

HYPERICUM. *HYPÉRICUM.* (1)

Calice à 5 divisions; 5 pétales; filets des étamines réunis par leur base en 5 faisceaux; loges de la capsule en même nombre que les styles.

1. Hypericum androsæmum Linn. *H. androséme.*

Fleurs trigynes, terminales; folioles calicinales inégales, arrondies, obtuses; fruit une baie; feuilles ovoïdes, sessiles; tige frutescente à deux angles. ♃ ... *Androsæmum officinale.* Dec. Fl. fr. 4570... Besl. Eyst. æst. ord. 8. fol. 10. f. 1... J. B. Hist. 3. p. 384. Vulgt. *Toute bonne.* Fl. jaunes. E. 1. Les lieux humides des bois touffus. R. A Cambes, à Darel, au-delà du moulin Descournat, près d'Agen.

2. Hypericum quadrangulare L. *H. quadrangulaire*

Fleurs trigynes; tige herbacée à quatre angles; feuilles parsemées de petits points transparens; folioles calicinales lancéolées. ♃ ... Smith. Fl. brit. 801... Lob. Obs. 216. f. 3. et Ic. 399. f. 1... Dec. Fl. fr. 4571. Fl. jaunes. E. 1. Les bords des fossés et des ruisseaux. CC.

---

(1) Le nom de *Millepertuis* ne peut être un nom générique, parce qu'il ne conviendroit point aux cinq sixièmes des espèces du genre, et qu'il est déjà consacré à l'une de ces espèces, qu'il désigne exclusivement.

3. Hypericum perforatum. L. *H. millepertuis.*

Fleurs trigynes ; tige à deux angles ; feuilles obtuses, parsemées d'une multitude de petits points transparens ; folioles calicinales lancéolées. ♃... Fuchs. Hist 831... Besl. Eyst. æst. ord. 8. fol. 10. 3... Dalech. Hist. 1153... Dec. Fl. fr. 4573. Vulgt. *Millepertuis* ou *herbe de Saint-Jean.*
Fl. jaunes. E. 1. Les bords des chemins, les friches, les bois des collines. CCC.

4. Hypericum humifusum. Linn. *H. couché.*

Fleurs trigynes, presque en cimier ; tiges à deux angles peu prononcés, couchées ; feuilles et folioles calicinales elliptiques, arrondies au sommet, glabres, bordées de points noirs. ♃... Clus. Hist. 2. p. 181. f. 2... J. B. Hist. 3. p. 384. f. 1... Moriss. Hist. 2. s. 5. t. 6. f. 3... Dec. Fl. fr. 4574.
Fl. jaunes. E. 2. Dans les champs sablonneux des plaines. CCC.

5. Hypericum linariæfolium. Vahl. *H. à f. de linaire.*

Fleurs trigynes ; tiges droites, simples, cylindriques ; feuilles linéaires, oblongues ; divisions calicinales lancéolées, dentées, glanduleuses. ♃... Willd. Sp. pl. 2. 1470... Dec. Fl. fr. VI. p. 4576.
Fl. jaunes, souvent rougeâtres extérieurement. E. 1. 2. Les lieux inondés en hiver dans les Landes. R. Au Lac de la Laguë. C.

Obs. *Il est aisé de confondre cette espèce, dans son premier développement, avec l'*H. humifusum ; *mais bientôt après ses tiges droites, simples, ses feuilles plus allongées, roulées en leur bords, et ses divisions calicinales non-arrondies au sommet, la font facilement distinguer.*

6. Hypericum montanum. Linn. *H. des montagnes.*

Fleurs trigynes, paniculées en forme de corymbe ; calices dentés, glanduleux ; tige droite cylindrique, glabre ; feuilles ovales, nues, parsemées de points transparens, rudes en dessous. ♃... Moriss. Hist. 2. s. 5. t. 9... J. B. Hist. 3. p. 383. f. 2... Dec. Fl. fr. 4577.
Fl. jaunes. E. Dans les Landes. R. Trouvé une seule fois sur le bord de la Garonne, à Beauregard, près d'Agen.

7. Hypericum hirsutum. Linn. *Hypericum velu.*

Fleurs trigynes, paniculées en forme de thyrse ; calices à dentelures glanduleuses ; tige cylindrique, pubescente ; feuilles oblongues, parsemées de points transparens, pubescentes en dessous. ♃... J. B. Hist. 3. p. 382. f. 2... Moriss. Hist 2. s. 5. t. 6. f. 11... Dec. Fl. fr. 4579.
Fl. jaunes. E. 1. 2. Les bois humides des collines. CC. A Ferrou, près d'Agen.

8. Hypericum pulchrum. Linn. *Hypericum élégant.*

Fleurs trigynes ; calices dentés, glanduleux ; tige cylindrique ; feuilles amplexicaules, cordiformes, glabres. ♃... Lamk. Ill. pl. 643. f. 4... J. B. Hist. 3. p. 383. f. 1... Dec. Fl. fr 4578.
Fl. jaunes. E. 1. Les bois, parmi les bruyères. CC. A Darel, à Beauregard, près d'Agen.

9. Hypericum elodes. Linn. *Hypericum des marais.*

Fleurs triygnes ; calices dentés, glanduleux, glabres ; feuilles ovoïdes, arrondies, pubescentes ; tige cylindrique, rampante. ♃... Roëmer. Fl. eur. fasc. 1. fig. 6... Dec. Fl. fr. 4581.
Fl. jaunes, rougeâtres extérieurement. E. 2. Les Landes marécageuses. C.

CLASSE DIX-NEUVIÈME.

SINGÉNÉSIE.

POLYGAMIE ÉGALE.

† *Sémiflosculeuses ; toutes les fleurs en forme de languettes.*

TRAGOPOGON.   *SALSIFIX.*

Réceptacle nu, calice simple ; aigrette plumeuse.

1. Tragopogon pratense. Linn. *Salsifix des prés.*

Tige droite, souvent rameuse ; feuilles entières ; pédoncules cylindriques ; calices aussi longs que la corolle. ♂... Bull. Herb. pl. 209... Lamk. Ill. pl. 646. f. 2... Fuchs, 821... Besl. Eyst. ord. 1. fol. 23. fig. 2... Dec. Fl. fr. 2988.
Fl. jaunes. P. 2. Les prairies. CCC.

OBS. *Les racines de cette espèce avant le développement des tiges sont presque aussi bonnes que celles du T. porrifolium. Ses fleurs qui s'épanouissent le matin, se referment à midi, si le ciel n'est pas très-chargé de nuages.*

2. Tragopogon majus. Roth. *Salsifix majeur.*

Calices dépassant la corolle ; feuilles entières, fermes ; pédoncules renflés supérieurement ; rayons de la corolle arrondis au sommet. ♂... Lamk. Ill. pl. 64. f. 1... Dec. Fl. fr. 2989.
Fl. jaunes. E. 1. Les bords des rochers, les vignes des coteaux. C. A l'Hermitage, à Pecaou, près d'Agen.

3. Tragopogon porrifolium. L. *S. à f. de poireau.*

Calices beaucoup plus longs que la corolle, rayons étroits, tronqués ; pédoncules renflés supérieurement, tige ferme. ♂... Moriss. Hist. 3. s. 7. t. 9. f. 5... Dec. Fl. fr. 2992... Vulgt. *Salsifix*, et par corruption *cersifix*.
Fl. violettes. P. 2. 3. E. Les prairies. RR. Au dessus de Peyrequatre, à Charpaut, près d'Agen. Cultivé dans tous les potagers.

4. Tragopogon crocifolium. L. *S. à f. de saffran.*

Calices à cinq divisions, plus longues que la corolle ; feuilles entières, très-étroites, les radicales cotonneuses à la base, ainsi que le pédoncule. ♂... Dec. Fl. fr. 2992.
Fl. variées de jaune et de violet. E. 1. Les friches crayeuses des coteaux. R. A Lassort ; à Castillou, près d'Agen.

OBS. *Le nombre des divisions calicinales varie de cinq à sept, et la hauteur de la tige de six pouces à un pied, quelquefois davantage.*

SCORZONERA.   SCORZONÈRE.

Réceptacle nu ; aigrette plumeuse ; calice imbriqué ; écailles scarieuses sur les bords.

* *Semences sessiles.*

1. Scorzonera humilis. L. *Scorzonère à tige courte.*

Tige presque nue, uniflore ; écailles calicinales , cotonneuses ; feuilles oblongues-lancéolées, nerveuses, planes.
♃... Clus. Hist. 2. p. 138. f. 2... J. B. Hist. 2. p. 1061.
f. 1... Dec. Fl. fr. 2979.
β. S. h. *angustata*. Feuilles beaucoup plus étroites, linéaires-lancéolées.
Fl. jaunes. E. 1. Les bords des champs, dans les Landes ;
les prairies qui bordent l'Allemance, près de Cuzorn. R.

Obs. *Ses propriétés diaphorétiques passent pour être de
beaucoup supérieures à celles de la scorzonère d'Espagne.*

2. Scorzonera hispanica. Linn.   *S. d'Espagne.*

Tige rameuse à cinq ou six fleurs ; feuilles amplexicaules, entières, un peu dentées à leur base. ♃... Clus.
Hist. 2. p. 137... Vulgt. *Scorzonère.*
Fl. jaunes. P. Naturalisée sur un vieux mur à Prouchet ,
près d Agen. Cultivée dans les potagers pour l'economie
domestique.

* * *Semences pédicellées.*

3. Scorzonera laciniata. Linn. *Scorzonère laciniée.*

Feuilles entières, pinnatifides ; pinnules linéaires, courtes, aigrës ; écailles calicinales munies d'une pointe sous
leur sommet ; tige rameuse redressée. ♂... Barr. Ic. 799.
Podospermum laciniatum... Dec. Fl. fr 2984.
β. S. l. *aspera.* Tiges couvertes d'aspérités... *Podospermum
muricatum.* Dec. Fl. fr. svn. p. 265.
Fl. jaunes. E. 2. 3. Au bord des champs, des chemins ; sur
les pelouses.

4. Scorzonera resedifolia. L. *S. à f. de réséda.*

Feuilles inférieures pinnatifides ; pinnules ovales-lancéolées, l'impaire ovale-oblongue, plus grande , obtuse,
quelquefois aiguë ; feuilles supérieures entières , linéaires. ♂ ou ♃... Barr. rar. 1080. Ic. 800... *Podospermum resedifolium.* Dec. Fl. fr. IV. p. 61. et *podosp.
calcitrapifolium.* VI. p. 455.

Fl. jaunes. E. 2. 3. Les vignes des collines. R. Au Pech de Mauzac, commune de Castelcuiller, canton de Puymirol.

Obs. 1. Les feuilles de quelques individus dont les pinnules se rétrécissent, ont pu faire envisager cette espèce comme une variété du S. laciniata dont les pinnules tendent aussi quelquefois à s'élargir et à devenir lancéolées ; mais les fleurs de cette dernière ne sont jamais aussi grandes, ni ses feuilles aussi peu nombreuses que celles du S. resedifolia, dont le facies est d'ailleurs si différent, qu'on la distingue au premier coup d'œil.

Obs. 2. Après avoir assuré que le S. resedifolia ne se trouvoit point en France, on a dit que Linné et quelques autres botanistes après lui, avoient décrit sous le nom de S. resedifolia, le Condrilla sicula tragoponoïdes maritima *de Boccone Sic. 13, qui est le* Sonchus chondrilloïdes *Desf. tout cela porte à faux ; le synemme de Boccone ne se trouve point dans le* sp. plantarum, *et Linné ne confondoit sûrement pas un* laitron *avec une* scorzonère.

SONCHUS.   *LAITRON.*

Réceptacle nu ; calice imbriqué, ventru ; aigrette pileuse.

1. Sonchus arvensis. Linn.   *Laitron des champs.*

Pédoncules et calices hérissés de poils glanduleux ; fleurs disposées en forme d'ombelle ; feuilles roncinées, cordiformes à la base ; racine rampante. ♃... Smith. Fl. Brit. p. 817... Dec. Fl. fr. 2896 ?
Fl. jaunes. E. Les champs, les vignes. C.

2. Sonchus oleraceus. Linn.   *Laitron des potagers.*

Pédoncules un peu cotonneux, en ombelle ; calices glabres ; feuilles oblongues-lancéolées, amplexicaules, polymorphes ; racine pivotante. ♃... Clus. Hist. 2. p. 146 et 147. f. 1. 2. 3. 4. 5... Dec. Fl. fr. 2895.
β. S. o. *asper.* Feuilles polymorphes bordées de cils roides... S. asper. Vill. Dauph. 3. p. 158.
Fl. jaunes. E. A. Les potagers, les lieux cultivés.

Obs. Nous croyons superflu de mentionner ici toutes les variétés de cette plante. On en trouve un grand nombre de figurées dans Moriss. Hist. sect. 7. t. 2. f. 5. 8. et t. 3. f. 1.

2. 9. 14 et 18. *Toutes ces variétés ont les propriétés médici-*
nales de la chicorée.

LACTUCA. *LAITUE.*

Réceptacle nu ; calice imbriqué cylindrique , à écailles
membraneuses sur les bords; aigrette simple, pédicellée ; semences lisses.

1. Lactuca sativa. Linn. *Laitue cultivée.*

Feuilles arrondies , les caulinaires cordiformes ; tige
rameuse ; fleurs en corymbe. ⊙... Lob. Ic. 242. f.
1... Dec. Fl. fr. 2886.
Fl. jaune. E. Cultivée dans tous les potagers.

Obs. *Il est inutile de mentionner ici toutes les variétés*
de la laitue, dont les principales sont connues sous le nom
de romaîne *, frisée, pommée, etc. J'ai trouvé celle à feuille*
rouge , dite laitue de la passion , Lactuca scariola var. β
Willd. , dans la forét de Gavaudun , et très-éloignée de toute
habitation.

On mange non-seulement les feuilles des laitues , mais encore
leurs tiges, quand elles sont montées , sur-tout celles de la
variété nommée chicon. *Après les avoir pelées , on les coupe*
très-menu pour les employer en guise de pois verds. Il faut
les faire cuire à petit feu. Boucher , traité manuscrit des
plantes comestibles du département de la Somme.

Selon Savary , on fait un grand usage en Egypte de l'huile
extraite de la semence de laitue.

2. Lactuca scariola. Linn. *Laitue scariole.*

Feuilles roncinées-pinnatifides , verticales , sagittées à
la base , munies d'aiguillons sur la principale nervure,
aiguës au sommet ; fleurs paniculées. ⊙... Fuchs. Hist.
301... J. B. Hist. 2. p. 1003... Moriss. Hist. 3. s. 7. t.
2. f. 7... *L. Sylvestris.* Dec. Fl. fr. 2887.
Fl. jaunes. E. Les bois , les vignes des coteaux. R. A.
Cambes , près d'Agen.

3. Lactuca virosa. Linn. *Laitue vireuse.*

Feuilles horisontales , nervure principale munie d'aiguillons, obtuses au sommet , sagittées à la base , les
supérieures lancéolées , les inférieures sinuées. ♂...
Moriss. Hist. 2. s. 7. t. 2. f. 16.
β. L. v. *integra.* Feuilles entières , irrégulièrement dentées,

nervure principale chargée d'aiguillons. *L. augustana.*
All. Ped. t. 52. f. 1 ?
Fl. jaunes. Les coteaux, sur les bords des chem'ns, les lieux
pierreux, les haies. CC. A l'Hermitage, au Pelatier, près
d'Agen.

Obs. *La var. seroit très-bien représentée par la fig. citée,
si ses feuilles n'y paroissoient point dépourvues d'aiguillons.*

4. **Lactuca saligna.** Linn. *L. à feuille de saule.*

Côte des feuilles postérieurement munie d'aiguillons; les
feuilles radicales, linéaires, pinnatifides ; les caulinaires
linéaires, sagittées, entières ; fleurs en grappes. ◉...
Barr. Ic. 136... Dec. Fl. fr. 2889.
Fl. jaunes. E. Dans les coteaux, les bords de champs, des
vignes, des chemins, les terreins pierreux. CC.

Obs. *Le suc de cette plante, et surtout de la précédente,
laiteux, amer, d'une odeur nauséabonde, inflammable lorsqu'il est desséché, pourroit être substitué à l'opium, dont
il possède éminemment la vertu narcotique.*

5. **Lactuca perennis.** Linn. *Laitue vivace.*

Feuilles toutes pinnatifides; pinnules linéaires à dents
dirigées en haut; fleurs en corymbe paniculé. ♃... J.
B. Hist. 2. p. 1019... Dalech. Hist. 561. f. 2... Dec.
Fl. fr. 2890.
Fl. bleues. E. Les coteaux arides et pierreux. RR. A
Condat. Trouvée une seule fois, près d'Agen, dans les
ruines d'un édifice rustique, au milieu d'une vigne, au
Pelatier, où elle étoit sans doute provenue de quelque
semence apportée par le vent ou par les oiseaux.

CHONDRILLA. *CHONDRILLE.*

Réceptacle nu; calice caliculé ; aigrette simple, pédicellée ; demi-fleurons disposés sur plusieurs rangs :
semences muriquées.

1. **Chondrilla juncea.** Linn. *Chondrille joncière.*

Tige rameuse, hérissée à sa base ; feuilles radicales ron-
cinées, les caulinaires linéaires, entières ; fleurs éparses. ♃... Clus. Hist. 2. p. 144. f. 2... J. B. Hist. 2.
p. 1021. f. 1... Dec. Fl. fr. 2884.
Fl. jaunes. E. Les vignes, les champs cultivés. CCC.
A l'Hermitage, près d'Agen.

PERNANTHES.   *PERNANTHE.*

Réceptacle nu ; calice caliculé ; aigrette simple, presque sessile ; demi-fleuron sur un seul rang.

1. Prenanthes muralis. Linn. *Prenanthe des murs.*

Tige droite, simple; feuilles lyrées-pinnatifides, dentées , le lobe terminal à 5 angles ; fleurs paniculées. ⊙... Clus. Hist. 2. p. 146. f. 2 . Chondrilla muralis. Dec. Fl. fr. 2885.
Fl. jaunes. E. Sur les rochers, dans les bois touffus. RRR. Trouvée par M. Chaubard sur le rocher, dans le bois de Vivés ou Véronne , près d'Agen.

2. Prenanthes viminea. L. Sp. 1120. *Prenanthe osier.*

Tige rameuse; feuilles inférieures pinnatifides, avec quelques dents grandes et rares , les caulinaires decurrentes, les supérieures l néaires ; fleurs axillaires , sessiles. ♃... Dec. Fl. fr. 2881... Chondrilla viminea. Lamk. Dict. 2. p. 77... All. Ped. t. 52. f. 2.
Fl. jaunes. E. Dans les vignes , les champs pierreux. A Fauroux, près Beauville. Par M. Dumolin.

HELMINTIA.   *HELMINTIE.*

Calice double, l'intérieur 8 phylle, l'extérieur 5 phylle, lâche , semences striées transversalement; aigrette plumeuse , pédicellée.

1. Helmintia echioïdes. Willd. *Helmintie vipérine.*

Tige droite, rameuse ; feuilles oblongues , amplexicaules, couvertes d'aiguillons; folioles du calice extérieur cordiformes , les intérieures munies au-dessous de leur sommet d'une arête chargée de petits aiguillons. ⊙... Picris cahioïdes. Linn. Sp. pl. 1114... Lamk. Ill. pl. 648... Lob. Ic. 577. f. 2... Dec. Fl. fr. 2976.
Fl. jaunes. E. A. Les lieux frais dans les haies , au bord des eaux. C. A la Salève , à Contensou , à Tafelas , près d'Agen.

PICRIS.   *PICRIDE.*

1. Picris hieracioïdes. Linn.   *Picride épervière.*

Hérissée. Tige droite, rameuse ; feuilles oblongues sinuées-dentées, semi-amplexicaules; fleurs presque en corymbe; semences arquées, striées transveralement. ♃. Lamk. Ill. pl. 648. f. 2... Dec. Fl. fr. 2974.

β. P. h. *pauciflora.* Pédoncules longs, peu nombreux, nullement en forme de corymbe... *P. pauciflora.* Wild. Sp. β. 3. p. 1557... Dec. Fl. fr. 2975, Ic. rar. gall. 10. t. 30. Fl. jaunes. E. Les bords des chemins, dans les collines. CCC.

Obs. *La différence du facies de la variété β est purement accidentelle, comme celle qui s'observe sur le* hieracium umbellatum *Linn., et qu'on sait occasionnée par la piqûre d'un insecte. Cette prétendue espèce manque donc de caractère spécifique. Elle croit pèle-mèle avec le type.*

TARAXACUM.   *PISSENLIT.*

Réceptacle nu; calice double; aigrette simple, pédicellée.

1. Taraxacum officinale. Willd. *Pissenlit officinal.*

Calice extérieur réfléchi; hampe uniflore; feuilles glabres, roncinées, à lanières dentées. ♃... Bull. Herb. pl. 217... Lob. Obs. p. 117. f. 2... Dalech. Hist. 564... J. B. Hist. 2. p. 1035.

β. T. o. *palustre.* Calice extérieur appliqué; feuilles roncinées, ou sinuées-dentées. *T. palustre.* Dec. Fl. fr. 2953... *Leontodon palustre.* Smith. Fl. Brit. p. 323... *Leontodon lividus* Willd. Sp. 3. p. 1545.

γ. T. o. *obovatum.* Ecailles calicinales internes, munies d'une petite corne au dessous du sommet; feuilles ovales obtuses, sinuées-dentées... *T. obovatum.* Lois. Fl. gall. suppl. p. 120... Dec. Fl. fr. VI. p. 451... *Leontodon obovatus.* Willd. Sp. 3. p. 1546... Vulgt. *Pissenlit.*

Fl. jaunes. P. E. A. Partout. CCC. La var β. dans les prairies marécageuses; la var. γ dans les bois, à Papet; à Catala, près d'Agen.

Obs. *Les écailles calicinales extérieures appliquées qui déterminent la var. β, et les petits appendices des écailles intérieures qui distinguent la var. γ, ne forment point des caractères constans; d'ailleurs ils ne sont pas exclusifs. On les observe quelquefois l'un et l'autre sur le T.* officinale, *type de cette espèce polymorphe.*

Noctua livida. Bombyx taraxaci.

LEONTODON.   *LIONDENT.*

Réceptacle nu; calice imbriqué; écailles un peu lâches; aigrette plumeuse.

1. **Leontodon crispum.** Vill.   *Liondent crépu.*

Hérissé de poils bifurqués et trifurqués ; feuilles roncinées-pinnatifides, à pinnules recourbées, dentées ; hampe nue, uniflore ; racine pivotante. ♃... Vill. Dauph. 3. p. 84. t. 25... Dec. Fl. fr. VI. p. 454... *Apargia crispa.* Willd. Sp. pl. 3. p. 1551.

Fl. jaunes. E. Les friches pierreuses du département du Lot, et sans doute sur la frontière orientale de l'Agenais.

Obs. *Toute la plante a un aspect blanchâtre très-remarquable.*

2. **Leontodon hispidum.** Linn.   *Liondent hispide.*

Hérissé de poils simples et bifurqués ; feuilles oblongues ; sinuées ou roncinées, dentées ; hampe uniflore ; racine oblique ou horisontale. ♃... Clus. hist. 2. p. 142... Dec. Fl. fr. VI. p. 433.

Fl. jaunes. E. Les friches herbeuses des coteaux. CC.

3. **Leontodon hirtum.** Linn.   *Liondent hérissé.*

Feuilles oblongues, sinuées-dentées, hérissées de poils simples et bifurqués ; hampe uniflore ; calice presque glabre, muni de petites écailles à la base; aigrettes de la circonférence presque oblitérées. ⊙ non ♃... J. B. Hist. 2. p. 1038. f. 2... *Hedypnoïs hirta.* Smith. Fl. brit. 824.

β. L. h. *hispidulum.* Hérissé de poils simples et bifurqués, même sur le calice. *L. saxatiles* Lamk. Dict. 3. p. 531... *Thrincia hirta.* Willd. Sp. pl. 3. p. 1554... *Hyoseris taraxacoïdes.* Vill. Dauph. 166. t. 25.

Fl. jaunes, rougeâtres extérieurement. E. Les champs cultivés. CCC. Dans toute la plaine de la Garonne. La var. plus particulièrement dans les terreins sablonneux, au bord des chemins. C.

4. **Leontodon autumnale.** Linn. *Liondent automnal.*

Feuilles roncinées, pinnatifides, presque glabres ; tige rameuse ; pédoncules munis d'écailles foliacées. ♃... Fuchs. Hist. 320... Dec. Fl. fr. 2968.

Fl. jaunes. A. Les prairies des coteaux, les pelouses au

bord des bois. R. A Darel, aux Barsalous, près d'Agen;
à Combebonnet.

HIERACIUM.   ÉPERVIÈRE.

Réceptacle nu ; calice imbriqué, ovale ; aigrette
simple, sessile.

*** *Hampe uniflore ou multiflore.***

1. Hieracium pilosella. Linn. *Épervière piloselle.*
Hampe uniflore ; drageons rampans ; feuilles entières,
blanches, tomenteuses en dessous ; calices hérissés de
poils. ♃... Bull. herb. pl. 279... J. B. Hist. 2. p. 1039...
Dec. Fl. fr. 2913.
β. H. p. *brachiatum.* Hampe fourchue, biflore ; drageons
rampans ; feuilles ovales-oblongues, très-entières, hérissées de longs poils, à peine tomenteuses et blanchâtres en dessous... *H. brachiatum.* Bert. ex Dec. Fl. fr.
VI p. 442... Vulg. *piloselle.*
Fl. d'un jaune pâle, lavées de rouge à l'extérieur. P. E.
Les friches arides des coteaux, les pelouses sèches, sur
les murs. CCC. La var. β dans les vignes à Espalais,
près le Port-Sainte-Marie, derrière Tuquét, près d'Agen.
RRR.

*Obs. L'infusion de la piloselle dans du vin blanc, passe
pour guérir la fièvre tierce, si elle est donnée une heure avant
l'accès. On a dit aussi qu'elle empoisonnoit les brebis. Enfin
Pena et Lobel (adv. p. 200.) assurent très-sérieusement
qu'une lame de couteau trempée dans la décoction de cette
plante, auroit la faculté de couper les corps les plus durs
et le fer même, sans s'émousser.*

2. Hieracium auricula. Linn. *Épervière auricule.*
Hampe multiflore, munie vers la base d'une petite
feuille ; drageons rampans ; feuilles très-entières, lisses,
un peu pileuses ; fleurs en ombelle. ♃... Dec. Fl. fr.
2914.
Fl. jaunes. E. Les bois découverts, les paturages arides
des coteaux. C. A Beauregard, à Ségougnac, à Darel,
près d'Agen.

✳ *Tige feuillée.*

3. Hieracium murorum. Linn. *Épervière des murs.*

Tige droite, pileuse; feuilles radicales ovales, profondément dentées à la base, une seule caulinaire; fleurs paniculées. ♃...J. B. Hist. 2. p. 1033... Dalech. Hist. p. 565... Dec. Fl. fr. 2925... Vulgt. *Pulmonaire des français.*
β. H. m. *nudum.* Feuilles toutes radicales.
γ. H. m. *maculatum.* Feuilles maculées de brun foncé.
Fl. jaunes. P. E. Les rochers, les vieilles murailles, les bois. CC.

4. Hieracium sylvaticum. Gouan. *Épervière des bois.*

Tige droite, feuillée, pileuse; feuilles oblongues, presque dentées, velues; fleurs paniculées; poils du calice un peu visqueux. ♃... Gouan. Ill. 56... Lob. Ic. 587. f. 1... Dec. Fl. fr. 2926... *H. murorum.* All. Fl. ped. 785. t. 28. f. 1.
β. H. s. *pulmonarioïdes.* Plus petit de moitié; feuilles caulinaires, ovales-lancéolées... *H. pulmonarioïdes.* Vill. Daup. 2. p. 133. t. 34. (bien)... *H. amplexicaule* β Dec. Fl. fr. 2929 !!
Fl. jaunes. E. 1. Les bois. C. Au Pelatier, à Lacandélie, près d'Agen.

Bombix dumeti.

5. Hieracium eriophorum. S.t-Am. *É. ériophore.*
Couverte de poils blancs, laineux; tige ascendante; feuilles ovales, rétrécies aux deux extrémités; fleurs en corymbe; écailles calicinales, glabres au sommet. ♃... Saint-Am. Bullet. philom. n. 52. p. 25. t. 2. f. 1.
Fl. jaunes. P. 3. Sur les dunes maritimes, près de la Teste, département de la Gironde. C.

Obs. *On doit remarquer que l'*H. prostratum *Decand. Fl. fr. VI. p. 437, ne différant point par ses tiges ascendantes de notre plante, n'en constitue vraisemblablement qu'une variété. Il est de même très-probable que l'Hist. abrégée des plantes des Pyrénées contient aussi quelque inadvertance au sujet de cet* hieracium *, puisque (indépendamment de la localité, qui paroît devoir lui être absolument étrangère,) nous le cultivons depuis plus long-temps que Lapeyrouse, sans que les poils laineux des tiges et des feuilles aient éprouvé la moindre diminution.*

6. Hieracium sabaudum. Linn. *Épervière savoyarde.*

Tiges pileuses, droites, simples; feuilles ovales-oblongues, aiguës, presque glabres, sessiles, un peu amplexicaules, dentees vers la base ; fleurs en corymbe. ♃... J. B. Hist. 2. p. 1030. f. 2. 3... Dec. Fl. fr. 2927.
β. H. s *foliosum.* Feuilles plus nombreuses, plus rapprochées.
Fl. jaunes. E. Les bois. R. A Ferrou, à Beauregard, à Darel, près d'Agen.

7. Hieracium umbellatum L. *Épervière ombellée.*

Tiges droites, simples ; feuilles linéaires, un peu dentees ; fleurs en corymbe, imitant l'ombelle. ♃... J. B. Hist. 2. p. 1030. f. 1... Dalech. Hist. 560... Clus. Hist. 2. p. 140... Dec. Fl. f. 2928.
β. H. u. *paniculatum.* Fleurs en panicule.
Fl. jaunes. E. 1. Les bois. R. A Cruzel, à Darel, près d'Agen.

OBS. *Si les fleurs de cette espèce ne sont pas toujours paniculées, et si elles se disposent en ombelles, il est très-vraisemblable que la piqûre de quelque insecte en est la cause.*

CREPIS.   *CRÉPIDE.*

Réceptacle nu ; calice caliculé ; écailles calicinales extérieures un peu étalées; aigrette sessile ou pédicellée.

* *Aigrette pédicellée.*

1. Crepis rubra. Linn.   *Crépide à fleurs rouges.*

Feuilles radicales roncinées-lyrées, pinnatifides ; le lobe terminal, grand, anguleux ; calice intérieur hérissé, l'extérieur glabre, membraneux sur les bords. ◉... *Barkhausia rubra.* Dec. Fl. fr. 2947.
Fl. grandes, d'un rouge clair. E. Dans les champs, aux environs de Sos, où elle a été trouvée par M. L. Brondeau.

OBS. *Cette plante peut servir à la décoration des jardins.*

2. Crepis fœtida. Linn.   *Crépide fétide.*

Feuilles roncinées-pinnatifides ; rudes, sessiles, les

supérieures profondément incisées à la base ; calices pileux, ovales, à côtes très-saillantes. ⊙... Moriss. Hist. 3. s. 7. t. 4. fig. 4... Ic. 226. f. 1. (mal)... *Barkhausia fœtida*... Dec. Fl. fr. 2948.
Fl. jaunes, rouges à l'extérieur. E. Les bords des champs, des chemins, des vignes. CCC.
Obs. *Cette plante a une forte odeur d'amandes amères, ou de* castoreum *selon Decandolle.*

3. Crepis cinerea. Desf. cat.   *Crépide cendrée.*

Tige droite, sillonnée, rude ; feuilles roncinées-pinnatifides ; lobes dentés antérieurement, le dernier souvent triangulaire ; calice duveté, blanchâtre, hérissé de poils courts, roides ; côtes des semences légèrement crénelées. ♂... Poir. Dict. enc. suppl. 2. p. 391... *C. taurinensis.* Willd. Sp. pl. 3. p. 1595... *C. ruderalis.* Boucher, Fl. abb. (*ex specimen*)... *Barkhausia taraxacifolia*, Dec. Fl. fr. 2949.
Fl. jaunes, rouges à l'extérieur. P. 2. Les rochers, les vignes, les prés secs, les bords des chemins dans les coteaux. CCC. A l'Hermitage, près d'Agen.

Cryptocephalus rugicollis.

✳ ✳ *Aigrette sessile.*

4. Crepis biennis. Linn.   *Crépide bisannuelle.*

Tige droite, cannelée, hérissée de poils roides ; feuilles roncinées pinnatifides à lobe terminal hasté ; calice hérissé de poils noirâtres, visqueux et roides ; côtes des semences très-légèrement crénelées. ♂... Smith. Brit. 837... non Dec. Fl. fr. 2941.
Fl. jaunes même à l'exterieur. P. 3. Les prés. RR. A Lacassagne, près d'Agen. C.

Descript. *Hérissée de poils roides.* Racine *bisannuelle, simple ou fourchue, fusiforme.* Tige *haute de 1 à 4 pieds, droite, anguleuse, cannelée.* Feuilles *inférieures roncinées pinnatifides à lobe terminal hasté, quelquefois sinuées-dentées dans les petits individus, les supérieures entières ou presque entières, sagittées et demi-amplexicaules à la base.* Pédoncules et calices *hérissés de poils noirâtres et visqueux.* Corolles *jaunes en dessous et en dessus.* Semences *à aigrettes sessiles, cannelées très-légérement, crénelées sur les côtes et non lisses, comme le dit Decandolle Fl. fr. VI. p. 446.* Réceptacle *couvert de poils microscopiques et de petites cavités.*

5. Crepis scraba. Willd.   *Crépide rude.*

Tige droite, fortement striée, hérissée vers le bas ; feuilles roncinees-pinnatifides, ordinairement hérissées de poils courts et rudes ; pédoncules presque glabres ; calices médiocres, hérissés de poils noirâtres, visqueux ; côtes des semences lisses. ⊙... Willd. Sp. 3. p. 1603... Dec. Fl. fr. 446.
Fl. jaunes, rouges à l'extérieur, plus grandes que celles du *C. dioscoridis*. Les prairies. C. Dans les saussaies des rives de la Garonne. CCC.

Obs. *Les petits individus de cette espèce ressemblent extrémement au* C. dioscoridis, *surtout lorsque les feuilles ne sont hérissées que sur les nervures ; mais ses fleurs plus grandes, les poils noirs et visqueux de ses calices et son port plus roide, empéchent alors la confusion.*

6. Crepis dioscoridis. Linn.   *Crépide de Dioscoride.*

Tiges droites, presque glabres, anguleuses, striées ; feuilles roncinees-pinnatifides ou sinuées-dentées, presque glabres, les supérieures hastées ; calices petits, légèrement cotonneux ; côtes des semences lisses. ⊙...
C. virens. Dec. Fl. fr. 2943.
β. *C. d. virens.* Plus petite ; feuilles presque entières, à peine dentées, d'un verd gai... *C. virens.* Linn. Sp. pl. 1134.
γ. *C. d. diffusa.* Tiges nombreuses, couchées à la base... *C. diffusa.* Dec. Fl. fr. VI. p. 448.
Fl. jaunes, rouges à l'extérieur. E. 2. 3. Les prairies, les champs. C. La var. γ dans les terres sablonneuses des plaines. C.

Obs. *Linné, Sp. pl. ed. 3. p.* 1134, *demande si son* C. virens *n'est point une variété du* C. dioscoridis an præcedentis, *dit-il,* sola varietas ? *Or, la plante décrite sous le nom de* C. dioscoridis *par Willdenow, Sp. pl. 3. p.* 1605, *et figurée par Decandolle, Ic. rar. gall. t.* 18, *ayant les caractères et le* facies *du* C. fœtida, *ne peut étre l'espèce de Linné. Donc, etc.*

Quant au C. diffusa *Dec., elle ne diffère que par ses tiges accidentellement plus nombreuses, et qui n'ont pu suivre la direction verticale. Un tel caractère est si loin d'être spécifique, que nous pourrions, en conscience, regretter d'avoir fait de cette plante une variété.*

7. Crepis pulchra. Linn.   *Crépide élégante.*

Tige droite; feuilles inférieures, légèrement lyrées-dentées, les supérieures lancéolées - oblongues, semi-amplexicaules, sagittées à la base; fleurs en corymbe-paniculé. ◉... J. B. Hist. 2. p. 1025. f. 2... Moriss. Hist. 2. sect. 7. t. 5. f. 13 et 37... *Prenanthes hieracifolia.* Willd. Sp. pl. 3. p. 1541... *Prenanthes pulchra.* Dec. Fl. fr. 2882.

β. **C. p.** *simplex.* Tige effilée, presque point ramifiée, glutineuse au sommet.

Fl. jaunes. P. 2. 3. Les bords des champs. CCC. A l'Hermitage, près d'Agen. La var. β à Gimbrède. C.

Obs. *Les folioles calicinales, après la maturité des semences, s'étalent en forme d'étoiles, comme certaines espèces de Lapsanes.*

8. Crepis nemausensis. Gouan.   *Crépide nimoise.*

Feuilles obtuses, lyrées-dentées; hampe nue, un peu hérissée, pluriflore; écailles calicinales, membraneuses sur les bords; réceptacle pileux. ◉... *Andryala nemausensis.* Vill. Dauph. 3. p. 66. t. 25... Dec. Fl. fr. 2940.

Fl. jaunes. E. Trouvée une seule fois par M. Chaubard dans un champ de blé au *Portail rouge*, près d'Agen. La graine en avoit été apportée du Languedoc, avec du froment de cette partie de la France, ou par les oiseaux?

9. Crepis barbata. Linn.   *Crépide barbue.*

Tige droite, tomenteuse à sa base; feuilles sinuées-dentées; pédoncules inégaux; écailles du calice extérieur subulées, aussi longues que la corolle.◉... Moriss. Hist. 2. sect. 7. t. 4. f. 32... *Tolpis barbata.* Lamk. Ill. pl. 651... *Drepania barbata.* Dec. Fl. fr. 2958... Curt. Bot. mag. tom. 1. pl. 35.

Fl. jaunes, d'un pourpre noirâtre dans le centre. E. 1. 2. 3. A. 1. Les champs, dans les terres légères sablonneuses. CC. A Beauregard, au Mestrot, près d'Agen.

Obs. *Cette espèce a été nommée* Crepis bœtica *par Miller. Selon lui, le centre de la fleur est noir, bévue que Herman a répétée, et beaucoup d'autres après lui. La Crépide barbue est admise dans les parterres chez les anglais, selon Curtis, et l'on voit en effet que la figure ci-dessus citée est celle d'un individu cultivé.*

ANDRYALA.   *ANDRYALE.*

Réceptacle velu; calice à écailles nombreuses, presque
égales, arrondi; aigrette simple, sessile.

1. Andryala integrifolia. L. *A. à feuilles entières.*

Tige droite; feuilles couvertes d'un duvet épais, les
inférieures oblongues, roncinées, les supérieures lancéolées-linéaires, entières ou presque entières; fleurs en
corymbe pédonculées; et calice pileux, un peu glanduleux. ⊙... Dalech. Hist. 1116. f. 2... J. B. Hist. 2. p.
1026. f. 1... Dec. Fl. fr. 2938.
β. A. i. *pinnatifida.* Feuilles inférieures roncinées-pinnatifides.
Fl. d'un jaune pâle. E. Les terres légères sablonneuses
des plaines. C. A Beauregard; la variété au Mestrot, près
d'Agen.

HYOSERIS.   *HYOSÉRIDE.*

Réceptacle nu; écailles calicinales, presque égales;
aigrettes pileuses, remplacées à la circonférence par
une couronne paléacée.

1. Hyoseris minima. Linn.   *Hyoséride fluette.*

Sans tige; hampe uniflore ou biflore, fistuleuse, renflée
supérieurement; feuilles oblongues, dentées; aigrettes
avortées aussi dans le centre. ⊙... Clus. 2. p. 142...
Moriss. Hist. 2. sect. 7. t. 1. f. 8... *Lampsana minima.*
Dec. Fl. fr. 2874.
Fl. jaunes. E. Parmi les blés, dans les terres légères sa-
blonneuses de la plaine de la Garonne, et dans les Landes.
CC. A Beauregard, au Mestrot, près d'Agen.

LAPSANA.   *LAPSANE.*

Réceptacle nu; calice caliculé; écailles toutes canaliculées intérieurement; aigrette nulle.

1. Lapsana communis. Linn.   *Lapsane commune.*

Tige rameuse; feuilles inférieures lyrées, un peu dentées, à lobe terminal très-grand, les supérieures lan-

céolées ; fleurs en corymbe paniculé. ⊙... Lob. Obs.
104. f. 1. et Ic. 207. f. 1... Moriss. Hist. 3. sect. 7. t. 1.
f. 9... J. B. Hist. 2. p. 1028... Dec. Fl. fr. 2876.
Fl. jaunes, petites. P. 3. E. Les lieux cultivés. CCC.

OBS. *Les feuilles de cette plante perdent, dit-on, leur amertume par la cuisson, et peuvent être alors employées comme celles des herbes potagères.*

2. Lapsana stellata. Linn.   *Lapsane étoilée.*

Tige rameuse ; feuilles lancéolées-oblongues, sinuées-dentées ; semences arquées, étalées en étoile. ⊙... J. B. Hist. 2. p. 1014. f. 1... Moriss. Hist. 3. sect. 7. t. 1. f. 5... Lob. Ic. 240. f. 2... *Rhagadiolus stellatus.* Dec. Fl. fr. 2877.
Fl. jaunes. E. 1. Dans les champs de blé sur les collines. R. A Champier, à Montréal, près d'Agen. C.

3. Lapsana rhagadiolus. Linn. *Lapsane rhagadiole.*

Tiges rameuses ; feuilles inférieures roncinées-pinnatifides, à lobes obtus, le dernier beaucoup plus grand ; semences arquées, étalées en rayons. ⊙... Lamk. Dict. n ° 6... *Rhagadiolus edulis.* Dec. Fl. fr. 2878.
Fl. jaunes. E. 1. Les champs, sur les collines. R. A Montréal, près d'Agen.

OBS. *Plus grande d'un tiers que la précédente, dont quelques auteurs la regardent comme une simple variété. Parmi ceux qui pensent au contraire que c'est une espèce distincte, Decandolle assure que la forme des feuilles se conserve par les semences, et n'éprouve aucune altération par la culture. On peut lui répondre à la vérité que cette raison n'est pas décisive, attendu que l'effet ordinaire de la culture sur les sémiflosculeuses, est de déterminer les feuilles sinuées-dentées à se découper en lanières ou en pinnules ; cependant nous conservons cette espèce établie par Linné, qui, dans ce genre maudit, a commis peu d'erreurs.*

HYPOCHÆRIS.   *PORCELLE.*

Réceptacle paléacé ; calice un peu imbriqué ; aigrette plumeuse.

1. Hypochæris maculata Linn. *Porcelle maculée.*

Tige presque nue, presque simple, hérissée de poils noirs à leur base ; feuilles ovales, sinuées-dentées,

marquées de taches d'un violet obscur. ♃... All. Ped.
tab. 14. f. 3... Dec. Fl. fr. VI. p. 451.
β. H. m. *uniflora*. Tige uniflore... *H. uniflora*. All. Ped.
tab. 14. f. 1... *H. helvetica*. Dec. Fl. fr. VI. p. 452?
Fl. jaunes, grandes. E. 1. Parmi les bruyères des Landes,
au lac de la Laguë, au pont de Gorre. R.

2. **Hypochæris radicata.** Linn. *P. à longue racine.*

Feuilles roncinées, obtuses, rudes ; tige rameuse, lisse ;
pédoncules munis d'écailles. ♃... Moriss. Hist. 3. sect.
7. t. 4. f. 27... Clus. Hist. 1. p. 120. f. 3... Dec. Fl. fr.
2956.
β. H. r. *foliosa*. Tige accompagnée d'une à trois feuilles.
Fl. jaunes. P. 3. E. Les prairies, les bords des chemins et
des vignes. CCC.

3. **Hypochæris glabra.** Linn.   *Porcelle glabre.*

Feuilles sinuées, un peu hérissées sur les bords ; tige
rameuse, nue, lisse ; aigrettes de la circonférence sessiles. ◉... Moriss. Hist. 3. sect. 7. t. 4. f. 35... Lamk.
Ill. t. 646. f. 1... Dec. Fl. fr. 2957.
β. H. g. *sessilis*. Aigrettes toutes sessiles.
γ. H. g. *dimorpha*. Feuilles arrondies au sommet, sinuées-
dentées ; fleurs plus petites... *H. dimorpha*. Brot. ex
Pers. Syn. 2. p. 348.
Fl. jaunes. E. 1. Les terres légères et sablonneuses de la
plaine de la Garonne, ainsi que dans les Landes. La var.
β a été observée par M. Chaubard sur le bord du lac de
la Laguë.

Obs. *L'H.* balbisii *Lois. Not.* 124 *et Dec. Fl. fr. VI. p.*
452, *qui ne diffère de l'*H. glabra *que par ses aigrettes*
toutes pédicellées, figureroit très-bien auprès de notre var. β *;*
mais nous ne l'avons pas encore rencontrée.

CATANANCHE.   *CUPIDONE.*

Réceptacle paléacé ; calice imbriqué ; aigrette composée
de cinq poils paléacés.

1. **Catananche cærulea.** Linn.   *Cupidone bleue.*

Tige pubescente, droite ; feuilles linéaires, les inférieures à dentelures rares et profondes ; pédoncules accompagnés d'écailles transparentes. ♃... Lamk. Ill. pl.
658. f. 1... Dalech. Hist. f. 4... J. B. Hist. 3. p. 26. f. 2...
Moriss. Hist. 3. sect. 7. t. 1. f. 4. 3.ᵉ série... Besl. Hort.

eyst. æst. ord. 5. fol. 4. fig. 2... Curt. Bot. mag. 9. t. 293...
Dec. Fl. fr. 2994.
β. C. c. *integrifolia.* Toutes les feuilles entières.
Fl. bleues. E. 1. Les friches arides exposées au midi. RR.
A Martinet, au-dessus de l'église de Sainte-Radegonde ,
près d'Agen. C.

Obs. *Murray mentionne dans la 14.e éd. du Syst. veg.
une variété de cette plante à fleurs doubles qui , n'ayant jamais été vue en Angleterre selon Curtis , peut bien aussi
n'avoir jamais paru en France, ni même nulle part.*

CICHORIUM.   *CHICORÉE.*

Réceptacle un peu paléacé ; calice caliculé ; aigrettes
composées de cinq poils ressemblant à des écailles.

1. Cichorium intybus. Linn.   *Chicorée sauvage.*

Tige droite, rameuse ; feuilles roncinées ; fleurs axillaires , sessiles et pédonculées. ☉... *Intibum sylvestre.*
Fuchs. Hist. 679. bien... *C. endivia.* Dec. Fl. fr. 2997.
Fl. bleues. quelquefois blanches. E. 1. Les bords des
chemins. CCC.

Obs. *Cette plante se développe quelquefois d'une manière
extraordinaire, et produit des tiges fasciées, même dans les
terreins incultes et arides des coteaux. Haller mentionne cette
monstruosité dans son ouvrage sur les plantes de la Suisse,
tom. 1. p. 2. Elle s'est offerte à nous sur les hauteurs de
Saint-Feréol, près d'Agen. La racine torréfiée de cette
chicorée peut, jusqu'à un certain point, remplacer le café.
Elle est entrée, sous ce rapport, dans le commerce en Allemagne.*

2. Cichorium endivia. Linn.   *Chicorée endive.*

Tige droite, rameuse ; feuilles entières, crénelées ; fleurs
axillaires, toutes sessiles. ☉... *Intibum sativum angustifolium.* Fuchs. Hist. 678. bien... *C. intibus.* Dec. Fl.
fr. 2996.
Fl. bleues. E. Cultivée dans tous les potagers, où elle a
produit plusieurs variétés trop connues pour avoir besoin
de les mentionner ici.

Obs. *Il paroît que la phrase de Linné pour le C. intybus,
a été par inadvertance appliquée au C. endivia , et que ré-
ciproquement cette dernière espèce a été désignée par les
caractères qui conviennent à la première. Peu nous importe*

de remonter à l'origine de cette méprise ; mais il est plaisant qu'elle se soit perpétuée dans les ouvrages de tous les botanistes, et jusqu'à M. Decandolle inclusivement.

SCOLYMUS.   *SCOLYME.*

Réceptacle paléacé ; calice imbriqué, épineux ; aigrette nulle.

1. Scolymus hispanicus. Linn. *Scolyme d'Espagne.*

Rameaux étalés ; fleurs axillaires, agrégées, sessiles ; bractées foliacées, à dentelures épineuses. ◉... Clus. Hist. 2. p. 153. f. 1... Dec. Fl. fr. 2999.
Fl. jaunes. E. A. Les rives de la Garonne, les bords des chemins. C. A Lespinasse, à Croquelardit, à Boé, près d'Agen.

†† *Fleurs en tête, toutes tubulées.*

ARCTIUM.   *BARDANE.*

Calice globuleux ; écailles calicinales, crochues à leur sommet.

1. Arctium lappa. Linn.   *Bardane à petites têtes.*

Tige rameuse ; feuilles cordiformes, pétiolées ; pédoncules multiflores, presque en grappe; calices lisses. ♂... *Lappa minor.* Dec. Fl. fr. 3010... *Lappa glabra* α. Lamk. Dict. enc. 1. p. 377.
Fl. purpurines. E. Le long des routes et dans les bons terreins. CC.

2. Arctium majus. Linn.   *Bardane à grosses têtes.*

Tige rameuse ; feuilles cordiformes, pétiolées ; pédoncules uniflores; calices lisses. ♂ ... *Lappa glabra* β. Lamk. Dict. enc. 1. p. 377. Ill. pl. 665... *Lappa major.* Dec. Fl. fr. 3011... Vulgairement *Laparasse*, ainsi que la précédente.
Fl. purpurines. E. Le long des chemins, les lieux fertiles et cultivés près des habitations rurales.

Obs. Ces deux espèces de Bardane ont le même port, et se ressemblent parfaitement au premier coup d'œil. Leurs racines cuites passent pour être presque aussi bonnes à man-

ger que celles du *Salsifix* et de la *Scorzonère*. *Leurs jeunes tiges pelées ont la saveur de l'Artichaut.*

SERRATULA.   SERRATULE.

Calice un peu cylindrique, imbriqué, mutique.

1. Serratula tinctoria. L. *Serratule des teinturiers.*

Tige droite; feuilles pinnatifides, finement dentées; fleurs en corymbe; calices presque glabres; floscules semblables. ♃... Dodon. Pempt. 42. f. 3... Dec. Fl. fr. 3026.

β. S. t. *pygmæa.* Tige uniflore, haute de un à deux pouces; feuilles entières ou pinnatifides.
Fl. purpurines. E. Dans les bois des Landes. R. Entre Xaintrailles et Boussés; près de Boussés. C. La var. β à Rhimbés. Trouvée par M. Graulhié.

Obs. *Cette plante fournit une couleur jaune plus belle et plus solide que celle de la Gaude et du Genêt.*

2. Serratula arvensis. Linn. *Serratule des champs.*

Tiges droites; feuilles lancéolées-pinnatifides, ondulées, dentées, épineuses, presque glabres; fleurs paniculées. ♃... *Carduus arvensis.* Lamk. Dict. enc. 1. p. 706... J. B. Hist. 3. p. 59... Moriss. Hist. 3. sect. 7. t. 32. f. 14... *Cirsium arvense.* Dec. Fl. fr. 3090... Vulgairement *Caussidos.*
Fl. purpurines, légèrement odorantes. E. Les vignes, les champs cultivés, où elle est beaucoup trop commune.

CARDUUS.   CHARDON.

Calice ovale, imbriqué; écailles calicinales, épineuses; réceptacle pileux; aigrette simple ou plumeuse.

*** *Aigrette simple.* (Cardui.)**

1. Carduus nutans. Linn.   *Chardon penché.*

Tige droite, rameuse; feuilles décurrentes, sinuées, dentées, épineuses, lisses sur les deux faces; fleurs penchées; écailles calicinales-lancéolées, les extérieures réfléchies. ♂... J. B. Hist. 3. p. 56. f. 3... Barr. Ic. 1116... Moriss. Hist. 3. sect. 7. t. 31. f. 6. 1.re série... Dec. Fl. fr. 3017.

Fl. purpurines, quelquefois blanches. E. 2. 3. Les bords
des chemins et des fossés. CCC.

Papilio cardui.

2. Carduus macrocephalus. Desf. *C. à grosses têtes.*

Tige droite, tomenteuse ; feuilles semi-décurrentes,
sinuées, dentées, épineuses, tomenteuses en dessous ;
fleurs penchées ; écailles calicinales, lancéolées, cotonneuses, étalées ou réfléchies. ⊙ ?... Desf. Fl. atl. 2. p.
245. ex Poir. Dict. enc. suppl. p. 195.

Fl. purpurines. E. 1. 2. Les champs, les prés voisins de
la Garonne. R.

Obs. *Très-ressemblant au C. nutans, dont il se distingue
cependant au premier coup-d'œil par ses têtes de fleurs trois
ou quatre fois plus volumineuses.*

3. Carduus marianus. Linn.   *Chardon marie.*

Feuilles amplexicaules, sinuées-pinnatifides, glabres,
épineuses ; écailles calicinales, foliacées, étalées au
sommet, bordées d'épines, la terminale très-forte. ⊙...
Fuchs. Hist. 56... J. B. Hist. 3. p. 56. f. 3... Barr. Ic.
116... Dec. Fl. fr. 3012... *Carthamus marianus.* Lamk.
Dict. enc.

Fl. purpurines. P. Les bords des chemins, les revers des
fossés. CCC.

Obs. *Cette plante est très-remarquable par ses grandes
feuilles maculées de blanc.*

On mange en Smolande, et dans d'autres pays du nord
de l'Europe, les racines et les feuilles tendres de ce
Chardon.

4. Carduus tenuiflorus. Smith.   *C. à petites fleurs.*

Tige droite, ailée ; feuilles décurrentes, épineuses, tomenteuses en dessous ; calices cylindriques, sessiles,
agglomérés ; écailles calicinales, lancéolées, droites. ⊙...
Smith. Fl. britt. 849... J. B. Hist. 3. lib. 25. p. 56... *C.
acanthoïdes.* Dec. Fl. fr. 3014.

Fl. purpurines pâles. E. Les bords des chemins. CCC.

＊＊ *Aigrette plumeuse.* (Cnici.)

5. Carduus palustris. Linn.   *Chardon des marais.*

Feuilles décurrentes, nues, lancéolées-dentées, épineuses sur les bords ; fleurs en grappes agglomérées ;

écailles calicinales, ovales-lancéolées, mucronées, appliquées. ♂... *Cirsium palustre.* Dec. Fl. fr. 3072... *Cnicus
palustris.* Lois. Fl. gall. 537.
Papilio Cardui.

Fl. purpurines. P. E. Les marais. CC. A Brax, à Peyrequatre, près d'Agen.

6. Carduus lanceolatus. Linn. *Chardon lancéolé.*

Feuilles décurrentes, hérissées, pinnatifides; lanières à
deux lobes divergens, épineux; calices ovales, un peu
cotonneux; écailles calicinales, épineuses, un peu étalées. ♂... *Cnicus lanceolatus.* Roth. Germ. 2. p. 282...
Cirsium lanceolatum. Dec. Fl. fr. 3073.
Fl. purpurines. E. Les bords des bois, des chemins. CCC.

Obs. *Ce Chardon et le suivant acquièrent souvent plus de
6 pieds d'élévation, et font de tres-belles plantes.*
Cassida viridis.

7. Carduus eriophorus. Linn. *Chardon ériophore.*

Feuilles sessiles, hérissées, pinnatifides; lanières géminées, divergentes, épineuses; calices globuleux, couverts
d'un duvet lanugineux; écailles calicinales, oblongues,
linéaires au sommet, mucronées et réfléchies. ♂... Clus.
Hist. 2. p. 154... Moriss. Hist. 3. sect. 7. t. 31. f. 7.
2.e série... *Cirsium eriophorum.* Dec. Fl. fr. 3091.
Fl. purpurines. E. A. Les lieux frais, sur les coteaux; le
bord des bois. CC. A Cambes, près d'Agen.

Obs. *Cette plante se distingue au premier coup-d'œil par
la grosseur de ses calices.*
Papilio Cardui.

8. Carduus pratensis. Smith. *Chardon des prés.*

Tige peu feuillée, tomenteuse, uniflore ou biflore;
feuilles molles, sessiles, lancéolées, tomenteuses eu
dessous, bordées de cils épineux, inégalement dentées,
les inférieures souvent pinnatifides; calices tomenteux,
à écailles lancéolées, droites, piquantes. ♃... J. B.
Hist. 3. p. 45. f. 2... Lob. Ic. 583. f. 1. et Obs. p. 314.
f. 4... Dalech. Hist. 584. f. 1... Smith. Fl. britt. 814...
Cirsium anglicum. Dec. Fl. fr. 3088... *C. pusillus*, Vill.
Dauph. 3. p. 17. t. 20.
β. *C. p. subpetiolatus.* Feuilles indivises, rétrécies en pétioles à la base, mais néanmoins demi amplexicaules.
Fl. purpurines. E. 1. Les prairies marécageuses, sur les

bords de l'Alemance. C. Dans les Landes. C. La var. β
à Durance, dans la tourbe.

Papilio Cardui.

*Not. Outre le pap. Cardui, qu'on trouve fréquemment sur
presque tous les Chardons, on y rencontre aussi l'Urticae et l'Jo.*

9. Carduus acaulis. Linn.   *Chardon sans tige.*

Tige nulle ou presque nulle; feuilles pinnatifides dentées,
épineuses ; écailles calicinales lancéolées, imbriquées ,
étroitement appliquées. ♃... Clus. Hist. 2. p. 156. f. 1...
Dalech. Hist. 1455. f. 1... Lob. Obs. p. 480 f. 3...
Cirsium acaule, Dec. Fl. fr. 3089... *Cnicus acaulis...*
Lois. Fl. gall.

β. C. a. *mollis.* Tige biflore ou triflore.

Fleurs purpurines. E. A. Les friches pierreuses des collines.
CCC.

ONOPORDON.   *ONOPORDE.*

Réceptacle alvéolaire ; écailles calicinales mucronées.

1. Onopordon acanthium. L. *Onoporde acanthin.*

Tomenteux , blanchâtre ; tige droite , rameuse , ailée
jusqu'aux calices ; feuilles ovales, oblongues, décurrentes , sinuées , dentées , épineuses ; écailles calicinales
subulées, étalées. ♂ ... *Acanthium.* Dodon. Pempt. 709...
Dec. Fl. fr. 3005... Vulgairement *Chardon d'âne.*

Fl. purpurines. E. Les bords des champs et des chemins.
CCC.

CYNARA.   *ARTICHAUT.*

Calice dilaté , imbriqué , écailles charnues , échancrées
au sommet , avec une pointe roide au milieu.

1. Cynara scolymus. Linn.   *Artichaut scolyme.*

Feuilles presque épineuses , les unes indivises , les autres pinnées ; écailles calicinales ovales. ♃... Clus. Hist.
2. p. 153. f. 2... Vulgairement *Artichaut.*

Fl. bleues. E. Cultivé dans tous les potagers.

Papilio cardui.

2. Cynara carduncellus. L. *Artichaut chardonnet.*

Feuilles épineuses , toutes pinnatifides ; écailles calicinales ovales. ♃... Vulgairement *Artichaut sauvage.*

Fl. bleuâtres. E. Cultivé près des habitations rurales pour
sa fleur qui sert à faire cailler le lait. Naturalisé en quelques endroits.

CARLINA.   *CARLINE.*

Ecailles calicinales longues, colorées, étalées et radiées ;
réceptacle paléacé.

1. Carlina vulgaris. Linn.   *Carline commune.*

Tige multiflore , en corymbe (quelquefois uniflore),
pubescente ; feuilles sinuées-pinnatifides , dentées , épineuses , lanugineuses en dessous. ♂... Clus. Hist. 2. p.
156. f. 2... Dec. Fl. fr. 3098.
Fl. blanchâtres. E. Les friches arides des coteaux.

2. Carlina corymbosa. Linn.   *Carline en corymbe.*

Tige multiflore en corymbe (quelquefois uniflore)
presque glabre ; feuilles lancéolées-pinnatifides-dentées,
glabres. ◉... Dec. Fl. fr. 3100... *C. hispanica.* Lamk.
Dict. enc. 1. p. 624... Barr. Ic. 594.
Fl. jaunes. E. Les friches pierreuses des collines. RR. A
Condat.

CARTHAMUS.   *CARTHAME.*

Calice ovale , imbriqué ; écailles presque ovales , et
foliacées à leur sommet.

1. Carthamus lanatus. Linn.   *Carthame laineux.*

Tige laineuse , ramifiée en corymbe ; feuilles inférieures
pinnatifides , les supérieures amplexicaules ; écailles
calicinales, extérieures, pinnatifides-dentées, épineuses.
◉... *Atractylis.* Dodon. Pempt. 724... Lob. Ic. t. 2. p.
13. f. 1... *Centaurea lanata.* Dec. Fl. fr. 3059... *Chardon
béni des parisiens.*
Fl. jaunes. E. Les bords des chemins. CCC.

2. Carthamus carduncellus. Linn.   *C. chardonnet.*

Tige presque nulle ; pédoncules uniflores laineux ; feuilles pinnatifides, épineuses ; écailles calicinales épineuses,
munies de nervures. ♃... Lob. Ic. t. 2. p. 20. f. 1...
Carduncellus monspeliensis. Dec. Fl. fr. 3003.
Fl. bleues. E. Les friches aux environs de Lauzerte. R.

3. Carthamus mitissimus. Linn. *C. sans épines.*

Tige presque nulle ; pédoncules uniflores, laineux ; feuilles point épineuses, les radicales oblongues, dentées, les caulinaires pinnatifides ; écailles calicinales sans nervures et sans épines. ♃. Dec. Fl. fr. 3064.
Fl. bleues. E. Les friches arides du canton de Tournon. RR. A Poudenas.

✳ ✳ ✳ *Fleurons droits parallèles étalés au sommet.*
(Discoidei.)

BIDENS. *BIDENT.*

Réceptacle paléacé ; aigrette composée de deux barbes droites et rudes ; calice imbriqué ; corolle rarement accompagnée de demi fleurons radiés.

❧. Bidens tripartita. Linn. *Bident triparti.*

Tige droite, rameuse ; feuilles divisées en trois ou en cinq folioles dentees ; bractées plus longues que la fleur ; semences bi-aristées. ◉... Dodon. Pempt. 584... Dec. Fl. fr. 3287... *B. cannabina.* Lamk. Fl. fr... *B. frondosa.* α. Lamk. Dict. enc.
Fl. jaunes. E. Les fossés, les bords des eaux stagnantes. CC.

2. Bidens cernua. Linn. *Bident penché.*

Feuilles lancéolées-oblongues, dentées ; fleurs penchées ; folioles calicinales extérieures, ou bractées, plus grandes que la fleur ; semences surmontées de quatre arêtes. ◉... Dec. Fl. fr. 3288.
β. *B. c. coreopsis.* Fleurs munies de demi fleurons radiés... *Coreopsis bidens.* Linn. Sp. 1281... Barr. Ic. 1209.
Fl. jaunes. E. Les lieux marécageux. R. A Brax, près d'Agen, à Sérignac. La variété β sur le bord de la Garonne à la Poulleille.

Obs. *Ces deux espèces de Bident donnent une couleur jaune solide par la décoction.*

EUPATORIUM. *EUPATOIRE.*

Réceptacle nu ; aigrette plumeuse ; calice imbriqué, oblong ; style semi bifide, alongé.

1. Eupatorium cannabinum. Linn.   *E. chanvrin.*

Tige droite, simple ; feuilles opposées, tripartites, dentées ; fleurs en corymbe. ♃... Moriss. Hist. 3. s. 7. t.
13. f. 1... Dec. Fl. fr. 3107.
Fl. purpurines. E. A. Les bords des eaux. CCC.

Obs. Cette plante varie à feuilles entières... *Eupatorium
adulterinum.* J. B. Hist. 2. p. 1065. Ic. et à feuilles à 5
divisions.

Aranea fasciata.

STÆHELINA.   *STÉHÉLINE.*

Réceptacle muni de paillettes courtes ; aigrette rameuse ;
anthères avec une queue.

1. Stæhelina dubia. Linn.   *Stéhéline douteuse.*

Tomenteuse, blanchâtre, tige rameuse ; feuilles presque sessiles , linéaires , denticulées , cotonneuses en
dessous ; fleurs pédonculées , axillaires et terminales.
♄ ... Barr. Ic. 406... Lamk. Ill. pl. 666... Gérard, Prov.
190. t. 6... Clus. Mons. bald. 327... Dec. Fl. fr. 3067.
Fl. purpurines. E. Les friches pierreuses des collines. R.
Au-dessus de Perrot, commune de Castelcuiller, à
Cambes, près d'Agen. RRR. A Sainte-Foi-de-Jérusalem,
à Roustide et à Moulinéou, près de Saint-Maurin. CCC.

CHRYSOCOMA.   *CHRYSOCOME.*

Réceptacle nu ; aigrette simple ; calice hémisphérique,
imbriqué ; style à peine plus long que les fleurons.

1. Chrysocoma linosyris. L. *Chrysocome linosyris.*

Tige droite, herbacée, presque simple ; feuilles linéaires,
glabres ; fleurs en corymbes ; écailles calicinales lâches.
♃... Clus. Hist. 1. p. 325. f. 2... Lob. Obs. 223. f. 2. et
Ic. 409. f. 1... Dec. Fl. fr. 3130.
Fl. jaunes. E. 2. Les friches arides. RR. Auprès de
Castillonnés ; dans les Landes ; à l'ouest du lac de la
Laguë , à Seignouret, près de Boussés.

POLYGAMIE SUPERFLUE.

✳ *Fleurs dépourvues de demi fleurons radiés.*
(Discoïdei.)

TANACETUM.   *TANAISIE.*

Réceptacle nu ; aigrette un peu échancrée ; calice imbriqué, hémisphérique ; corolles de la circonférence trifides.

1. **Tanacetum vulgare.** Linn.   *Tanaisie commune.*
Tige droite, quelquefois simple ; feuilles bipinnées, incisées ; fleurs en corymbe terminal. ♃... Bull. Herb. 187... J. B. Hist. 3. p. 131. f. 2... Lob. Obs. 432. f. 1. et 3... Moriss. Hist. s. 6. t. 1. f. 1... Besl. Eyst. æst. ord. 5. fol. 5. f. 2.
Fl. jaunes. E. Indigène en Laponie, et naturalisée en plusieurs endroits, notamment dans les Landes.

Obs. « *Vidi uxores novacolarum per Lapponam, et rus-*
» *ticorum Westrobotnia sollicitè colligere hanc plantam et*
» *exsicare, nec in quem finem, facilè scire licuit ; tandem*
» *edoctus fui, feminas in iisdem locis inde conficere balnea*
» *vaporis pro emolliendis adpropriatis membris instante*
» *partu, atque pro eodem faciliùs excludendo. (Linn. Fl.*
» *lapp.* 243.) »

On emploie encore dans le nord de l'Europe, les feuilles de la Tanaisie pour assaisonner les ragoûts et donner du goût à la pâtisserie. Quelle cuisine !

2. **Tanacetum balsamita.** Linn.   *T. balsamique.*
Tige droite, rameuse au sommet ; feuilles ovales-oblongues, obtusément dentées, les inférieures pétiolées, les supérieures sessiles, auriculées à leur base. ♃... Lob. Obs. 174. f. 1... Dalech. Hist. p. 678... Vulgairement *Baume, ou Coq des jardins.*

ARTEMISIA.   *ARTEMISE.*

Réceptacle légèrement velu, ou presque nu ; aigrette nulle ; calice imbriqué d'écailles rondes et conniventes; corolle dépourvue de rayons.

1. Artemisia campestris. L. *Artemise des champs.*

Tiges effilées, redressées ; feuilles multifides, linéaires
presque glabres ; fleurs ovoïdes, en grappe. ♃... *Abro-
tanum inodorum.* Dalech. Hist. 939... J. B. Hist. 3. part.
1. pag. 194. f. 2... Dec. Fl. fr. 3235.
Fl. d'un verd jaunâtre. E. Les lieux stériles et pierreux.
R. Les rives de la Garonne. CCC.

2. Artemisia absinthium. Linn. *Artemise absinthe.*

Feuilles composées, multifides, linéaires ; fleurs globuleuses pendantes ; réceptacle velu. ♃... Duham. Arb.
pag. 24. pl. 5... Fuchs. Hist. 1... Dec. Fl. fr. 3226.
Fl. d'un blanc tirant sur le jaune. E. Les lieux incultes,
le bord des chemins. RR. A Saint-Amans , à Cantauzel ,
au Grin, près Saint-Maurin ; sur les rives de la Garonne ,
à Agen.

Obs. *Indépendamment des usages connus de cette plante
en médecine et dans l'art du liquoriste , quelques personnes
l'emploient encore pour conserver les vins foibles dont elle
augmente la saveur.*

3. Artemisia vulgaris. Linn. *Artemise commune.*

Feuilles blanches, tomenteuses en dessous, pinnatifides , à lobes incisés , planes ; grappes simples ; fleurs
ovoïdes , à réceptacle nu. ♃... Bull. Herb pl. 350...
Lobel. Ic. 764. f. 2... Dec. Fl. fr. 3258... Vulgairement
Armoise.
Fl. d'un blanc roussâtre. E. Les lieux incultes et sablonneux. C. Les bords de la Garonne. CCC.

Obs. *Les chinois et les japonois tirent de cette plante le
moxa dont ils se servent contre la goutte. C'est une sorte
d'amadou très-léger qu'ils font brûler lentement sur la partie
douloureuse, et qui n'est autre chose que le duvet dont les
feuilles sont revêtues en dessous.* Nec audiendi sunt , dit
Loureiro, Lenwoekius et alii qui putant eumdem effectum
sortiri posse gossypium vel solum ignem ; nam propria
virtus hujus plantæ antispasmodia et desobstruens igne
actuali agitata et intrusa procul dubio efficaciùs opera-
bitur. *Flor. Cochinchina 601. Il n'est point probable en effet,
que le feu appliqué seul ou avec du coton produisît le même
résultat : les vertus antispasmodiques et désobstruentes de
cette plante , excitées par le feu actuel et introduites dans la
partie affectée, doivent agir sans doute avec plus d'efficacité.*

4. **Artemisia dracunculus.** L. *Artemise estragon.*

Feuilles glabres, lancéolées, très-entières. ♃... Besl.
Eyst. æst. ord. 1. fol. 16. fig. 2... Dec. Fl. fr. 3236...
Vulgairement *Estragon.*

Fl. d'un verd jaunâtre. Cultivé dans tous les potagers ;
ses divers usages sont connus.

GNAPHALIUM.   *GNAPHALE.*

Réceptacle nu ; aigrette plumeuse ; calice imbriqué ;
écailles marginales arrondies, membraneuses, colorées.

1. **Gnaphalium stæchas.** Linn. *Gnaphale stæchas.*

Tige ligneuse à la base, cotonneuse ; feuilles linéaires,
roulées en leurs bords, cotonneuses ; fleurs globuleuses,
en corymbe terminal ; écailles calicinales ovales. ♄...
Barr. Ic. 409 et 410... *Stæchas citrina.* Dodon. Pempt.
267... *Elychrysum stæchas.* Dec. Fl. fr. 3112.
β. G. s. *angustifolium.* Feuilles plus longues, plus étroites,
vertes en dessus ; fleurs oblongues ou moins arrondies.
Elychrysum angustifolium. Dec. Fl. fr. VI. p. 467.
Fl. d'un jaune citrin très-agréable. E. Sur les graviers de
la Garonne, près Malause ; dans les Landes, à Lausseignan.
La variété β dans les friches pierreuses des collines. C.
Les environs de Tournon et ailleurs.

2. **Gnaphalium luteoalbum.** Linn. *G. des marais.*

Tige herbacée ; feuilles semi-amplexicaules, ensiformes,
ondulées, obtuses, cotonneuses sur leurs deux faces ;
fleurs en corymbe dense. ☉... Clus. Hist. 1. p. 329...
Dec. Fl. fr. 3114.
Fl. d'un blanc jaunâtre. E. Les terres légères et sablonneuses de la plaine de la Garonne. CCC.

3. **Gnaphalium uliginosum.** Linn. *G. des marais.*

Tige herbacée, rameuse, diffuse, cotonneuse ; fleurs
terminales réunies en paquets axillaires et terminaux.
☉... Moriss. Hist. 3. s. 7. t. 11. f. 14... Lob. Ic. 481.
f. 1... Dec. 3117.
Fl. d'un jaune fauve. E. Les lieux où l'eau séjourne pendant l'hiver. C. Dans les plaines et les coteaux.

4. **Gnaphalium germanicum.** Lamk. *G. germanique.*

Tige herbacée, à rameaux plusieurs fois dichotomes,

étalés ; feuilles lancéolées, un peu élargies au sommet, tomenteuses ; fleurs agglomérées axillaires et terminales ; écailles calicinales glabres et pointues au sommet. ⊙... Lob. Ic. 480. f. 2... Dodon. Pempt, 66. f. 2. Lamk. dict. enc. 2. p. 759. exclus. synon. J. B. et Fuchs... Dec. Fl. fr. 3118... Smith. Fl. brit. 874. exclus. syn. J. B... *Filago germanica*. Linn. Sp. pl. 1311. exclus. plerumq. syn.

β, G. g. *flexuosum*. Tiges débiles, alongées, flexueuses, plusieurs fois dichotomes comme prolifères.

Fl. couleur de paille. E.-Les champs après la moisson. CCC. La variété β, qui pourroit peut-être former une espèce nouvelle, croît dans les terres sablonneuses des Landes où elle est R.

5. Gnaphalium arvense. Lamk. *Gnaphale des champs.*

Tige herbacée, droite, paniculée ; feuilles lancéolées-oblongues, cotonneuses ; fleurs réunies en têtes latérales et terminales ; écailles calicinales très-cotonneuses. ⊙... Fuchs. Hist. 222... J. B. Hist. 3. p. 158. Ic... Lamk. dict. enc. 2. p. 759... Dec. Fl. fr. 3119... *Filago arvensis*. Linn. Sp. pl. 1312.

Fl. blanchâtres. E. 2. Les champs. RR. A Tibet, à Montréal, près d'Agen, et sur les graviers de la Garonne. R.

6. Gnaphalium montanum. Lamk. *G. de montagne.*

Tiges herbacées, droites, simples à la base presque dichotomes au sommet ; feuilles linéaires-lancéolées, aiguës, appliquées, cotonneuses ; fleurs réunies en têtes axillaires et terminales ; écailles calicinales cotonneuses, glabres et membraneuses au sommet. ⊙... Lamk. dict. enc. 2. p. 760... Dec. Fl. fr. 3121... *Filago montana*. Linn. Sp. pl. 1311.

β. G. m., *minimum*. Tige irrégulièrement rameuse dès la base ; fleurs solitaires ou réunies en petit nombre dans les aisselles supérieures des rameaux et quelquefois à leur sommet... *G. minimum*. Smith. Fl. Britt. 873... Dec. Fl. fr. 5122... Lob. Ic. 481. f. 1.

Fl. blanchâtres. E. Les terres légères et sablonneuses des plaines de la Garonne. CC. La var. β. dans les Landes. CCC.

Obs. *Le caractère des feuilles appliquées contre la tige et les rameaux n'est pas constant. Certains individus de la variété atteignent à peine un pouce de hauteur.*

7· Gnaphalium gallicum Lamk.   *G. de France.*

Tige herbacée , très-rameuse ; feuilles cotonneuses,
linéaires, subulées ; fleurs coniques, anguleuses, réunies en glomérules latéraux et terminaux ; écailles calicinales cotonneuses, glabres au sommet. ⊛... Lamk.
Dict. enc. p. 759... Dec. Fl. fr. 3120... *Filago gallica.*
Linn. Sp. pl. 1312.

Fl. blanchâtres. E. Les champs. CCC.

XERANTHEMUM.   *XERANTHÉME.*

Réceptacle paléacé ; aigrette sétacée ; calice imbriqué
d'écailles scarieuses, colorées et radiées.

1· Xeranthemum annuum. L. *Xeranthéme annuel.*

Tige droite, cotonneuse ; écailles glabres , arrondies
et mucronées au sommet , les intérieures étalées et
rayonnantes. ⊛...Clus. Hist. 2. p. 11. f. 2...Moriss. Hist.
3. p. 43. s. 6. t. 21. f. 2... J. B. Hist. 3. p. 25. f. 3...
Dec. Fl. fr. 3108... Vulgt. *Immortelle.*

Fl. d'un beau rose. E. Les collines à Bouloc, près Lauzerte. Trouvée par M. Dumolin.

2· Xeranthemum inapertum. Willd. *X. entrouvert.*

Tige droite, tomenteuse ; écailles calicinales duvetées ,
obtuses , échancrées au sommet, les intérieures lancéolées, étalées au soleil de midi seulement. ⊛... Moriss.
Hist. 3. s. 6. t. 12. f. 1... Willd. Sp. 1902... Dec. Fl.
fr· 3189... *X. annuum.* β Linn. Sp. pl. 1201.

Fl. d'un rouge tendre ou d'un beau rose. Les friches arides
et pierreuses des coteaux. CCC.

CONYSA.   *CONYSE.*

Réceptacle nu ; aigrette simple, calice imbriqué un peu
arrondi ; corolles de la circonférence trifides.

1· Conysa squarrosa. Linn.   *Conyse rude.*

Tige droite, terminée en corymbe ; feuilles ovales-oblongues , dentées, les inférieures pétiolées ; écailles calicinales foliacées. ♂... Bull. Herb. pl. 342... Dec. Fl. fr·
3126.

Fl. jaunâtres. E. Les friches , les bords des bois. CCC.

Obs. *Cette plante répand une odeur forte et désagréable, lorsqu'elle est froissée. On l'a désignée sous le nom d'herbe aux mouches, à cause de la propriété qu'on lui attribue , à ce qu'il paroît un peu légérement, de faire mourir ces insectes.*

* * *Fleurs munies de demi-fleurons radiés.* (Radiati.)

ERIGERON.   *VERGERETTE.*

Réceptacle nu ; aigrette pileuse ; corolles de la circonférence linéaires , très-étroites.

1. Erigeron graveolens. Linn. *Vergerette odorante.*

Tige droite , visqueuse, pyramidale , à rameaux latéraux multiflores ; feuilles linéaires, entières. ◉... Barr. Ic. 370... Lob. Ic. 346... *Solidago graveolens.* Dec. Fl. fr. 3162.
Fl. jaunes , petites. E. 3. A. Les champs sablonneux.

Obs. *On jette les tiges de cette plante sur le blé conservé dans le grenier , pour le préserver des insectes. Les habitans de Dondas , canton de Puymirol , pratiquent cet usage depuis un tems immémorial.*

2. Erigeron canadense. Linn.   *V. du Canada.*

Tige droite , hérissée ; feuilles lancéolées-oblongues , dentées , ciliées ; fleurs en panicules. ◉... Dec. Fl. fr. 3134.
Fl. jaune, pâle dans le disque ; les demi-fleurons d'un blanc couleur de chair. E. CCC. Partout ; mais principalement sur les rives de la Garonne, où elle s'empare des champs après la moisson. Originaire du Canada. Cette plante a-t-elle été transportée en Europe par les vents , comme on l'a dit, ou par le commerce ?

3. Erigeron acre. Linn.   *Vergerette âcre.*

Tige droite , rameuse ; feuilles lancéolées-oblongues , entières ; pédoncules alternes, feuillés ; souvent uni-flores. ♃... Dec. Fl. fr. 3131.
Fl. bleues ou rougeâtres. E. A. Les friches pierreuses des coteaux. CC.

TUSSILAGO.   *TUSSILAGE.*

Réceptacle nu ; aigrette simple ; écailles calicinales aussi longues que les fleurons du disque.

1. Tussilago farfara. Linn. *Tussilage pas d'âne.*

Hampe uniflore, munie d'écailles membraneuses; feuilles cordiformes, anguleuses, dentées, cotonneuses en dessous; fleurs radicées. ♃... Bull. Herb... Fuchs. Hist. 140... Dec. Fl. fr. 3165.
Fl. jaunes. H. 3. P. 1. Les champs, les vignes humides. CCC.

Obs. *Les fleurs de cette plante se développent et paroissent sur la terre avant les feuilles; ce qui lui a fait donner par les anciens botanistes le nom ridicule de* filius ante patrem.

2. Tussilago fragrans. Vill. *Tussilage odorant.*

Fleurs rassemblées en faisceau, radiées; feuilles orbiculaires, échancrées en cœur à la base, inégalement dentées, cotonneuses en dessous. ♃.
Fl. blanches un peu purpurines. H. Naturalisée auprès de la fontaine de Catala, près d'Agen, et dans les jardins des paysans... Vulgt. *Héliotrope d'hyver.*

SENECIO. *SENEÇON.*

Réceptacle nu; aigrette simple; calice cylindrique, caliculé; écailles noirâtres au sommet.

1. Senecio vulgaris. Linn. *Seneçon commun.*

Tige droite, rameuse; feuilles pinnées, sinuées, amplexicaules; fleurs éparses, dépourvues de demi-fleurons radiés. ⊙... Bull. Herb. pl. 197... Dec. Fl. fr. 3168.
Fl. jaunes. P. E. A. Et même H. Partout. CCC.
Bombix jacobeæ.

2. Senecio sylvaticus. Linn. *Seneçon des bois.*

Tige droite; feuilles pinnatifides à pinnules denticulées, presque glabres; fleurs en corymbes; demi-fleurons de la circonférence roulés en dessous. ⊙... Dec. Fl. fr. 5170.
Fl. jaunes, petites. E. Les lieux frais et ombragés. RR. Entre Sos et Gabarret.

3. Senecio viscosus. Linn. *Seneçon visqueux.*

Tige rameuse; feuilles pinnatifides hérissées de poils visqueux; écailles calicinales lâches, aussi longues que le périanthe ; demi-fleurons roulés en dessous. ⊙... Clus. Hist. 2. p. 22. f. 1... J. B. Hist. 2. p. 1042... Dec. Fl. fr. 3169.

Fl. jaunes. E. Les bois. RR. Dans le haut Agenais, sur les atterrissemens des bords de la Garonne. C.

4. Senecio tenuifolius. Linn.　　*S. à feuilles étroites.*

Racine rampante ; tige droite, laineuse ; feuilles aiguës, pinnatifides, un peu roulées en leurs bords, légèrement tomenteuses ; fleurs radiées en corymbe. ♃... *S. erucœfolius.* Dec. Fl. fr. 3175 et VI. p. 472.

Fl. jaunes. E. A. Les bords des eaux. CCC.

5. Senecio jacobæa. Linn.　　*Séneçon jacobée.*

Feuilles lyrées-pinnatifides, glabres ou presque glabres, à pinnules dentées, obtuses ; Fl. en corymbe, radiées. ♃... Fuchs. Hist. 742... Dec. Fl. fr. 3173.

Fl. jaunes. P. 3. Les prairies. CCC.

Bombix jacobeæ.

6. Senecio aquaticus. Huds.　　*Séneçon aquatique.*

Feuilles inférieures ovales, entières ou lyrées, dentées, les supérieures lyrées, dentées ; calices hémisphériques ; semences glabres. ♃... Smith. Fl. britt. 885... Clus. Hist. 2. p. 23. f. 1... J. B. Hist. 2. p. 1057. f. 2... Dec. Fl. fr. 3174.

Fl. jaunes. E. Les bords des ruisseaux. RR. Les bords du Drot, et du ruisseau qui traverse la route de Nérac à Mezin. C.

Obs. *Ces trois dernières espèces se ressemblent tellement par le port et en général par le facies, qu'il est difficile de ne pas les confondre si l'on n'a recours à leur caractère essentiel.*

ASTER.　　　*ASTER.*

Réceptacle nu ; aigrette simple ; demi-fleurons de la circonférence au nombre de plus de dix ; calice imbriqué ; écailles calicinales inférieures étalées.

1. Aster amellus Linn.　　*Aster œil de christ.*

Feuilles oblongues-lancéolées, très-entières, rudes ; rameaux disposés en corymbes ; écailles calicinales extérieures obtuses, les intérieures membraneuses au sommet. ♃... Dec. Fl. fr. 3136...*Amellus virgilii*. Clus. Hist. 2. p. 16.

Fl. jaunes dans le disque, d'un bleu violet à la circonférence. Les friches des collines. RRR. A Najejoul et ailleurs près de Tournon. Virgile a mentionné cette belle plante sous le nom d'*Amellus*. (*Georg. lib.* 41.)

SOLIDAGO. *SOLIDAGE.*

Réceptacle nu ; aigrette simple; rayons de la corolle au nombre de cinq environ; écailles calicinales imbriquées et serrées.

1. Solidago virga aurea. L. *Solidage verge d'or.*

Tige droite, cylindrique, rameuse et pubescente dans sa partie supérieure; feuilles caulinaires lancéolées, retrécies aux deux extrémités, presque entières, les inférieures ovales-lancéolées dentées : épis floraux paniculés, droits. ♃... J. B. Hist. 2. p. 1032. f. 3... Tournef. Inst. tom. 3. tab. 275... Dec. Fl. fr. 3160.

Fl. jaunes. E. Les bois. RR. Dans les Landes, et vis-à-vis Darel , près d'Agen. C.

INULA. *INULE.*

Réceptacle nu ; aigrette simple'; base de l'anthère terminée par deux soies.

1. Inula dysenterica. Linn. *Inule dysentérique.*

Feuilles amplexicaules, oblongues, cordiformes, dentées, tomenteuses en dessous ; tige velue, paniculée, à rameaux latéraux étalés, plus élevés que ceux du centre; écailles calicinales sétacées. ♃... Bull. Herb. pl. 299... J. B. Hist. 2. p. 1050. f. 1... Dec. Fl. fr. 3146... *I. conyza.* Lamk. Fl. fr. 2. p. 149... Vulgt. *Herbe de Saint-Roch.*

Fl. jaunes. E. Les bords des eaux ; dans les fossés aquatiques. CCC.

2. Inula pulicaria. Linn. *Inule pulicaire.*

Feuilles amplexicaules, oblongues, ondulées, velues ; tige droite, paniculée; pédoncules uniflores, opposés aux feuilles; fleurs globuleuses, à demi-fleurons très-courts.

⊕... J. B. Hist. 2. p. 1050. f. 2... Moriss. Hist. 3. s. 7
t. 20. f. 30... Dec. Fl. fr. 3147.
Fl. jaunes, petites. E. A. Les bords des chemins, les
fossés où l'eau séjourne pendant l'hiver. CCC.

3. Inula salicina. Linn.   *Inule salicine.*

Feuilles lancéolées-oblongues, glabres, demi-amplexicaules, finement denticulées ; fleurs terminales ; écailles
calicinales légèrement ciliées. ♃... Clus. Hist. 2. p. 15.
f. 1... Lamk. Dict. 3. p. 258... *Aster salicinus.* All. Ped.
n.º 709.
Fl. jaunes. E. Les prairies humides. RR. Aux environs
de Castillonnés, où elle a été trouvée par M. Plaquepal.

4. Inula germanica. Linn.   *Inule d'Allemagne.*

Tige ramifiée dans sa partie supérieure ; feuilles sessiles, oblongues, rudes, légérement denticulées ; fleurs
en corymbe ; écailles calicinales lâches, un peu réfléchies. ♃... Lamk. Dict. 3. p. 258... Dec. Fl. fr. 3149.
Fl. jaunes. E. Les collines du Quercy, et sans doute aussi
celles du haut-Agenais.

5. Inula montana. Linn.   *Inule de montagne.*

Tige simple, uniflore ou biflore ; feuilles oblongues,
obscurément dentées, couvertes de poils lanugineux,
calices à écailles imbriquées. ♃... Garridel. Aix. tab.
10... J. B. Hist 2. p. 1046. f. 3... Lob. Ic. 350. f. 2...
Dec. Fl. fr. 3158.
Fl. jaunes. E. Les friches pierreuses du canton de Tournon, coteau de Condat, environs de Saint-Maurin. C.

ARNICA.   *ARNIQUE.*

Réceptacle nu ; aigrette simple ; corollules du rayon à
cinq filets dépourvus d'anthères.

1. Arnica montana. Linn.   *Arnique de montagne.*

Feuilles ovales, entières, les caulinaires géminées, opposées. ♃. Clus. Hist. 2. p. 18. f. 1... Moriss. Hist. 3.
s. 7. t. 24. f. 6... Dec. Fl. fr. 3198.
Fl. jaunes, grandes. E. 1. Dans un bois à gauche du chemin de Grignols à Bazas, non loin des limites du département de Lot-et-Garonne, où elle se trouve sans doute.

Obs. *Cette plante est odorante, âcre et sternutatoire ; ce qui lui a fait donner le nom de* Bétoine des montagnes, *de* tabac des savoyards *et de* tabac des Vosges, *où il paroît qu'elle est commune.*

DORONICUM.　　　　*DORONIC.*

Réceptacle nu ; aigrette simple ; écailles calicinales sur deux rangs, égales, plus longues que les fleurons du disque ; semences de la circonférence dépourvues d'aigrettes,

1. Doronicum pardalianches. l. *D. pardalianche.*

Feuilles denticulées, les supérieures cordiformes, arrondies, les intermédiaires spatulées, amplexicaules, les inférieures cordiformes, pétiolées. ♃... J. B. Hist. 3. p. 18. f. 2... Moriss. Hist. 3. s. 3. t. 24. f. 4... Clus. Hist. 2. p. 19... Dec. Fl. fr. 3195.
Fl. jaunes. P. 3. Les bords des eaux. RR. Les rives du Lot, près de Villeneuve, au Port-de-Penne, aussi le long du ruisseau d'Espalays, entre Aiguillon et le Port-Sainte-Marie.

BELLIS.　　　　*PAQUERETTE.*

Réceptacle nu, conique ; aigrette nulle ; calice hémisphérique ; écailles égales ; semences presque ovales.

1. Bellis perennis. Linn.　　　*Paquerette vivace.*

Racine rampante ; hampe nue uniflore ; feuilles ovales, spatulées, crénelées ou entières. ♃... Bull. Herb. pl. 173... Dec. Fl. fr. 3219... Vulgt. *Paquerette,* et *margaridettos* ou *pimparellos* en gascon.
Fleurs jaunes, le rayon blanc en dessus, purpurin en dessous. P. E. A. partout. CCC.

Obs. *Les feuilles de cette plante peuvent remplacer celles des herbes potagères. Cultivée dans les parterres, elle produit une infinité de jolies variétés. Quelques-unes des plus remarquables sont figurées dans l'Hortus eystetensis. L'une des plus belles est représentée par Curtis pl. 220 de son botanical magazine. Cette variété à fleur pleine, a les pétales rouges en dessous et blancs en dessus ; elle est commune dans les jardins.*

Buprestis sepulchralis.

CHRYSANTHEMUM. *CHRYSANTHEME.*

Réceptacle nu ; aigrette couronnée par une petite membrane ; calice hémisphérique imbrique ; écailles membraneuses en leur bord.

1. Chrysanthemum segetum. L. *C. des moissons.*

Tige rameuse ; feuilles oblongues amplexicaules, les inférieures élargies au sommet, laciniées et dentées, les supérieures dentées, aiguës ; pédoncules terminaux uniflores. ⊙... Clus. Hist. 334. f. 2... Dec. Fl. fr. 3210... Vulgt. *marguerite dorée.*
Fl. jaunes. E. 2. Auprès d'Agen, sur les bords de la Garonne.

Obs. *Cette plante aura été apportée, avec des semences étrangères au département, dans le champ d'avoine où elle a été trouvée pour la première fois. Elle est commune aux environs de Bordeaux.*

2. Chrysant. leucanthemum. L. *C. leucantheme.*

Feuilles amplexicaules, lancéolées, spatulées, dentées et incisées à la base ; tige droite, rameuse. ♃... Bull. Herb. pl. 211... Besl. Eyst. æst. ord. 5. fol. 6. fig. 1... Moriss. Hist. 3. s. 6. t. 8. f. 1... Dec. Fl. fr. 3204... Vulgt. *grande marguerite, grando pimparello* en gascon.
β. C. l. *autumnale.* Feuilles supérieures presque à demi pinnatifides, les inférieures pinnatifides ; tige moins feuillée, hérissée à la base ; fleurs plus grandes.
Fl. blanches à la circonférence et jaunes dans le disque. P. 3. Les prairies. CCC. La var. β. A. Sur les graviers de la Garonne. C.

Obs. *Le nom spécifique de cette plante est mauvais, en ce qu'il exprime un caractère exclu par le nom générique.*

3. Chrysanthem. corymbiferum. L. *C. corymbifère.*

Tige droite ; feuilles pinnées ; pinnules lancéolées oblongues, pinnatifides, finement dentées, décurrentes ; fleurs pédonculées, en corymbe. ♃... Clus. Hist. 1. p. 338. f. 1... Moriss. Hist. 3. s. 6. t. 8. f. 17... Linn. Sp. pl. 1251... *Pyrethrum corymbosum.* Dec. Fl. fr. 3214.
Fl. blanche dans le rayon et jaune dans le disque. E. 1. Les friches herbeuses des collines. RR. A Papet, à la côte de Monbran, près d'Agen, aux environs de Tournon.

4. Chrysanthemum inodorum. Linn.   *C. inodore.*

Feuilles sessiles, pinnées; pinnules divisées en lanières
capillaires, multifides; tige redressée, étalée; couron-
nes des semences entières; écailles calicinales étroites.
⊕... Fuchs. Hist. 144... *Pyrethrum inodorum.* Dec. Fl.
fr. 3216.

Fl. blanches dans le rayon et jaunes dans le disque. E. 2. 3.
Les terres légères et sablonneuses de la plaine, dans les
champs. CCC.

MATRICARIA.   *MATRICAIRE.*

Réceptacle nu; aigrette nulle; calice hémisphérique
imbriqué; écailles calicinales fermes; un peu rétrécies
au sommet.

1. Matricaria parthenium. L. *Matricaire officinale.*

Feuilles pinnées; pinnules pinnatifides, incisées, obtuses; fleurs en corymbe. ♃... Bull. Herb. pl. 203... Besl.
Hort. eyst. æst. ord. 5. fol. 7. fig. 1... Lob. Ic. 781. f. 1.
et Obs. p. 433. f. 1... *Pyretrum parthenium.* Dec. Fl. fr.
3215.

Fleurs à disque jaune et à rayon blanc. E. 2. Sur les graviers de la Garonne, où elle est apportée par les débordemens; naturalisée et peut-être indigène en quelques endroits.

Obs. *Cette plante produit plusieurs variétés : une à demi-
fleurons du disque tubulés, et une autre plus commune à fleur
double ou pleine, cultivée pour l'ornement des parterres.*

2. Matricaria suaveolens. L. *Matricaire odorante.*

Feuilles trois fois pinnées subulées; réceptacle conique;
rayons de la corolle courts et réfléchis; semences nues;
écailles calicinales égales, peu obtuses, membraneuses
en leurs bords. ⊕... Lamk. Dict. 3. p. 728... Dec. Fl.
fr. 3218.

Fleurs à disque jaune et à rayon blanc. Odeur suave et
pénétrante. E. Les champs cultivés de la plaine de la
Garonne, principalement dans les terres légères. CCC.

Obs. *Cette espèce pourroit bien n'être qu'une variété du*
M. Camomilla *dont elle ne diffère que par ses rameaux
plus étalés, ses fleurs plus petites, et ses écailles calicinales moins membraneuses et moins obtuses.*

3. Matricaria camomilla. l. *Matricaire camomille.*

Feuilles trois fois pinnées ; pinnules subulées ; récepta-
cle conique ; semences nues ; écailles calicinales obtuses,
membraneuses en leurs bords. ◉... Fuchs. Hist. 25...
Dec. Fl. fr. 3217... Vulgt. *camomille.*
Fl. blanches à disque jaune. Odeur suave et pénétrante.
P. 3. Les champs. CC. Dans la plaine de la Garonne.

ANTHEMIS.   *CAMOMILLE.*

Réceptacle paléacé ; aigrette nulle ; calice hémisphérique à écailles presque égales ; demi-fleurons radiés
au nombre de plus de cinq.

1. Anthemis altissima. Linn.   *Camomille élevée.*

Tige droite, rameuse ; feuilles bipinnatifides ; pinnules
lancéolées, dentées ; dents de la base réfléchies ; pédoncules renflés ; paillettes du réceptacle lancéolées,
piquantes. ◉... J. B. Hist. 3. p. 120 f. 1... Moriss. Hist.
3. s. 6. t. 8. f. 11. bien... Dec. Fl. fr. 3254... *Anthemis
cota.* Vill. Dauph. 3. p. 253... Lois Fl. gall. 583.
Fl. blanches, grandes, à disque jaune. Parmi les moissons,
les décombres. R. A Tournon, sur les rives de la Garonne,
aux environs d'Agen ; à Malauze. C.

2. Anthemis mixta. Linn.   *Camomille mixte.*

Tige rameuse, étalée ; feuilles sessiles pinnatifides ;
pinnules dentées ; pédoncules renflés ; réceptacle conique ;
paillettes carinées, pointues. ◉... Moriss. Hist. 3. sect.
6. t. 12. f. 15... Dec. Fl. fr. 3257.
Fl. blanches ; la base des rayons et le disque jaunes. E.
Les terres sablonneuses et légères. CCC.

3. Anthemis nobilis. Linn.   *Camomille romaine.*

Tige droite, un peu rameuse ; feuilles pubescentes ;
bipinnées ; pinnules divisées en trois lanières filiformes ;
pédoncules longs, uniflores, terminaux ; paillettes du
réceptacle plates, à peine aussi longues que les fleurons.
♃... Lob. Ic. 770. f. 2... Turpin. Fl. méd. Ic... Dec.
Fl. fr. 3259.
Fl. disque jaune, rayon blanc ; d'une odeur agréable. E.
Les champs des collines sablonneuses. R. Au-dessous
du moulin d'Escournat, à Moirax, près d'Agen. Ses
propriétés médicinales sont connues.

4 **Anthemis arvensis.** Linn. *Camomille des champs.*

Tige droite très-rameuse ; feuilles pubescentes bipinnées ; pinnules linéaires, aiguës ; réceptacle conique ; paillettes un peu aiguës, un peu plus longues que les fleurons ; semences couronnées. ♂... J. B. Hist. 3. p. 120. f. 2... Dec. Fl. fr. 3260.
Fl. disque jaune, rayon blanc. E. Les champs de la plaine de la Garonne. R.

Obs. *Cette plante est presque inodore ; ce qui empêche de la confondre avec l'A. cotula, dont elle a le port et plusieurs caractères.*

5. **Anthemis cotula.** Linn. *Camomille cotule.*

Tige rameuse, étalée ; feuilles presque glabres, bipinnées ; pinnules linéaires entières ou incisées, réceptacle conique ; paillettes sétacées ; semences nues. ☉... J. B. Hist. 3. p 121. f. 1... Lob. adv. p. 343. f. 3... Dec. Fl. fr. 3261... *A. fœtida.* Lamk. Fl. fr... Vulgairement *Camomille puante, Maroute.*
Fl. disque jaune, rayon blanc ; odeur ingrate. E. Les champs, parmi les moissons. CC.

6. **Anthemis Austriaca.** Jacq. *Camomille d'Autriche.*

Tige droite; rameaux étalés, redressés ; feuilles velues, pinnées ; pinnules incisées ou dentées, réceptacle conique ; paillettes oblongues, mucronées ; semences nues. ☉... Wild. Sp. 3. p. 2181... Dec. Fl. fr. 3262.
Fl. disque jaune, rayon blanc, jaune à la base. E. Les terres légères et sablonneuses de la plaine de la Garonne ; dans les champs. CC.

ACHILLEA.   *ACHILLÉE.*

Réceptacle paléacé ; aigrette nulle ; calice ovoïde, imbriqué ; demi fleurons radiés au nombre de quatre environ.

1. **Achillea millefolium.** L. *Achillée millefeuille.*

Feuilles bipinnées, presque glabres ; pinnules divisées en lanières linéaires, dentées. ♃... Clus. Hist. 1. p. 331... Dec. Fl. fr. 3280.
Fl. blanches ou purpurines. E. Les lieux incultes. CCC.

Obs. *Les individus à fleurs purpurines sont quelquefois*

*transportés dans les parterres où ils ne sont point déplacés.
Les feuilles de cette plante pilées et appliquées sur les petites
blessures, les coupures récentes, sont un excellent vulnéraire.*

BUPHTHALMUM.   *BUPHTHALME.*

Réceptacle paléacé ; semences couronnées par un rebord
membraneux denté ; demi fleurons radiés très-nombreux.

1. Buphthalmum spinosum. Linn.   *B. épineux.*

Tige droite; feuilles alternes, velues, lancéolées-oblongues,
à peine denticulées, les supérieures demi amplexicaules;
fleurs solitaires ; calice foliacé, épineux, plus long que
la fleur. ♂... Barr. Ic. 551... Clus. Hist. 2. p. 13. f. 1...
Dec. Fl. fr. 3283.
Fl. jaunes. E. Les friches arides des coteaux, les revers
des fossés exposés au midi. C. A l'Hermitage, près d'Agen.

———

POLYGAMIE FRUSTRANÉE.

CENTAUREA.   *CENTAURÉE.*

Réceptacle muni de paillettes sétacées soyeuses ; aigrette
pileuse ; corolles de la circonférence en entonnoir , plus
longues et irrégulières en leur limbe.

1. Centaurea conifera. Linn.   *Centaurée conifère.*

Tige simple , uniflore ; feuilles tomenteuses, les radicales lancéolées, les caulinaires pinnatifides ; écailles
calicinales, ovales , membraneuses. ♃... Barr. Ic. 138...
J. B. Hist. 3. p. 30. f. 2... Moriss. Hist. 3. s. 7. t. 26.
f. 19... *Leuzea conifera*, Dec. Fl. fr. 3070.
Fl. purpurines assez petites ; calice très-ample à écailles
brillantes. E. 2. 3. Les friches arides et pierreuses. RRR.
A Roustide , près de Saint-Maurin, canton de Beauville ;
à Puymiroulet, à la Plaigne , près Dondas. Trouvée par
M. Dumolin.

2. Centaurea cyanus. Linn.   *Centaurée bluet.*

Tige droite ; feuilles inférieures pinnatifides , les supérieures linéaires entières ; écailles calicinales dentées ,

presque ciliées. ⊙... Bull. Herb. pl. 221... Lob. Obs.
296... Dec. Fl. fr. 3045... Vulgairement *Bluet*.
Fl. bleu céleste. E. Les champs, parmi les moissons. CCC.

Obs. *La fleur de cette plante varie en blanc et en rouge pâle.*

3. Centaurea montana. Linn. *C. de montagne.*

Tige droite, simple ; feuilles lancéolées, décurrentes ;
écailles calicinales dentées, presque ciliées... ♃... Lob.
Obs. p. 296. f. 2... Curt. Bot. mag. 1c... Dec. Fl. fr.
3044.
Fl. bleues. Les collines du département du Lot, et sans
doute aussi sur la frontière de celui de Lot-et-Garonne.

4. Centaurea paniculata. Linn. *C. paniculée.*

Tige droite, paniculée ; feuilles tomenteuses, les in-
férieures bipinnatifides, les supérieures pinnatifides à
pinnules linéaires ; écailles calicinales ovales, appliquées,
ciliées, le cil du sommet presque épineux. ♂... Lamk.
Dict. enc. 1. p. 670... Moriss. sect. 7. t. 28. f. 13.... Dec.
Fl. fr. 3048.
Fl. purpurines, petites. E. Les friches pierreuses du haut
Agenais. R. Près Ladignac, aux environs de Lauzerte.

5. Centaurea scabiosa. Linn. *Centaurée scabieuse.*

Tige droite ; feuilles un peu rudes, pinnatifides à di-
visions dentées-pinnatifides ; écailles calicinales ovales,
ciliées ; fleurs pédonculées terminales. ♃... Dalech.
Hist. 1056. f. 1... Moriss. Hist. s. 7. t. 28. f. 10... Dec.
Fl. fr. 3049.
Fl. purpurines. E. Les terreins arides et pierreux. RR. A
Roustide, près de Saint-Maurin, canton de Beauville ;
aux environs de Villeneuve ; à Casalet, près d'Agen.

6. Centaurea jacea. Linn. *Centaurée jacée.*

Tige droite, rameuse, anguleuse ; feuilles un peu
tomenteuses, lancéolées, les supérieures obscurément
dentées ; écailles calicinales, déchirées en forme de cils ;
semences nues, ou couronnées de quelques poils très-
courts. ♃... Dec. Fl. fr. 3037.
β. C. j. *intermedia.* Feuilles inférieures sinuées-pinnatifides ;
écailles calicinales presque ciliées.
γ. C. j. *nigrescens.* Feuilles inférieures presque pinnatifides ;
écailles calicinales extérieures ciliées ; cils presque plu-
meux... *C. nigrescens.* Wild. Sp. pl. 3. p. 2288... Dec.
Fl. fr. VI. p. 460.

Fl. purpurines, ou presque blanches. P. 3. E. A. Les prés, les friches, le bord des bois. CCC.

Obs. Cette plante varie singulièrement par ses feuilles plus ou moins velues, plus ou moins vertes, et plus ou moins laciniées et dentées à leur base, ainsi que par ses tiges plus ou moins redressées ou couchées. Les principales de ces variétés sont décrites dans la Flore du Dauphiné, de Villars, tom. 3. pag. 42 et 43.

7. Centaurea nigra. Linn.   *Centaurée noire.*

Tige droite, rameuse, anguleuse ; feuilles lancéolées, dentées, un peu tomenteuses ; écailles calicinales munies d'un appendice noir cilié ; fleurs ordinairement dépourvues de rayons ; semences couronnées par une aigrette courte. ♃... Clus. Hist. 2. p. 7. f. 3... Dec. Fl. fr. 3038.

β. C. n. *subpinnatifida.* Feuilles inférieures sinuées pinnatifides.

Fl. purpurines. E. 2. 3. Les bois ombragés. CC. A Beauregard, près d'Agen.

Obs. Le défaut ou la presque nullité de ses fleurons stériles la distinguent au premier coup-d'œil de la précédente.

8. Centaurea mutabilis. St.-Amans.   *C. changeante.*

Tomenteuse, grisâtre ; tiges droites anguleuses ; feuilles lancéolées, entières, les inférieures quelquefois lobées ou un peu lyrées ; écailles calicinales, munies d'un appendice ovale cilié, le cil terminal plus long et plus roide ; aigrette pileuse, de la longueur de la semence. ♃... St.-Am. mém. du muséum d'hist. nat. t. 1. p. 477. pl. 24.

Fl. d'abord presque entièrement jaune, puis d'un pourpre clair à la circonférence, et jaune dans le disque. E. A. Les lieux incultes, près des habitations rurales. RRR. Trouvée d'abord à Lamarque, près de Grand-fons, commune de Castelcuiller, canton de Puymirol ; retrouvée ensuite sous la terrasse de l'hospice Delas, à Agen.

Obs. On ne voyoit dans chacune des deux localités ci-dessus mentionnées qu'un seul individu de cette plante, dont les semences paroissoient avoir été transportées d'ailleurs. Elle ne se retrouvoit déjà plus que dans le jardin de Saint-Amans, où elle avoit été multipliée, et où elle figuroit comme plante d'ornement ; ayant péri depuis par l'effet des gelées insolites de l'hiver dernier ; il est à craindre qu'elle n'ait disparu peut-être pour long-temps de nos contrées.

9. Centaurea aspera. Linn.   *Centaurée rude.*

Tiges diffuses ; feuilles sinuées-dentées, sessiles ; écailles calicinales, terminées par trois ou cinq épines réfléchies. ☉... Dec. Fl. fr. 3051... *Calcitrapa parviflora.* Lamk. Fl. fr. 2. p. 32.

β. C. a. *mitis.* Ecailles calicinales n'offrant que le rudiment des épines à leur sommet.

Fl. purpurines, presque blanches dans le disque. E. Les lieux incultes et pierreux, le bord des routes. CCC.

10. Centaurea solstitialis. L. *Centaurée solsticiale.*

Tige droite ; feuilles blanchâtres, linéaires--lancéolées très-entières, décurrentes, les radicales lyrées ; écailles calicinales terminées par une épine digitée très-longue. ☉... Moriss. Hist. 3. s. 7. t. 34. f. 29... Dodon. Pempt. 722... Dec. Fl. fr. 3060... *Calcitrapa solstitialis.* Lamk. Fl. fr. 2. p. 34.

Fl. jaunes. E. A. Les champs un peu pierreux. CCC.

11. Centaurea calcitrapa. Linn.   *C. chausse-trape.*

Tige rameuse étalée ; feuilles pinnatifides, linéaires dentées ; fleurs axillaires et terminales ; écailles calicinales terminées par une épine digitée très-longue ; semences nues. ♂... Clus. Hist. 2. p. 7. f. 3... Dodon. Pempt. 721... Dec. Fl. fr. 3054... *Calcitrapa stellata.* Lamk. Fl. fr. 2. p. 34... Vulgairement *Chardon étoilé, Chausse-trape.*

Fl. purpurines. E. Le long des routes, sur les sentiers, le bord des champs. CCC.

12. Centaurea galactites. L. *Centaurée galactite.*

Tige droite ; feuilles décurrentes, sinuées, épineuses, blanches et duvetées en dessous ; écailles calicinales terminées en pointe sétacée épineuse. ☉... J. B. Hist. 3. p. 54. f. 1... *Galactites tomentosa.* Dec. Fl. fr. 3071... *Cnicus galactites.* Lois. Fl. gall. p. 528. n.° 7.

Fl. purpurines, quelquefois blanches. E. 1. 2. Les bords des champs, des chemins. R. A. Roquefort, à Caudecoste, à Puymirol, à Lacépède.

POLYGAMIE NÉCESSAIRE.

CALENDULA.   *SOUCI.*

Réceptacle nu ; aigrette nulle ; calice polyphylle égal ;
semences du disque membraneuses.

1. Calendula arvensis. Linn.   *Souci des champs.*

Semences du disque creusées en forme de nacelle , courbes , chargées d'aspérités ; les extérieures lancéolées ,
subulées , munies d'aspérités sur le dos seulement. ◉...
Bull. Herb. pl. 239... J. B. Hist. 3. p. 103... Moriss.
Hist. 3. s. 6. t. 4. f. 6... Dec. Fl. fr. 3202.
β. C. a. *pygmæa.* Tige simple , uniflore , à peine haute
d'un pouce.
Fl. jaunes. P. A. Les vignes , le bord des chemins dans
les coteaux. R. A Taffetas , à Martinet , à Notre-Dame
de Bon-Encontre , près d'Agen.
Obs. *Le suc de cette plante aluminé teint en jaune.*

2. Calendula officinalis. Linn.   *Souci officinal.*

Semences toutes courbées en nacelle , et munies d'aspérités sur le dos. ◉... J. B. Hist. 3. p. 101. f. 1... Dec.
Fl. fr. 3203.
Fl. d'un jaune orangé. E. Cultivé dans tous les potagers
des paysans, aux environs desquels il se propage spontanément.
Obs. *Ses fleurs servent à colorer le beurre.*

MICROPUS.   *MICROPE.*

Réceptacle paléacé ; aigrette nulle ; calice caliculé ;
rayon de la corolle nul ; fleurons femelles enveloppés
par les écailles calicinales.

1. Micropus erectus. Linn.   *Micrope droit.*

Feuilles alternes , lancéolées ; fleurs cotonneuses. ◉...
Lamk. Ill. pl. 694. f. 2... Barr. Ic. 296... Clus. Hist. 1.
p. 329. f. 3... J. B. Hist. 3. p. 160. f. 1... Dec. Fl. fr.
3246.
Fl. blanchâtres. E. Les champs, dans les collines. RRR.
Près du Chartron, aux environs de Lauzerte.

POLYGAMIE SÉPARÉE.

ECHINOPS.   *ÉCHINOPS.*

Calice uniflore ; corolles tubulées , hermaphrodites ; réceptacle soyeux ; aigrette presque nulle.

1. Echinops sphærocephalus. L. *E. sphérocéphale.*

Tige droite, rameuse, pauciflore; feuilles pinnatifides , rudes en dessus, duvetées en dessous ; pinnules angu- leuses, dentées-épineuses ; fleurs en tête sphérique. ♂ ou ♃... Besl. Eyst. æst. ord. 11. fol. 7. fig. 1... Lamk. Ill. pl. 719. f. 1... J. B. Hist. 3. lib. 25. p. 69... Dalech. Hist. 1481. f. 1... Dec. Fl. fr. 3000.

Fl. bleues ; les coteaux. RR. A Survallon, près Ste.-Foi- d'Anthe, canton de Tournon.

2. Echinops ritro. Linn.   *Échinops ritro.*

Tige droite, rameuse, multiflore; feuilles pinnatifides , dentées-épineuses , lisses en dessus , tomenteuses en dessous ; fleurs en tête sphérique. ♃... Gouan. Ill. 74... Dec. Fl. fr. β. 3001.

Fl. d'un bleu céleste. E. Les bords de la Garonne et des chemins qui l'avoisinent. CC.

Obs. *La base des involucres partiels loin d'être glabre, ainsi qu'on le dit, est environnée de poils roides , comme dans l'espèce précédente.*

POLYGAMIE MONOGAMIE.

JASIONE.   *JASIONE.*

Calice commun décaphylle ; corolle pentapétale, ré- gulière ; capsule inférieure, biloculaire.

1. Jasione montana. Linn.   *Jasione de montagne.*

Feuilles linéaires-lancéolées , rétrécies à leur base , velues , ondulées sur les bords. ☉... Lamk. Ill. pl. 724. f. 1... Dec. Fl. fr. 2872.

Fl. d'un bleu céleste. E. A. Les terres légères et sablon- neuses des plaines. CCC.

LOBELIA.　　　　*LOBÉLIE.*

Calice à cinq divisions ; corolle monopétale irrégulière ; capsule inférieure à deux ou trois loges.

1. Lobelia urens. Linn.　　　　*Lobélie brûlante.*

Tige droite ; feuilles inférieures crénelées, arrondies, les supérieures lancéolées ; fleurs en grappe. ☉... Bull. Herb... Moriss. Hist. 2. s. 5. t. 5. f. 56... Dec. Fl. fr. 2870.
Fl. d'un violet pâle ou bleues. P. Les Landes marécageuses. CC. A Boussés, à Casteljaloux, au bord du lac de la Laguë.

VIOLA.　　　　*VIOLETTE.*

Calice pentaphylle ; corolle pentapétale irrégulière ; nectaire en éperon ; capsule supérieure, uniloculaire, trivalve.

* *Stigmate aigu.*

1. Viola hirta. Linn.　　　　*Violette hérissée.*

Sans tige ; feuilles cordiformes, pileuses. ♃... Moriss. Hist. 2. s. 5. t. 35. f. 4... Dec. Fl. fr. 4455.
Fl. bleues ou blanches, inodores. P. 1. Les haies, les broussailles, les bois. CC. Au vallon de Foulayronnes, près d'Agen.

2. Viola odorata. Linn.　　　　*Violette odorante.*

Sans tige ; rejets rampans ; feuilles cordiformes. ♃... Bull. Herb. pl. 169... J. B. Hist. 3. p. 542... Lob. Obs. p. 334. f. 1... Dec. Fl. fr. 4456.
β. **V. o.** *apetala.* Fleurs sans pétales, quoique fertiles.
Fl. bleues ou blanches ou violettes. P. 1. Le voisinage des haies ; le bord des bois. CC. Au Pelatier, près d'Agen. La variété β. sur les bords d'un ruisseau, près le moulin d'Escournat.

Obs. *Cette variété transportée dans un jardin a produit des fleurs, dont les premières ont toujours des pétales. tandis que les dernières n'en ont jamais.*

Papilio dia, aglaja et paphia.

3. Viola canina. Linn. *Violette canine.*

Tige ascendante, un peu canaliculée; feuilles ovales-arrondies, toutes profondément cordiformes à la base; lobes inférieurs de la corolle ovales-arrondis. ♃... J. B. Hist. 3. p. 544. f. 1.

β. V. c. *elongata.* Tige s'alongeant plus ou moins; dernières fleurs dépourvues de pétales, quoique fertiles.

Fl. bleues ou blanches. P. 2. Les lieux frais, ombragés. CCC.

4 Viola rupii. Allioni. *Violette de rupius.*

Tige presque droite, presque cylindrique; feuilles inférieures cordiformes, les supérieures ovales-lancéolées, très-légérement cordiformes; lobes inférieurs de la corolle ovales-alougés. ♃... All. Ped. 1645. t. 26. f. 6.

β. V. r. *nana.* Cinq ou six fois plus petite; feuilles à peine deux fois plus longues que la capsule... Chaub. Misc. ined.

γ. V. r. *spinulifera.* Extrémité de l'éperon surmontée d'une petite corne verticale... Chaub. Misc. ined.

Fl. d'un violet pâle, quelquefois blanches, marquées de stries; l'éperon toujours d'un violet foncé. Les lieux frais et ombragés. C. A Peyrequatre, à Catala, près d'Agen. La variété β à Boussés dans les Landes.

Obs. Cette espèce est très-voisine du Viola canina, *dont elle n'est peut-être qu'une variété. Elle se distingue de cette dernière par ses tiges presque cylindriques, par ses feuilles moins arrondies et dont les supérieures sont à peine échancrées à la base, par ses fleurs deux fois plus petites, d'une couleur plus pâle, à lobes inférieurs plus étroits, enfin par son éperon souvent muni d'une petite corne, et constamment d'un violet plus foncé que la fleur, lorsque dans le* Viola canina *il est toujours plus pâle.*

Le V. lancifolia, Thore et Dufour, Chlor. des Landes, avec lequel on a confondu le V. rupii, diffère de cette plante par ses feuilles ovales-lancéolées, à peine cordiformes et toutes semblables.

** *Stigmate en forme de godet.*

5. Viola arvensis. Murr. *Violette des champs.*

Tige anguleuse, diffuse, hispide ou glabre; feuilles oblongues, lancéolées, crénelées; stipules pinnatifides; corolle dépassant à peine le calice; bractées auriculées,

dentées. ☉... Murray, Prod. 73... *V. tricolor.* Var. *α.*
Linn. Sp. pl. 1326... Dec. Fl. fr. 4469.
Fl. mélangées de jaune et de blanc, avec des stries noires.
E. Dans les champs, les terres cultivées. CCC.

6. Viola hispida. Lamk.   *Violette hispide.*

Hérissée ; tiges droites ou diffuses ; feuilles ovales-lancéolées, légérement cordiformes, longuement pétiolées ;
stipules pinnatifides ; fleurs deux fois plus grandes que
le calice ; bractées entières ou presque entières. ☉...
Jaume-St.-Hilaire, Plant. fr... *V. rothomagensis.* Dec.
Fl. fr. 4470.
β. **V. h.** *intermedia.* Les quatre pétales supérieurs violets,
l'inférieur blanchâtre, jaune à la base avec des stries
noires.
Fl. violettes. E. 1. Parmi les blés. R. A Ratier, à l'Hermitage, près d'Agen, et ailleurs.

Obs. *La variété* β *tend évidemment à rapprocher le* V.
hispida *du* V. arvensis, *Murr., qui n'est pas toujours glabre,
quoiqu'on l'ait dit ; néanmoins, avant de se décider à cet égard,
il seroit bon de cultiver ces deux plantes et de les voir se
reproduire de leurs semences. Vraisemblablement ces deux
nouvelles espèces ne sont que des modifications du* V. tricolor,
Linn.

IMPATIENS.   *BALSAMINE.*

Calice diphylle ; corolle pentapétale irrégulière ; nectaire en forme de capuchon ; capsule supérieure à cinq
valves.

1. Impatiens noli tangere. L.   *Balsamine jaune.*

Pédoncules multiflores, solitaires ; feuilles ovales ; articulations de la tige renflées. ♃... Barr. Ic. 1197... Dec.
Fl. fr. 4562.
Fl. jaunes. A. Trouvée une seule fois, par M. Chaubard,
sur un tas de pierres au bord de la Garonne, près d'Agen,
où les débordemens avoient déposé ses graines.

Obs. *Cette plante a été très-agréablement nommée en
français* Impatiente n'y touchez pas, *dénomination qui
rend à merveille le latin,* Impatiens noli tangere, *et qui
d'ailleurs à l'avantage de rappeler le* Surge *et* Ambula, *le*
Filius ante patrem, *le* Pater noster, *et d'autres noms très-*

caractéristiques donnés à la Gentiane jaune, au Tussillage commun, au Souchet comestible dans le bon temps de la science, qu'au reste, d'après les travaux de quelques botanistes du jour, on ne doit point désespérer de voir bientôt renaître.

CLASSE VINGTIÈME.

GYNANDRIE.

DIANDRIE.

<table>
<tr><td>ORCHIS.</td><td>*ORCHIS.*</td></tr>
</table>

Nectaire en forme de corne, derrière la fleur.

✻ *Racines à tubercules ovoïdes.*

1. Orchis bifolia. Linn.   *Orchis à deux feuilles.*

Feuilles radicales ovales-oblongues, au nombre de deux, quelquefois trois, les caulinaires lancéolées-linéaires, petites; nectaire deux fois plus long que le germe; lèvre trilobée; lobes égaux presque entiers. ♃... Besl. Eyst. æst. ord. 4. fol. 5. fig. 4... Moriss. Hist. 3. s. 12. f. 18... Dec. Fl. fr. 2005.

Fl. d'un blanc verdâtre. P. 2. Les bois découverts. CC. A Darel, près d'Agen.

2. Orchis pyramidalis. Linn.   *Orchis pyramidal.*

Feuilles oblongues; épi serré, conique; nectaire filiforme, plus long que le germe; lèvre trilobée; lobes égaux, presque entiers. ♃... Besl. Eyst. æst. ord. 4. fol. 5... *Palmachristi peregrina fl. rub.* Hall. Helv. t. 35. f. 1... Dec. Fl. fr. 2007.

Fl. d'un pourpre clair ou blanches. P. 3. Les prairies, les bois frais. C. A Saint-Amans, près d'Agen.

3. Orchis coriophora. Linn. *Orchis punaise.*

Feuilles oblongues ; épi oblong ; nectaire conique, moitié plus court que le germe, levre trilobée ; lobes crénelés, l'intermédiaire saillant ; pétales aigus connivens. ♃... Vaill. Bot. par. t. 21 f. 30, 31 , 32... Lob. Ic. 177. f. 2. obs. p. 90. f. 3... Dec. Fl. fr. 2008.

Fl. d'un pourpre obscur, la levre verdâtre, exhalant l'odeur de la punaise. P. 3. Les prés humides. C. Au marais de Brax , à la Salève, à Montanou, près d'Agen.

4. Orchis morio. Linn. *Orchis bouffon.*

Feuilles oblongues ; épi lâche ; nectaire ascendant, plus court que le germe ; levre presque quadrilobée ; lobes obtus, légérement crénelés, les latéraux un peu plus saillans ; pétales obtus, réunis en forme de voute. ♃... Fuchs. Hist. 559... Vaill. Bot. par. t. 31. f. 13, 14... Lob. Ic. 176. f. 2... Dec. Fl. fr. 2009.

5. Orchis mascula. Linn. *Orchis mâle.*

Feuilles lancéolées-oblongues ; nectaire horisontal , obtus, aussi long que le germe ; levre trilobée ; lobes obtus, un peu crénelés, l'intermédiaire saillant, échancré ; pétales extérieurs très-étalés. ♃... Vaill. Bot. par. t. 31. f. 11. 18... Lob. Ic. 176. f. 1... Dec. Fl. fr. 2010.

Fl. purpurines. P. 1. 2. Les bois frais. CC. Entre Ferrou et Catala, près d'Agen.

Obs. *Les feuilles de cet orchis sont ordinairement maculées de noir. Ses tubercules , ainsi que ceux du bifolia , du morio , et sans doute de tous les orchis en général , sont la base du salep, préparation très-restaurante et d'une digestion facile , dont on fait quelquefois usage à l'imitation des peuples orientaux. On augmente les propriétés analeptiques du chocolat en y ajoutant du salep.*

6. Orchis parvifolia. Chaub. *Orchis à petites feuilles.*

Feuilles lancéolées-linéaires , pliées en gouttière ; épi dense; nectaire conique, obtus, moitié plus court que le germe; levre trilobée ; lobes un peu crénelés, arrondis , l'intermédiaire saillant un peu plus étroit ; pétales extérieurs très-étalés. ♃.

Fl. purpurines; le palais blanchâtre, marqué de points purpurins. E. 1. Les prés humides des Landes, à Durance, à Boussés, C.

Nот. *Haut de un à trois pieds. Épi long de cinq à huit pouces, dense. Lobes latéraux de la lèvre demi-circulaires, un peu réfléchis. L'intermédiaire des pétales extérieurs un peu roulé en dehors. Bractées de la longueur du germe, ou un peu plus longues. Facies de l'O.* mascula, *dont il diffère par la forme de la fleur, et ses feuilles pliées en gouttières.* (Chaub. *misc. inedit.*)

7. Orchis laxiflora. Lamk.　　*Orchis à épi lâche.*

Feuilles lancéolées-linéaires, pliées en gouttière ; épi lâche ; nectaire obtus, ascendant, un peu plus court que le germe ; lèvre presque trilobée, un peu crénelée ; lobe intermédiaire rentrant ; pétales extérieurs étalés. ♃... Vaill. Bot. par. t. 31. f. 33. 34... Dec. Fl. fr. 2011. Fl. d'un beau pourpre, quelquefois roses, même blanches. P. 2. Les prairies aquatiques. CCC. Vallon de Foulay-ronnes.

8. Orchis uslulata. Linn.　　*Orchis brûlé.*

Feuilles oblongues ; épi très-serré ; nectaire obtus, trois fois plus court que le germe ; lèvre trifide, lanières linéaires , l'intermédiaire bifide ; pétales connivens obtus; bractée, de la longueur du germe. ♃...Vaill. Bot. par. t. 31. f. 35. 36... Clus. Hist. 1. p. 268. f. 1... Dec. Fl. fr. 2012. Fl. les pétales d'un pourpre foncé au sommet ; la lèvre blanchâtre et chargée de points rouges ; l'éperon presque scrotiforme. P. 2. Les prairies. R. A Libos , aux environs de Tournon , au pied de la côte d'Estillac , près d'Agen , dans un petit pré le long du ruisseau.

9. Orchis tephrosanthos. Vill.　*O. à fleur cendrée.*

Feuilles ovales oblongues ; épi ovale oblong, serré ; nectaire moitié plus court que le germe ; lèvre trifide ; lanières linéaires, l'intermédiaire bifide , munie d'une dent dans l'échancrure ; bractées très-courtes. ♃. α. O. t. *simia.* Divisions de la lèvre très-étroites... *O simia.* Lamk. Fl. fr. 3. p. 593... Dec. Fl. fr. 2016... *O. militaris.* ε. Linn. Sp. pl. 1333... Vaill. Bot. par. t. 31 f. 25. 26. β. O. t. *galeata.* Divisions de la lèvre obtuses , courtes... *O. galeata.* Lamk. Dict. enc. 4. p. 593... Dec. Fl. fr. 2015... Vaill. Bot. par. t. 31. f. 22 , 23 , 24... Lob. Ic. 175. f. 2. Fl. d'un pourpre cendré très-pâle. P. 3. Les friches pier-reuses. R. A Cambes , derrière Lécussan , près d'Agen. La

Var. *α*. RRR. Trouvée une seule fois dans le bois de Pelissier entre Boë et Agen.

10. Orchis militaris. Linn.   *Orchis militaire.*

Feuilles ovales-oblongues ; épi long, serré ; nectaire trois fois plus court que le germe ; lèvre ponctuée par des paquets de poils courts, divisée en trois lobes , les latéraux oblongs , l'intermédiaire à deux lanières obtuses avec une dent dans l'échancrure ; pétales aigus, connivens ; bractées très-courtes. ♃... *Orchis militaris* β. Dec. Fl. fr. 2113... *Orchis fusca.* Jacq. ex Lamk. Dict. enc. 4. p. 592... Vaill. Bot. par. t. 31. f. 27. 28... Besl. Eyst. æst. ord. 4. fol. 4. f. 1... Clus. Hist. 1 p. 267... J. B. Hist. 2. p. 758... Lob. Obs. p. 92. f. 3. Fl. pétales d'un pourpre ou violet foncé ; la lèvre pâle , avec des points d'un pourpre vif. P. 2. Les friches pierreuses , quelquefois les prairies. C. A Charpaut, à Catala , près d'Agen ; à la Sauvetat de Savères, canton de Larroque-Timbaut.

✳ ✳ *Racines à tubercules palmés.*

11. Orchis latifolia. Linn. *Orchis à larges feuilles.*

Feuilles lancéolées-oblongues; nectaire conique, presque moitié plus court que le germe ; lèvre à trois lobes, les latéraux réfléchis, l'intermédiaire saillant ; pétales extérieurs étalés ; bractées très-longues. ♃... Lob. Ic. 188. f. 2 et 191 f. 2... J. B. Hist. 2. p. 775. f. 3... Vaill. Bot. par. t. 31. f. 1, 2, 3, 4. 5... Dec. Fl. fr. 2021. Fl. d'un pourpre clair , quelquefois blanches. P. 2. 3. Les prairies humides. CCC.

12. Orchis divaricata. Rich. *O. à racines divergentes.*

Feuilles lancéolées linéaires, canaliculées; lèvre à trois lobes, l'intermédiaire à peine plus saillant que les deux autres ; deux des pétales extérieurs étalés ; nectaire cylindrique à peine plus court que le germe ; bractées plus longues que les fleurs ; racine à deux lobes divergens. ♃... *O. latifolia* β. Lois. Fl. gall. 606. Fl. d'un pourpre foncé. P. 3. E. Les prairies aquatiques. RR. Au moulin de Combebonnet, près Beauville. C.

Obs. *Cette espèce, mal à propos confondue avec l'O. latifolia* Linn.*, en diffère par la couleur rose-foncé de sa fleur et non d'un rose blanchâtre ; par sa lèvre plus ample , à trois*

*lobes bien distincts, plus larges, et dont l'intermédiaire est à
peine plus saillant que les deux autres ; par son nectaire presque aussi long que le germe , et non moitié plus
court ; par ses feuilles plus longues , plus étroites , à demi-
pliées ou canaliculées ; enfin par son facies, car il est plus
grand et plus effilé.*

13. **Orchis maculata.** Linn.   *Orchis maculé.*

Feuilles oblongues , maculées ; nectaire dépassant en
longueur la moitié du germe; lèvre plane à trois lobes
crénelés ; deux pétales extérieurs étalés ; bractées un
peu plus longues que le germe. ♃... Lob. Ic. 91 f. 1...
Vaill. Bot. par. t. 31. f. 9, 10... Dec. Fl. fr. 2022.
Fl. d'un pourpre clair mélangé de blanc. P. 3. Les prairies
des coteaux, les bords des bois. CC. A Ferrou , à l'Escale,
près d'Agen.

14. **Orchis conopsea.** Linn.   *Orchis conops.*

Feuilles oblongues linéaires ; nectaire subulé , deux fois
plus long que le germe ; lèvre à trois lobes obtus,
égaux ; pétales latéraux étalés ; bractées un peu plus
longues que le germe. ♃... Lob. Ic. 189. f. 2. et Obs.
p. 93. f. 3... Besl. Eyst. æst. ord. 4. fol. 5. fig. 2...
Vaill. Bot. par. t. 30. f. 8... Dec. Fl. fr. 2024.
Fl. purpurines à odeur de vanille. P. 3. Les prairies ombragées, les bois. R. Vallon de Foulayronnes, à Tuquet,
à Cambes, à Saint-Amans, dans les prés du vallon de
Naux.

Obs. *On a donné le nom de* conopsea *à cet orchis, d'après
une ressemblance imaginaire de sa fleur avec un insecte appelé* Conops.

✳ ✳ ✳ *Racines fasciculées.*

15. **Orchis abortiva.** Linn.   *Orchis avorté.*

Feuilles nulles, remplacées par des écailles engainantes;
épi lâche ; nectaire subulé, de la longueur du germe ;
lèvre ovale tres-entière. ♃... Hall. Helv. t. 36... *Limodo-
rum abortivum.* Dec. Fl. fr. 2048.
Fl. d'un pourpre noirâtre. E. 1. Les bois des coteaux.
RR. Au Cujula, à Tuquet, à Lécussan, près d'Agen ; à
Combebonnet.

Obs. *La tige de cet orchis est , ainsi que ses écailles et ses fleurs, d'une couleur pourprée ou violette plus ou moins foncée.*

SATYRIUM.   *SATYRION.*

Nectaire court, scrotiforme, composé de deux protubérances accolées, placées derrière la fleur.

1. Satyrium hircinum. Linn.   *Satyrion bouquin.*

Bulbes indivises ; feuilles ovales-lancéolées ; lèvre trifide; division intermédiaire six fois plus longue que les latérales, ondulée ou roulée en spirale; bractées deux fois plus longues que le germe. ♃... Lob. Obs. p. 90. f. 1... J. B. Hist. 2. p. 756... Moriss. Hist. 3. s. 12. t. 12. f. 9... Lamk. Ill. pl. 726. f. 1... *Orchis hircina.* Dec. Fl. fr. 2019.
Fl. d'un blanc lavé de jaune, variées de pourpre foncé. P. 2. Les friches pierreuses, les bords des bois. C. A Charpaut, à l'Escale, vallon de Foulayronnes, près d'Agen.

Obs. *Cette belle plante exhale une forte odeur de bouc ou de cuir de roussi.*

2. Satyrium viride. Linn.   *Satyrion vert.*

Bulbes palmées; feuilles lancéolées; lèvre oblongue, trifide; division intermédiaire rentrante ; bractées plus longues que le germe. ♃... Lamk. Ill. pl. 726. f. 2... Lob. Obs. p. 92. f. 4... Vaill. Bot. par. t. 31. f. 6, 7, 8... *O. viridis.* Dec. Fl. fr. 2025.
Fl. d'un verd ou d'un blanc jaunâtre. P. 3. Les prairies humides. C. Vallon de Foulayronnes, des Barsalous.

OPHRYS.   *OPHRYS.*

Nectaire un peu cariné en dessous.

✳ *Racine à tubercule rameux.*

11. Ophrys nidus-avis. Linn. *Ophrys nid-d'oiseau.*

Tubercules fibreux, touffus; feuilles nulles, remplacées par des écailles engainantes; lèvre bifide ; pétales obtus, presque connivens, moitié plus courts que la lèvre.

♃... Lob. Ic. t. 195. f. 1... Clus. Hist. 1. p. 270. f. 1...
J. B. Hist. 2. p. 781. f. 3... Besl. Eyst. æst. ord. 4.
fol. 4, fig. 3... *Epipactis nidus-avis* Dec. Fl. fr. 2043.
Fl. fauves, ainsi que le reste de la plante. P. 2. Les bois.
RRR. Aux environs d'Artigues, à l'Escale.

Ons. *L'un des deux seuls individus de cette plante qui*
existoient dans ce dernier endroit, a déjà disparu. Si les bo-
tanistes, dans leurs herborisations, ne ménagent pas l'autre,
cette espèce ne se trouvera plus aux environs d'Agen.

2. Ophrys æstivalis. Linn.   *Ophrys d'été.*

Tubercules oblongs, agrégés ; feuilles lancéolées-linéaires ; epi contourné en spirale ; fleurs unilatérales ;
tige centrale. ♃... Dict. enc. p. 557... Dalech. Hist.
1560. f. 3... *Neottia æstivalis.* Dec. Fl. fr. 2036.
Fl. d'un blanc sale, inodores. E. 2. Les marais tourbeux
des Landes. R. A *la Menino.* Les marécages aux environs
d'Artigues.

3. Ophrys spiralis. Linn.   *Ophrys en spirale.*

Tubercules agrégés, oblongs; tige presque feuillée,
latérale ; épi contourné en spirale ; fleurs unilatérales ;
lèvre indivise, crénelée. ♃... Besl. Eyst. æst. ord. 4.
fol. 5. fig. 6... Dalech. Hist. 1555... Lob. Obs. 89. f. 3...
Neottia spiralis. Dec. Fl. fr. 2035.
Fl. d'un blanc sale, odorantes, exhalant l'odeur de la vanille. E. 1. Le bord des bois. R. Le plus souvent les pelouses arides.

4. Ophrys ovata. Linn.   *Ophrys ovale.*

Tubercules fibreux ; tige munie de deux feuilles ovales,
opposées ; lèvre trifide ; divisions latérales courtes, l'intermédiaire alongée, bifide. ♃... Moriss. Hst. 3. s. 12.
t. 11. f. 1... Lob. Obs. p. 161. f. 3... *Epipactis ovata.*
Dec. Fl. fr. 2044.
Fl. d'un verd jaunâtre. P. 3. Les bois de la plaine. RR.
A Saint Amans, à Segougnac, à Pelissier, près d'Agen.

✳ ✳ *Racines à tubercules ovoïdes.*

5. Ophrys antropophora Linn.   *O. antropophore.*

Hampe feuillée ; lèvre linéaire, divisée en trois lanières ; l'intermédiaire alongée, bifide. ♃... Mappus
Alsat. p. 216... Moriss. Hist. 3. s. 12. t. 12. f. 2...

Vaill. Bot. par. t. 31 f. 19, 20... Garrid. Aix. pl. 77.
(Cette fig. est excellente: les petits hommes pendus y
sont parfaitement représentés ; on y voit même jusqu'aux traits de leur figure)... Dec. Fl. fr. 2030, a dit,
en nommant cette plante, tout ce qu'il a pu dire à
cet égard.
Fl. d'un verd jaunâtre ; la lèvre d'un rouge brun. P. 2. 3.
Les friches pierreuses des coteaux. R. Au dessus de Prouchet, de Bagatelle, à l'Hermitage, près d'Agen.

6. Ophrys myoides. Jacq.   *Ophrys mouche.*

Feuilles lancéolées ; lèvre pendante, oblongue, un peu
convexe et veloutée, presque plane, trifide ; division
intermédiaire bifide, extrémités aiguës ; pétales extérieurs oblongs, étalés, les deux intérieurs filiformes,
très-courts. ♃... Vaill. Bot. par. t. 31. f. 17, 18...
Dec. Fl. f. 203... *O. muscifera.* Smith. Fl. britt. 938...
O. insectifera var α. Linn. Sp. pl. 1343.
Fl. verdâtre; la lèvre d'un pourpre noir, avec une tache
ovale, glabre et bleuâtre. P. 3. Les friches pierreuses dans
les bois découverts des coteaux. R. A l'Escale, à Guittard, vallon de Foulayronnes, près d'Agen.

Obs. *Cette plante se distingue au premier coup d'œil de ses*
congénères par ses deux pétales intérieurs, filiformes, et qui
s'étendent en manière d'antennes. On peut appliquer à cet
ophrys, mieux qu'à tout autre, ces deux vers de Castel :

> *Insecte végétal, de qui la fleur ailée*
> *Semble quitter sa tige et prendre la volée !*

7. Ophrys fusca. Willd.   *Ophrys fauve.*

Feuilles oblongues-ovales ; lèvre oblongue, pendante,
convexe, à trois lobes arrondis, l'intermédiaire légèrement échancré ; pétales extérieurs oblongs, l'intermédiaire vouté, relevé en ses bords, les deux intérieurs
un peu moins longs, émoussés au sommet. ♃... Willd.
Sp. pl. 4. p. 69.
Fl. verdâtres ; lèvre d'un violet noirâtre, avec deux taches
ovales, glabres, d'un bleu cendré ; les pétales intérieurs
d'un rouge pâle. P. 3. Les prairies, dans les terres légères
et sablonneuses des plaines. R. A Dolmayrac, à Laclaverie, au pied du coteau d'Estillac, près d'Agen.

8. Ophrys aranifera. Huds.   *Ophrys aranifère.*

Feuilles lancéolées-oblongues ; lèvre oblongue, veloutée, presque entière, échancrée à l'extrémité, convexe, avec deux protubérances latérales à la base; pétales extérieurs oblongs, les intérieurs près de moitié plus courts, émousses. ♃... Smith. Fl. britt. 939... Vaill. Bot. par. t. 31. f. 15, 16... Dec. Fl. fr. VI. p. 332.

β. O. a. *latipetala.* Plus grand dans toutes ses parties ; pétales intérieurs couleur de brique, avec une dent peu prononcée de chaque côté. (*Chaub. misc. ined.*)

Fl. d'un verd jaunâtre ; lèvre d'un brun fauve, marquée de deux taches longitudinales grisâtres. **P. 2.** Les prairies, les friches des coteaux. CCC.

9. Ophrys apifera. Huds.   *Ophrys apifère.*

Feuilles lancéolées-oblongues; lèvre ovale, oblongue, veloutée ; convexe, à cinq divisions, celle de l'extrémité plus longue, plus étroite, réfléchie en dessus ; celle de la base surmontée d'une protubérance ; pétales extérieurs oblongs, les intérieurs aigus, très-petits. ♃... Smith. Fl. britt. 938... Vaill. Bot. par. t. 30. f. 9... Moriss. Hist. 3. s. 12. t. 15. f. 9... Dec. Fl. fr. VI. p. 333... Vulgt. *Fleur-abeille.*

Fl. rose pâle; lèvre d'un fauve obscur, avec des lignes et des points jaunes, glabres, représentant assez bien le corps d'une abeille. **P. 2.** Les friches, les bois découverts des collines. CC.

> *Qu'une plante pareille, à travers l'océan,*
> *Vint des bords reculés d'Amboine ou de Ceylan,*
> *Comme elle se verroit en tous lieux admirée !*
>   CASTEL, Poëme des plantes.

10. Ophrys arachnites Willd.   *Ophrys araignée.*

Feuilles lancéolées-oblongues ; lèvre oblongue, veloutée, convexe, trilobée ; lobes latéraux surmontés d'une protubérance, l'intermédiaire beaucoup plus grand, ovale, terminé par un appendice triangulaire relevé ; pétales extérieurs oblongs, les intérieurs très-petits, un peu aigus. ♃... Willd. Sp. pl. 4. p. 67.... Vaill. Bot. par. t. 30. f. 10, 11, 12, 13... Dec. Fl. fr. VI. p. 332.

Fl. d'un rose clair ; lèvre fauve avec des lignes jaunes, glabres. **P. 2.** Les friches pierreuses, les bois découverts, les prairies arides. CC.

Obs. *Quelle que soit la ressemblance de ces deux dernières espèces, les légères différences qu'offrent leurs fleurs sont trop constantes, pour qu'on puisse regarder l'une des deux comme une variété de l'autre.*

La forme des taches glabres qu'on remarque sur la lèvre des trois dernières espèces, est, au reste, tellement variable, qu'il seroit illusoire de la décrire, et inutile de s'y arrêter. La protubérance des lobes latéraux manque quelquefois dans certains individus.

SERAPIAS. *HELLÉBORINE.*

Nectaire ovale, bosselé postérieurement; lèvre ovale.

* *Racines fibreuses.*

1. Serapias latifolia. Linn. *H. à larges feuilles.*

Feuilles lancéolées-ovales, amplexicaules; fleurs penchées, à lèvre entière, acuminée, un peu plus courtes que les pétales; germes pubescens. ♃... Clus. Hist. 1. p. 273. f. 1... *Epipactis latifolia.* Dec. Fl. fr. 2039.
Fl. blanches d'abord, ensuite purpurines. E. 1. Les bois. R. A Ferrou, à Muraille, près d'Agen.

2. Serapias palustris. Scop. *Helléborine des marais.*

Feuilles lancéolées, amplexicaules; fleurs penchées, à lèvre crénelée, obtuse, aussi longue que les pétales; germes pubescens. ♃... Dalech. Hist. 1140... *Epipactis palustris.* Dec. Fl. fr. 2038... *S. longifolia.* γ. Linn. Sp. pl. 1345.
Fl. d'un pourpre pâle, avec des taches d'un pourpre plus intense. E. 1. Les bois humides, les terreins marécageux. RRR. Dans un terrein humide, au milieu d'une friche à Cambes, au-dessus du chemin de Cahors ou de Tournon, et dans un bois voisin à côté de cette friche; à Combebonnet; à Fauroux.

3. Serapias grandiflora. Linn. *H. à grandes fleurs.*

Feuilles lancéolées, amplexicaules; bractées plus longues que le germe; fleurs droites; lèvre obtuse, à peine aussi longue que les pétales. ♃... Smith. Fl. britt. 944... Moriss. Hist. 3. s. 12. t. 11. f. 12... *Epipactis lancifolia.* Dec. Fl. fr. 2041... *E. pallens.* Willd. Sp. pl. 4. p. 85.
Fl. blanches. P. 3. E. 1. Les bois. RR. Dans un petit bosquet au-dessus de Guittard, vallon de Foulayronnes;

à Cambes, à Saint-Ferréol, près d'Agen ; dans la garenne de Saint-Amans, près du ruisseau.

4. **Serapias ensifolia.** Murr.   *Helléborine gladiée.*

Feuilles ensiformes, distiques ; bractées très-courtes ; fleurs droites; lèvre du nectaire obtuse, moitié plus courte que les pétales. ♃... Murr. Syst. veg. syn. conf... *Epipactis ensifolia.* Dec. Fl. fr. 2040.
Fl. blanches, tachées de jaune à la lèvre. E. 1. Les clarières des bois. R. Sur la lisière des Landes; entre Ferrou et Catala, près d'Agen.

5. **Serapias rubra.** Linn.   *Helléborine rouge.*

Feuilles lancéolées, oblongues, amplexicaules; bractées plus longues que le germe ; fleurs droites ; lèvre aiguë, avec des lignes ondulées protubérantes. ♃...Clus. Hist. 1. p. 273. f. 2... J. B. Hist. 3. p. 517. f. 1... Moriss. Hist. 3. s. 12. t. 11. f. 5... *Epipactis rubra.* Dec. Fl. fr. 2042.
Fl. purpurines. E. 1. Les bois. RRR. Dans la garenne du château de Lagarde, près du Port-Sainte-Marie ; à Combebonnet. CC.

*** * *Racines à tubercules ovoïdes.***

6. **Serapias lingua.** Linn.   *Helléborine languette.*

Tubercules ovoïdes, sessiles ; lèvre trilobée ; lobes latéraux droits, connivens, l'intermédiaire en languette, ovale-lancéolé, glabre ; bractée à peine plus longue que le germe. ♃... Moriss. Hist. 3. s. 12. t. 14. f. 2... Dec. Fl. fr. 2033. et VI. p. 333.
Fl. purpurines ; les lobes latéraux d'un pourpre foncé presque noir. P. 3. Les prairies arides, les pelouses au bord des bois. C. A Ratier, à Ferrou, à Lacandélie, près d'Agen.

Obs. *La figure de Morisson, quoique assez bonne, représente cette plante trop petite dans toutes ses parties.*

* 7. **Serapias lancifera.** N.   *Helléborine lancifère.*

Tubercules ovoïdes, brièvement pédicellés; lèvre trilobée ; lobes latéraux, droits, connivens, l'intermédiaire en languette, lancéolé, pendant, pileux ; bractée deux fois plus longue que le germe. ♃.

Fl. d'un rouge de brique. P. 3. E. 1. Les terres crétacées, dans les friches des coteaux. RRR. A Baurelle, près d'Agen et ailleurs.

OBS. *Cette espèce diffère encore du S. lingua , par la hauteur de sa tige deux ou trois fois plus élevée, et par les dimensions beaucoup plus grandes de toutes ses parties. Ses rapports sont plus intimes avec le S. cordigera , dont elle est néanmoins distincte par la forme constante de sa lèvre et la couleur de sa fleur.*

8. Serapias cordigera. Linn. *Helléborine cordigère.*

Tubercules ovoïdes, brièvement pédicellés ; lèvre tri-lobée ; lobes latéraux droits, connivens , l'intermédiaire très-large, cordiforme, pileux ; bractée presque deux fois plus longue que le germe. ♃... Rudd. Camp. elys. 2. p. 204. f. 20. figure communiquée par l'illustre Gouan, patriarche actuel de la botanique.

β. S. c. *sanguinolenta.* Gaine des feuilles couvertes de points noirâtres-sanguins.

Fl. d'un pourpre un peu ferrugineux. E. 1. Les clarières et les bords des bois dans les terres légères et sablonneu-ses. R. Au Mestrot, près d'Agen. Parmi les bruyères des Landes, à Boussés, à Tillet, au bois de Courty.

HEXANDRIE.

ARISTOLOCHIA.   *ARISTOLOCHE.*

Calice nul ; corolle monopétale en languette, entière ; capsule inférieure à six loges.

1. Aristolochia rotunda. Linn. *Aristoloche ronde.*

Tige redressée, presque simple ; feuilles obtuses, cordi-formes, presque sessiles, légèrement amplexicaules ; fleurs axillaires, solitaires, droites, à languette oblongue, émoussée ; racine tubéreuse arrondie. ♃... Clus. Hist. 2. p. 70. f. 1... J. B. Hist. 3. p. 559. f. 2... Dec. Fl. fr. 2179.

Fl. d'un pourpre noir. P. E. Le long du ruisseau du vallon de Foulayronnes, à Peyrequatre ; les prairies derrière Monbran, près d'Agen. RR.

2. Aristolochia clematitis. Linn.   *A. clématite.*

Tige droite; feuilles en cœur-réniformes, pétiolées; fleurs axillaires, agrégées, droites; languette de la corolle oblongue. ♃... Bull. Herb. pl. 39... Clus. Hist. 2. p. 71. f. 1... J. B. Hist. 3. p. 560. f. 2... Besl. Eyst. æst. ord. 4. fol. 1. fig. 1... Dec. Fl. fr. 2182.
Fl. d'un jaune pâle. E. Les champs, les haies, les vignes. CCC.

Obs. *Tipula pannicornis fœcundat flores.* D. Schreber.

POLYANDRIE.

ARUM.   GOUET.

Spathe monophylle, en forme de cornet; spadice ou chaton nu à son sommet; fleurs femelles à la base; fleurs mâles dans la partie moyenne.

1. Arum Italicum. Lamk.   *Gouet d'Italie.*

Sans tige. Feuilles sagittées-hastées, à lobes divergens; spadice ou chaton trois fois plus court que le spathe; massue terminale renflée à sa base. ♃... Lamk. Dict. enc. 3. p. 9... Dec. Fl. fr. 1813... Vulgt. *Gouet, pied de veau. Agraoujoul,* en gascon.
α. A. i. *maculatum.* Feuilles maculées de lignes blanches... Jaume Saint-Hil. Pl. fr. ic.
β. A. i. *immaculatum.* Feuilles non maculées de blanc; spathe plus verd, lavé de violet à sa base intérieurement.
Fl. d'un jaune verdâtre; fruit d'un beau jaune orangé. P. 3. Les haies, les bois. CCC.

Obs. *Les fleurs de cette espèce, au moment de leur fécondation, acquièrent une chaleur presque brûlante. Ce phénomène se manifeste ordinairement vers le milieu de la journée, et ne cesse qu'entre six et huit heures du soir. Observation curieuse due à M. le chevalier de Lamarck, et que nous avons souvent répétée.*
La racine tuberculeuse de cette plante contient beaucoup d'amidon. Si on la fait bouillir avec de l'eau pour la dépouil-

ler de son principe âcre et pernicieux, on peut en obtenir une substance alimentaire et saine.

Cette racine, ainsi que celle de l'**A.** vulgare, qui ne croît pas dans nos contrées, peut servir à blanchir le linge. Son suc est très-détersif; mais son extrême acrimonie doit engager à l'employer avec précaution. Dans le temps de la terreur, on adressa un mémoire au club d'A.., dans lequel on proposoit d'employer cette racine en guise de savon, qui manquoit alors partout en France. Le mémoire fut accueilli avec enthousiasme; l'impression en fut ordonnée au nombre de 3000 exemplaires Les frères et amis ayant ensuite essayé la recette économique, se brûlèrent les doigts.

2. Arum dracunculus. Linn.   *Gouet serpentaire.*

Tige droite, maculée; feuilles pédiaires; fleurs terminales; spathe ovale-lancéolé, plane, dépassant le chaton, pointu au sommet. ♃... Bull. Herb. pl. 73... Lob. Obs. p. 327... Barr. Ic. 147... Dec. Fl. fr. 1811.
Fl. spathe d'un pourpre noirâtre intérieurement, verdâtre en dehors, le chaton rougeâtre à son sommet, odeur cadavéreuse insupportable. Dans les haies, aux environs de Beauville.

Obs. *Les feuilles de cette plante sont souvent tachées de blanc.*

CLASSE VINGT-UNIÈME.

MONOECIE.

MONANDRIE.

ZANICHELLIA.   *ZANICHELLE.*

Fleurs mâles. Calice nul; corolle nulle.
Fleurs femelles. Calice monophylle; corolle nulle; quatre germes environ, et un pareil nombre de semences.

1. **Zanichellia palustris. L.** *Zanichelle des marais.*

Tige filiforme, rameuse, submergée; feuilles linéaires, opposées, presque verticillées ; fleurs axillaires ; anthère quadrilocula.re ; stigmates très-entiers ; semences denticulées sur le dos. ◉... Mich. Nov. gen. t. 34. f. 1. 2... Lamk. Ill. pl. 741... Dec. Fl. fr. 1869.

Fl. P. E. Les eaux des fontaines, des ruisseaux. Dans les fossés le long des routes. CCC.. Celle de Toucau, près d'Agen.

CHARA.　　　　*CHARAGNE.*

Fl. mâles. Calice nul; corolle nulle ; anthère à la base de l'ovaire.

Fl. femelles. Calice quadriphylle ; corolle nulle; stigmate quinquefide ; baie polysperme uniloculaire.

1. **Chara vulgaris. Linn.** *Charagne commune.*

Tiges submergées, rameuses, lisses ; feuilles verticillées, fructifères à leur partie inférieure ; fruit sessile, plus grand que les bractées, strié en spirale. ◉... Lamk. Ill. pl. 742. f. 1... Dec. Fl. fr. 1459.

Fl. E. Les eaux stagnantes. CCC. A Genevois, près d'Agen ; dans l'ancien bras de la Garonne, non loin du passage de Layrac.

Obs. *Cette plante répand une odeur très fétide, analogue à celle de quelques corps marins, particulièrement de cette coralline appelée vulgairement mousse de corse, et qu'on emploie comme un vermifuge puissant. Pourquoi ne pas chercher à connoître, au moyen de quelques expériences, si la charagne commune auroit les mêmes vertus ? Ses feuilles sont souvent chargées d'une incrustation pierreuse très-dure au toucher, et servent à écurer la grosse vaisselle.*

Il est, au reste, très-probable que les fossés et les marais de l'Agenais renferment plusieurs autres espèces de ce genre. Il seroit à désirer que quelque habile botaniste entreprît un travail soigné sur ces plantes difficiles à déterminer et trop peu connues.

DIANDRIE.

LEMNA.   *LENTICULE.*

Fl. mâle. Calice monophylle; corolle nulle.
Fl. femelle. Calice monophylle; corolle nulle; un style;
une capsule uniloculaire.

1. Lemna trisulca. Linn. *Lenticule à trois sillons.*

Feuilles lancéolées, rétrécies en pétioles, réunies en
croix; racines solitaires. ◉... Mich. Nov. gen. t. 11.
f. 5... Dec. Fl. fr. 1468... Bull. des sc. 3. pl. 18. f. 2. *z.*
Fl. P. 3. Les eaux stagnantes des marais. R. A Brax,
près d'Agen.

2. Lemna minor. Linn.   *Lenticule exiguë.*

Feuilles elliptiques, planes sur leurs faces, réunies par
leur base; racines solitaires. ◉... Mich. Nov. gen. t. 11.
f. 8... Lob. Obs. p. 648... Fl. fr. 1469... Bull. des sc.
3. pl. 18. f. 2. *a.*
Fl. P. 3. E. Les eaux dormantes. CCC.

Obs. *La fructification de ces plantes est très-difficile à
observer. Elles absorbent, au surplus, beaucoup de gaz
hydrogène, restituent en grande quantité le gaz oxigène,
et contribuent beaucoup à la salubrité de l'atmosphère sur
le bord des marais.*

TRIANDRIE.

TIPHA.   *MASSETTE.*

Fl. mâles. Chaton cylindrique; calice peu apparent,
triphylle; corolle nulle.
Fl. femelles. Chaton cylindrique, au-dessous des mâles;
calice remplacé par des poils velus; corolle nulle; semence unique, au milieu d'une aigrette capillaire.

1. **Tipha latifolia.** Linn. *Massette à larges feuilles.*

Feuilles linéaires, planes ; épis, mâle et femelle, cylindriques, rapprochés. ♃... Lamk. Ill. pl. 748. f. 1... Lob. Obs. p. 42. f. 1... Dalech. Hist. p. 994... Dec. Fl. fr. 1805.

Fl. P. 3. Les eaux dormantes. R. Dans le bassin du moulin au Pont-du-Cassé, à Ratier, à Brax, près d'Agen.

OBS. *Les racines de cette plante, encore jeunes et tendres, peuvent se confire au vinaigre et se manger en salade. Le duvet qui sert d'aigrette à ses semences, mêlé avec un tiers de poil de lièvre, entre avantageusement dans la fabrication des chapeaux ; avec un tiers de coton, on l'emploie dans les ouvrages tricotés. Voyez , à ce sujet , un mémoire de M. Lebreton , dans ceux de l'anc. soc. d'agric. de Paris, année 1786.*

Les feuilles de cette plante , confondues avec celles des Carex riparia *et* paludosa , *servent à natter les chaises communes, sous le nom vulgaire de* Cesque. *Ce nom semble dériver de celui de* Cestum , *sous lequel la plante dont il s'agit a été désignée en latin par quelques auteurs du moyen âge. Voyez* J. B. Hist. 2. p. 540.

2. **Tipha angustifolia.** Linn. *M. à feuilles étroites.*

Feuilles linéaires, canaliculées ; épi mâle et épi femelle cylindriques, rapprochés. ♃... Moriss. Hist. 3. p. 246. sect. 8. t. 13. f. 2... Dec. Fl. fr. 1806.

Fl. E. 1. 2. Les eaux tranquilles. R. Sur la rive gauche de la Garonne, près d'Agen.

SPARGANIUM.   *RUBANIER.*

Fl. mâles. Chaton arrondi ; calice triphylle ; corolle nulle.

Fl. femelles. Chaton arrondi ; calice triphylle ; corolle nulle ; stigmate bifide ; fruit sec, monosperme.

1. **Sparganium ramosum.** Huds. *Rubanier rameux.*

Feuilles triangulaires à la base, concaves sur les bords ; pédoncule commun, rameux ; stigmate linéaire. ♃... Lob. Obs. p. 40. f. 2... Leers. Herb. t. 13. f. 11... Moriss. Hist. 3. sect. 8. t. 13. f. 1... Dec. Fl. fr. 1818.

Fl. E. A. Les fossés aquatiques, les marais. CCC. A Brax, près d'Agen.

ZEA.   *ZEA.*

Fl. mâles. Sur des épis séparés; calice biflore, mutique ;
corolle, balle mutique.
Fl. femelles. Calice, balle bivalve; corolle, balle bivalve;
style unique, filiforme, pendant ; semences solitaires,
incrustrées sur un réceptacle oblong.

1. Zea maïs. Linn.   *Zea maïs.*

Epis mâles paniculés, terminaux ; épis femelles axillaires, sessiles, solitaires ; feuilles très-entières, n'engainant nullement la tige. ☉... Fuchs. Hist. 825. Connu
généralement sous les noms de *maïs*, de *blé d'Espagne*,
de *blé de Turquie*, de *gros millet*, etc.
Fl. E. 1. Cultivé dans les champs, comme plante céréale
et comme fourrage. Originaire d'Amérique.

Obs. *Le maïs produit plusieurs variétés qui se distinguent
par la couleur des semences, ordinairement jaunes. On en
voit de rouges, de grises, de marbrées, de blanches. Cette
dernière variété, dit-on, donne une farine plus délicate.
Les divers usages du maïs, comme plante comestible, sont
assez connus.*

CAREX.   *CAREX.*

Fl. mâles. Chaton imbriqué; calice monophylle; corolle
nulle.
Fl. femelles. Chaton imbriqué ; calice monophylle ;
corolle nulle ; nectaire gonflé, tridenté ; stigmates au
nombre de deux ou trois ; semences trigones, ou convexo-planes, enveloppées par le nectaire.

A. *Plusieurs épis androgynes.*

† 2 *stigmates ; semences convexo-planes.*

* *Epillets mâles au sommet.*

1. Carex divisa. Huds.   *Carex divisé.*

Racine rampante, tortueuse ; chaume débile, triangulaire, nu ; feuilles étroites, trigones au sommet, rudes ;
épillets entassés, sans ordre, munis de bractées dont

l'inférieure est foliacée, souvent très-longue ; capsules velues sur les bords, bidentées, plus courtes que l'écaille calicinale. ♃... Schk. Caric. n.º 11. t. R. et Vv. f. 61... Lois. Fl. gall. 630... Dec. Fl. fr. 1706.
Les prairies humides. R. A Coumbemingué, derrière S.te-Foi, près d'Agen. P. 3.

2. **Carex paniculata.** Linn.   *Carex paniculé.*

Racine articulée, rampante, entremêlée ; chaume à trois arêtes aiguës, rudes ; feuilles dures, touffues ; épillets en panicule, rameux, alternes, munis de bractées ; écailles lancéolées, pâles ; capsules gonflées, marginées, bifides, dentées au sommet. ♃... Schk. Caric. n.º 24. t. D. f. 20... Leers. Herb. 201. t. 14. f. 4... Lois. Fl. gall. 631... Dec. Fl. fr. 1715.
Les marais des Landes. RR. A Boussés.

3. **Carex vulpina.** Linn.   *Carex vulpin.*

Racine touffue ; chaume à trois arêtes aiguës, comprimé ; feuilles larges, très-rudes ; épis rameux, très-rapprochés, plus lâches vers la base, munis de bractées membraneuses, élargies, sétacées au sommet ; écailles géminées ; capsules coniques, un peu comprimées, divergentes, échancrées, surmontées d'un bec. ♃... Schk. Caric. n. 10. t. C. f. 10... Lois. Fl. gall. 631... Dec. Fl. fr. 1705.
Les bords des fossés aquatiques. CCC. Derrière Malconte, à Agen.

4. **Carex muricata.** Linn.   *Carex rude.*

Racine fibreuse ; chaume nu, triangulaire ; feuilles étroites, lisses ; épillets uniformes, rapprochés, les supérieurs contigus, sans bractées ; écailles aiguës, couleur de rouille ; capsules divergentes, convexes, rudes en leurs bords, à bec terminé par deux pointes aiguës. ♃... Schk. Caric. n. 13. t. E. f. 22... Lois. Fl. gall. 632... Dec. Fl. fr. 1708... *C. canescens.* Leers. Herb. 201. t. 14. f. 3.
Les lieux herbeux des collines. CC. A l'Hermitage, près d'Agen.

5. **Carex divulsa.** Good.   *Carex séparé.*

Racine fibreuse ; chaume triangulaire, débile ; feuilles

longues ; épillets épars, les inférieurs un peu écartés ;
écailles pâles ; capsules agglomérées, plus courtes que
les écailles, glabres sur les bords, rudes au sommet,
bidentées. ♃... Schk. Caric. n. 12. t. Dd. et Ww. f. 89...
Lois. Fl. gall. 632... Dec. Fl. fr. 1707.

β. C. d. *virens*. Epillets munis d'une longue bractée... *C.
muricata* var. Schk. Caric. n. 13. t. Dd. f. 22... *C. virens*.
Lamk. Dict. enc. 3. p. 384.

Les bois épais, humides. CC.

* * *Epillets femelles au sommet.*

6. Carex stellulata. Good.　　　　*Carex étoilé.*

Racines fibreuses, nombreuses ; chaume triangulaire ;
arêtes plus ou moins prononcées ; feuilles planes, trigones au sommet ; 3 ou 5 épillets, alternes, distiques,
pauciflores, un peu cylindriques inférieurement ; capsules plus longues que l'écaille, divergentes en étoile,
rudes sur les bords, bec indivis. ♃... Lois. Fl. gall. 632...
Dec. Fl. fr. 1722... *C. stellata.* Schk. Caric. n. 34. t. C.
f. 14... *C. muricata.* Leers. Herb. 200. t. 14. f. 8.

Les marais des Landes. C.

7. Carex elongata. Linn.　　　　*Carex alongé.*

Racine rampante ; chaume triangulaire, strié ; épillets
de 6 à 12, oblongs, contigus ; bractées et écailles uniformes, obtuses, colorées ; capsules étalées, coniques,
marquées de nervures, dentelées au sommet, moitié
plus longues que l'écaille, à bec presque indivis. ♃...
Schk. Caric. n. 39. t. E. f. 25... Scheuz. Agr. 487. t.
11. f. 4... Lois. Fl. gall. 633... Dec. Fl. f. 1724.

Les bois humides. P. 2.

8. Carex remota. Linn.　　　　*Carex écarté.*

Racine fibreuse, touffue ; chaume obscurément trigone ;
feuilles flasques ; épillets de 6 à 8, solitaires, les supérieurs nus, les inférieurs très-écartés, munis de bractées
foliacées, surpassant le chaume ; écailles ovales, courtes ; capsules acuminées, à peine bifides. ♃... Schk.
Caric. n. 35. t. E. f. 23... Leers. Herb. 200. t. 15. f. 1...
Lois. Fl. gall. 633... Dec. Fl. fr. 1723.

Les prairies humides. P. 2. CCC.

B. *Plusieurs épis androgynes et unisexuels.*

† 2 *stigmates ; semences convexo-planes.*

9. Carex intermedia. Good.   *Carex intermédiaire.*

Racine profondément rampante, alongée, mince ; chaume droit, triangulaire ; feuilles planes ; épillets variables pour le nombre et pour la forme, tantôt distiques, tantôt ramassés en épi serré, les supérieurs et les inférieurs femelles, les intermédiaires androgynes ; écailles d'un jaune ferrugineux ; capsules acuminées, striées, un peu marginées, bifides, aussi longues que l'écaille. ♃... Schk. Caric. n. 9. t. B. f. 7... Lois. Fl. gall. 625... *C. arenaria.* Leers. Herb. 198. t. 14. f. 2... *C. disticha.* Dec. Fl. fr. 1703.
Les terres marécageuses. RRR. Les bords du Lot, vis-à-vis le Port-de-Penne.

10. Carex arenaria. Linn.   *Carex des sables.*

Racine au loin rampante, noueuse, munie de verticilles filamenteux ; chaume triangulaire, courbé, aigu sur les arêtes ; feuilles rudes, carinées, engainantes ; épillets nombreux, les inférieurs femelles, séparés, munis de bractées foliacées, les intermédiaires androgynes, les supérieurs mâles, serrés ; écailles acuminées, d'un jaune très-pâle ; capsules aiguës, chargées de nervures, bifides, denticulées, ailées au sommet. ♃... Schk. Caric. n. 8. t. B. et Dd. f. 6... Mich. Nov. gen. 67. t. 33. f. 3-4... Lois. Fl. gall. 635... Dec. Fl. fr. 1702.
Les sables mobiles des Landes. P. 3. CCC.

Obs. Ce Carex se propage par ses racines traçantes en lignes droites très-remarquables. On trouve souvent à ces racines une espèce de tubercule ressemblant à une amande et d'un goût agréable. Est-ce le produit de la piqûre de quelque insecte, ou une espèce de Rhizoctone *analogue à celle qu'a décrit M.* Decandolle*, et qui vit sur les racines de la Luzerne? Voyez Mém. du mus. d'hist. nat. tom. 2. pag. 209.*

C. *Plusieurs épis unisexuels.*

† 2 *stigmates ; semences convexo-planes.*

11. Carex stricta. Good.   *Carex roide.*
Racine rampante ; chaume triangulaire, rude ; feuilles

fermes; gaînes déchirées en réseau ; épis au nombre de 2 et plus, aigus, de couleur fauve ; épis femelles de deux à trois, cylindriques, écartés, l'inférieur brièvement pédonculé; bractées auriculées, foliacées ; écailles lancéolées, noires ; capsules ovoïdes, comprimées, relevées de nervures, percées au sommet, caduques. ♃... Schk. Caric. n. 49. t. V. f. 73... Lois. Fl. gall. 636... Dec. Fl. fr. 1729... *C. acuta.* Leers. Herb. 207. t. 16. f. 1.
Le marais de Brax, près d'Agen. **P. 2. R.**

†† *3 stigmates, semences triangulaires.*

a. *3 capsules glabres , ou hérissées sur les angles seulement.*

*** *Epi mâle unique.***

2. Carex flava. Linn.   *Carex jaunâtre.*

Racine presque rampante ; chaume lisse, feuillé à la base, triangulaire; feuilles planes, engainantes ; bractées foliacées, surpassant le chaume, divergentes ; écailles ovales, racourcies; épi mâle cylindrique, jaunâtre ; épis femelles de 2 à 3, hérissés, à pédoncules inclus ; capsules ventrues, à côtes bidentées, à bec terminal réfléchi. ♃... Leers. Herb. 222. t. 15... Schk. Caric. n. 60. t. H. f. 56... Lois. Fl. gall. 639... Dec. Fl. fr. 1745.
Les marais, particulièrement ceux des Landes. **C. P. 3. A** Boussés, à Fauroux.

3. Carex distans. Linn.   *Carex espacé.*

Racines fibreuses; chaume et feuilles lisses ; épi mâle lancéolé ; épis femelles, au nombre de 3, très-écartés, à pédoncule saillant ; bractées foliacées, engainantes, ligulées ; écailles couleur de rouille, un peu mucronées; capsules munis de plusieurs nervures, à bec court, rude et bidenté. ♃... Schk. Caric. n. 87. t. T. et Yy. f. 68... Lois. Fl. gall. 639... Dec. Fl. fr. 1756.
Les prairies. **P. 2. 3. CCC.**

4. Carex drymeja. Linn. Suppl. 414.   *Carex des bois.*

Racine presque rampante; chaume triangulaire, feuillé, débile ; feuilles planes, un peu rudes ; épi mâle cylindrique; épis femelles de 2 à 5, distans, penchés, grêles, à pédoncule saillant ; bractées foliacées , engainantes;

écailles membraneuses, mucronées ; capsules lâches,
ventrues, aiguës, terminées par un bec setacé, à deux
pointes. ♃... Lois. Fl. gall. 643... *C. sylvatica.* Schk.
Caric. n. 94. t. L l. f. 101... *C. patula.* Dec. Fl. fr. 1760...
C. capillaris. Leers. Herb. 204. t. 15. f. 2.
Les lieux humides et ombragés. P. 2. C. A Ratier, près
d'Agen.

15. Carex maxima. Scop.   *Carex élevé.*

Racine fibreuse, touffue ; chaume de 3 à 5 pieds de
haut, triangulaire, feuillé, glabre ; feuilles larges, acuminées, dures, engainantes ; épis de 5 à 7, courbés,
pendans, tres-longs, à pédoncule inclus, le terminal
mâle, les autres femelles, flétris à la base, accompagnés
de bractées foliacées, quelquefois mâles au sommet ;
écailles fauves, mucronées ; capsules un peu gonflées,
à bec tronqué. ♃... Lois. Fl. gall. 643... Dec. Fl. fr.
1754... *C. pendula.* Schk. Caric. n. 85. t. Q. f. 6... Barr.
Ic. 45.
Les bords des ruisseaux ombragés. P. 2. 3. CCC. Vallons
de Foulayronnes et de Naux, près d'Agen.

16. Carex pseudo cyperus. L. *Carex faux souchet.*

Racine fibreuse ; chaume triangulaire, à arêtes aiguës,
feuillé, rude ; feuilles larges, rudes, marquées de veines
en réseaux, depassant le chaume, les florales très-longues, engainantes ; épis de 3 à 5, axillaires ; le mâle
terminal, roux, quelquefois fructifère au sommet ; épis
femelles pédonculés, penchés, rapprochés ; écailles
sétacées, ciliées, hérissées ; capsules lancéolées, serrées,
sillonnees, à bec fourchu ♃... Schk. Caric. n. 95. t.
Mm. f. 102... Lois. Fl. gall. 644... Dec. Fl. fr. 1761.
Les marais des Landes. P. 3. R.

** *Epis mâles au nombre de deux ou davantage.*

17. Carex ampullacea. Good.   *Carex renflé.*

Racine rampante ; chaume glabre, à arêtes obtuses ;
feuilles carinées, étroites, très-longues ; épis mâles de 2
à 3, effilés, sessiles ; épis femelles souvent au nombre
de 2, cylindriques, obtus, axillaires, pédonculés, em-
brassés par des bractées foliacées ; écailles courtes, aiguës ; capsules divergentes, globuleuses, striées, à bec
bifide. ♃... Schk. Caric. n. 104. t. Tt. f. 107... Lois. Fl.

gall. 644... Dec. Fl. fr. 1764... *C. vesicaria.* Leers. Herb.
208. t. 16. f. 1. I.
Les lieux aquatiques. P. 3. C.

18. Carex vesicaria. Good.   *Carex vésiculeux.*

Racines rampantes, articulées; chaume rude, à arêtes aiguës, feuillé; feuilles longues, planes, chargées de nervures
en réseau; épis mâles de 2 à 3, lancéolés; épis femelles
de 2 à 4, axillaires, pédonculés, l'inférieur souvent engainé; capsules coniques, vériculeuses, marquées de
nervures, à bec court, bidenté; écailles aiguës, plus
courtes que la capsule. ♃... Schk. Caric. n. 103. t. Ss.
f. 106... Lois. Fl. gall. 644... Dec. Fl. fr. 1763... Leers.
Herb. 208. var. γ. t. 16. f. 2. III.
Les lieux aquatiques des bois. C. A Peyrequatre, près
d'Agen.

Obs. *Très-voisin du précédent, dont il ne sauroit cependant
constituer une variété.*

19. Carex riparia. Curt.   *Carex des rivages.*

Racine rampante, grosse; chaume rude, triangulaire;
feuilles larges, striées en réseau, très-rudes, les florales
embrassantes, acuminées, l'inférieure très-longue; épis
mâles de 1 à 4, triangulaires, aigus, roussâtres; épis
femelles de 3 à 4, droits, axillaires, les inférieurs pédonculés; écailles aristées; capsules de la longueur de
l'écaille, ventrues, coniques, à nervures nombreuses, à
bec bifurqué. ♃... Schk. Caric. n. 102. t. Qq. et Rr.
f. 105... Lois. Fl. gall. 645... Dec. Fl. fr. 1766... *C. ruffa.*
Lamk. Dict. enc. 3. p. 394.
Les marais. P. 2. A Brax, près d'Agen. CCC.

Leptura aquatica.

20. Carex paludosa. Good.   *Carex des marais.*

Racines rampantes, accompagnées de drageons; chaume
triangulaire, à arêtes aiguës, nu dans sa partie moyenne;
feuilles rudes, gaînes des radicales en réseau capillaire,
les supérieures embrassantes, dépassant le chaume;
épis mâles de 1 à 4, presque contigus, légèrement
triangulaires; épis femelles souvent au nombre de 3,
axillaires, fermes, sessiles et pédonculés, quelquefois
mâles au sommet; écailles des mâles obtuses, celles
des femelles mucronées; capsules denses, elliptiques,

à bec court. ♃... Schk. Caric. n. 1001. t. Oo. et Vv.
f. 103... Lois. Fl. gall. 645... Dec. Fl. fr. 1765.
Les marais bourbeux. P. 2. 3. CC.

b. *Capsules duvetées ou laineuses.*

✳ *Epi mâle unique.*

21. Carex præcox. Jacq.   *Carex précoce.*

Racine rampante, accompagnée de drageons ; chaume
debile, nu, obscurement triangulaire ; feuilles touffues,
recourbées ; épis de 3 à 4, rapprochés, le mâle terminal en massue, les femelles oblongs, briévement
pédonculés ; gaîne des bractées membraneuse, élargie ;
écailles des mâles obtuses, roussâtres, celles des femelles
un peu mucronées ; capsules presque pyriformes, rapprochées, à bec indivis. ♃... Schk. Caric. n. 56. t. F.
f. 27... Lois. Fl. gall. 646... Dec. Fl. fr. 1731... *C. fili-
formis.* Leers. Herb. 204. t. 16. f. 5.
Les prés secs. P. 2. A Dolmayrac, près d'Agen. CCC.

22. Carex ericetorum. Poll.   *Carex des bruyères.*

Racine presque rampante, touffue ; chaume obscurément triangulaire ; feuilles fermes, carénées ; épis de 2
à 4, rapprochés, le mâle plus long, cylindrique, les
femelles globuleux, sessiles ; bractées membraneuses,
embrassantes ; écailles obtuses, transparentes sur les
bords ; capsules arrondies, obtuses, entières au sommet, amincies à la base. ♃... Lois. Fl. gall. 646...
Dec. Fl. fr. 1735... *C. ciliata.* Schk. Caric. n. 66. t. I.
f. 42... *C. montana.* Leers. Herb. 303. t. 16. f. 6.
Les bois pierreux des collines, les friches arides. P. 3. RR.
Sur le coteau de Grezas, près d'Hautefage.

23. Carex pilulifera. Lin.   *Carex pilulifère.*

Racine fibreuse ; chaume triangulaire, presque nu,
oblique à la base ; feuilles touffues, rudes ; épis de 4 à
5, contigus, le mâle linéaire, aigu, les femelles sessiles,
agglomérées ; gaîne des bractées nulle ; écailles couleur
de rouille, acuminées ou mutiques ; capsules globuleuses, amincies aux deux extrémités, de la longueur des
écailles. ♃... Schk. Caric. n. 64. t. I. f. 39... Lois. Fl.
gall. 647... Dec. Fl. f. 1734.
Les bois épais. P. 2.

24. Carex gynobasis. Vill.　　　　*Carex gynobase.*

Racine touffue, à fibres dures, noires ; chaume obscurément triangulaire, filiforme ; feuilles fasciculées, roides ; épis de 3 à 4, le mâle obtus, lancéolé ; les femelles
pauciflores, ceux du sommet sessiles, rapprochés, enveloppés par une bractée membraneuse, l'inférieur radical, à pédoncule très-long, quelquefois androgyne ;
écailles elliptiques, fauves ; capsules lâches, en forme
de poire, striées, presque glabres, obliquement tronquées au sommet. ♃... Schk. Caric. n. 59. t. G. f. 35...
Lois. Fl. gall. 647... Dec. Fl. fr. 1737.
Les friches pierreuses, sur les rochers chargés de mousse.
P. 1. 2. CC. A Rivesols, près d'Agen.

Obs. *La tige est triangulaire au-dessous des épis ; mais dans
tout le reste de sa longueur elle est convexe d'un côté, aplatie
et canaliculée de l'autre.*

✳ ✳ *Epis mâles au nombre de 2 ou davantage.*

25. Carex glauca. Scop.　　　　*Carex glauque.*

Racine grêle, rampante, munie de drageons ; chaume
triangulaire, à arêtes obtuses, lisses ; feuilles glauques,
planes, rudes ; épis mâles souvent au nombre de 2,
droits, les femelles de 2 à 3, cylindriques, pédonculés,
penchés à leur maturité ; bractées foliacées, auriculées
à la base ; capsules en forme de toupie, dépourvues de
nervures, presque pas pubescentes, entières au sommet.
♃... Lois. Fl. gall. 649... Dec. Fl. fr. 1743... *C. flacca.*
Schk. Caric. n. 98. t. O. P. f. 57. a, b, et Z 2. f. 113...
C. limosa. Leers. Herb. 204. t. 15. f. 3.
Les prairies aquatiques. P. 2. CCC. Vallon de Foulayronnes, près d'Agen.

26. Carex hirta. Linn.　　　　*Carex hérissé.*

Racine épaisse, rampante, à fibrilles velues ; chaume
strié, presque triangulaire ; feuilles radicales, lisses,
les florales pubescentes sur la gaîne ; épis mâles de 1 à
3, inégaux, à écailles ovales, aiguës, pubescentes ; épis
femelles de 2 à 3, écartés, pédonculés, à écailles aristées, glabres ; capsules munies de côtes lâches, hérissées, à bec fourchu. ♃... Schk. Caric. n. 105. t. Uu. f.
108... Leers. Herb. 208. t. 16. f. 3... Lois. Fl. gall. 650...
Dec. Fl. fr. 1744.

Les prairies sablonneuses, les gazons au bord des eaux.
P. 2. 3. CCC.

TÉTRANDRIE.

NAJAS.   *NAYADE.*

Mâle. Calice cylindrique, bifide; corolle quadrifide;
anthères sessiles.
Femelle. Calice nul; corolle nulle; un pistil; capsule
uniloculaire.

1. **Najas marina.** Linn.   *Nayade marine.*

Tige dichotome; feuilles opposées ou ternées, amplexicaules, oblongues, sinuées-dentées; fleurs sessiles axillaires, solitaires; fruits monospermes. ◉... Mich. Nov.
gen. 11. t. 8. f. 1... Lamk. Ill. pl. 799. f. 1... *N. major.*
Dec. Fl. fr. 1466.
Fl. E. 3. Les eaux dormantes. RRR. Près de Castillonnès,
dans la rivière du Drot. Trouvée par M. Phiquepal.

2. **Najas minor.** Roth.   *Nayade mineure.*

Tige dichotome; feuilles opposées ou ternées, amplexicaules, linéaires, subulées, recourbées, roides, aiguil-
lonnées, dentées, les supérieures fasciculées; fleurs
axillaires, sessiles. ◉... Mich. Nov. gen. 11. t. 8. f. 3...
Lamk. Ill. t. 799. f. 2... Dec. Fl. fr. 1467.
Fl. E. 2. 3. Les eaux dormantes. RR. Dans l'ancien bras
de la Garonne, près le passage de Layrac. CC.

BETULA.   *BOULEAU.*

Mâle. Calice monophylle, trifide, triflore; corolle à 4
divisions.
Femelle. Calice monophylle, presque trifide, biflore;
semence munie d'une aile membraneuse.

1. **Betula alba.** Linn.   *Bouleau blanc.*

Feuilles deltoïdes, aiguës, surdentées, glabres; pétioles
glabres, plus longs que le pédoncule. ♄ ... Duham. Arb.
tom. 1. pl. 39... Dec. Fl. fr. 2106.

β. B. a. *pendula.* Rameaux flexibles et pendans. Roth. Germ. p. 405.

Fl. P. 1. 2. Les bords des eaux, dans les Landes sablonneuses. C. Près de la tour d'Avance, commune de Boussés.

Obs. *Cet arbre est le dernier que l'on trouve en avançant vers le pôle arctique, et le seul que produise le Groenland. Son écorce, presque incorruptible, sert à une infinité d'usages : les Lapons en couvrent leurs tristes demeures. Ses feuilles teignent en jaune ; sa sève, extraite par incision, est abondante et agréable à boire. On lui attribue la propriété de dissoudre les calculs des reins ; elle a été célébrée sous ce rapport par le poète Vanière.*

2. Betula alnus. Linn.   *Bouleau aulne.*

Feuilles ovales-arrondies, un peu émoussées, dentées, visqueuses dans leur jeunesse ; nervures de la page inférieure velues ; pédoncules terminaux, rameux. ♭... Duham. Arb. t. 1. pl. 15... *Alnus glutinosa.* Dec. Fl. fr. 2109... Vulgairement *Aulne* ; et *Bergné*, en gascon, du celtique *vern.*

Fl. P. 1. Le bord des ruisseaux. CCC.

Obs. *Le bois de cet arbre dure autant, ou plus, que celui du chêne dans l'eau ou la terre très-humide. Son écorce sert pour teindre en noir, et la décoction de ses feuilles gargarisée s'emploie dans les maux de gorge. Son écorce peut encore servir à tanner les cuirs, et sa vertu fébrifuge est, dit-on, constatée.*

BUXUS.   *BUIS.*

Mâle. Calice triphylle ; 2 pétales ; 2 rudimens de germes.

Femelle. Calice tétraphylle ; 3 pétales ; 3 styles ; 3 capsules tricuspidées, triloculaires, à 2 semences.

1. Buxus sempervirens. Linn. *Buis toujours verd.*

Feuilles opposées, presque sessiles, elliptiques, très-entières, très-glabres, émoussées ; fleurs axillaires, ramassées, sessiles. ♭... Duham. Arb. tom. 1. pl. 46... Dec. Fl. fr. 2176.

β. B. s. *suffruticosa.* Tiges naines.

Fl. P. 1. Les bords des bois. RR. Aux environs de Mon-

flanquin, et dans le haut Agenais; la var. β dans les
friches du canton de Beauville, sur le coteau du *Pech
traoucat*, près Sainte-Foi-d'Anthe, canton de Tournon.

Obs. *Le rocher percé à jour, et très-remarquable, qui
donne le nom à la colline, dont il forme le sommet, seroit-il
un monument celtique, une espèce de* dolmen?

URTICA.   *ORTIE.*

Mâle. Calice 4 phylle; corolle nulle; nectaire central
en forme de coupe.
Femelle. Calice bivalve; corolle nulle; une semence
luisante.

1. Urtica pilulifera. Linn.   *Ortie pilulifère.*

Feuilles opposées, ovales, dentées en scie; chatons
fructifères, globuleux. ◉... Lamk. Ill. p. 761. f. 2... J.
B. Hist. 3. p. 445. f. 1... Dec. Fl. fr. 2134.
Fl. E. Les lieux incultes, auprès des habitations rurales.
RRR. Sous les murs de Puymirol, du côté du midi. CC.
Près du château d'Estillac. C.

2. Urtica urens. Linn.   *Ortie brûlante.*

Feuilles ovales; chatons cylindriques, androgynes. ◉...
J. B. Hist. 3. p. 446... Dec. Fl. fr. 2133.
Fl. P. 1. 2. Près des murailles. C.

3. Urtica dioïca. Linn.   *Ortie dioïque.*

Feuilles opposées, cordiformes; grappes géminées,
dioïques. ◉... J. B. Hist. 3. p. 445. f. 2... Dec. Fl.
fr. 2132.
Fl. E. 1. Les lieux incultes, auprès des habitations. CCC.

Obs. *Cette Ortie, ainsi que la précédente, fournit un
fourrage très-sain pour les bestiaux; elle peut, dit-on,
être mangée en guise d'épinards, lorsqu'elle pousse les premières feuilles. On obtient de la tige des Orties de la filasse
propre à faire de la toile et du bon papier. Enfin, elles
servent en médecine comme astringens, et pour l'urtication
dans les paralysies. Le docteur Ilier, médecin à la Sauvetat-
de-Savères, ayant obtenu par ce remède des succès déci-
sifs et constans, les a consignés dans un mémoire encore
manuscrit.*

MORUS. *MURIER.*

Mâle. Calice à 4 divisions ; corolle nulle.
Femelle. Calice quadriphylle ; corolle nulle ; 2 styles ;
calice devenant une petite baie à une semence.

1. **Morus alba.** Linn. *Mûrier blanc.*

Feuilles obliquement cordiformes, lisses. ♭ ... Dec. Fl.
fr. 2130.
Fl. P. 2.

Obs. *Autrefois cultivé pour la nourriture du* Bombix
mori *ou* Ver à soie, *avant que cette branche d'industrie
agricole ne fût totalement tombée dans le département, où
il peut être regardé néanmoins comme naturalisé. Le Mûrier noir, beaucoup moins commun, se trouve dans quelques
vergers.*

PENTANDRIE.

XANTHIUM. *LAMPOURDE.*

Mâle. Calice commun, imbriqué ; corolle monopétale-
infondibuliforme, à 5 divisions ; réceptacle paléacé.
Femelle. Calice involucre diphylle, biflore ; corolle
nulle ; fruit sec, hérissé, bifide, à noyau biloculaire.

1. **Xanthium strumarium.** Linn. *L. glouteron.*

Sans épines ; feuilles en cœur, à trois nervures ; fruits
hérissés de pointes crochues, et terminés par deux plus
longues, rapprochées au sommet. ◉ ... Lob. Obs. 319. et
Ic. t. 588. f. 2... J. B. Hist. 3. p. 572. f. 1... Lamk.
Ill. pl. 765. f. 1... Dec. Fl. fr. 2139... Vulgt. *Glouteron,
Bardanne.*
Fl. E. A. Les haies, les lieux incultes, dans les terres
sablonneuses. CC.

Obs. *Ses feuilles servent à teindre en jaune.*

2. **Xanthium spinosum.** Linn. *Lampourde épineuse.*

Feuilles trifides, aiguës, blanchâtres en dessous, munies de trois épines à la base. ◉ ... Moriss. Hist. 3. sect.

15. t. 2. f. 8... Lamk. Ill. pl. 765. f. 4... Dec. Fl. fr.
2140.
Fl. E. 3. A. Les rives de la Garonne, où il est apporté
sans doute par les débordemens, auprès d'Agen. RRR.

AMARANTHUS.   *AMARANTHE.*

Mâle. Calice à 3 ou 5 folioles; corolle nulle, 3 étamines ou 5.
Femelle. Calice de la fleur mâle; corolle nulle; 3 styles; capsule uniloculaire, s'ouvrant transversalement;
une seule semence.

1. **Amaranthus albus.** Linn.   *Amaranthe blanche.*

Tige rameuse; rameaux divergens; feuilles pétiolées,
ovales, émoussées, terminées par une pointe piquante;
fleurs triandres, disposées en glomerules axillaires,
bipartis; bractées piquantes. ⊙... Dec. Fl. fr. VI.
p. 374.
Fl. herbacées. E. Aux bords des chemins, près de Marmande. CC. Par M. Graulhié.

2. **Amaranthus blitum.** Linn.   *Amaranthe blite.*

Tige rameuse, couchée à la base, diffuse; feuilles pétiolées, ovales, échancrées au sommet; fleurs triandres,
trifides, les axillaires en glomerules, les terminales en
épis courts. ⊙... Dec. Fl. fr. VI. p. 374.
β. A. b. *ascendens.* Plus grand dans toutes ses parties;
tige ascendante... *A. ascendens.* Lois. Fl. gall. not. p.
141... Vulgairement *blet*, plus communément *urguet* en
gascon.
Fl. verdâtres. E. A. Au pied des murs, près des habitations; dans les potagers. CCC. Comestible pour les pauvres gens, qui le mangent à la soupe.

3. **Amaranthus sylvestris.** Desf.   *A. sauvage.*

Tige droite, rameuse; feuilles ovales, pétiolées; fleurs
triandres; calice à trois folioles; fleurs disposées en
paquets axillaires. ⊙... Desf. Cat. hort. par. 44. ex Lois.
Fl. gall. not. p. 141... Dec. Fl. fr. VI. p. 374.
Fl. verdâtres. E. 1. 2. Les champs cultivés. CC. Derrière
Sainte-Foi, à Agen.

Obs. *Cet* Amaranthus *diffère de l'*A. blitum, *avec lequel
il est aisé de le confondre, par ses feuilles qui ne sont point*

échancrées au sommet, et par ses paquets de fleurs qui ne sont jamais en épi terminal.

4. Amaranthus retroflexus. Linn.   *A. réfléchie.*

Tige droite, rameuse, un peu flexueuse ; feuilles ovales, lancéolées, ondulées ; fleurs pentandres, disposées en épis décomposés, serrés, droits, terminaux et axillaires. ⊙... Dec. Fl. fr. VI. p. 374.
Fl. herbacées. E. 1. 2. Les bords des champs, des chemins. CC. Derrière Sainte-Foi, dans les saussaies, près d'Agen.

Obs. *L'Amaranthus caudatus Linn. à longs épis pourpres, pendans, échappée des jardins, s'est presque naturalisée aux environs de plusieurs habitations rurales.*

POLYANDRIE.

CERATOPHYLLUM.   *CERATOPHYLLE.*

Mâle. Calice à plusieurs divisions ; corolle nulle ; étamines de 16 à 20.
Femelle. Calice de la fleur mâle ; corolle nulle; un pistil sans style ; une semence.

1. Ceratophyllum demersum. Linn.   *C. nageant.*

Feuilles dichotomes, bigéminées; fruits tricuspidés. ♃... Lamk. III. pl. 775. f. 2... Dec. Fl. fr. 3653.
Fl. E. Dans les eaux dormantes. CC. A Riols, près d'Agen.

2. Ceratophyllum submersum. Linn.   *C. submergé.*

Tige rameuse; feuilles verticillées, linéaires, dichotomes, tergéminées ; fruits axillaires, sans épines. ♃... Lamk. III. 775. f. 1... Dec. Fl. fr. 3654.
Fl. E. Les eaux dormantes. R. Au marais de Brax.

MYRIOPHYLLUM.   *MYRIOPHYLLE.*

Mâle. Calice 4 phylle ; corolle nulle ; 8 étamines.
Femelle. Calice 4 phylle ; corolle nulle ; 4 pistils sans styles ; 4 semences.

1. Myriophyllum spicatum. Linn. *M. en épi.*

Feuilles verticillées, pinnées-pectinées, capillaires; épi terminal, interrompu; fleurs verticillées, les supérieures mâles; bractées courtes, les inférieures dentées, les supérieures entières. ♃... Lamk. Ill. pl. 775... J. B. Hist. 3. p. 783. f. 1... Dec. Fl. fr. 3658.

Fl. E. 1. Les eaux stagnantes, à Riols, près d'Agen; à Sérignac. R.

2. Myriophyllum pectinatum. Requiem. *M. pectiné.*

Feuilles verticillées, pinnées-pectinées, capillaires; épi terminal interrompu, à fleurs verticillées, les supérieures mâles; bractées lancéolées, très-courtes, toutes pectinées. ♃... Req. in Dec. Fl. fr. VI. p. 429.

Fl. E. Les eaux stagnantes dans les Landes. R. Les fossés, près le pont de Gorre.

Obs. *Plus ressemblant au précédent qu'au suivant.*

3. Myriophyllum verticillatum. Linn. *M. verticillé.*

Feuilles verticillées, pinnées-pectinées, capillaires; fleurs axillaires, verticillées, les supérieures mâles. ♃... Clus. Hist. 2. p. 352. f. 1... J. B. Hist. 3. p. 783. f. 3... Dec. Fl. fr. 3659.

Fl. E. 1. Les marais. CC. A Sérignac, à Brax.

SAGITTARIA.　　*SAGITTAIRE.*

Mâle. Calice 3 phylle; corolle 3 pétales; environ 24 filets d'étamines.

Femelle. Calice 3 phylle; corolle 3 pétales; plusieurs pistils; semences nombreuses, nues.

1. Sagittaria sagittifolia. Linn. *Sagittaire fléchière.*

Feuilles en fleur de flèche, aiguës; hampe simple, droite, verticillée au sommet; fleurs pédicellées, ternées, les supérieures mâles, les inférieures femelles. ♃... J. B. Hist. 3. p. 790. f. 1... Lob. Obs. p. 160. f. 1... Lamk. Ill. pl. 776... Roëmer, Fl. eur. fasc. 2. t. 7.

β. S. s. *minor.* Feuilles plus étroites et pointues. Lob. Obs. p. 160. f. 2.

Fl. blanches, lavées de rose tendre. E. 1. Les marais, les bords des eaux. R. A Sérignac. La var. β dans les lieux marécageux des bords du Drot, près Castillonnès. C.

POTERIUM.   *POTERIUM.*

Mâle. Calice 4 phylle ; corolle 4 fide ; étamines de 3o
à 4o.
Femelle. 2 pistils ; baie formée par le tube de la corolle endurci.

1. Poterium sanguisorba. L. *Poterium pimprenelle.*

Tige droite, rameuse, anguleuse ; feuilles pinnées avec
impaire, un peu pileuses ; folioles arrondies, émoussées,
dentées ; fleurs en tête globuleuse, terminale ; filets
des étamines beaucoup plus longs que la corolle. ♃...
Lamk. Ill. pl. 777... *Sanguisorba minor.* Fuchs. Hist.
789... Dec. Fl. fr. 3718... Vulgt. *Pimprenelle.*
Fl. presque herbacées. P. 2. 3. Les friches pierreuses des
coteaux. CCC. Voyez *Sanguisorba officinalis.*

QUERCUS.   *CHÉNE.*

Mâle. Calice campanulé, lobé ; corolle nulle ; étamines
de 5 à 10.
Femelle. Calice campanulé, entier, écailleux ; style
unique ; 3 stigmates ; une semence ovoïde.

1. Quercus ilex. Linn.   *Chêne vert.*

Feuilles persistantes, ovales - oblongues, indivises et
dentées, blanchâtres en dessous ; écorce non subéreuse ;
gland ovale. ♭... J. B. Hist. 1. lib. 7. p. 95... Dec. Fl.
fr. 2121... *Yeuse.*
Fl. P. Dans quelques bois, où il a probablement été trans-
porté. RR. Dans la garenne de Saint-Amans ; sur le Roc
des Anglais, entre Penne et Villeneuve, autour des ves-
tiges d'un monument funéraire dont on ignore l'époque,
et à Lacroze, même canton.

2. Quercus suber. Linn.   *Chêne liégier.*

Feuilles ovales-oblongues, indivises et dentées, tomen-
teuses en dessous ; écorce subéreuse. ♭ ... Duham. Arb.
2. pl. 80... Clus. Hist. 1. p. 22... Dec. Fl. fr. 2122...
Vulgt. *Surrier ; Leougé*, en gascon.
Fl. P. La lisière des Landes, auprès de Casteljaloux, à
Barbaste, à Mezin.

Obs. *La culture de cet arbre utile, répandue dans cette*

26

portion du département, est très-lucrative. A combien d'usages le liège n'est-il pas indispensable dans l'économie domestique et dans les arts ?

3. Quercus robur. Linn.   *Chêne rouvre.*

Feuilles glabres, oblongues, pétiolées, sinuées, à lobes arrondis ; fruits oblongs, sessiles. ♭ ... *Q. sessiliflora* Smith... Dec. Fl. fr. 2117... Vulgt. *Chêne noir.*

β. *Q. r. pubescens.* Feuilles pubescentes, presque coton-neuses en dessous, souvent inégales à la base... *Q. pu-bescens.* Willd. Sp. pl. 4. p. 451... *Q. lanuginosa.* Thuill. Fl. par. p. 502.

Fl. P. Les bois. CCC. La var. β au bois de Darel, près d'Agen, et ailleurs. CC.

Obs. *Les feuilles varient beaucoup quant à la plus ou moins grande profondeur de leurs lobes ; mais ces variations ne sauroient être appréciées ici : il seroit superflu de chercher à les décrire.*

Papilio, Sphinx et Bombix quercus.

4. Quercus tauza. Roth.   *Chêne tausin.*

Feuilles blanchâtres, tomenteuses en dessous, souvent glabres en dessus, pétiolées, oblongues, sinuées-pin-natifides ; fruits pédonculés ; racine rampante. ♭ ... *Q. tauza.* Dec. Fl. fr. VI. p. 352... *Q. pyrenaïca.* Willd. Sp. pl. 4. p. 451... *Q. stolonifera.* Lapey. Fl. pyr. 582... Vulgt. *Tausin.*

Fl. P. Derrière Sainte-Colombe, près d'Agen, au bord d'un bosquet ; dans la forêt de Biron ; très-commun dans les Landes.

5. Quercus pedunculata. Hoff.   *Chêne pédonculé.*

Feuilles glabres, sessiles, oblongues, sinuées, en lobes arrondis ; fruits oblongs, disposés en grappe pédon-culée. ♭ ... *Q. robur.* Linn. Sp. pl. 1414... Smith. Fl. brit. p. 1026... *Q. racemosa.* Lamk. Dict. enc. 1. p. 715... Dec. Fl. fr. 2116... Secondat. Hist. nat. du chêne. pl. 3... Duham. Arb. 2. pl. 47... Vulgt. *Chêne blanc ; Cassé blan,* en gascon.

Fl. P. Les bois. CCC.

Obs. *Cette espèce croît plus promptement que le Q. robur, et lui est préférable pour les grandes constructions. Le port de cet arbre, ses dimensions gigantesques, tout en lui rappèle l'idée de la force et de la majesté. Combien de fois n'a-t-il pas été nommé le Roi des foréts, qui lui doivent en effet toute leur valeur et toute leur magnificence ? Les anglais, qui regardent cet arbre comme le soutien de leur puissance maritime, ont donné à l'un de leurs plus beaux vaisseaux de guerre le nom de* Royal oak, Chêne royal, *et ont décerné une médaille d'or à un cultivateur avec cette légende :* Pour avoir semé du gland.

Papilio iris. Phaloena amatoria.

JUGLANS.   *NOYER.*

Mâle. Calice monophylle, en forme d'écaille ; corolle à 6 divisions ; 18 filamens.
Femelle. Calice à 4 divisions, supérieur ; corolle à 4 divisions ; fruit drupe, à noyau sillonné.

1. Juglans regia. Linn.   *Noyer royal.*

Feuilles ovales, glabres, presque dentées, presque égales. ♭... Duham. Arb. t. 2. pl. 13... Dec. Fl. fr. 4067.
Fl. P. Partout. CC.

Obs. *Cet utile et bel arbre étoit beaucoup plus cultivé dans nos contrées avant le terrible hiver de 1709. Les planches énormes qui ont servi à fabriquer les vieux meubles si communs dans nos maisons, datent de cette époque. Le Noyer est originaire de Perse.*

FAGUS.   *HÉTRE.*

Mâle. Calice à 5 divisions, campanulé ; corolle nulle ; 12 étamines.
Femelle. Calice à 4 dents ; corolle nulle ; 3 styles ; 3 capsules, hérissées de piquans, quadrivalves ; 2 semences.

1. Fagus castanea. Linn.   *Hêtre châtaigner.*

Feuilles lancéolées, acuminées, dentées, nues en dessous. ♭... Dalech. Hist. p. 31... *Castanea vulgaris.* Dec. Fl. fr. 2114.
Fl. E. Les bois. R. Cultivé dans les Landes et dans le haut Agenais.

2. Fagus sylvatica. Linn.   *Hêtre forestier.*

Feuilles ovales, presque point dentées. ♭... Duham.

Arb. t. 1. pl. 98... Dalech. Hist. p. 34... Dec. Fl. fr. 2113.

Fl. P.

Obs. *Cette espèce, que nous n'avons jamais observée dans le département, n'est ici mentionnée que sur l'assertion de plusieurs personnes qui disent l'avoir vue dans la forêt de Callonges ou du Mas-d'Agenais. Les noms de* Lafage, *de* Hautefage, *etc., que portent ou des communes ou des propriétés rurales, semblent indiquer du moins que cet arbre fut jadis plus connu dans nos contrées.*

CARPINUS.　　*CHARME.*

Mâle. Calice monophylle; écaille ciliée; corolle nulle; 20 étamines.

Femelle. Calice monophylle; écaille ciliée; corolle nulle; 2 germes chacun à 2 styles; noix ovale.

1. Carpinus betulus. Linn.　　*Charme commun.*

Ecailles du chaton à trois lobes. ♭... Duham. Arb. 1. pl. 49... J. B. Hist. 1. part. 2. p. 146... Dec. Fl. fr. 2112... Vulgt. *Calpré*, en gascon.

Fl. P. Les bois. CC.

Phalœna margaritaria.

Obs. *En perçant au printemps l'écorce du Charme, on en obtient une liqueur limpide, rafraîchissante, et qui se conserveroit peut-être si on la faisoit fermenter.*

CORYLUS.　　*COUDRIER.*

Mâle. Calice monophylle, en forme d'écaille, trifide, uniflore; corolle nulle; 8 étamines.

Femelle. Calice diphylle, déchiré; corolle nulle; 2 styles; noix ovoïde.

1. Corylus avellana. Linn.　　*Coudrier noisetier.*

Stipules ovales, obtus. ♭... Duham. Arb. 1. pl. 77... J. B. Hist. 1. p. 266... Dec. Fl. fr. 2115... Vulgt. *Abelané*, en gascon.

Fl. P. 1. Les bois, les haies. CC. Cultivé dans quelques vergers pour ses fruits.

Obs. *On retire des avelines ou noisettes, mentionnées par les anciens sous le nom de* nuces calvas, *une huile très-douce, bonne pour la lampe et pour les arts.*

PLATANUS. *PLATANE.*

Mâle. Chaton globuleux ; corolle à peine visible ; filets des anthères réunis à la base
Femelle. Chaton globuleux ; corolle polypétale ; stigmate recourbé ; semences arrondies ; styles persistans, aigrettés à la base.

1. Platanus orientalis. Linn. *Platane d'orient.*

Feuilles palmées. ♭ ... Duham. Arb. 2. pl. 33... Lamk. Ill. pl. 783... Dalech. Hist. p. 93... Dec. Fl. fr. 2124... Vulgt. *Platane, Plane ; Platanier,* en gascon.
Cultivé. Il forme de superbes avenues. Cet arbre, propre aux grandes plantations, est naturalisé à Saint-Amans, où il se reproduit spontanément de ses semences.

Obs. *La propriété de purifier l'atmosphère dont ce Platane est doué plus que toute autre espèce d'arbre, a porté les peuples de l'orient à le multiplier auprès de leurs demeures, et même à le planter dans les rues de leurs villes. Tauris, en Perse, est, dit-on, ombragée par les plus beaux Platanes de l'univers.*

2. Platanus occidentalis. Linn. *Platane d'occident.*

Feuilles lobées. ♭ ... Duham. Arb. 2. pl. 35.
Cultivé comme le précédent, mais moins commun. Il exige un terrein plus humide. Originaire de l'Amérique.

Obs. *Le bois de la première de ces deux espèces, que j'ai fait exploiter, m'a semblé avoir beaucoup de rapport pour la densité, le grain et la couleur, à celui du Hêtre.*

MONADELPHIE.

PINUS. *PIN.*

Mâle. Calice 4 phylle ; corolle nulle ; plusieurs étamines ; anthères nues.
Femelle. Calice du cône écaille biflore ; corolle nulle ; un pistil ; noix munie d'une aile membraneuse.

1. Pinus maritima. Gmel. Syst. *Pin maritime.*

Rameaux verticillés ; feuilles droites, géminées, trèslongues, un peu rudes sur les bords ; cônes très-longs, plus courts que la feuille ; rétrécis à la base ; écailles hérissées. ♭ ... Lamk. Fl. fr. 2. p. 201... Dec. Fl. fr. 2057... *P. pinaster.* Ait. Hort. kew. 3. p. 367... *P. sylvestris* var. γ. Linn. Sp. pl. 1418... Duham. Arb. 2. p. 133. t. 29. n. 4... *P. maritima major.* Dodon. Pempt. 861. Les Landes, où il forme des bois d'une grande étendue, appelés *Pinadas* ou *Pignadas*, en gascon.

OBS. *Les usages multipliés qu'on retire de la sève et du bois de cet arbre sont connus. Les Dalécarliens préparent une espèce de pain avec sa seconde écorce dégagée de sa résine, et réduite en farine après avoir été séchée et torréfiée. Heureux les peuples qu'une nature marâtre ne force jamais à se procurer de pareilles ressources !*

Les jeunes branches et les feuilles du Pin donnent, par la fermentation, une liqueur assez agréable, qu'on compare à la bière ; mais c'est plutôt du Sapin, Pinus abies, qu'on retire cette boisson connue sous le nom de Sapinette.

Bombix pini leptura.

2. Pinus pinea. Linn.   *Pin cultivé.*

Feuilles géminées, les premières solitaires, ciliées ; cônes obtus, plus longs que la feuille ; noix dure. ♭ ... Duham. Arb. 2. pl. 27... Dalech. Hist. p. 44. f. 1... Dec. Fl. fr. 2058. ♭ Cultivé pour ses fruits. R. Il existe à Riols, près d'Agen, un arbre de cette espèce remarquable par sa beauté ; un autre presqu'aussi beau se voit chez M. Mouchet, près Sainte-Bazeille.

CUPRESSUS.   *CYPRÈS.*

Mâle. Pour calice l'écaille du chaton ; corolle nulle ; 4 anthères sessiles.
Femelle. Pour calice l'écaille uniflore du chaton ; corolle nulle ; points concaves remplaçant le style ; noix anguleuse.

1. Cupressus sempervirens. Linn. *C. toujours verd.*

Rameaux fastigiés ; feuilles imbriquées sur quatre angles. ♭ ... Duham. Arb. 1. pl. 81... *C. fastigiata.* Dec. Fl. fr. VI. 2064. Fl. P. 1. Naturalisé au second degré dans le département, et cultivé aux environs de presque toutes les maisons de campagne.

Obs. *Le bois de cet arbre a le très-grand avantage d'être presque incorruptible. Il répand une odeur désagréable lorsqu'il est récemment travaillé : cette odeur, dit-on, éloigne les punaises ; j'ai la preuve du contraire.*

MOMORDICA.   *MOMORDIQUE.*

Mâle. Calice 5 fide ; corolle 5 fide ; 3 filets.
Femelle. Calice 5 fide ; corolle 5 fide ; style 3 fide ; pomme s'ouvrant avec une grande élasticité.

1. Momordica elaterium. Linn.   *M. elaterium.*

Pomme hérissée ; vrilles nulles. ◉... Bull. Herb. pl. 18... Lob. Obs. p. 868... Dec. Fl. fr. 2823.
Fl. d'un blanc-jaunâtre. E. 1. 2. Les lieux incultes et pierreux. R. Sous les murs de Puymirol ; à Condat parmi les décombres. CC.

Obs. *Ses fruits peuvent être employés à frotter les lits et les autres meubles dont on veut chasser les punaises. On dit que si l'opération est bien faite, elles ne reviennent plus.*

CUCURBITA.   *CUCURBITE.*

Mâle. Calice à 5 dents ; corolle à 5 divisions ; 3 filets.
Femelle. Calice à 5 dents ; corolle à 5 divisions ; pistil des 3 fide ; bord des semences renflé.

1. Cucurbita lagenaria. Linn.   *Cucurbite gourde.*

Corolle très-évasée, presque étoilée ; semences échancrées au sommet. ◉... Lob. Obs. p. 366... J. B. Hist. 2. p. 216... Dec. Fl. fr. 2826. Vulgairement *Calebasse*, et le fruit *Gourde.*
Fl. blanches. E. Originaire des Indes. Cultivée dans presque tous les potagers.

Obs. *Cette plante produit plusieurs variétés distinguées par la forme de leurs fruits. Celui de l'une de ces variétés acquiert deux ou trois pieds de longueur.* Moriss. Hist. 1. sect. 1. tab. 5. f. 3.

On mange ces fruits lorsqu'ils sont encore tendres. On attend aussi leur maturité, on les vide, on les remplit de chair hachée avec du sel, du poivre, etc. : cuits dans le four, ils se servent alors en guise de pâtés froids, sur les tables bourgeoises, où ils se coupent à tranches comme les saucissons.

2. **Cucurbita maxima.** Duchène.   *C. à gros fruit.*

Fleurs campanulées, élargies à la base ; limbe réfléchi , arrondi , comprimé. ⊙... J. B. Hist. 2. p. 221... Lob. Obs. 365. f. 2... Dec. Fl. fr. 2827. Vulgairement *Potiron , Citrouille ; Couge,* en gascou.
β. *C. m. viridis.* Fruit verd.
Fl. jaunes. E. Cultivée dans tous les potagers , et dans les champs.

Obs. *Le fruit de ces deux variétés acquiert quelquefois une telle grosseur, qu'il pèse jusqu'à* 60 *, et même jusqu'à* 80 *livres, selon* Lobel. l. c.

3. **Cucurbita pepo.** Linn.   *Cucurbite melonnée.*

Fl. campanulées, retrecies à la base ; limbe droit. ⊙... Dalech. Hist. p. 616. f. 3... Dec. Fl. fr. 2828. Vulgairement *Citrouille melonnée.*
Fl. jaunes. E. Généralement cultivée.
Obs. *Il existe une grande quantité de variétés du* Cucurbita pepo. *On pourra voir les six principales de ces variétés dans la Flore française : il seroit superflu de les mentionner ici.*

4. **Cucurbita citrullus.** L. *Cucurbite, melon d'eau.*

Corolles arrondies ; semences colorées ; feuilles laciniées. ⊙... Lob. Obs. 364. f. 2... *C. anguria.* Dec. Fl. fr. 2829.
α. Fruit verd ; pulpe rouge-tendre , déliquescente ; semences noires. Vulgairement *Melon d'eau* , ou *Pastèque.*
β. Fruit verd, panaché de blanc ; pulpe solide ; semences rouges. Vulgairement *Melon d'hiver.*
Fl. d'un jaune pâle. E. Cultivé dans la plupart des potagers.
Obs. *Les divers usages de toutes ces espèces et variétés de Citrouilles sont assez connus.*

CUCUMIS.   *CONCOMBRE.*

Mâle. Calice à 5 dents ; corolle à 5 divisions ; 3 filets. *Femelles.* Calice à cinq dents ; corolle à 5 divisions ; pistil 3 fide ; bord des semences aigu.

1. **Cucumis sativus.** Linn.   *Concombre cultivé.*
Feuilles à angles saillans et pointus ; fruits ovales-

oblongs, un peu tuberculeux. ⊙... Lob. Ic. 638... Dec.
Fl. fr. 2825.
Fl. jaunes. E. Cultivé danl es potagers.

Obs. *Ses fruits confits au vinaigre, avant leur maturité,
portent le nom de* Cornichons.

2. Cucumis melo. Linn.   *Concombre melon.*

Feuilles à angles arrondis ; fruits à côtes saillantes. ⊙...
J. B. Hist. ♭. p. 242... Dalech. Hist. p. 623... Dec. Fl.
fr. 2824.
Fl. jaunes. E. Originaire de la Tartarie. Cultivé dans
tous les potagers.

Obs. *Il est inutile de parler de ses nombreuses variétés,
qui produisent toutes des fruits plus ou moins parfumés et
sucrés.*

BRYONIA.   *BRYONE.*

Mâle. Calice à 5 dents ; corolle à 5 divisions ; 3 filets.
Femelle. Calice à 5 dents ; corolle à 5 divisions ; style
3 fide ; baie globuleuse, polysperme.

1. Bryonia dioïca. Jacq.   *Brione dioïque.*

Fleurs en grappe, dioïques ; feuilles cordiformes, à
cinq lobes, munies de callosités rudes ; fruits d'un beau
rouge. ♃... Bull. Herb. pl. 55... Lamk. Ill. pl. 796...
Dec. Fl. fr. 2822.
Fl. d'un blanc sale. E. Les haies, les bords des bois, les
lieux incultes. CCC.

Obs. *La racine de cette plante acquiert beaucoup de volume ; elle abonde en fécule amylacée autant que le Gouet,
et sans exiger autant de précaution peut également servir à
blanchir le linge.*

CLASSE VINGT-DEUXIÈME.

DIOECIE.

—

DIANDRIE.

SALIX.   *SAULE.*

Mâle. Chaton cylindrique ; une écaille pour calice ;
corolle nulle ; une glande nectarifère à la base des étamines.
Femelle. Chaton cylindrique ; une écaille pour calice ;
corolle nulle ; style bifide ; capsule uniloculaire, bivalve, semences aigrettées.

* *Capsules velues ou duvetées.*

1. **Salix caprea.** Linn.   *Saule marceau.*

Feuilles ovoïdes, acuminées, rétrécies vers la base,
très-velues en dessous ; les supérieures sinuées-dentées ;
stipules caduques, figurées en croissant. ♭... Linn. Fl.
lapp. t. 8. f... Hoff. Salic. 1. p. 25. t. 3. f. 1, 2. et t.
21. f. a, b, c... Dec. Fl. fr. 2804.
β. *S. c. rufinervis.* Nervures des feuilles couleur de rouille...
Dec. Fl. fr. VI. p. 341... *S. acuminata.* Thuill. Fl. par.
518.
γ. *S. c. sphacelata.* Feuilles elliptiques, entières, très-velues en dessous, souvent brunes et desséchées au sommet...
S. sphacelata. Smith. Fl. britt. 1066.
Fl. P. 1. Les lieux humides, au bord des eaux. C. Dans
le vallon de Foulayronnes, près d'Agen. La variété β
dans un petit bois, auprès de Cambes, et dans les Landes.

Obs. *Cette espèce s'élève autant que le* S. alba *et peut
servir aux mêmes usages. La forme de ses feuilles nonseu-
lement varie beaucoup, mais nous avons des échantillons sur*

lesquels on voit à la fois des feuilles à poils blancs et à poils roux.

Bombix anachoreta.

2. Salix aurita. Linn.   *Saule à oreillettes.*

Feuilles ovoïdes, rétrécies vers la base, arrondies au sommet, légérement mucronées, entières, un peu roulées sur les bords, très-velues en dessous, marquées de nervures fortes et saillantes en réseau ; deux oreillettes polymorphes à la base du pétiole. ♭... Linn. Fl. lapp. t. 8. f. y... Hoff. Salic. 1. t. 22. f. 1... Dec. Fl. fr. 2085. Fl. P. 1. Les bords des ruisseaux. R. Dans le vallon de Naux, près d'Agen et dans les Landes.

3. Salix cinerea. Linn.   *Saule cendré.*

Feuilles ovoïdes, alongées, rétrécies vers la base, très-acuminées, irrégulièrement dentées, glauques, cendrées en dessous, velues sur les nervures ; deux oreillettes demi cordiformes dentées. ♭... *S. acuminata.* Hoff. Salic. 1. p. 39. t. 6. f. 1, 2. et t. 22. f. 2... Dec. Fl. fr. VI. p. 342.
Fl. P. 1. Les bords des ruisseaux, le voisinage des sources. CC. Dans le vallon de Foulayronnes, près d'Agen ; à Lacandélie, près le Pont-du-Cassé. C.

4. Salix arenaria. Linn.   *Saule des sables.*

Feuilles lancéolées, ovales, un peu aiguës, légérement velues en dessus, soyeuses et argentées en dessous, un peu roulées sur les bords, entières ; jeunes rameaux soyeux. ♭... Linn. Fl. lapp. t. 8. f. o, q... Vill. Dauph. t. 51. n. 56... *S. helvetica.* Dec. Fl. fr. 2087.
Fl. E. Les Landes humides. R.

OBs. *Nous citons la figure de la Flore du Dauphiné, parce qu'elle se trouve citée partout ; mais nous regardons comme impossible qu'avec son seul secours on puisse déterminer cette espèce.*

5. Salix fusca. Linn.   *Saule fauve.*

Feuilles elliptiques-oblongues, un peu aiguës, munies de quelques dents au sommet, ciliées, glabres en dessus, glauques-blanchâtres en dessous, avec quelques poils rares, couchés, microscopiques. ♭... *Très-petit arbrisseau.* Linn. Fl. lapp. t. 8. f. r... Smith. Fl. britt. 160... Lois. Fl. gall. p. 674.

Fl. P. 3. Les Landes humides, entre Rhimbés et Baudignan. Trouvée par M. C. Graulhié.

6. Salix purpurea. Linn.   *Saule purpurin.*

Monandre, incliné; feuilles opposées ou alternes, ovales,
lancéolées, glabres, dentées; stigmates ovales, très-
courts, presque sessiles. ♭... Smith. Fl. britt. 1039...
S. manandra. Var. α. Dec. Fl. fr. 2099.
Fl. P. 1. 2. Les rives du Lot et de la Garonne. C.

Obs. *Si ce saule est une variété du S. helix Linn., il est
bien surprenant que celui-ci ne se trouve point dans nos
contrées.*

7. Salix viminalis. Linn.   *Saule à longues feuilles.*

Feuilles lancéolées-linéaires, très-longues, acuminées,
très-entières, blanches et très-soyeuses en dessous; rameaux droits; germes très-velus. ♭... Hoff. Salic. 1. p.
22. t. 2. f. 1. t. 5. f. 2., et t. 21. f. 9... Dec. Fl. fr.
2098.
Fl. P. Les rives de la Garonne. RRR. Auprès de Colayrac.
Cultivée sous le nom d'*Osier blanc*, *Osier de Bordeaux*. A
Contensou, près d'Agen.

✳ ✳ *Capsules glabres.*

8. Salix incana. Schrank.   *Saule drapé.*

Feuilles linéaires, longues, un peu roulées en leurs
bords, blanches, drapées en dessous, à dentelures
légérement indiquées par des glandes calleuses; germes
ovales, glabres. ♭... Dec. Fl. fr. 2073... *S. lavandulæ-
folia.* Lapey. Pyr. 601... *S. angustifolia.* Poir. in Duham.
Arb. édit. nov. 3. t. 29... *S. riparia.* Wild. Sp. pl. 698.
Fl. P. Les atterrissemens de la Garonne. R. Vis-à-vis
Malauze, à Camparolles. CC.

9. Salix alba. Linn.   *Saule blanc.*

Feuilles lancéolées, acuminées, rétrécies à la base, un
peu soyeuses sur les deux faces, finement dentées;
dentelures glanduleuses à la base; stigmates fendus. ♭...
Hoff. Salic. 1. p. 41. t. 7, 8 et 24. f. 3... Dec. Fl. fr.
2071. Vulgairement *Saule; Aouba*, en gascon.
Fl. P. 2. Les bords des eaux. CCC. Cultivé en grand pour
l'utiliser principalement en échalas.
Obs. *Peu d'arbres sont aussi beaux que le Saule blanc,*

lorsqu'on le laisse atteindre toute sa hauteur, et croître en liberté dans un sol qui lui convient. Il est consacré à l'amour par les anglais. Qui ne se rappelle la touchante romance de Dedesmona, dans le Maure de Venise ?

> *Un magnifique insecte habite son feuillage,*
> *Et d'un parfum de rose embaume le rivage.*

CASTEL, *Poëme des plantes.*

Cerambix moschatux.

10. Salix vitellina. Linn.   *Saule jaune.*

Feuilles lancéolées, acuminées, glabres, un peu glauques en dessous, dentées ; pétioles très-légérement poilus; chatons se développant avec les feuilles; stigmates à deux lobes. ♭. Hoff. Salic. 1. p. 57. t. 11, 12 et 24. f. 1... Dec. Fl. fr. 2072. Vulgairement *Osier; Bimé,* en gascon.

Fl. P. 2. Généralement cultivé pour ses usages multipliés dans l'économie rurale.

OBS. *Feu le docteur Schœffer, de Ratisbonne, a fabriqué, avec les aigrettes des semences de ce saule, du papier, mais grossier et fragile. Son écorce pourroit servir à la teinture. Hoffmann observe que les individus mâles de cette espèce sont plus rares que les femelles.*

Bombix capucina.

11. Salix Babylonica. Linn.   *Saule de Babylone.*

Feuilles linéaires-lancéolées, acuminées, légérement dentées, glabres; rameaux grêles, pendans. ♭... Dec. Fl. fr. 2076. Vulgairement *Saule pleureur.*
Fl. P. 1. Cultivé : très-commun dans les jardins, au bord des eaux, où il produit un effet pittoresque.

12. Salix triandra. Linn.   *Saule triandre.*

Feuilles ovales-lancéolées, acuminées, arrondies à la base, dentées, glabres, un peu glauques en dessous ; stipules trapéziformes ; chatons se développant en même temps que les feuilles. ♭... Hoff. Salic. 1. p. 45. t. 9, 10 et 28. f. 2... Dec. Fl. fr. 2074.
P. 2. Les terreins humides et sablonneux, sur les bords de la Garonne. C. A Jolicœur, près Saint-Hilaire, entre Agen et le Port-Sainte-Marie.

VISCUM.   *GUY.*

Mâle. Calice 4 fide ; corolle nulle ; anthères sessiles , insérées sur le calice.
Femelle. Calice 4 fide supérieur ; corolle nulle ; style nul ; baie monosperme ; semence cordiforme.

1. Viscum album. Linn.   *Guy blanc.*

Feuilles lancéolées , obtuses ; tige dichotome ; épis axillaires. ♭... Duham. Arb. t. 2. p. 104... Lamk. Ill. pl. 87... Dec. Fl. fr. 3399.
Fl. d'un jaune verdâtre. H. 3. Sur les pommiers , les poiriers , les sorbiers. R. Dans le vallon de Foulayronnes ; dans le canton de Beauville , où il est plus commun. RRR sur le chêne.

MYRICA.   *MYRICA.*

Mâle. Ecailles du chaton lunulées ; corolle nulle.
Femelle. Deux styles ; baie monosperme.

1. Myrica gale. Linn.   *Myrica galé.*

Feuilles lancéolées ; fruit sec. ♭... Dec. Fl. fr. 2105...
Piment royal.
Fl. P. Les marécages des Landes. CC. Près le Pont de Gorre.

Obs. *Un médecin anglais a prétendu que cette plante étoit le véritable thé. Cette grossière méprise pouvoit d'autant plus tirer à conséquence que l'infusion des feuilles du Myrica galé , loin d'être agréable et salutaire ou même indifférente , n'eût été qu'une boisson dégoûtante et pernicieuse à la santé.*

Melolontha farinosa.

———

PENTANDRIE.

PISTACHIA.   *PISTACHIER.*

Mâle. Fleurs en chaton ; calice 5 fide ; corolle nulle.
Femelle. Fleurs distinctes ; calice 3 fide ; 2 styles ; drupe monosperme.

1. Pistachia terebinthus. L. *Pistachier térébinthe.*

Tige arborescente ; feuilles pinnées avec impaire ; folioles-ovales , oblongues, mucronées; fleurs paniculées, axillaires. ♭... Clus. Hist. 1. p. 15... Dec. Fl. fr. 4055. Fl. P. Les rochers exposés au midi, à Tournon, à Fumel. CC.

SPINACIA.   *ÉPINARD.*

Mâle. Calice 5 fide ; corolle nulle.
Femelle. Calice 4 fide ; corolle nulle ; 4 styles ; une semence dans le calice , endurci.

1. Spinacia spinosa. Dec.   *Épinard cornu.*

Feuilles sagittées ; fruits cornus. ◉ ou ♂... Dalech... Hist. 544... Dec. Fl. fr. 2242... *S. oleacera. Variété α.* Linn. Sp. pl. 1456.
Fl. herbacées. P. Cultivé dans tous les potagers.

2. Spinacia inermis. Dec.   *Épinard inerme.*

Feuilles oblongues , ovoïdes ; fruits inermes. ◉ ou ♂... *S. oleracea. Variété β.* Linn. Sp. pl. 1456... Moriss. Hist. 2. s. 5. t. 30. f. 2... *Épinards de Hollande , ou Gros épinards.*
Fl. herbacées. Cultivé dans tous les potagers.

Obs. *Les deux espèces d'Épinards , réunies par Linné , diffèrent par des caractères trop prononcés et trop contraires pour rester confondues. La dernière est plus délicate et résiste moins aux rigueurs de l'hiver.*

CANNABIS.   *CHANVRE.*

Mâle. Calice 5 fide ; corolle nulle.
Femelle. Calice monophylle, entier, ouvert latéralement ; corolle nulle ; 2 styles ; noix bivalve , renfermée dans le calice.

1. Cannabis sativa. Linn.   *Chanvre cultivé.*

Feuilles digitées. ◉... Dalech. Hist. 497. f. 1. 2... Lamk. Ill. pl. 814... Dec. Fl. fr. 2137.
Fl. verdâtres. E. Cultivé dans les champs. CCC. Originaire de la Chine.

Obs. *Le chanvre de l'Agenais est reconnu d'une qualité supérieure à celui du nord. Sa culture est très-répandue dans
la plaine de la Garonne, sur-tout dans les communes d'Aiguillon et du Port-Sainte-Marie ; et la belle manufacture de
toiles à voiles d'Agen s'alimente en grande partie des produits
de cette culture.*

HUMULUS.   *HOUBLON.*

Mâle. Calice à 5 folioles ; corolle nulle.
Femelle. Calice ouvert obliquement, entier ; corolle nulle ;
2 styles ; une semence dans un calice foliacé.

1. **Humulus lupulus.** Linn.   *Houblon commun.*

Tige grimpante, rameuse ; feuilles opposées, pétiolées,
cordiformes, simples et lobées ; fleurs axillaires, les
mâles en grappe, les femelles en chaton pédonculé.
♃... Bull. Herb. pl. 234... Clus. Hist. 1. p. 126. f. 2...
Lamk. Ill. pl. 815... Dec. Fl. fr. 2131.
Fl. verdâtres. E. 1. 2. Les lieux frais et ombragés. R. Le
vallon de Foulayronnes , les bords de la rivière à Lespinasse , près d'Agen.

Obs. *Cette plante qui communique à la bière son amertume,
et l'empéche de s'aigrir , a mérité le nom de* vigne du nord.
On mange ses jeunes pousses en guise d'asperges.

HEXANDRIE.

TAMUS.   *TAME.*

Mâle. Calice à 6 divisons ; corolle nulle.
Femelle. Style trifide ; baie triloculaire inférieure , 2
semences.

1. **Tamus communis.** Linn.   *Tame commun.*

Feuilles cordiformes, entières. ♃... Lamk. Ill. pl. 817...
Dalech. Hist. p. 1412... Dec. Fl. fr. 1868... Vulgt. *Sceau
de Notre-Dame.*
Fl. d'un verd clair. P. 2. Les haies, les bois. CCC.

OCTANDRIE.

POPULUS.   *PEUPLIER.*

Mâle. Fleurs en chaton ; calice formé par une lame déchirée ; corolle turbinée, oblique, entière.
Femelle. Fleurs en chaton ; calice et corolle du mâle ;
stigmate 4 fide; capsule biloculaire; semences nombreuses aigrettées.

1. Populus fastigiata Poir.   *Peuplier pyramidal.*

Feuilles glabres sur les deux faces, deltoïdes, acuminées, plus larges que longues, dentées ; rameaux fastigiés. ♭... Poiret, Dict. enc. 5. p. 235... Dec. Fl. fr.
2184... *P. dilatata.* Ait. ex Wild. Sp. pl. 804... Vulgt.
Peuplier d'Italie.
Fl. P. 1. Les lieux humides, les bords des eaux. CCC.

Obs. *Rien de si incertain que la terre natale de cette espèce
de peuplier. Selon M. de Chateaubriand, la Lombardie l'auroit reçu de la Crimée et de la Géorgie, et il auroit été re-
trouvé sur les bords du Mississipi au-dessus des Illinois.(It. de
Par. à Jérus. 1. p. 82.) J'ai ouï dire à Londres par feu
Dryander, le digne ami de Jos. Banks, que cet arbre étoit
originaire des Canaries.*

*Quoi qu'il en soit, il est cultivé depuis long-temps en Italie ;
et il formoit déjà de belles avenues dans la Lombardie aux
palais des princes, notamment à celui de Colorno, bien avant
le milieu du siècle dernier. Il n'est introduit dans nos contrées
que depuis 1766 ou 1770.*

2. Populus nigra. Linn.   *Peuplier noir.*
Feuilles glabres sur les deux faces, deltoïdes, acumi-
nées, plus longues que larges, dentées. ♭... Duham.
Arb. 2. pl. 39. f. 4, 5... Dec. Fl. fr. 2103... *Bioulé,*
en gascon.
P. 1. Les bords des eaux. CCC.

Obs. *Les misérables habitans du Kamtschatka font du
pain avec l'écorce de cet arbre. Peut on imaginer que l'homme habite les tristes contrées où il est forcé de recourir à
une semblable ressource ?*

*Les bourgeons du peuplier noir, pilés et macérés dans l'eau
bouillante, peuvent, au moyen de la presse, fournir une matière*

qui brûle comme de la cire, en répandant une odeur agréable. Si cette matière analogue à celle que fournit le Myrica ceri-fera *ou* Myrte à chandelle, *étoit plus abondante, elle pour-roit trouver son emploi dans l'économie domestique. Le du-vet de ses semences fournit un assez beau papier, et se file mélé avec du coton ; enfin l'écorce de cet arbre peut servir à tanner les cuirs, et ses feuilles à nourrir les bestiaux pen-dant l'hiver.*

Chrysomela populi. Phalæna populata.

3. Populus tremula. Linn.   *Peuplier tremble.*

Feuilles presque orbiculaires, dentées, glabres sur les deux faces ; pétioles comprimés ; jeunes rameaux velus. ♭... Duham. Arb. 2. pl. 39. f. 7... Dec. Fl. fr. 2102... *Tremoul*, en gascon.

Fl. P. Les bois frais. CC. A Saint Amans, à Darel, à Ferrou, près d'Agen.

Chrysomela populi. Papilio populi.

4. Populus alba. Linn.   *Peuplier blanc.*

Feuilles cordiformes, arrondies, lobées, dentées, du-vetées et très-blanches en dessous ; chatons ovales. ♭... Duham. Arb. 2. pl. 36... J. B. Hist. 1. p. 160. f. 1... Dec. Fl. fr. 2100.

Fl. P. Les lieux humides. R. A Saint-Amans. Au nord du bois de Darel, à la Fox, près d'Agen.

Obs. *Ce peuplier, sous le rapport de son utilité, ne mérite pas chez nous le grand éloge qu'en a fait l'abbé Rozier dans son cours complet d'agriculture ; c'est cependant l'un des plus beaux arbres de l'Europe. Il ne peut rester aucun doute qu'il ne fût consacré à Hercule, et non le peuplier noir, d'après les vers suivans de* Virgile.

.... *Herculeá* bicolor *cùm populus umbrá* Velavitque comas foliisque innexa pependit.

Æneid. Lib. 8.

Buprestis sycophanta. Sphinx populi.

MERCURIALIS.   *MERCURIALE.*

Mâle. Calice à 3 divisions ; corolle nulle ; 9 à 12 étami-nes ; anthères globuleuses, didymes.
Femelle. Calice à 3 divisions ; corolle nulle ; 2 styles capsule à 2 coques, biloculaire, monosperme.

1. **Mercurialis perennis.** Linn. *Mercuriale vivace.*

Tige simple; feuilles rudes. ♃... Bull. Herb. pl. 303...
J. B. Hist. 2. p. 979. f. 1 et 2... Dec. Fl. fr. 2141.
Fl. herbacée. P. 1. Les lieux humides et ombragés. CC.
Au vallon de Foulayronnes, près d'Agen.

2. **Mercurialis annua.** Linn. *Mercuriale annuelle.*

Tige ramifiée ; rameaux étalés ; feuilles glabres ; fleurs
en épis. ◉... Bull. Herb. pl. 169 et 235... Lamk. Ill.
pl. 820... Dec. Fl. fr. 2142.
Fl. de couleur herbacée. E. Les lieux cultivés, près des
habitations. CCC.

HYDROCHARIS. *MORÈNE.*

Mâle. Spathe diphylle ; calice trifide ; corolle à 3 péta-
les ; 3 filamens intérieurs appendiculés.
Femelle. Calice trifide, à 3 pétales; six styles ; capsule
Inférieure, polysperme, à 6 lobes.

1. **Hydrocharis morsusranæ.** L. *M. grenouillette.*

Tige flottante, traçante; feuilles pétiolées, cordiformes,
orbiculaires; pédoncules axillaires, les femelles 1 flores,
les mâles 3 ou 4 flores. ♃... Lamk. Ill. pl. 820... Dec.
Fl. fr. 2051.
Fl. blanches. E. 1. Les marais. C. A Brax, près d'Agen,
à Sérignac.

DECANDRIE.

CORIARIA. *CORIAIRE.*

Mâle. Calice 5 fide ; corolle nulle; 5 glandules; anthères
biparties.
Femelle. Calice 5 phylle ; corolle nulle; 5 glandules
placées entre les germes ; 5 styles ; 5 capsules monospermes, couvertes par les glandules.

1. **Coriaria myrtifolia.** L. *C. à feuilles de myrte.*

Arbrisseau ; feuilles ovales-lancéolées, à trois nervures,
opposées, presque sessiles; fleurs en grappes axillaires

et terminales. ♄ ... Lamk. Ill. pl. 822... Dec. Fl. fr.
4687... Vulgt. *Redoul*, *Rodo*, en gascon.
Fl. verdâtres. P. 2. Les friches pierreuses des coteaux,
les bords des vignes. C. Aux environs d'Agen, de Tournon. CCC.

Obs. *Cet arbrisseau est tantôt dioïque et tantôt polygame:;
ses feuilles sont employées dans la tannerie et la teinture.*

MONADELPHIE.

JUNIPERUS.   *GENEVRIER.*

Mâle. Chaton écailleux; corolle nulle; 3 étamines.
   Femelle. Calice à 3 divisions; 3 pétales; 3 styles; baie
3 sperme.

1. Juniperus communis. Linn. *Genevrier commun.*

Feuilles ternées, étalées, mucronées, plus longues que
la baie. ♄ ... Dec. Fl. fr. 265.
Fl. P. Les friches des collines. CCC.

Obs. *On fait avec les baies de Genièvre une boisson autrefois très-usitée. D'anciens documens prouvent que les baies
jadis récoltées dans le département étoient exportées dans
les pays étrangers ; la plus grande partie passoit dans le nord
de l'Europe. L'eau de vie de Genièvre est encore très-goûtée
n Angleterre, où elle porte le nom de Gin.*

Cimex juniperinus.

TAXUS.   *IF.*

Mâle. Calice 4 phylle en forme de bourgeon ; corolle
nulle ; étamines nombreuses ; anthères peltées, 8 fides.
Femelle. Calice 4 phylle en forme de bourgeon ; corolle
nulle; style nul; drupe ou baie.

1. Taxus baccata. Linn.   *If baccifère.*

Feuilles rapprochées. ♄ ...Duham. Arb. 2. pl. 86... Bull.
Herb. pl. 156... Dec. Fl. fr. 2069.

Fl. P. Cultivé dans les Jardins. CC. Son bois, très-recherché par les tabletiers, est le plus beau de l'Europe.

RUSCUS   *FRAGON.*

Mâle. Calice 6 phylle ; corolle nulle ; nectaire central ,
ovale , percé au sommet.
Femelle. Calice, corolle et nectaire du mâle ; un style
baie triloculaire ; 2 semences dans chaque loge.

1. Ruscus aculeatus. Linn: *Fragon épineux.*
Feuilles lisses; fleurs très-petites insérées sur la face
supérieure de la feuille. ♭... Bull. Herb. pl. 243...
Duham. Arb. 2. pl. 57... Vulgt. *Petit houx ; Bresegou* ,
en gascon.
Fl. herbacées ; le nectaire d'un violet pâle. P. A. Les bois.
CC. A Charpaut, près d'Agen.

CLASSE VINGT-TROISIÈME.

POLYGAMIE.

MONOECIE.

ANDROPOGON.   *BARBON.*

Hermaphrodite. Calice, balle uniflore; corolle, balle aristée à la base ; 3 styles ; 1 semence.
Mâle. Calice et corolle de l'hermaphrodite; 3 étamines.

1. Andropogon ischæmum. L.   *B. pied de poule.*
· Epis digités de 6 à 10; floscules sessiles, l'un aristé ,
l'autre nu; pédicelles laineux. ♃ ... Barr. Ic. 753. f. 2...
Dec. Fl. fr. 1688.
Fl. E. A. Les lieux secs, incultes. CC. Les bords des chemins, aux environs d'Agen.

HOLCUS.   *HOUQUE.*

Hermaphrodite. Calice, balle à une ou deux fleurs ; corolle, balle aristée ; 3 étamines ; 2 styles ; une semence.
Mâle. Calice, balle bivalve ; corolle nulle ; 3 étamines.

1. Holcus sorghum. Linn.   *Houque à balais.*

Balles duvetées ; semences comprimées, aristées ; panicule droite, ovale. ☉... J. B. Hist. 2. p. 447... Dec.
Fl. fr. VI. p. 286... Vulgt. *Balejos*, en gascon.
Fl. E. Originaire de l'Inde ; généralement cultivée dans
les champs.

OBS. *La graine de cette plante sert à la nourriture de la
volaille. On pourroit, comme dans certaines parties de l'Italie,
faire entrer cette graine dans la panification. Les panicules
de la plante desséchées, forment les balais dont se servent
nos ménagères.*

2. Holcus lanatus. Linn.   *Houque laineuse.*

Balle biflore velue ; floscule hermaphrodite dépourvu
d'arête ; floscule mâle muni d'une arête courte et cro-
chue, ♃... Leers. Herb. t. 7. f. 6... Scheuz. Agrost.
234. *Avena lanata.* Dec. Fl. fr. 1563.
Fl. à balles rayées de violet. P. 2. 3. Les prairies humides. CCC.

3. Holcus mollis. Linn.   *Houque molle.*

Balles biflores, presque lisses ; floscule hermaphrodite
sans arête ; floscule mâle avec une arête géniculée
plus longue que la fleur. ♃... Schreb. Gram. 149. t. 20.
f. 2. Scheuz. Agr. 255... *Avena mollis.* Dec. Fl. fr.
1564.
Fl. P. 2. 3. Les bois. RR. A Beauregard, près d'Agen, et
dans les Landes.

CENCHRUS.   *RACLE.*

Involucre lacinié, hérissé, biflore ; balle calicinale biflore ; l'un des floscules mâle, l'autre hermaphrodite.

Hermaphrodite. Corolle, balle mutique ; 3 étamines ;
2 styles.
Mâle. Corolle, balle mutique ; 3 étamines.

1. Cenchrus capitatus. Linn.   *Racle en tête.*

Epi ovoïde simple. ◉... Barr. Ic. 28. f. 1... *Echinaria capitata.* Dec. Fl. fr. 1644.
Fl. E. 1. Les lieux arides et stériles des collines. RRR. A Grésas, près d'Hautefage; à Espalais, près d'Aiguillon; au-dessus de Sainte-Foi d'Anthe, canton de Tournon.

2. Cenchrus racemosus. Linn.   *Racle en grappe.*

Panicule simple, serrée en épi; valves calicinales hérissées; involucre nul. ◉... Barr. Ic. 718... J. B. Hist. 2. p. 462... Schreb. Gram. 45. t. 4... *Lappago racemosa.* Willd. Sp. pl... *Tragus racemosus.* Dec. Fl. fr. 1495.
Fl. E. 2. 3. RRR. Sur les rochers. RR. A Gavaudun. Trouvé une seule fois à Tibet, près d'Agen.

ÆGILOPS.   *EGILOPS.*

Hermaphrodite. Calice, balle bi ou triflore, cartilagineuse; corolle terminée par 3 arêtes; 2 étamines; 2 styles; 1 semence.
Mâle. Calice et corolle de l'hermaphrodite; 3 étamines.

1. Ægilops ovata. Linn.   *Egilops ovale.*

Epi aristé; chaque calice surmonté de quatre arêtes. ◉... Moriss. Hist. 3. s. 8. t. 7. f. 10... Lamk. Ill. pl. 839. f. 1... Dec. Fl. fr. 1654.
Fl. E. 1. 2. Les friches, les pelouses arides des collines. CC.

2. Ægilops triuncialis Linn.   *Egilops trioncial.*

Epi aristé; calice inférieur, avec deux arêtes seulement. ◉... Lamk. Ill. pl. 839. f. 3... Vaill. bot. par. t. 17. f. 1... Schreb. Gram. t. 10. f. 1... Dec. Fl. fr. 1655.
Fl. E. 1. Les lieux stériles des collines. RR. Aux environs de Tournon, de Lauserte.

VAILLANTIA.   *VAILLANTIE.*

Hermaphrodite. Calice nul; corolle 4 lobée; 4 étamines; style bifide; 1 semence.
Mâle. Calice nul; corolle 3 ou 4 lobée; 3 ou 4 étamines; pistil oblitéré.

1. Vaillantia cruciata. Linn. *Vaillantie croisette.*

Fleurs mâles quadrifides ; pédoncules diphylles. ♃...
Lob. Obs. p. 467. f. 2... *Galium cruciatum.* Dec. Fl. fr.
3351... Vulgt. *Croisette.*
Fl. jaunes. P. 2. 3. Les haies, les lieux ombragés. CC.
Dans le vallon de Foulayronnes, près d'Agen.

*Obs. Cette plante, au premier coup d'œil, a de si grands
rapports avec les* gaillets, *que la plupart des botanistes modernes l'ont placée avec eux dans le même genre ; mais sa fructification qui, appartient à une autre classe, et ses fleurs
toutes axillaires s'opposent à cette réunion.*

✳ **2.** Vaillantia crebrifoliata. Ch. *V. à f. rapprochées.*

Tige simple ; hérissée de poils roides à la base ; feuilles
oblongues-lancéolées, ciliées, verticillées quatre à quatre ; verticilles nombreux, rapprochés ; pédoncules
nus, trifides ou bifides ; Fleurs mâles trifides. ♃...
V. glabra. Thore, Chl. des Landes, p. 411. non Linn.
Fl. d'un jaune pâle. E. 1. 2. La lisière des *Pinadas,* dans
les Landes. RR.

Nor. Tige haute de 6 *à* 10 *pouces, glabre dans sa partie supérieure. Feuilles glabres, à* 3 *nervures, velues, réunies
4 à 4 en verticilles tellement rapprochés que sur un individu
haut de 7 pouces, on en compte une vingtaine, tandis qu'un
individu du* V. glabra *Linn. de la même hauteur, cueilli à
Barèges, en offre à peine une douzaine. Rapprochée de cette
espèce linnéenne, avec laquelle MM. Thore et Decandolle
l'ont confondue, son facies propre, ses tiges plus grêles, et ses
feuilles oblongues-lancéolées, plus petites et beaucoup plus
rapprochées, la distinguent suffisamment. (* Chaub. misc.
inéd.)

PARIETARIA.   *PARIÉTAIRE.*

Hermaphrodite. Calice 4 lobé ; corolle nulle ; 4 étamines ;
1 style ; une semence supérieure, alongée.
Femelle. Calice 4 lobé ; corolle nulle ; étamines nulles ;
1 style ; une semence supérieure alongée.

1. Parietaria officinalis Linn. *Pariétaire officinale.*

Feuilles ovales-lancéolées, acuminées, avec une seule
nervure à la base ; folioles de l'involucre ovales ; tige
droite. ♃... Bull. Herb. pl. 199... Lamk. Ill. pl. 853. f. 1

β. **P. o.** *brevifolia.* Feuilles presque moitié moins longues, ovoïdes. Tube des fleurs mâles un peu plus
long... *P. judaïca.* Lamk. Illust. t. 853.... Dec. Fl. fr.
2136... Thuill. Fl. par. p. 536.
Fl. verdâtres, peu apparentes. CC. Sur les vieilles murailles, les rochers abrités.

Obs. *Les nervures postérieures des feuilles de la variété*
β *n'étant point des prolongations du pétiole, comme dans la*
P. Judaïca, *on ne sauroit la rapporter à cette espèce.*

ATRIPLEX.   *ARROCHE.*

Hermaphrodite. Calice 5 phylle; corolle nulle; 5 étamines; style biparti; une semence déprimée.
Femelle. Calice 2 phylle; corolle nulle; étamines nulles;
style biparti; une semence comprimée.

1. Atriplex hastata. Linn.   *Arroche hastée.*

Tige rameuse, redressée; feuilles pétiolées, hastées, glabres, profondément dentées; fleurs en grappes. ◉...
Moriss. Hist. 2. s. 5. t. 32. f. 14... Dec. Fl. fr. 2260.
Fl. herbacées. E. 3. A. Les bords de la Garonne, dans les
haies, les lieux incultes. CC.

2. Atriplex patula. Linn.   *Arroche étalée.*

Tige herbacée, étalée; feuilles deltoïdes-lancéolées,
presque hastées; calice des semences un peu hérissé
d'aspérités. ◉... Smith. Fl. britt. p. 1901... Dec. Fl. fr.
VI. 2251.
Fl. herbacées. E. 2. 3. Les lieux incultes des bords de la
Garonne.

3. Atriplex angustifolia. Smith.   *A. à. f. étroites.*

Tige herbacée; rameaux divergens; feuilles lancéolées,
très-entières, les inférieures un peu hastées; calice des
semences presque lisses. ◉... Lob. Ic. t. 127. f. 2. et
Obs. p. 129. f. 4... *A. patula.* Dec. Fl. fr. 2252.
Fl. herbacées. E. 1. 2. Les bords des chemins, les lieux
incultes. CC.

ACER.   *ERABLE.*

Hermaphrodite. Calice 5 fide; corolle à 5 pétales; 8 étamines; 1 pistil; 2 ou 5 capsules monospermes et terminées par une aile membraneuse.

Mâle. Calice 5 fide ; corolle à 5 pétales; 8 étamines.

1. Acer campestre. Linn. *Erable champêtre.*

Feuilles entières, à cinq lobes obtus, les plus grands obscurément sinués ; corymbes droits; ailes de la semence très-divergentes. ♭... J. B. Hist. 1. part. 2. p. 166... Vulgt. *Aouzérol,* en gascon.

Fl. verdâtres. P. 1. 2. Les bois, les haies, les bords des chemins. CC.

2. Acer Monspessulanum. L. *E. de Montpellier.*

Feuilles à trois lobes égaux et entiers sur les vieux rameaux, anguleuses dentées sur les jeunes pousses ; fleurs en corymbe peu garni ; ailes des semences peu divergentes ou parallèles. ♭... Duham. Arb. 1. pl. 18. f. 2... J. B. Hist. 1. part. 2. p. 168. f. 1... Dec. Fl. fr. 4588.

Fl. verdâtre. P. Les haies, les bords des rochers. R. A Beauville ; sur le chemin des Tricheries à Tournon ; aux moulins d'Espalais, près d'Aiguillon ; au bois de Tuquet, près d'Agen.

CELTIS. *MICOCOULIER.*

Hermaphrodite. Calice 5 fide ; corolle nulle ; 5 étamines; 2 styles ; fruit drupe monosperme.

Mâle. Calice 6 fide ; corolle nulle; 6 étamines.

1. Celtis australis. Linn. *Micocoulier austral.*

Feuilles ovales-lancéolées, acuminées, finement dentées. ♭... Duham. Arb. 1. pl. 55... J. B. Hist. 1. p. 229... Dalech. Hist. p. 347... Dec. Fl. fr. 2125... Vulgairement, *Ledounet,* en gascon.

Fl. P. Les rochers exposés au midi. CC. A l'Hermitage, au Saint-Esprit, à Baurelle, près d'Agen.

Obs. *Il existe auprès de Sérignac huit individus de cette espèce d'arbre, dont les tiges ont plus de six pieds de circonférence à quatre ou cinq pieds au-dessus du sol.*

Pourquoi le micocoulier n'est-il pas plus multiplié dans nos campagnes ? Son accroissement est assez prompt, il est robuste, s'accommode de toutes sortes de terres ; son feuillage n'est dévoré par aucun insecte. Son bois, très-beau, presque incorruptible, peut servir utilement à une infinité d'usages. En le sciant obliquement, il peut même remplacer, dit-on, le bois satiné que l'on apporte d'Amérique. C'est sur-tout pour les brancards de voiture et dans le charonage, que le bois de cet arbre est précieux ; aucun ne l'égale dans nos contrées en souplesse et en ténacité. Il est aussi très-propre à la décoration des bosquets, se tond bien au ciseau, et forme de belles palissades.

DIOECIE.

FRAXINUS.   *FRÉNE.*

Hermaphrodite. Calice nul, ou à 4 divisions ; corolle nulle, ou à 4 pétales ; 2 étamines ; 1 pistil ; 1 semence lancéolée.
Femelle. 1 semence lancéolée.

1. Fraxinus excelsior. Linn.   *Frêne commun.*

Feuilles pinnées avec impaire ; folioles sessiles, lancéolées, acuminées, dentées, glabres. ♭... J. B. Hist. 1. part. 2. p. 174... *F. vulgaris.* Dec. Fl. fr. 2465... Vulgt. *Fraissé*, en gascon.
Fl. P. 2. Les bois, les bords des prairies, les terreins frais.
C. Derrière Monbran, près d'Agen.

Obs. *D'après les expériences de chaptal, il est évident que le Frêne fournit plus de principe saccharin que l'Acer pseudo-platanus ou l'érable-plane. Son bois élastique et fort, est employé pour l'arme des lanciers. Il seroit avantageusement remplacé dans cet usage par le micocoulier.*

Papillio iris. Sphinx ligustri. Phalaena punctaria.

TRIOECIE.

FICUS.   *FIGUIER.*

Mâle. Calice à 3 divisions ; corolle nulle ; 3 étamines.

Femelle. Calice à 5 divisions ; corolle nulle ; 1 pistil ;
1 semence.

Réceptacle commun pyriforme, charnu, renfermant les
fleurs dans son intérieur, sur le même individu , ou sur
des individus séparés.

1. **Ficus carica.** Linn.   *Figuier commun.*

Feuilles cordiformes à trois ou cinq lobes, rudes ; récep-
tacle pyriforme. ♄... Swert. Florileg. 2. t. 38. f. 1...
Lob. Obs. p. 612. f. 2... Dalech. Hist. p. 336. f. 2...
Dec. Fl. fr. 2128.

Fl. P. E. Dans les vieilles murailles , exposées au midi ,
notamment à Puymirol. C.

*Obs. Cet arbre, livré à la nature, ne mûrit jamais parfai-
tement ses fruits. C'est l'Oonos ou l'OEinos des grecs, et le
Caprificus des latins. Plusieurs de ses variétés cultivées dans
les potagers, les vergers ou les vignes, produisent des figues
délicieuses. Le nom spécifique de* carica *, qui est aussi d'origine grecque , a été donné par* Linné *au* papayer *, qui n'a
nul rapport avec le figuier pour la fructification , et qui ne
lui ressemble un peu que par les feuilles. Au reste , ce nom
judicieusement changé en celui de* parica *, ne laisse plus
subsister aujourd'hui d'ambiguité entre les deux genres.*

Cryptogamie.

CLASSE VINGT-QUATRIÈME.

CRYPTOGAMIE.

FOUGÈRES.

Tige herbacée ou ligneuse, droite ou couchée, le plus souvent enfouie sous la terre dans les espèces des climats tempérés, munies de feuilles ou rameaux feuillés : organes sexuels mycroscopiques ; fructification sur la face inférieure des feuilles ou sur des épis distincts.

† *Fructification en épi ou terminale.*

EQUISETUM.   *PRÊLE.*

Fructification disposée en épi ovale-oblong, multivalve, terminal : écailles en écusson, recouvrant des cellules pollinifères.

1. Equisetum arvense. Linn.   *Prêle des champs.*

Tige stérile feuillée; feuilles verticillées; tige fructifère dépourvue de feuilles ; gaines écartées , de couleur fauve au sommet ; épi terminal oblong. ♃... Dec. Fl. fr. 1453.
Fr. P. 1. Les champs humides. CC. Les rives de la Garonne à Agen.

2. Equisetum fluviatile. Linn.   *Prêle fluviatile.*

Tige stérile feuillée; feuilles très-nombreuses, longues, verticillées; tige fructifère dépourvue de feuilles ; gai-

nes rapprochées, de couleur fauve, laciniées-dentées ;
épi terminal, oblong. ♃... Dec. Fl. fr. 1455.
Fr. P. 1. Les bords des ruisseaux, des sources CCC.

3. Equisetum palustre. Linn. *Prêle des marais.*

Tiges fructifères et stériles, le plus souvent feuillées;
feuilles verticillées six à six, ou huit à huit; gaînes
marquées de six à dix dents égales, membraneuses en
leur marge; épi oblong. ♃... Dec. Fl. fr. 1457.
Fr. P. 3. Les prairies humides. CC. A la Salève, près
d'Agen.

4. Equisetum hyemale. Linn. *Prêle d'hiver.*

Tige sillonnée, très-rude, dépourvue de feuilles, rameuse
à la base; gaînes noires à leur base et au sommet, à
crénelures courtes, terminées par une barbe courte,
caduque; épi terminal ovale. ♃... Vulgt. *Prêle.*
β. E. h. *ramosum.* Tige très-rameuse à la base, souvent
un peu feuillée, moins grosse et moins rude : gaînes
un peu plus lâches, vertes, à crénelures noires, le plus
souvent sans barbes... *E. ramosum.* Dec. Fl. fr. VI.
p. 245.
Fr. P. Les rives du Lot et de la Garonne. CC. A Beauregard, près d'Agen. La variété β dans les champs sablonneux, à Riols. C.

Obs. *La prêle est employée dans les arts pour polir le
bois. Celle des bords du Lot est belle et plus estimée : aussi est-
elle un objet de spéculation mercantile pour la commune de Villeneuve, qui en approvisionne le commerce de Bordeaux.*

LYCOPODIUM.　　*LYCOPODE.*

Capsules axillaires ou disposées en épi, réniformes,
nues, comprimées, à deux valves.

1. Lycopodium inundatum. Linn. *Lycopode inondé.*

Tige rampante rameuse; rameaux florifères, droits, sim-
ples; feuilles linéaires-lancéolées, éparses, presque ver-
ticillées, imbriquées; épi terminal sessile. ♃... Vaill.
Bot. par. t. 16. f. 11... Dec. Fl. fr. 1444.
Fr. E. 3. A. Les marais tourbeux des Landes, R. Entre
Barbaste et La Menine.

OPHIOGLOSSUM. *OPHIOGLOSSE.*

Epi distique ; capsules connées , bivalves , s'ouvrant transversalement.

1. Ophioglossum vulgatum. Linn.   *O. commun.*
Tige simple ; feuille unique, ovale, amplexicaule , entière ; épi pédonculé , terminal , linéaire-lancéolé. ♃...
Fuchs. Hist. 577... Lamk. Ill. pl. 864. f. 1... Dec. Fl.
fr. 1438.
Fr. P. 3. E. 1. Les prairies humides des vallons. R. A.
Peyrequatre , à Ribousols , près d'Agen.

OSMUNDA.   *OSMONDE.*

Fructification en grappe ; capsules distinctes , sessiles , globuleuses , s'ouvrant transversalement.

1. Osmunda spicant. Linn.   *Osmonde en épi.*
Feuilles nombreuses , les unes stériles, les autres fertiles,
pinnées ; pinnules oblongues, entières , confluentes à
leur base ; lignes de la fructification parallèles , occupant dans la vieillesse toute la page inférieure de la
feuille. ♃... *Blechnum spicant.* Dec. Fl. fr. 1405.
Fr. E. 2. 3. Les lieux ombragés, humides , dans les Landes. R.

1. Osmunda regalis. Linn.   *Osmonde royale.*
Feuilles radicales , bipinnées, les unes stériles, les autres
. fertiles ; pinnules lancéolées-oblongues, un peu cordiformes à leur base ; grappe composée terminale. ♃...
Lamk. Ill. t. 865. f. 2... Dec. Fl. fr. 1436.
Fr. E. Les marais tourbeux des Landes. R. Les bords de
l'Avance, au Pont de Gorre.

† † *Fructification contre la surface inférieure des
feuilles.*

PTERIS.   *PTERIS.*

Capsules rangées sur une ligne bordant la marge de la
feuille.

1. Pteris aquilina. Linn.　　　*Pteris aquilin.*

Feuilles solitaires, tripinnées; pinnules oblongues, entières, presque opposées, confluentes, velues en dessous;
membrane de la fructification naissante déchirée-ciliée.
♃... Bull. Herb. pl. 207... Fuchs. Hist. 596... Dec. Fl.
fr. 1403... Vulgt. *Fougère.*
Fr. E. Les terres maigres, au bord des bois, des champs.
CCC.

Obs. *La racine de cette plante, coupée obliquement, offre
l'image de l'aigle impérial d'Allemagne : de-là son nom
spécifique.*

ASPLENIUM.　　　*DORADILLE.*

Capsules rangées en lignes, contre la face inférieure de
la feuille.

1. Asplenium scolopendrium. L. *D. scolopendre.*

Feuilles nombreuses, simples, oblongues, cordiformes
à leur base, glabres, couvertes de cils membraneux sur
le pétiole; lignes de la fructification dirigées obliquement, parallèles, distinctes. ♃... Fuchs. Hist. 294...
Bull. Herb. t. 467... *Scolopendrum officinale.* Dec. Fl. fr.
1406... Vulgt. *Scolopendre.*
Fr. E. 3. Les puits, les rochers humides. CC.

2. Asplenium ceterach. L.　*Doradille ceterach.*

Feuilles nombreuses, pinnatifides; pinnules entières,
obtuses, confluentes à leur base, entièrement recouvertes en dessous d'écailles membraneuses; lignes de la
fructification obliques, protégées par les écailles, et
occupant dans la vieillesse toute la page inférieure de la
feuille. ♃... Bull. Herb. t. 383... *Ceterach officinarum.*
Dec. Fl. fr. 1443... Vulgt. *Ceterach.*
Fr. P. E. Les murs, les rochers. CCC.

3. Asplenium trichomanes. Linn.　　*D. polytric.*

Feuilles nombreuses, étalées, pinnées; pinnules ovales,
arrondies, crénelées; pétiole glabre, rougeâtre, un peu
canaliculé; lignes de la fructification ovales-oblongues,
au nombre de six à huit. ♃... Bull. Herb. t. 185...
Dec. Fl. fr. 1410... Vulgt. *Polytric, Capillaire.*
Fr. P. E. A. Les murs, les puits, les rochers ombragés.
CCC.

4. Aspleniumrutamuraria. L. *D. rue de muraille.*

Feuilles nombreuses, pinnées ou bipinnées ; pinnules presque rhomboïdales entières ou trifides, dentées au sommet ; lignes de la fructification confluentes dans la vieillesse et occupant la surface presque entière de la feuille. ♃... Fuchs. Hist. 730... Bull. Herb. t. 195... Dec. Fl. fr. 1413.

Fr. E. Les vieilles murailles, les rochers ombragés. CCC. A l'Eglise de Sainte-Foi d'Agen, à Tibet.

5. Asplenium adiantum nigrum. Linn. *D. noire.*

Feuilles bipinnées vers la base ; pinnules lancéolées-ovales, dentées au sommet, les inférieures pinnatifides, cunéiformes à leur base, les supérieures confluentes ; lignes de la fructication au nombre de six à huit, confluentes dans la vieillesse. ♃... Dec. Fl. fr. 1414... Vulgt. *Capillaire noire.*

Fl. E. Sur les racines des arbres, dans les haies, les bosquets. CC.

POLYPODIUM. *POLYPODE.*

Capsules réunies en points arrondis contre la face inférieure de la feuille.

1. Polypodium vulgare. Linn. *Polypode commun.*

Feuilles pinnatifides ; pinnules oblongues, à peine dentées, confluentes à leur base ; points de la fructification nus, disposés longitudinalement de part et d'autre de la principale nervure. ♃

α. P. v. *linneanum.* Pinnules au nombre de 40 à 44, courtes et arrondies au sommet ; points de la fructification au nombre de 20 environ... Bull. Herb. pl. 191... Tournef. Inst. t. 316.

β. P. v. *murale.* Smith. Pinnules aiguës au nombre de 30 à 38, évidemment dentées, deux fois plus longues, les inférieures sensiblement opposées ; points de la frutification au nombre de 32 environ. Barr. Ic. t. 38. (bien)... Smith. Brit. p. 1113... P. v. γ. *serratum.* Willd. Sp. 1. p. 173.

Fl. E. Sur les troncs des arbres, dans les bois ombragés. C. A Beauregard, près d'Agen. La var. β sur les vieux murs, les rochers. CCC.

Obs. *Nous ne mentionnons pas parmi les synonymes le*

P. v. serratum, *Dec. Fl. fr. VI. p. 242*, *parce que l'auteur de cet article ayant mêlé, par une inadvertance inconcevable, les caractères de la var. α avec ceux de la variété β, a fait un tout imaginaire avec des pièces diparates.*

2. **Polypodium filix mas.** Linn. *P. fougère mâle.*

Feuilles pinnées, couvertes de cils membraneux sur le pétiole ; pinnules oblongues pinnatifides, distinctes à la base, obtuses, presque entières : points de la fructification arrondis, distincts, occupant la marge de la feuille. ♃... Bull. Herb. p. 183... *Polysticum filix mas.* Dec. Fl. fr. 1419.
Fr. E. Les bois ombragés. CC. A Ferrou, près d'Agen... Vulgt. *Fougère mâle.*

3. **Polypodium filix femina.** L. *P. fougère femelle.*

Feuilles bipinnées, lisses sur le pétiole ; pinnules sessiles, oblongues, profondément incisées-dentées ; points de la fructification ovales, de couleur fauve, disposés longitudinalement sur la face inférieure de la feuille. ♃... *Athyricum filix femina.* Dec. Fl. fr. 1415.
Fl. E. Les lieux aquatiques et ombragés. C. Les fondrières du bois de Darel, près d'Agen.

ADIANTUM.   *ADIANTE.*

Capsules entassées en paquets arrondis, terminaux, cachés sous des replis marginaux des feuilles.

1. **Adiantum capillus veneris.** Linn. *A. capillaire.*

Feuilles bipinnées ; pinnules pétiolées en forme de coin à la base, arrondies au sommet, incisées-lobées. ♃... Fuchs. Hist. 82... Bull. Herb. t. 247... Dec. Fl. fr. 1400... Vulgt. *Capillaire.*
Fr. E. Les parois des fontaines, des puits, des rochers humides. CC. A Ribousols, près d'Agen.

MOUSSES.

Tiges presque toujours couvertes de petites feuilles imbriquées ; organes sexuels mycroscopiques ; fructification latérale ou terminale, en forme de capsules ou d'urnes sessiles ou pédicellées, renfermant les semences et recouvertes par un opercule et une coiffe caducs.

† *Capsule sans péristome.*

PHASCUM.   *PHASQUE.*

Capsule ovoïde, toujours close, caduque; opercule soudé, persistant.

1. Phascum cuspidatum. Hedw. *Phasque pointu.*

Tige très-courte, droite, le plus souvent simple ; feuilles ovales-lancéolées, en pointe très-aiguë au sommet, les inférieures étalées, les supérieures plus longues, conniventes, enveloppant la capsule. ⊚... Brid. Musc. 2. p. 17... Delapil. J. bot. 1813. p. 273. t. 19. f. 1... Dec. Fl. fr. 1172... *P. acaulon.* Linn. Sp. 1570... Vaill. Bot. t. 27. f. 2.
Fruct. P. A. Les terres légères de la plaine de la Garonne, dans les lieux où l'eau a séjourné pendant l'hiver. R.

2. Phascum bryoïdes. Hedw. *Phasque bryoïde.*

Tige très-courte, droite, simple ; feuilles ovales-lancéolées, pointues, peu étalées ; capsules saillantes, droites, ovoïdes, surmontées d'un bec oblique. ⊚... Delapil. Journ. bot. l. c. p. 274. t. 19. f. 2... Dec. Fl. fr. VI. p. 205... *P. gymnostoïdes.* Brid. Musc. suppl. p. 7.
Fruct. P. 1. Les revers des chemins, dans les terres légères de la plaine de la Garonne ; à La Gaffe, près Clermont-Dessous. R.

3. Phascum piliferum. Hedw. *Phasque pilifère.*

Tige courte ; feuilles oblongues, terminées par un long poil blanc. ⊚... Brid. Musc. 2. p. 17... Delapil. J. bot. p. 276. t. 19. f. 15... Dec. Fl. fr. 1176.
Fr. P. Contre les vieilles murailles exposées au vent d'ouest. CCC.

4. Phascum subulatum. Linn. *Phasque subulé.*

Tiges hautes de trois à six lignes, droites, le plus souvent simples; feuilles linéaires-subulées, les inférieures étalées, les supérieures presque droites, très-longues, enveloppant la capsule. ⊚... Brid. Musc. 2. p. 15...

Delapil. Journ. bot. p. 280. t. 19. f. 11... Dec. Fl. fr.
1177... Vaill. Bot. t. 29. f. 4.
Fr. P. Les terres légères sablonneuses, dans les champs ,
les bois. C. A Beauregard, près d'Agen.

†† *Capsules à péristome nu.*

SPHAGNUM.   *SPHAIGNE.*

Péristome nu; coiffe se déchirant transversalement et
entourant de ses débris la base de la capsule.

1. **Sphagnum latifolium.** Hedw. *S. à larges feuilles.*

Tige droite, très-rameuse ; rameaux sensiblement égaux ,
fasciculés , réfléchis ; feuilles oblongues, concaves, presque obtuses. ⚥,.. Dec. Fl. fr. 1178... *S. Cymbifolium.*
Brid. Musc. 2. p. 31... *S. Palustre α* Linn. Sp. 1569.
Fr. E. Les marécages des Landes. C.

2. **Sphagnum capillifolium.** H. *S. à feuilles étroites.*

Tige droite, très-rameuse; rameaux sensiblement égaux ,
fasciculés ; feuilles oblongues, presque planes , aiguës.
⚥... Brid. Musc. 2. p. 24... Dec. Fl. fr. 1179... *S. palustre*
β Linn. Sp. 1569.
Fr. E. Les marécages des Landes. CC.

GYMNOSTOMUM.   *GYMNOSTOME.*

Péristome nu ; opercule caduc : coiffe entière, se séparant par la base.

1. **Gymnostomum pyriforme.** Hedw. *G. pyriforme.*

Tige simple, droite ; feuilles planes, ovales, aiguës; capsule pyriforme ; opercule convexe, obtus , surmonté
d'un petit bec conique. ⚥... Brid. Musc. 2. p. 36... Dec.
Fl. fr. 1185... *Bryum pyriforme.* Linn. Sp. 1580.
Fr. P. Les prairies humides de la plaine de la Garonne ,
au bord des fontaines. R. Au passage d'Agen.

2. **Gymnostomum fasciculare.** Turn. *G. fasciculé.*

Tige simple, droite ; feuilles ovales, aiguës, denticulées;
capsule pyriforme ; opercule convexe, sans bec. ⚥...

Smith. Brit. 1166... Brid. Musc. 2. p. 44... Dec. Fl. fr.
VI. 1185... Vaill. Bot. t. 29. f. 3.
Fr. P. Les terres légères de la plaine de la Garonne, dans
les champs. CC.

3. Gymnostomum truncatulum. Hedw. *G. tronqué.*

Tige droite, souvent simple; feuilles ovales-lancéolées,
acuminées; capsule ovoïde, tronquée et presque coni-
que. ◉... Brid. Musc. 2. p. 38... Dec. Fl. fr. 1186...
Bryum truncatulum. Linn. Sp. 1584... *B. Salomonis.*
Hasselg... Vaill. Bot. t. 26. f. 2.
Fr. P. Les bords des chemins, les champs. CC.

Obs. *Selon Hasselquist, cette petite mousse seroit l'hyssope
des Hébreux; et le docte Salomon, dans le livre où il traitoit,
dit la Bible, de toutes les plantes, depuis le cèdre gigantesque du Liban jusqu'à l'hyssope qui végète sur les murs,
auroit décrit ce pygmée du regne végétal. Ce qui est bien
certain, c'est que cette mousse couvre les murs de Jérusalem
et les lieux incultes de ses environs.*

4. Gymnostomum intermed. T. *G. intermédiaire.*

Tige droite, souvent rameuse; feuilles ovales-lancéolées, planes, entières; capsule ovale, tronquée. ◉...
Smith. Bot. 1159... Dec. Fl. fr. VI. p. 207.
Fr. H. P. Dans la plaine de la Garonne, sur le revers des
chemins ombragés.

Obs. *Un peu plus grand que le précédent, dont il se rapproche extrémement.*

5. Gymnostomum ovatum. H. *Gymnostome ovoïde.*

Tige très-courte, droite, simple; feuilles terminées par
un poil blanc; capsule ovoïde. ◉ ?... Brid. Musc. 2. p.
40... Dec. Fl. fr. 1190.
Fr. P. Sur les pierres, les murs de clôture. C. A Guitard,
à Sainte-Radegonde, près d'Agen.

††† *Capsule à péristome bordé d'une série simple de
cils.*

ENCALYPTA. *ÉTEIGNOIR.*

Capsule cylindrique: péristome à seize dents linéaires,
verticales; coiffe en forme d'éteignoir, grande et ample.

1. Encalypta vulgaris. Hedw- *Éteignoir commun.*

Tige droite, presque simple; feuilles lancéolées : coiffe très-entière en sa marge. ⊛... Smith. Brit. 1130... Dec. Fl. fr. 1200... *Leersia vulgaris.* Brid. Musc. 2. p. 51... *Bryum extinctorium.* Linn. Sp. 1581... Vaill. Bot. t. 26. f. 1.

Fr. P. Sur les rochers, les vieux murs. CC.

WEISSIA. *WEISSIE.*

Capsule oblongue ou cylindrique; péristome à seize dents linéaires, aiguës, conniventes au sommet; coiffe se déchirant latéralement.

1. Weipsia virens. Hedw. *Weissie verdoyante.*

Tige droite, un peu rameuse; feuilles linéaires-lancéolées, crispées par la dessication; capsules ovoïdes; opercule surmonté d'un bec droit ou oblique. ♃... *W. mutabilis.* Brid. Musc. suppl. 103... *W. controversa.* Dec. Fl. fr. 1205... *Bryum viridulum.* Linn. Sp. 1584... Vaill. Bot. t. 29. f. 5.

Fr. P. Sur les rochers. CC. A Papet, à Ferrou, près d'Agen.

GRIMMIA. *GRIMMIE.*

Capsule ovale : péristome à seize dents élargies à leur base, divergentes; coiffe le plus souvent déchirée latéralement.

* *Coiffe déchirée latéralement.*

1. Grimmia lanceolata. Smith. *Grimmie lancéolée.*

Tige droite, le plus souvent simple; feuilles lancéolées, concaves, aristées; capsules ovales; opercule subulé, oblique. ♃... Smith. Brit. 1186... Dec. Fl. fr. 1210... *Leersia lanceolata.* Brid. Musc. 2. p. 55. t. 1. f. 8.

Fr. P. Dans les haies, sur le revers des chemins. R. A Fouitoporc, près d'Agen.

2. Grimmia starkeana. Roth. *Grimmie de Starke.*

Tige simple; feuilles ovales, presque mutiques; capsule elliptique, droite; opercule conique, obtus. ♃... Smith.

Brit. 1186... *Weissia starkeana.* Brid. Musc. 2. p. 77...
Dec. Fl. fr. VI. p. 210.
Fr. P. Les champs. CC. Dans le vallon du Pont-du-cassé,
près d'Agen.

Obs. *Cette espèce n'a que deux ou trois lignes de hauteur;
ce qui, indépendamment de ses autres caractères, l'a fait
distinguer au premier coup d'œil du* G. lanceolata, *dont elle
a le* facies.

** *Coiffe déchirée à la base, en plusieurs lanières.*

3. **Grimmia apocarpa.** Hedw.   *Grimmie sessile.*

Tige rameuse; feuilles lancéolées, carinées, imbriquées;
capsules sessiles, ovales; opercule court, surmonté d'un
bec court. ♃... Brid. Musc. 2. p. 57... Dec. Fl. fr. 1211.
Bryum apocarpon. Linn. Sp. 1579... Vaill. Bot. t. 27. f. 15.
β. G. a. *apocaula:* tige moins rameuse, plus courte; feuilles supérieures terminées par une soie blanche; bec de
l'opercule un peu plus long... G. apocaula. Hedw...
Dec. Fl. fr. 1212.
Fr. P. Sur les pierres, les rochers. CC. A la côte du Saint-
Esprit, près d'Agen.

PTEROGONIUM.   *PTÉROGONE.*

Capsule oblongue, sortant d'un périchétie; péristome
à seize dents entières, droites, linéaires; coiffe lisse ou
pileuse.

1. **Pterogonium gracile.** Sw.   *Ptérogone grêle.*

Tiges rampantes, ramifiées; rameaux grêles, cylindriques, pointus, ramassés en faisceaux au sommet des
ramifications, recourbés en dessous; feuilles ovales-
lancéolées, très-étroitement imbriquées par la dessication; capsules verticales; opercule conique. ♃... Smith.
brit. 1270... *Pteriginandrum gracile.* Brid. Musc. 2. p.
62... Dec. Fl. fr .1217.
Fruct. décrite d'après les auteurs : nous ne l'avons jamais
vue. Sur les rochers, les pierres, les troncs des arbres. CCC.
A Tibet, près d'Agen.

2. **Pterogonium Smithii.** Sw. *Ptérogone de Smith.*

Tige rampante, rameuse; rameaux pinnés, recourbés

en dedans par la dessication ; feuilles très-petites, ovales, obtuses, concaves, imbriquées ; pédoncule dépassant à peine le périchétie ; capsule ovale, droite ; coiffe
hérissée de poils dirigés en bas. ♃... Smith. Brit. 1271...
Pteriginandrum Smithii. Dec. Fl. fr. 1222... *Orthotrichum
Smithii.* Brid. Musc. 2. p. 33.
Fr. P. Sur le tronc des arbres. R. Au bois de Pourquières,
près La Sauvetat de Savères.

TRICHOSTOMUM.　　*TRICHOSTOME.*

Capsule oblongue ; péristome à trente-deux dents filiformes, droites, rapprochées ou réunies deux à deux par
leur base.

1. Trichostomum canescens. Hedw. *T. blanchâtre.*

Tige droite, rameuse ; feuilles ovales-lancéolées, sans
nervure, canaliculées, terminées par une soie blanche ;
capsule ovale. ♃... Brid. Musc. 2. p. 123... Dec. Fl.
fr. 1228... *Bryum hypnoïdes.* Linn. Sp. 1584.
Fr. P. Les bois découverts. R. A Darel, à Escournat,
près d'Agen.

DICRANUM.　　*DICRANE.*

Capsule oblongue ; péristome à seize dents bifides, le
plus souvent fléchies en dedans.

2. Dicranum scoparium Hedw.　*Dicrane balai.*

Tige rameuse ; feuilles ovales-lancéolées, acuminées,
carinées, courbées en faulx, les supérieures dirigées
d'un seul côté ; pédicelle sortant d'un périchétie. ♃...
Brid. Musc. 2. p. 155... Dec. Fl. fr. 1235... Vaill. Bot.
t. 28. f. 12.
Fr. A. P. Les bois. C. A Beauregard, à Darel, près d'Agen.

3. Dicranum heteromallum Hedw.　*D. unilatéral.*

Tige presque simple ; feuilles dirigées d'un seul côté,
capillaires, élargies à la base ; capsule ovale, bossue,
peu inclinée ; bec de l'opercule sétacé, recourbé. ♃..,
Brid. Musc. 2. p, 157... Dec. Fl. fr. 1237... *Bryum hete-
romallum.* Linn. Sp. 1583... Vaill. Bot. t. 27. f. 7.
Fr. P. E. Les sentiers des Landes. CC.

3. Dicranum varium. Hedw. *Dicrane changeant.*

Tige presque simple ; feuilles capillaires, un peu dirigées du même côté, flexueuses au sommet ; capsule
inclinée ou droite, amincie à la base, évasée au péristome. ◉... Brid. Musc. 2. p. 169... Dec. Fl. fr. 1239...
Bryum simplex. Linn. Sp. 1587.
Fr.P. Les champs sablonneux de la plaine de la Garonne.C.

4. Dicranum flexuosum. Timm. *Dicrane flexueux.*

Tige droite, rameuse ; feuilles linéaires, subulées, un
peu dirigées du même côté ; pédoncules flexueux ;
capsule droite ; opercule conique, terminé par un long
bec subulé. ♃... Brid. Musc. 2. p. 163... Dec. Fl. fr.
1243... *Bryum flexuosum.* Linn. Sp. 1585.
Fr. P. Sur les rochers. RR. Dans le vallon de Sainte-
Radegonde, près d'Agen.

5. Dicranum purpureum. Hedw. *Dicrane purpurin.*

Tige fourchue; feuilles lancéolées, acuminées, carinées,
crispées par la dessication ; capsule ovale, un peu
arquée, obscurément quadrangulaire à sa base ; opercule conique, oblique, quatre fois plus court que la capsule. ◉... Smith Brit. 1217... Dec. Fl. fr. 1248 ?... *Mnium
purpureum.* Linn. Sp. 1575.
Fr. P. Les friches sablonneuses. R. A Beauregard, près
d'Agen ; dans les Landes.

6. Dicranum bipartitum. Roth. *Dicrane biparti.*

Tige droite, fourchue ; feuilles lancéolées, carinées,
crispées et appliquées par la dessication ; pédoncules
souvent géminés ; capsule elliptique, droite ou un peu
oblique ; opercule conique, droit, pointu, presque
moitié plus court que la capsule. ◉... Smith. Brit. 1218.
Fr. P. Sur le terreau des rochers, des vieux murs. C. A
Sabioïsagut, à Malconte, près d'Agen.

Descript. Tiges *hautes d'environ six lignes, dichotomes,
formant un coussinet d'un à deux pouces de diamètre ; feuilles
ovales-lancéolées, acuminées, munies d'une nervure dorsale,
imbriquées, demi étalées dans l'état d'humidité, crispées et
serrées contre la tige par la dessication ; pédoncule sortant
de l'aisselle des jeunes bifurcations, rougeâtre, un peu tordu,
long de cinq à six lignes ; capsule ovale, nullement quadrangulaire à sa base ; opercule conique, subulé, presque aussi
long que la capsule, oblique, arqué ; péristome.....*

*Nota. Diffère du précédent, par ses feuilles plus larges,
presque point acuminées, moins courbées en dedans, par sa
capsule nullement quadrangulaire à la base, et par son opercule plus long, plus aigu. Il est d'ailleurs plus petit.*

7. Dicranum sciuroïdes. sw.   *D. queue d'écureuil.*

Tige rampante, rameuse ; rameaux droits, arqués par
la dessication ; feuilles ovales-lancéolées, striées ; capsules
oblongues, droites ; opercule conique. ♃... Dec. Fl. fr.
1254... *Fissidens sciuroïdes.* Brid. Musc. 2. p. 153...
Hypnum sciuroïdes. Linn. Sp. 1596... Vaill. Bot. t. 27.
f. 12.
Fr. P. Sur le tronc des arbres. CCC.

8. Dicranum viridulum. sw.   *Dicrane verdoyant.*

Tige à demi redressée, simple ; feuilles sur deux rangs
opposés, alternes, lancéolées, aiguës ; pédoncule terminal ; capsule droite, oblongue ; opercule à bec oblique.
☉... Dec. Fl. fr. 1255. exclus. syn. Linn... *Hypnum
bryoïdes.* Linn. Sp. 1588... *Fissidens bryoïdes.* Brid. Musc.
2. p. 139. t. 2. f. 17... Vaill. Bot. t. 24. f. 13.
Fr. P. Les bords des ruisseaux ombragés, dans les haies. C.
A Courborieu, à la côte du Saint-Esprit, près d'Agen.

Obs. *Cette espèce porte le nom de* Brium viridulum *dans
l'herbier de Linné ; mais la description du* Species *ne s'y
rapporte nullement ; c'est donc un abus de placer ici ce syno-
nime.*

9. Dicranum taxifolium. sw. *Dicrane à feuilles d'If.*

Tige simple, à demi redressée ; feuilles sur deux rangs
opposés, ovales-lancéolées, un peu pointues ; pédoncule
presque radical ; capsule inclinée ; opercule surmonté
d'un bec aigu. ♃... Dec. Fl. fr. 1256... *Fissidens taxi-
folium.* Linn. Sp. 1587... Vaill. Bot. t. 24. f. 11.
Fr. P. Les bords des fondrières, dans les bois humides.
R. A Cruzel, à Darel, près d'Agen.

10. Dicranum adianthoïdes. sw.   *D. adianthoïde.*

Tige simple ou rameuse, droite ; feuilles sur deux rangs
opposés, oblongues, pointues, imbriquées ; pédoncule
axillaire ; capsule ovale, oblique ; opercule surmonté
d'un bec long, aigu. ♃... Dec. Fl. fr. 1257... *Fissidens
adianthoïdes.* Brid. Musc. 2. p. 145... *Hypnum adianthoïdes.* Linn. Sp. 1588... Vaill. Bot. t. 28. f. 5.

Fr. P. E. Sur les pierres, les rochers, dans les lieux frais et ombragés. C. A Ferrou, à l'Escale, près d'Agen.

Nota. *La tige des trois espèces précédentes offre par la disposition des feuilles l'image d'une petite plume.*

TORTULA.   *TORTULE.*

Capsule cylindrique ; péristome à seize cils, longs, tordus en spirale, et quelquefois soudés ensemble.

1. **Tortula rigida.** Sw.   *Tortule roide.*

Tige très-courte, simple ; feuilles étalées, oblongues, obtuses, charnues, sans nervure, roulées en dedans par leur marge ; capsule cylindrique, oblongue, trois fois plus longue que large ; opercule conique, oblique. ♃... Smith. Brit. 1249... Dec. Fl. fr. 1263... *Barbula rigida.* Brid. Musc. 2. p. 192.
Fr. P. Sur les pierres, les murs, les rochers. CCC.

2. **Tortula unguiculata.** Hedw. *Tortule onguiculée.*

Tige rameuse ; feuilles linéaires-lancéolées, carinées, obtuses, mucronées ; capsule cylindrique, presque droite ; opercule alongé, oblique, subulé. ♃...Dec. Fl. fr... *T. mucronulata.* Sw. ex. Smith. Brit. 1250... *Barbula unguiculata.* Hedw. ex Brid. Musc. 2. p. 197.
Fr. P. Sur les vieux troncs des saules, sur les murs. CC. Dans la plaine de la Garonne.

Obs. *La longueur des pédicelles varie entre six et douze lignes de longueur.*

3. **Tortula nervosa.** Dec.   *Tortule à nervure.*

Tige droite, rameuse, plus longue ; feuilles linéaires-lancéolées, droites, imbriquées, acuminées ; capsule oblongue ; opercule conique. ♃... Dec. Fl. fr. 485... *Barbula nervosa.* Brid. Musc. 2. p. 199.
Fr. P. Sur le tronc des arbres. A Courborieu, près d'Agen.

4. **Tortula ruralis.** Sw.   *Tortule des champs.*

Tige rameuse ; feuilles ovales-oblongues, carinées, terminées par un poil blanc, les supérieures étoilées ; capsule cylindrique ; opercule conique, subulé. ♃... Dec. Fl. fr. 1262... *Barbula ruralis.* Brid. Musc. 2. p. 195... *Bryum rurale.* Linn. Sp. 1581... Vaill. Bot. t. 25. f. 3.

Fr. P. Sur le tronc des arbres , sur les rochers. CCC.

5. Tortula muralis. Hedw.   *Tortule des murs.*

Tige très-courte, le plus souvent simple; feuilles oblongues, aiguës, terminées par un poil; capsule ovale, cylindrique; opercule conique. ♃... Brid. Musc. 2. p. 186... Dec. Fl. fr. 1260... *Bryum murale.* Linn. Vaill. Bot. t. 24. f. 15.

Fr. P. E. Contre les murs, partout.

*6. **Tortula chloronotos.** Brid.   *Tortule à dos verd.*

Tige droite, rameuse; feuilles ovales, concaves, imbriquées, charnues, membraneuses à leur marge, terminées par un poil blanc; capsule ovale-oblongue, presque droite; opercule conique, pointu. ♃... Brid. suppl. 1. p. 253.

Fr. P. Sur l'argile crétacée, qui recouvre les rochers. C. A l'Hermitage, près d'Agen.

DESCRIPT. Hauteur, *douze à quinze lignes; tiges nombreuses, rameuses, rapprochées, formant un coussinet d'un à deux pouces de diamètre ; feuilles rapprochées, ovales, concaves, membraneuses, transparentes en leur marge, charnues et d'un verd glauque à leur centre et à leur base, munies d'une nervure verte au sommet des tiges, fauve dans le bas, demi étalées dans l'état de fraîcheur, presque appliquées et nullement crispées par la dessication; pédoncule tordu, un peu flexueux, long de six à huit lignes ; capsule ovale-oblongue, un peu inclinée, presque insensiblement arquée ; opercule conique, pointu, égal au tiers de la longueur de la capsule.*

†††† *Capsule à péristome bordé d'une série simple de cils réunis au sommet par une membrane intérieure.*

POLYTRICHUM.   *POLYTRICH.*

Capsule ventrue ; péristome simple à 32, 48 ou 64 cils réunis au sommet par une membrane ; coiffe double, l'extérieure composée de poils.

* *Capsule quadrangulaire, placée sur une apophyse.*

1. **Polytrichum commune.** Linn. *Polytrich commun.*

Tige simple ; feuilles linéaires-lancéolées, serraturées, celles qui entourent le pédoncule sétacées au sommet;

capsule oblongue, quadrangulaire ; opercule pyramidal.
♃... Brid. Musc. suppl. 1. p. 54... Dec. Fl. fr. 1272.
Fr. P. 2. 3. Les bois. R. A Sainte-Rose , à Darel , près
d'Agen.

2. Polytrichum formosum. Hedw. *Polytrich élégant.*

Tige simple ; feuilles entassées , roides, linéaires, subu-
lées , serraturées ; capsule quadrangulaire, rétrécie à la
base ; opercule surmonté d'un bec oblique. ♃... Brid.
Musc. suppl. 1. p. 55... Dec. Fl. fr. 1276.
Fr. P. 2. Les bois, dans les terreins sablonneux. C. A
Beauregard , à Ségougnac , près d'Agen.

3. Polytrichum juniperinum. Hedw. *P. à f. de genevr.*

Tige simple ou divisée à la base ; feuilles en faisceau
serré , étalées dans l'état de fraîcheur , entières , rudes
sur leur carène; capsule quadrangulaire; opercule plane,
surmonté d'un bec. ♃... Brid. Musc. suppl. 1. p. 47...
Dec. Fl. VI. p. 224... *P. commune.* β. Linn. Sp. 1573.
Fr. E. Les Landes tourbeuses. C. A la Menine.

4. Polytrichum piliforum. Linn. *Polytrich porte-poil.*

Tige simple ; feuilles linéaires-lancéolées , entières ,
terminées par un poil blanc ; capsule quadrangulaire ;
opercule presque plane , surmonté d'un bec oblique.
♃... Brid. Musc. 2. p. 85... Dec. Fl. fr. 1273.
Fr. P. Les bois arides , au moulin d'Escournat , près
d'Agen. CC.

✳ ✳ *Capsule sans apophyse.*

Polytrichum subrotundum. Menz. *P. arrondi.*

Tige courte ; feuilles lancéolées , entières , fermes ,
canaliculées; capsule en forme de toupie, presque droite.
♃... Smith. Brit. 1378... Dec. Fl. fr. 1269... *P. pumilum.*
Sw. ex Brid. Musc. suppl. p. 68... Vaill. Bot. t. 26.
f. 15.
Fr. P. Les bois, dans les terreins sablonneux ; à Beauregard. CC.

6. Polytrichum undulatum. Hedw. *Polytrich ondulé.*

Tige simple ou presque simple ; feuilles lancéolées-
linéaires , carénées , dentées , ondulées ; capsule inclinée , cylindrique ; opercule surmonté d'un bec subulé.

♃... Brid. Musc. 2. p. 98... *Oligotrichum undulatum.*
Dec. Fl. fr. 1281... *Bryum undulatum.* Linn. Sp. 1582...
Vaill. Bot. t. 26. f. 17.

β. P. u. *curtum.* Haut d'environ un pouce ; capsule souvent droite, à peine deux fois aussi longue que large ;
feuilles dentées.

Fr. P. Les terreins sablonneux incultes ; au bord du bois
de Beauregard, près d'Agen. CC.

٭7. Polytrichum angustatum. Brid. *Polytrich rétréci.*

Tige simple ; feuilles linéaires, carinées, serraturées,
ondulées, crispées ; capsule cylindrique, très-étroite,
droite ou presque droite, à peine sensiblement arquée ;
opercule conique, surmonté d'un bec subulé. ♃... Brid.
Musc. suppl. p. 79.

Fr. P. Les terreins sablonneux incultes. R. Au bord du
bois de Beauregard, près d'Agen. CC.

DESCRIPT. *Très-voisin du* P. undulatum, *dont il pourroit bien n'être qu'une variété.* Hauteur, *douze à quinze lignes* ; feuilles *plus étroites, plutôt fauves que vertes, à nervure plus grosse, plus distincte, brune ou rougeâtre* ; capsule
plus longue, plus étroite ; coiffe *un peu pileuse au sommet.*

††††† *Capsule à péristome bordé d'une série double
de cils.*

ORTHOTRICHUM.   *ORTHOTRIC.*

Capsule oblongue ; péristome double, chaque série de
cils au nombre de huit ou seize ; coiffe hérissée de poils
dirigés en haut, quelquefois lisse.

٭ *Péristome double.*

1. Orthotricum striatum. Hedw.   *Orthotric strié.*

Tige droite, rameuse ; feuilles lancéolées, carinées, un
peu roulées en dessous par leurs bords, étalées ; coiffe
entière ; capsule ovoïde, semblant être la suite du
pédoncule ; opercule aplati, surmonté d'un bec droit,
menu. ♃... Brid. Musc. 3. p. 20... Dec. Fl. fr. 1286...
Bryum striatum. Linn. Sp. 1579... Vaill. Bot. t. 25. f. 5.

Fr. P. Sur le tronc des vieux arbres. CC.

2. Orthotricum diaphanum. Schrad.   *O. diaphane.*

Tige droite, quelquefois rameuse ; feuilles oblongues, lancéolées, terminées par une pointe sétacée, diaphane ; capsule oblongue ; péristome interne à seize dents ; bord de la coiffe crénelé-denté. ♃... Brid. Musc. 3. p. 29... Dec. Fl. fr. 1287.

Fr. P. Sur le tronc des vignes. R. A Tafetas, près d'Agen.

3. Orthotricum affine. Schrad.   *Orthotric voisin.*

Tige droite, rameuse ; feuilles lancéolées, carinées, roulées en dessous par leurs bords, étalées ; capsules latérales, oblongues, cylindriques, striées ; péristome externe à trente-deux dents géminées ; péristome interne à huit dents capillaires ; opercule obtus, surmonté d'un bec. ♃... Brid. Musc. 3. p. 29.

Fr. P. Sur le tronc des arbres fruitiers. CCC.

4. Orthotricum crispum. Hedw.   *Orthotric crépu.*

Tige rameuse ; feuilles linéaires, contournées et fortement crispées par la dessication ; capsule ovale, semblant être la suite du pédoncule ; opercule convexe, avec une pointe obtuse. ♃... Brid. Musc. 3. p. 19... Dec. Fl. fr. 1288... *Bryum striatum* δ. Linn. Sp. 1580... Vaill. Bot. t. 3. f. 9.

Sur les pierres, les rochers. CC. Ne fructifie point, quoiqu'il ne soit pas rare.

⁕ ⁕ *Péristome simple.*

5. Orthotricum anomalum. Hedw.   *O. anomal.*

Tige droite, rameuse ; feuilles lancéolées, carinées, un peu roulées en dessous par leurs bords ; péristome simple ; coiffe pileuse, dentée. ♃... Dec. Fl. fr. 1285... *O. saxatile.* Brid. Musc. 3. p. 27... *Bryum striatum* β. Linn. Sp. 1580... Vaill. Bot. t. 27. f. 10.

Fr. P. Sur les pierres, les rochers. C. A Tibet, près d'Agen.

FUNARIA.   *FUNAIRE.*

Capsule terminale, en forme de poire ; péristome double, l'extérieur à seize dents obliques, soudées au sommet, l'intérieur à seize dents planes; coiffe quadrangulaire, en alène au sommet.

1. Funaria hygrometrica. Hedw. *F. hygrométrique.*

Tige très-courte, le plus souvent simple; feuilles ovales-lancéolées; pédoncules arqués; coiffe quadrangulaire; capsule penchée ou pendante, en forme de poire; opercule presque plane. ♃... Brid. Musc. 3. p. 118... Dec. Fl. fr. 1289... *Mnium hygrometricum.* Linn. Sp. 1575... Vaill. Bot. t. 26. f. 16.

β. *F. h. major.* Pédoncule long de deux à trois pouces.
Fr. P. Sur la terre au bord des fontaines, sur les rochers ombragés. C. Au Passage, à Sabioïsagut, près d'Agen.

BRYUM. *BRY.*

Capsule terminale, souvent pendante; péristome double, l'intérieur à seize dents aiguës, l'extérieur membraneux, plissé et déchiré sur le bord en lanières, alternativement élargies.

1. Bryum carneum. Linn. *Bry incarnat.*

Tige droite, le plus souvent simple; feuilles lancéolées, écartées, très-minces; capsule pendante, ovale; opercule obtus, avec un petit mamelon. ♃... Brid. Musc. 4. p. 24... Dec. Fl. fr. 1299... *B. carneum.* Linn. Sp. 1587. Fr. P. Les bords des sources ombragées. R. Au vallon de Foulayronnes, près d'Agen.

2. Bryum argenteum. Linn. *Bry argentin.*

Tige droite, à rameaux cylindriques, obtus, argentins; feuilles étroitement imbriquées, ovales, concaves, terminées par une très-petite pointe; capsule oblongue, pendante; opercule court, conique, obtus. ♃... Brid. Musc. 4. p. 26... Dec. Fl. fr. 1500... *B. argenteum.* Linn. Sp. 1586... Vaill. Bot. t. 26. f. 3.
Fr. P. Sur les vieux murs, les rochers. C. A Agen, dans la ville.

3. Bryum cæspititium. Linn. *Bry gazonnant.*

Tige droite, à rameaux courts, grêles à leur base; feuilles lancéolées, terminées par un poil sétacé; capsules pendantes, ovoïdes; opercule convexe, mamelonné. ♃... Dec. Fl. fr. 1304... *Mnium cæspititium.* Brid. Musc. 4. p. 96... Vaill. Bot. t. 29. f. 7.

Fr. P. Les murs. CC. Sur la terrasse de l'hôpital de Las,
à Agen.

4. Bryum capillare. Linn.   *Bry capillaire.*

Tige droite, à rameaux sensiblement renflés au sommet ; feuilles ovales, terminées par une longue pointe
sétacée ; capsules pendantes, oblongues, rétrécies,
aiguës à leur base ; opercule conique, surmonté d'un
bec très-court. ♃... Dec. Fl. fr. 1305... *Mnium capillare.*
Brid. Musc. 4. p. 99... Vaill. Bot. t. 24. f. 6.
Fr. P. Les troncs des arbres, les rochers. C. A Castillou,
à Papet, près d'Agen.

5. Bryum ventricosum. Dicks.   *Bry renflé.*

Tige rameuse par le haut ; rameaux simples ; feuilles
lancéolées, étalées, planes, un peu écartées ; capsule
pendante, ovale, renflée au milieu ; opercule conique,
court, surmonté d'un petit bec. ♃... Dec. Fl. fr. 1308...
Mnium pseudotriquetrum. Brid. Musc. 4. p. 91... Vaill.
Bot. t. 24. f. 2.
Fr. P. Les marécages, auprès des fontaines. R. Dans le
vallon de Foulayronnes, près d'Agen.

6. Bryum punctatum. Schreb.   *Bry ponctué.*

Tige droite, simple, avec des rejets stériles, rampans
à sa base ; feuilles arrondies, entières, ponctuées ; capsule ovale, pendante ; opercule surmonté d'un long
bec. ♃... Dec. Fl. fr. 1311... *B. serpillifolium α.* Linn.
Sp. 1577... *Mnium punctatum.* Brid. Musc. 4. p. 110...
Vaill. Bot. t. 26. f. 5.
Fr. P. Les bois, les rochers ombragés. CC. A Ferrou, près
d'Agen.

7. Bryum ligulatum. Schreb.   *Bry ligulé.*

Tige droite, rameuse par le haut, avec des rejets rampans, stériles à sa base ; feuilles oblongues, ligulées,
ondulées, dentées ; capsules pendantes, ovales, alongées ;
opercule convexe, terminé par une petite pointe. ♃...
Dec. Fl. fr. 1315... *Mnium ligulatum.* Brid. Musc. 4.
p. 112... *M. serpillifolium γ.* Linn. Sp. 1578... Vaill. Bot.
t. 24. f. 3. (bien.)
Fr. P. Les bois ombragés humides. R. A Ferrou, près
d'Agen.

BARTHRAMIA.   *BARTHRAMIE.*

Capsule sphérique ; péristome extérieur à seize dents
cunéiformes, l'intérieur membraneux, conique, plissé,
divisé au sommet en seize lanières bifurquées.

1. Barthramia pomiformis. Hedw.   *B. globuleuse.*

Tige droite, rameuse ; rameaux courts, renflés ; feuilles
linéaires-subulées, très-serrées, finement dentées, crispées par la dessication ; capsule droite, globuleuse ;
opercule presque plane, avec une protubérance au
centre. ♃... Brid. Musc. 4. p. 128. t. 1. f. 3... *B. vulgaris.* Dec. Fl. fr. 1316... *Bryum pomiforme.* Linn. Sp.
1580... Vaill. Bot. t. 24. f. 9-12.
Fr. P. Les lieux sablonneux dans les bois, à Beauregard,
près d'Agen. RR.

2. Barthramia fontana. Smith.   *B. des fontaines.*

Tiges droites, à rameaux terminaux verticillés ; feuilles
ovales-lancéolées, acuminées, imbriquées, un peu di-
rigées du même côté ; capsule oblique, arrondie ;
opercule conique, court. ♃... Smith. Brit. 1342... Dec.
Fl. fr. 1320... *Mnium fontanum.* Linn. Sp. 1574... Vaill.
Bot. t. 24. f. 10.
Fr. E. Les parois des fontaines, au pied des rochers. R.
A Baurèle, près d'Agen.

HYPNUM.   *HYPNE.*

Capsule ovale-oblongue, sortant d'un périchétie ; péristome double, l'extérieur à seize dents élargies à leur
base, l'intérieur à seize dents le plus souvent entremêlées de cils ; coiffe lisse.

* *Capsule droite ; jets cylindriques.*

1. Hypnum sericeum. Linn.   *Hypne soyeux.*

Tige rampante, à rameaux ascendans, serrés, d'un as-
pect soyeux ; feuilles ovales, acuminées, droites, à
trois nervures ; opercule conique. ♃... *Leskea sericea.*
Dec. Fl. fr. 1331... Vaill. Bot. t. 27. f. 3.
Fr. P. Sur le tronc des arbres, sur les murs, les rochers.
CCC.

2. Hypnum myurum. Poll. *Hypne queue de rat.*

Tige rampante, irrégulièrement rameuse ; rameaux presque ramassés en faisceau, simples, courbés en dedans, amincis aux deux bouts ; feuilles ovales, acuminées, concaves, étroitement imbriquées ; capsules droites ou presque droites, ovales-oblongues ; opercule conique, courbe en dedans. ♃... Brid. Musc. 2. p. 166... Dec. Fl. fr. 1374... Vaill. Bot. t. 28. f. 4.

Fr. P. Sur les troncs dans les haies. R. A Ratier, près d'Agen.

3. Hypnum polyanthos. Schreb. *Hypne polyanthe.*

Tige rampante, à rameaux ascendans, cylindriques, grêles, filiformes, un peu arqués en dedans ; feuilles lancéolées, acuminées, concaves, étroitement imbriquées et appliquées par la dessication ; opercule conique pointu. ♃... Smith. Brit. 1278... *Leskea polyantha.* Brid. Musc. 2. p. 42... Dec. Fl. fr. 1329.

Fr. P. Sur le tronc des vieux saules, dans la plaine de la Garonne. CC.

4. Hypnum dendroïdes. Linn. *Hypne dendroïde.*

Tiges droites, simples, à rameaux terminaux fasciculés, cylindriques, simples ou presque simples, droits ; feuilles ovales-lancéolées, avec une nervure dorsale et deux stries longitudinales occasionnées par la dessication ; opercule acuminé. ♃... Smith. Brit. 1283... *Leskea dendroïdes.* Dec. Fl. fr. 1332... Vaill. Bot. t. 26. f. 6.

Fr. P. Dans les Landes. R.

** ** *Capsules droites ; jets planes ; feuilles disposées sur deux rangs.*

5. Hypnum complanatum. Linn. *Hypne aplati.*

Tige rampante, à rameaux pinnés ; feuilles distiques, imbriquées, ovales-oblongues sur les tiges, lancéolées sur les rameaux, demi transparentes ; capsule droite, ovale ; opercule conique, acuminé, un peu oblique. ♃... *Leskea complanata.* Brid. Musc. 3. p. 34. t. 1. f. 3... Dec. Fl. fr. 1326.

Fr. P. Sur les rochers, sur le tronc des arbres. CC. Derrière Tuquet, près d'Agen.

6. Hypnum trichomanoïdes. Linn. *H. trichomane.*

Tige rampante, rameuse ; feuilles distiques, ovales, arrondies au sommet, avec un rudiment de nervure ; capsule ovale ; opercule oblique, surmonté d'un bec. ♃... *Leskea trichomanoïdes.* Brid. Musc. 3. p. 36... Dec. Fl. fr. 1325.

Fr. P. Les bois ombragés et humides, au pied des arbres. CC. A Ferrou.

* * * *Capsule inclinée ; jets aplatis, feuilles disposées sur deux rangs.*

7. Hypnum riparium. Linn.   *Hypne des rives.*

Tige presque couchée, à rameaux presque simples, aplatis ; feuilles ovales-lancéolées, aiguës, étalées sur deux rangs opposés ; capsule arquée ; opercule conique, terminé par une petite pointe. ♃... Brid. Musc. 3. p. 176... Dec. Fl. fr. 1387.

Fr. P. Les pierres au bord des ruisseaux. C.

8. Hypnum rusciforme. Schrank.   *Hypne fragon.*

Tige rampante, irrégulièrement rameuse ; rameaux le plus souvent simples, ascendans, fructifères ; feuilles imbriquées, ovales-lancéolées, un peu distiques ; capsule inclinée, ovoïde ; opercule subulé, aussi long que la capsule. ♃... Brid. Musc. 3. p. 173... Dec. Fl. fr. 1386.

Fr. A. P. Sur les pierres dans les ruisseaux. C. Au vallon de Foulayronnes, près d'Agen.

* * * * *Capsule inclinée ; jets étalés sur un même plan ; feuilles imbriquées de toutes parts.*

9. Hypnum parietinum. Linn. *Hypne des murailles.*

Tige verte, rameuse, prolifère, à rameaux deux ou trois fois pinnés, distiques ; feuilles imbriquées, striées, cordiformes à leur base, lancéolées, terminées par une pointe sétacée ; pédoncules souvent agrégés ; capsules inclinées, ovales ; opercule conique, terminé par un bec recourbé. ♃... Brid. Musc. 3. p. 71... *H. tamariscinum.* Dec. Fl. fr. 1334... Vaill. Bot. t. 25. f. 1.

Fr. P. Les bois ombragés, au pied des rochers, sur les

vieilles murailles, à Ferrou, au Saint-Esprit, près d'Agen. CC.

10. **Hypnum proliferum.** Linn. *Hypne prolifère.*

Tige rouge, rameuse, prolifère, à rameaux deux fois pinnés, distiques; feuilles imbriquées, luisantes, ovales-lancéolées, terminées par une pointe sétacée; pédoncules souvent agrégés; capsule inclinée, ovale; opercule conique, terminé par un bec recourbé. ♃... Brid. Musc. 3. p. 68... *H. splendens.* Dec. Fl. fr. 1335... Vaill. Bot. t. 29. f. 1

Fr. P. Aux bois de Beauregard, de Darel, près d'Agen.

11. **Hypnum prælongum.** Linn. *Hypne alongé.*

Tige couchée, étalée, peu régulièrement pinnée; pinnules lâches, quelquefois rameuses; feuilles étalées, presque imbriquées, ovales-lancéolées; capsules inclinées, ovales, courtes; opercule conique, terminé par un bec sétacé, recourbé, presque aussi long que la capsule. ♃... Brid. Musc. 3. p. 82... Dec. Fl. fr. 1335... Vaill. Bot. t. 23. f. 9.
Fr. P. Dans les haies, les bois. CCC.

✳ ✳ ✳ ✳ ✳ *Capsule inclinée; jets cylindriques; feuilles imbriquées de toutes parts.*

12. **Hypnum thuringium.** Brid. *Hypne de Thuringe.*

Tige ascendante, presque simple à sa base, rameuse au sommet, à rameaux ramifiés en faisceau, recourbés, imitant un petit arbre; feuilles ovales, acuminées, très-acérées, étroitement imbriquées et exactement appliquées par la dessication; capsule inclinée, ovale, arquée; opercule conique, surmonté d'un bec courbe. ♃... Brid. Musc. 2. p. 99. t. 3. f. 2.
Ne fr. point dans nos contrées? Les bois, sur les pierres; à Charpaut, près d'Agen. C.

Tiges longues de un à deux pouces, hérissées de fibrilles radicales, divisées à la base en rameaux souvent simples, renflés de la base au sommet, et terminés par des faisceaux de ramifications recourbées et ramifiées elles-mêmes en faisceau. Feuilles ovales, acuminées, terminées par une pointe semblable à un poil.

La fructification est décrite d'après Bridel. Nous n'avons jamais pu la voir, quoique cette plante soit commune ici.

L'extrémité des ramifications est parfaitement semblable à celle du Pteriginandrum gracile.

13. Hypnum alopecurum. Linn. *H. queue de renard.*

Tige droite, presque nue dans sa partie inférieure, rameuse au sommet, à rameaux rapprochés en faisceau, un peu pinnés, imitant un petit arbrisseau; feuilles ovales-lancéolées, avec une nervure dorsale; capsule inclinée, à opercule conique, terminé par un bec recourbé. ♃... Dec. Fl. fr. 1376... *H. arbuscula.* Brid. Musc. 3. p. 96... Vaill. Bot. t. 23. f. 5.
Fr. P. Au pied des rochers, dans les bois ombragés. C. Au bois de Tournés, au vallon de Sainte-Radegonde, près d'Agen.

14. Hypnum velutinum. Linn. *Hypne velouté.*

Tige rampante, à rameaux droits, simples, rapprochés; feuilles imbriquées, droites, lancéolées, prolongées au sommet et en pointe filiforme; capsule inclinée, oblongue; opercule conique; pédoncule un peu rude. ♃... Brid. Musc. 3. p. 105... Dec. Fl. fr. 1382.
Fr. P. Sur le tronc des arbres. CCC.

15. Hypnum intricatum. Schreb. *Hypne entremêlé.*

Tige rampante; rameaux droits, nombreux, rapprochés, courts; feuilles lancéolées, acuminées, terminées par une soie, étroitement imbriquées; capsules inclinées, ovales; opercule surmonté d'un bec subulé, courbé. ♃... Brid. Musc. 3. p. 109... Dec. Fl. fr. 1383.
Fr. P. Sur les pierres humides. R. Au bois de Tournés, près d'Agen.

16. Hypnum serpens. Linn. *Hypne traînant.*

Tige rampante, rameuse; rameaux nombreux, rapprochés, presque simples, filiformes, presque droits; feuilles d'un verd clair, lâches, subulées-lancéolées, très-petites; capsule penchée, rétrécie du sommet à la base; opercule convexe-conique, sans pointe. ♃... Brid. Musc. p. 111... Dec. Fl. fr. 1379... Vaill. Bot. t. 28. f. 6.
Fr. P. Sur les troncs dans les haies. CCC.

17. Hypnum atrovirens. Dicks. *Hypne verd noir.*

Tige rampante, rameuse; rameaux nombreux, rapprochés, presque simples, filiformes, presque droits; feuilles d'un brun verdâtre, lâches, ovales-lancéolées,

très-acérées, très-petites; capsule inclinée, ovale, ven-
true au milieu ; opercule subulé, courbé. ♃... Smith.
Brit. 1307... Brid. Musc. 3. p. 152.
Fr. P. Sur les troncs dans les haies. CC. A Taffetas, à
Tibet, près d'Agen.

Descript. *Très-voisin de l'H. serpens Linn. Tige rampante, de longueur très-variable ; rameaux presque verticaux,
rapprochés, touffus, filiformes, longs de trois à quatre lignes ;
feuilles d'un verd brunâtre intense, lâches, imbriquées, à
demi étalées, ovales-lancéolées, très-acérées, avec une nervure dorsale, carinées, concaves ; pédoncules longs de quatre
à six lignes, tordus par la dessication ; périchétie à feuilles
blanchâtres, ovales-lancéolées, concaves ; capsule inclinée,
ovoïde, étranglée au péristome, renflée au milieu ; opercule
de la longueur de la capsule, convexe-conique à la base,
subulé, grêle et recourbé au sommet, tantôt en dedans, tantôt
en dehors.*

18. Hypnum purum. Linn.   *Hypne pur.*

Tige ascendante, rameuse ; rameaux pinnés, cylindriques, fléchis en dedans ; feuilles avec nervure dorsale,
exactement imbriquées, ovales-concaves, obtuses, terminées par une très-petite pointe sétacée ; capsule
ovoïde, presque cylindrique, inclinée ; opercule conique
surmonté d'un bec courbé. ♃... Brid. Musc. 3. p. 89...
Dec. Fl. fr. 1342... Vaill. Bot. t. 28. f. 3.
Fr. P. Sur la terre, dans les bois. CC. Derrière Tuquet,
près d'Agen.

19. Hypnum illecebrum. Linn. *Hypne vermiculaire.*

Tige couchée, irrégulièrement rameuse ; rameaux vagues, cylindriques, obtus ; feuilles ovales-lancéolées,
acérées, concaves, étroitement imbriquées ; pédoncule
de la longueur des pinnules ; capsule renflée, ovoïde,
inclinée ; opercule court, conique, aigu. ♃... Brid.
Musc. 2. p. 91... Dec. Fl. fr. 1343... Vaill. Bot. t. 25.
f. 7.
Fr. P. Les lieux frais, ombragés, sur les pierres, les racines. CC. Dans le vallon de Foulayronnes, près d'Agen.

20. Hypnum nitens. Linn.   *Hypne luisant.*

Tige ascendante, à rameaux pinnés, simples, cylindriques, rapprochés, pointus ; feuilles lancéolées, très-
acérées, striées, imbriquées, un peu étalées, brillantes ;
capsule inclinée-ovoïde ; opercule conique. ♃... Brid.

Musc. 2. p. 93... Dec. Fl. fr. 1344... Vaill. Bot. t. 27.
f. 11
Fr. P. Les lieux frais et ombragés. RR. Sur la rive gauche
de la plaine de la Garonne, près d'Agen.

21. **Hypnum cuspidatum.** Linn.   *Hypne pointu.*

Tige presque droite, rameuse, à rameaux pinnés,
courts, simples; feuilles ovales-lancéolées, imbriquées,
à demi étalées, les supérieures plus longues, roulées en
un faisceau pointu, compacte; capsule inclinée, arquée,
portée sur un long pédoncule; opercule conique, court.
♃... Brid. Musc. 2. p. 86... Dec. Fl. fr. 1339.
Fr. P. Les prairies marécageuses, les fossés. CC. A Genevois, près d'Agen.

* * * * * * *Capsules inclinées; feuilles étalées.*

22. **Hypnum cordifolium.** Hedw. *H. à f. cordiformes.*

Tige déprimée, droite, rameuse, à rameaux droits,
presque simples, rares; feuilles lâches, étalées autour
de la tige, cordiformes à leur base; capsule inclinée,
arquée, portée sur un long pédoncule. ♃... Brid. Musc.
2. p. 180... Dec. Fl. fr. 1340.
Fr. P. Les fossés aquatiques, pêle et mêle avec l'*H. cuspidatum* Linné, dont il pourroit bien n'être qu'une
variété.

23. **Hypnum fluitans.** Linn.   *Hypne flottant.*

Tige flottante, très-longue, à rameaux vagues, simples,
flottans; feuilles lancéolées, acérées, lâches, à demi
étalées, disposées sur trois rangs autour de la tige;
capsules oblongues, inclinées; opercule convexe, aigu.
♃... Brid. Musc. 2. p. 182... Dec. Fl. fr. 1355... Vaill.
Bot. t. 33. f. 6.
La fruct. est décrite d'après Bridel; nous ne l'avons point
vue. Dans les fontaines, à Flottis, près d'Agen.

24. **Hypnum rutabulum.** Linn.   *Hypne fourgon.*

Tige rampante; rameaux droits, cylindriques, presque
simples; feuilles ovales-lancéolées, imbriquées, un peu
étalées; pédoncule rude; capsule inclinée, ovale, un
peu arquée; opercule court, conique, un peu pointu.
♃... Brid. Musc. 2. p. 159... Dec. Fl. fr. 1368... Vaill.
Bot. t. 27. f. 8.

Fr. H. P. Sur le tronc des arbres, dans les lieux ombragés. CCC. Dans la plaine de la Garonne, au pied des saules.

25. Hypnum striatum. Schreb. *Hypne strié.*

Tige couchée, rameuse ; rameaux droits, amincis vers leur sommet, cylindriques, courbés en dedans ; feuilles un peu triangulaires, lancéolées, étalées, striées ; capsule inclinée, presque cylindrique, arquée ; opercule surmonté d'un bec long, oblique. ♃... Dec. Fl. fr. 1366... *H. longirostrum.* Brid. Musc. 2. p. 154.
Fr. P. Au pied des arbres dans les bois. C. A Ferrou, près d'Agen.

26. Hypnum stellatum. Schreb. *Hypne étoilé.*

Tige débile, vaguement rameuse ; rameaux redressés ; feuilles triangulaires, lancéolées, acuminées, disposées sur six rangs autour de la tige, étalées ; capsule inclinée, ovale ; opercule aigu. ♃... Brid. Musc. 2. p. 179. t. VI. f. 2... Dec. Fl. fr. 1364... Vaill. Bot. t. 28. f. 10 ?
La fruct. est décrite d'après Bridel ; nous ne l'avons point vue. Dans les fontaines. R. A Lespinasse, près d'Agen.

27. Hypnum triquetrum. Linn. *Hypne triangulaire.*

Tige ferme, vaguement rameuse ; rameaux renflés au sommet, les latéraux amincis à l'extrémité, courbés en dedans ; feuilles triangulaires, lancéolées, grandes, striées, très-étalées ; capsule inclinée, ovale, arquée ; opercule conique, obtus. ♃... Brid. Musc. 2. p. 157... Dec. Fl. fr. 1367... Vaill. Bot. t. 28. f. 9.
Fr. P. Les bois, au pied des arbres. Partout.

✳ ✳ ✳ ✳ ✳ ✳ ✳Capsules inclinées ; feuilles arquées.

28. Hypnum scorpioïdes. Linn. *Hypne scorpion.*

Tige couchée, rameuse ; rameaux renflés au milieu, crochus au sommet ; feuilles ovales-aiguës, ventrues, courbées en faulx, appliquées, dépourvues de nervure ; opercule convexe, surmonté d'une petite pointe. ♃... Smith. Brit. 1337... Dec. Fl. fr. 1359.
Fr. décrite d'après Bridel ; nous ne l'avons point vue. Bords des ruisseaux. R. Entre le Passage-d'Agen et Estillac.

29. Hypnum cupressiforme. Linn. *Hypne cyprès.*

Tige couchée, à rameaux simples, vagues ou irrégulièrement pinnés ; feuilles ovales-lancéolées, sétacées
au sommet, arquées, dépourvues de nervures, tournées
d'un seul côté ; capsule cylindrique, arquée ; opercule
conique, terminé par une pointe subulée, courte. ♃...
Brid. Musc. 2. p. 134... Dec. Fl. fr. 1352... Vaill. Bot.
t. 27. f. 13.

β. H. c. *lacunosum*. Rameaux renflés, d'un roux fauve.
Brid. l. c.

γ. H. c. *filiforme*. Rameaux grêles, filiformes ; feuilles un
peu étalées au sommet, peu ou point arquées. Brid.
l. c.

Fr. P. Sur le tronc des arbres, le terreau des rochers ombragés. CCC.

30. Hypnum cristacastrensis. Linn. *Hypne plumet.*

Tige couchée, rameuse ; rameaux pinnés, simples,
très-nombreux, rapprochés, progressivement plus longs
vers la base, recourbés et crépus au sommet ; feuilles
tortillées, arquées, tournées d'un même côté ; capsule
oblique, ovoïde, renflée ; opercule conique, obtus. ♃...
Brid. Musc. 2. p. 61... Dec. Fl. fr. 1349... Vaill. Bot.
t. 27. f. 14.

Fr. H. P. Sur les pierres dans les bois. CCC.

NEKERA. *NEKERE.*

Capsule latérale - oblongue, sortant d'un périchétie ;
péristome double, l'extérieur à seize dents aiguës, l'intérieur à seize dents filiformes alternant avec les dents
extérieures ; *coiffe* lisse.

*** *Feuilles sur deux rangs opposés.***

1. Nekera crispa. Hedw. *Nekere crispée.*

Tige couchée, rameuse ; rameaux pinnés ; feuilles distiques, oblongues, obtuses, marquées de rides transversales, semicirculaires ; capsule ovale ; opercule surmonté d'un long bec, subulé. ♃... Brid. Musc. 2. p.
11... Dec. Fl. fr. 1394... *Hypnum crispum*. Linn. Sp.
1589.

Fr. P. Au pied des rochers, dans les bois touffus. CC. A
Ferrou, à l'Escale, près d'Agen.

** *Feuilles imbriquées de toutes parts.*

2. Nekera heteromalla. Hedw. *Nekere unilatérale.*

Tige rameuse, oblique ; feuilles ovales-acuminées, concaves, étroitement imbriquées ; capsules renfermées
dans le périchétie, tournées du même côté ; opercule
conique, pointu. ♃... Brid. Musc. 2. p. 6... Dec. Fl. fr.
1396... Vaill. Bot. t. 27. f. 17... *Sphagnum arboreum.*
Linn. Sp. 1570.
Fr. H. P. Sur le tronc des arbres fruitiers. CCC.

Nekera curtipendula. Hedw. *N. à courts pédoncul.*

Tige couchée, irrégulièrement rameuse ; rameaux renflés ; feuilles ovales, subulées au sommet, étalées ;
capsule inclinée, ovale, sur un court pédoncule. ♃...
Brid. Musc. 2. p. 16... Dec. Fl. fr. 1391... *Hypnum
curtipendulum.* Linn. Sp. 1594.
Fr. P. Au pied des arbres dans les bois frais. C. A Beauregard, à Cruzel, près d'Agen.

4. Nekera viticulosa. Linn. *Nekere sarmenteuse.*

Tige rampante, rameuse ; rameaux droits, touffus,
grêles, presque simples ; feuilles lancéolées, un peu
réfléchies au sommet, et presque tournées d'un seul
côté ; capsule droite, cylindrique ; opercule conique,
pointu. ♃... Brid. Musc. 2. p. 13... Dec. Fl. fr. 1392...
Hypnum viticulosum. Linn. Sp. 1592.
Fr. H. P. Sur les rochers, le tronc des arbres. CCC.

FONTINALIS.   *FONTINALE.*

Capsule oblongue-latérale, renfermée dans le périchétie ;
péristome double, l'extérieur à seize dents dilatées à leur
base, l'intérieur conique en réseau.

1. Fontinalis antipyretica. Linn. *F. antipyrétique.*

Tige flottante, irrégulièrement rameuse ; feuilles carinées, ovales-lancéolées, très-pointues ; capsule sessile,
axillaire, cylindrique ; opercule conique, très-aigu. ♃...
Brid. Musc. 3. p. 157... Dec. Fl. fr. 1397... Vaill. Bot.
t. 33. f. 5... Lamk. Ill. t. 893.
Fr. P. Sur les rochers, les vieux troncs, dans la Garonne.
C. Les fontaines.

HÉPATIQUES.

Tiges feuillées, analogues à celles des mousses ou remplacées par des expansions foliacées, analogues à celles de certains lichens, mais toujours vertes ; organes sexuels, mycroscopiques ; fructification en forme de capsules sans coiffe et sans opercule, pédicellées ou renfermées dans la substance des expansions foliacées.

JUNGERMANNIA.   *JUNGERMANNE.*

Capsule globuleuse, portée sur un pédicelle grêle et molasse, solitaire, s'ouvrant par le sommet en quatre valves, lors de sa maturité.

❋ *Expansions foliacées, imitant une feuille pinnée.*

1. **Jungermannia asplenioïdes.** Linn. ***J. doradille.***

Tiges alongées, le plus souvent simples, touffues, fructifères au sommet ; feuilles sur deux rangs, ovoïdes, arrondies, planes, finement ciliées-dentées... Vaill. Bot. t. 19. f. 7 ?... Mich. Gen. t. 5. f. 1... Dec. Fl. fr. 1155.
Fr. P. Au pied des rochers, dans les bois frais. CC. Derrière Tuquet, à Ribouzols, près d'Agen.

2. **Jungermannia viticulosa.** Linn. ***J. sarmenteuse.***

Tiges grêles, étalées, le plus souvent simples ; feuilles sur deux rangs, ovales, planes, entières, à peine imbriquées par leurs bords... Mich. Gen. t. 5. f. 4... Dec. Fl. fr. 1152.
Fr. P. Les fondrières des bois. C. A Cruzel, près d'Agen.

3. **Jungermannia bidentata.** Linn.   ***J. bidentée.***

Tiges couchées, simples ou rameuses, alongées, fructifères au sommet ; feuilles sur deux rangs, arrondies, profondément échancrées au sommet, et terminées par deux dents aiguës... Mich. Gen. t. 5. f. 12... Dec. Fl. fr. 1150.
Fr. P. Les lieux frais et ombragés, parmi les mousses. CCC.

4. Jungermannia dilatata. Linn. *J. dilatée.*

Tiges rampantes, ramifiées ; rameaux dilatés au sommet ; feuilles arrondies, imbriquées, sur deux rangs,
auriculées en dessous ; pédoncule très-court... Mich.
Gen. t. 6. f. 6... Vaill. Bot. t. 19. f. 10... Dec. Fl. fr.
1161.
Fr. P. Les lieux frais et ombragés, sur le tronc des arbres. CC.

5. Jungermannia tamarisci. L. *J. à f. de tamarix.*

Tige rameuse, à rameaux pinnés, fructifère au sommet ; feuilles sur deux rangs, imbriquées, les supérieures arrondies, quatre fois plus grandes, convexes, ob
tuses... Mich. Gen. t. 6. f. 5... Vaill. Bot. t. 19. f. 10...
Dec. Fl. fr. 1160.
Fr. H. P. Sur le tronc des arbres fruitiers. CCC.

Not. *Elle devient brun-rouge dans sa vieillesse.*

6. Jungermannia platiphylla. L. *J. à larges feuilles.*

Tiges étalées, rameuses, à rameaux pinnés ; feuilles
imbriquées sur deux rangs, arrondies, très-rapprochées,
cordiformes à leur base, un peu concaves en dessous...
Mich. Gen. t. 6. f. 4... Dec. Fl. fr. 1159.
Fr. P. Au pied des arbres, sur les rochers, dans les lieux
humides, ombragés. CC.

✳ ✳ *Expansions imitant une feuille simple.*

7. Jungermannia epiphylla. Linn. *J. épiphylle.*

Expansion foliacée, rameuse, obtuse, sinuée sur les
bords, adhérente ; pédoncules placés un peu au-dessous du
sommet, sortant d'une gaine cylindrique... Mich. Gen.
t. 4. f. 1... Dec. Fl. fr. 1140.
Fr. P. Au bord des ruisseaux ombragés. CCC.

Jungermannia pinguis. Linn. *J. charnue.*

Expansions foliacées, plus charnues, plus alongées,
souvent bifurquées, sinuées sur les bords, adhérentes ;
pédoncules sortant d'une longue gaine latérale et née
sur la face inférieure de la feuille... Mich. Gen. t. 4. f. 3...
Dec. Fl. fr. 1140.
Fr. P. Les bords des ruisseaux ombragés. CC.

9. **Jungermannia multifida.** Linn.   *J. multifide.*

Expansions foliacées, multifides, dépourvues de nervures, à lobes étroits, incisés ; pédoncule sortant un peu au-dessous du centre des lobes... Dec. Fl. fr. 1141.
Fr. P. Au bord des fontaines, des ruisseaux ombragés. R. Au vallon d'Escournat, près d'Agen.

10. **Jungermannia furcata.** Linn.   *J. fourchue.*

Expansions minces, ramifiées, étroites, plusieurs fois bifurquées, obtuses à leur extrémité ; pédicelle court, naissant sur la face supérieure de la feuille... Mich. Gen. t. 4. f. 4... Dec. Fl. fr. 1142.
Fr. P. Sur le terreau des rochers, sur la terre sablonneuse humide. R. Dans les saussaies, près d'Agen.

11. **Jungermannia palmata.** Hedw.   *J. palmée.*

Expansion foliacée, petite, palmée-lobée, à lobes simples ou fourchus, ascendans, dépourvus de nervure ; pédoncule sortant d'une petite gaine située à la base de l'expansion foliacée... Dec. Fl. fr. 1144.
Fr. P. Les champs en jachère. R. A Genevois, près d'Agen.

TARGIONIA.   *TARGIONIE.*

Capsule globuleuse, entourée d'une espèce de calice à deux valves, long-temps fermée, et ressemblant à un péricarpe.

1. **Targionia sphærocarpos.** Dicks.   *T. sphérocarpe.*

Expansions foliacées, arrondies, tronquées ; fructification en forme de toupie, perforée au sommet et grouppée en masse au centre de l'expansion foliacée... Mich. Gen. t. 3. f. 3... Dec. Fl. fr. 1130.
Fr. P. Sur la terre, dans les lieux sablonneux de la plaine de la Garonne. RR. Au Passage-d'Agen, à Beauregard.

RICCIA.   *RICCIE.*

Capsule renfermée dans l'intérieur de la feuille, couronnée par un tube court, peu proéminent et perforé.

1. **Riccia fluitans.** Linn.   *Riccie flottante.*

Expansions foliacées, planes, linéaires, plusieurs fois bifurquées, obtuses et un peu calleuses au sommet...

Mich. t. 4. f. 6... Vaill. Bot. t. 19. f. 3... Dec. Fl. fr. 1123.

Dans les fontaines, où elle flotte comme les *Lentilles d'eau*. CCC.

2. Riccia glauca. Linn.   *Riccie glauque.*

Expansions foliacées, glauques, un peu charnues, canaliculées, souvent deux fois bifurquées, rayonnantes, les extrémités à deux lobes oblongs-obtus... Vaill. Bot. t. 19. f. 1... Mich. Gen. t. 57. f. 4... Dec. Fl. fr. 1126.

Sur le limon de la Garonne, où l'eau a séjourné en hiver. CC.

MARCHANTIA.   *MARCHANTIE.*

Réceptacle pédicellé, en lobes rayonnans, avec des capsules à quatre valves placées au-dessous.

1. Marchantia polymorpha. Linn. *M. polymorphe.*

Expansions foliacées, planes, rampantes, lobées, obtuses, ponctuées en dessus; coupes arrondies, remplies de corpuscules lenticulaires; réceptacle sur un long pédicule, à huit lobes cylindriques... Mich. Gen. t. 1. f. 1... Dec. Fl. fr. 1133.

Au bord des ruisseaux ombragés. CCC. Dans le vallon de Foulayronnes, près d'Agen.

2. Marchantia cruciata. Linn.   *M. croisette.*

Expansions foliacées, rampantes, planes, lisses, ramifiées, lobées, à lobes arrondis; coupes en forme de croissant, remplies de corpuscules lenticulaires; réceptacle à quatre lobes tubulés... Mich. Gen. t. 4. f. 1... Dec. Fl. fr. 1138.

Sur les vieilles murailles humides. R. A Agen, sur les vieux murs de la ville; sur les bords des canaux du jardin aux petits Carmes.

ALGUES.

Productions filamenteuses ou membraneuses ; filamens simples ou cloisonnés ; membranes homogènes dans toutes leurs parties ; reproduction par division spontanée , ou par des gongyles.

Elles vivent presque toutes dans l'eau douce ou salée.

NOSTOCH.	*NOSTOCH.*

Substance membraneuse , verdâtre , gélatineuse à l'intérieur, renfermant des filamens menus, formés de globules qui sont regardés comme des semences.

Obs. *Quelques naturalistes sont tentés de rapprocher les* nostochs *des* polypes. *Supposition néanmoins encore dénuée de preuves suffisantes.*

1. Nostoch commune.	*Nostoch commun.*

Se réduisant en poussière par la sécheresse , reprenant sa forme par l'humidité... Dec. Fl. fr. 1... *Tremella nostoch.* Linn. Sp. pl. 1625... Bull. Herb. p. 225. t. 184. et p. 38. t. 2. f. t. L... Vulgt. *Graisse de terre.* Anciennement désignée sous les noms ridicules de *flos cœli , sputum lunœ.*

Sur la terre , dans les bois , les allées des jardins. CCC.

2. Nostoch lichenoïdes.	*Nostoch lichenoïde.*

Substance foliacée , plissée, noirâtre ; grains noirs à la superficie... Dec. Fl. fr. 2... *Tremella nostoch.* var. β. Lamk. Fl. fr. 1. p. 93.

Sur les pierres, les arbres. CC. Sur-tout en hiver, après les pluies.

3. Nostoch sphœricum.	*Nostoch sphérique.*

Grains arrondis , réunis ou distincts... Dec. Fl. fr. 6... Bull. Herb. p. 227. t. 499. f. 2... *Ulva granulata.* Linn. Sp. pl. 1633.

Sur la terre humide. Elle conserve sa forme pendant la sécheresse.

RIVULARIA.	*RIVULAIRE.*

Membrane irrégulièrement lobée, un peu cartilagineuse,

couverte d'un enduit gélatineux; ni filamens ni gelée à l'intérieur.

Obs. *Ce genre est encore le plus mal connu de la crypto-gamie : nous n'en décrirons qu'une seule espèce,*

1. Rivularia fœtida.   *Rivulaire fétide.*

Membrane gonflée, vermiforme, flottante, longue d'environ un pouce, d'une demi-ligne de diamètre, divisée au sommet... Dec. Fl. fr. 9... *Conferva fœtida.* Vill. Dauph. 3. p. 1010. t. 55. f. *ult.*
Couleur verte, salie par le limon qui s'attache à sa superficie; odeur fétide. Sur les pierres, dans les ruisseaux.

CHANTRANSIA.   *CHANTRANSIE.*

Filamens cloisonnés et rameux ; loges ou articulations renfermant des graines nombreuses et très-menues, qui germent quelquefois dans l'intérieur de la plante, et produisent une vraie prolification.

1. Chantransia torulosa.   *Chantransie en collier.*

Cartilagineuse ; touffe composée de 8 à 10 filamens simples ou peu rameux ; articles renflés dans leur partie moyenne... Dec. Fl. fr. 117... Dill. Musc. t. 7. f. 48.
Couleur d'un verd foncé. Dans les ruisseaux.

2. Chantransia fluviatilis. *Chantransie fluviatile.*

Cartilagineuse, ferme ; filamens groupés, d'abord simples, puis rameux ; articles renflés à leurs extrémités... Dec. Fl. fr. 118... *Conferva fluviatilis.* Linn. Sp. pl. 1635... Dill. Musc. t. 7. f. 47.
Couleur verd sombre, noire par la dessication. Dans les ruisseaux.

3. Chantransia atra.   *Chantransie noire.*

Filamens très-déliées, ramifiés ; articulations trois à quatre fois plus longues que larges, dilatées au sommet, amincies à la base... Dec. Fl. fr. 120... *Conferva atra.* Hud Fl. angl. 947
Couleur d'un brun noir. Dans les ruisseaux, les fontaines. CC.

4. Chantransia rivularis.   *Chantransie rivulaire.*

Filamens rudes, un peu tenaces, cloisonnés ; bourrelets

globuleux , émettant des filets déliés ; articulations trois fois plus longues que larges... Dec. Fl. fr. 122... *Conferva rivularis*. Linn. Sp. pl. 1633.
Couleur d'un beau verd. Dans les ruisseaux, où elle est libre et flottante.

CONFERVA.   *CONFERVE.*

Filamens simples, cloisonnés, sans tubercules ni protubérances fructifères ; loges remplies de matière verte qui, au moyen d'une sorte d'accouplement, passe dans la loge correspondante où elle forme un globule séminifère.

OBS. *Les filamens, ont entre leurs cloisons, la matière verte disposée en spirale , en étoile , ou simplement entassée.*

* *Matière verte en spirale.*

1. Conferva jugalis.   *Conferve conjuguée.*
Filamens très-longs, rudes au tact ; tubes crépus , extrémités redressées hors de l'eau lorsqu'elle y est plongée... Dec. Fl. fr. 125... Chantr. Conf. p. 88. , t. 13. f. 27.
Couleur d'un verd sale. Dans les étangs, au-dessus desquels elle flotte au printemps et à la fin de l'automne.

* * *Matière verte en étoiles.*

2. Conferva lutescens.   *Conferve jaunâtre.*
Filamens très-longs, retenant dans leur entrelas les bulles d'air qui s'élèvent du fond de l'eau ; rudes au tact ; loges deux fois plus longues que larges... Dec. Fl. fr. 232... *Conferva bullosa* Linn. Sp. pl. 1634... Bull. des Sc. n.º 9. t. 9. f. 5. B. et 13. f. 7.
Couleur d'un verd jaunâtre ; aspect gras et luisant. Sur les eaux stagnantes. CC.

* * * *Matière verte , entassée dans le tube.*

3. Conferva genuflexa.   *Conferve genouillée.*
Filamens plusieurs fois géniculés , lisses , s'accouplant au sommet de l'angle formé par leur flexion ; loges trois

fois plus longues que larges ; matière verte, parsemée de points brillans, n'occupant que la moitié de chaque loge... Dec. Fl. fr. 137.

Couleur d'un verd tirant sur le jaune. Les eaux stagnantes; dans les fossés, les mares. CCC.

Obs. On trouve sans doute plusieurs autres conferves ou chantransies dans le département; mais comme elles sont, pour la plupart, entremêlées les unes avec les autres dans les mêmes eaux, il est quelquefois difficile de les distinguer et de les reconnoître.

BATRACHOSPERMUM. *BATRACHOSPERME.*

Tige articulée; rameaux souvent verticillés, cloisonnés, branchus, ordinairement terminés par un filet.

Obs. La surface des batrachospermes est recouverte par une substance muqueuse et gélatineuse, qui les distingue au premier coup d'œil.

1. Batrachospermum intricatum. *B. pelotonné.*

Mamelons arrondis, gélatineux, de forme et de grandeur variables... Dec. Fl. fr. 141.
Dans les fontaines.

Obs. Les mamelons, observés au microscope, sont formés de filamens engagés dans une matière glaireuse ; ils sont rameux, cloisonnés, et terminés par un cil transparent.

2. Batrachospermum plumosum. *B. plumeux.*

Tige cylindrique, cloisonnée; rameaux divisés à l'extrémité, rapprochés du tronc principal, cloisonnés, et terminés par un filet pellucide... Dec. Fl. fr. 143.
Couleur d'un beau verd. Dans les eaux des fontaines, au fond desquelles il adhère par sa base.

Obs. Cette espèce forme de petites touffes de 10 à 15 lignes de haut.

3. Batrachospermum glomeratum. *B. glomerulé.*

Tige transparente ; articulations cloisonnées ; filamens simples ou rameux, articulés, disposés en houpes et terminés par un cil transparent... Dec. Fl. fr. 144.
Dans les eaux courantes, adhérantes aux pierres. D'un beau verd.

OBS. *Lorsque cette plante est jeune , elle ne présente qu'une masse gélatineuse , informe, d'un pouce environ de diamètre.*

4. Batrachospermum moniliforme. *B. moniliforme.*

Tige irrégulièrement ramifiée , formée d'une suite de globules disposés en forme de collier ; rameaux de la même grosseur que la tige... Dec. Fl. fr. 145... *Conferva gelatinosa.* Linn. Syst. 973... Dill. Musc. t. 7. f. 45, 46. sur l'*Hypnum riparium,* et t. 40. f. 44.
Couleur d'un brun plus ou moins foncé, devenant violet par la dessication. Dans les eaux des fontaines , où cette plante adhère aux pierres , aux autres plantes aquatiques , aux mousses. CCC. Vallon de Foulayronnes, près d'Agen.

* 5. Batrachospermum precatorium. N. *B. chapelet.*

Tige capillaire, ramifiée dès la base, formée d'une suite de globules ressemblant à des grains de chapelet ; rameaux plus déliés que le tronc.
Couleur verte à la base, d'un brun violet au sommet. Dans les fontaines. Vallon de Foulayronnes. C.

OBS. *Cette plante est beaucoup plus menue dans toutes ses parties que la précédente. L'une et l'autre sont enveloppées d'une substance gélatineuse très-remarquable. En les sortant de l'eau, elles se mettent en boule et ressemblent alors parfaitement à du frai de grenouille ou à de la glaire d'œuf ; si on les replonge dans leur élément , elles reprennent aussitôt la forme filamenteuse , et s'étendent avec une rapidité , une sorte de mouvement, très-analogues à ceux qui, dans la même circonstance , caractériseroient des animaux vivans.*

HYDRODYCTION.   *HYDRODYCTIE.*

Filamens disposés en réseau, dont les mailles sont ordinairement pentagones et forment un sac cylindrique.

OBS. *La reproduction des individus s'opère-t-elle , comme on l'a dit , dans ce genre , par la séparation spontanée des filamens ?*

1. Hydrodyction pentagonum.   *H. pentagone.*

Mailles du réseau carrées , pentagones ou hexagones ; longueur du sac de 3 à 6 pouces ; largeur, de 12 à 15 lignes... Dec. Fl. fr. 147... *Conferva reticulata,* Linn.

Sp. pl. 1635... Dill. Musc. t. 4. f. 14... Bull. des sc. pl. 13. f. 5.

Couleur verte, plus ou moins intense. Nageant dans les eaux tranquilles, sans adhérer au sol.

VAUCHERIA. *VAUCHERIE.*

Filamens herbacés, cylindriques, simples ou rameux, non cloisonnés ; tubercules se séparant d'eux-mêmes des filamens, et constituant les germes de nouvelles plantes ; pointe, crochet, ou massue, situés près des tubercules.

Obs. *Presque toutes les vaucheries étoient réunies sous le nom de* conferva fontinalis. Linn.

1. Vaucheria cespitosa. *Vaucherie gazon.*

Filamens courts, simples, nombreux ; graines géminées... Dec. Fl. fr. 155... Bull. des sc. t. 13. f. 9.

Couleur d'un verd sombre. Au fond des ruisseaux, où elle forme une espèce de gazon.

2. Vaucheria terrestris. *Vaucherie terrestre.*

Filamens courts, cylindriques, un peu ramifiés, entrelacés ; semences légérement aplaties, portées sur le dos d'un pédoncule qui se prolonge en hameçon... Dec. Fl. fr. 152... *Byssus velutina.* Linn. Sp. pl. 1638... Dill. Musc. t. 1. f. 14.

Couleur verte. Sur la terre ombragée, ou les vieilles murailles humides. CCC.

Obs. *Les semences sont visibles à l'œil nu.*

3. Vaucheria infusionum. *Vaucherie infusoire.*

Filamens entrecroisés, très-fins, à peine visibles à la loupe, enveloppés d'une matière gélatineuse, formant de petits flocons verds... Dec. Fl. fr. 160... *Lepra infusionum.* Schranck. Flor. Bav. 2. p. 556. n. 1595... Vulgairement *Matière verte.*

Couleur verte. Dans l'eau douce quelque temps exposée à l'air et à la lumière.

Obs. *Cette vaucherie dégage une assez grande quantité de gaz oxigène.*

***

LICHENS.

Expansions foliacées, coriaces, crustacées ou pulvérulentes (*Thallus*); fructification sessile ou pédicellée, en forme de coupe ou de tubercule. (*Apothécies.*)

SPILOMA.   *SPILOME.*

Apothécie irrégulier en forme de tubercule, coloré, sans marge, composé de gongyles nus, agglomérés. Thallus crustacé, uniforme, membraneux ou farineux.

1. **Spiloma rubrum.** Pers.   *Spilome rouge.*

Croûte mince, à peine inégale, blanchâtre ; apothécies petits, irrégulièrement arrondis, aplatis, couverts d'une poussière grenue, caduque, couleur de cinabre, d'un violet foncé dans la vieillesse... *S. tumidulum* β *rubrum.* Ach. Lich. univ. 137... *Coniocarpon cinnabarinum.* Dec. Fl. fr. 880.
β. *S. r. limitatum.* Croûte entourée d'une ligne noirâtre. Sur l'écorce des charmes, des noisetiers, des peupliers, des cerisiers. CC. A Beauregard, près d'Agen.

2. **Spiloma tricolor.** Ach.   *Spilome tricolor.*

Croûte blanche, inégale. continue, friable, terminée ; apothécies d'un brun fauve arrondis, convexes, pulvérulens, friables, d'un beau jaune en dedans... Ach. l. c. 137.
Sur les rochers calcaires abrités. C. A Ferrou, à Castillou, à Gentilly, près d'Agen.

3. **Spiloma melaleucum.** Ach. *Spilome noir et blanc.*

Croûte blanche, peu épaisse, à peine fendillée ; apothécies noirs, difformes, un peu convexes, chagrinés... Ach. l. c. 137... *Coniocarpon nigrum.* Dec. Fl. fr. 882.
Sur l'écorce des chênes. RR. Entre Ligardes et Condom.

* 4. **Spiloma reticulatum.** Chaub.   *Spilome réticulé.*

Croûte blanche, épaisse, friable, bosselée-verruqueuse ; apothécies convexes, confluens, d'un beau noir, formés par un amas de poussière grenue, tant à l'extérieur qu'à l'intérieur.
Sur les parois abritées des rochers calcaires. C. A Castillou, à Gentilly, à l'Escale, près d'Agen.
Croûte *blanche, tartreuse, épaisse, friable, ressemblant à de l'amidon, bosselée-verruqueuse, contiguë ou un peu fen-*

dillée, poudreuse, irrégulièrement sinueuse à la circonférence. Apothécies d'un beau noir, formés par des amas de poussière grenue, fugace tant à l'extérieur qu'à l'intérieur et à la base, très-nombreux, convexes, d'abord arrondis, puis confluens en forme de réseau, ou réunis vaguement plusieurs ensemble. (Chaub. misc. ined.)

ARTHONIA. ARTHONIE.

Apothécies arrondis ou difformes, presque planes, sans marges, recouverts par une membrane ordinairement noire, un peu gélatineuse et similaire en dedans. Thallus crustacé, cartilagineux-membraneux.

1. Arthonia punctiformis. Ach. *A. pointillée.*

Croûte d'un blanc de lait, terminée, membraneuse, lisse, très-mince ; apothécies très-menus, noirs, presque planes, ovales ou arrondis... *A. p.* β *galactina.* Ach. Lich. univ. 141... *A. galactites.* Duf. Journ. de physique, septembre 1818. p. 5... *Verrucaria galactina.* Dec. Fl. fr. 859.
Sur l'écorce lisse des jeunes peupliers. R. A Lalande, près d'Agen.

Not. *Il est très-facile de confondre cette espèce avec le* verrucaria punctiformis *Ach., dont elle ne diffère presque que par ses apothécies.*

2. Arthonia dispersa. Duf. *Arthonie dispersée.*

Croûte membraneuse, lisse, luisante, extrêmement mince, terminée, d'un blanc sale ; apothécies dispersés, difformes, à peine saillans, les uns arrondis ou alongés, les autres flexueux et offrant de minces et courtes ramifications... Duf. l. c. p. 6... *Opegrapha epipasta.* Ach. l. c. 258... *Op. dispersa.* Dec. Fl. fr. 833.
Sur l'écorce lisse des jeunes chênes, dans les taillis. CCC.

3. Arthonia radiata. Ach. *Arthonie radiée.*

Croûte membraneuse, lisse, d'un blanc sale ; apothécies noirs, planes, rapprochés, en forme de pédale ou d'astérisque, chagrinés sur leur disque... Ach. l. c. 144... *Opegrapha radiata.* Dec. Fl. fr. 834.
Sur l'écorce de divers arbres. CCC.

4. Arthonia obscura. Ach. *Arthonie obscure.*

Croûte membraneuse, mince, terminée, d'un gris enfumé ; apothécies noirs, rapprochés, menus, ovales,

oblongs ou alongés, rarement crénelés en leurs bords...
Ach. l. c. 146... Duf. l. c. p. 7.
Sur l'écorce de l'aune, du noyer, de l'alisier. C. A l'Escale, à Gentilly, près d'Agen.

Not. *Extrêmement voisine de la précédente.*

5. Arthonia pruinosa. Ach. *Arthonie saupoudrée.*

Croûte tartreuse, occupant de grands espaces, dure, épaisse, fendillée, d'un blanc sale, jaunâtre en dedans; apothécies planes, enfoucés dans la croûte, ovales ou difformes, d'un brun noir saupoudré de blanc... Ach. l. c. 146... *Patellaria detrita.* Dec. Fl. fr. 953, Syn. exclus.
Sur le tronc des vieux chênes. R. A Sabioïsagut, près d'Agen.

OPEGRAPHA. OPÉGRAPHE.

Apothécie oblong ou alongé, sessile ou enfoncé dans la croûte, recouvert par une membrane noire, marginé, similaire intérieurement. Thallus uniforme, crustacé, membraneux ou lépreux.

* *Apothécies simples.*

1. Opegrapha? macularis. Ach. *Opégraphe? tachée.*

Croûte nulle? Apothécies sortant de dessous l'épiderme, noirs, petits, contigus, ovales ou oblongs, tantôt concaves, tantôt offrant un sillon longitudinal, difformes et paroissant tomber en déliquescence dans la vieillesse... Ach. Lich. univ. 248... Duf. Revis. l. c. p. 13... *O. quercina* et *O. faginea.* Dec. Fl. fr. 830, 831.
Sur l'écorce des jeunes chênes, des jeunes surriers. CCC.

Obs. *Nous n'apercevons, non plus que M. Dufour, nul indice de croûte dans cette prétendue opégraphe; cependant elle en auroit une noire, selon Acharius.*

2. Opegrapha vulvella. Ach. *Opégraphe vulvelle.*

Croûte éparse, blanchâtre, très-mince, unie; apothécies petits, ovales, oblongs ou naviculaires, d'abord concaves ou marqués d'un sillon longitudinal, puis presque planes... Ach. l. c. 251... Dec. Fl. fr. VI. p. 169...
Duf. Revis. l. c. 14.

Sur l'écorce des vieux saules, des cerisiers. C. Dans les saussaies des bords de la Garonne.

3. Opographa notha. Ach. *Opégraphe bâtarde.*

Croûte presque lépreuse, blanchâtre, diffuse ; apothécies proéminens, arrondis, ovales ou difformes, obtus, très-nombreux, rapprochés, convexes et sans marge dans la vieillesse... Ach. l. c. 252... Dec. Fl. fr. 838... Duf. Revis. l. c. 15.

Sur l'écorce des ormes. C. A Agen.

4. Opegrapha grumulosa. Duf. *O. grumeleuse.*

Croûte blanche, tartreuse, grumeleuse, friable ; apothécies un peu enfoncés, saupoudrés de blanc, ovales, arrondis, triangulaires ou difformes, à disque large, un peu convexe dans la vieillesse ; marges le plus souvent irrégulièrement flexueuses... Duf. Revis. l. c. 16. *Certè ex litt... O. persoonii.* β Ach. l. c. 246 ?

β. O. g. *limitata.* Croûte circonscrite par une ligne grisâtre.

Sur les rochers calcaires abrités. R. A Castillou, à Ferrou, près d'Agen.

5. Opegrapha verrucarioïdes. Ach. *O. verrucaire.*

Croûte cendrée, souvent avec une légère teinte rose, inégale, un peu pulvérulente, presque diffuse ; apothécies très-nombreux et rapprochés, extrêmement petits, globuleux avec un point enfoncé, et ovales ou alongés, avec un sillon longitudinal... Ach. l. c. 244... Duf. Revis. l. c. 17... *Verrucaria salicina.* Dec. Fl. fr. 855.

Sur le tronc des saules. R. A Bayon, à las Mounjos, près d'Agen.

6. Opegrapha herpetica. Ach. *Opégraphe dartreuse.*

Croûte d'un gris roussâtre, terminée ou diffuse, mince, parsemée de petits points brillans proéminens ; apothécies le plus souvent simples, petits, nombreux, à demi enfoncés dans la croûte, la plupart ovales ou oblongs, les autres alongés ; disque presque plane ou canaliculé... Ach. l. c. 248... Dec. Fl. fr. 835... Duf. Revis. l. c. 13.

β. O. h. *furcata.* Apothécies plus alongés, bifides ou trifides au sommet. *O. siderella rufescens.* Ach. l. c. 256... *O. rufescens.* Duf. Revis. l. c. 22... *O. rufescens et O. bullata.* Dec. Fl. fr. 842.

Sur l'écorce des chênes, des noisetiers, des châtaigniers.
CC. A Segougnac, à Cambes, près d'Agen.

** *Apothécies divisés.*

7. Opegrapha hebraïca. Duf. *Opégraphe hébraïque.*

Croûte cendrée, mince, diffuse; apothécies variés, les
plus petits ovales ou oblongs, les plus gros amincis par
les bouts, bifides ou trifides; disque canaliculé, plane
dans la vieillesse... Duf. Revis. l. c. 21... *O. signata,
O. rimalis, O. diaphora.* Ach. Lich. univ. 260, 254.
Sur l'écorce des arbres. C. A Cruzel, près d'Agen.

8. Opegrapha atra. Per.   *Opégraphe noire.*

Croûte blanche, terminée, membraneuse, mince, lisse;
apothécies étroits, linéaires, simples, bifides ou trifides, diversement rapprochés; disque canaliculé ou
marqué d'un sillon longitudinal... Duf. Revis. l. c. 24...
Dec. Fl. fr. 840... *O. denigrata, O. pedonta* γ, *O. nimbosa*
β. Ach. l. c. 259, 262, 245.
β. *O. a. stenocarpa.* Apothécies très-étroits, serrés ou entassés... Duf. ibid... *O. stenocarpa hapalea.* Ach. Lich.
univ. 257... *O. stenocarpa, O. reticulata.* Dec. Fl. fr.
VI. p. 170.
Sur l'écorce lisse de arbres. CC. La var. β sur la vieille
écorce des saules.

9. Opegrapha saxatilis. Dec.   *O. des pierres.*

Croûte blanchâtre ou roussâtre, très-mince, presque
nulle; apothécies d'un beau noir un peu luisant,
proéminens, étroits, alongés, flexueux, simples, ou
fourchus, le plus souvent contigus : disque marqué
d'un sillon longitudinal... Duf. Revis. l. c. 25... Dec.
Fl. fr. 848... *O. lithyrga.* Ach. Lich. univ. 247.
Sur les rochers calcaires. A Tibet, à Tuquet, à Ferrou.
CCC.

Not. *La croûte est quelquefois assez épaisse pour pouvoir
se fendiller en aréoles.*

10. Opegrapha cerasi. Pers. *Opégraphe du cerisier.*

Croûte mince, membraneuse, lisse, luisante, blanchâtre; apothécies enfoncés dans la croûte, linéaires, très-
étroits, le plus souvent droits, parallèles, presque
simples, effilés par les bouts; disque canaliculé, ordi-

naîrement poudreux... Dec. Fl. fr. 841... *Graphis cerasi.* Ach. l. c. p. 268.
Sur l'écorce des cerisiers. CC.

11. Opegrapha serpentina. Ach. *O. serpentine.*

Croûte terminée, blanchâtre, raboteuse; apothécies enfoncés dans la croûte, linéaires, très-étroits, poudreux, très-rapprochés, diversement flexueux et contournés, presque simples; disque d'abord canaliculé, puis presque plane... Ach. Méth. p. 29... Dec. Fl. fr. 843... *Graphis serpentina.* Ach. l. c. 269.
Sur l'écorce de divers arbres. CC. Au vallon de Foulayronnes, près d'Agen.

12. Opegrapha scripta. Ach. *Opégraphe écrite.*

Croûte mince, lisse, blanchâtre, luisante; apothécies linéaires, étroits, pointus; simples ou divisés; droits et fléchis diversement, presque poudreux, enfoncés dans la croûte, un peu proéminens dans la vieillesse; disque avec un sillon longitudinal... Ach. Méth. 30... *Graphis scripta.* Ach. Lich. univ. 265... *O. pulverulenta et O. limitata.* Dec. Fl. fr. 844, 845.
Sur l'écorce du charme, du marronnier. C. A Segougnac, près d'Agen.

Not. *Les apothécies des trois espèces précédentes, soulevant la croûte pour en atteindre la superficie, semblent être bordées par une marge thallodique.*

LECIDEA. *LECIDÉE.*

Apothécie orbiculaire, sessile, recouvert d'une membrane colorée, à disque lisse, similaire en dedans; thallus variable, uniforme ou figuré, quelquefois un peu foliacé ou un peu filamenteux.

† *Thallus crustacé, uniforme.* (Catillariæ).

* *Apothécies noirs, nus.*

1. Lecidea immersa. Ach. *Lécidée enfoncée.*

Croûte blanchâtre, très-mince, ou presque nulle; apothécies noirs, marginés, planes ou concaves, quelquefois saupoudrés de blanc, s'enfonçant plus ou moins

dans la croûte, bruns ou blanchâtres intérieurement...
Ach. Lich. univ. 153... *Patellaria immersa.* Dec. Fl.
fr. 930.

β. L. i. *emergens.* Ach. l. c. Apothécies plus grands, nullement enfoncés dans la croûte, d'abord planes, puis
convexes.

Sur les rochers, les pierres. CC. A Tibet.

2. Lecidea atroalba. Ach. *Lécidée noire et blanche.*

Croûte blanchâtre, fendillée en une multitude d'aréoles, bordée par une autre croûte inférieure noire,
frangée ; apothécies noirs en dehors et en dedans, planes
ou un peu convexes, entremêlés avec les aréoles... Ach.
l. c. 162... *Lichen atroalbus.* Linn.

β. L. a. *fimbriata.* Ach. l. c. Plus petite, croûte noire,
rayonnant du centre à la circonférence... *Rhizocarpon
confervoïdes.* Dec. Fl. fr. 993... *Patellaria leucoplaca.*
Dec. Fl. fr. 934 ?

Sur les pierres meulières, à Grateloup, à Tournon. La var.
β. sur les cailloux siliceux, à Segougnac, près d'Agen ; sur
les toits de brique ; et sur l'écorce des peupliers d'Italie,
à la Salève.

3. Lecidea atrovirens. Ach. *Lécidée noire et verte.*

Croûte d'un verd jaune, fendillée en une multitude
d'aréoles, bordée par une autre croûte inférieure, noire,
mince ; apothécies noirs en dehors et en dedans, entremêlés avec les aréoles... Ach. l. c. 163... *Rhizocarpon
geographicum.* Dec. Fl. fr. 992... *L. geographicus.* Linn.

Sur les pierres meulières, à Grateloup, à Tournon. RR.
Sur les tuiles des toits, aux environs d'Agen.

4. Lecidea parasema. Ach. *Lécidée circonscrite.*

Croûte très-adhérente, d'un verd gris, presque granulée, ordinairement circonscrite par une ligne noire ;
apothécies planes, marginés, noirs en dehors, cornés
et noirâtres en dedans... Ach. l. c. 175... *Patellaria parasema.* Dec. Fl. fr. 936.

β. L. p. *athroa.* Ach. l. c. Croûte blanchâtre, non circonscrite ; apothécies presque entourés par une marge
thallodique.

Sur l'écorce des arbres. CCC.

✶ 5. Lecidea enteroleuca. Ach. *L. blanche en dedans.*

Croûte cendrée, mince, raboteuse, contiguë ; apothé-

cies convexes , noirs en dehors, blancs en dedans... Ach.
l. c. 177.
Sur l'écorce des charmes. RR. A la garenne de S.t-Amans,
près d'Agen.

6. Lecidea confluens. Ach.   *Lécidée confluente.*

Croûte d'un verd cendré blanchâtre, fendillée, presque
lisse ; apothécies sessiles, convexes dans la vieillesse,
offrant, par une section transversale, un noyau noir,
entouré d'une bordure blanche... *L. c. albozonaria.* Ach.
l. c. 175... *Patellaria albozonaria.* Dec. Fl. fr. 938.
Sur les cailloux siliceux et ferrugineux, à Segougnac. C.

** *Apothécies noirs , saupoudrés de poussière*
blanche.

7. **Lecidea epipolia.** Ach.   *Lécidée des murailles.*

Croûte tartreuse, blanche, bien terminée, fendillée en
aréoles protubérentes, inégales ; apothécies sessiles,
d'abord planes, puis convexes-hémisphériques, noirs
en dedans et en dehors, saupoudrés de blanc : marge
propre persistante à la base... Ach. l. c. 186... *Patel-*
laria epipolia. Dec. Fl. fr. 955.
Sur les murailles de pierre, sur les rochers. A l'Hermitage, à Castillou, près d'Agen. CC.

8. Lecidea corticola. Ach.   *Lécidée corticole.*

Croûte tartreuse , granulée, fendillée, inégale, très-
blanche ; apothécies plus menus, un peu enfoncés
dans la croûte, noirs saupoudrés de blanc, d'abord
planes, puis convexes et sans marge... Ach. l. c. 186...
Patellaria corticola. Dec. Fl. fr. 954.
Sur la vieille écorce des ormes. CC. Aux environs
d'Agen.

Not. *Cette espèce est à peine distincte de la précédente.*

* * * *Apothécies diversement colorés.*

9. **Lecidea luteola.** Ach.   *Lécidée jaunâtre.*

Croûte pulvérulente , verdâtre ; apothécies petits , sessiles , convexes, d'abord pâles, puis d'un roux fauve...
Ach. l. c. 195... *Patellaria rubella.* Dec. Fl. fr. 963.

β. L. l. *Erysibe*. Ach. l. c. Croûte d'un fauve sale ; apothécies plus petits.

Sur l'écorce de divers arbres. R. La var. β sur les troncs des saules. C.

10. Lecidea viridescens. Ach. *Lécidée verdâtre.*

Croûte mince, granulée, verdâtre ; apothécies convexes sans rebord, d'un brun noir, raboteux sur leur disque, souvent confluens, irréguliers dans la vieillesse... Ach. Lich. univ. 200... *Patellaria viridescens*. Dec. Fl. fr. 945.
Dans le tronc des vieux ormes et des vieux marroniers. RR. Près d'Agen, à Darel ; à Montesquieu.

11. Lecidea cinereofusca. Ach. *Lécidée cendréfauve.*

Croûte mince, inégale, presque fendillée, d'un gris cendré, tirant sur le verd ; apothécies d'un rouge brun, planes ou un peu convexes, difformes dans la vieillesse... Ach. l. c. 202... *Patellaria ferruginea*. Dec. Fl. fr. 971.
β. L. c. *limitata*. Croûte d'un gris verdâtre, circonscrite par une ligne noire.
Sur l'écorce des arbres. CCC.

12. Lecidea rupestris Ach. *Lécidée des rochers.*

Croûte tartreuse, contiguë, d'un blanc tirant sur le jaune, très-mince ; apothécies enfoncés, planes, marginés, d'un jaune roux en dehors et en dedans ; demi sphériques et sans marge dans la vieillesse... Ach. l. c. 206... *Patellaria rupestris*. Dec. Fl. fr. 979.
β. L. r. *pyrithroma*. Ach. l. c. Croûte très-blanche ; apothécies plus gros, d'un jaune orangé.
Sur les rochers calcaires. A Ferrou, à l'Escale, près d'Agen. CC.

13. Lecidea luteoalba. Ach. *L. jaune et blanche.*

Croûte mince, unie, blanche ; apothécies d'un jaune orangé, blancs en dedans, petits, très-rapprochés, marginés, d'abord planes ou un peu concaves, puis convexes... Ach. l. c. 207... *Patellaria ulmicola*. Dec. Fl. fr. 973.
Sur l'écorce des arbres, sur les briques, sur les rochers. CC.

*14. Lecidea exigua. Chaub. *Lécidée exigue.*

Croûte d'un gris cendré, jaunâtre, mince, peu liée, mal terminée ; apothécies d'un brun roux pâle, très-menus,

très-nombreux et très-rapprochés , d'abord planes , à
peine marginés , puis légèrement convexes et sans
marge.
Sur l'écorce lisse des chênes et des marronniers, dans les
bois. RR. A Segougnac, à Cambes, près d'Agen.

*Croûte d'un gris cendré , tirant sur le verd , très-mince ,
membraneuse, peu liée, presque lépreuse, assez mal terminée,
ordinairement contiguë au centre. Apothécies extrémement
menus , d'un roux brun pâle, protubérans , très-nombreux ,
rapprochés , souvent contigus et soudés trois ou quatre ensemble , d'abord planes, bordés par une marge propre , à peine
visible avec le secours d'une forte loupe , puis un peu convexes et sans marge apparente. (Chaub. Misc. ined.)*

Obs. *La base des apothécies persistant après la chute de
la lame proligère , leur place est indiquée dans les vieux individus par une tache déprimée d'un roux pâle.*

†† *Thallus foliacé* (Lepidomæ).

15. Lecidea candida. Ach. *Lécidée candide.*

Croûte presque imbriquée , à lobes gonflés , crénelés ,
plissés , d'abord verte , puis glauque , et enfin entièrement recouverte par une poussière grenue , très-blanche ; apothécies noirs , saupoudrés de blanc , d'abord
planes , puis convexes et difformes... Ach. l. c. 112...
Psora candida. Dec. Fl. fr. 1001.
Sur la terre dans les friches pierreuses, au pied des rochers. C. A l'Hermitage, à Castillou , près d'Agen.

16. Lecidea vesicularis. Ach. *Lécidée vésiculeuse.*

Croûte presque imbriquée d'un fauve brun , à lobes
gonflés , entiers , plissés; apothécies noirs , nus , d'abord
planes , un peu marginés , puis hémisphériques et sans
marge... Ach. l. c. 212... *Psora vesicularis.* Dec. Fl.
fr. 999 ?
Sur la terre qui recouvre les rochers , à l'Hermitage , à
Castillou , près d'Agen.

17. Lecidea lurida. Ach. *Lécidée livide.*

Croûte d'un verd livide, brune après la dessication ,
imbriquée, à lobes arrondis , crénelés , planes ; apothécies noirs , d'abord un peu concaves , puis convexes...
Ach. l. c. 213... *Psora lurida.* Dec. Fl. fr. 1003.
Sur les rochers du vallon de Foulayronnes , près d'A-
gen. RR.

18. Lecidea thriptophylla. Ach.   *L. thriptophylle.*

Thallus d'un roux brun, presque imbriqué, à lanières appliquées, planes, divisées en lobes, irrégulièrement dentés ; apothécies d'un rouge fauve, convexes dans la vieillesse... Ach. Lich. univ. 215.

β. L. th. *corallinoïdes.* Ach. l. c. Lobes du thallus, dégénérant en rameaux très-courts, grêles, très-serrés, ou en poussière grenue, grisâtre, qui recouvre alors la marge des apothécies.

Sur la mousse qui recouvre le tronc des chênes, à Estillac. RR.

NOTA. *Le type a été décrit sur un échantillon provenant de l'herbier de M. L. Dufour. Nous n'avons observé dans nos contrées que la var.* β.

19. Lecidea canescens. Ach.   *Lécidée blanchâtre.*

Croûte orbiculaire, blanchâtre, mamelonnée, plissée vers le centre, plissée-lobée à la circonférence ; apothécies petits, planes ou un peu convexes... Ach. l. c. 216... *Placodium canescens.* Dec. Fl. fr. 1028.

Sur le tronc des arbres, les rochers. R. A Martinet, à Tibet, près d'Agen.

CALICIUM.   *CALICIUM.*

Apothécie en forme d'entonnoir, pédicellé, rarement sessile, marginé, à disque formé par une masse pulvérulente, quelquefois globuleux ; thallus crustacé, uniforme.

1. Calicium claviculare. Ach. *Calicium claviculaire.*

Croûte blanche, très-mince, unie ; apothécies noirs, d'abord planes, puis convexes, portés sur un pédicelle cylindrique, ou épaissi à la base... Ach. Lich. univ. 234... *C. clavellum.* Dec. Fl. fr. 924.

Dans l'intérieur des vieux saules. C. A Peyrequatre, près d'Agen.

VERRUCARIA.   *VERRUCAIRE.*

Apothécie globuleux, enfoncé en partie dans la croûte ; périchétie double ; l'extérieur noir, cartilagineux, offrant au centre d'abord un mamelon, puis un petit orifice ; l'intérieur globuleux, celluleux-vésiculaire ;

vésicules attachés ensemble; thallus crustacé, membraneux, presque lépreux, uniforme.

* ***Thallus cartilagineux-membraneux, contigu.***

1. Verrucaria punctiformis. Ach.   *V. ponctiforme.*

Croûte très-mince, d'un gris cendré, assez bien terminée, lisse; apothécies petits, convexes-hémisphériques, rarement mamelonnés; noyau blanc, globuleux... Ach. Lich. univ. 274.

β. V. p. *petalodes.* Ach. l. c. Croûte très-mince, d'un glauque olivâtre; apothécies plus petits, très-nombreux et tres-rapprochés... *V. hippocastani.* Dec. Fl. fr. 854.

Sur l'écorce du charme, de l'aune, au vallon de Sainte-Radegonde, près d'Agen.

2. Verrucaria analepta. Ach.   *Verrucaire analepte.*

Croûte d'un gris olivâtre, membraneuse, mince, luisante, terminée; apothécies épars, sessiles, hémisphériques-coniques, mamelonnés; noyau blanc comprimé... Ach. l. c. 275... *V. olivacea.* Dec. Fl. fr. VI. p. 172.

Sur l'écorce du chêne. R. A Porteils, à Guitard, près d'Agen.

Not. *Voisine de la précédente; mais ses apothécies sont plus grands, plus coniques, et surmontés d'un mamelon.*

3. Verrucaria cerasi. Schrad. *Verrucaire du cerisier.*

Croûte terminée, d'un blanc cendré, luisante, très-mince; apothécies menus, ovales, convexes; noyau blanc un peu comprimé... Ach. l. c. 275... Dec. Fl. fr. 856.

Sur l'écorce des cerisiers, des pruniers. CC.

4. Verrucaria stigmatella. Ach.   *V. stigmatelle.*

Croûte très-mince, membraneuse, lisse, blanche; apothécies menus hémisphériques, ouverts par un pore au sommet; noyau globuleux, cendré... Ach. l. c. 276... *V. atomaria.* Dec. Fl. fr. 852.

Sur l'écorce lisse des peupliers. C.

5. Verrucaria gemmata. Ach.   *Verrucaire perlée.*

Croûte diffuse, cendrée ou blanche, très-mince; apothécies épars, convexes, un peu luisans, mamelonnés;

noyau transparent... Ach. l. c. 278... Dec. Fl. fr. 86o.
Sur l'écorce des saules. C. A Sambel, près d'Agen.

6. Verrucaria nitida. Ach. *Verrucaire luisante.*

Croûte d'un gris cendré, olivâtre, membraneuse, mince,
lisse, luisante, terminée; apothécies ramassés au centre, globuleux, à demi-enfoncés dans la croûte, d'abord
mamelonnés, puis déprimés et ouverts par un pore au
sommet... Ach. l. c. 279... Dec. Fl. fr. 86r.
β. V. n. *populi.* Croûte inégale, quelquefois fendillée;
apothécies entourés à leur base par un bourrelet crustacé.
Sur l'écorce du charme. La var. β sur l'écorce lisse des
jeunes peupliers. C. A St.-Amans, près d'Agen.

7. Verrucaria carpinea. Ach. *Verrucaire du charme.*

Croûte mince, quelquefois un peu fendillée, d'un brun
noirâtre; apothécies menus, sessiles, hémisphériques,
quelquefois mamelonnés, transparens intérieurement;
noyau blanc, globuleux... Ach. l. c. 280.
Sur l'écorce du charme. C. A la Garenne de St.-Amans,
près d'Agen.

** * Thallus crustacé, presque tartreux, contigu, ou
fendillé en aréoles.*

8. Verrucaria leucocephala. Ach. *V. leucocéphale.*

Croûte cendrée, avec une légère teinte verdâtre, très-
mince continue-diffuse; apothécies menus, globuleux,
sessiles noirâtres, recouverts d'une poussière blanche,
ouverts au sommet par un pore; noyau très-menu,
cendré... Ach. l. c. 286... *Spheria leucocephala.* Ehrh.
Sur l'écorce des vieux chênes. R. Derrière Tuquet, près
d'Agen.

OBS. *Dans la supposition que la croûte de ce prétendu
lichen appartienne à une autre cryptogame, ce que nous
sommes tentés de croire, cette espèce, émettant de son intérieur une matière gélatineuse, pourroit fort bien être regardée comme une véritable sphérie.*

9. Verrucaria schraderi. Ach. *V. de Schrader.*

Croûte tartreuse, contiguë, blanche ou cendrée, terminée; apothécies globuleux, menus, enfoncés dans la

croûte, rarement mamelonnés... Ach. l. c. 284... *V. ru-*
pestris. Dec. Fl. fr. 864.

β. **V. s.** *rubicunda.* Croûte d'un gris violet, plus ou moins
intense.

Sur les rochers calcaires, qu'elle perce de petits trous.
CCC. La var. à Ferrou, à Castillou, près d'Agen.

10. Verrucaria lævata. Ach. *Verrucaire protubérante.*

Croûte d'un blanc cendré tirant sur le verd, tartreuse,
fendillée, presque unie à la superficie ; apothécies globuleux, enfoncés dans la croûte par leur base, protubérans par leur partie supérieure, d'une transparence
sale intérieurement... Ach. l. c. 284.
Sur les rochers calcaires, dans le lit de la Garonne, à
Corne, près d'Agen.

Not. *Très-voisine du* **V.** *schraderi ; mais ses apothécies
protubérans, rarement ouverts par un pore au sommet, et sa
croûte tartreuse assez épaisse, farineuse à l'intérieur, l'en
distinguent suffisamment.*

11. Verrucaria rubella. Chaub. *Verrucaire rougeâtre.*

Croûte rougeâtre ou blanchâtre, tartreuse, inégale,
finement fendillée ; apothécies hémisphériques-coniques,
gros, blancs en dedans, surmontés d'un petit mamelon,
puis ouverts au sommet par un pore.
Sur les rochers calcaires, les vieilles pierres des murailles.
R. A Lescale, au St.-Esprit, près d'Agen.

Croûte *d'un rouge de rouille pâle, blanchâtre dans quelques individus, tartreuse, presque pulvérulente, mince, inégale, fendillée, très-irrégulièrement et mal terminée, occupant d'assez grands espaces ; apothécies de la grosseur de
ceux du* **V.** *gemmata, même plus gros, d'un noir mat, convexes, hémisphériques-coniques, souvent ombiliqués, blancs
en dedans, d'abord surmontés d'un petit mamelon, puis ouverts au sommet par un petit pore.*

12. Verrucaria actinostoma. Ach.   *V. actinostome.*

Croûte épaisse, tartreuse, blanche, inégale, fendillée
en aréoles polygones ; apothécies globuleux, tout à
fait enfoncés dans la croûte, ombiliqués, blancs intérieurement ; mamelon recouvert d'une poussière blanche rayonnante... Ach. l. c. 288.
Sur les tuiles des toits. R. Au St.-Esprit, près d'Agen.

13. Verrucaria muralis. Ach. *Verrucaire des murs.*

Croûte plus ou moins distincte, fendillée, presque granulée, d'un gris cendré, tirant un peu sur le brun; apothécies un peu saillans, d'abord planes, puis convexes-coniques, mamelonnés, et enfin ouverts par un pore au sommet... Ach. l. c. 288... *V. concentrica.* Dec. Fl. fr. 870.

Sur le mortier des murailles. CC. A Malconte, à Descayrat, près d'Agen.

14. Verrucaria circumscripta. Chaub. *V. circonscrite.

Croûte circonscrite par une bordure noire, d'un verd olivâtre, devenant brune avec l'âge, lisse, luisante, cartilagineuse; apothécies d'abord planes, puis convexes-coniques, et ouverts par un pore au sommet.

Contre les parois des rochers calcaires. R. A Ferrou, près d'Agen, dans le bois.

DESC. *Croûte d'un verd olivâtre cendré dans l'état de dessication, d'un verd olivâtre dans l'état de fraîcheur, et passant au brun avec l'âge, circonscrite par une ligne noire, presque tartreuse, mince, d'un aspect cartilagineux, contigue, lisse ou presque lisse, un peu luisante, relevée d'une multitude de petits points microscopiques, protubérans; apothécies de la grosseur de ceux du V. nitida, gris en dedans, d'abord planes, marginés et mamelonnés, puis protubérans, convexes-coniques, sans marge apparente, et ouverts par un pore au sommet.*

15. Verrucaria macrostoma. Duf. *V. large-bouche.*

Croûte d'un brun fauve, verte dans l'état d'humidité, tartreuse, fendillée en une multitude d'aréoles polygones, presque planes; apothécies très-menus, à demi enfoncés dans la croûte, globuleux, un peu coniques, mamelonnés, ouverts au sommet par un pore large et arrondi... Duf. Herb... Dec. Fl. fr. 871.

β. *V. m. limitata.* Croûte plus mince, circonscrite par une ligne noire; apothécies et aréoles plus petits.

Sur les murs. CC. La var. sur les rochers, à Tibet, près d'Agen.

16. Verrucaria umbrina. Ach. *Verrucaire noirâtre.*

Croûte d'un brun noirâtre, presque noire dans l'état d'humidité, finement fendillée en très-petites aréoles; apothécies menus, un peu enfoncés, globuleux-coniques, mamelonnés, ouverts par un pore au sommet, noirâ-

tres intérieurement... Ach. l. c. 291... *V. nigrescens.*
Dec. Fl. fr. 872.
Sur les rochers calcaires, sur les cailloux siliceux. C. A
Ferrou, à Segougnac, près d'Agen.

ENDOCARPON.   *ENDOCARPE.*

Apothécie globuleux, renfermé dans le thallus ; périthécie membraneux, diaphane, simple, se manifestant à
la superficie de la croûte par un pore cartilagineux noir ;
noyau globuleux, cellulifère, similaire ; thallus crustacé,
irrégulier, cartilagineux ou foliacé, lobé.

1. Endocarpon hedwigii. Ach.   *E. d'Hedwig.*

Thallus crustacé-coriace, foliacé, plus ou moins lobé,
d'un brun marron,. verdâtre dans l'état d'humidité,
blanc et hérissé de fibrilles en dessous... Ach. l. c. 298...
Dec. Fl. fr. 1121.
Sur le terreau des rochers, au St.-Esprit, près d'Agen. R.

2. Endocarpon hepaticum. Ach.   *E. hépatique.*

Thallus crustacé, cartilagineux, foliacé, presque orbiculaire, sinué-lobé à la circonférence, d'un roux clair,
verd dans l'état d'humidité, noir et dépourvu de fibrilles
en dessous... Ach. l. c. 298... Dec. Fl. fr. VI. p. 191.
Sur le terreau des vieilles murailles, des rochers. R. Dans
la ville ; à Gentilly, près d'Agen.

3. Endocarpon lachneum. Ach. *Endocarpe laineux.*

Thallus presque cartilagineux, foliacé, imbriqué, d'un
roux brun, verdâtre dans l'état d'humidité, noir et
hérissé de nombreuses fibrilles en dessous; lobes arrondis, un peu crénelés, flexueux, libres en leurs bords...
Ach. l. c. 299... Duf. Herb.
Sur le terreau des rochers, sur les tas de mousse. R. A
Estillac, à Moirax, près d'Agen, par M. L. Brondeau.

Not. *Ces trois* Endocarpes *sont tellement voisins l'un de
l'autre, qu'il faut une attention scrupuleuse pour les distinguer.*

4. Endocarpon miniatum. Ach.   *E. rougeâtre.*

Thallus crustacé-cartilagineux, foliacé, attaché par le
centre, orbiculaire, d'un blanc cendré, parsemé de
petits points bruns, irrégulièrement ondulé et plissé en

son pourtour, d'abord lisse en dessous, puis rude et
roussâtre... Ach. l. c. 302... Dec. Fl. fr. 1120... *Lichen
miniatus*. Linn.
Sur les rochers calcaires, dans la Garonne. C. A Corne,
près d'Agen.

PORINA.   *PORINE.*

Apothécies en forme verrue de la même substance que
la croûte, offrant au sommet plusieurs pores qui aboutissent à autant de loges intérieures recouvertes par un
périthécie membraneux et diaphane ; noyaux presque
globuleux, celluleux-vésiculifères ; thallus cartilagineux-membraneux, uniforme.

1. Porina pertusa. Ach.   *Porine percée.*

Croûte cartilagineuse-membraneuse, unie, lustrée, fendillée, d'un blanc cendré ou un peu jaunâtre ; verrues
des apothécies globuleuses, déprimées au sommet et
percées d'un à cinq pores noirâtres... Ach. Lich. univ.
308... *Pertusaria communis*. Dec. Fl. fr. 875... *Lichen per-
tusus*. Linn.
Sur le tronc des arbres. R. A Cruzel, à Segougnac, près
d'Agen.

VARIOLARIA.   *VARIOLAIRE.*

Apothécies en forme de verrues, de la même substance que la croûte ; lame proligère, dépourvue de périthécie, couverte de petits globules de poussière blanche ; thallus cartilagineux-membraneux, ou bien crus-
tacé-uniforme.

1. Variolaria communis. Ach. *Variolaire commune.*

Croûte cartilagineuse, blanche ou cendrée, d'abord
lisse, puis inégale, couverte de petits paquets de poussière blanche ; verrues des apothécies convexes, globuleuses, inégales ; lame proligère plane, nue après la
chute des corpuscules grenus... Ach. Lich. univ. 322...
Dec. Fl. fr. 883... *Lichen fagineus*. Linn.
Sur l'écorce de divers arbres. CCC.

URCEOLARIA.   *URCÉOLAIRE.*

Apothécie orbiculaire, bordé par le thallus ; lame pro-

ligère colorée , concave , enfoncée dans la croûte;
marge formée par le disque relevé à la circonférence,
cellulifère et striée en dedans ; thallus crustacé-uni-
forme.

* Marge discoïde, nulle ou confondue avec la marge
thallodique.

1. Urceolaria Hoffmanni. Ach. U. d'Hoffmann.

Croûte d'un blanc cendré ou grisâtre , fendillée en aréoles polygones , planes , la plupart protubérantes à leur
centre ; lame proligère enfoncée , concave , noirâtre ;
marge thallodique raboteuse , pulvérulente... Ach.
Lich. univ. 333... U. contorta. Dec. Fl. fr. 1004.
Sur les rochers calcaires. A Tibet , à Castillou , près
d'Agen.

2. Urceolaria gibbosa. Ach. Urcéolaire bosselée.

Croûte inférieure filamenteuse , rameuse, rayonnant du
centre à la circonférence , blanchâtre ou noirâtre ;
croûte supérieure , mamelonnée-verruqueuse , d'un gris
verdâtre ou blanchâtre ; lame proligère enfoncée , noire;
marge thallodique protubérante , presque entière. U.
gibbosa fimbriata. Ach. l. c. 335.
Sur les cailloux quartzeux, dans les friches. A Segougnac ,
près d'Agen. C.

Not. La croûte inférieure de cette espèce est parfaitement analogue à celle du Lecidea atroalba. Elle disparoît
dans la vieillesse. La marge thallodique est crénelée et poudreuse dans sa jeunesse.

3. Urceolaria cinerea. Ach. Urcéolaire cendrée.

Croûte d'un blanc cendré , fendillée en aréoles verruqueuses , quelquefois circonscrite par une zone d'un
gris verdâtre , plus ou moins intense ; lames proligères
noires , enfoncées , concaves , rapprochées , souvent
réunies deux ou trois ensemble; marge thallodique protubérante, entière... Ach. l. c. 336... U. opegraphoïdes?
et U. tessulata. Dec. Fl. fr. 1006 et 1007.
Sur les rochers calcaires. A l'Hermitage , à Castillou ,
près d'Agen. CC.

** *Marges discoïde et thallodique protubérantes ;*
distinctes dans la vieillesse.

4. Urceolaria scruposa. Ach. *Urcéolaire graveleuse.*

Croûte raboteuse, plissée, granulée, cendrée; lame
proligère concave, d'un noir grisonnant; marge thallodique épaisse, presque crénelée, un peu fléchie en
dedans... Ach. l. c. 338... Dec. Fl. fr. 1008... *Lichen
scruposus.* Linn.
Sur les tas de mousse, dans les friches, sur les rochers.
CCC.

5. Urceolaria diacapsis. Ach. *Urcéolaire diacapse.*

Croûte cendrée, épaisse, fendillée, mamelonnée, couverte dans la vieillesse d'une poussière grenue; marge
discoïde fléchie en dedans, saupoudrée de blanc,
épaisse, libre, et entourée extérieurement d'un bourrelet thallodique épais et granulé... Ach. l. c. 339.
Sur les murs exposés au mauvais temps. R. A Malconté,
à l'église de la Capelette, près d'Agen.

Not. *La croûte est d'un blanc d'amidon en dedans; quelquefois les apothécies sont tellement nombreux et rapprochés, qu'ils en deviennent difformes.*

LECANORA.　　　　*LÉCANORE.*

Apothécie orbiculaire, épais, sessile, cellulifère et strié
en dedans; lame proligère-colorée, sans marge propre,
formant un disque plan-convexe, bordé par une marge
thallodique épaisse; thallus crustacé, uniforme, ou
figuré.

† *Thallus crustacé uniforme* (Rhinodinæ).

* *Apothécies noirs, nus sur le disque.*

1. Lecanora atra. Ach.　　　*Lécanore noire.*

Croûte fendillée, granulée-verruqueuse, blanche ou
cendrée; apothécies à disque noir, plane, ou à peine
un peu convexe; marge thallodique, dégagée de la
croûte, élevée, flexueuse et crénelée... Ach. Lich. univ.
344... *Patellaria tephromelas.* Dec. Fl. fr. 985.

Sur les briques , contre les murs. R. A. Malconté , a Genevois , près d'Agen.

2. Lecanora metabolica. Ach.   *L. métabolique.*

Croûte blanchâtre, mince , ridée sur les bords , fendillée et verruqueuse vers le centre ; apothécies menus, à disque plane , d'un noir lustré ; marge thallodique entière , d'abord blanche (puis brune et enfin noire ?)... Ach. l. c. 351 ?
Sur l'écorce des peupliers. R. Aux environs d'Agen.

3. Lecanora verrucosa.   *Lécanore verruqueuse.*

Croûte bien terminée , presque membraneuse , d'un blanc cendré ; apothécies en forme de verrues , à disque enfoncé , irrégulier , très-petit , ressemblant à un point noir ; marge thallodique épaisse , irrégulière , pulvérulente et comme déchirée... Ach. l. c. 354.
β. **L. v.** *argena.* Croûte d'un blanc de lait , couverte çà et là de poussière grenue et un peu fendillée ; apothécies très-menus , rares... Ach. l. c.
Sur l'écorce des charmes, des peupliers. CC. A Segougnac, à l'Escale , près d'Agen.

 * * *Apothécies diversement colorés , à disque saupoudré de blanc.*

4. Lecanora angulosa. Ach.   *Lécanore anguleuse.*

Croûte mince , presque membraneuse , ridée , presque granulée , blanchâtre ; apothécies d'abord planes , puis convexes , pressés les uns contre les autres , difformes , anguleux ; disque d'un brun plus ou moins intense , saupoudré de blanc ; marge thallodique , entière , disparoissant presque entièrement dans la vieillesse... Ach. l. c. 364... *Patellaria angulosa.* Dec. Fl. fr. 987.
Sur l'écorce des arbres. CCC.

5. Lecanora subcarnea. Ach.   *Lécanore roussâtre.*

Croûte tartreuse , fendillée , blanche , bien terminée ; apothécies d'un gris brun , presque couleur de chair , saupoudrés de blanc, contigus , trop nombreux , difformes ; marge thallodique , épaisse , repoussée en dehors dans la vieillesse par une espèce de marge propre... Ach. l. c. 365... *Patellaria angulosa* β *subcarnea.* Dec. Fl. fr. 987.

Sur les pierres calcaires, les rochers de grès. C. Au Saint-Esprit, près d'Agen.

6. Lecanora parella. Ach. *Lécanore parelle.*

Croûte blanche, plissée, verruqueuse, fendillée ; apothécies épais, rapprochés, couverts d'une poussière blanche, grenue ; disque concave, presque plane dans la vieillesse ; marge thallodique très-épaisse, entière... Ach. l. c. 370... *Patellaria parella.* Dec. Fl. fr. 991... *Lichen parellus.* Linn. Syst. nat.

Sur les briques des toits, le mortier des murs, l'écorce des arbres. R. A Lécussan, à la Capelette, au Pélatier, près d'Agen.

7. Lecanora variabilis. Ach. *Lécanore changeante.*

Croûte brune, grenue, à demi gélatineuse, un peu foliacée et grisâtre sur les bords, fendillée par la dessication ; apothécies lenticulaires, petits, à disque d'un brun-roux, plus ou moins intense, saupoudré de blanc ; marge thallodique, entière... Ach. l. c. 369... *Colema variabile.* Dec. Fl. fr. 1033.

Sur les rochers calcaires. C. Au Saint-Esprit, à Castillou, près d'Agen.

8. Lecanora hageni. Ach. *Lécanore d'Hagen.*

Croûte granulée, pulvérulente, d'un blanc cendré, inégale ; apothécies menus, lenticulaires, à disque noirâtre, saupoudré de blanc ; marge thallodique, entière, persistante... Ach. l. c. 567.

β. L. h. *umbrina.* Ach. l. c. Croûte membraneuse, inégale ; apothécies à disque brun, nu, surmonté par une marge thallodique, mince et crénelée... *Lichen crenulatus.* Pers.

Sur l'écorce des vieux ormes, des peupliers, des saules. R. A Montanou, près d'Agen ; dans les saussaies des rives de la Garonne.

* * * *Disque diversement coloré, nu.*

9. Lecanora subfusca. Ach. *Lécanore brune.*

Croûte blanchâtre, d'abord mince et unie, puis granulée et inégale ; apothécies d'un brun roux, plus ou moins foncé, planes ou un peu convexes ; marge thallodique, épaisse, persistante, crénelée et flexueuse... Ach. l. c. 393... *Patellaria subfusca.* Dec. Fl. fr. 984.

β. L. s. *argentata*. Ach. l. c. Croûte mince, unie ; apothécies petits, d'un brun-roux pâle ; marge thallodique, plus protubérante que le disque, épaisse, entière.

γ. L. s. *coïlocarpa*. Ach. l. c. Croûte mince, unie, blanche ; apothécies d'un fauve noirâtre ; marge thallodique, moins épaisse, presque entière et un peu fléchie en dedans.

δ. L. s. *crassa*. N. Croûte granulée-verruqueuse, peu liée, très-mince à la circonférence ; apothécies d'un brun-roux pâle ; marge thallodique, très-épaisse, crénelée, un peu fléchie en dedans.

ε. L. s. *complanata*. N. Croûte fendillée au centre ; apothécies d'abord planes et parfaitement de niveau avec la croûte, puis protubérans, contigus, difformes.

Sur le tronc des arbres, sur les rochers. CCC. β sur l'écorce des jeunes chênes ; γ sur celle des noisetiers ; δ sur le tronc des peupliers-trembles ; ε sur l'écorce des vieux saules.

Obs. *On rencontre souvent des individus de cette espèce dont les apothécies ont le disque entièrement recouvert par une poussière grenue, d'un beau noir. Ces corpuscules sont-ils parasites ou appartiennent-ils au lichen ? Nous les observons aussi sur le* Lecanora anomala cyrtella.

10. Lecanora anomala. Ach. *Lécanore anomale.*

Croûte mince, membraneuse, lisse, d'un gris cendré ; apothécies très-menus, d'abord lenticulaires et d'un gris-brun pâle, puis hémisphériques et d'un brun noirâtre ; marge thallodique ordinairement de la couleur du disque, disparoissant presque dans la vieillesse... *L. a. cyrtella.* Ach. Lich. univ. 382... Duf. Herb.

Sur l'écorce des peupliers, des érables, dans la plaine de la Garonne ; à Ratier, près d'Agen.

11. Lecanora effusa. Ach. *Lécanore diffuse.*

Croûte d'un gris blanchâtre, tirant sur le jaune, mince, granulée, peu liée, lustrée ; apothécies d'un brun-roux, très-menus, appliqués, d'abord planes, puis convexes ou hémisphériques ; marge thallodique, pulvérulente, disparoissant presque dans la vieillesse... Ach. l. c. 386... *Patellaria effusa.* Dec. Fl. fr. 966.

Sur les vieux saules dépouillés d'écorce. R.

12. Lecanora varia. Ach. *Lécanore variée.*

Croûte d'un jaune verd, pâle, granulée, inégale ; apo-

thécies à disque plane, variant du jaune au brun, rapprochés ; marge thallodique, flexueuse et crénelée dans la vieillesse... Ach. l. c. 377... Dec. Fl. fr. 977.
Sur les saules et les pruniers dépouillés d'écorce. R. A Cambes, à Darel, près d'Agen.

13. Lecanora cerina. Ach. *Lécanore couleur de cire.*

Croûte cendrée ou bleuâtre, membraneuse, mince, inégale ; apothécies épars, à disque plane, d'un jaune de cire ; marge thallodique, protubérante, saupoudrée de poussière bleue... Ach. l. c. 390... *Patellaria cerina.* Dec. Fl. fr. 978.
Sur le tronc des peupliers, des ormes. CC.

***14. Lecanora hæmatites.** Chaub. *Lécanore hématite.*

Croûte d'un gris bleuâtre, mince, membraneuse, inégale ; apothécies menus, protubérans, à disque d'un rouge d'ocre vif, planes ou peu convexes ; marge thallodique, entière, d'abord protubérante, puis de niveau avec le disque.
Sur l'écorce de presque tous les arbres. CCC. Aux environs d'Agen.

Croûte d'un gris bleuâtre, mince, membraneuse, contiguë, assez bien terminée, légèrement chagrinée, quelquefois presque granulée ou très-finement fendillée ; apothécies petits, nombreux, protubérans, à disque d'un rouge sanguin, bien déterminé, plane ou un peu convexe dans la vieillesse ; marge thallodique, entière, persistante, d'abord protubérante, puis surmontée par le disque devenu convexe.

OBS. Très-voisine du L. cerina Ach. ; mais elle en diffère par ses apothécies constamment deux ou trois fois plus petits et d'un rouge sanguin.

***15. Lecanora crateriformis.** Chaub. *L. cratériforme.*

Croûte lépreuse, fugace, d'un rouge tendre ; apothécies sessiles, en forme de coupe, d'un rouge orangé vif ; marge thallodique très-épaisse, d'abord entière et repliée en dedans, puis étalée et fortement crénelée... *Patellaria cupularis.* Dec. Fl. fr. 964. syn. exclus.
Sur les rochers calcaires. CC. A Ferrou, à Catala, à Martinet, près d'Agen.

Croûte lépreuse, fugace, éparse, diffuse, d'un rouge tendre, presque couleur de chair ; apothécies de la grosseur de ceux du Lecidea luteola, sessiles, hémisphériques, en forme de coupe, concaves même dans la vieillesse, d'un rouge orangé vif; marge thallodique *très-épaisse, d'abord entière, repliée en dedans et recouvrant la lame proligère, puis fortement crénelée, étalée et rejettée en dehors par l'accroissement du disque.* (Chaub. Misc. ined.)

16. Lecanora retorida. Chaub.   *Lécanore ratatinée.*

Croûte tartreuse, mince, finement granulée, d'un verd cendré pâle ; apothécies rouges ou bruns, d'un aspect molasse, d'abord planes ou convexes, puis très-con· vexes, difformes, noirâtres et ratatinés ; marge thallodique pulvérulente, disparoissant dans la vieillesse... *Patellaria craspedia.* Dec. Fl. fr. 962 ?
Sur les tuiles des toits, aux environs d'Agen. C.

Croûte *d'un gris cendré, verdâtre, tartreuse, mince, granulée, pulvérulente, contiguë ou fendillée par le retrait, éparse et mal terminée sur les bords ; apothécies d'abord concaves ou planes, d'un rouge incarnat, bruns dans certains individus, d'un aspect molasse et fongueux, puis très-convexes, d'un brun plus ou moins foncé, et enfin difformes, noirâtres et ratatinés par la dessication ;* marge thallodique *mince, pulvérulente, cendrée-blanchâtre et disparoissant dans la vieillesse.* (Chaub. Misc. ined.)

17. Lecanora citrina. Ach.   *Lécanore citrine.*

Croûte d'un jaune citron, mat, lépreuse, granulée-pulvérulente ; apothécies petits, d'un jaune orangé, appliqués, concaves, planes, et enfin convexes ; marge thallodique mince, pulvérulente... Ach. l. c. 402... *Patellaria candelaris.* Dec. Fl. fr. 974.
Sur les murs, les rochers calcaires, le tronc des arbres. R.
A Papet, à Sambel, près d'Agen.

Noт. *Il faut se garder de confondre cette espèce, ainsi que l'a fait Decandolle, avec le* Lepraria flava *Ach., qui est le* Bissus candelaris *Linn. Celui-ci a la croûte d'un jaune citron très-brillant et n'offre jamais des apothécies.*

18. Lecanora salicina. Ach.   *Lécanore des saules.*

Croûte inégale, granulée, jaune ; apothécies orangés, d'abord concaves, puis planes ou convexes ; marge thallodique mince, crénelée, entière dans la vieillesse... Ach. l. c. 400... *Patellaria flavovirescens* α. Dec. Fl. fr. 975.
Sur le tronc des saules. R. Au vallon des Barsalous, près d'Agen.

†† *Thallus crustacé, figuré, composé d'écailles im-*
briquées. (Psoromæ.)

* 19. Lecanora badia. Ach.   *Lécanore baie.*

Thallus composé d'écailles sinuées-lobées, contiguës ou
un peu imbriquées sur les bords, glabre, d'un gris
verd dans l'état d'humidité; apothécies d'un rouge bai
ou noirâtres, d'abord enfoncés dans la croûte, puis
saillans, planes ou convexes; marge thallodique entière,
flexueuse... *L. badia* et *L. halophæa.* Ach. l. c. 407,
408.
Sur les rochers calcaires, les pierres des murs. R. A Castillou, à Castelcuiller, à Corne, à Monbran, près d'Agen.

Ons. *L'âge et la sécheresse rendent ce lichen méconnois-*
sable; les écailles du thallus s'arrondissent, prennent une
teinte brune, deviennent concaves et paroissent bordées de
blanc. Dans cet état il est facile de les prendre au premier
coup-d'œil pour un amas d'apothécies dépourvus de croûte.

20. Lecanora decipiens. Ach. *Lécanore trompeuse.*

Thallus composé d'écailles arrondies, distinctes, d'un
rouge de brique, concaves ou convexes, crénelées sur
les bords; apothécies noirs, convexes, placés sur le
bord des lobes; marge thallodique disparoissant dans
la vieillesse... Ach. l. c. 409... *Psora decipiens.* Dec. Fl.
fr. 1002.
Sur le terreau des rochers. R. Au Saint-Esprit, à Gentilly, près d'Agen.

21. Lecanora crassa. Ach. *Lécanore épaisse.*

Croûte composée d'écailles imbriquées, incisées-lobées,
ondulées, irrégulières, d'un verd cendré, blanches sur
les bords; apothécies d'un roux fauve, planes, tuméfiées;
marge thallodique disparoissant avant la vieillesse... Ach.
l. c. 413... *Squamaria crassa.* Dec. Fl. fr. 1017... Micb.
Gen. t. 51.
β. L. c. *lentigera.* Croûte blanche, rayonnante, presque
imbriquée... *L. lentigera.* Ach. l. c. 483... *S. lentigera.*
Dec. l. c. 1018.
Sur le terreau des rochers. CC. A l'Hermitage, près d'Agen.
La var. β à Guitard.

††† *Thallus crustacé, appliqué, rayonnant du centre à la circonférence, presque lobé sur les bords.* (Placodia.)

22. Lecanora pruinosa. Chaub. *Lécanore poudreuse.*

Croûte blanche, saupoudrée de poussière de la même couleur, écailleuse, presque verruqueuse au centre, plissée, rayonnante ; lanières légèrement convexes, étroites, incisées-crénelées à la circonférence ; apothécies entassés au centre, d'un roux pâle, saupoudrés de blanc, un peu concaves, puis planes, difformes et flexueux ; marge thallodique crénelée, pulvérulente.

Sur les rochers calcaires exposés au midi. R. A Martinet, près d'Agen. C.

Croûte *blanche, saupoudrée de poussière grenue de la même couleur, écailleuse, presque verruqueuse au centre, plissée, rayonnante vers les bords;* lanières *soudées, incisées, crénelées à la circonférence, étroites (autant que celles du* L. murorum), *un peu convexes, ordinairement fendillées transversalement;* apothécies *nombreux, entassés au centre de la croûte, d'un roux brun pâle, tirant sur la couleur de chair, d'abord un peu concave, saupoudrés de la même poussière que le thallus, puis planes et enfin difformes, flexueux en leurs bords et presque nus ;* marge thallodique *poudreuse, légèrement crénelée extérieurement.* (Chaub. Misc. ined.)

23. Lecanora explicata. Chaub. *Lécanore déplissée.*

Croûte blanche, poudreuse, légèrement mamelonnée au centre ; lobes planes, appliqués, incisés, crénelés à la circonférence, un peu imbriqués par les bords, sans plis ; apothécies épars, d'un brun plus ou moins noirâtre, saupoudrés de blanc, d'abord concaves, puis convexes ; marge thallodique pulvérulente, crénelée, et remplacée dans la vieillesse par une espèce de marge propre.

Sur les rochers calcaires des environs d'Agen. CC.

Croûte *blanche, saupoudrée de poussière de la même couleur, à peine fendillée et un peu verruqueuse au centre ;* lobes *planes, appliqués sur la pierre, incisés, crénelés à la circonférence, un peu imbriqués par les bords, sans plis sensibles ;* apothécies *épars, d'un brun plus ou moins noirâtre, quelquefois très-pâle, saupoudrés de blanc, un peu enfoncés dans la croûte à leur naissance, concaves, puis sessiles, planes ou convexes ;* marge thallodique *poudreuse, d'abord entière et repliée en dedans, puis crénelée, repoussée en dehors par l'accroissement du disque et remplacée dans la vieillesse par une espèce de marge propre, préexistante.* (Chaub. Misc. ined.)

OBS. *Souvent la croûte de cette espèce, au lieu d'être orbiculaire, semble croître par segmens épars, de même que celle du L. epigea Ach., avec lequel elle paroît avoir de très-grands rapports.*

24. Lecanora saxicola. Ach.   *Lécanore saxicole.*

Croûte d'un verd cendré pâle, presque imbriquée, écailleuse, un peu rude, rayonnante, lobée à la circonférence ; apothécies très-rapprochés, à disque plane, d'un fauve jaunâtre pâle ; marge thallodique flexueuse, crénelée dans la vieillesse... Ach. l. c. 431... *Placodium ochroleucum.* Dec. Fl. fr. 1027.
Sur les rochers, sur les tuiles des toits. C. Au S.t-Esprit, près d'Agen.

NOT. *Les individus de cette espèce que l'on rencontre sur les rochers, sont le plus souvent dépourvus de croûte.*

25. Lecanora galactina. Ach. *Lécanore galactine.*

Croûte d'un blanc sale ou d'un gris verdâtre pâle, presque imbriquée, à peine lobée-crénelée sur les bords ; apothécies d'un brun roux ou noirâtre, à disque plane, saupoudré de blanc ; marge thallodique protubérante, persistante, crénelée dans la vieillesse... Ach. l. c. 424.
β. L. g. *dispersa.* Ach. l. c. Croûte cendrée, pulvérulente, éparse ; apothécies d'un brun roux clair, saupoudrés de blanc... *Patellaria dispersa.* Dec. Fl. fr. 986.
Sur les rochers. R. Au Saint-Esprit, à Castillou, près d'Agen. La var. β derrière Monbran.

26. Lecanora circinata. Ach. *Lécanore arrondie.*

Croûte d'un blanc cendré, poudreuse, fendillée en aréoles polygones, divisée sur les bords en lanières linéaires, rayonnantes, plissées et crénelées ; apothécies entassés au centre de la rosette, à disque d'un brun noir, anguleuses et planes dans la vieillesse... Ach. l. c. 425... *Placodium radiosum.* Dec. Fl. fr. 1031.
Sur les rochers calcaires, les pierres. C. Aux Deux-rocs, à Combemingué, près d'Agen.

27. Lecanora murorum. Ach. *Lécanore des murs.*

Croûte d'un jaune orangé, plissée et divisée en lanières convexes, rayonnantes, linéaires lobées et crénelées à la circonférence, mamelonnée-verruqueuse au centre, se couvrant d'une poussière blanche en vieillissant ; apothécies un peu plus foncés que la croûte, d'abord planes, puis convexes, anguleux ; marge thallodique entière... Ach. l. c. 433... *Placodium murorum.* Dec. Fl. fr. 1025.

β. **L. m.** *adpressa.* N. Lobes de la circonférence planes, appliqués, et tellement rapprochés qu'ils semblent, au premier coup-d'œil, n'être point distincts.

Sur les rochers calcaires, sur les murailles. CCC.

28. Lecanora candelaris. Ach.? *Lécanore jaune.*

Croûte d'un jaune citron, mince, toujours glabre, à lanières grêles, presque planes, rayonnantes, lobées-crénelées à la circonférence, mamelonnées-verruqueuses au centre ; apothécies d'un jaune orangé, intense, d'abord planes, puis convexes ; marge thallodique entière, disparoissant dans la vieillesse... Ach. l. c. 416 ?... *Placodium candelarium.* Dec. Fl. fr. 1024.

Sur les rochers calcaires, durs. C. A Ferrou, à Charpaut, près d'Agen.

Not. *Cette espèce est très-voisine du* **L.** murorum; *mais sa croûte plus mince, ses lanières déliées, sa couleur, etc., la font distinguer au premier coup-d'œil.*

29. Lecanora teicholyta. Ach. *Lécanore teicholyte.*

Croûte d'un gris cendré, glauque, blanche intérieurement, granulée, pulvérulente, plissée, lobée, crénelée et rayonnante à la circonférence ; apothécies d'un rouge sanguin, épars, appliqués, d'abord un peu concaves, puis planes ; marge thallodique protubérante, pulvérulente, presque entière... Ach. l. c. 425... *Placodium versicolor.* Dec. Fl. fr. 1030.

Sur les roches sablonneuses, les murs, les briques. R. A Gaillard, à Malconte ; sur les rochers calcaires, à Martinet, près d'Agen.

Not. *Souvent la croûte entière est pulvérulente et n'offre aucun vestige de lobes.*

EVERNIA *EVERNIE.*

Apothécie orbiculaire, sessile, relevé et fléchi en dedans à la circonférence, à disque concave formé par la lame proligère, ceinte et surmontée par une marge thallodique, similaire en dedans ; thallus presque crustacé, cartilagineux, en lanières ramifiées, planes, anguleuses ou comprimées.

1. Evernia prunastri. Ach.　　*Evernie du prunier.*

Thallus touffu, à lanières multifides, linéaires, plus ou moins étroites, effilées au sommet, cendrées-verdâtres sur la face supérieure et couvertes de protubérances linéaires en réseau, blanches, canaliculées en dessous ; apothécies d'un rouge bai... Ach. Lich. univ. 442... *Physcia prunastri.* Dec. Fl. fr. 1075... *Lichen prunastri.* Linn. S. N.

β. E. p. *retusa.* Ach. l. c. Lanières nombreuses, courtes, sinuées-laciniées, obtuses, échancrées au sommet.
Sur le tronc des arbres. CCC.

NOT. *Nous ne l'avons rencontrée qu'une seule fois avec des apothécies.*

STICTA.　　*STICTE.*

Apothécie orbiculaire, épais, appliqué sur le thallus et attaché par le centre ; disque plane, formé par la lame proligère, ceint et surmonté par une marge thallodique ; thallus cartilagineux, membraneux, foliacé, largement lobé, velu en dessous, et offrant de petites fossettes glabres.

1. Sticta pulmonacea. Ach.　　*Sticte pulmonacée.*

Thallus verdâtre, lustré, couvert de fossettes séparées par des protubérances en réseau, à lobes très-larges, sinués-laciniés, tronqués au sommet, hérissés en dessous et sur les cavités seulement de poils courts, obtus ; apothécies (selon Ach.) presque marginaux, à disque plane, d'un roux fauve ; marge thallodique, presque crénelée... Ach. l. c. 449... *Lobaria pulmonaria.* Dec. Fl. fr. 1090... *Lichen pulmonarius.* Linn. S. N.
Sur le tronc des chênes, des saules. RRR. A Paquin, près d'Agen ; à la Sauvetat-de-Savères, sur la lisière des Landes.

PARMELIA.　　*PARMELIE.*

Apothécie orbiculaire, concave, membraneux, fixé par son centre, libre en dessous, replié en dedans, à lame proligère, recouvrant presque la marge thallodique, similaire en dedans, cellulifère ou strié; thallus membraneux ou cartilagineux-coriace, lacinié, lobé, hérissé de fibrilles en dessous, quelquefois nu.

*** *Thallus presque coriace, orbiculaire, à lobes amples, planes.***

1. Parmelia caperata. Ach. *Parmélie ridée.*

Thallus ridé et froncé vers le centre, d'un jaune-verdâtre très-pâle en dessus, d'un brun-noir et presque glabre en dessous, sinué-lacinié, à lobes arrondis, presque entiers; apothécies d'un brun fauve; marge raboteuse, irrégulièrement crénelée, granulée et recourbée en dedans... Ach. Lich. univ. 457... *Imbricaria caperata.* Dec. Fl. fr. 1063... *Lichen caperatus.* Linn. S. N.
Sur le tronc des arbres, sur les rochers. CCC. Mais rarement avec des apothécies.

2. Parmelia perlata. Ach. *Parmélie perlée.*

Thallus orbiculaire, peu adhérent, libre à la circonférence, d'un gris-glauque en dessus, d'un brun noir et hérissé de fibrilles en dessous, à lobes incisés, arrondis, planes, un peu plissés, souvent entiers sur les bords; apothécies (selon Ach.) rougeâtres, à marge mince et entière... Ach. l. c. 458... *Lobaria perlata.* Dec. Fl. fr. 1091... *Lichen perlatus.* Linn. S. N... Vaill. Bot. t. 21. f. 12... Mich. Gen. t. 50. f. 1.
Sur le tronc des arbres, principalement des chênes. CCC. Mais jamais avec des apothécies.

3. Parmelia Borreri. Ach. *Parmélie de Borrer.*

Thallus orbiculaire, parsemé de globules et de points sorédifères marginés, cendré-glauque en dessus, brun noirâtre, hérissé de fibrilles, et comme spongieux en dessous; lobes plissés, crénelés, à crénelures arrondies; apothécies (selon Ach.) rouges, à marge gonflée et repliée en dedans... Ach. l. c. 461.
Sur le tronc des ormes. R. Les allées du Gravier, de la Demi-lune, à Agen. C.

Nor. *Thallus cartilagineux, ferme, orbiculaire, adhérent, face supérieure d'un gris-cendré ou blanc-glauque mat, face inférieure d'un brun noirâtre, hérissée de fibrilles noires et comme spongieuse, glabre et brune à la circonférence; lanières peu profondes, incisées-lobées, à lobes presque*

demi circulaires , très-entiers , d'environ deux lignes de dia-
mètre, plissés et relevés à leur point commun de jonction ,
adhérens à l'écorce par tout le reste ; apothécies invisibles
pour nous jusqu'à ce jour, remplacés par une multitude de
globules sorédifères marginés, de la grosseur d'une tête
d'épingle, occupant tout le centre de la rosette, et par de
petits points blancs aussi marginés, et de même nature, épars
sur la surface des lobes.

4. Parmelia scortea. Ach.   *Parmélie coriace.*

Thallus orbiculaire, d'un blanc glauque lustré, et parsemé de petits points noirs en dessus, d'un brun noirâtre et hérissé de fibrilles noires en dessous ; lanières
sinuées-lobées, à lobes légérement incisés, crénelés ;
apothécies d'un brun-roux, à marge presque entière...
Ach. l. c. 461... *Imbricaria quercina.* Dec. Fl. fr. 1056.
Sur le tronc des arbres fruitiers. CCC.

5. Parmelia corrugata. Ach.   *Parmélie froncée.*

Thallus orbiculaire, d'un verd brun et couvert de rides
légères en dessus, noirâtre et hérissé de fibrilles en dessous;
lanières lobées, à lobes larges, relevés, flexueux, plissés
et presque entiers sur les bords ; apothécies d'un brun
roux, à marge crénelée... Ach. l. c. 462... *Imbricaria
acetabulum.* Dec. Fl. fr. 1062... Vaill. Bot. t. 21 f. 13...
Mich. Gen. t. 48. f. 2.
Sur le tronc des pruniers. RR. A. Charpaut, près d'Agen.

6. Parmelia olivacea. Ach.   *Parmélie olivâtre.*

Thallus orbiculaire, d'un brun olivâtre, luisant, couvert
de points protubérans en dessus, plus pâle et hérissé de
fibrilles en dessous ; lobes rayonnans, adhérens , planes ,
élargis et crénelés-dentés sur les bords ; apothécies
presque planes, de la même couleur que le thallus ,
finement crénelée en leur marge... Ach. l. c. 462... *Imbricaria olivacea.* Dec. Fl. fr. 1061... *Lichen olivaceus.*
Linn. S. N.
Sur les arbres, les murs, les toits. C. A Charpaut, à Ferrou, au Saint-Esprit, près d'Agen.

7. Parmelia parietina. Ach.   *Parmélie des murs.*

Thallus orbiculaire, d'un jaune doré ou orangé, gris-
cendré dans sa vieillesse, pâle en dessous et hérissé de
fibrilles ; lobes rayonnans, adhérens , planes , crénelés-
dentés sur les bords ; apothécies de la même couleur

que le thallus, entiers en leur marge... Ach. l. c. 463...
Imbricaria parietina. Dec. Fl. fr. 1060... *Lichen parieti-
nus.* Linn. S. N.
Sur le tronc des arbres, sur les murs, les toits. CCC.

8. Parmelia saxatilis. Ach. *Parmélie des roches.*

Thallus irrégulièrement étendu, un peu imbriqué, peu
adhérent, cendré-glauque en dessus, noirâtre et hérissé
de fibrilles en dessous ; lanières sinuées-lobées, à lobes
échancrés au sommet, couvertes en dessus de protubérances linéaires en réseau ; apothécies d'un roux brun,
entiers en leur marge... Ach. l. c. 469... *Imbricaria re-
tiruga.* Dec. Fl. fr. 1054... *Lichen saxatilis.* Linn. S. N.
Sur le tronc des arbres. CC. A Ferrou, près d'Agen.

✱ ✱ *Thallus presque membraneux, étoilé, à lanières
étroites, planes ou convexes.* (Circinariæ.)

9. Parmelia plumbea. Ach. *Parmélie plombée.*

Thallus étoilé, d'un gris plombé, hérissé en dessous de
fibrilles bleuâtres ; lanières du pourtour incisées-lobées,
plissées, relevées par les bords et crénelées; apothécies
très-nombreux, d'un rouge bai, à marge très-entière,
plus pâle que le disque... Ach. l. c. 466... *Imbricaria
plumbea.* Dec. Fl. fr. 1058.
Sur l'écorce des saules. R. Dans le vallon de Sainte-Radegonde, à Porteils, près d'Agen.

10. Parmelia rubiginosa. Ach. *Parmélie rouillée.*

Thallus d'un gris tirant un peu sur le verd en dessus,
hérissé en dessous de nombreuses fibrilles bleuâtres ;
lanières du pourtour incisées-lobées, plissées, relevées
par les bords et crénelées; apothécies très-nombreux,
d'un rouge bai, crénelés en leur marge... Ach. l. c. 467...
Imbricaria cærulescens. Dec. Fl. fr. 1057. exclus. syn.
Ach.
Sur le tronc des saules. RR. Au vallon des Barsalous,
près d'Agen.

Obs. *Malgré la différence frappante des apothécies, cette
espèce ressemble tellement au P. plumbea, qu'il est difficile
de se persuader qu'elle n'en soit point une simple modification.*

11. Parmelia conoplea. Ach.   *Parmélie conoplée.*

Thallus étoilé, d'un gris roussâtre tirant un peu sur le
verd, recouvert en dessus par une poussière grenue,
bleuâtre, hérissé de fibrilles noirâtres et comme spongieux en dessous; lanières du pourtour nues, à lobes
arrondis, crénelés, relevés et pulvérulens sur les bords;
apothécies (selon Mosig) d'un brun rouge... Ach. l. c.
467... *Imbricaria conoplea.* Dec. Fl. fr. VI. p. 187.
Sur le tronc des vieux saules. R. A Estillac, à Casalet,
près d'Agen.

✳12. Parmelia clementina. Ach. *Parmélie clémentine.*

Thallus étoilé, d'un gris blanchâtre, granulé pulvérulent, blanc en dessous et hérissé de fibrilles noirâtres;
lanières du pourtour planes, incisées-crénelées, presque
nues; apothécies noirâtres, planes, appliqués; marge
thallodique, entière... Ach. l. c. 483... Duf. Herb.
Sur l'écorce des aunes. R. A Sainte-Radegonde, près
d'Agen.

13. Parmelia pityrea. Ach.   *Parmélie poudreuse.*

Thallus cendré, blanchâtre, poudreux en dessus, blanc
et hérissé de fibrilles noires en dessous; lanières recouvertes au centre par une poussière grenue glauque ou
verdâtre, plissées et crispées; lobes du pourtour arrondis, crénelés; apothécies (selon Ach.) concaves,
d'un brun noir, saupoudrés de blanc, entiers en leur
marge... Ach. l. c. 483... *Imbricaria grisea.* Dec. Fl. fr.
1050... *Lichen griseus.* Lamk. Encycl.
Sur le tronc des ormes. RR. Les allées du Gravier. CCC.
Mais toujours sans apothécies.

14. Parmelia pulverulenta. Ach.   *P. pulvérulente.*

Thallus étoilé, saupoudré de poussière d'un blanc glauque en dessus, noirâtre et hérissé de fibrilles en dessous;
lanières planes, linéaires, multifides, rapprochées, adhérentes, ondulées; lobes de la circonférence échancrés
ou crénelés au sommet; apothécies saupoudrés de blanc,
entiers et flexueux en leur marge... Ach. l. c. 473...
Imbricaria pulverulenta. Dec. Fl. fr. 1049.
Sur le tronc des arbres. CCC.

15. Parmelia stellaris. Ach.   *Parmélie étoilée.*

Thallus étoilé, rude et plissé avec l'âge, cendré, blanc
en dessous et hérissé de fibrilles cendrées; lanières

presque linéaires, un peu convexes, incisées, multifides;
apothécies noirs, saupoudrés d'une poussière blanche,
fugace; marge thallodique entière, flexueuse et crénelée dans la vieillesse... Ach. Lich. univ. 476... Dec.
Fl. fr. 1047.
Sur le tronc des arbres fruitiers, dans les vignes. A Guitard, près d'Agen. R.

Obs. *Il est aisé de confondre cette espèce avec le* Borrera
tenella, *dont elle se rapproche extrémement.*

16. Parmelia aipolia. Ach. *Parmélie aipolie.*

Thallus étoilé, d'un blanc cendré, nu en dessus, blanc
en dessous et hérissé de fibrilles noires; lanières presque
toutes connées, planes, multifides, incisées, lobées,
crénelées; apothécies noirs, saupoudrés de blanc, d'abord
entiers en leur marge, puis crénelés et flexueux... Ach.
l. c. 477... *Imbricaria aipolia.* Dec. Fl. fr. 1048.
Sur l'écorce des ormes. R. A Riols, près d'Agen.

17. Parmelia cæsia. Ach. *Parmélie bleuâtre.*

Croûte étoilée, cendrée, parsemée de petits pelotons
de poussière, sorédifère, bleuâtre en dessus, blanchâtre
en dessous et hérissée de fibrilles noires; lanières convexes à leur naissance, planes vers la circonférence,
linéaires, incisées, multifides; apothécies noirs, entiers
en leur marge... Ach. l. c. 479... *Imbricaria cæsia.* Dec.
Fl. fr. 1046.
Sur le tronc des arbres. CC. Aux îles, à Saint-Amans,
près d'Agen.

Parmelia ulothrix. Ach. *Parmélie ulothrix.*

Thallus étoilé, grisâtre en dessus, noir et hérissé de
fibrilles en dessous; lanières distinctes, séparées ou imbriquées, étroites, linéaires, multifides, planes, ciliées;
apothécies noirs, à marge entière, avec un anneau de
cils noirs, courts et serrés en dessous... Ach. l. c. 481...
Imbricaria ulothrix. Dec. Fl. fr. 1052.
Sur les rochers, sur le tronc des arbres. C.

19. Parmelia cycloselis. Ach. *Parmélie cyclosélide.*

Thallus étoilé, d'un verd cendré, noir et hérissé de
fibrilles en dessous; lanières planes, à ramifications
presque linéaires, lobées et crénelées; marges relevées
et poudreuses dans la vieillesse; apothécies noirs, crénelés dans la vieillesse... Ach. l. c. 482.

Sur le tronc des jeunes charmes, les branches de noyer, les pierres des murs. C. A Champié, à Estillac, près d'Agen.

20. Parmelia conspersa. Ach. *Parmélie pointillée.*

Thallus étoilé, d'un verd cendré, pâle, parsemé de petits points noirs en dessus, brunâtre et hérissé de fibrilles en dessous; lanières sinuées-incisées, lobées, à lobes arrondis, crénelés, planes; apothécies (selon Ach.) d'un rouge bai, à marge presque entière... Ach. l. c. 486... *Imbricaria conspersa.* Dec. Fl. fr. 1064.
Sur les cailloux quartzeux, dans les friches. R. A Ségougnac, près d'Agen.

*** * *** *Thallus presque membraneux, presque étoilé, à lanières extrêmement gonflées à l'extrémité.*

21. Parmelia physodes. Ach. *Parmélie physode.*

Thallus d'un blanc glauque, peu adhérent, à lanières glabres, imbriquées, sinuées, multifides, gonflées à l'extrémité, d'un fauve noirâtre et glabre en dessous; apothécies (selon Ach.) rougeâtres, entiers en leur marge... Ach. l. c. 492... *Imbricaria physodes.* Dec. Fl. fr. 1066... *Lichen physodes.* Linn. S. n.
Sur le tronc des arbres fruitiers, aux environs d'Agen. R.
Sur l'écorce des pins, dans les Landes. CCC.

BORRERA. *BORRERIE.*

Apothécie orbiculaire, pédicellé, à disque formé par la lame proligère, ceint et surmonté par une marge thallodique, vésiculifère intérieurement ou similaire; thallus cartilagineux, rameux, à lanières ordinairement canaliculées en dessous et presque toujours ciliées.

1. Borrera ciliaris. Ach. *Borrerie ciliée.*

Thallus touffu, gris cendré, d'un verd glauque en dessus dans l'état d'humidité, blanc et canaliculé en dessous; lanières rameuses, linéaires, acuminées au sommet; apothécies presque terminaux, à disque saupoudré de blanc, d'abord concaves, puis planes... Ach. Lich. univ. 496... *Physcia ciliaris.* Dec. Fl. fr. 1075... *Lichen ciliaris.* Linn. S. n.

β. **B. c.** *actinota.* Ach. l. c. Apothécies ciliés en leur marge.

Sur l'écorce des arbres. CCC. La var. β sur les marronniers, au Saint-Esprit, près d'Agen.

2. **Borrera tenella.** Ach. *Borrerie délicate.*

Thallus cendré sur les deux faces, nu en dessous comme en dessus, presque étoilé ; lanières imbriquées, presque radicantes, pinnatifides, relevées en voûte à l'extrémité et ciliées ; apothécies épars, à disque plane, saupoudré de blanc... Ach. l. c. 498... *Physcia tenella.* Dec. Fl. fr. 1072.

β. **B. t.** *leptalea.* Ach. l. c. Extrémités des lobes non-relevés en voûte ; apothécies sessiles, à disque noir... *Physcia leptalea.* Dec. Fl. fr. 1071.

Sur le tronc et les branches des arbres. CCC. La var. β à Charpaut, près d'Agen, sur les arbres fruitiers. R.

3. **Borrera chrysophthalma.** Ach. *B. chrysophthalme.*

Thallus nu sur les deux faces, d'un jaune d'osier en dessus comme en dessous ; lanières dressées, linéaires, presque planes, pinnatifides, rameuses, ciliées aux extrémités ; apothécies d'un jaune orangé, ciliés sur leur marge... Ach. l. c. 502... *Physcia chrysophthalma.* Dec. Fl. fr. 1085... *Lichen chrysophthalmus.* Linn. S. n.

Sur le tronc et les branches des arbres. CC. A Ferrou, près d'Agen.

NEPHROMA. *NEPHROME.*

Apothécie réniforme, plane, celluleux-strié intérieurement ; lame proligère placée toute entière sur la face inférieure du thallus et naissant sur des lobes propres ; thallus coriace, membraneux, foliacé, nu ou hérissé en dessous.

1. **Nephroma resupinata.** Ach. *Néphrome renversé.*

Thallus d'un verd grisâtre, pâle en dessous ; lobes fructifères, courts ; lame proligère, d'un rouge fauve... *N. r. papyracea.* Ach. l. c. 522... *Peltigera resupinata glabra.* Dec. Fl. fr. 1102... *Lichen resupinatus.* Linn. S. n.

Sur le tronc des vieux saules. R. A Porteils, à Estillac, près d'Agen.

PELTIDEA.   *PELTIDÉE.*

Apothécie orbiculaire, plane, placé obliquement sur
des lobes propres , adhérent au thallus par toute sa
surface inférieure, ceint d'une marge thallodique, similaire intérieurement, ou celluleux, presque strié.
Thallus coriace-membraneux, foliacé, veiné et hérissé
en dessous ; lobes partiels portant les apothécies.

1. Peltidea horizontalis. Ach. *Peltidée horizontale.*

Thallus grisâtre , lisse , lustré en dessus, hérissé de
fibrilles et relevé de nervures brunâtres en dessous ;
lobes fertiles, très-courts ; apothécies brunâtres , terminaux, planes, horizontaux , transversalement oblongs...
Ach. Lich. univ. 515... *Peltigera horizontalis.* Dec. Fl.
fr. 1098... *Lichen horizontalis.* Linn. S. n.
Sur les mousses, au pied des arbres , dans les bois. CC.

2. Peltidea aphthosa. Ach.   *Peltidée aphtheuse.*

Thallus grisâtre ou verdâtre , lisse , avec quelques tubercules bruns en dessus , relevé de nervures noires en
dessous ; lobes fertiles , alongés , réfléchis par les bords
et retrécis vers leur milieu ; apothécies terminaux, amples, adhérens, roussâtres , à marge thallodique , fléchie en dedans , et comme déchirée. Ach. l. c. 516...
Peltigera aphthosa. Dec. Fl. fr. 1100... *Lichen aphthosus.*
Linn. S. n.
Sur le tronc des vignes, auprès d'Aiguillon. RR.

3. Peltidea canina. Ach.   *Peltidée canine.*

Thallus cendré , presque tomenteux en dessus, relevé
de nervures rousses en dessous ; lobes alongés , réfléchis
par les bords ; apothécies brunâtres, terminaux, presque verticaux , réfléchis par les bords ; marge thallodique , mince , crénelée... Ach. l. c. 517... *Peltigera
canina.* Dec. Fl. fr. 1099... *Lichen caninus.* Linn. S. n.
Sur les mousses, au pied des arbres , dans les bois. CCC.
Not. *L'erreur qui a long-temps fait regarder ce lichen
comme un spécifique contre la rage , lui a fait donner le nom
de* lichen caninus.

4. Peltidea polydactyla. Ach. *Peltidée polydactyle.*

Thallus cendré-bleuâtre , nu , glabre , lustré en dessus,
relevé de nervures rousses en dessous ; lobes fertiles
nombreux, rapprochés, alongés ; apothécies brunâtres,

terminaux, fléchis en dessous par leurs bords, crénelés
en leur marge... Ach. l. c. 519... *Peltigera polydactyla.*
Dec. Fl. fr. 1101.
Sur les mousses, au pied des arbres, dans les bois. C.
A Segougnac, près d'Agen.

CENOMYCE. *CÉNOMYCE.*

Apothécie orbiculaire, convexe, épais, sans marge,
fixé par sa circonférence, libre en dessous, à lame proligère, fléchie en dehors par les bords, similaire intérieurement. Thallus crustacé-cartilagineux, foliacé,
rarement uniforme ; pédicelle fistuleux, portant l'apothécie au sommet.

1. Cenomyce damæcornis. Ach. *C. cornes de daim.*

Thallus déchiré-lacinié ; lanières grandes, multifides,
roulées en dedans à l'extrémité, offrant çà et là, sur
leur marge, des faisceaux de poils noirs, d'un verd
jaunâtre en dessus, blanches et un peu canaliculées en
dessous ; pédicelle en forme d'entonnoir, court, denti-
culé sur les bords ; apothécies marginaux, menus,
sessiles, brunâtres. Ach. Lich. univ. 530... *Scyphophorus convolutus.* Dec. Fl. fr. 913... *Lichen convolutus.*
Lamk. Encycl.
Sur la terre qui recouvre les rochers. R. A Tibet, près
d'Agen.

2. Cenomyce cervicornis. Ach. *C. corne de cerf.*

Thallus déchiré, lacinié, lanières grandes, relevées au
sommet, multifides, étroites, sinuées-dentées sur les
bords, d'un verd jaunâtre en-dessus, d'un blanc roussâtre en dessous ; pédicelles cylindriques en forme
d'entonnoirs operculés ; apothécies sessiles, marginaux,
brunâtres... Ach. l. c. 531... *Scyphophorus cervicornis.*
Dec. Fl. fr. 914 ?
Sur la terre, dans les allées des bois. RR. A Cambes,
près d'Agen.

Not. *Lorsque les entonnoirs deviennent prolifères, le
nouveau venu ne naît point sur les bords de l'ancien, mais au
centre de l'opercule.*

*Cette espèce est très-voisine de la précédente, et pourroit
bien n'en être qu'une variété.*

3. **Cenomyce pixidata.** Ach.   *Cénomyce entonnoir.*

Thallus à lobes menus, imbriqués d'un verd glauque ;
pédicelles cylindriques , évasés au sommet en large
entonnoir ; apothécies marginaux, brunâtres , agglomérés... Ach. l. c. 534... *Scyphophorus pyxidatus.* Dec. Fl.
fr. 916... *Lychen pyxidatus.* Linn. S. N.

β. C. p. *fimbriata.* Ach. l. c. Pédicelles en forme d'entonnoirs , dentés ou frangés sur les bords, à tube plus
court , aminci à la base, presque toujours stérile...
Lichen fimbriatus. Linn. S. N.

Sur la terre qui recouvre les rochers. CCC. Mais rarement avec des apothécies.

OBS. *Cette espèce devient prolifère par la marge des entonnoirs , et varie d'une manière singulière.*

4. **Cenomyce coccifera.** Ach.   *Cénomyce coccifère.*

Thallus à lobes menus, imbriqués ; pédicelles cylindriques ou un peu coniques, en forme d'entonnoir peu
évasé et entier sur les bords ; apothécies marginaux,
agglomérés, d'un rouge vif... Ach. l. c. 537. *Scyphophorus cocciferus.* Dec. Fl. fr. 915... *Lichen cocciferus.*
Linn. S. N.

Sur la vieille écorce, au pied des pins, dans les Landes.
R. Au lac de la Laguë.

5. **Cenomyce cornuta.** Ach.   *Cénomyce cornue.*

Thallus à lobes menus, imbriqués ; pédicelles alongés ,
ventrus, cylindriques, aigus au sommet, ou évasés en
entonnoir, rarement divisés ou fourchus ; apothécies
très-menus , marginaux, fauves, manquant presque
toujours... Ach. l. c. 545... *Scyphophorus cornutus.* Dec.
Fl. fr. 917... *Lichen cornutus.* Linn. S. N.

Parmi les mousses, au pied des rochers, dans les bois. C.
A Ferrou, près d'Agen.

6. **Cenomyce radiata.** Ach.   *Cénomyce radiée.*

Thallus à lobes menus, crépus, imbriqués ; pédicelles,
longs, cylindriques, évasés au sommet en entonnoir
entier ou radié en son bord, ou bien divisés en ramifications, presque obtuses ; apothécies grands, d'un
brun fauve... Ach. l. c. 547... Duf. Herb.

Sur les vieilles souches, dans les bois. R. A Ferrou, près
d'Agen.

7. Cenomyce uncialis. Ach. *Cénomyce onciale.*

Thallus presque nul; pédicelles d'un blanc verdâtre, touffus, ramifiés, à rameaux très-courts, étalés, dilatés, ordinairement perforés, et munis de petites pointes rayonnantes au sommet... Ach. l. c. 558.

Sur la terre sablonneuse, parmi les bruyères des Landes. R. Au lac de la Laguë.

8. Cenomice rangiferina. Ach. *Cénomyce des rennes.*

Thallus presque nul; pédicelles cendrés, ascendans, très-rameux, touffus, cylindriques, quelquefois percés d'un trou à l'aisselle des ramifications; sommités réfléchies; apothécies globuleux, menus, brunâtres... Ach. l. c. 564... *Cladonia rangiferina.* Dec. Fl. fr. 910... *Lichen rangiferinus.* Linn. S. N.

Sur la terre, dans les friches pierreuses, sur les rochers. CCC.

9. Cenomyce papillaria. Ach. *C. mamelonnée.*

Thallus uniforme, granulé, cendré; pédicelles fistuleux, cylindriques, ou en forme de molette, à peine longs d'une ligne, quelquefois perforés au sommet, fragiles, simpies, coniques à l'extrémité, ou surmontés de deux ou trois petits sommets presque microscopiques; apothécies bruns, très-menus... Ach. l. c. 571.

Sur la terre, au bois noir, derrière Sainte-Colombe, près d'Agen. C. Trouvé par M. L. Brondeau.

BÆOMYCES.   *BÆOMYCES.*

Apothécie orbiculaire, convexe, globuleux, dépourvu de marge, solide, sessile; lame proligère réfléchie par les bords, similaire intérieurement. Thallus crustacé, uniforme; pédicelles nullement fistuleux, courts, moux, portant l'apothécie à leur sommet.

1. Bæomyces roseus. Pers. *B. couleur de rose.*

Croûte uniforme, verruqueuse, blanche, cendrée-verdâtre dans l'état d'humidité; pédicelle cylindrique, à peine long d'une ligne, blanc, poudreux; apothécie globuleux, d'un rose clair... Ach. Lich. univ. 572... *B. ericetorum.* Dec. Fl. fr. 919... *Lichen ericetorum.* Linn. S. N.

Sur la terre nue, parmi les bruyères. C. A Darel, à Beauregard, à Segougnac, près d'Agen.

2. Bæomyces rupestris. Pers. *Bæomyces des rochers.*

Croûte uniforme, granulée, verruqueuse, blanchâtre, cendrée, verdâtre dans l'état d'humidité; pédicelles un peu plus courts, comprimés, quelquefois presque nuls; apothécies peu convexes, simples ou divisés d'un fauve rougeâtre... Ach. l. c. 573... Dec. Fl. fr. 921.

Sur la terre nue, dans les mêmes lieux que le précédent, dont il pourroit bien n'être qu'une modification.

RAMALINA. *RAMALINE.*

Apothécie orbiculaire, épais, presque pédicellé, plane, marginé, entièrement formé par le thallus, filamenteux intérieurement; thallus rameux, lacinié, filamenteux intérieurement, cartilagineux à la surface.

1. Ramalina fraxinea. Ach. *Ramaline des frênes.*

Thallus plane, d'un gris glauque ou cendré, divisé en lanières linéaires, relevé sur l'une et l'autre face de rides en réseau; lanières supérieures, lancéolées, retrécies au sommet; apothécies marginaux, planes, d'une couleur de chair pâle... Ach. Lich. univ. 602... *Physcia fraxinea.* Dec. Fl. fr. 1078... *Lichen fraxineus.* Linn. S. N.

Sur le tronc et les branches des arbres. CCC.

2. Ramalina fastigiata. Ach. *Ramaline fastigiée.*

Thallus renflé-comprimé, rameux, lisse, ridé longitudinalement; lanières supérieures renflées au sommet; apothécies terminaux, sessiles, d'une couleur de chair pâle... Ach. Lich. univ. 603... *Physcia fastigiata.* Dec. Fl. fr. 1079.

β. R. f. *calicaris.* Ach. l. c. Ramifications linéaires-alongées, ramifiées, ridées-canaliculées; apothécies presque terminaux, avec un appendice ou prolongement du rameau.

Sur les branches des arbres. CC. La var. β, dans les landes, sur les *surriers; Quercus suber.* Linn. CC.

Not. *Les vieux individus de cette espèce colorent en rouge rose le papier sur lequel ils sont attachés.*

CORNICULARIA.   *CORNICULAIRE.*

Apothécie en forme de bouclier, bordé de dentelures réfléchies, entièrement formé par le thallus, filamenteux intérieurement. Thallus grêle, ramifié, ferme, filamenteux intérieurement, dur et cartilagineux à la surface.

1. Cornicularia aculeata. Ach. *Corniculaire épineuse.*

Thallus glabre, d'un châtain fauve, irrégulièrement cylindrique, presque nu, comprimé aux aisselles des ramifications ; ramifications flexueuses, divergentes, hérissées çà et là d'aiguillons et de fibrilles ; apothécies terminaux, à marge dentelée et réfléchie... Ach. l. c. 612... Dec. Fl. fr. 893... Duf. Herb.

Sur la terre sablonneuse, dans les Landes. R. Aux environs de Casteljaloux.

USNEA.   *USNÉE.*

Apothécie orbiculaire, formé par le thallus, plane, dépourvu de marge, orné de fibrilles en forme de cils à la circonférence, rarement nu, filamenteux intérieurement. Thallus filiforme, recouvert par une écorce cartilagineuse-crustacée.

1. Usnea florida. Ach.   *Usnée fleurie.*

Thallus droit, ferme, cendré, glauque, rude, couvert de fibrilles horizontales, rameux, étalé, un peu ramifié ; apothécies d'un blanc glauque, planes, larges, ornés de longues fibrilles rayonnantes à la circonférence... Ach. Lich. univ. 620... Dec. Fl. fr. 901. *Lichen floridus.* Linn. S. N.

Sur les arbres. CC. Mais on ne le trouve avec des apothécies que dans les Landes.

2. Usnea plicata. Ach.   *Usnée ployée.*

Thallus pendant, lisse, d'un blanc glauque, très-rameux, à ramifications hérissées de fibrilles capillaires à l'extrémité ; apothécies larges, planes, ornés à la circonférence de fibrilles longues et déliées... Ach. l. c. 622... Dec. Fl .fr. 902... *Lichen plicatus.* Linn. S. N.

Sur les vieux arbres, dans les bois des Landes. C.

COLLEMA. *COLLÈME.*

Apothécie orbiculaire, plane, sessile (rarement un peu pédicellé), marginé, gélatineux, formé par la substance même du thallus, similaire en dedans et en dehors ; thallus polymorphe, presque gélatineux, similaire en dedans et en dehors, dur et cartilagineux par la dessication.

1. Collema nigrum. Ach. *Collème noir.*

Thallus d'un noir bleuâtre dans l'état d'humidité, gélatineux, mais crustacé en apparence, granulé au centre, bleuâtre et très-finement frangé à la circonférence ; apothécies noirs, menus, marginés, convexes... Ach. Lich. univ. 628... Dec. Fl. fr. 1032... *Lichen niger.* Linn. S. N.
Sur les rochers calcaires, les pierres. CCC.

2. Collema cheileum. Ach. *Collème cheiléon.*

Thallus arrondi, imbriqué, à lobes épais, menus, arrondis, crénelés, ascendans ; apothécies presque planes, aggrégés, de la même couleur que le thallus ; marge crénelée, disparoissant dans la vieillesse... Ach. l. c. 630.
Sur le mortier des murs. R. Derrière Malconte, près d'Agen.

3. Collema pulposum. Ach. *Collème pulpeux.*

Thallus presque orbiculaire, composé de lobes épais, crépus, sinués-crénelés, imbriqués, d'un verd brunâtre ; apothécies placés au centre, rapprochés, presque planes, d'un roux brun, à marge protubérante, entière... Ach. l. c. 632... *C. crispum* et *C. cristatum.* Dec. Fl. fr. 1038, 1039.
β. C. p. *granulosum.* Ach. l. c. Lobes du centre granulés ou couverts de petits globules gélatineux, ceux de la circonférence presque nus, arrondis, diversement incisés, crénelés, mais moins profondément.
Sur les terreaux des rochers, sur les mousses. CC. A l'Hermitage, à l'Escale, près d'Agen.

4. Collema tenuissimum. Ach. *Collème délié.*

Thallus presque imbriqué ; lanières linéaires, multifides, serrées, à lobes déliés, menus, aigus, inégaux, d'un verd brunâtre ; apothécies roussâtres, presque

planes, marginés... Ach. l. c. 659... Dec. Fl. fr. VI.
p. 185.
Sur les mousses, au pied des rochers. CC. A Sabioïsagut,
à l'Escale, près d'Agen.

5. Collema fasciculare. **Ach.** *Collème fasciculé.*

Thallus presque orbiculaire, à lobes menus, demi imbriqués, redressés, plissés et confondus au centre avec
les apothécies ; ceux de la circonférence arrondis, lobés
ou crénelés ; apothécies presque en forme de toupie,
d'un brun roux ; disque d'abord un peu concave, puis
presque convexe... Ach. l. c. p. 639... Dec. Fl. fr. 1037.
Lichen fascicularis. Linn. S. N.
Sur le tronc du peuplier noir, du saule blanc. C. Les bords
du ruisseau de Coumboriou, près d'Agen.

6. Collema dermatinum. **Ach.** ? *Collème dermatin.*

Thallus d'un verd brunâtre, à lobes épais, nus, arrondis, presque entiers, dressés et pressés les uns contre les autres, contournés-ondulés, plissés, flexueux ;
apothécies à disque d'un brun roux, d'abord globuleux
avec une fossette au sommet, puis concaves, et enfin
planes ; marge épaisse, entière, protubérante... Ach.
l. c. 648 ?... Dec. Fl. fr. VI. p. 186 ?
Sur le terreau qui recouvre les rochers. C. A l'Hermitage, à Castillou, près d'Agen.

7. Collema nigrescens. **Ach.** *Collème noirâtre.*

Thallus orbiculaire, membraneux, presque monophylle, appliqué, ridé, à lobes larges, arrondis ; apothécies occupant le centre de la rosette, très-nombreux, petits, d'un brun roux, convexes dans la
vieillesse ; marge entière... Ach. l. c. 646... Dec. Fl. fr.
1043... *Lichen nigrescens.* Linn. S. N.
Sur l'écorce des arbres. CCC.

LEPRARIA. *LÈPRE.*

Apothécie nul ; gongyles nus, libres, agrégés. Thallus
crustacé, lépreux, uniforme.

1. Lepraria flava. **Ach.** *Lèpre jaune.*

Croûte d'un beau jaune, mince, éparse, également
étendue, formée par l'agrégation de gongyles nus, globuleux... Ach. Lich. univ. 663... *Lepra flava.* Dec. Fl.
fr. VI. p. 175... *Byssus candelaris.* Linn. S. N.
Sur l'écorce des arbres. CCC.

2. Lepraria incana. Ach.   *Lèpre blanchâtre.*

Croûte d'un blanc tirant sur le verd cendré, composée de gongyles globuleux, nus, et d'un aspect velu... Ach. l. c. p. 665... *Lepra incana.* Dec. Fl. fr. VI. p. 175. *Bissus incana.* Linn. S. n.
Sur le tronc des arbres, sur les mousses, les rochers. CC.

3. Lepraria leiphæma. Ach.   *Lèpre trompeuse.*

Croûte extrêmement mince, presque membraneuse, blanchâtre, presque entièrement couverte par des gongyles d'un verd cendré très-pâle... Ach. l. c. 664... *Lepra leiphæma.* Dec. Fl. fr. VI. p. 173.
Sur l'écorce des vieux saules. C. A Martinet, près d'Agen.

4. Lepraria farinosa. Ach.   *Lèpre farineuse.*

Croûte très-mince, membraneuse, blanchâtre, saupoudrée d'une poussière blanche grenue, et agglomérée... Ach. l. c. 666.
Sur l'écorce des arbres, principalement sur celle des vieux pieds de vigne.

* **5. Lepraria cæsia.** Ach.   *Lèpre bleuâtre.*

Croûte d'un gris bleuâtre, tantôt mince, tantôt épaisse, inégale, friable, contiguë, occupant ordinairement de grands espaces, recouverte quelquefois vers le centre de gongyles agrégés, d'un aspect velu ou spongieux... Ach. l. c. 667.
Sur les rochers abrités, dans les grottes. CCC.

* **6. Lepraria sanguinolenta.** N.   *L. sanguinolente.*

Croûte d'un rouge sanguin dans l'état de fraîcheur, d'un gris cendré, tirant sur le verd, après la dessication, uniformement étendue, d'un aspect étoffé ou velu, et occupant de très-grands espaces.
Sur les rochers calcaires argileux. CCC. Aux Deux-Rocs, près d'Agen.

FONGILLES.

(*Hypoxyla.* Dec. Fl. fr.)

Plantes dépourvues de croûte, d'une consistance coriace, subéreuse ou cornée ; réceptacles arrondis ou oblongs, s'ouvrant au sommet par un pore ou une fente, quelquefois composant la plante entière, quelquefois situés sur une tige droite, simple ou rameuse, remplis intérieurement d'une pulpe mucilagineuse séminifère.

Les fongilles vivent sur les troncs d'arbres ou sur les feuilles mourantes.

HISTERIUM.　　　*HISTÉRIE.*

Réceptacle oblong, s'ouvrant par une fente longitudinale, rempli intérieurement d'une pulpe séminifère, gélatineuse, et composant seul la plante entière.

1. Hysterium ostraceum. Dec.　　　*Hystérie bivalve.*

Tubercule uniloculaire, s'ouvrant comme une coquille bivalve, d'abord d'un gris sale, plein d'un suc mucilagineux, puis vide, noirâtre... Dec. Fl. fr. 827... *Hypoxilon ostraceum.* Bull. Herb. pl. 444 f. 4.
Sur les vieilles souches.

2. Hysterium pulicare. Pers.　　　*Hystérie puceron.*

Tubercules oblongs, d'un noir lustré, convexes, marqués d'un sillon longitudinal, qui n'atteint point les bouts... Dec. Fl. fr. 828... Mich. Nov. gen. t. 54. ord. 37, f. 2.
Sur l'écorce des chênes, des ormes, des aunes. CC.

HYPODERMA.　　　*HYPODERME.*

Réceptacle oblong, s'ouvrant par une fente longitudinale, et laissant échapper une matière pulvérulente séminifère.

1. Hypoderma quercinum. Dec.　　　*H. du chêne.*

Formant d'abord sous l'épiderme des boursouflures alongées, sinueuses, la plupart transversales, puis l'épiderme se déchire, la loge s'ouvre, et la matière séminifère-noirâtre de l'intérieur s'échappe... Dec. Fl. fr. 826... *Variolaria corrugata.* Bull. Herb. p. 187. t. 482. f. 4.
Sur les branches du chêne. C.

2. Hypoderma virgultarum. D.　　　*H. des br. sèches.*

Taches noires luisantes, d'abord convexes, puis persistantes, sans organisation distincte après l'émission des semences... Dec. Fl. fr. suppl. p. 165... *Histerium rubi.* Pers.

Sur les tiges de plusieurs arbrisseaux.

3. Hypoderma arundinaceum. Dec. *H. des roseaux.*

Petites taches noires, d'un quart à une demi-ligne de longueur, persistant sous l'apparence d'un disque en-foncé... Dec. Fl. fr. suppl. p. 166.

Sur la tige des roseaux.

4. Hypoderma fraxini. Dec. *Hypoderme du frêne.*

Petites taches ovales-oblongues, opaques, d'une demi à une ligne de longueur, convexes ; lèvres bombées... Dec. Fl. fr. suppl. p. 167.

Sur le frêne et l'érable.

5. Hypoderma crispum. Dec. *Hypoderme crépu.*

Taches presque linéaires, éparses, comprimées ; lèvres applaties... Dec. Fl. fr. suppl. p. 167.

Sur le pin.

POLYSTIGMA. *POLYSTIGMA.*

Disque plane, marqué de points qui paroissent l'ori-fice d'autant de loges enchassées dans une substance très-mince.

1. Polystigma rubrum. Dec. *Polystigma rouge.*

Taches rouges, lisses en dessus, un peu saillantes, planes en dessous et marquées de points enfoncés... Dec. Fl. fr. suppl. p. 164, et Mém. du mus. t. 3. pl. 14. f. 7.

Sur les feuilles du Prunier domestique et du P. épineux.

2. Polystigma fulvum. Pers. *Polystigma orangé.*

Taches d'une couleur jaune orangée, quelquefois con-vexes en dessus, concaves en dessous et noires, bordées de rouge... Dec. Fl. fr. suppl. p. 164 et Mém. du mus. t. 3. pl. 14. f. 8.

Sur les feuilles du cerisier.

ASTEROMA. *ASTEROMA.*

Filamens rameux, dichotomes, rayonnans, presque

byssoïdes, formant une tache arrondie, et portant dans leur vieillesse de très-petites proéminences que l'on regarde comme des loges séminales analogues à celles des *sphéries*.

1. Asteroma fraxini. Dec.   *Astéroma du frêne.*

Taches brunes et orbiculaires, visibles des deux côtés de la feuille, de deux à trois lignes de diamètre ; bords de la tache baveux, peu foncé... Dec. Fl. fr. suppl. p. 163.

Sur les feuilles du frêne.

STILBOSPORA.   *STILBOSPORE.*

Matière pulpeuse ou compacte, ordinairement noire. Vue au microscope, elle paroît toute composée de capsules sans pédicules, souvent cloisonnées à l'intérieur ; on en connoît 7 à 8 espèces : je ne mentionnerai que la suivante, qui peut-être est un *uredo*.

1. Stilbospora? uredo. Dec.   *Stilbospore? uredo.*

Pustules non pulvérulentes, presque gélatineuses, d'un rouge tendre lorsqu'elles sont sèches, d'un roux fauve lorsqu'elles sont humectées... Dec. Fl. fr. suppl. p. 152... Mém. du mus. t. 3. pl. 14. f. 9.

Sur les feuilles de l'orme.

XILOMA.   *XILOME.*

Péricarpe ou réceptacle solide, varié, sans forme, se déchirant pour donner issue au mucilage qu'il contient.

Obs. *Les xiloma naissent sur les feuilles mortes ou vivantes, principalement sur la surface supérieure, où ils forment des taches noires, souvent luisantes.*

Ce genre présente encore beaucoup d'ambiguités, et un assez grand nombre d'espèces. Je ne ferai qu'indiquer les plus communes, en citant quelques-unes des descriptions et des figures qu'on en a publiées. Il n'est pas douteux qu'on ne puisse en découvrir beaucoup d'autres dans le département.

   ✳ *Taches ou plaques noires étendues, dont la surface offre des rides qui paroissent les orifices irréguliers de plusieurs loges.* (Spiloma).

1. Xyloma acerinum.   *Xylome des érables.*

Dec. Fl. fr. 815 et Mém. du mus. t. 3, pl. 13, f. 9...

Mucor granulosus. Bull. Herb. p. 109. t. 504. f. 13.
Sur les feuilles de l'érable.

2. Xyloma betulinum.   *Xylome du bouleau.*

Dec. Fl. fr. suppl. p. 154, et Mém. du mus. t. 3. pl. 13, f. 1.
Sur les feuilles du *Betula alba*.

3. Xyloma xylostei.   *Xylome du xylostéon.*

Dec. Fl. fr. suppl. p. 154, et Mém. du mus. t. 3. pl. 13. f. 1.
Sur les feuilles du *Lonicera xylosteum*.

＊＊ *Taches ou disques très-petits , de couleur noire, et ne paroissant composés que d'une seule loge.* (Microma).

4. Xyloma bifrons.   *Xylome à double face.*

Dec. Fl. fr. suppl. p. 156, et Mém. du mus. t. 3. pl. 13. f. 11.
Sur les feuilles du chêne.

Not. *La partie de la feuille occupée par les taches est décolorée et un peu transparente.*

5. Xyloma campanulæ.   *X. de la campanule.*

Dec. Fl. fr. suppl. p. 159, et Mém. du mus. t. 3. pl. 13. f. 10.
Sur les feuilles du *Campanula trachelium*.

6. Xyloma onobrychis.   *Xylome du sainfoin.*

Dec. Fl. fr. suppl. p. 159, et Mém. du mus. t. 3. pl. 13, f. 3.
Sur les feuilles de l'*Hedisarum onobrychis*.

7. Xyloma aquifolii.   *Xylome du houx.*

Dec. Fl. fr. suppl. p. 159, et Mém. du mus. t. 3, pl. 13, f. 7.
Sur la surface inférieure des feuilles du houx.

8. Xyloma multivalve.   *Xylome multivalve.*

Dec. Fl. fr. 818, et Mém. du mus. t. 3. pl. 13. f. 8.
Sur la surface supérieure des feuilles du houx.

9. **Xyloma lichenoïdes.**   *Xylome lichénoïde.*

Dec. Fl. fr. 819.
Sur les feuilles de l'orme.

10. **Xyloma populinum.**   *Xylome des peupliers.*

Dec. Fl. fr. 821... *Rouille du peuplier-tremble.* Chantr.
Conf. t. 17, f. 39.
Sur l'une et l'autre surface des feuilles du Peuplier-
tremble.

SPHÆRIA.   *SPHÉRIE.*

Un ou plusieurs réceptacles osseux, arrondis, solitaires,
agglomerés ou enchassés dans une tige subéreuse, ouverts au sommet par un orifice. souvent prolongé ; réceptacle plein d'une substance mucilagineuse séminifère.

Not. *Le plus grand nombre des sphéries, surtout celles
qui n'ont point de tiges, se développent sous l'épiderme des
vieux arbres ou des feuilles mortes, et le percent pour se mon-
trer au jour à l'époque de la maturité des semences.*

*Il est probable que ce genre subira quelque réforme. Il se
compose d'ailleurs d'un trop grand nombre d'espèces. On en
trouve 223 dans l'Enc. méth. La Flore française seule en
offre 150 et 60 variétés. Celles observées dans le département
sont encore peu nombreuses.*

* *Réceptacles ou loges séminales sur une base
alongée, charnue ou subéreuse.*

1. **Sphæria militaris.**   *Sphérie militaire.*

Simple, cylindrique, amincie à la base, quelquefois
aplatie ou bifurquée au sommet, granulée dans la partie supérieure, jaune, substance intérieure tendre, fragile, concolore... Dec. Fl. fr. 753... *Clavaria militaris.*
Linn. Sp. pl. 1652... *Clavaria granulosa.* Bull. Herb.
t. 496. f. 1.
Sur la terre, dans les gazons. Hauteur de 15 à 18 lignes.

2. **Sphæria radicosa.**   *Sphérie radiquée.*

Coriace, molasse, simple, rarement divisée, noire à
l'extérieur, jaunâtre à la base, jaune à l'intérieur ;

racine alongée, fibreuse, jaunâtre... Dec. Fl. fr. 754...
Clavaria radicosa. Bull. Herb. p. 195. pl. 440. f. 2.
Sur la terre, dans les bois. Hauteur 2 pouces.

3. Sphæria cornuta.   *Sphérie cornue.*

Coriace, subéreuse, noire en dehors, blanche en dedans,
d'abord hérissée de longs poils, blanche et poudreuse
au sommet , puis dépourvue de poils ; loges des semences alors visibles. ♃... Dec. Fl. fr. 755. var. β...
Clavaria cornuta. Bull. Herb. p. 193. pl. 180... *Clavaria
hypoxilon.* Linn. sp. 1652.
Sur le tronc des arbres morts. Hauteur de 6 à 30 lignes.

4. Sphæria polymorpha.   *Sphérie polymorphe.*

Subéreuse, d'abord lobée, d'un gris noirâtre, tomenteuse, pulvérulente au sommet, profondément divisée
dans la vieillesse, d'un noir grisâtre à la base, d'un gris
bistré au sommet. ♃... Dec. Fl. fr. 756... *Clavaria hybrida.* Bull. Herb. p. 194. pl. 440. f. 1... Mich. Nov.
gen. t. 54. f. 5.
Sur le bois en décomposition. Hauteur, 12 à 15 lignes.

5. Sphæria digitata.   *Sphérie digitée.*

Tige simple ou rameuse, souvent multipliée sur la
même base, subéreuse, cylindrique, glabre, granulée,
noirâtre à l'extérieur, blanche à l'intérieur, d'abord un
peu pointue, pubescente, pulvérulente et blanche au
sommet... Dec. Fl. fr. 757... *Clavaria digitata.* Linn. Sp.
pl. 1652... Bull. Herb. p. 192. t. 200... Mich. Nov. gen.
t. 54. f. 4.
Sur le bois pourri, lors même qu'elle paroît implantée
dans la terre.

*✳ ✳ Réceptacles ou loges séminales sur une base
étalée, plus ou moins apparente.*

6. Sphæria deusta.   *Sphérie carbonisée.*

Larges plaques sinueuses, d'abord charnues et molasses,
grisâtres en dehors , blanches en dedans, puis, avec
l'âge, boursouflées, friables, noires comme du charbon et
couvertes d'une poussière cendrée... Dec. Fl. fr. 759...
Hypoxilon ustulatum. Bull. Herb. p. 176. pl. 487. f. 1...
Mich. Nov. gen. t. 54. f. 1.
Sur les vieilles souches.

7. Sphæria granulosa.   *Sphérie granuleuse.*

Petites plaques pubescentes, pulvérulentes, d'un blanc jaunâtre et d'abord séparées, puis noires, confluentes, dures, planes ou concaves, formant une surface étendue et relevée d'autant de protubérances mamelonnées qu'il y a de loges séminales qui la composent; substance noire à l'intérieur... Dec. Fl. fr. 761... *Hypoxilon granulosum.* Bull. Herb. p. 176. pl. 487. f. 1.
Dans les bois, sur les vieilles souches en décomposition.

8. Sphæria bicolor.   *Sphérie bicolore.*

Globules d'abord isolés, charnus, tendres, d'un rouge vif, puis, avec l'âge, couleur de bronze en dehors, noirs en dedans, formant, par leur réunion, une croûte épaisse, dure, inégale, composée d'un rang de loges fort petites et très-rapprochées entr'elles... Dec. Fl. fr. 764... *Hypoxilon coccineum.* Bull. Herb. p. 174. pl. 495. f. 2.
Sur l'écorce de divers arbres, surtout du noyer et du marronnier.

9. Sphæria glomerulata.   *Sphérie glomérulée.*

Mamelons charnus, molasses, d'abord isolés, d'un gris roussâtre, couverts d'une poussière cendrée, puis confluens pour la plupart et devenant fort durs, très-glabres et de couleur noire... Dec. Fl. fr. 768... *Hypoxilon glomerulatum.* Bull. Herb. p. 178. t. 468. f. 3.
Sur le bois et l'écorce des arbres.

10. Sphæria scabrosa.   *Sphérie scabreuse.*

Mamelons pubescens, d'abord isolés, jaunâtres ou d'un rouge brun et saupoudrés d'une poussière jaune, puis formant, par leur réunion, une croûte large, mince, noire, luisante, très-raboteuse; loges terminées en une petite pointe, surmontée par un mamelon mycroscopique... Dec. Fl. fr. 769... *Hypoxilon scabrosum.* Bull. Herb. pl. 468. f. 5.
Sur le bois dépouillé d'écorce.

11. Sphæria melogramma.   *Sphérie mélogramme.*

Globules grisâtres, pubescens dans leur jeunesse, isolés ou rangés sur une même ligne comme des notes de Plein-chant; ils deviennent, avec l'âge, d'un noir bistré;

substance intérieure noire... Dec. Fl. fr. 770... *Vario-laria melogramma.* Bull. Herb. p. 182. pl. 492. f. 1.
Sur l'écorce du charme, de l'orme, etc.

12. Sphæria punctata.   *Sphérie ponctuée.*

Pédicule court, noirâtre, évasé en disque charnu, coriace, orbiculaire, concave, blanc, parsemé de petits points noirs, épars... Dec. Fl. fr. 771... *Peziza punctata.* Linn. Sp. 1650... Bull. Herb. p. 259. t. 252.
Sur le crotin de cheval. RR. Diamètre du disque, 2 à 3 lignes.

13. Sphæria stigma.   *Sphérie en stigmate.*

Plaques minces, d'abord pubescentes et couvertes d'une poussière blanche, ensuite d'un noir grisâtre ; loges séminales, couvertes par un opercule rond, ombiliqué... Dec. Fl. fr. 774... *Hypoxilum operculatum.* Bull. Herb. p. 177. pl. 468. f. 2.
Sur les vieilles souches et les branches des arbres.

14. Sphæria nummularia.   *Sphérie nummulaire.*

Plaques orbiculaires, d'abord grisâtres et pubescéntes, puis d'un noir mat ; loges séminales non saillantes, dont l'orifice n'est point apparent... Dec. Fl. fr. 776... *Hypoxilon nummularum.* Bull. Herb. p. 178. pl. 468. f. 1.
Sur l'écorce des arbres morts, dont elle soulève et détruit l'épiderme.

✳ ✳ ✳ *Loges séminales soudées ou rapprochées les unes des autres en grouppes ou en faisceaux.*

15. Sphæria pustulata.   *Sphérie pustule.*

Petites taches plates, granuleuses, d'un brun noirâtre, formées par une ou plusieurs loges séminales réunies, très-fugaces... Dec. Fl. fr. 782... *Variolaria fugax.* Bull. Herb. p. 187. pl. 432. f. 5.
Sur les branches de l'aune, du tremble, du noisetier, etc.

16. Sphæria ceratosperma.   *Sphérie cératosperme.*

Globules incrustrés dans l'écorce où ils ont pris nais-sance, et formés de la réunion de plusieurs loges sémi-nales, dont les sommets effilés et mamelonnés s'élèvent au dessus de l'épiderme déchirée, noirs, bordés de blanc.

. ♃... Dec. Fl. fr. 786... *Variolaria ceratosperma*. Bull.
. Herb. p. 184. pl. 432. f. 1.
Sur les arbres à bois dur, particulièrement sur le chêne.

7. Sphæria clavata.   *Sphérie en massue*.

Petits grouppes formés par la réunion de 7 à 8 loges
séminales ; loges alongées, arrondies au sommet, atté-
nuées à la base, d'abord blanches et pubescentes, puis
très-noires et très-glabres... Dec. Fl. fr. 787... *Hypoxilon
clavatum*. Bull. Herb. p. 171. pl. 444. f. 5.
Sur les vieilles souches et les bois de construction.

8. Sphæria berberidis. *Sphérie de l'épine-vinette*.

Petits mamelons arrondis, convexes, formés par la réunion de 15 à 20 loges séminales ; loges ovoïdes, obtuses,
distinctes, insérées sur une base commune, percées d'un
pore à leur sommet, d'abord rouges, puis noirâtres...
Dec. Fl. 788.
Sous l'épiderme des branches de l'épine-vinette, qu'elle
déchire à l'époque de sa maturité.

✳ ✳ ✳ ✳ *Loges séminales distinctes, rapprochées ou
solitaires*.

9. Sphæria spermoïdes.   *Sphérie séminale*.

Loges extrêmement petites, rapprochées, très-nombreuses, un peu chagrinées... Dec. Fl. fr. 798... Pers.
Syn. 75.
Sur le bois dépouillé de son écorce, où, selon l'expression
de Decandolle, on croiroit voir un amas d'œufs d'insectes
ou de graines de pavot.

10. Sphæria sphincteria. *Sphérie sphinctérique*.

Très-petite ; loges séminales distinctes, alongées en
massue, d'abord arrondies au sommet, cotonneuses,
blanchâtres à leur surface, puis couronnées de poils
apparens, plissées au sommet en forme de bourse,
noires, enfin, glabres, égratignées à la superficie... Dec.
Fl. fr. 799... *Hypoxilon sphincterium*. Bull. Herb. p. 171.
pl. 487. f. 3.
Sur le bois mort.

11. Sphæria punctiformis. *Sphérie ponctiforme*.

Tubercules en forme de points noirs, protubérans, épars,

convexes, un peu ombiliqués au centre, sans orifice apparent... Dec. Fl. fr. 806... Pers. Syn. 90. n. 175. α.
Sur l'une et l'autre surface des feuilles de chêne.

22. Sphæria ciliaris.   *Sphérie ciliée.*

Loges distinctes, extrêmement petites, très-rapprochées, très-nombreuses, formant des expansions plus ou moins étendues, et se prolongeant au-dessus de l'épiderme par un cil noir et rude, saupoudrée dans le premier âge d'une poussière blanche... Dec. Fl. fr. 811.
β... *Hypoxilon ciliare.* Bull. Herb. p. 173. pl. 468. f. 1.
Sur les vieilles souches, qu'il laisse noires comme de l'ébène. Si les sucs nourriciers viennent à lui manquer, il est alors fort difficile de la reconnoître.

NEMASPORA.   *NÉMASPORE.*

Pulpe séminifère, sortant par l'orifice de la loge séminale en consistance demi solide, et s'allongeant sous la forme d'un appendice capillaire, soluble dans l'eau.

1. Nemaspora leucosperma. *Némaspore blanche.*

Petits boutons arrondis, convexes, d'abord blancs, d'une substance analogue à la gomme desséchée, ensuite aplatis, étalés, noirs, émettant de leur centre, qui correspond à une loge séminale, un ou plusieurs appendices filiformes, blancs, puis noirâtres, contournés en spirale... Dec. Fl. fr. 812... *Hypoxilon cirratum.* Bull. Herb. pl. 487. f. 4. P. R.
Sous l'écorce des branches d'arbres en décomposition.

2. Nemaspora chrysosperma. *Némaspore dorée.*

Petits boutons jaunes ; appendices plus nombreux, plus gros, roulés en spirale, jaunes, puis noirâtres...
Dec Fl. fr. 813... *Hypoxilon cirratum* var. β. Bull. Herb. pl. 487. f. 4. T.
Sous l'écorce des branches d'arbres à demi décomposés.

CHAMPIGNONS.

Plantes fongueuses, subéreuses, mucilagineuses ou filamenteuses, jamais herbacées, ni de couleur verte ; de formes variées, sans feuilles ; capsules ou semences à leur superficie ou dans l'intérieur de leur substance, rarement contenues dans une pulpe liquide.

GYMNOCARPES.

(*Capsules placées à la surface extérieure*).

† Champignons filamenteux.

BYSSUS.   *BISSE.*

Filamens simples ou rameux, libres ou entremêlés, et formant une espèce de tissu drape, blanc, jaune, rougeâtre ou brun ; sans forme determinée, sans organes de la reproduction connus.

1. Byssus parietina. Dec.   *Bisse des murs.*

Blanc argenté ou jaune pâle ; filamens rayonnans d'un centre commun, excessivement ramifiés, et formant, par leur réunion, une sorte de membrane papyracée... Vaill. Bot. par. t. 8. f. 1... Dec. Fl. fr. 161.
Dans les maisons, sur les murailles.

2. Byssus candida. Huds.   *Bisse blanc.*

Blanc soyeux, extrémité des filamens dilatée, presque plumeuse... Dec. Fl. fr. 162.
Les branches et les feuilles mortes tombées sur la terre dans les bois.

3. Byssus flavescens. Dec.   *Bisse jaunâtre.*

Jaune pâle, fragile ; filamens menus, soudés entr'eux, et formant une pellicule ou membrane mince, diversement lobée ou dechirée... Dec. Fl. fr. 163.
Dans les bois, sur les vieux troncs humides, et les feuilles mortes tombées sous les arbres.

4. Byssus gigantea. Dec.   *Bisse gigantesque.*

Blanchâtre ; filamens très-déliés, entrecroisés en forme de feutre, quelquefois d'une grande etendue.
Dans les fentes intérieures des arbres. R.

Obs. *On remarque sur ce bisse des globules épars, qu'on regarde comme des graines ou des gongyles.*

****

5. Byssus cryptarum. Lamk.   *Bisse des caves.*

> Brun ou noirâtre ; filamens cylindriques et crépus, for-
> mant, dans leur réunion, de larges duvets drapés, mous
> et compactes.

Dans les caves, sur les tonneaux. CC.

6. Byssus rupestris. Dec.   *Bisse des rochers.*

> Noirâtre ; légèrement gélatineux ; filamens menus, s'u-
> nissant entr'eux sous l'apparence d'une étoffe... Dec. Fl.
> fr. t. 2. p. 592... *Lichen velutinus.* Ach.

Sur les rochers humides.

> Obs. *Cette espèce est intermédiaire entre les colema, les
> corniculaires et les bisses, selon Dec. loc. cit.*

7. Byssus aurantiaca. Lamk.   *Bisse orangé.*

> Touffes rameuses et luisantes, d'un jaune orangé ; fila-
> mens un peu roides, divergens... Mich. Gen. nov. t. 90.
> f. 1... Dec. Fl. fr. 168.

Dans les caves, les lieux humides privés d'air.

> Obs. *La consistance de ce bisse approche de celle des
> clavaires.*

8. Byssus aurea. Linn.   *Bisse doré.*

> Petits coussinets confluens, laineux, d'un jaune doré ;
> grisâtres par la vieillesse ou la dessication ; filamens
> courts, aigus et simples... Dill. Musc. t. 1. f. 16... Dec.
> Fl. fr. 169... *Lichen aureus.* Ach.

Sur les rochers humides, et quelquefois sur le *Bryum
pulvinatum.*

MONILIA.   *MONILIE.*

> Pédicelle simple ou rameux, analogue aux filamens
> des bisses, portant au sommet des filets composés d'ar-
> ticulations globuleuses.

> Obs. *Les monilies ressemblent beaucoup aux Moisissures,
> dont elles diffèrent par leurs capsules, dénuées* de péridium
> *vésiculeux.*

1. Monilia glauca. Pers.   *Monilie glauque.*

> Pédicelle simple ; filamens nombreux, disposés en têtes
> radiantes... Mich. Nov. gen. t. 71. f. 1... Dec. Fl. fr.

171... *Mucor glaucus*. Linn. Sp. pl... *Mucor aspergillus*.
Bull. Herb. t. 504. f. X.
Sur les fruits qui se pourrissent, où elle se montre en
touffes ou éparse. CCC.

2. **Monilia digitata.** Dec.   *Monilie digitée.*

Pédicelle simple ; filamens rares et digités... Dec. Fl.
fr. 172... *Mucor penicillatus*. Bull. Herb. t. 504. f. XI.
n.° 11... Mich. Nov. gen. t. 91. f. 3... *Mucor cristatus*.
Linn. Sp. pl.
Sur les alimens en décomposition. CC.

3. **Monilia racemosa.** Pers.   *Monilie en grappe.*

Pédicelle rameux... Dec. Fl. fr. 173... Mich. Nov. gen.
t. 91. f. 4... *Mucor penicillatus* var. Bull. Herb. t. 504.
f. XI. n.° 12.
Sur diverses substances en putréfaction. C.

BOTRYTIS.   *BOTRYTIS.*

Pédicelles droits, déliés, ramifiés, dichotomes ; semences
non aglutinées et disposées en grappes.

§ *Pédicelles droits et rameux.*

1. **Botrytis racemosa.** Dec.   *Botrytis en grappe.*

Larges touffes cendrées et barbues ; capsules ovales,
alongées... *Mucor racemosus*. Bull. Herb. t. 504. f. VII...
Dec. Fl. fr. 175.
Sur les alimens en décomposition. CCC.

2. **Botrytis lignifraga.** Dec.   *Botrytis perce-bois.*

Blanc verdâtre ; pédicelles très-grêles, formant, par
leur réunion, de petits coussinets cotonneux, pulvérulens ; semences très-petites, arrondies... Dec. Fl. fr. 176...
Mucor lignifragus. Bull. Herb. t. 504. f. VI.
Sur l'écorce des arbres, principalement sur celle du
bouleau.

Obs. *Ce Botrytis ne brise ni ne perce le bois, mais croît
sous l'épiderme de l'écorce et la déchire en se montrant à
l'extérieur.*

§§ *Fibres couchées, émettant des pédicelles droits.*

3. Botrytis umbellata. Dec.   *Botrytis en ombelle.*

Blanc d'abord, ensuite noirâtre ; pédicelles divisés, en
forme d'ombelle au sommet... Dec. Fl. fr. 177... *Mucor
umbellatus.* Bull. Herb. t. 5o4. f. VIII.
Sur les confitures qui se gâtent. CC.

4. Botrytis glomerulosa. Dec.   *Botrytis glomérulé.*

Cendré-roussâtre ; semences nombreuses, ovales, arrondies, portées au nombre de trente à quarante sur
chaque pédicelle... Dec. Fl. fr. 179... *Mucor glomeratus.*
Bull. Herb. t. 5o4. f. III.
Sur diverses substances, mais principalement sur le papier humide. CC.

EGERITA.   *ÉGÉRITE.*

Tubercule ou croûte convexe, granuliforme ; capsules
sphériques, éparses, légèrement pulvérulentes.

OBS. *Les Égéristes diffèrent des Botrytis et des Monilies
par leur aspect glabre et charnu.*

1. Egerita aurantia. Dec.   *Égérite orangée.*

Crustacée ; d'un jaune orangé ; semences extrêmement
petites, supportées par des fibrilles rampantes, très-
déliées... Dec. Fl. fr. 181... *Mucor aurantius.* Bull. Herb.
t. 5o4. f. V.
Sur l'écorce du bois mort, les cercles des tonneaux, le
liége. C.

2. Egerita crustacea. Dec.   *Égérite crustacée.*

Croûte coriace, d'abord blanche, ensuite jaune pâle,
puis rouge-foncé ; fibrilles microscopiques... Dec. Fl.
fr. 182... *Mucor crustaceus.* Bull. Herb. t. 5o4. f. II.
Sur la croûte des fromages salés. C.

3. Egerita epixylon. Dec.   *Égérite des bois morts.*

Croûte en forme de petits coussinets, d'abord grisâtres,
ensuite noirs, filamenteux à l'intérieur, au moindre
tact se réduisant en poussière ; fibrilles articulées, élas-

tiques... Dec. Fl. fr. 183... *Reticularia epixylon.* Bull.
Herb. t. 472. f. 2.
Sur le bois mort dépouillé de son écorce.

ERINEUM. Pers.   *ÉRINÉUM.*

Tubes souvent cylindriques, quelquefois turbinés, tron‑
qués au sommet, conglomérés.

1. Erineum acerinum. Dec.   *Érinéum des érables.*

Taches granuleuses, d'abord d'un rouge ferrugineux,
puis d'un brun noirâtre, formées par des tubercules
excessivement petits, membraneux et turbinés... Dec.
Fl. fr. 185... *Mucor ferrugineus* et *Mucor granulosus.*
Bull. Herb. t. 504. f. XII et XIII... *Mucor erysiphe.*
Linn. Sp. pl. 1676.
Sur les feuilles mortes des érables. C.

2. Erineum pyracanthæ. Dec.   *E. du buisson ardent.*

Taches arrondies, planes, d'un rouge cramoisi, d'abord
distinctes, puis confluentes, formées par une croûte un
peu luisante et d'un aspect pulvérulent... Dec. Fl. fr.
VI. p. 14.
Observée par M. Decandolle, entre Agen et Auch, sur
les feuilles du *Mesp. pyracantha* qui ne paroissent nulle‑
ment altérées par ces productions accidentelles.

3. Erineum ilicium. Dec.   *Érinéum du chêne-verd.*

Taches arrondies, cotonneuses, d'abord blanchâtres,
puis jaune orangé, d'un aspect pulvérulent dans leur
jeunesse... Dec. Fl. fr. syn. et suppl. p. 14.
Sur les feuilles du *Quercus ilex.* CCC.

Obs. *La plupart des Erineum seroient-ils seulement l'effet
de quelque altération morbifique de la substance des feuilles,
ou plutôt du duvet dont elles sont revêtues principalement à
leur surface inférieure.*

†† *Surface fructifère, ne dégénérant point en pulpe.*

HELOTIUM. Pers.   *HÉLOTIUM.*

Réceptacle pédicellé, convexe, régulier, glabre, portant
les semences à sa partie supérieure.

1. Helotium agariciformis. Pers. *Hélotium agaric.*

Blanc ; pédicelle plein, de la grosseur d'une épingle ;
chapeau mince, convexe, orbiculaire... Dec. Fl. fr. 189...
Helvella acicularis. Bull Herb. t. 473. f. 1.
Sur le bois pourri. C.

Obs. *Distingué de l'H.* aciculare *Pers., par sa substance
plus sèche et moins fugace.*

2. Helotium fimetarium. Pers.   *H. des fumiers.*

Couleur de rose ; pédicelle très-menu ; chapeau plane
ou convexe, souvent anguleux... Dec. Fl. fr. 190.
Sur le fumier desséché. R.

Obs. *Cet Hélotium atteint à peine une ligne de hauteur.*

PEZIZA. Linn.   *PÉZIZE.*

Réceptacle hémisphérique, lisse, concave ou légèrement
tuméfié ; surface supérieure du disque portant les semences, d'où elles s'échappent quelquefois sous la forme
d'une poussière presque imperceptible, ou d'une espèce
de fumée, par jets instantanés.

✳ *Pézizes charnues.*

1. Peziza patellaria. Pers.   *Pézize patellaire.*

Petits tubercules noirs, nombreux, réunis en groupes,
arrondis dans leur jeunesse, ensuite oblongs ou anguleux, planes, entourés d'un rebord distinct... Dec. Fl.
fr. 194... *Lichen attratus.* Hedw. Musc. t. 21. f. A. ex
Dec.
Sur les bois dépouillés de leur écorce. CC.

2. Peziza lenticularis. Bull. *Pézize lenticulaire.*

Jaunâtre, lenticulaire, très-petite, glabre, sessile ou
légèrement pédicellée, d'abord un peu concave, puis
aplatie... Bull. Herb. p. 243. t. 300... Dec. Fl. fr. 195.
Sur les vieilles souches, où elle croît en groupes nombreux.

3. Peziza callosa. Bull.   *Pézize calleuse.*

Scutelle lisse en dessus, velue en dessous, fragile, sessile, rebord calleux, ordinairement fort petite, de cou-

leur ardoisée, blanche ou verte... Bull. Herb. p. 252. t.
416. f. 1. et t. 376. f. 4... Dec. Fl. fr. 196.
Sur les bois à demi pourris et certains fruits coriaces. R.

Obs. *Très-inconstante dans sa forme, ses dimensions et
sa couleur. Bull. et Dec. ont établi, sur ce dernier caractère, trois variétés, que j'ai confondues dans la même phrase
spécifique.*

4. Peziza araneosa. Bull.   *Pézize aranéeuse.*

Scutelle mince, fragile, d'un jaune orangé, turbinée ;
fibrilles noirâtres en dessous ; creusée en soucoupe,
aplatie, bords sinués... Bull. Herb. p. 264. t. 280.
Sur la terre, dans les jardins, les bois ombragés. RR.

5. Peziza omphalodes. Bull.   *Pézize ombiliquée.*

Petite, épaisse, fragile, sessile, glabre, presque turbinée
en dessous ; scutelle ombiliquée ; couleur jaune orangé...
Bull. Herb. p. 264. t. 485. f. 1... Dec. Fl. fr. 198.
Sur la terre, en groupes nombreux. C.

6. Peziza velutina. Nob.   *Pézize veloutée.*

Très-petite ; vue à la loupe, les scutelles paroissent
sessiles, presque entièrement recouvertes par un bourlet épais, jaunâtre et velouté ; d'abord arrondies, puis
oblongues et déformées, elles deviennent très-noires dans
l'état de vieillesse, et sont souvent réunies en groupes
nombreux et serrés.
Sur les mousses et les jungermanes, sur l'écorce des
arbres.

7. Peziza scutellata. Linn.   *Pézize en écusson.*

Scutelle plane, sessile, d'un rouge orangé, ciliée en ses
bords et dans sa partie inférieure... Linn. Sp. pl. 1651...
Bull. Herb. t. 10... Dec. Fl. fr. 199.
Sur les vieilles souches, quelquefois sur la terre. C.

Obs. *Les individus de cette espèce croissent isolés, mais
nombreux ; ils ont d'une à trois lignes et plus de diamètre.*

8. Peziza ciliata. Bull.   *Pézize ciliée.*

Scutelle concave, fragile, sessile, d'un rouge orangé ;
très-petite, lisse en dessus, pubescente en dessous ;
bords ciliés... Bull. Herb. p. 257. t. 438. f. 2... Dec.
Fl. fr. 200.
Sur les matières fécales de l'homme et la fiente des
animaux.

Obs. Elle a seulement les bords ciliés, et n'atteint qu'environ un tiers de ligne de diamètre.

9. Peziza chrysocoma. Bull.   *Pézize dorée.*

Sessile, glabre, lisse sur ses deux faces, d'abord urcéolée, puis évasée en soucoupe, de couleur d'or ou jaune rougeâtre... Bull. Herb. p. 254. t. 316. f. 2... Dec. Fl. fr. 203.

Sur le bois pourri, où elle croît en individus isolés, mais le plus souvent en société nombreuse : peu d'espèces varient autant pour la forme, les dimensions et même la couleur.

10. Peziza stercoraria. Bull.   *Pézize stercoraire.*

Petite, charnue, fragile, glabre, sessile ; scutelle évasée en cupule, parsemée de points noirs... Bull. Herb. p. 256... Dec. Fl. fr. 203.

α. P. s. *lutea.* D'abord jaune couleur de paille, puis brune... Bull. Herb. t. 316. f. 1.

β. P. s. *violacea.* Blanchâtre en dessous, granuleuse, violet foncé en dessus, d'un brun noirâtre dans l'état de vieillesse... Bull. Herb. t. 438. f. 4.

Cette Pézize ne croît jamais que sur la bouse de vache ou sur le fumier de cheval. Elle y est pour l'ordinaire en individus très-nombreux. R.

11. Peziza bicolor. Bull.   *Pézize bicolore.*

Concave, ferme, sessile et fort petite, blanche et velue en dessous, rouge ou brune en dessus, hygrométrique... Bull. Herb. p. 243. t. 410. f. 3... Dec. Fl. fr. 206.

Sur les vieilles souches, et plus souvent sur les petites branches qui pourrissent à terre dans les bois ; éparse.

* * *Pézizes qui ont la consistance de la cire.*

12. Peziza papillaris. Bull.   *Pézize papillaire.*

Très-petite, transparence de cire, laineuse, hérissée de papilles en dessous, d'abord urcéolée, puis concave en dessus, blanche ou grise... Bull. Herb. p. 244. t. 467. f. 1... Dec. Fl. fr. 208.

Sur le bois pourri ; isolées ou en groupes. C.

13. Peziza imberbis. Bull.   *Pézize imberbe.*

Très-petite, consistance de cire, fragile, entièrement glabre, blanche ou grise, ou couleur de bistre, turbinée

ou légérement pédicellée, d'abord concave, puis aplatie... Bull. Herb. p. 245. t. 467. f. 2... Dec. Fl. fr. 210.
Sur les vieilles souches ; éparse, mais très-nombreuse.

*Obs. Quelques individus de cette espèce ont les bords légé-
rement crénelés.*

14. Peziza lactea. Bull. *Pézize lactée.*

Extrêmement petite, consistance de cire, mince, fragile, blanche ; surface inférieure velue, surtout vers les
bords, turbinée, concave... Bull. Herb. p. 253. t. 376.
f. 3... Dec. Fl. fr. 211.
Sur le bois et les feuilles morts ; éparse.

15. Peziza clandestina. Bull. *Pézize clandestine.*

Très-petite, mince, ferme et pédicellée, lanugineuse
et gris foncé en dessous, concave à sa partie supérieure
et d'un gris cendré, hygrométrique... Bull. Herb. p. 251.
t. 416. f. 5... Dec. Fl. fr. 216.
Sur les petits rameaux des arbres, tombés sur la terre et
recouverts par les feuilles mortes.

16. Peziza acetabulum. Linn. *Pézize en ciboire.*

Grande ; consistance de cire, mince, fragile, glabre,
pédicellée, évasée en large coupe ; veines rameuses en
relief à la surface ; d'abord fauve, puis d'un brun plus
ou moins foncé... Bull. Herb. p. 267. t. 485. f. 4...
Mich. Nov. gen. t. 8. f. 1... Vaill. Bot. par. t. 13. f. 1...
Dec. Fl. fr. 219.
Sur la terre. R.

*Obs. Cette Pézize est pourvue de petites racines ; elle
acquiert quelquefois jusqu'à 3 pouces et plus de diamètre.*

17. Peziza epidendra. Bull. *Pézize épidendre.*

Grande, pédicellée, consistance de cire, glabre, blanche ou jaune en dessous, évasée en large coupe et d'un
rouge écarlate en dessus... Bull. Herb. p. 246. t. 467. f.
3... Dec. Fl. fr. 223.
Sur les vieilles souches et les branches mortes, quelquefois recouvertes de terre, dans laquelle la Pézize semble
avoir pris racine ; sa cupule a quelquefois plus d'un pouce
de diamètre.

18. Peziza coccinea. Bull. *Pézize scarlatine.*

Grande, consistance de cire, mince, fragile, glabre,
sessile, d'un rouge orangé très-vif, évasée en cupule ou

en coquille de limaçon... Bull. Herb. p. 269. t. 474...
Dec. Fl. fr. 224.

A. 1. Sur la terre, le long des chemins ombragés, dans les pelouses, où le plus souvent elle croit solitaire.

Obs. Cette espèce est l'une des plus belles et des plus grandes du genre : sa largeur varie depuis six lignes jusqu'à près de trois pouces. Elle exhale ses semences par jets instantanés sous l'apparence d'une légère fumée. Pour exciter cette émission, il suffit de passer rapidement la main une ou deux fois sur la Pézize.

19. Peziza cochleata. Linn.   *Pezize en limaçon.*

Grande, consistance de cire, mince, fragile, sessile, divisée en deux lobes roulés en hélice, évasée en forme d'oreille d'homme, base souvent perforée, d'abord d'un blanc jaunâtre, puis fauve en vieillissant... Linn. Sp. pl. 1625... Bull. Herb. t. 154... Dec. Fl. fr. 229.

A. 1. Sur la terre, par groupes de cinq à six individus, plus ou moins. R.

Obs. Elle produit ses semences en jets instantanés.

20. Peziza vesiculosa. Bull.   *Pézize vésiculeuse.*

Grande, consistance de cire, mince, fragile, glabre, sessile, d'abord figurée en grelot, ensuite prenant la forme d'un creuset ou d'une bourse, jaune, blanche ou rougeâtre, toujours plus foncée à l'intérieur... Bull. Herb. p. 270. t. 457. f. 1... *P. cerea* var. β. Dec. Fl. fr. VI. p. 27.

A. 1. 2. Sur la terre, sur les fumiers; quelquefois solitaire, mais le plus souvent en groupe de 5 à 6 individus ou davantage.

        ✳ ✳ ✳ *Pézizes gélatineuses.*

21. Peziza auricula Judæ. Bull.   *P. oreille de Judas.*

Très-large, gélatineuse, presque cartilagineuse, élastique, sessile, mince, nerveuse en dessous et pubescente, concave et plissée en dessus, échancrée en son bord, et imitant une oreille d'homme, d'un rouge brun, plus foncé à l'intérieur... Bull. Herb. p. 241. pl. 427. f. 2... Dec. Fl. fr. 230... *Tremella auricula.* Linn. Sp. pl.

P. 1. Sur les vieux troncs d'arbres, principalement sur les sureaux et les saules.

Obs. Cette Pézize atteint quelquefois six pouces de large

*et deux de hauteur. La médecine rurale emploie son infu-
sion dans du vin blanc contre l'hydropisie et dans l'esquinan-
cie. Il ne seroit pas prudent de trop compter sur ce remède.*

22. Peziza tremelloïdea. Bull.   *Pézize trémelloïde.*

Gélatineuse, d'abord sessile, puis prolongée en pédicule
épais, et marqué pour l'ordinaire d'enfoncemens lacuneux ; partie supérieure plissée, lobée, sinuée, d'abord
concave, ensuite aplatie ; d'un rouge violet ou de brique, brunâtre en vieillissant... Bull. Herb. p. 240. t. 410.
f. 1. A. B. C... Dec. Fl. fr. 231.

A. H. Sur l'aire horizontale des anciennes souches, et sur
les bois de charpente cadranés, dans les gerçures
desquels elle prend naissance, et croît en groupes souvent
nombreux.

23. Peziza nigra. Bull.   *Pézize noire.*

Gélatineuse, élastique, épaisse, sessile, presque turbinée, glabre en dessus, peluchée et ridée en dessous,
d'abord concave, ensuite aplatie en écusson quelquefois
bombé dans le centre, entièrement noire... Bull. Herb.
p. 238. t. 116.... Dec. Fl. fr. 233... *Lycoperdon trunca-
tum.* Linn. Syst. ed. XII.

β. **P. n.** *ferruginea.* Couleur de rouille dans sa partie inférieure... Bull. Herb. t. 460. f. 1.

P. A. Sur les vieilles pièces de bois exposées à l'air ; individus isolés, mais quelquefois nombreux.

Obs. *Cette Pézize a la consistance du Caoutchouc ou de
la gomme élastique. Elle produit abondamment une poussière
noire qui tache le linge et les doigts.*

TREMELLA.   *TRÉMELLE.*

Expansions gélatineuses, de formes très-diverses et
très-variables ; semences sur tous les points de la
superficie.

1. Tremella ustulata. Bull.   *Trémelle charbonnée.*

Petite, vésiculeuse, presque charnue, d'un brun noirâtre ; surface diversement ondulée et chargée de plis
plus ou moins profonds... Bull. Herb. t. 420. f. 2... Dec.
Fl. fr. 254.

Sur les fruits charnus, en décomposition, où les individus
croissent par troupes nombreuses.

2. Tremella glandulosa Bull.　　*T. glanduleuse.*

Gélatineuse, épaisse, hémisphérique; surface mamelonnée, entière, d'un brun noirâtre, le plus souvent sessile, quelquefois prolongée en pédicule cylindrique et court, s'oblitérant dans la vieillesse... Bull. Herb. p. 220. t. 420. f. 1... Dec. Fl. fr. 235.

A. 3. Sur les arbres morts, sur les vieilles pièces de charpente. Elle croît isolée, et ressemble assez à la Pézize noire, avec laquelle il est aisé de la confondre au premier coup-d'œil.

3. Tremella amethystea. Bull.　*Trémelle améthyste.*

Gélatineuse, violette, profondément lobée, glabre; superficie souvent creusée de fossettes ou de sillons plus ou moins apparens... Bull. Herb. p. 229. t. 499. f. 5... Dec. Fl. fr. 236.

Sur le bois pourri. C.

4. Tremella persistens. Bull.　*Trémelle persistante.*

Simple, cartilagineuse, un peu coriace, mince, glabre, dimidiée, ondulée, couleur vineuse, tirant sur le violet. ♃... Bull. Herb. p. 223. t. 304... Dec. Fl. fr. 237.

Sur la sabine. RRR.

5. Tremella deliquescens. Bull.　　*T. déliquescente.*

Petite, gélatineuse, arrondie ou turbinée, glabre, non divisée, d'un jaune plus ou moins foncé... Dec. Fl. fr. 238... Bull. Herb. p. 223. t. 304.

Sur les vieilles souches ou les pièces de bois exposées à l'air.

Obs. *Semblable quelquefois à des gouttes du suc gommeux qu'on voit sortir de l'écorce de certains arbres. Au reste, ce suc est soluble dans l'eau, et la Trémelle y augmente de volume.*

6. Tremella cerebrina. Bull.　　*Trémelle cérébrale.*

Grande, épaisse, gélatineuse, non divisée; surface creusée en sillons tortueux, plus ou moins profonds; d'abord brune, puis noire... Dec. Fl. fr. 239... Bull. Herb. p. 221. t. 386.

On mentionne une var. jaune et l'autre blanche de cette Trémelle; je n'ai pas encore eu l'occasion de les observer.

7. Tremella mesenteriformis. B. *T. mésentériforme.*

Grande, gélatineuse, un peu cartilagineuse, élastique,

divisée en lobes flexueux, diversement plissés et contournés, jaune paille, couleur de chair ou lie de vin,
tirant sur le violet... Bull. Herb. p. 230. t. 499. f. 6...
Dec. Fl. fr. 240.
Sur le bois mort.

Obs. *Peu d'espèces de ce genre sont plus sujettes à varier
dans la forme, les dimensions et la couleur.*

HELVELLA. *HELVELLE.*

Pédicule central; chapeau lisse en dessus et en dessous,
souvent irrégulier, séminifère seulement en sa surface
inférieure.

1. Helvella mitra. Linn. *Helvelle en mitre.*

Consistance et transparence de cire; pédicule compacte,
lacuneux à l'extérieur, lamelleux et creusé en forme
de labyrinthe à l'intérieur; chapeau à deux ou trois
lobes verticaux, diversement plissés et réfléchis... Linn.
Sp. pl. 1649... Mich. Nov. Gen. t. 86. f. 7... Lamk. Ill.
pl. 885. f. 1... Dec. Fl. fr. 243.
α. H. m. *alba.* Helvelle en mitre blanche... Bull. Herb.
var. 1. t. 190. f. A. B. C. F.
β. H. m. *grisea.* Helvelle en mitre grise... Bull. Herb. t.
190. f. D. E.
γ. H. m. *fulva.* Helvelle en mitre d'un gris fauve ou roussâtre... Bull. Herb. var. 2. t. 466. f. A.
H. m. *fusca.* Helvelle en mitre noirâtre... Bull. Herb. var.
3. t. 466. f. B.
A. 2. 3. Sur la terre dans les bois; isolée. C. Elle répand
ses semences par jets instantanés. Dans la garenne de
Saint-Amans, près d'Agen. CC.

Obs. *Je pense que la dernière variété, constamment
d'une teinte très-rembrunie, ayant les bords de son chapeau
moins lobés et presque toujours rabattus, devroit constituer
une espèce.*

2. Helvella elastica. Bull. *Helvelle élastique.*

Consistance et transparence de cire; pédicule grêle,
cylindrique, lisse, fistuleux; chapeau mince, divisé en
deux ou trois lobes verticaux, diversement contournés,
blanche ou tirant sur le brun... Bull. Herb. p. 299. t.
242... Lamk. Ill. t. 885. f. 2... Dec. Fl. fr. 244.
Terrestre et solitaire. R. Elle exhale ses semences par jets
instantanés.

3. **Helvella gelatinosa.** Bull. *Helvelle gélatineuse.*

Pédicule fistuleux, renflé à la base, jaune ou verd ;
chapeau lisse, voûté en dessus, gélatineux à l'intérieur,
ondulé ou plissé en dessous ; jaunâtre, puis tirant sur
le verd, enfin brun et affaissé dans le centre en vieillissant... Bull. Herb. p. 296. t. 473. f. 2... Mich. Nov.
gen. t. 82. f. 2.

A. 1. Sur la terre, où elle croît ordinairement par
groupes.

CLAVARIA. *CLAVAIRE.*

Productions verticales, simples ou rameuses, charnues
ou coriaces, point de chapeau distinct du pédicule ;
semences sur toutes les parties de la surface.

* *Espèces charnues simples.*

1. **Clavaria micans.** Pers *Clavaire brillante.*

Très-petite, consistance charnue, pédicule court, blanchâtre ; sommet en massue, point divisé dans la vieillesse, d'un rose vif... Pers. Synops. fung. p. 604... C.
acrospermum. Hoffm. Fl. germ. crypt. t. 7. f. 2.

P. Eparse ; sur les tiges d'herbes desséchées. R.

Obs. *Semblable à la suivante pour la forme, mais haute
d'une ligne tout au plus. Trouvée à Estillac, près d'Agen,
par M. Louis de Brondeau.*

2. **Clavaria pistillaris.** Linn. *Clavaire pistillaire.*

Très-grande, glabre, ferme, pleine, figurée en massue,
fendue au sommet dans la vieillesse, couleur rousse,
lustrée ou ferrugineuse... Linn. Sp. pl. 1651... Mich.
Gen. t. 87. f. 1, 2, 3... Dec. Fl. fr. 248.

A. Sur la terre ; ordinairement isolée. CC.

Obs. *Son sommet, d'abord arrondi, se fend communément
avec l'âge.*

3. **Clavaria cylindrica.** Bull. *Clavaire cylindrique.*

Simple, glabre, très-fragile, cylindrique, amincie à la
base, arrondie au sommet, traversée dans toute sa
longueur par un petit canal central, blanche ou jaune...
Bull. Herb. p. 212. t. 463. f. 1... C. *eburnea.* Dec. Fl.
fr. 250.

P. A. Sur la terre dans les bois. C. Solitaire.

Obs. *Dans les endroits où la terre est battue, elle prend quelquefois des formes très-bizarres. Bull. l. c. f. 2.*

✳ ✳ *Espèces charnues rameuses.*

4. Clavaria bifurca. Bull.   *Clavaire bifurquée.*

Jaune, fragile, pleine, glabre, d'abord simple, aplatie, sillonnée, puis divisée en deux parties égales, roulées sur elles-mêmes, pointues à leur sommet... Bull. Herb. p. 207. t. 264... Dec. Fl. fr. 254.
A. Dans les bois sur la terre. R.

5. Clavaria filiformis. Bull.   *Clavaire filiforme.*

Pubescente, allongée, très-grêle, fragile, pleine, rougeâtre; sommités blanches et velues... Bull. Herb. p. 205. t. 448. f. 1... Dec. Fl. fr. 255.
A. Dans les bois, sur les feuilles d'arbres à demi pourries.

Obs. *Elle est tantôt simple, tantôt ramifiée, et devient un peu coriace en vieillissant.*

6. Clavaria aculeïformis. Bull. *Clavaire aculéïforme.*

Très-petite, jaune ou rougeâtre, extrêmement fragile, simple ou bifide, terminée en pointe au sommet... Bull. Herb. p. 214. t. 463. f. 4... Dec. Fl. fr. 256.
A. H. Sur le bois mort, dans les fentes duquel elle naît en troupes nombreuses.

7. Clavaria rugosa. Bull.   *Clavaire ridée.*

Glabre, pleine, fragile, tantôt simple, tantôt rameuse, amincie à la base, en massue au sommet; surface plissée ou ridée longitudinalement, blanche ou fauve, brune dans la vieillesse... Bull. Herb. p. 206. t. 448. f. 2... Dec. Fl. fr. 257.
A. Sur la terre, dans les bois ombragés. Le plus souvent isolée.

8. Clavaria penicillata. Bull.   *Clavaire pénicillée.*

Petite, allongée, grêle, jaune, glabre; sommet terminé par des divisions simples et filiformes... Bull. Herb. p. 207. t. 448. f. 3... Vaill. Bot. par. t. 8. f. 2... Dec. Fl. fr. 258.
A. Sur le bois mort à moitié décomposé; solitaire.

9. Clavaria muscoïdes. Linn. *Clavaire muscoïde.*

Petite, fragile, glabre, rameuse en forme de corail ou de fucus, et imitant un petit arbre ; rameaux grêles, pleins et cylindriques ; blanche ou jaune orangé... Linn. Sp. pl. 1652 ?... Bull. Herb. p. 203. t. 358. f. A... Barr. Ic. 1259, 1260, 1261 et 1262... Dec. Fl. fr. 260.

A. H. Sur les bois à demi pourris. C. Elle prend des formes très-variées.

10. Clavaria fastigiata. Linn. *Clavaire nivelée.*

Glabre ; tige courte, divisée en rameaux nombreux, pleins, géniculés, divariqués, subdivisés exactement, nivelés au sommet, d'un jaune sombre... Linn. Sp. pl. 1652... Bull. Herb. t. 358. f. D. E... Dec. Fl. fr. 261.

P. A. Les terreins herbeux et découverts. R.

11. Clavaria coralloïdes. Linn. *Clavaire coralloïde.*

Simple ou rameuse en forme de corail, très-fragile, glabre ; rameaux presque cylindriques, pleins, ondulés à la superficie ; blanche ou jaune... Linn. Sp. pl. 1652... Bull. Herb. p. 201. t. 496. f. 3. et 222... Vulgairement *Barbe de chévre.*

A. Sur la terre, dans les bois, C.

Obs. *L'âge, le sol, l'exposition et d'autres circonstances locales la font varier à l'infini dans les dimensions et dans les formes. Elle est au rang des champignons comestibles.*

12. Clavaria amethistea. Bull. *Clavaire améthiste.*

Glabre, fragile, pleine, violette, plus ou moins rameuse ; rameaux cylindriques, imitant la forme des coraux par ses ramifications... Bull. Herb. p. 200 t. 496. f. 2... Mich. Nov. gen. t. 88. f. 3... Dec. Fl. fr. 264.

A. Dans les bois sur la terre ; isolée. R.

Obs. *Cette Clavaire éprouve des changemens dans sa couleur ; elle se nuance quelquefois du blanc au rouge, du rouge au violet, du violet au noir, mais ne passe jamais au jaune, ce qui la distingue des trois espèces précédentes.*

✳ ✳ ✳ *Espèces coriaces simples.*

13. Clavaria ophioglossoïdes. L. *C. langue de serpent.*

Simple, coriace, un peu mollasse, noire, glabre ; sommet aplati et creusé en forme de spatule. ◉... Linn.

Sp. pl. 1652... Bull. Herb. t. 372... Mich. nov. gen. t. 87. f. 4. 6. 8... Vaill. Bot. par. t. 7. f. 4... Dec. Fl. fr. 265.

A. Sur la terre, dans les bois ombragés ; solitaire. R.

Oʙs. *Souvent contournée en spirale dans la vieillesse.*

14. Clavaria laciniata. Bull.   *Clavaire laciniée.*

Croûte ou expansion blanche, épaisse, d'abord informe, puis se divisant en rameaux aplatis, presque membraneux, qui s'attachent aux corps voisins, et dont les sommets sont découpés ou frangés... Bull. Herb. p. 208. t. 415. f. 1... Dec. Fl. fr. 267... Mich. Nov. gen. p. 125. 15. t. 66. f. 5.

A. Sur la terre, dans les bois humides ; en touffes. C.

Oʙs. *Elle affecte quelquefois des formes bizarres et prend une teinte jaune, surtout au sommet de ses rameaux.*

✳ ✳ ✳ ✳ *Espèces coriaces, rameuses.*

15. Clavaria foliacea. S.t-Am.   *Clavaire foliacée.*

Très-grande, coriace ; divisions nombreuses, comprimées, foliformes, s'élargissant de la base au sommet, celles de la circonférence plus longues, laciniées, celles du centre plus courtes et seulement crépues à l'extrémité, se recouvrant mutuellement et formant une tête compacte, sensiblement aplatie ; roussâtre, variée de blanc sale, à la manière de certains œillets cultivés.
Hauteur, 4 pouces ; diamètre, 5 pouces.
A. Auprès des vieilles souches à demi décomposées, dans le bois de la Garde, commune de Castelcuiller, près d'Agen.

Oʙs. *Telle est la description que je puis donner ici de cette Clavaire, fort commune, dit-on, dans la station ci-dessus indiquée, et dont je n'ai jamais vu qu'un seul individu, qui m'a été transmis par M. L. de Brondeau. Cet individu ressemble à un petit chou cabus, ou plutôt à une chicorée à larges feuilles, connue sous le nom de scariole dans les potagers. Je ne saurois, au surplus, attribuer cette Clavaire à aucune espèce précédemment décrite et figurée, parvenue à ma connoissance, à moins qu'on ne veuille la reconnoître dans l'ouvrage de Battarra, Fungorum agri ariminiensis, pag. 68. tab. 34. B. Autant qu'on en peut juger par une notice et par une figure assez incomplettes, ce champignon paroît avoir en effet des caractères qui le rapprochent de notre Clavaire. Battarra le rapporte à l'Agaricus imbricatus laciniatus major de Buxbaum, Cent. V. p. 1., et dit l'avoir gardé pendant 13 ans, sans qu'il ait donné le moindre signe d'altération. Je dois remarquer à ce sujet que la Clavaire dont il s'agit annonce une grande disposition à la même persistance, et que depuis plus de 10 mois qu'elle m'a été remise, elle est encore aussi élastique, aussi intacte que le premier jour.*

THELEPHORA. *AURICULAIRE.*

Chapeau coriace, sessile, irrégulier, latéral ou central, d'abord appliqué par tous les points de sa surface stérile, puis détaché par le bord supérieur, et prenant une situation plus ou moins horizontale ; surface réfléchie en dessous, séminifère.

1. **Thelephora cariophyllea.** Dec. *A. cariophyllée.*

Charnue, épaisse, mollasse, zonée, péluchée en dessus ; lisse, ondulée et parsemée de points vésiculeux en dessous ; rouge, grise ou brune. ☉... Dec. Fl. fr. 271... *Auricularia caryophyllea.* Bull. Herb. p. 284. t. 483. f. 6. 7. et t. 278.
A. Sur la terre, quelquefois sur le bois pourri. C.

Obs. Le renversement de cette Auriculaire n'est pas aussi apparent que celui de bien d'autres espèces du même genre. Elle est tantôt simple, tantôt rameuse ou divisée. Dans ce dernier état elle paroît souvent imbriquée ou représente les pétales d'un œillet. Ses bords sont blancs et frangés dans sa jeunesse ; les points vésiculeux (glandules spermatiques, Bull. t. 483. f. 6. S.) ne sont pas visibles à l'œil nu.

2. **Thelephora tremelloïdes.** Dec. *A. tremelloïde.*

Gélatineuse, un peu cartilagineuse, zonée et ciliée, couleur de bistre, jaunâtre ou grise en dessus, lacuneuse ou plissée, rougeâtre, plombée ou violette en dessous. ♃... Dec. Fl. fr. 272... *Auricularia tremelloïdes.* Bull. Herb. t. 290... Mich. Nov. gen. t. 66. f. 4.
A. Dans les bois, sur les vieilles souches, où plusieurs individus se groupent, se placent en amphithéâtre, et prennent souvent la forme évasée de petites trompettes. C'est l'un des plus beaux et des plus curieux champignons de la France selon, Bulliard, loc. cit.

3. Thelephora ferruginea. Dec. *Auriculaire tannée.*

Coriace, mince, glabre, zonée, d'un brun ferrugineux. ♃... Dec. Fl. fr. 273... *Auricularia ferruginea*... Bull. Herb. t. 378.

A. Sur les vieilles souches. Elle est ordinairement nombreuse et imbriquée.

4. Thelephora reflexa. Dec. *Auriculaire réfléchie.*

Coriace, mince, zonée, velue en dessus, lisse en dessous. ♃... Dec. Fl. fr. 274... *Auricularia reflexa.* Bull. Herb. t. 274 et 483. f. 1. 2. 3. 4. 5... Mich. Nov. gen. t. 66. f. 2. **P. A. H.** Sur les bois morts, les pieux enfoncés dans la terre. CCC.

Obs. *Decandolle et Bulliard mentionnent six variétés principales de cette auriculaire, tirées de leurs couleurs dominantes ; savoir la jaune, la bistrée, la brune, la cendrée, la bigarrée et l'améthiste. Elle résiste aux froids les plus rigoureux.*

5. Thelephora papyrina. Dec.			*A. papiracée.*

Mince, mollasse, zonée, velue en dessus ; d'abord unie, ensuite zonée et irrégulièrement poreuse ou peluchée en dessous ; blanche, rouge, ou grise. ☉... Dec. Fl. fr. 276... *Auricularia papyrina.* Bull. Herb. t. 402. **A.** Sur les vieilles souches, d'où elle s'étend sur les corps environnans qu'elle embrasse dans le cours de sa végétation. R.

Obs. *Elle prend avec l'âge des formes très-variées : dans sa jeunesse ses bords sont frangés.*

6. Thelephora calcea. Dec. *A. couleur de chaux.*

Très-mince, blanche, glabre, à peine fongueuse, légèrement fendillée ou gercée ; petites papilles grises ou brunâtres, à peine visibles... Dec. Fl. fr. VI. p. 32. Sur les poutres, les bois, et les écorces d'arbres, où elle prend une extension très-irrégulière.

7. Thelephora corticalis. Dec. *Auriculaire corticale.*

Coriace, mince, glabre, jamais latérale ; d'abord d'un blanc roussâtre, puis noirâtre en dessus et rembrunie en dessous. ♃... Dec. Fl. fr. 277... *Auricularia corticalis.* Bull. Herb. t. 436. f. 1. **P. E. A. H.** Sur les branches d'arbres morts, seulement du côté tourné vers la terre.

OBS. *Les petites éminences qu'on observe souvent sur sa superficie inférieure, lui sont étrangères, Bull. loc. cit., et doivent être rapportées à d'autres productions cryptogames microscopiques.*

8. Thelephora polygonia. Dec.   *A. polygone.*

Membraneuse, sous la forme de plaques oblongues ; surface supérieure, toujours appliquée, invisible ; surface inférieure, d'abord d'un roux pâle ou couleur de chair, puis cendré ; petites papilles ou aréoles, d'abord arrondies, puis anguleuses... Dec. Fl. fr. VI. p. 32.
P. A. Sur l'écorce des peupliers, des chênes, etc. C.

OBS. *Il convient peut-être d'examiner avec attention les aréoles de la superficie, qui pourroient, comme les proéminences de l'espèce précédente, appartenir à quelque production parasite des genres* uredo, æcidium, sphæria, variolaria. *Bull. etc.*

9. Thelephora phylacteris. Dec.   *A. phylactère.*

Grande, membraneuse, glabre, molle ; plissée à la base ; d'abord d'un blanc roussâtre, puis d'un brun obscur... ♂... Dec. Fl. fr. 278... *Auricularia phylacteris.* Bull. Herb. t. 436. f. 2.
Elle adhère à la terre par sa base ; mais s'applique aux corps environnans qu'elle recouvre en partie ou en totalité. R.

OBS. *Cette espèce varie beaucoup dans sa forme et dans ses dimensions.*

10. Thelephora cærulea. Dec.   *Auriculaire bleue.*

Extrêmement mince, sous la forme d'une plaque irrégulière, d'un beau bleu ; surface supérieure centrale, mais toujours cachée ; surface inférieure ridée, couverte d'un duvet très-court, visible principalement sur les bords ; brune dans la vieillesse. Dec. Fl. fr. 279... *Byssus cærulea.* Lamk. Fl. fr. 1. p. 103.
Sur le tronc ou l'écorce des arbres en décomposition.

HYDNUM.   *HYDNE.*

Champignons sessiles, pédicellés ou rameux ; hérissés de pointes en dessous, et quelquefois en dessus ; substance charnue, coriace ou membraneuse.

1. Hydnum erinaceus. Bull. *Hydne hérisson.*

Charnu, tendre, sessile, ou se prolongeant en une sorte de pédicule informe ; point de chapeau distinct ; convexe, courbé, hérissé au sommet d'aiguillons fragiles terminés en pointe, et pendant par gradation ; d'abord blanc, ensuite jaunâtre. Bull. Herb. p. 304. t. 34... Dec. Fl. fr. 282.

A. Dans les fentes des vieilles souches de chêne. RR.

Obs. *Je ne puis omettre de mentionner un hydne absolument de la même forme que celui-ci ; mais de couleur verdâtre et d'une consistance solide ou même presque ligneuse à l'extrémité des aiguillons. Doit-il constituer une espèce nouvelle ? Je ne l'ai rencontré qu'une seule fois sur le tronc d'un vieux chêne, dans les bois de Pléneselve, canton d'Agen.*

2. Hydnum barba jobi. Bull. *H. barbe de job.*

Coriace, membraneux, sessile ; aiguillons ou mamelons allongés, d'abord blancs, puis jaunes et roussâtres, émettant à leur sommet des filamens jaunes, simples ou rameux. Bull. Herb. p. 303. t. 481. f. 2... Dec. Fl. fr. 285.

A. Sur le bois pourri, à la superficie duquel il est appliqué par tous les points de sa surface supérieure. L'inférieure est totalement recouverte par les aiguillons. R.

3. Hydnum membranaceum. Bull. *H. membraneux.*

Coriace, mince, sessile, d'un rouge ferrugineux, pâle dans sa jeunesse, brun dans l'âge avancé ; aiguillons épais, cylindriques, courts, simples, quelquefois divisés. Bull. Herb. p. 302. t. 481. f. 1... Dec. Fl. fr. 286.

P. Toujours sur les rameaux des arbres morts. R.

Obs. *Comme sur l'espèce précédente, la surface inférieure est recouverte en totalité par les aiguillons.*

4. Hydnum repandum. Linn. *Hydne sinué.*

Consistance charnue, ferme, cassante ; pédicule court, blanchâtre, souvent rameux à la base ; chapeau convexe, ondulé, sinué sur les bords, jaune fauve, tant en dessus qu'en dessous ; pointes de la surface inférieure cylindriques et fragiles. Linn. Sp. pl. 1647... Bull. Herb. t. 172... Dec. Fl. fr. 292.

A 1. 2. 3. Sur la terre, dans les bois. RR. *Comestible.*

5. Hydnum cyathiforme. Bull. *Hydne cyathiforme.*

Coriace, d'un roux ferrugineux obscur ; pédicule très-

court ; chapeau hérissé de pointes, d'abord arrondi, puis concave, déchiré en ses bords et zoné à sa superficie ; pointes grêles, cylindriques, d'un gris ferrugineux. Bull. Herb. p. 3o8. t. 156... Mich. Nov. gen. t. 72. f. 4. 5. 6. 7... Vaill. Bot. par. t. 14. f. 6. 7. 8.
A. 2. Sur la terre, dans les bois. Individus très-rapprochés les uns des autres, se soudant quelquefois par les bords de leur chapeau, et dans le progrès de leur végétation enveloppant les corps voisins de leur substance. R.

6. Hydnum sublamellosum. Bull.   *H. lamelleux.*

Petit, molasse, d'un blanc de neige ; pédicule grêle et court ; chapeau épais, doublé de lames étroites, diversement contournées. Bull. Herb. p. 3o6. t. 463. f. 1... Dec. Fl. fr. 294.
A. Sur la terre. Quelquefois solitaire ; plus souvent par groupes nombreux. RRR.

7. Hydnum decipiens. Dec.   *Hydne trompeur.*

Fl. fr. 289. *Hydnum parasiticum.* Linn. Syst. veg. 799... *Agaricus decipiens.* Will. Bot. mag. 4. t. 2. f. 5. Ex. Dec.
β. H. d. *concolor.* Subéreux, sec, coriace, blanchâtre, tirant sur le fauve ; pédicule latéral, court, presque nul ; chapeau dimidié, étroit, un peu sinué, peluché, zoné en dessus, bordé de jaune, pâle dans sa vieillesse ; pointes lamelleuses, ou paillettes de la surface inférieure roussâtres.
A. Sur les chênes, dans les bois. RRR.

Obs. *Selon les auteurs qui ont mentionné cette espèce, la partie inférieure de son chapeau est de couleur violette ou vineuse, et son habitation principale est sur les pins.*

Not. *Il est bon d'avertir qu'on trouvera le genre* hydne *sous le nom* d'érinace *dans le Dict. botanique de l'Encyclopédie, et qu'il porte celui* d'urchin *dans le supplément du même ouvrage, pour faciliter sans doute à la fois les recherches, et simplifier la synonymie.*

FISTULINA.   *FISTULINE.*

Surface inférieure munie de tubes fructifères, distincts et séparés entre eux.

1. Fistulina buglossoïdes. Bull.   *F. langue-de-bœuf.*

Pédicule latéral ; substance charnue, molle, élastique,

rougeâtre, ou violet sombre; tubes inégaux très-grêles, d'un violet clair, d'un jaune roussâtre ou blanchâtre... Bull. Herb. p. 314. t. 462 et 497... *Boletus hepaticus*. t. 74... Dec. Fl. fr. 297.
A. Dans les bois, au pied des arbres. R.

Obs. *La superficie de ce champignon est gluante; sa chair est zonée à l'intérieur. Il atteint quelquefois 15 à 20 pouces de diamètre.*

Cette espèce, que Paulet a comprise dans son genre agaric-chair, Traité des champignons, tome 2, page 98, offre selon lui un aliment agréable et d'une grande ressource, puisqu'un seul individu de cette espèce peut fournir amplement de quoi faire un bon repas. Il indique même avec détail la meilleure manière de le préparer.

2. Fistulina sarcoïdes. Nob.   *Fistuline sarcoïde.*

Pédicule latéral; consistance charnue, presque transparente, un peu rude à la superficie; d'un rouge intense à l'extérieur; d'une apparence sanguinolente, et véinée de blanc-roussâtre à l'intérieur; tubes d'un jaune clair, égaux, très-fins, serrés entre eux sans adhérence.
A. Dans les bois, comme la précédente, dont cependant je ne pense pas qu'elle soit une variété. RR.

Obs. *Dépouillée de sa peau, la substance de cette Fistuline ressemble à de la viande fraîche, au point de s'y tromper au premier coup-d'œil.*

† † † *Surface fructifère munie de tubes ou de pointes.*

BOLETUS.   *BOLET.*

Chapeau sessile ou pédiculé; surface inférieure ordinairement munie de tubes fructifères réunis entre eux.

* *Tubes situés sur divers points de la superficie.*

1. Boletus cryptarum. Bull.   *Bolet des souterreins.*

Coriace, mou, spongieux, sessile, mince, d'un brun ferrugineux, creusé à sa partie supérieure en deux lèvres; tubes allongés. ♃... Bull. Herb. p. 350. t. 478... Dec. Fl. fr. 299.
Sur les pièces de bois employées dans les caves, les souterreins, où il forme ordinairement de larges plaques. C.

2. **Boletus hispidus.** Bull.   *Bolet hérissé.*

Sessile, dimidié, substance épaisse, molle, aqueuse et subéreuse en vieillissant; surface supérieure hérissée de poils rudes, tubes nombreux, réunis, ciliés à leur orifice. ♂... Bull. Herb. p. 351. t. 210 et 493... Dec. Fl. fr. 317.

α. *B. h. ruber.* Bull. t. 210. D'abord couleur de sang, puis d'un rouge vif en dessus, fauve en dessous; très-noir dans la vieillesse.

β. *B. h. luteus.* Bull. t. 493. Rouge de brique en dessus; jaune en dessous dans son état adulte; ensuite noir.

A. Sur les vieilles souches d'arbres. La var. β. plus particulièrement sur le chêne. R.

Obs. *Ce Bolet, de forme ordinairement semi-circulaire, mais sujet à varier, est quelquefois confondu dans sa jeunesse avec la Fistuline langue-de-bœuf, de laquelle il se distingue toujours néanmoins par la réunion de ses tubes.*

✳ ✳ *Tubes situés à la surface inférieure du chapeau, et qu'on ne peut séparer de sa substance.*

§ *Chapeau sessile.*

3. **Boletus pelloporus.** Bull.   *Bolet pellopore.*

Coriace, très-mince, dimidié, glabre ou légèrement cotonneux et zoné, d'un gris cendré ou roussâtre en dessus; tubes très-courts, à peine visibles à l'œil nu, d'un brun grisâtre ou presque noirs. ♃... Bull. Herb. p. 365. t. 501. f. 2... Dec. Fl. fr. 302.

A. II. Sur les troncs d'arbres morts, et les vieilles pièces de bois exposées à l'air extérieur.

Obs. *Ce Bolet, par sa surface inférieure d'une couleur plus foncée que sa surface supérieure, offre une exception peu commune, non-seulement dans la grande famille des champignons à laquelle il appartient, mais en général dans tout le règne organique.*

4. **Boletus unicolor.** Bull.   *Bolet unicolor.*

Coriace, mince, dimidié, laineux, zoné, sans bigarrure; tubes irréguliers, d'un gris roussâtre. ♃... Bull. Herb. p. 365. t. 408 et 501. f. 3... Dec. Fl. fr. 303.

Sur les vieilles souches. C. Imbriqué pour l'ordinaire.

Obs. *Ce Bolet affecte diverses formes et varie dans ses*

dimensions; ses bords sont quelquefois sinués, d'autres fois réguliers ; dans sa vieillesse un bysse s'établit souvent à sa surface, et lui donne une teinte verdâtre.

5. Boletus versicolor. Linn. *Bolet bigarré.*

Coriace, très-mince, dimidié, soyeux, zoné, bigarré en dessus de couleurs variées ; tubes très-courts, réguliers, blanc en dessous. ♃... Linn. Sp. pl. 1645... Bull. Herb. t. 86... Dec. Fl. fr. 301.
Sur les arbres morts et les vieilles pièces de bois exposées à l'air. CCC. Souvent imbriqué.

Obs. *Le Bolet bigarré, sur un fond brun, offre à la fois des bandes parallèles et semi-circulaires d'un brun plus clair ou plus foncé, avec d'autres bandes noires, blanches, bleuâtres, rouges et jaunes plus ou moins intenses; quelquefois il est, sur un fond jaunâtre, zoné de roux et bordé de blanc, ou simplement gris cendré, bordé de blanc ; son chapeau, souvent sinué dans son contour, est aussi par fois régulier, et représente assez bien une demi cocarde.*

6. Boletus coccineus. Bull. *Bolet écarlate.*

Petit, épais, dimidié, d'un rouge vif en dessus, mêlé de taches longitudinales jaunes; substance subéreuse roussâtre, zonée de rouge ; tubes irréguliers d'un rouge écarlate foncé... Bull. Herb. p. 364. t. 501. f. 1... Dec. Fl. fr. 304.
E. 1. Je n'ai trouvé ce joli Bolet qu'une seule fois, sur l'écorce d'un cerisier, à Grezelles, près S.te-Foi-d'Anthe, canton de Tournon.

Obs. *Il a de grands rapports avec le B. sanguineus, Linn., de la même consistance et de la même couleur, qui se trouve à Cayenne ; mais il est plus épais, et ses tubes plus larges sont aussi plus longs.*

7. Boletus suberosus. Bull. *Bolet subéreux.*

Coriace, glabre, dimidié, mince ; tubes larges, irréguliers; surface inférieure et supérieure concolores ; blanc, fauve, ou roux. ♂ ou ♃... Bull. Herb. p. 354... Dec. Fl. fr. 306... Chlor. Land. p. 485.
Sur les vieilles souches et les bois morts. CC.

Obs. *Ce bolet varie beaucoup dans sa forme et dans ses dimensions. Il est molasse et très-aqueux dans son jeune âge, et prend ensuite la consistance du liége.*

8. B. pseudo igniarius. B.   *B. faux-amadouvier.*

Coriace, glabre, dimidié, fort épais; tubes très alongés, grêles; surfaces concolores; d'un rouge de brique
ou ferrugineux. ⊙ ou ♂... Bull. Herb. p. 356. t. 458...
Dec. Fl. fr. 307.
Sur les souches, dans les bois. CC.

OBS. *Ce bolet croît très-vite. Dans sa jeunesse il est
aqueux, molasse et grisâtre; tendre et friable lorsqu'il est
desséché.*

9. Boletus ungulatus. Bull.   *Bolet ongulé.*

Coriace, dimidié, très-épais; seconde écorce d'un noir
d'ébène; tubes étroits, très-irréguliers; forme variable, souvent creusé de sillons circulaires très-apparens;
grisâtre ou fauve. ♃... Bull. Herb. p. 357. t. 401 et
491. f. 2... Dec. Fl. fr. 308... Linn. Sp. pl. 1645...
Thor. Chlor. Landes. p. 486. Vulgairement *Agaric
femelle.*
Sur les troncs d'arbres. CC.

OBS. *La substance de ce bolet, d'abord filandreuse et molasse, acquiert, avec l'âge, la dureté du bois. Ses tubes, en
s'oblitérant chaque année, forment ces sillons circulaires par
lesquels on peut toujours déterminer l'âge de l'individu. Il
prend pour l'ordinaire la figure d'un sabot de cheval ou de
tout autre mammifère monodactyle, et acquiert de si grandes
dimensions, que Gleditsch en a vu chez les chasseurs de
l'Ukraine qui servoient de sièges. On prépare avec le bolet
ongulé l'amadou du commerce, et l'agaric qui arrête les
hémorrhagies. Selon Gleditsch, voy. Paulet champ. 2. p.
91, on travaille en Franconie l'amadou de manière à le
rendre propre à tous les usages auxquels on emploie la peau
de chamois. Il dit avoir vu des vêtemens faits de cette étoffe,
très-agréables, fort moëlleux et très chauds. Néanmoins, sans
parler des dangers du feu, il est douteux qu'on en fasse jamais de bonnes culottes.*

10. Boletus obtusus. Bull.   *Bolet obtus.*

D'abord subéreux, ensuite ligneux, dimidié; tubes
courts, fort étroits, très-réguliers, couleur tannée,
obscure. ⊙ ou ♃... Dec. Fl. fr. 309... *Bol. igniarius*
Linn. Sp. pl. 1645... Bull. Herb. t. 82... *Bolet ama-
douvier.*
Sur les troncs d'arbres, dans les bois. C.

Obs. Ce bolet varie beaucoup pour la forme et la couleur, suivant l'espèce d'arbre sur lequel il végète. Ses tubes, en général d'une couleur moins foncée que la surface supérieure, prennent un accroissement très-rapide, et se solidifient très-vîte en couches superposées. Les habitans de certaines contrées l'emploient aux mêmes usages que le précédent.

11. Boletus labyrinthiformis. Bull. *B. labyrinthiforme.*

Coriace, presque ligneux, zoné, raboteux, d'abord jaunâtre, puis brun foncé en dessus; tubes grisâtres ou roussâtres, formant des sinuosités très-variées. ♃... Bull. Herb. p. 357. t. 401. f. 1. A. B... Dec. Fl. fr. 310... *Agaricus quercinus.* Linn. Sp. pl. 164. 645. 1646. Dans les bois, principalement sur les chênes.

Obs. Il acquiert souvent plus d'un pied de long.

12. Boletus suaveolens. Linn. *Bolet odorant.*

Coriace, presque ligneux, dimidié; glabre, blanc dans sa jeunesse, puis zoné, raboteux, d'une teinte bistrée en dessus; tubes très-alongés, fort irréguliers, roussâtres... Linn. Sp. pl. 1646... Bull. Herb. t. 310... Dec. Fl. fr. 312... Lamk. Ill. pl. 884. f. 2. a. b.
A. H. Sur le saule. C.

Obs. Ce bolet varie dans sa forme, dans sa couleur, plus ou moins foncée, et même dans son odeur. Thore paroît l'avoir le plus souvent observé sous la forme d'un sabot de mulet, et toujours exhalant une odeur de violette très-prononcée. Chlor. Land. p. 488. Chez nous il répand dans sa jeunesse une forte odeur d'anis, ou plutôt de vanille, très-agréable, qu'il perd en vieillissant. On l'administre en électuaire à la dose d'un scrupule à une drachme, et avec le plus grand succès, aux malades attaqués de phtisie. Diss. de M. Enslein, méd. à Manheim, 1785. Voy. Bull. Hist. des champ. t. 1. p. 343.

Linné, mentionnant le même bolet, sous un autre rapport, dans sa Flore de Lapponie, p. 385, s'exprime ainsi avec l'originalité qui le caractérise : Adolescentes, *dit-il,* hunc inventum sollicitè servant in marsupio ante pubem pendulo, ut gratiorem odorem spirantes nymphis suis placeant. O ridicula Venus, tibi, quæ in exteris regionibus uteris caffea et cocholata, conditis et sacharatis, vinis et bellariis, gemmis et margaritis, auro et argento, serico et cosmetico, saltationibus et conventiculis, musica et comediis, tibi sufficit hìc solus exsuccus fungus !

§ § *Pédicule latéral.*

13. Boletus calceolus. Bull.   *Bolet calcéolaire.*

Coriace, sessile ou pédicellé; chapeau dimidié, mince, aplati, souvent creusé en gouttière, tubes très-courts; rouge de brique et tigré de brun en dessus, jaunâtre en dessous. ♃... Bull. Herb. p. 338. t. 36o et 445. f. 2., Sous le nom de bolet élégant t. 46... Dec. Fl. fr. 3 19.
A. Sur le tronc des arbres morts ou languissans. CC.

Obs. *Il affecte des formes et des couleurs très-variées. Lorsqu'il est sec on le prendroit pour un morceau de cuir.*

14. Boletus juglandis. Bull.   *Bolet du noyer.*

Substance blanche et ferme; pédicule latéral très-court, crevassé à la base; chapeau dimidié, écailleux; tubes courts, larges, blancs ou d'un jaune roussâtre, ainsi que le chapeau. ◉... Bull. Herb. p. 344. t. 19 et 124 (Sous le nom de bol. polymorphe). Dec. Fl. fr. 32o. Vulgairement *boulet d'oulmé*.
E. 3. A. Sur le noyer et d'autres arbres; mais, chez nous, plus commun sur l'orme. Ce bolet est comestible.

15. Boletus obliquatus. Bull.   *Bolet oblique.*

Coriace, subéreux, mollasse dans sa jeunesse; pédicule latéral, flexueux, luisant; chapeau dimidié, zoné, oblique, d'abord blanc ou jaune, puis d'un rouge noirâtre, luisant, vernissé en dessus; tubes blanchâtres, ensuite ferrugineux. ♃... Bull. Herb. p. 335. t. 7 et 459... Mich. Nov. gen. t. 65. f. 7... Dec. Fl. fr. 321.
E. A. Dans les bois, sur les vieilles souches. R. A la garenne de Saint-Amans. CC.

Obs. *Dans son état adulte, il ressemble à du maroquin rouge-brun et lustré.*

§ § § *Pédicelle central.*

16. Boletus fimbriatus. Bull.   *Bolet frangé.*

Coriace, couleur ferrugineuse; pédicule grêle, plein, solide; chapeau creusé en entonnoir, mince, zoné, frangé en ses bords; tubes courts, irréguliers. ◉... Bull. Herb. p. 332. t. 254... Dec. Fl. fr. 325.
E. 1. Sur la terre solitaire ou en troupes nombreuses, dont plusieurs individus adhèrent entr'eux par le cha-

peau. Ce bolet a de grands rapports avec le bolet coriace,
qui, néanmoins, est vivace ou bisannuel.

17. Boletus polyporus. Bull.   **Bolet polypore.**

Substance molle, légèrement coriace ; pédicule plein,
un peu renflé à la base ; chapeau mince, sinué, évasé
en forme de coupe ; brun clair en dessus; surface inférieure poreuse, blanche ou cendrée... Bull. Herb. p. 331.
t. 469... Dec. Fl. fr. 326.
A. Sur la terre. R.

Obs. *Les pores de ce bolet sont étroits, distans et super-
ficiels.*

* * * *Tubes adhérens entr'eux, faciles à séparer
du chapeau.*

18. Boletus æreus. Bull.   **Bolet bronzé.**

Pédicule plein, égal, veiné ; chapeau épais, ferme,
d'un brun noirâtre en dessus ; tubes courts, jaunâtres ;
substance blanche à l'intérieur, vineuse sous la peau.
Bull. Herb. p. 311. t. 385... Dec. Fl. fr. 329 et suppl.
p. 42.
β. B. æ. *mutabilis.* Substance intérieure d'un jaune sulfurin ; prenant une légère teinte verdâtre quand elle est
rompue.
γ. B. æ. *albiporus.* Tubes blancs... B. *cepa.* Thore, Chlore
des Landes. p. 482.
A. Sur la terre, dans les bois. Comestible. Voy. Thore
loc. cit., et Paulet, Traité des champignons. t. 2. p. 369.

19. Boletus edulis. Bull.   **Bolet comestible.**

Pédicule gros, quelquefois renflé à la base, blanchâtre,
veiné, ou maculé de jaune ou de rougeâtre ; chapeau
large, voûté, couleur ferrugineuse, tirant sur le brun ;
substance blanche, ferme, très-épaisse, souvent d'une
teinte vineuse sous la peau ; tubes allongés, d'abord
blancs, puis jaunâtres, ou jaune ferrugineux. ◉... Bull.
Herb. p. 322. t. 60 et 494... Mich. Nov. gen. t. 68. f.
1. 2... Dec. Fl. fr. 330... B. *bovinus.* Linn. Sp. pl. 1646.
Vulgairement *cép* ou *boulet,* ou *brusc,* en gascon.
E. A. Sur la terre, dans les bois des coteaux. CCC. Dans
les étés humides.

Obs. *Ce champignon, l'un des plus usités comme aliment,
varie quelquefois pour la couleur du brun bistré au rougeâtre,*

et même au jaune pâle. On peut le conserver dans la sau-
mure et par la dessication.

20. Boletus castaneus. Bull.　　　　*Bolet marron.*

Pédicule lisse, mou ; souvent renflé et crevassé circu-
lairement à la base, d'un rouge brun ; chapeau convexe dans la jeunesse, concave en vieillissant, pour
l'ordinaire de la même couleur que le pédicule, velouté
à la superficie ; substance blanche ; tubes d'abord
blancs, puis jaunes. ◉… Bull. Herb. p. 324. t. 328…
Dec. Fl. fr. 331.
E. 2. 3. A. 1. Sur la terre, dans les bois.

21. Boletus felleus. Bull.　　　　*Bolet chicotin.*

Pédicule réticulé, long, aminci à son sommet, couleur
fauve ; chapeau d'abord très-voûté, puis aplati, enfin
concave, couleur fauve ainsi que le pédicule ; substance
mollasse, blanche, d'un rose tendre quand on la rompt ;
tubes allongés, passant avec l'âge du blanc à l'incarnat.
◉… Bull. Herb. p. 325. t. 379… Dec. Fl. fr. 332.
E. 2. 3. Sur la terre, dans les bois. RR.

Obs. *Les tubes du Bolet chicotin deviennent larges et irré-*
guliers dans les vieux individus.

22. Boletus cyanescens. Bull.　　　　*Bolet indigotier.*

Pédicule gros, renflé à la base, brun clair dans sa
partie inférieure, blanc au sommet ; chapeau large,
brun clair ainsi que le pédicule ; substance blanche,
devenant d'un beau bleu quand on l'entame ; tubes
d'abord blanc de lait, ensuite blanc sale. ◉… Bull. Herb.
p. 329. t. 369… Dec. Fl. fr. 333.
Je n'ai trouvé qu'une seule fois ce Bolet, vers la fin de
l'été, dans la garenne de Saint-Amans, près d'Agen.

23. Boletus rubeolarius. Bull.　　　　*Bolet rubéolaire.*

Pédicule gros, souvent renflé à la base, réticulé, jaune ;
chapeau voûté, volumineux ; substance jaune, devenant bleue, verte ou violette quand on l'entame ; tubes
d'abord d'un rouge de cinabre à leur orifice, puis
jaunes en commençant par la circonférence. ◉… Bull.
Herb. p. 326. t. 490 et t. 100 sous le nom de *Bolet tubé-*
reux… Dec. Fl. fr. 328… *B. tuberosus.* Thor. Chl. Land.
p. 482… *Gâteau* ou *Pain de loup.* Paulet, Champ. 2. p.
385… *Cul de saoumo* en gascon.

E. 3. A. 1. 2. Dans les bois ou sur le bord des bois. Terrestre. CCC.

Obs. *Il faut bien se garder de le confondre avec les espèces comestibles.*

On trouve souvent la chair de ce Bolet criblée de piquûres que, par ignorance ou sans y songer, on dit être l'ouvrage des vers, tandis qu'il faut les attribuer à des larves mycétophages de petits coléoptères.

24. Boletus piperatus. Bull.   *Bolet poivré.*

Pédicule grêle, plein, jaune ; chapeau d'abord jaune plus ou moins foncé, puis fauve ou couleur de rouille ; substance ferme, d'un jaune sulfurin ; tubes allongés, rouges ; saveur poivrée. ⊛... Bull. Herb. p. 3.8. t. 451. f. 2... Dec. Fl. fr. 334.

A. Terrestre ; dans les bois. R.

25. Boletus chrysenteron. Bull.   *Bolet chrysenthère.*

Pédicule grêle, cylindrique, quelquefois renflé à la base, jaune, brun ou rougeâtre ; chapeau voûté, tantôt brun, rougeâtre ou cendré ; substance mollasse, jaune, changeant de couleur quand on l'entame ; tubes jaunes, larges, irréguliers dans leur parfait développement. ⊛... Bull. Herb. p. 328. t. 490. f. 3. t. 4, sous le nom de *Bolet jaune*, *Bolet épais* Fl. fr., et t. 393, sous le nom vulgaire de *Bolet commun*... Dec. Fl. fr. 335.

β. B. c. *lividus*. Tubes extrêmement courts... Dec. loc. cit... *B. lividus*. Bull. Herb. p. 327. t. 490. f. 2.

E. A. Sur la terre, dans les bois. La var. dans les endroits humides et marécageux. CC.

26. Boletus scaber. Bull.   *Bolet rude.*

Pédicule allongé, couvert d'aspérités, blanc ou roussâtre ; chapeau très-voûté, couleur de bistre plus ou moins foncé, ou de marron ; substance mince, mollasse ; tubes très-longs, d'abord blancs ou lavés de rouge, puis jaunâtres ou bruns. ⊛... Bull. Herb. p. 319. t. 132 et 489. f. 1... Dec. Fl. fr. 336.

A. 1. 2. Terrestre ; dans les bois. R.

27. Boletus aurantiacus. Bull.   *Bolet orangé.*

Pédicule gros, renflé, couvert de rugosités, souvent maculé de rouge ; chapeau large, épais, voûté, d'abord d'un jaune orangé, puis d'un rouge obscur ; substance d'abord très-ferme, s'amollissant très-promptement avec l'âge ; tubes blancs, allongés, fort étroits. ⚉... Bull. Herb. p. 320. t. 236 et 489. f. 2... Dec. Fl. fr. 337... Vulgairement *Roussile* ou *Girole rouge.*

A. Dans les bois, sur la terre. Comestible, quand il est jeune.

Not. On trouve dans les Bolets l'Oxyporus rufus, les Tritoma, Tetratoma, Staphilinus, etc.

†††† *Surface fructifère garnie de feuillets ou de ner-*
vures saillantes.

MERULIUS.   *MÉRULE.*

Chapeau charnu ou membraneux, muni en dessous de nervures renflées, diversement ramifiées et anastomosées.

§ *Chapeau pédiculé, concave.*

1. Merulius cantharellus. Dec. *Mérule chanterelle.*

Pédicule plein, nu, court ; chapeau aplati ou concave dans le centre, plus ou moins sinué en ses bords, d'un jaune orangé plus ou moins foncé ainsi que le pédicule ; nervures saillantes, arquées, rameuses. ⚉... Dec. Fl. fr. 341... *Agaricus cantharellus.* Linn. Sp. pl. 1639... Bull. Herb. t. 62 et 505. f. 1... *Cantharellus flavescens.* Lamk. Dict. enc. t. 1. p. 694... Paulet, Champ. t. 36... Vaill. Bot. par. t. 11. f. 14, 15?... En gascon, *Aoureilletos.*

A. Sur la terre, dans les bois ou dans les prairies montagneuses. CC. Comestible et d'une odeur très-agréable.

* 2. Merulius lutescens. Dec. *Mérule cantharelloïde.*

Pédicule fistuleux, renflé à la base, d'un jaune orangé ; chapeau d'abord arrondi, convexe, puis déprimé, et lobé en ses bords, sans zones brunâtres ; nervures très-proéminentes, d'un jaune doré. ⚉... Dec. Fl. fr. 343... *Helvella cantharelloïdes.* Bull. Herb. t. 473. f. 3.

A. Dans les bois, sur la terre et par groupes. R.

§§ *Chapeau sessile.*

3. Merulius muscigenus. Dec. *Mérule des mousses.*

Membraneux, dimidié, mince, horisontal; d'un blanc
cendré, ou rougeâtre, en dessus et en dessous; nervures saillantes et dichotomes. ◉. Dec. Fl. fr. 348...
Agaricus muscigenus. Bull. Herb. t. 288, et sous le nom
d'*Helvella dimidiata.* t. 498. f. 2... Lamk. Ill. t. 883. f. 2.
A. Sur les mousses, dans les bois humides. C.

Obs. *Ce mérule varie dans sa couleur, et dans ses dimensions. Il est quelquefois muni d'un pédicule latéral très-
apparent, et par la saillie de ses nervures, prend souvent
l'aspect d'un agaric.*

4. Merulius retirugus. Pers.   *Mérule réticulé.*

Membraneux, très-mince, vertical, arrondi, d'abord
entier en ses bords, ensuite diversement divisé ou lobé;
surface supérieure d'un blanc cendré, munie de fibrilles
radicales; surface inférieure d'un gris lavé de brun,
relevé de nervures peu saillantes, disposées en réseau.
◉... Pers. Syn. 494... Dec. Fl. fr. 349... *Helvella ruti-
ruga...* Bull. Herb. 498. f. 1.
A. Sur les mousses, et sur les petites branches d'arbres
tombées à terre, dans les bois.

5. Merulius lacrymans. Dec.   *Mérule pleureur.*

Membraneux, mince, acquérant quelquefois beaucoup
d'étendue; surface stérile glabre, d'un blanc sale; surface fructifère, d'un jaune rougeâtre, plissée en forme
de réseau; limbe cotonneux, convexe, blanchâtre;
émettant par fois des gouttes d'une humeur aqueuse et
limpide... Dec. Fl. fr. 352... *Mer. destruens.* Pers. Syn.
fung. 469.
Dans les lieux humides, sur les poutres, et les pièces de
bois, dont cette plante, appliquée à leur superficie, accé-
lère beaucoup la décomposition. On emploie l'eau mêlée
d'acide sulfurique pour la détruire.

Obs. *Une autre espèce de mérule, analogue au précédent, que je n'ai point eu l'occasion d'observer, et qui n'est
pas commun, nuit aussi beaucoup aux pièces de bois renfermées dans des lieux humides et peu aérés. Cette espèce,
décrite par les naturalistes, et dernièrement par M. Persoon,
Syn. fung. p. 497, sous le nom de* Mer. vastator, *est sessile,*

d'un jaune vif dans son état adulte, et garnie en dessous de veines crépues, qui, vers le centre, ont l'apparence de plis. Pal. de Beauvois, dans une lettre insérée au Journal de Botanique, t. 3. p. 12, mentionne une production du même genre, *tellement intermédiaire entre le* mer. destruens *et le* vastator *de M. Persoon, qu'il se croit autorisé à les réunir sous une seule et même espèce, à laquelle il donne la dénomination de* mer. expansus, *et dont voici les caractères.*

Expansion lobée ou orbiculaire, jaune dans son état adulte, couleur de canelle dans l'âge avancé; bord blanchâtre, cotonneux, tuberculeux; veines crépues, représentant des plis poreux et sinueux, dirigés du centre à la circonférence. Journ. de Botanique, janv. 1813. p. 14.

AGARICUS.   *AGARIC.*

Chapeau sessile ou pédiculé; surface inférieure munie de feuillets presque jamais réunis, entre lesquels sont placés les gongyles.

§. I.

Pleuropus. Pers. *Pleurope.*

'Sessiles; pédicule latéral ou excentrique; point de volva.

1. Agaricus labyrinthiformis. Bull.   *A. labyrinthif.*

Vivace, dimidié; surface supérieure tuberculeuse, glabre, obscurément zonée, roussâtre; surface inférieure, d'abord poreuse, ensuite garnie de feuillets anastomosés, et représentant dans leur disposition les détours d'un labyrinthe; substance subéreuse... Bull. Herb. p. 377. t. 352 et t. 442. f. 1... *Agaricus quercinus.* Linn. Syst. 797... Dec. Fl. fr. 353... *Merulius labyrinthiformis...* Gmel. Syst. p. 1431... *Dœdalea quercina.* Pers. Syn. 500.

P. É. A. H. Sur les troncs d'arbres, morts ou languissans dans les bois; principalement sur le chêne. Il vient aussi sur les pieux enfoncés dans la terre, et même sur les vieilles poutres. CCC.

Obs. Cet agaric affecte une infinité de formes, selon les circonstances qui accompagnent ou modifient sa végétation. C'est un véritable protée, qui, tantôt plus ou moins poreux ou lamelleux, peut être pris pour un bolet ou pour un agaric, et passer à la fois pour appartenir à ces deux genres, auxquels il paroît aussi souvent totalement étranger. La pl. 442, de l'ouvrage de Bulliard, ci-dessus citée, offre quelques-unes de ces variations singulières. Pour l'ordinaire, il présente la figure d'une coquille épaisse du genre des pèlerines pecten, et perd ensuite cette forme, en prenant un accroissement latéral, qui s'étend quelquefois jusqu'au-delà de 15 pouces : il paroît, au reste, toujours à-peu-près poreux vers le bord inférieur.

L'agaric labyrinthiforme servoit jadis en Italie à brosser la tête de ceux qui fréquentoient les bains publics. Le nom d'étrille, qu'on lui a donné quelquefois, d'où dérive celui du genre striglia d'Adanson, lui vient de l'usage où sont les palfreniers et les habitans des campagnes dans certaines contrées, de l'employer pour étriller leurs chevaux.

2. Agaricus coriaceus. Bull.   *Agaric coriace.*

Vivace, dimidié, horisontal, soyeux, d'un jaune pâle, zoné de gris foncé en dessus, d'abord irrégulièrement poreux et blanchâtre en dessous, ensuite lamelleux et jaunâtre ; substance aride et coriace. Bull. Herb. p. 373. t. 394 et 537... Dec. Fl. fr. 356... Lamk. Ill. t. 883. f. 1. E. A. H. Sur les arbres, dans les bois, où il embrasse dans le cours de sa végétation les tiges des graminées et les autres corps effilés qui se trouvent à sa portée. CCC.

Obs. *Cet agaric, singulièrement polymorphe, est souvent difficile à reconnoître sous les formes qu'il affecte. L'un de ses écarts le plus extraordinaire seroit sans doute de prendre la figure d'une coupe, ainsi qu'on le voit dans la planche 414 de l'Herbier de la France, si du moins cette figure doit lui être attribuée, comme le croit Bulliard. Cette monstruosité qui servit au dessin de la planche dont il s'agit, fut trouvée par moi sur un vieux saule, près d'Agen.*

3. Agaricus alneus. Linn.   *Agaric de l'aulne.*

Vivace, coriace, dimidié, horisontal, laineux, lobé en ses bords ou sinué, jaune sale en dessus ; feuillets rameux, canaliculés, rougeâtres... Linn. Sp. pl. 1645.... Bull. Herb. t. 346 et 581. f. 1... *Merulius alneus.* Gmel. Syst. 1431. H. 1. P. Dans les bois, sur les troncs d'arbres morts ou languissans, principalement sur l'aulne, *betula alnus.*

Obs. *La surface inférieure de cet agaric est tantôt grisâtre, tantôt d'un rose tirant sur le gris. Les nervures qui lui tiennent lieu de feuillets se dédoublent et se roulent*

*spontanément d'une manière singulière. Lorsqu'il commence
à croître, il a la forme d'une petite coupe, blanche en dehors.*

4. Agaricus variabilis. Pers. *Agaric variable.*

Fragile, aride, dimidié, glabre ou un peu cotonneux;
chapeau d'abord arrondi, puis sinué en ses bords, blanc
en dessus; feuillets étroits, fort minces, d'un brun
clair ou ferrugineux, échancrés à la base. ☉... Pers.
Obs. Myc. 2. p. 45. t. 5. f. 12... Dec. Fl. fr. 360...
Bull. Herb. t. 152 et t. 581. f. 3.
E. A. Dans les bois, sur les branches mortes ou sur la
terre chargée de leurs débris.

Obs. *Cet agaric acquiert dans son parfait développement
jusqu'à un pouce et plus de diamètre. Il est tellement variable
dans sa forme, que M. Persoon le suivant dans ses divers écarts,
lui a donné trois noms différens dans ses ouvrages sur les
champignons. Le même auteur a observé qu'il étoit quelquefois, dans son adolescence, pourvu d'un pédicule court et
central.*

5. Agaricus stypticus. Bull. *Agaric styptique.*

Coriace; pédicule plein, latéral; chapeau fort mince,
roulé en ses bords, hémisphérique, jaunâtre, ainsi que
le pédicule; feuillets d'un roux plus ou moins foncé,
échancrés à la base, qui se termine en demi cercle
très-régulier. ☉... Bull. Herb. p. 389. t. 140 et t. 557.
f. 1... Dec. Fl. fr. 361.
A. H. Dans les bois, sur la coupe horizontale des souches. CC.

Obs. *C'est la seule espèce d'agaric coriace qui soit pédi-
culée selon Bulliard. Il produit sur l'organe du goût le même
effet que l'alun et le vitriol, ce qui doit l'éloigner de nos
cuisines.*

6. Agaricus inconstans. Pers. *Agaric inconstant.*

Sessile ou pédiculé; chapeau tantôt dimidié, tantôt
presque orbiculaire, concave ou vouté dans le centre,
affectant quelquefois la forme d'une coquille, jaune ou
brun plus ou moins foncé; substance blanche, épaisse,
très-ferme; feuillets lisses, larges, curvilignes, décurrens,
d'un blanc grisâtre ou jaune pâle. ☉... Pers. Comm.
p. 17 et Syn. 475... Dec. Fl. fr. 364.
a. Agar. inconstans dimidiatus. Chapeau dimidié... *Agar.
dimidiatus.* Bull. Herb. t. 508.

β. A. i. *conchatus*. Chapeau en coquille. *A. conchatus...* Bull.
Herb. t. 298.

A. Sur les troncs d'arbres vivans ou desséchés ; en
groupes.

Obs. *Ce champignon acquiert quelquefois un pied et plus
de diamètre. Le pédicule, lorsqu'il en est muni, est latéral ou
central. Il est d'ailleurs si sujet à varier dans sa forme, ses
dimensions et sa couleur, que le docteur Schaffer le mentionne huit fois sous des noms différens dans le même ouvrage.*

7. Agaricus palmatus. Bull.   *Agaric palmé.*

Groupé ; pédicule excentrique, plein, un peu renflé
à la base dans sa jeunesse, puis cylindrique, blanc ;
chapeau convexe, d'abord arrondi, puis irrégulier,
horizontal, jaune brun ou roux ; feuillets inégaux,
peu nombreux, point adhérens au pédicule, d'un blanc
jaunâtre. ◉... Bull. t. 216... Dec. Fl. fr. 365.

A. Sur les arbres vivans ou sur les pièces de bois verticales.

8. Agaricus ulmarius. Bull.   *Agaric d'orme.*

Pédicule plein, oblique, blanc lavé de jaune ; chapeau
très-large, roux pâle ou ferrugineux, maculé dans
la vieillesse de rouge, de gris et de noir ; feuillets
amples, point adhérens au pédicule, d'abord blancs,
puis jaunâtres. ◉... Bull. Herb. p. 582. t. 510 et 216,
sous le nom d'*A. palmé*... Dec. Fl. fr... *Aoureillo d'oulmé*
en gascon.

A. Sur le tronc de différens arbres, et particulièrement sur
les ormes. Son pédicule est un peu excentrique. Il est
possible, au reste, que cet agaric soit une variété du
précédent, ainsi que l'a pensé Bulliard. Il est comutible.

§. II.
Russula. Pers. *Russule.*

*Point de volva ; pédicule central ; feuillets égaux
entr'eux, sans bourrelet annulaire.*

9. Agaricus pectinaceus. Bull.   *Agaric pectinacé.*

Saveur poivrée ; pédicule plein, plus ou moins épais,
court, blanc pour l'ordinaire ; chapeau d'abord sémi-
orbiculaire en dessus ; puis aplati et concave, le plus
souvent denté ou sillonné en ses bords, blanc, jaune,

brun ou rouge ; feuillets libres , presque toujours entiers, blancs, gris ou jaunes. ⊚... Bull. Herb. p. 599. t. 509... Dec. Fl. fr. 369.

α. A. p. *albus.* Chapeau concave , blanc, souvent verdâtre dans le centre... *A. albus.* Bull. loc. cit. M. N.

β. A. p. *fulvus.* Fauve, chapeau convexe... *A. fulvus.* Bull. loc. cit. O. P... *A. emeticus.* Pers. Syn. 439.

γ. A. p. *ochroleucus.* Chapeau jaune clair, déprimé dans le centre... *A. ochroleucus.* Bull. loc. cit. R. S. Q.

δ. A. p. *rosaceus.* Chapeau convexe, lisse, d'un rouge clair, ou couleur de rose... *A. rosaceus.* Pers. Syn. 439.

E. A. Dans les bois, sur la terre. CCC.

OBS. *Cette espèce produit une infinité de variétés qu'on peut en général reconnoître à leurs feuillets presque toujours entiers , à leur pédicule blanc , aux bords du chapeau irrégulièrement relevés , et à l'impression de l'extrémité des feuillets, qui produit à sa circonférence des dents ou stries très-remarquables. Bulliard rapporte encore à cette espèce l'agaric sanguin , t. 42 , et l'agaric bifide, t. 26 de son ouvrage. Cette espèce est au moins très-suspecte.*

10. Agaricus piperatus. Bull.   *Agaric poivré.*

Saveur brûlante ; pédicule épais, court ; chapeau semiorbiculaire, gluant, sinué en ses bords, de couleur bistrée , ainsi que le pédicule ; substance ferme, friable, blanche ; feuillets libres, concolores, souvent bifurqués au bord du chapeau, où ils forment des crénelures, et des stries articulées très-apparentes. ⊚... Bull. Herb. p. 601. t. 292.

β. A. p. *fœtidus.* Odeur infecte ; pédicule alongé... *A. sœtens.* Pers. Syn. 443... Poir. Dict. enc. suppl. 418... Dec. Fl. fr. 369.

A. Dans les bois sur la terre. C. Et presque toujours dévoré par les limaces.

11. Agaricus sanguineus. Bull.   *Agaric sanguin.*

Pédicule d'abord plein, ensuite spongieux et fistuleux, rouge pâle ou blanc. Substance blanche point laiteuse ; chapeau d'abord convexe, puis concave, d'un rouge de sang plus ou moins foncé ; feuillets décurrens à la base, bifides ou trifides au sommet, blancs. ⊚... Bull. t. 42... *A. sylvestris.* Lamk. Fl. fr. t. 1. p. 106... *A. ruber.* Dec. Fl. fr. 372.

E. A. Dans les bois , sur la terre. C. Souvent rongé par les insectes. Très-dangereux.

§. III.

Lactarius. Pers. *Lactaire.*

Point de volva ; pédicule central ; feuillets inégaux ; suc laiteux.

12. Agaricus acris. Bull.　　　　*Agaric acre.*

Pédicule plein, court, épais, blanc ; chapeau sans zones, blanc ; substance blanche, jaunissant quand on l'entame ; feuillets curvilignes semi-décurrens, blanchâtres ; suc laiteux, très-acre. ◉... Bull. Herb. p. 5oo. t. 2oo... Dec. Fl. fr. 373... Paulet, Champ. t. 58. **P. A.** Sur la terre, dans les bois, où il est souvent rongé, selon Bulliard, par les lièvres et les lapins. Suivant le même auteur, l'acreté de son suc laiteux se perd par la cuisson, et on le mange sans en être incommodé. J'ai consulté Paulet, Traité des champ., sur le même sujet, t. 2. p. 167 ; il confirme cette assertion par sa propre expérience.

13. Agaricus dycmogalus. Bull.　*Agaric dycmogale.*

Pédicule plein, épais, cylindrique, jaune ou rougeâtre ; chapeau souvent d'un aspect poudreux, rouge cuivreux, ferrugineux ou orangé, d'abord arrondi, puis irrégulier, plane et concave ; substance blanche, prenant une teinte brune quand on l'entame ; feuillets inégaux un peu décurrens, d'un jaune pâle ; suc blanc, insipide. ◉... Bull. Herb. p. 503. t. 554... Dec. Fl. fr. 374. **E. A.** Terrestre, dans les bois ; solitaire. C.

14. Agaricus zonarius. Bull.　　　*Agaric zoné.*

Pédicule plein, court, blanc ; chapeau glabre, sinué en ses bords, roux, quelquefois blanc, toujours zoné, d'une teinte plus obscure ; substance mince, blanche ; feuillets inégaux, un peu décurrens, blancs ; suc laiteux, caustique. ◉... Bull. Herb. p. 491. t. 104, sous le nom d'*A. laiteux zoné*... Dec. Fl. fr. 375... Paulet Champ. t. 70. f. 34. **E. A.** Sur la terre, dans les bois. C.

15. Agaricus theiogalus. Bull.　*Agaric théiogale.*

Pédicule plein, cylindrique, fauve ; chapeau d'abord convexe, puis plane, puis concave, presque zoné ;

feuillets inégaux un peu décurrens, sinués, bistre roussâtre ; substance blanche, devenant jaune lorsqu'on l'entame, ainsi que le lait amer qui s'écoule de la plaie. ◉... Bull. Herb. p. 495. t. 567. f. 2... Paulet. Champ. t. 71... Dec. Fl. fr. 376.

E. Dans les bois, terrestre et solitaire. RR. Diamètre de 1 à 2 pouces.

16. Agaricus pyrogalus. Bull. *Agaric pyrogale.*

Pédicule plein, un peu flexueux, aminci à la base, blanc ou lavé de roux; chapeau glabre, cendré, zoné de brun ou de gris foncé ; substance blanche ; feuillets curvilignes, roux; suc laiteux très-acre. ◉... Bull. Herb. p. 487. t. 529. f. 1... Dec. Fl. fr. 377.

A. Dans les bois, sur la terre. R. Diamètre depuis 20 lignes jusqu'à 5 pouces.

Obs. *Le suc laiteux est doux dans la jeunesse du champignon.*

17. Agaricus azonites. Bull. *Agaric azonite.*

Pédicule plein, grêle, blanchâtre ; chapeau d'abord arrondi ou un peu lobé, puis concave, sans zones, d'un gris brun ; feuillets un peu décurrens, inégaux, roussâtres ; substance blanche, prenant une teinte vineuse quand on la rompt ; suc blanc laiteux, insipide d'abord, puis fort âcre. ◉... Bull. Herb. p. 497. t. 559. f. 1. et 567... Dec. Fl. fr. 378.

E. A. Dans les bois, terrestre et solitaire. Diamètre 2 à 3 pouces.

18. Agaricus deliciosus. Linn. *Agaric délicieux.*

Pédicule court, épais, presque plein, un peu roussâtre ; chapeau lisse, convexe en ses bords, déprimé dans le centre, d'un roux jaunâtre plus ou moins foncé; substance rougissant lorsqu'on la rompt ; suc jaune ou rougeâtre, d'un goût piquant. ◉... Linn. Sp. pl. 1641... Dec. Fl. fr. 379... *Amanita sanguinea.* Lamk. Dict. enc. n.° 3.

A. Les lieux couverts des collines. RRR. Diamètre de 3 à 4 pouces.

Obs. *On regarde cet agaric comme bon à manger, même comme excellent, si l'on s'en rapporte à son nom spécifique ; cependant son analogie avec les plus dangereux de cette division, doivent engager à s'abstenir d'en faire usage comme*

*aliment, jusqu'à ce que l'on y soit autorisé par une expé-
rience acquise, qui ne laisse rien à désirer.*

19. Agaricus necator. Bull. *Agaric meurtrier.*

Pédicule plein, tantôt aminci, tantôt renflé à la base,
blanchâtre ou roussâtre ; chapeau d'abord arrondi,
puis semi-orbiculaire et concave ; bords ciliés, surface
peluchée, d'un roux tanné qui s'éteint à la circonférence ; substance mince, blanchâtre, point changeante
quand on l'entame ; feuillets étroits, inégaux, blanchâtres ; suc d'un blanc de lait, très-caustique. ◉...
Bull. Herb. p. 489. t. 14. et t. 529. f. 2... Dec. Fl. fr.
380... *Hyppophylum terminosum.* Paulet. Champ. t.
69. (*bis*).
E. A. Terrestre, dans les bois. RR. Diamètre 2 à 6 pouces.

Obs. *Nuisible à la moindre dose. Il paroît avoir été confondu par quelques auteurs avec le précédent.*

§. IV.
Coprinus. Pers. *Coprin.*

*Substance fugace ; point de volva ; pédicule central,
nu ou colleté ; chapeau fragile ; feuillets inégaux,
se décomposant en eau noire.*

Obs. *Ces champignons, vulgairement connus sous le nom*
d'encriers, *portent tous dans nos campagnes la dénomination gasconne de* piche-cas.

20. Agaricus typhoïdes. Bull. *Agaric typhoïde.*

Pédicule fistuleux, muni d'un filet central, glabre,
grisâtre ; collet annulaire, mobile, campanulé, écailleux,
d'un brun ou d'un rouge clair ; feuillets nombreux,
devenant noirs... Bull. Herb. p. 405. t. 582. f. 2. et 16.
(sous le nom d'*A. masse*)... Dec. Fl. fr. 383.
E. A. Dans les prés, les jardins. C. Terrestre. Hauteur
de 4 à 8 pouces.
Obs. *On peut utiliser très-agréablement, dans les dessins
au lavis, la liqueur atramentaire que ce champignon, et
ceux qui lui sont analogues, produisent en se décomposant.
Voy. Bull. loc. cit. p. 406.*

21. Agaricus ephemeroïdes. Bull. *A. éphéméroïde.*

Pédicule fistuleux, velu à la base, muni d'un filet
central cotonneux ; collet annulaire très-fugace ; cha-

peau conique strié, d'abord ovoïde, puis plane, et déchiré en ses bords, gris, jaunâtre ou roux dans le centre ; feuillets larges, blanchâtres, devenant noirs. Bull. Herb. p. 4o3. t. 582. f. 1... Dec. Fl. fr. 384.
E. A. Sur les fumiers. C. Diamètre du chapeau de 6 à 10 lignes.

22. Agaricus lacrymabundus. Bull.   *A. larmoyant.*

Pédicule fistuleux, blanc ou jaune clair ; collet aranéeux ; chapeau turbiné-semi-orbiculaire, cotonneux, jaunâtre ; feuillets d'un bistre ferrugineux, puis tachetés de brun, parsemés en leur bord de petites gouttes d'une humeur d'abord blanche, ensuite noire... Bull. Herb. p. 438. t. 194 et t. 535. f. 2... Dec. Fl. fr. 385.
E. 3. A. Dans les bois, les champs. C. Diamètre du chapeau de 2 à 3 pouces.

23. Agaricus picaceus. Bull.   *Agaric pie.*

Pédicule tubéreux, fistuleux, nu, glabre blanc ; chapeau d'abord alongé, puis conique, d'abord blanc, ensuite brun foncé, chargé de taches blanches, occasionnées par le déchirement de l'épiderme ; feuillets larges, devenant noirs... Bull. Herb. 407. t. 206... Dec. Fl. fr. 386.
P. 3. E. Dans les prairies, les bois, parmi les feuilles en décomposition. RR. Hauteur de 5 à 9 pouces.

24. Agaricus tomentosus. Bull.   *Agaric drapé.*

Pédicule court, fistuleux, nu, pubescent ; chapeau cotonneux, conique-alongé, gris de souris ; feuillets inégaux, étroits, blancs... Bull. Herb. p. 402. t. 138... Dec. Fl. fr. 388.
A. Dans les bois, les jardins, sur les terreaux, les fumiers. C. Hauteur 15 à 18 lignes.

25. Agaricus atramentarius. Bull. *A. atramentaire.*

Par groupes, sur une base commune ; pédicule fistuleux, nu ; chapeau campanulé, fauve, tacheté de brun foncé ; feuillets très-larges, très-nombreux, devenant noirs... Bull. Herb. p. 413. t. 164... Dec. Fl. fr. 389.
A. Dans les bois humides, les prairies. C. Diamètre du chapeau 24 à 30 lignes.

26. Agaricus micaceus. Bull. *Agaric micacé.*

Pédicule fistuleux, cylindrique, nu ; chapeau campanulé, strié, fauve, parsemé de vésicules brillantes ; feuillets rares, blancs, devenant noirs... Bull. Herb. p. 415, t. 246, 565, et 94. (Sous le nom d'*A. entassé*... Dec. Fl. fr. 390.

P. E. A. Dans les bois, les jardins, les pâturages. CCC. Diamètre du chapeau de 5 à 30 lignes. Hauteur de 1 à 6 pouces.

Obs. *Cet agaric varie beaucoup dans sa couleur et dans ses dimensions.*

27. Agaricus extinctorius. Bull. *Agaric en éteignoir.*

Pédicule fistuleux, nu, glabre, renflé à la base ; chapeau conique ou campanulé, strié, blanchâtre, fauve au sommet ; feuillets devenant noirs... Bull. Herb. p. 408. t. 437. f. 1... Dec. Fl. fr. 391.

P. A. Sur les fumiers ; solitaire. C. Hauteur de 4 à 6 pouces.

28. Agaricus digitaliformis. B. *Agaric digitaliforme.*

Petit ; pédicule fistuleux, nu ; chapeau campanulé, de la forme d'un dé à coudre, strié, blanchâtre, fauve au sommet et parsemé de vésicules brillantes ; feuillets semi-lunaires, devenant bruns... Bull. Herb. p. 435. t. 525. f. 1... *A. en forme de dé.* Dec. Fl. fr. 393.

E. A. Dans les bois, sur la terre et les arbres morts. C. Par peuplades très-nombreuses, mais jamais groupées. Hauteur de 8 à 10 lignes.

29. Agaricus ephemerus. Bull. *Agaric éphémère.*

Glabre ; pédicule fistuleux, très-grêle, nu ; chapeau strié, uni, jaunâtre ; feuillets inégaux, devenant noirs... Bull. Herb. p. 394. t. 542. f. 1... Dec. Fl. fr. 394.

P. E. A. Sur la terre après les pluies. Individus nombreux, point groupés. Hauteur de 2 à 3 pouces. Extrêmement fugace.

30. Agaricus stercorarius. Bull. *Agaric stercoraire.*

Pédicule fistuleux, grêle, nu, velu ; chapeau peluché, strié, grisâtre ; feuillets d'abord blancs, puis roux, ensuite noirs... Bull. Herb. p. 398. t. 68, 342. f. 2 et 88 (sous le nom d'*A. cendré*)... Dec. Fl. fr. 395.

P. E. A. Sur la fiente des bêtes de somme, les fumiers.

CCC. Par troupes, sans être groupés. Hauteur de 2 à 7 pouces.

31. Agaricus deliquescens. Bull. *Agaric déliquescent.*

Pédicule fistuleux, grêle, nu, glabre ; chapeau campanulé, légèrement strié, jaunâtre, fauve à son sommet ; feuillets très-larges, devenant noirs... Bull. Herb. p. 409. t. 437. f. 2 et t. 558. f. 1... Dec. Fl. fr. 397.

E. A. Dans les bois, les prés, les jardins ; solitaire ou groupé ; sans base commune. CC. Hauteur de 3 à 5 pouces.

32. Agaricus congregatus. Dec. *Agaric entassé.*

Pédicule fistuleux, fragile, nu, glabre ; chapeau campanulé, en forme de dé à coudre, de couleur jaune ; feuillets inégaux, devenant noirs avec l'âge... Dec. Fl. fr. 398... Bull. Herb. var. *A. micacei.* t. 94.

E. A. À l'ombre dans les jardins, les allées des bois. CCC. Individus réunis et groupés en nombre considérable. Hauteur, 3 à 5 pouces.

33. Agaricus fimiputris. Bull. *Agaric de terreau.*

Pédicule très-long, fistuleux, nu, molasse ; chapeau conique, jaunâtre ; feuillets larges, mouchetés et devenant noirâtres... Bull. Herb. 430. t. 66... Dec. Fl. fr. 399.

P. A. Dans les jardins, sur les terreaux, en groupe serré. C. Hauteur de 2 à 3 pouces.

34. Agaricus papilionaceus. Bull. *A. papilionacé.*

Pédicule ferme, nu, creusé par un canal très-étroit ; chapeau semi-orbiculaire ou de la forme d'un côue tronqué, lisse, jaunâtre ; feuillets larges, minces, inégaux, tachetés comme les ailes de certains papillons, devenant d'un brun noirâtre... Bull. Herb. p. 428. t. 58 et t. 561. f. 2... Dec. Fl. fr. 400.

P. E. A. Sur les fumiers, tantôt en troupe, tantôt solitaire. C. Hauteur de 2 à 6 pouces.

35. Agaricus titubans. Bull. *Agaric chancelant.*

Pédicule fistuleux, très-fragile, nu, cotonneux à la base ; chapeau conique, strié, non adhérent à l'épiderme ; couleur de bistre ; feuillets peu nombreux, inégaux, roussâtres... Bull. Herb. p. 417. t. 425. f. 1... Dec. Fl. fr. 403.

A. Dans les bois ; solitaire. C. Hauteur de 3 à 4 pouces.

Obs. *L'épiderme de son chapeau s'enlève très-facilement d'une seule pièce.*

§. V.

Pratella. Pers. *Pratelle.*

Point de volva ; pédicule central nu ou colleté ; feuillets qui noircissent sans être déliquescens ; chapeau charnu.

36. Agaricus striatus. Bull.   *Agaric strié.*

Pédicule fistuleux, nu, glabre ; chapeau conique, profondément strié, point deliquescent, roussâtre ; feuillets rares, semi-lunaires, devenant bruns ou noirâtres... Bull. Herb. p. 433. t. 552. f. 2 et pl. 80 (sous le nom d'*A. plissé*)... Dec. Fl. fr. 404.

P. E. A. Dans les bois, les prairies, les jardins, toujours solitaire. Hauteur, 2 à 4 pouces.

37. Agaricus aquosus. Bull.   *Agaric aqueux.*

Pédicule fistuleux, nu, lisse, émettant des radicules nombreuses ; chapeau aplati, un peu strié sur les bords, roussâtre ; substance molasse, aqueuse ; feuillets larges à la base, très-étroits au sommet, formant un espèce de lobe près du pédicule, très-fragiles, inégaux, grisâtres... Bull. Herb. p. 470. t. 17... Dec. Fl. fr. 407.

P. E. A. Dans les bois, les pâturages. C. Hauteur, 2 ou 3 pouces.

Obs. *Selon Bulliard, ce champignon et l'*A. rampant, *t. 90, ne sont que des variétés de l'*A. dryophile. *J'ai sur-tout peine à le croire pour l'*A. rampant, *qui me paroît former décidément une espèce particulière : au reste, je n'ai jamais eu occasion d'observer ce dernier champignon.*

38. Agaricus semi-orbicularis. B. *A. semi-orbiculaire.*

Pédicule fistuleux, nu, jaunâtre, qu'on peut séparer de son écorce ; chapeau hémisphérique luisant, jaunâtre, point strié ; feuillets très-larges, bruns... Bull. Herb. p. 467. t. 422. f. 1... Dec. Fl. fr. 410.

P. E. A. Dans les pâturages voisins des bois. C. Hauteur d'un à 2 pouces ; diamètre du chapeau de 10 à 18 lignes.

39. Agaricus amarus. Bull.   *Agaric amer.*

Pédicule fistuleux, jaune, glabre ; collet très-fugace ;

chapeau semi-orbiculaire, jaune ; substance jaune, très-amère ; feuillets verts ou verdâtres, crochus à leur base... Bull. Herb. p. 478. t. 562... Dec. Fl. fr. 412.
P. E. A. Dans les bois, terrestre ou sur les vieilles souches. RR. Très variable dans sa forme et ses couleurs. Hauteur de 2 à 7 pouces. Odeur agréable.

40. Agaricus pulverulentus. Bull. *Agaric poudreux.*

Pédicule cylindrique, fistuleux, glabre, jaune ; chapeau protubérent au centre, jaune ; feuillets jaune-verdâtre, laissant échapper une poussière rousse très-abondante... Bull. Herb. t. 178... Dec. Fl. fr. 411.
E. A. Sur les souches en décomposition, en groupes plus ou moins nombreux. CCC. Hauteur de 3 à 5 pouces.

O*bs. Bulliard regarde ce champignon, ainsi que celui qu'il a décrit sous le nom d'*A. hybride, *et qu'il a représenté t. 398, comme de pures variétés du précédent : il nous est impossible de partager cette opinion.*

41. Agaricus appendiculatus. Bull. *A. appendiculé.*

Pédicule fistuleux ; collet membraneux, très-fugace ; chapeau semi-orbiculaire, muni en ses bords d'appendices membraneuses, fragile, bistré ; feuillets d'un rose tendre... Bull. Herb. p. 442. t. 392... Dec. Fl. fr. 414.
E. A. Après de longues pluies, dans les bois. R. Par groupes ; quelquefois solitaire. Hauteur de 2 à 4 pouces.

42. Agaricus edulis. Bull.   *Agaric comestible.*

Pédicule épais, plein dans l'état d'adolescence et de perfection ; collet membraneux, déchiré en ses bords ; chapeau convexe, recouvert d'un épiderme qui s'enlève facilement, blanchâtre, souvent d'un brun plus ou moins foncé à son sommet ; substance épaisse, ferme, d'un blanc de neige ; feuillets en fer de faux, d'abord couleur de rose très-tendre, ensuite plus foncé ; quelquefois blancs ; odeur agréable... Bull. Herb. p. 630. t. 134 et 514... Dec. Fl. fr. 418... *Hypophyllum campestre.* Paulet, Champ. t. 130 et suiv.
A. Dans les prairies. CC.

O*bs. Ce champignon produit quelques variétés, toutes faciles à reconnoître. On l'élève sur couche ; il devient alors plus volumineux, et la surface supérieure de son chapeau se peluche pour l'ordinaire. (Paulet, loc. cit. f. 2.) C'est le plus sain et l'un des plus agréables dont l'on puisse faire* *usage comme aliment.* *Horace a dit :* Natura pratensibus optima fungis.

§. VI.

Rotula. Pers. *Rotule.*

Point de volva ; pédicule central ; feuillets égaux ; bourrelet annulaire sur la partie du pédicule où aboutissent les feuillets.

43. Agaricus androsaceus. Bull. *Agaric androsace.*

Pédicule capillaire, flexueux, plein, nu ; chapeau semi-orbiculaire ou plus ou moins convexe, ombiliqué, strié, crénelé, d'un jaune pâle ; feuillets très-larges, se détachant du pédicule, de la même couleur que le chapeau... Bull. Herb. p. 544. t. 64 et 569... *A. rotula.* Pers. Syn. 467... Dec. Fl. fr. 419... Mich. Nov. gen. t. 79. f. 7 et 80. f. 11.
E. 3. A. Dans les bois, sur les branches et les feuilles qui se décomposent. CCC. Hauteur de 4 à 12 lignes, diamètre du chapeau de 2 à 7 lignes.

§. VII.

Mycena. Pers. *Mycène.*

Ni volva, ni collier ; pédicule central fistuleux ; chapeau non ombiliqué ; feuillets ne noircissant point avec l'âge.

44. Agaricus arundinaceus. Bull. *Agaric arundinacé.*

Pédicule allongé, molasse ; chapeau convexe, relevé dans le centre, d'un jaune très-pâle ; feuillets fort larges, retrécis aux extrémités, d'un blanc jaunâtre... Bull. Herb. p. 458. t. 403... Dec. Fl. fr. 421.
A. Les prairies, les champs, les jardins. CC. Hauteur de 4 à 6 pouces.

45. Agaricus nigripes. Bull. *Agaric nigripède.*

Pédicule tomenteux, noir à la base ; chapeau peu convexe, jaune, brun dans le centre ; feuillets inégaux, échancrés en fer de faux, d'un roux pâle... Bull. Herb. p. 476. t. 344 et 519. f. 2... Dec. Fl. fr. 422.
A. 3. H. 1. Dans les bois, les jardins, les caves, les bûchers ;

toujours sur la substance ligneuse en décomposition. C.
Hauteur de 2 à 3 pouces.

46. Agaricus fistulosus. Bull.   *Agaric fistuleux.*

Pédicule creusé en chalumeau, ferme, souvent velu à
la base ; chapeau conique, strié, très-variable dans sa
couleur ; feuillets retrecis à la base... Bull. Herb. p. 454.
t. 518... Dec. Fl. fr. 425.

β. A. f. *polygrammus.* Pédicule bleuâtre, strié ; chapeau
noir ; feuillets blancs... *A. polygrammus.* Bull. Herb.
t. 395.

γ. A. f. *filopes.* Pédicule très-allongé, filiforme ; chapeau
blanchâtre, strié de roux... *A. filopes.* Bull. Herb.
t. 320.

E. A. Dans les bois sur la terre ou sur les vieilles souches.
C. La var. β. RRR. Nul champignon n'est plus variable
dans sa couleur, sa forme et ses dimensions, par les circonstances locales ou accidentelles.

47. Agaricus perpendicularis. Bull. *Agaric pivotant.*

Racine pivotante, allongée ; chapeau aplati, sans stries,
d'un jaune ferrugineux ; feuillets fort larges, semi-
lunaires, d'abord blancs, puis jaunâtres... Bull. Herb.
p. 449. t. 422. f. 2... Dec. Fl. fr. 433.

II. 3. Dans les bois ; terrestre, solitaire. Hauteur, 3 pouces.

48. Agaricus epiphyllus. Bull.   *Agaric épiphylle.*

Très-petit ; pédicule capillaire, flexueux, plein ; chapeau convexe, blanchâtre ou roussâtre ; feuillets inégaux, étroits, minces, jaune-pâle... Bull. Herb. p. 543.
t. 569. f. 2... Dec. Fl. fr. 434... *A. umbelliferus.* Linn.
Sp. pl. 1643.

E. 3. A. Dans les bois, sur les feuilles et les branches mortes. Individus rapprochés. Hauteur, 2 pouces.

49. Agaricus clavus. Linn.   *Agaric clou.*

Très-petit ; pédicule plein, droit ; convexe, aplati avec
l'âge, blanc ou jaune-orangé ; substance ferme, épaisse
et transparente ; feuillets nombreux, ovales, blancs...
Linn. Sp. pl. 1644... Bull. Herb. t. 148 et 569. f. 1...
Dec. Fl. fr. 439... Vaill. Bot. par. t. 11. f. 19. 20.

E. 3. A. Sur le bois pourri, sur les feuilles mortes, sur
la terre, parmi la mousse. C. Hauteur de 4 à 20 lignes.

50. Agaricus pumilus. Bull.   *Agaric nain.*

Très-fragile ; pédicule molasse, cylindrique ; chapeau aqueux, sans stries, d'abord arrondi, puis successivement ovoïde, conique ovoïde et aplati, blanc sur les bords, jaune dans le centre ; feuillets blancs, échancrés en fer de faux... Bull. Herb. p. 452. t. 260 et 563. f. 3... Dec. Fl. fr. 441.

E. A. Dans les bois herbeux, terrestre. C. Hauteur 3 à 10 lignes.

§. VIII.

Omphalia. Pers. *Omphalie.*

Ni volva, ni collier ; pédicule central ; chapeau ombiliqué ; feuillets presque toujours décurrens.

51. Agaricus dryophilus. Bull.   *Agaric driophile.*

Pédicule fistuleux, lisse, fauve ou brun ; chapeau plane, un peu sinueux en ses bords, mince, sans stries, jaune ou brun plus ou moins pâle ; feuillets inégaux, élargis à la base, étroits au sommet, blancs ou jaunâtres... Bull. Herb. p. 470. t. 434... Dec. Fl. fr. 443.

E. A. Dans les bois, les pâturages ; solitaire ou groupé. CC. Hauteur, 1 à 4 pouces. Très-variable.

52. Agaricus umbilicatus. Bull.   *Agaric ombiliqué.*

Pédicule fistuleux, grêle, cylindrique, blanchâtre ; chapeau convexe, strié, creusé dans le centre en ombilic, d'abord blanc, puis bistré ; substance très-mince ; feuillets très-larges, peu décurrens... Bull. Herb. p. 466. t. 411. f. 2... Dec. Fl. fr. 445.

P. E. Dans les bois ; terrestre et solitaire. C. Hauteur de 20 à 36 lignes.

53. Ag. pseudo androsaceus. B. *A. faux androsace.*

Très-petit ; pédicule fort grêle, plein, allongé ; chapeau creusé en godet ou en entonnoir, rabattu, strié, crénelé en ses bords, blanc ou jaune-pâle ; feuillets peu nombreux, curvilignes, très-minces... Bull. Herb. p. 339. t. 276... Dec. Fl. fr. 419.

E. A. Dans les bois ; terrestre ; individus rapprochés. C. Hauteur, 8 à 15 lignes.

54. Agaricus fibula. Bull.   *Agaric fichet.*

Très-petit ; pédicule fort grêle, plein, très-long ; cha-

peau légérement strié, d'abord convexe, puis concave
dans le centre, d'un roux plus ou moins intense; feuillets blancs ou rouges... Bull. Herb. p. 534. t. 186 et
550. f. 1... Dec. Fl. fr. 450.
P. E. A. Dans les bois, sur la terre ou sur les branches
mortes. C. Individus rapprochés. Hauteur, 4 à 18 lignes.

55. Agaricus infundibuliformis. ʙ. *A. en entonnoir.*

Pédicule plein, court; chapeau creusé en entonnoir,
large, mince, fauve ou jaune pâle; feuillets blancs ou
jaunâtres... Bull. Herb. p. 510. t. 286 et 553... Dec. Fl.
fr. 453.
P. E. A. Dans les bois, sur la terre ou les feuilles mortes;
solitaire. C. Hauteur, 15 à 30 lignes; diamètre du chapeau, 15 à 36 lignes.

56. Agaricus mollis. ʙᴜʟʟ.   *Agaric mou.*

Pédicule plein, un peu renflé à la base ; chapeau très-
concave dans le centre, à bords rabattus, blanc sale ;
feuillets nombreux, très-étroits, inégaux, très-minces,
jaunâtres... Bull. Herb. t. 38... Dec. Fl. fr. 454.
E. Dans les lieux humides, sur le bois pourri. Odeur cadavéreuse dans sa vieillesse. Hauteur, 2 pouces 6 lignes;
diamètre, *idem.*

Oʙs. *Bulliard le regarde comme une variété de l'*A. tigré,
t. 70.

57. Agaricus cyathiformis. ʙᴜʟʟ. *Agaric cyathiforme.*

Pédicule grêle, alongé, plein; chapeau creusé en forme
de coupe, mince, blanchâtre; feuillets étroits, inégaux,
blancs ou brunâtres... Bull. Herb. p. 512. t. 248, 275 et
568... Dec. Fl. fr. 454.
E. A. Dans les bois couverts, sur la terre ou les feuilles
mortes, parmi les mousses. R. Hauteur, 3 pouces 6 lignes;
diamètre du chapeau, 6 à 24 lignes.

58. Agaricus contiguus. ʙᴜʟʟ.   *Agaric contigu.*

Pédicule épais, plein, court; bords du chapeau roulés
en dedans, concave dans le centre, jaune foncé; feuillets réunis en une membrane qui se sépare aisément de
la chair du chapeau... Bull. Herb. p. 518. t. 240 et 576.
f. 2... Dec. Fl. fr. 456.
E. A. Dans les bois; terrestre. R. Hauteur, 2 à 3 pouces.

Oʙs. *Pédicule, chapeau et feuillets concolores. Bulliard
rapporte à cette espèce l'*A. vineux, *t.* 54.

59. Agaricus dunaldi. Dec. *Agaric dunald.*

Pédicule plein, cylindracé, un peu mou, blanchâtre ; très-petites peluchures noires à la base ; chapeau irrégulier, souvent excentrique, creusé en entonnoir dans le centre ; bords roulés en dessous, noirâtres ; feuillets nombreux, inégaux, un peu décurrens, crépus, blanchâtres ; substance mince, coriace ; odeur agréable... Dec. Fl. fr. VI. p. 47.

P. Sur les vieux troncs de saule, dans les saussaies du bord de la Garonne, près d'Agen. Trouvé et communiqué par M. Debeaux.

§. IX.

Gymnopus. Pers. *Gymnope.*

Ni volva, ni collier ; pédicule plein ; chapeau épais ; feuillets ne noircissant point avec l'âge.

60. Agaricus geotropius. Bull. *Agaric géotrope.*

Pédicule épais ; chapeau très-large, relevé dans le centre, fauve ; feuillets étroits, décurrens, fauve clair... Bull. Herb. p. 521. t. 400. sous le nom d'*A. piléolaire*... *A. pileolarius.* Dec. Fl. fr. 461.

E. A. Dans les bois ; terrestre et solitaire. RR. Hauteur, 2 à 3 pouces ; diamètre du chapeau, 3 à 5 pouces.

61. Agaricus Eryngii. Dec. *Agaric du Panicaut.*

Pédicule épais, court, un peu aqueux, blanc ; chapeau d'abord convexe, puis déprimé dans le centre, un peu lobé, d'un roux brun, ou couleur de bistre ; feuillets inégaux, les plus longs décurrens, blanchâtres... Dec. Fl. fr. suppl. p. 47... *Hyppophyllum eringii.* Paulet, Champ. t. 2. pag. 133. pl. XXXIX... Mich. Nov. gen. t. 73. f. 2... Magn. Bot. monsp. p. 103... Garid. Aix. p. 196... Mapp. Als. p. 118.

A. Sur les racines mortes de l'*eryngium campestre.* R. Groupé sur la même souche. Hauteur 2 pouces. Diamètre du chapeau 18 lignes. Comestible.

62. Agaricus eburneus. Bull. *Agaric blanc d'ivoire.*

Pédicule grêle, rude au sommet, presque cylindrique, plein, blanc ; chapeau convexe, gluant ; feuillets étroits, échancrés en fer de faux ; pédicule, chapeau et feuillets

concolores... Bull. Herb. p. 524. t. 118 et 551. f. 2...
Dec. Fl. fr. 466.

E. 3. A. Dans les bois, terrestre et solitaire. CC. Hauteur
10 à 40 lignes. Diamètre du chapeau 15 à 40 lignes.
Le chapeau devient concave avec l'âge.

63. Agaricus criceus. Bull.   *Agaric des bruyères.*

Pédicule plein, lisse; chapeau convexe ou concave,
sec; feuillets rares, échancrés; pédicule, chapeau et
feuillets concolores... Bull. Herb. p. 523. t. 188 et 551.
f. 1... *A. ericetorum...* Dec. Fl. fr. 647.
E. A. Dans les bois découverts; terrestre et solitaire. CC.
Hauteur 7 à 20 lignes. Diamètre du chapeau 5 à 20
lignes.

Obs. *Ce champignon, en vieillissant, prend souvent une
légère teinte de bistre.*

64. Agaricus mouceron. Bull.   *Agaric mousseron.*

Pédicule épais, renflé à la base, plein, court; chapeau
très-épais, blanchâtre; feuillets nombreux, inégaux,
très-étroits, arqués, un peu décurrens, cendrés ou
jaunâtres; odeur agréable... Bull. Herb. 580. t. 142...
Hypophyllum aromaticum. Paulet. Champ. t. XCV... *A.
Albellus.* Dec. Fl. fr. 470... *Amanita albella.* Lamk.
Dict. enc. p. 107. Vulgairement *mousseron.*
P. Dans les bois arides et découverts; individus solitaires, mais rapprochés. C. Hauteur 9 à 18 lignes.

Obs. *Le chapeau du mousseron, d'abord arrondi, devient
un peu campanulé et se déforme avec l'âge. Sa substance
épaisse et cassante, acquiert une légère couleur brune quand
on la rompt. Ses usages sont connus.*

65. Agaricus pseudo mouceron. B. *A. faux mouss.*

Pédicule allongé, contourné dans la dessication; chapeau d'abord un peu convexe ou conique, mamelonné,
puis aplati et creusé dans le centre, luisant, jaune clair,
ou couleur de bistre; substance ferme, blanche;
feuillets rares, non décurrens, successivement blancs,
jaunes et bruns. Odeur agréable... Bull. Herb. p. 578.
t. 144 et 528... *A. tortilis.* Dec. Fl. fr. 525... *Hypophyllum odoratum.* Paulet Champ. t. CIII. Vulgairement
mousseron d'automne.
A. Dans les friches, sur le bord des bois. C. Hauteur 15
à 20 lignes. Diamètre du chapeau 12 à 20 lignes. Mêmes

usages que le précédent. Sa chair, moins épaisse, est plus coriace.

66. Agaricus lignatilis. Bull. *Agaric lignatile.*

Pédicule épais, cylindrique; chapeau un peu convexe, lisse, d'un gris jaunâtre, ferrugineux dans le centre; feuillets falciformes, roussâtres... Bull. Herb. p. 528. t. 554. f. 1.

E. 3. A. Sur les bois morts, les vieilles souches; individus solitaires ou groupés, mais, sans base commune. R.

67. Agaricus ramosus. Bull. *Agaric rameux.*

Pédicule rameux, blanc; chapeau semi-orbiculaire, aplati; feuillets très-nombreux, échancrés; pédicule, chapeau et feuillets concolores... Bull. Herb. p. 591. t. 102... Dec. Fl. fr. 477.

P. E. A. Dans les caves, les chantiers, les bois, sur les arbres morts ou languissans. C. Hauteur 4 à 6 pouces. Diamètre du chapeau 12 à 30 lignes. Tronc radical qui se divise en pédicules.

68. Agaricus arcuatus. Bull. *Agaric arqué.*

Pédicule épais; chapeau d'abord convexe, ensuite aplati ou concave, roussâtre; substance ferme, friable, blanche; feuillets inégaux, les plus longs décurrens, blancs, puis jaunes... Bull. Herb. p. 595. t. 443. et 589... Dec. Fl. fr. 484.

E. A. Dans les bois, les pacages, sur les pelouses; solitaire. CC. Hauteur de 6 à 30 lignes. Diamètre du chapeau 1 à 5 pouces.

Obs. *Cet agaric est extrêmement variable dans sa couleur et ses dimensions. On le reconnoît toujours à la courbure que prennent ses feuillets autour du pédicule.*

69. Agaricus crucigerus. S.t-Am. *Agaric porte-croix.*

Pédicule flexueux, penché, renflé au sommet, d'un jaune roussâtre foncé; chapeau arrondi, mince, relevé dans son milieu, jaune; protubérance centrale ombiliquée, d'un jaune roussâtre, marquée d'une impression cruciale, d'un jaune clair; substance sèche, ferme, jaunâtre; feuillets inégaux, larges, d'un jaune bistré.

A. 3. II. Dans un bois, entre Agen et le château d'Estillac, à la droite du chemin de la Plume. Terrestre et solitaire. RRR. Hauteur 4 à 5 pouces. Diamètre du chapeau 15 à 18 lignes.

70. Agar. molibdocephalus. B. *A. molibdocéphale.*

Pédicule épais, allongé, tigré ; chapeau campanulé, très-ample, de couleur plombée, ou d'un brun bistré ; feuillets très-larges, point échancrés, près du pédicule, grisâtres... Bull. Herb. p. 620 t. 523... Dec. Fl. fr. 485. A. Dans les bois ; terrestre. C. Hauteur 2 à 5 pouces. Diamètre du chapeau 3 à 6 pouces.

71. Agaricus repandus. Bull. *Agaric sinué.*

Pédicule plus ou moins épais ; chapeau sinué en ses bords, rousseâtre ; substance fragile, blanche ; feuillets très-larges, ondulés, grisâtres ou rousseâtres... Bull. Herb. p. 586. t. 423 et 576... *A. sinuatus.* Dec. Fl. fr. 487. P. E. A. Dans les bois ; terrestre, solitaire. R. Hauteur 15 à 20 lignes. Diamètre du chapeau 3 à 6 pouces.

72. Agaricus longipes. Bull. *Agaric élancé.*

Pédicule alongé à sa base, en forme de racine ; chapeau mince relevé dans le centre, transparent, brun cendré ou roussâtre ; feuillets libres, blancs... Bull. Herb. p. 613. t. 232 et 515... Dec. Fl. fr. 494. E. A. Dans les bois ; terrestre, solitaire. C. Hauteur de 8 à 20 pouces. Diamètre du chapeau 2 à 7 pouces.

73. Agaricus urens. Bull. *Agaric brûlant.*

Pédicule alongé ; chapeau convexe, puis plane, roussâtre ; feuillets nombreux, libres, un peu distans du pédicule, roux plus ou moins foncé ; saveur poivrée... Bull. Herb. p. 577. t. 528. f. 1... Dec. Fl. fr. 495. E. A. Dans les bois, sur la terre ou sur les feuilles mortes. C. Hauteur 15 à 50 lignes. Diamètre du chapeau 15 à 24 lignes.

Obs. *Cet agaric peut être pris au premier coup-d'œil pour* l'A. faux-mousseron. *Il conserve la saveur poivrée dans l'état de dessication.*

74. Agaricus fusipes. Bull. *Agaric pied-fu.*

Pédicule fusiforme ; chapeau d'abord convexe, arrondi, rougeâtre, puis concave, irrégulier, brunâtre ; feuillets libres, se détachant insensiblement du pédicule, d'un brun clair... Bull. Herb. p. 612 t. 76. Sous le nom d'*A. fusiforme.* t. 106 et 516.

P. E. A. Dans les bois, sur la terre où les individus naissent souvent au nombre de 3 à 4 sur une base commune. RR. Hauteur 6 à 10 pouces. Diamètre du chapeau 1 à 6 pouces.

75. Agaricus contortus. Dec. *Agaric tortu.*

Pédicule tortueux, cylindrique, brun roussâtre ; chapeau convexe, protubérant dans le centre, arrondi et goudronné en ses bords, roux brun ; feuillets minces, fragiles, libres, blancs... Dec. Fl. fr. 497... Bull. Herb. t. 36... Clus. Fung. p. 285.

E. A. Dans les bois ; par groupes nombreux. C. Hauteur 2 à 3 pouces. Diamètre du chapeau 1 pouce.

Obs. *Les pédicules naissent au nombre de 20 à 30, d'un tronc radical commun.*

76. Agaricus phaïocephalus. Bull. *A. phaïocéphale.*

Pédicule épais, renflé à la base, droit, alongé, rayé au sommet ; chapeau un peu campanulé, glabre, brun foncé ; substance blanche ; feuillets libres, inégaux, jaunâtres. Bull. Herb. p. 607. t. 555. f. 1... Dec. Fl. fr. 498.

P. A. Dans les bois ; terrestre, solitaire. R. Hauteur 3 à 5 pouces.

77. Agaricus fulvus. Bull. *Agaric fauve.*

Pédicule épais, courbé à la base ; chapeau convexe, un peu aplati, fauve ; feuillets très-larges, libres, arrondis à leur base, d'abord blancs, puis jaunâtres, ou légèrement vineux... Bull. Herb. p. 608. t. 555. f. 2. et 574. f. 1.

E. 3. A. Dans les bois ; les prairies humides ; terrestre, solitaire. R. Hauteur 3 à 4 pouces. Diamètre du chapeau 2 à 4 pouces.

78. Agaricus coccineus. Bull. *Agaric scarlatin.*

Pédicule flexueux, rouge ; chapeau conique, visqueux, rouge jaunâtre ; substance mince ; feuillets entiers, même couleur que le chapeau... Bull. Herb. p. 560. t. 202 et t. 570. f. 2.... Dec. Fl. fr. 500.

A. Dans les bois, les prairies. C. Hauteur 20 à 30 lignes. Diamètre du chapeau 15 à 25 lignes.

Obs. *Cet agaric prend une couleur grise en temps de pluie.*

79. Agaricus cinerescens. Bull. *Agaric cinérescent.*

Pédicule épais, lisse ; chapeau convexe d'abord blanc, puis cendré ; feuillets libres, entiers à la base, grisâtres... Bull. Herb. p. 598. t. 428. f. 2... Dec. Fl. fr. 503. E. A. Dans les bois ; par groupes symétriques de 4 ou 5 individus. C. Hauteur 2 à 4 pouces. Diamètre du chapeau 2 à 4 pouces.

Obs. *Ses feuillets se séparent très-aisément de la chair du chapeau.*

80. Agaricus lividus. Dec. *Agaric livide.*

Pédicule plus ou moins épais, d'un blanc sale, souvent taché de rouge ; chapeau convexe, quelquefois relevé en mamelon dans le centre et zoné, grisâtre ou roussâtre ; feuillets très-larges, libres, simplement contigus au chapeau, d'un rouge tendre... Dec. Fl. fr. 507... *A. phonospermus.* Bull. Herb. t. 534. 590. 547. Sous le nom d'*A. livide.* t. 382. P. E. A. Dans les bois ; terrestre et solitaire. RR. Hauteur 2 à 4 pouces. Diamètre du chapeau 2 à 5 pouces.

Obs. *Très-variable dans ses couleurs et dans ses dimensions ; quelquefois le pédicule est renflé à la base.*

81. Agaricus leucocephalus. Bull. *A. leucocéphale.*

Pédicule épais, lisse ; chapeau luisant, d'abord convexe, puis plane; feuillets libres, nombreux ; entièrement blanc, prenant une teinte bistrée avec l'âge... Bull. Herb. p. 597. t. 428. f. 1 et 536... Dec. Fl. fr. 508. P. E. A. Dans les bois, terrestre, solitaire et quelquefois groupé au nombre de 3 ou 4 sur la même base. C. Hauteur 2 à 7 pouces. Diamètre du chapeau 12 à 40 lignes.

82. Agaricus argyraceus. Bull. *Agaric argentin.*

Pédicule droit, cylindrique, blanc ou brun cendré ; chapeau d'abord conique, puis plane, relevé dans le centre, d'un aspect soyeux et luisant, blanc tigré de brun ; protubérance brune ; substance mince; feuillets nombreux, libres, irrégulièrement crénelés, d'abord blancs, puis grisâtres... Bull. Herb. p. 584. t. 423, et 513. f. 2... Dec. Fl. fr. 515. P. E. A. Dans les bois; individus très-souvent groupés sur une base commune. R. Hauteur 1 à 2 pouces. Diamètre du chapeau 1 à 3 pouces.

83. Agaricus crustuliniformis. Bull. *A. échaudé.*

Pédicule cylindrique, peluché dans sa partie moyenne; chapeau convexe, sinué, irrégulièrement bosselé, glabre, luisant, humide, jaunâtre; substance épaisse, blanche, aqueuse; feuillets libres, inégaux, roussâtres... Bull. Herb. p. 589. t. 308 et 546... Dec. Fl. fr. 514. E. 3. A. Dans les bois, les prairies. C. Hauteur 1 à 3 pouces. Diamètre du chapeau 1 à 4 pouces.

84. Agaricus croceus. Bull. *Agaric saffrané.*

Pédicule quelquefois fistuleux avec l'âge; chapeau conique-obtus, luisant, sinué ou profondément et irrégulièrement lobé, d'abord jaune ou rouge orangé, puis brun, ou noir; feuillets épais, inégaux, libres, retrécis à leur base, même couleur que le chapeau... Bull. Herb. p. 553. t. 50 et 524. f. 3... Dec. Fl. fr. 515. E. A. Dans les prés secs, les friches; terrestre, solitaire. Hauteur 20 à 30 lignes.

85. Agaricus repandus. Bull. *Agaric ondulé.*

Pédicule plus ou moins épais; chapeau d'abord conique, sinué, puis plane, évasé, ondulé sur les bords, relevé dans le centre, rayé de jaune roux sur un fond blanchâtre; substance fragile, blanche; feuillets très-larges, inégaux, d'un gris jaunâtre... Bull. Herb. p. 586. t. 423. f. 2, et 579. f. 1... Dec. Fl. fr. 516. P. E. A. Dans les bois, terrestre, presque toujours solitaire. RR. Hauteur 1 à 2 pouces. Diamètre du chapeau 2 à 4 pouces.

86. Agaricus rimosus. Bull. *Agaric crevassé.*

Pédicule un peu renflé à la base, noirâtre au sommet; chapeau protubérant dans le centre, crevassé en sa superficie, déchiré en ses bords, satiné, strié de jaune et de fauve; feuillets larges, inégaux, jaunâtres... Bull. Herb. p. 558. t. 388 et 599... Dec. Fl. fr. 517. E. 3. A. Dans les bois; terrestre et presque toujours solitaire. RR. Hauteur 15 à 40 lignes. Diamètre du chapeau 2 à 3 pouces.

87. Agaricus horisontalis. Bull. *Agaric horizontal.*

Pédicule grêle, dans une direction presque horizontale, très-court; chapeau convexe, orbiculaire, horizontal, glabre, roussâtre; feuillets larges, saillans, inégaux, couleur de bistre... Bull. Herb. p. 573. t. 324... Dec. Fl. fr. 526.

P. A. Dans les vergers, sur le tronc des arbres fruitiers, morts ou languissans. CC. Individus isolés, mais nombreux. Longueur du pédicule 2 à 3 lignes. Diamètre du chapeau 3 à 5 lignes.

Obs. *Le pédicule de ce petit agaric se recourbe de manière qu'on le croiroit latéral au premier coup-d'œil.*

§. X.

Cortinaria. Pers. *Cortinaire.*

(*Point de volva ; pédicule central ; feuillets d'abord recouverts d'une membrane incomplète ; collier filamenteux sur le pédicule.*)

88. Agaricus nudus. Bull. *Agaric nu.*

Pédicule plus ou moins épais, plein, renflé à la base, nu, entouré de petits points noirs au sommet, qui semblent indiquer néanmoins l'existence d'un collet fugace ; chapeau convexe ou concave, roussâtre ; substance blanche ; feuillets libres, nombreux, étroits, inégaux, contigus au pédicule, roussâtres... Bull. Herb. p. 605. t. 439. B. C... Dec. Fl. fr. 527.

β. A. n. *vinosus.* Pédicule et feuillets gris d'ardoise ; chapeau d'un rouge vineux... Bull. t. 439. f. A.

E. A. Dans les bois, sur la terre ou sur les feuilles mortes. CCC. Hauteur 10 à 24 lignes. Diamètre du chapeau 1 à 4 pouces.

89. Agaricus glutinosus. Bull. *Agaric glutineux.*

Pédicule plein, nu, rougeâtre à la base, aminci et blanc au sommet ; chapeau convexe, très-glutineux, rougeâtre, bordé de blanc ; feuillets décurrens, blancs, lavés de bistre... Bull. Herb. p. 527. t. 258, 539, et 587... Dec. Fl. fr. 528.

E. 3. A. Dans les bois ; terrestre ; individus solitaires ou groupés. Hauteur 2 à 4 pouces. Diamètre du chapeau 3 à 5 pouces.

Obs. *Cet agaric varie beaucoup dans sa couleur et ses dimensions. Comme sur le précédent on observe de petits points noirs vers le sommet du pédicule, qui décèlent l'existence d'un collet fugace provenant de la membrane qui recouvroit les feuillets.*

90. Agaricus xilophilus. Bull. *Agaric xilophile.*

Pédicule grêle, plein, cylindrique ; collet aranéeux, fugace ; chapeau convexe, plane, strié avec l'âge, de couleur fauve, tirant sur le bistre ; feuillets inégaux un peu décurrens, d'un bistre rougeâtre... Bull. Herb. p. 642. t. 530. f. 2... Dec. Fl. fr. 532.

P. E. A. Dans les bois, sur le tronc et les branches des arbres morts, rarement sur la terre. C. Hauteur, 10 à 18 lignes ; diamètre du chapeau, *idem.*

91. Agaricus proteus. Bull. *Agaric protée.*

Pédicule plus ou moins épais, souvent renflé à la base ; collet aranéeux, fugace ; chapeau d'abord totalement convexe, puis plus ou moins étalé en ses bords, jaune paille, marron, violet ou noirâtre ; membrane aranéeuse recouvrant le feuillet dans le premier âge ; feuillets nombreux, inégaux, adhérens au pédicule, d'abord blancs, ensuite bruns ou rougeâtres... Bull. Herb. p. 650. t. 431. f. 2. 3. 544. f. 1. 598. f. 2. B. C. et 600. Q. R. S. Y. Z... *A. araneosus.* Dec. Fl. fr. 354.

E. A. Dans les bois ; terrestre. Individus solitaires, rarement groupés. C.

Obs. *Cet Agaric est infiniment variable dans sa forme, sa couleur et ses dimensions, ainsi qu'on peut le voir dans les fig. ci-dessus citées de l'ouvrage de Bulliard. Ses nombreuses variétés sont mentionnées par M. Decandolle sous les noms d'A. ar. violaceus, Bull. Herb. t. 250 ; crassipes, t. 98 ; nitidus, t. 431. f. 1 ; proteus, t. 431. f. 2 ; rimosus, t. 431. f. 4, helveolus, t. 431. f. 5 ; glaucopus, t. 598. f. 2., et cinnabarinus, t. 431. f. 3. Plusieurs de ces variétés se rencontrent dans nos contrées. On les reconnoîtra facilement à leur nom spécifique significatif joint à l'observation de la membrane légère qui recouvre les feuillets dans la jeunesse des individus.*

92. Agaricus castaneus. Bull. *Agaric châtain.*

Pédicule cylindrique, plein ; collet aranéeux, fugace ; chapeau soyeux, d'abord campanulé, concave dans la vieillesse et divisé en ses bords, violet cendré ou marron ; feuillets libres, concolores... Bull. Herb. p. 638. t. 268... Dec. Fl. fr. 536.

A. Dans les bois, parmi la mousse, au pied des arbres de haute-futaie. C. Hauteur, 1 pouce ; diamètre du chapeau 2 pouces.

93. Agaricus mucosus. Bull.   *Agaric muqueux.*

Pédicule épais, souvent écailleux ; collet aranéeux, fugace ; chapeau lisse, jaunâtre, glutineux ; feuillets rougeâtres, adhérens au pédicule ou décurrens... Bull. Herb. p. 661. t. 549 et 596. f. 2... Dec. Fl. fr. 539.
E. 3. A. Dans les bois ; terrestre et solitaire. R. Hauteur 2 à 3 pouces ; diamètre du chapeau 2 à 5 pouces.

94. Agaricus hybridus. Bull.   *Agaric hybride.*

Pédicule plein, quelquefois écailleux, mince à la base ; renflé au sommet, fauve ou rougeâtre ; collet fugace ; chapeau d'abord arrondi, puis convexe, enfin plane et concave, lisse, d'un jaune plus ou moins foncé, bordé par les débris de la membrane qui recouvre les feuillets ; feuillets minces, nombreux, inégaux, jaunâtres... Bull. Herb. t. 398... Dec. Fl. fr. 540.
P. E. A. Dans les bois, sur la terre ou sur les vieilles souches. C. Hauteur 2 à 7 pouces ; diamètre du chapeau 2 à 6 pouces.

95. Agaricus squamosus. Bull.   *Agaric écailleux.*

Pédicule plein, flexueux, écailleux, jaune orangé à la base, blanc au sommet ; collet étroit et frangé ; chapeau d'abord convexe, puis relevé dans le centre et rabattu en ses bords, jaune orangé, couvert d'écailles peluchées ; substance blanchâtre ; feuillets entiers à la base, lie de vin ou roussâtres... Bull. Herb. p. 625. t. 266... Dec. Fl. fr. 542.
A. Dans les bois, sur les troncs pourris, groupés sur une base commune. RR. Hauteur 2 à 4 pouces ; diamètre du chapeau 2 à 7 pouces.

§. XI.

Lepiota. Pers. *Lépiote.*

Point de volva ; pédicule central ; feuillets recouverts, dans le premier âge, par une membrane complette, qui se déchire et laisse un collier sur le pédicule.

96. Agaricus piluliformis. Dec. *Agaric piluliforme.*

Pédicule fistuleux, cylindrique, glabre, blanc ; chapeau ovoïde, tronqué à la base, roussâtre, bords blancs, entiers ; substance ferme ; feuillets blancs, inégaux, tota-

lement revêtus d'une membrane persistante... Dec. Fl.
fr. 543... Bull. Herb. t. 112.
A. Dans les bois, parmi la mousse, au pied des arbres,
en groupes nombreux et compactes. R. Hauteur 1 pouce;
diamètre du chapeau 4 lignes.

Obs. *Bulliard rapporte cet agaric à celui qu'il a représenté, t. 511 de son ouvrage, sous le nom d'*A. hydrophyle,
et le regarde comme atrophié *par l'effet des fortes chaleurs
subitement survenues après de longues pluies.*

97. **Agaricus nitens.** Bull.   *Agaric lustré.*

Pédicule plein, grêle, cylindrique, renflé à la base, un
peu tubéreux, blanchâtre; collet persistant, concave,
s'éloignant du chapeau avec l'âge; chapeau plus ou
moins convexe, luisant, d'un jaune clair, quelquefois
blanchâtre; feuillets nombreux, inégaux, noirs, marbrés
de blanc... Bull. Herb. p. 424. t. 84 et 566. f. 4... Dec.
Fl. fr. 545.
P. E. A. Dans les bois, les prairies, en nombreux individus sur la fiente des bestiaux. CC. Hauteur 2 à 3 pouces;
diamètre du chapeau 12 à 18 lignes.

Obs. *Il perd son lustre avec l'âge, et devient gluant.*

98. **Agaricus cretaceus.** Bull.   *Agaric crétacé.*

Pédicule épais, plein, ventru à la base, alongé, blanc;
collet membraneux; chapeau d'abord convexe, puis
aplati, cotonneux ou finement peluché, blanc, tigré de
bistre; sommet rembruni; feuillets nombreux, inégaux,
point adhérens au pédicule, blancs... Bull. Herb. p. 636.
t. 374... *A. cepœstipes.* Dec. Fl. fr. 546.
E. 3. A. Sur les couches dans les serres chaudes, sur les
tas de fumier. R. En groupes de 4 ou 5 individus. Hauteur
4 à 5 pouces; diamètre du chapeau 3 à 5 pouces.

99. **Agaricus helveolus.** Bull.   *Agaric paillet.*

Pédicule cylindrique, épais, renflé et courbé à la base,
blanchâtre ou d'un roux léger; collet aranéeux, fugace;
chapeau d'abord conique, puis convexe, enfin concave,
toujours mamelonné dans le centre, d'un jaune paille,
lavé de bistre; feuillets libres très-larges, cendrés ou
brunâtres... Bull. Herb. p. 653. t. 431. f. V... Dec. Fl.
fr. 547. var. ζ *A. aran.* 534.
E. A. Dans les bois; terrestre; individus solitaires ou
groupés. C. Hauteur 20 à 30 lignes; diamètre du chapeau
18 à 28 lignes.

100. **Agaricus annularius.** Bull. *Agaric annulaire.*

Pédicule plein, épais, molasse, un peu courbé à la base, fauve; collet très-apparent, membraneux, évasé, puis rabattu; chapeau convexe, relevé dans son milieu, déchiré en ses bords, lisse, fauve, plus foncé dans le centre; substance blanche; feuillets très-nombreux, décurrens, blancs ou grisâtres... Bull. Herb. p. 626. t. 377, 540 et 543... Dec. Fl. fr. 548... Mich. Nov. gen. t. 81. f. 2.

A. 2. Dans les bois ombragés et humides; sur la terre et par groupes. CC. Hauteur 4 à 8 pouces; diamètre du chapeau 2 à 6 pouces.

Obs. Cet Agaric se courbe, et prend en vieillissant des formes très-bisarres. Il acquiert alors une teinte souvent plus rembrunie. Bulliard réunit à cette espèce l'Agaric doré, qu'il a figuré t. 92. Ce rapprochement ne peut être adopté.

101. **Agaricus aureus.** Bull. *Agaric doré.*

Pédicule plein, cylindrique, glabre; collet peu apparent, fugace; chapeau d'abord globuleux, puis convexe, hérissé de petites écailles sur un fond fauve doré; substance épaisse, ferme, blanche ou jaunâtre; feuillets inégaux, très-étroits, blancs... Bull. Herb. t. 92... Dec. Fl. fr. 549.

E. Dans les bois humides. R. Hauteur 3 pouces; diamètre du chapeau 2 pouces.

102. **Agaricus radicosus.** Bull. *Agaric radiqueux.*

Pédicule pourvu d'une racine pivotante, épais, plein, renflé à la base, blanc, couvert d'écailles jusqu'au collet; collet membraneux, frangé; chapeau épais, convexe, blanc, maculé de roux-jaunâtre; fragmens de la membrane qui recouvroit les feuillets adhérens à sa circonférence; feuillets libres, inégaux, étroits, blancs ou roussâtres... Bull. Herb. p. 637. t. 160... Dec. Fl. fr. 550.

E. A. Dans les bois; terrestre; quelquefois groupés sur la même base radicale. RR. Hauteur 3 à 4 pouces; diamètre du chapeau 5 à 6 pouces.

103. **Agaricus ochraceus.** Bull. *Agaric ocracé.*

Pédicule grêle ou peu épais, plein, roux, cylindrique; tomenteux ou chargé de petites écailles rougeâtres jusqu'au collet; collet étroit; chapeau presque campanulé, puis aplati, mamelonné dans le centre, couleur d'ocre

foncé ; feuillets libres, blancs, quelquefois couleur de bistre... Bull. Herb. p. 644. t. 362 et 530. f. 3.
P. E. A. Dans les bois, les friches ; solitaire. C. Hauteur 2 pouces ; diamètre du chapeau 16 à 30 lignes.

104. Agaricus clypeolarius. Bull. *Agaric clypéolaire.*

Pédicule fistuleux, cylindrique, blanc, cotonneux ou chargé de filamens roussâtres jusqu'au niveau apparent du collet indiqué seulement sur le pédicule ; chapeau d'abord convexe, puis aplati, mamelonné dans le centre, déchiré en ses bords, blanc, tigré de roux ; feuillets libres, larges, blancs, sinués ou dentés sur les bords... Bull. Herb. p. 482. t. 405 et 506. f. 2... Dec. Fl. fr. 557.
E. A. Dans les bois humides ; terrestre et solitaire. C. Hauteur de 3 à 6 pouces ; diamètre du chapeau 2 à 4 pouces.
Obs. *Sa substance est peu charnue ; il se pèle aisément.*

§. XII.

Amanita. Pers. *Amanite.*

(*Volva recouvrant le champignon tout entier dans sa jeunesse.*)

105. Agaricus solitarius. Bull. *Agaric solitaire.*

Pédicule droit, cylindrique, renflé en forme de bulbe, écailleux à la base, lisse, blanc ; chapeau d'abord arrondi, puis presque plane, concave dans le centre, luisant, parsemé d'écailles ou d'élevures produites par les débris du volva déchiré ; collet membraneux, plissé, rabattu ; feuillets larges, épais, libres, blancs ou d'un bistre pâle, ainsi que le chapeau... Bull. Herb. p. 675. t. 48 et 593.
P. A. Dans les bois ; terrestre, solitaire. RRR. Hauteur 4 à 8 pouces ; diamètre du chapeau 3 à 9 pouces.

106. Agaricus muscarius. Linn. *Agaric moucheté.*

Pédicule tubéreux à la base, creux dans sa partie moyenne, d'abord écailleux, puis lisse, blanc ; collet rabattu, plissé, blanc ; chapeau d'abord convexe, puis presque horizontal, luisant, d'un rouge vif, quelquefois prenant une teinte aurore, moucheté de blanc par les débris du volva fixés à sa superficie ; substance épaisse, ferme, d'un blanc pur ; feuillets inégaux, épais, très-blancs... Linn. Sp. pl. p. 1640... Dec. Fl. fr. 561... *A. pseudo aurantiacus.* Bull. Herb. p. 673. t. 122... Mich. Nov. gen. t. 78. f. 1 et 2... Journ. bot. t. 3. pl. 1. f. 1... Vulgairement *Fausse-oronge.*

E. A. Dans les bois, les lieux ombragés ; terrestre, solitaire. RRR. Hauteur de 3 à 8 pouces ; diamètre du chapeau de 3 à 7 pouces.

Obs. *Il est d'autant plus important de bien distinguer cette espèce, qu'elle est l'une des plus malfaisantes que l'on connoisse, et qu'elle peut être confondue au premier coup-d'œil avec la suivante, regardée comme un mets des plus exquis.*
Selon Pallas (et Damaze de Raymond, Tab. de l'emp. de Russ. t. 2. p. 361) les Ostiacs *qui habitent la Sibérie, boivent la décoction de l'A.* muscarius, *et le mangent cru, sans autre inconvénient que de courir le risque de s'énivrer. L'identité est-elle ici bien prouvée ? S'il n'y a point de méprise à cet égard, l'innocuité de ce champignon doit moins s'attribuer sans doute à quelque effet du climat qui atténue sa propriété vénéneuse, qu'à la constitution physique des* Ostiacs, *au peu d'excitabilité de leurs organes. Puisque c'est avec l'huile de tabac qu'ils se purgent, avec de l'arsenic, légèrement mitigé par les alcalis fixes, qu'ils combattent la fièvre intermittente, avec le sublimé-corrosif qu'ils traitent les obstructions et les maladies cutanées, on ne doit point être surpris qu'ils puissent manger impunément la* Fausse-oronge.

107. Agaricus aurantiacus. Bull.   *Agaric oronge.*

Pédicule tubéreux à la base, creusé dans sa partie moyenne, jaune ; collet membraneux, très-ample, de la même couleur que le pédicule ; chapeau d'abord arrondi, puis plus ou moins convexe, lisse, luisant, recouvert d'une épiderme qui s'enlève aisément, d'une couleur aurore ou orangée, légèrement strié à la circonférence ; substance épaisse, ferme, lavée de jaune sur les bords, blanche dans le centre ; feuillets très-adhérens au chapeau, doubles, larges, frangés, d'un jaune sulfurin ; volva épais, complet, d'un blanc de neige... Bull. Herb. p. 666. t. 120... Dec. Fl. fr. 562... Paulet, Champ. tom. 2. p. 319... Mich. Nov. gen. t. 77. f. 1. A. B. C. D. E. F... Clus. Fung. 272... Vulgairement *Oronge ;* en gascon, *Iboire.*

E. 3. A. Dans les bois ; terrestre et solitaire. CC. Hauteur 3 à 6 pouces ; diamètre du chapeau 3 à 7 pouces.

Obs. *Cet excellent champignon diffère au premier coup-d'œil du précédent par son volva complet, par son chapeau jamais parsemé de plaques blanches, et par la couleur jaune de ses feuillets. Lorsqu'il commence à paroître, il a la forme d'un œuf, d'où le nom d'ounégal pour ovum gallinæ. On l'appelle encore en quelques endroits dorade, jaune d'œuf, cadran, etc. Les anciens le désignoient sous le nom de champignon des seigneurs, des princes, des Césars. Néron l'appeloit dérisoirement le mets des dieux, parce que, préparé avec du poison, il avoit donné la mort à Claude, qui lui laissa l'empire, et qui, selon l'usage, reçut les honneurs divins.*

108. Agaricus ovoïdes. Bull. *Agaric oronge-blanche.*

Pédicule peu ou point renflé à la base, blanc ; collet membraneux, très-ample, de la même couleur que le pédicule, épais, écailleux en dessous ; chapeau lisse en ses bords, blancs ; feuillets doubles, très-étroits, concolores ; volva complet, mince, blanc... Bull. Herb. p. 668. t. 364... *A. aurantiacus* γ. Dec. Fl. fr. 562... *A. ovoïdeus.* Suppl. p. 53.

E. A. Dans les bois ; terrestre, solitaire, rarement par groupes. R. Hauteur 3 à 6 pouces ; diamètre du chapeau 4 à 7 pouces.

Obs. *Cet Agaric passe pour l'un des plus délicats qu'on puisse employer comme aliment.*

109. Agaricus verrucosus. Bull. *Agaric verruqueux.*

Pédicule plein, tubéreux à la base, rougeâtre ; collet membraneux, large, plissé, blanc ; chapeau d'abord arrondi, puis concave, de couleur aurore, chargé de petites protubérances d'un rouge vineux, foncé ; substance blanche, légèrement teinte de rouge ; feuillets inégaux, d'un blanc de neige ; volva incomplet... Bull. Herb. p. 672. t. 316... Dec. Fl. fr. 563.

E. A. Dans les bois ; terrestre et solitaire. R. Hauteur 2 à 3 pouces ; diamètre du chapeau 2 à 4 pouces.

110. Agaricus bulbosus. Bull. *Agaric bulbeux.*

Pédicule plein, renflé à la base, cylindrique, blanc ou verdâtre ; collet membraneux, mince, blanchâtre, rabattu ; chapeau plus ou moins convexe, jamais concave, verdâtre, lisse, luisant, quelquefois marqué de plaques blanches irrégulières, produites par le déchirement du volva ; substance peu épaisse, blanche ; feuillets étroits, blancs ; volva complet, ventru, de la cou-

leur des feuillets... Bull. Herb. p. 670. t. 2. 108 et 577...
Dec. Fl. fr. 564.

P. E. A. Dans les bois ; terrestre et solitaire. C. Hauteur 2
à 5 pouces ; diamètre du chapeau 2 à 5 pouces.

III. Agaricus vernus. Dec.　　　　*Agaric printanier.*

Pédicule plein, tubéreux, cylindrique, blanc ; collet
membraneux, régulier, rabattu, blanc ; chapeau visqueux, convexe dans le premier âge, puis horizontal et
concave ; substance blanche ; feuillets nombreux, inégaux, blancs ; volva complet, mince, ventru, concolore... Dec. Fl. fr. 565... *A. bulbosus vernus.* Bull. Herb.
t. 108.

P. Dans les bois ; terrestre, solitaire. C. Hauteur 2 à 5
pouces ; diamètre du chapeau 1 à 3 pouces.

*Obs. Ce champignon est extrémement vénéneux. Il faut
bien se garder de le prendre, comme on ne l'a fait que trop
souvent, pour la variété de l'agaric comestible, n.° 42, à
feuillets blancs. Si l'on avoit le malheur de commettre cette
méprise, il faudroit se hâter d'exciter le vomissement et
boire dix à douze gouttes d'éther sulfurique dans du vin. Si
l'on n'avoit point d'éther à sa portée, on y suppléeroit en
écrasant une gousse d'ail qu'on avaleroit dans du lait. Au
reste, il est impossible de confondre ces deux agarics, si l'on
consulte avec un peu d'attention leurs caractères. L'un ne
sauroit être pelé ; la peau de l'autre s'enlève très-aisément ;
l'un est sec, l'autre humide à la superficie ; le collet de l'un
est entier, celui de l'autre est déchiré ; l'un est muni de volva,
l'autre en est dépourvu ; l'un exhale une odeur agréable, et
l'autre est inodore. On ne peut garder à la bouche l'agaric
printanier seulement pendant quelques minutes, sans s'apercevoir de ses mauvais effets.*

---

*Il existe sans doute dans la partie des Landes, et dans
celle du département qui l'avoisine, des bolets et des agarics
qui n'ont point été décrits ci-dessus. Lorsque, plus heureux
que nous, on parcourra ces contrées, sous le rapport de la
botanique, dans la saison la plus propre à la végétation
de ces sortes de champignons, il est à présumer qu'on y ob-
servera peut-être un nombre beaucoup plus considérable de
leurs espèces indigènes. Il est surtout probable qu'on y trouvera le palomet des Béarnais, de la tribu des mousserons,
l'un des champignons les plus agréables et des moins nuisi-
bles dont on puisse faire usage comme aliment. Voici ses caractères.*

112. Agaricus palomet. Thor. *Agaric palomet.*

Pédicule plein, légérement renflé à la base, blanchâtre ; chapeau mince, fragile, irrégulier, d'abord blanchâtre à la circonférence, verd d'œillet, bleuâtre, ou gorge de pigeon dans le centre, puis, avec l'âge, totalement roux ; feuillets non decurrens, blancs, roux par la dessication... Thore Chl. des Landes p. 477... *Hypophyllum palumbinum.* Paulet Champ. 2. p. 208. t. XCV. f. 9. 10. 11... Dec. Fl. fr. suppl. p. 49.

P. A. Dans les friches, les bois découverts, sur le gazon, parmi les mousses. Ordinairement solitaire.

Obs. *Il a un goût exquis, une odeur très-agréable ; on peut même le manger cru, selon Paulet, sans qu'il incommode.*

MORCHELLA.   *MORILLE.*

Pédicule nu, central ; chapeau ovoïde, non perforé au sommet, creusé à sa superficie en cellules ou fossettes nombreuses, qui renferment les semences.

1. Morchella esculenta. Dec. *Morille comestible.*

Pédicule court, fistuleux, cylindrique, blanc ; chapeau adhérent au pédicule, bistre roussâtre, plus ou moins foncé ; cellules profondes ; odeur agréable... Dec. Fl. fr. 571... *Phallus esculentus.* Linn. Sp. pl. 1648... Bull. Herb. t. 218... Lamk. Ill. t. 835. f. 3... Mich. Nov. gen. t. 85. f. 1. 2... Clus. Fung. p. 264. f. 1... *Mérigoule* en gascon.

P. 1. Dans les bois. CC.

Obs. *Quelles que soient les variétés de couleur, produites par la morille comestible, elles peuvent être employées avec la même sécurité.*

2. Morchella rimosipes. Dec. *M. à pied crevassé.*

Pédicule alongé, gros, renflé dans sa partie inférieure, lacuneux, crevassé à l'extérieur, lamelleux, labyrinthiforme à l'intérieur, blanchâtre ; chapeau très-ample, d'un fauve clair ; cellules profondes, évasées ; consistance de cire... Dec. Fl. fr. 574... *Phallus gigas*.

Gml. Syst. 2. 1448. n. 3... Mich. Nov. gen. t. 84. f. 1.
Mala.

P. 1. Dans les bois. RRR. A Saint-Amans, près d'Agen,
seul endroit où nous l'ayons encore observée.

Not. *La figure gravée dans l'ouvrage de Micheli est dé-
testable ; mais jusqu'à présent c'est la seule qu'on puisse citer.*

CLATHRUS.　　*CLATHRE.*

Rameaux anastomosés en forme de grillage , émettant
un liquide visqueux séminifère ; volva complet dans le
premier âge.

1. Clathrus cancellatus. Linn.　　*Clathre réticulé.*

Sessile, d'abord arrondi, recouvert d'un volva blanc,
puis formant un réseau sphérique, à larges mailles,
celluleux, fragile, d'un beau rouge, quelquefois orangé
ou blanchâtre ; semences contenues dans les cellules
internes du réseau ; mucilage brunâtre, très-fugace,
occupant d'abord l'intérieur des mailles ; et se fondant
bientôt en une eau fétide, dans laquelle sont entraînées
les semences... Linn. Sp. pl. 1643... Dec. Fl. fr. 577...
C. volvaceus. Bull. Herb. t. 441... *C. ruber.* Mich. Nov.
gen. t. 93... Lamk. Ill. t. 887. f. 3... Barr. Ic. 1263.
P. E. A. Sur le bord des bois , dans les collines. C.

Obs. *Le volva de ce magnifique champignon , ordinairement lisse , est quelquefois gauffré en petits carreaux , ainsi
que Micheli l'a figuré.*

ANGIOCARPES.

(*Capsules renfermées à l'intérieur.*)

GYMNOSPORANGIUM. *GYMNOSPORANGE.*

Masse gélatineuse ; péricarpes à la surface, composés
de deux loges, placés au sommet de filamens foibles,
qui partent de la base, et traversent la masse gélatineuse ; loges se séparant à leur maturité.

1. G. clavariæforme. Dec.　　*G. clavaire.*

Mince, étroite, alongée, tomenteuse, d'un jaune clair.
♃... Dec. Fl. fr. 480... *Tremelle ligularis.* Bull. Herb.
t. 427. f. 1.
Sur le genévrier commun. R.

PUCCINIA.   *PUCCINIE.*

Tubercules formés par une substance compacte et gélatineuse ; péricarpes pédicellés, divisés en deux ou plusieurs loges, qui émettent les semences par le côté ou par le sommet.

Nₒₜ. *Toutes les Puccinies sont parasites. Elles naissent sur les feuilles, sur l'épiderme de plusieurs plantes, ou même sous leur épiderme , qu'elles percent pour végéter au dehors. Leurs caractères spécifiques doivent être examinés au microscope : je ne décrirai que ceux qui sont visibles à l'œil nu.*

1. **Puccinia rosæ.** Pers. Syn. fung.   *Puccinie du rosier.*

Taches quelquefois semblables à de la poussière noire... Dec. Fl. fr. 581.
Sur les feuilles des rosiers, surface inférieure.

2. **Puccinia rubi idæi.** *Puccinie du framboisier.*

Glomérules bissoïdes, nombreux, la plupart confluens, noirs ; pédicelles effilés ; péricarpes cylindriques... Dec. Fl. fr. p. 54.
Surface inférieure des feuilles du framboisier. CC.

3. **Puccinia rubi.**   *Puccinie de la ronce.*

Points noirs, pulvérulens, arrondis, convexes... Dec. Fl. fr. 382.
Surface inférieure des feuilles des *R. fruticosus* et *cæsius.*

4. **Puccinia ulmi.**   *Puccinie de l'orme.*

Taches d'un aspect velouté, semblables à du noir de fumée... Dec. Fl. fr. 583... *Mucor articulatus.* Bull. Herb. p. 110. t. 504. f. 14.
Surface inférieure des feuilles de l'orme.

5. **Puccinia ribis.**   *Puccinie du groseillier.*

Pustules brunes, planes, arrondies, un peu pulvérulentes, entourées le plus souvent des débris de l'épiderme, qu'elles ont percé... Dec. Fl. fr. 590.
Sur la surface supérieure des feuilles du groseillier rouge.

6. **Puccinia menthæ.**   *Puccinie de la menthe.*

Points noirâtres, pulvérulens, épars... Dec. Fl. fr. 592.
Sur la surface inférieure des feuilles de la menthe aquatique et de la menthe sauvage.

7. **Puccinia pruni.** *Puccinie du prunier.*

Petits points bruns, arrondis, convexes, distincts, quelquefois réunis en tache irrégulière... Dec. Fl. fr. 594.
Sur l'épiderme de la surface inférieure des feuilles des pruniers.

8. **Puccinia graminis.** *Puccinie des graminées.*

Taches linéaires et parallèles, d'abord d'un jaune brun, ensuite noires... Dec. Fl. fr. 596, et suppl. p. 59... Bénéd. Prévost. Mém. sur la carie des blés. p. 22.
Sur les feuilles et les tiges des graminées, sous l'épiderme et entre les nervures.

9. **P. polygoni amphibii.** *P. de la renouée amph.*

Petits points arrondis, peu proéminens, distincts, souvent disposés en anneau, d'un roux brun... Dec. Fl. fr. 598.
Sur l'épiderme de la surface inférieure des feuilles de la renouée amphibie; variété terrestre.

10. **Puccinia glechomæ.** *P. du gléchome hédéracé.*

Taches orbiculaires, disposées en anneaux presque contigus, soulevant l'épiderme sans le déchirer ; couleur d'un jaune roussâtre... Dec. Fl. fr. suppl. p. 56.
Surface inférieure des feuilles du *Glechoma hedæracea.*

11. **Puccinia umbelliferarum.** *P. des ombellifères.*

Pustules arrondies, éparses, très-petites, souvent distinctes, d'un brun foncé, entourées par les débris de l'épiderme... Dec. Fl. fr. suppl. p. 58.
Surface inférieure et pétioles de quelques espèces d'ombellifères, notamment de l'*Athamanta cervaria.*

12. **Puccinia eringii.** *Puccinie du panicaut.*

Taches épaisses, irrégulières, déchirant l'épiderme, noirâtres... Dec. Fl. fr. suppl. p. 58.
Surface inférieure et supérieure des feuilles de l'*Eringium campestre.*

UREDO. *UREDO.*

Poussière naissant sous l'épiderme des feuilles, dont la déchirure donne issue aux globules, et forme autour d'eux une sorte de coupe ou de réceptacle. Les globules pulvérulentes sont des capsules sessiles, dépourvues de cloisons.

Not. *Comme les Puccinies, les Uredo doivent être examinés au microscope : on ne trouve ici que leurs caractères visibles à l'œil nu.*

1. Uredo pisi. *Uredo des pois.*

Pustules de couleur brune, un peu saillantes, éparses, oblongues sur la tige et sur les pétioles, arrondies sur les feuilles, entourées d'un bourlet formé par l'épiderme rompu... Dec. Fl. fr. suppl. p. 64... *Puccinia pisi.* Fl. fr. 600.

Sur les deux surfaces des feuilles du pois cultivé, sur sa tige, ses pétioles et ses vrilles.

2. Uredo trifolii. *Uredo des trèfles.*

Taches oblongues ou irrégulières, d'un brun roux, bordées ou recouvertes par les débris de l'épiderme déchiré... Dec. Fl. fr. suppl. p. 66... *Puccinia trifolii.* Fl. fr. 604.

Il s'étend sur les tiges, les pétioles et les deux surfaces des feuilles du trèfle rampant, du trèfle filiforme et du trèfle hybride, qu'il défigure et empêche souvent de fleurir.

3. Uredo suaveolens. *Uredo odorant.*

Globules pulvérulens, d'un brun roussâtre, nombreux, très-rapprochés ; déchirures de l'épiderme irrégulières... Dec. Fl. fr. 609.

E. Surface inférieure des feuilles du *Serratula arvensis*, qui souffre beaucoup de la poussière extrêmement abondante de cet Uredo. Je ne me suis point aperçu que cette poussière fût odorante.

4. Uredo chicoracearum. *Uredo des chicoracées.*

Taches extrêmement petites, arrondies, éparses, bordées par les débris de l'épiderme déchiré, d'un brun roux... Dec. Fl. fr. 612.

Sur les deux surfaces des feuilles des plantes chicoracées.

5. Uredo carbo. *Uredo charbon.*

Poussière noire, se répandant avec facilité, toujours apparente à l'extérieur de l'épi des graminées, dont elle désorganise et détruit la fleur et le fruit ; inodore

même lorsqu'elle est récente... Dec. Fl. fr. suppl. p.
76... *Uredo segetum.* Fl. fr. 615... *Reticularia segetum.*
Bull. Herb. p. 90. t. 472... Tessier, Mal. des grains.
p. 306. f. 2-4... Vulgairement *Nielle, Charbon.*

OBS. *Le charbon attaque plusieurs graminées dans les
champs et dans les prairies. Il nuit beaucoup aux récoltes,
surtout dans les années pluvieuses, très-favorables à sa mul-
tiplication. On confond souvent le charbon avec la carie,
la carie avec la rouille, et ces trois fléaux de notre agriculture sous le nom commun d'*ustilago. *Sa poussière au surplus se répandant avant la moisson, n'altère pas la qualité
de la farine.*

6. Uredo maydis.   *Uredo du maïs.*

Poussière noire, sans odeur, très-abondante, s'échappant à travers l'épiderme qui se déchire sur diverses
parties tuméfiées et déformées du maïs... Dec. Fl. fr.
suppl. p. 77... *Uredo segetum* var. *». Dict. Enc. bot.
8. p. 227... *Charbon du maïs.* Bosc. Dict. agr. 3. p.
339.
Sur la tige, à l'aisselle des feuilles, sur les fleurs et les
grains du maïs. Les tumeurs qui récèlent la poussière
ont depuis la grosseur d'un pois jusqu'à celle du poing
et davantage. Cet *Uredo* est intermédiaire entre celui
du charbon et celui de la carie.

7. Uredo caries.   *Uredo carie.*

Poussière noire, occupant l'intérieur des grains de
froment, fétide lorsqu'elle est fraîche, ne se répandant
point au-dehors, très-contagieuse... Dec. Fl. fr. suppl.
p. 78... *Carie.* Tessier, Mal. des grains. p. 217-294.
Ic... Bénédict Prévost, Mém. sur la carie des blés. t.
1. 2. 3.

OBS. *Les grains du froment attaqués de la carie ne sont
presque pas déformés ; il est même assez difficile de distinguer, au premier coup-d'œil, les épis cariés des épis
sains. La poussière se conserve dans le grain, et nuit à
la qualité de la farine. La plus petite quantité de cette
poussière suffit, au reste, pour répandre la carie sur le
froment qui doit provenir des semences entachées. On emploie le chaulage pour combattre les effets de la carie.
Bénédict Prévost, loc. cit., conseille le sulphate de cuivre
comme beaucoup plus efficace. On se sert de l'oxide blanc
d'arsenic pour le même usage, dans le comté d'Yorck, en
Angleterre. Bulliard avoit pensé qu'une simple dissolution de*

terre glaise suffiroit pour produire le même effet. Hist. des champ. p. 92.

8. Uredo rubigo-vera. *Uredo rouille des céréales.*

Taches blanchâtres d'abord, à peine saillantes, recouvertes par l'épiderme, devenant des pustules ovales, très-petites, très-nombreuses, et produisant après la rupture de l'épiderme une poussière d'abord jaune, puis rousse, jamais noire, très-abondante... Dec. Fl. fr. suppl. p. 83... Tessier, Mal. des grains. p. 200-225. 1c... Vulgairement *Rouille.*

Obs. *Cet* Uredo*, trop connu des agriculteurs, vient sur les feuilles de plusieurs céréales, principalement sur celles du froment, dont il attaque aussi par fois les tiges. Il se propage sur tout, et devient l'un des plus grands fléaux de nos moissons, dans les lieux bas et les années humides.*

9. Uredo linearis. *Uredo linéaire.*

Taches linéaires, d'abord jaunes, puis brunes, et produisant une poussière concolore... Dec. Fl. fr. 624, et suppl. p. 84... *Æcidium lineare.* Gml. Syst. nat. 1473. n.° 18... Vulgairement et improprement *Rouille.*
Sur les feuilles de plusieurs graminées, où elles naissent sous l'épiderme, entre les nervures: elles sont visibles des deux côtés de la feuille.

10. Uredo caricina. *Uredo des carex.*

Pustules éparses, ovales, très-petites, bordées par les débris de l'épiderme rompu; poussière d'abord rousse, brune en vieillissant... Dec. Fl. fr. suppl. p. 83.
Surface supérieure des feuilles du *carex pseudo cyperus,* qui se couvrent de taches roussâtres. Est-ce une variété du précédent ?

11. Uredo rosæ. *Uredo des rosiers.*

Globules pulvérulens, qui se réunissent et forment des taches jaune-orangé ; l'épiderme soulevé lors de l'émission des globules, se dessèche autour d'eux... Dec. Fl. fr. 623.
Sur les feuilles des rosiers, qui semblent alors couvertes d'une poussière jaune.

12. Uredo mycophila. *Uredo des champignons.*

Globules nombreux, sphériques, diaphanes, d'abord blancs, puis jaune-doré, tantôt sessiles, tantôt pédi-

cellés, simples ou rameux... Dec. Fl. fr. 616.. *Mucor
chrysospermus*. Bull. Herb. t. 467. f. 1 et 504. f. 1.
Sur divers champignons, dont il recouvre la surface et
pénètre quelquefois la substance.

13. Uredo ruborum.   *Uredo des ronces.*

Taches orangées, formées par des pustules arrondies
sur le parenchyme, et alongées sur les nervures des
feuilles ; poussière peu adhérente, d'un jaune-orangé...
Dec. Fl. fr. 629.
Surface inférieure des feuilles des R. *fructicosus* et *cœsius*.

14. Uredo candida.   *Uredo blanc.*

Pustules blanches, glabres, un peu saillantes, de forme
et de grandeur variables, souvent confluentes, laissant
échapper dans leur dessication une poussière blanche,
très-abondante... Dec. Fl. fr. suppl. p. 88.
Sur les feuilles et les tiges de presque toutes les plantes
crucifères. CC quelquefois sur les scorzonères, les centau-
rées, les chardons et le persil.

Obs. *Cet Uredo, d'abord regardé comme le produit d'autant d'especes différentes sur chacune de ces plantes, s'y
modifie à peine en simples variétés.*

15. Uredo confluens.   *Uredo confluent.*

Poussière jaune-pâle, formée de globules sphériques,
sessiles, très-fugaces; pustules planes, confluentes, bordées par les debris de l'épiderme... Dec. Fl. fr. 626, et
suppl. p. 86.
Comme le précédent, cet *uredo* vit sur plusieurs plantes
de genre différent, où il ne présente tout au plus que
des variétés. C'est ainsi qu'on le trouve sur la surface inférieure des feuilles de quelques euphorbes, de la mercuriale vivace, etc.

Not. *On peut observer encore plusieurs* Uredo *sur les
plantes de nos contrées. La Flore française en mentionne
plus de cent espèces; et le nombre de ces espèces, pour la
plupart nouvellement découvertes, s'accroîtra sans doute à proportion de l'intérêt qu'on apportera dans leur recherche.*

*Les expériences délicates de M. Bénédict Prévost ten-
droient à prouver que les globules pulvérulens des* Puccinies
et des Uredo *sont de nature animale, et très-analogues aux
vers infusoires, dont elles prennent les formes sous la lentille du microscope, lorsqu'elles ont été préalablement humec-*

*tées. Que dirons-nous de ces expériences ingénieuses ? Des
assertions analogues et nouvelles les rendent dignes, sans
doute de tout notre intérêt ; cependant, si nous ne pouvons
contredire leurs résultats extraordinaires, nous devons encore
moins les admettre, avant qu'ils nous aient paru suffisamment
constatés.*

ÆCIDIUM.   *ECIDIUM.*

† † *Péridium membraneux ; poussière sans filamens.*

Tubercules ouverts à leur sommet ; orifice circulaire,
plus ou moins profondément denté ; poussière sans filamens ; parasites des feuilles vivantes.

1. AEcidium violarum.   *Ecidium des violettes.*

Capsules nombreuses, rapprochées, non réunies, peu
saillantes, orbiculaires, blanchâtres ; bord dentelé ;
poussière d'abord orangée, puis brune... Dec. Fl.
fr. 645.
Surface inférieure des feuilles du *viola tricolor.*

2. AEcidium euphorbiarum.   *E. des euphorbes.*

Cupules distinctes, rapprochées, peu saillantes, jaunes ; bord presque entier, un peu réfléchi, d'un jaune
pâle ; poussière d'abord jaune-orangé, puis brune...
Dec. Fl. fr. suppl. p. 91... *Æ. euphorbiæ.* Gml. Syst.
nat. 1473. n. 10... *Æ. cyparissias* et *sylvatica*... Dec. Fl.
fr. 647 et 648. P.

Not. *Cet* Ecidium *naît à la surface inférieure des feuilles de
plusieurs euphorbes, telles que la verruqueuse, la sylva-
tique, etc., dont il recouvre ordinairement les feuilles dans
leur totalité, ainsi que les involucres et les involucelles.
L'euphorbe-cyprès est alors par fois tellement déformée,
que certains botanistes l'ont prise tour à tour pour une
espèce encore inconnue, et lui ont imposé de nouvelles dénominations. Il y a plus de 80 ans que Réaumur avoit observé cet* Ecidium*, dont il attribuoit la production à la
piqûre de quelque insecte. Mém. pour servir à l'hist. des
ins. t. 3. p. 513.*

3. AEcidium urticæ.   *Ecidium de l'ortie.*

Cupules campanulées, groupées ; bords dentelés, d'un
jaune-orangé ; poussière d'abord concolore, puis d'un
brun roussâtre. Dec. Fl. fr. 655.

Sur l'une et l'autre surface des feuilles de l'ortie dioïque.

✳ 4. AEcidium valerianæ. Nob.   *E. de la valériane.*

Cupules isolées, nombreuses, très-rapprochées, déchirées en leur bord, jaune-orangé à l'intérieur, blanche ou jaune pâle à l'extérieur ; poussière jaune.
P. Surface inférieure et pétioles des feuilles de la valériane potagère. Communiqué par M. Graulhié.

5. AEcidium confertum.   *Ecidium ramassé.*

Taches blanchâtres, oblongues ou arrondies : cupules distinctes, rapprochées en glomérules, quelquefois irréguliers, blanchâtres ; bords des cupules dentelés ; poussière d'abord jaune, puis d'un brun foncé... Dec. Fl. fr. 659.
A la surface inférieure des feuilles de la renoncule ficaire et de la violette odorante.

6. AEcidium oxyacanthæ.   *E. de l'aubépine.*

Péridium, ou réceptacles cylindriques, souvent un peu courbés, charnus, groupés, nombreux, serrés, irréguliers, blanchâtres ; taches jaunes ou rougeâtres, marquées de points noirs à la face opposée de la feuille ; bords du réceptacle déchirés en lanières fines et droites ; poussière très-abondante d'un roux brun... Dec. Fl. fr. suppl. p. 98.
A la surface inférieure des feuilles, sur les jeunes tiges, les pétioles et les fruits du *mespilus oxiacantha.*

7. AEcidium berberidis.   *E. de l'épine vinette.*

Tubercules sur une base commune, rougeâtre, formant des touffes arrondies, convexes, jaunâtres, marquées à la surface opposée des feuilles par une tache rouge ; orifice circulaire, à 5 ou 6 dentelures, jaune-orangé ; poussière concolore... Dec. Fl. fr. 264.
P. A la surface inférieure des feuilles de l'épine vinette, et quelquefois sur les baies de cet arbrisseau.

Obs. *Cet* Ecidium *produit-il la rouille des céréales, ou favorise-t-il sa propagation ? Le procès qu'on lui a fait à cet égard est encore pendant au tribunal de l'agriculture.*

MUCOR.   *MOISISSURE.*

Péridium (réceptacle) membraneux, globuleux ou piriforme, pédiculé, d'abord aqueux et transparent , puis opaque, et plein de poussière, sans filamens ; très-fugace.

1. Mucor mucedo. Linn. *Moisissure commune.*

Pédicules simples, grêles, alongés ; péridium sphérique ; globules pulvérulens, nombreux, verdâtres ; odeur forte ; goût desagréable. Linn. Sp. pl. 1655... Dec. Fl. fr. 669... *M. sphærocephalus.* Bull. Herb. p. 112. t. 480. f. 2... Mich. Nov. gen. t. 95. f. 1. 2.
Sur toutes les substances fermentescibles, en larges touffes grisâtres.

2. Mucor ramosus. Bull. *Moisissure rameuse.*

Pédicelles rameux ; péridiums sphériques, au sommet de chaque ramification, roussâtres ; globules pulvérulens, transparens, bruns... Bull. Herb. p. 116. t. 480. f. 3.
Sur diverses substances alimentaires ou autres, en larges touffes roussâtres ; globules (graines) plus gros que dans le précédent.

LICEA. *LICÉE.*

Péridium membraneux, sessile, fragile ; poussière sans filamens ; point de membrane, servant de base commune.

1. Licea herbariorum. *Licée des herbiers.*

Péridiums globuleux, persistans, jaunes, sur un duvet bissoïde, concolore ; poussière jaunâtre... *M. herbariorum.* Dec. Fl. fr. suppl. p. 100.
Sur les plantes mal desséchées, et dans les herbiers exposés à l'humidité.

Obs. *Cette plantule n'est à la rigueur ni un* mucor*, ni un* licea. *Il faudroit établir un genre exprès pour elle, si, seule encore dans son isolement, elle en valoit la peine.*

2. Licea bicolor. *Licée bicolore.*

Péridiums sphériques, légérement déprimés, fragiles, s'ouvrant transversalement, noirâtres en dehors, jaune-doré en dedans ; poussière jaune ; filamens rares, épars, presque imperceptibles... *L. circumscissa.* Dec. Fl. fr. 670... *Sphærocarpus sessilis.* Bull. Herb. p. 132. t. 417. f. 5.
A. 3. Sur le bois mort en décomposition.

TUBULINA.   *TUBULINE.*

Péridiums sessiles, le plus souvent cylindriques, sur une membrane commune ; poussière sans filamens.

1. Tubulina cylindrica.   *Tubuline cylindrique.*

Péridiums cylindriques, alongés, terminés en pointe obtuse, bruns, blancs au sommet ; poussière couleur de rouille ; membrane commune d'un blanc de lait... Dec. Fl. fr. 671... *Sphærocarpus cylindricus.* Bull. Herb. p. 140. t. 470. f. 3.
Sur le bois mort et humide.

Not. *Les péridiums ne sont blancs au sommet que dans leur jeunesse.*

2. Tubulina fragiformis.   *Tubuline fraise.*

Péridiums alongés, cylindriques, amincis à la base, rouge vif dans la jeunesse, puis d'un roux jaunâtre, persistans sous forme d'étuis membraneux, évasés et dentelés ; poussière brune, contenue dans un réseau très-délié, à peine visible ; membrane blanche, cotonneuse. Dec. Fl. fr. 672.... *S. fragiformis.* Bull. Herb. p. 141. t. 384.
E. Sur les vieilles souches.

TRICHIA.   *TRICHIE.*

††† *Péridium membraneux, poussière et filamens.*

Péridiums sessiles ou pédicellés, renfermant des fila·mens adhérens au pédicule ou aux parois intérieures des péridiums ; globules pulvérulens, très-nombreux ; membrane commune très-apparente, surtout dans l'état de jeunesse.

§. I.

Spherocarpus. Bull. *Sphérocarpe.*

Péridium ovoïde ou sphérique, sessile ou pédicellé, qui se rompt irrégulièrement.

1. Trichia chrysosperma.   *Trichie dorée.*

Péridiums sphériques, luisans, sessiles, ou brièvement pédicellés, s'ouvrant irrégulièrement, persistans dans leur partie inférieure, sous la forme d'un calice dé-

chiré, d'un jaune doré, ainsi que le réseau filamenteux
et la poussière ; membrane blanche. Dec. Fl. fr. 673...
Sphærocarpus chrysospermus. Bull. Herb. p. 131. t.
417. f. 4.
A. Sur le bois pourri. A S.te-Radegonde, près d'Agen.

2. Trichia utricularis. *Trichie utriculaire.*

Pédicelles simples, grêles, très-courts, roussâtres ;
péridiums ovoïdes, d'abord d'un brun noirâtre, puis
blancs et transparens à leur sommet ; globules pulvérulens, grisâtres, attachés à quelques filamens, dans
l'intérieur du péridium ; membrane d'un rouge ferrugineux, peu apparente... Dec. Fl. fr. 676... *Sphærocarpus utricularis...* Bull. Herb. p. 128. t. 417. f. 1.

3. Trichia pyriformis. *Trichie en poire.*

Péridiums en forme de poire, prolongés en pédicelles
à leur base, lisses, luisans, d'un jaune d'ocre, se
rompant irrégulièrement au sommet ; poussière d'un
beau jaune, insérée sur des filamens concolores ; membrane blanche, très-apparente... Dec. Fl. fr. 674...
Sphærocarpus pyriformis. Bull. Herb. p. 129. t. 417. f. 2.
Sur les bois morts en décomposition.

4. Trichia turbinata. *Trichie turbinée.*

Pédicelles simples, lisses, grêles, alongés ; péridiums
assez fermes, d'abord arrondis au sommet, puis aplatis,
enfin concaves, d'un jaune-orangé mat, ou couleur de
rouille ; réseau en globules pulvérulens, gris-rous-
sâtre ; membrane blanche, souvent très-apparente...
Dec. Fl. fr. 678... *Sphærocarpus turbinatus.* Bull. Herb.
p. 132. t. 484. f. 1.
Sur les bois morts.

5. Trichia alba. *Trichie blanche.*

Pédicelles lisses, blancs ; péridiums sphériques, grenus,
blancs dans leur jeunesse, cendrés ou jaunes avec l'âge ;
réseau et poussière toujours de couleur brune ; base
membraneuse, fort apparente, blanche... Dec. Fl. fr.
679... *Sphærocarpus albus.* Bull. Herb. p. 137. t. 470. f.
1., et t. 407. f. 1.
Sur les troncs d'arbres morts, et les feuilles à demi
pourries.

Obs. *Cette trichie est très-sujette à varier dans la forme
de son pédicelle, qu'on trouve plus ou moins renflé à la base.*

6. Trichia viridis.   *Trichie verte.*

Pédicelles alongés, cylindriques, bruns ou d'un rouge de brique ; péridiums sphériques, un peu déprimés à l'insertion du pédicelle, verd jaunâtre ; réseau et poussière d'un brun noirâtre... Dec. Fl. fr. 681... *Sphærocarpus viridis.* Bull. Herb. p. 135. t. 407. f. 1.
Sur les vieilles souches à demi décomposées, ou sur la terre.

§. II.
Arcyria. Pers. *Arcyrie.*

Péridium pédicellé, qui se rompt et persiste sous la forme d'un petit calice au sommet du pédicelle.

7. Trichia cinerea. Bull.   *Trichie cendrée.*

Pédicelle court, aminci au sommet, d'un gris cendré ; péridium globuleux, blanc dans sa jeunesse, puis cylindrique, obtus, cendré ; entouré à la base par les restes de son enveloppe persistante ; membrane commune, d'un blanc grisâtre... Bull. Herb. p. 120. t. 477. f. 3... Dec. Fl. fr. 686.
Sur les bois morts, en décomposition.

8. Trichia cinnabarina. Bull.   *Trichie rouge.*

Péridium d'abord presque sessile, ovoïde, d'un blanc de lait, puis un peu pédicellé, alongé, cylindrique, rouge, conservant à la base un reste de son enveloppe, en forme de cupule ; réseau et poussière rouges ; membrane blanche, très-apparente... Bull. Herb. p. 121. t. 502. f. 1... Dec. Fl. fr. 687.
Sur les bois morts à demi pourris. Cette trichie varie pour la couleur. On la trouve quelquefois d'une teinte vineuse.

§. III.
Cribaria. Pers. *Cribraire.*

Péridium qui se détruit en partie ou en totalité, et ne laisse que des filamens anastomosés, en forme de grillage, au travers duquel la poussière s'échappe.

9. Trichia semi-cancellata.   *T. à demi grillage.*

Pédicelles simples, droits, penchés avec l'âge, d'un

brun noirâtre ; péridium sphérique , d'abord opaque et
d'un jaune vif, roussâtre après l'émission de la poussière, persistant dans sa moitié inférieure , en forme de
calice ; globules jaunes , pulvérulens , s'échappant entre les mailles du réseau de la partie supérieure ; membrane coriace , blanchâtre... Dec. Fl. fr. 689... *Sphærocarpus semitrichioides.* Bull. Herb. p. 124. t. 387. f. 1.
Sur les bois morts.

10. **Trichia reticulata.**   *Trichie réticulée.*

Pédicelles droits , grêles, roussâtres ; péridium sphérique , d'abord blanc , puis brun ou fauve ; poussière
brune ; membrane coriace , d'un roux brun... Dec. Fl.
fr. 690... *Sphærocarpus trichioides.* Bull. Herb. p. 124. t.
387. f. 2.
Sur les bois morts.

STEMONITIS.   *STÉMONITIS.*

Membrane commune ; péridiums pédicellés , traversés
par un axe, formé par le prolongement du pédicelle ;
filamens réticulés , à travers desquels s'échappent des
globules pulvérulens.

Stemonitis fasciculata.   *Stémonitis fasciculée.*

Pédicelles noirs , luisans , grêles, persistans ; péridium
d'abord ovoïde, mou , blanc, puis alongé, cylindrique ;
poussière couleur de rouille rembrunie ; membrane
coriacée , blanche , persistante à la base du pédicelle...
Dec. Fl. fr. 691... *Trichia axifera.* Bull. Herb. p. 118.
t. 477. f. 1... Lamk. Ill. pl. 890. f. 4... Mich. Nov. gen.
p. 215. t. 94. f. 1. 2... *Clathrus nudus.* Linn. Sp. pl.
1649.
A. Sur le bois mort.

Obs. *Bulliard ne donne que 6 à 7 lignes de hauteur à la
plus grande variété de cette plante ; je l'ai trouvée de plus
d'un pouce de long dans le creux d'une souche, à Lagarde,
près le Port-Sainte-Marie. Ses pédicelles noirs et luisans res-
sembloient alors à des crins de cheval. Micheli l'indique in
ligni putridi cavernulis.*

2. **Stemonitis leucopodia.** *Stémonitis leucopode.*

Point de membrane commune ; pédicelles renflés à la
base, blancs, d'un aspect soyeux, noircissant avec

l'âge ; péridium cylindrique, alongé, d'un noir foncé, si compacte que les mailles du réseau ne peuvent se distinguer même à la loupe, et qu'il paroît charnu ; poussière noire... Dec. Fl. fr. 693... *Trichia leucopodia.* Bull. Herb. p. 121. t. 502. f. 1.

II. Observée par M. Cyrile Graulhié dans le creux d'un vieux saule, près d'Agen. RRR.

Obs. *Cette espèce déroge à son genre par le défaut de membrane radicale. Elle est fort petite ; nous l'avons trouvée cependant haute de 4 lignes environ, par conséquent beaucoup plus grande qu'elle n'est représentée dans la pl. citée de Bulliard. Cette différence pouvoit être occasionnée par l'affluence des sucs nourriciers plus abondans que sur les tiges mortes des graminées, où il paroît qu'on l'a rencontrée jusqu'à présent.*

DIDERMA. *DIDERME.*

Membrane commune ; péridium formé d'une double enveloppe qui renferme une poussière entremêlée de filamens.

1. Diderma floriforme. *Diderme fleuri.*

Membrane épaisse, coriace, jaune-roussâtre pâle ; pédicelles grêles, cylindriques ; têtes globuleuses, lisses, s'ouvrant en 5 ou 7 rayons inégaux, laissant alors voir le péridium, obtus, ridé, persistant, concolore ; poussière et filament brun-noirâtre... Dec. Fl. fr. 694... *Sphærocarpus floriformis.* Bull. Herb. p. 142. t. 371. P. E. A. H. Sur le bois mort, les vieilles souches. Elle forme des plaques de 8 à 10 lig. ou plus de diamètre. CC.

2. Diderma ramosum. *Diderme rameux.*

Membrane coriace, blanche ; pédicelles rameux à la base ; péridiums globuleux ou un peu turbinés, d'abord blancs et mucilagineux, ensuite jaunes, puis noirâtres ; poussière et filamens noirs. ♃... Dec. Fl. fr. 695. Sur les troncs d'arbres morts ou languissans. Ses plaques ont souvent 1 à 2 pouces de diamètre.

RETICULARIA. *RÉTICULAIRE.*

Substance d'abord pulpeuse, difforme, molasse ; l'intérieur disposé en cellules, par un réseau mince et délicat ; se réduisant, avec l'âge, en poussière subtile et abondante.

1. Reticularia hemispherica.   *R. hémisphérique.*

Pédicules très-courts, striés, renflés à la base ; péridiums d'abord très-convexes, blancs, molasses, ressemblant à *de petites gouttes de crème*, ensuite prenant de la consistance, s'aplatissant, et devenant gris, puis noirâtres, très-friables; poussière d'un brun noir...Bull. Herb. p. 93. t. 446... Dec. Fl. fr. 696.
Sur les feuilles mortes.

2. Reticularia sinuosa.   *Réticulaire sinueuse.*

Sessile, composée de deux lames coriaces, sinueuses, parallèles, blanches, unies par un réseau filandreux ; poussière noirâtre... Bull. Herb. p. 94. t. 446. f. 3...
Dec. Fl. fr. 697.
Sur les feuilles mortes.

3. Reticularia nigra.   *Réticulaire noire.*

D'abord semblables à de légères gouttes de gomme d'un blanc cendré, puis très-noires avec l'âge et formant de petites touffes isolées et velues; poussière noire, très-abondante. ♂. Bull. Herb. p. 88. t. 380. f. 2... Dec. Fl. fr. 698.
Sur les branches vivantes des saules et des peupliers, qu'elle fait périr la seconde année.

4. Reticularia lutea.   *Réticulaire jaune.*

D'abord molle, celluleuse, sans consistance et semblable à de l'écume, jaune, ainsi que son réseau, prenant la forme d'un coussinet avec l'âge, et devenant très-friable ; poussière d'un brun noirâtre... Bull. Herb. p. 87. t. 380. f. 1... Dec. Fl. fr. 701.
Sur les feuilles, les tiges mortes ou vivantes. Variable dans sa forme et ses dimensions.

5. Reticularia hortensis.   *Réticulaire des jardins.*

D'abord semblable à une masse d'écume d'un blanc roussâtre, avec l'âge elle prend des formes très-variées et souvent de grandes dimensions, très-friable dans la vieillesse; les mailles de son réseau sont larges et sa poussière fort abondante... Bull. Herb. p. 86. t. 424. f. 2... Dec. Fl. fr. 702.
Sur les fumiers, les vieilles couches, même les bois de

charpente exposés à l'air. C. Elle est nuisible aux plantes vivantes, dont elle s'approprie les sucs nutritifs.

6. Reticularia carnosa.   *Réticulaire charnue.*

Substance ferme dès sa jeunesse, devenant avec l'âge d'une consistance approchant de celle de la truffe, hémisphérique, plus ou moins alongée, irrégulière en ses bords ; surface cotonneuse, blanchâtre ou jaunâtre ; réseau blanchâtre ; poussière noire... Bull. Herb. p. 85. t. 424. f. 1... Dec. Fl. fr. 703.
E. A. Sur la terre et sur la mousse dans les bois.

SPUMARIA.   *SPUMAIRE.*

Pulpeuse, difforme, molasse ; étuis coriaces et membraneux à l'intérieur, qui renferment la poussière.

1. Spumaria alba.   *Spumaire blanche.*

Substance éminemment celluleuse, ressemblant à une masse d'écume blanche, plus ou moins arrondie et volumineuse ; se réduisant avec l'âge ou par la dessication, en petites écailles, et laissant à nu ses étuis noirâtres, coralliformes ; poussière noire.
Sur les tiges et les feuilles mortes ou vivantes. R. Bull. Herb. t. 126... Dec. Fl. fr. 704.

LYCOGALA.   *LYCOGALE.*

Péridium membraneux, arrondi, d'abord rempli d'une masse pulpeuse et liquide, puis d'une poussière mêlangée de quelques filamens ; s'ouvrant d'une manière irrégulière latéralement ou au sommet.

1. Lycogala miniata.   *Lycogale rouge.*

Tubercule mou, sessile, un peu déprimé, d'abord d'une belle couleur rouge ou orangée, et plein d'un suc épais concolore ; puis, avec l'âge, sec, mince, fragile, d'une couleur tirant sur le violet, émettant une poussière rose lilas, très-abondante... Dec. Fl. fr. 705... *Lycoperdon epidendron.* Linn. Sp. pl. 1684... Bull. Herb. t. 503... Mich. Nov. gen. t. 95. f. 1. 2.
E. A. Sur les vieilles souches, dans les bois. R. Je n'ai rencontré cette espèce que sur les pins maritimes de nos Landes.

2. Lycogala punctata. *Lycogale ponctuée.*

Tubercule sphérique, aplati, sessile, d'abord molasse, gris blanc, finement marqué de points saillans et
plein d'une pulpe liquide, puis rempli d'une poussière
brune qui s'échappe latéralement par une large ouver-
ture... Dec. Fl. fr. 706... *Reticularia lycoperdon.* Bull.
Herb. var. 4. t. 476. f. 4. F. R.
Sur les bois morts. Solitaire. Diam. 1 à 2 pouces.

LYCOPERDON. *VESSELOUP.*

Péridium globuleux ou turbiné, d'abord rempli d'une
substance ferme et compacte, sans cellules distinctes,
puis d'une poussière entremêlée de filamens; s'ouvrant
pour l'ordinaire au sommet.

1. Lycoperdon excipuliforme. *Vesseloup matras.*

Pédicule alongé, renflé à la base, retréci au sommet;
péridium globuleux, lisse, ou un peu peluché, d'abord
d'un blanc jaunâtre, puis brun... Dec. Fl. fr. 709... *L.
proteus excipuliforme.* Bull. Herb. t. 450. f. 2.
Sur la terre, dans les gazons.

2 Lycoperdon gossypinum. *V. cotonneuse.*

Turbinée, presque globuleuse, mince, fragile; surface
drapée, d'abord blanche, puis jaunâtre, enfin brun
clair... Bull. Herb. p. 147. t. 435. f. 1... Dec. Fl. fr. 710.
Sur le bois pourri. Diamètre 2 à 3 lignes. Hauteur *id.*

3. Lycoperdon utriforme. *Vesseloup utriforme.*

Presque cylindrique, lisse, ferme, jaunâtre ou roussâtre; substance d'abord blanche, ensuite grisâtre, puis
d'un brun clair; poussière jaunâtre; lambeaux d'un
réseau intérieur restant adhérens aux parois du péridium... Bull. Herb. p. 153. t. 450. f. 1... Dec. Fl. fr. 711.
A. Sur la terre, dans les bois. RR.

4. Lycoperdon giganteum. *V. gigantesque.*

Arrondie, presque sphérique, mince, flasque, lisse
ou un peu peluchée, d'abord blanchâtre, puis rousse
et cendrée; substance blanche, ensuite d'un jaune verdâtre, poussière brune; racine extrêmement foible et
menue... Dec. Fl. fr. 712... *L. bovista.* Linn. Sp. pl.
1653... Bull. Herb. p. 154. t. 447.

P. A. Terrestre ; dans les prairies, les vignes. CC. Souvent très-volumineuse. Les paysans emploient sa poussière pour teindre le fil en brun. Diamètre de 6 à 24 pouces et plus.

5. Lycoperdon cælatum.   *Vesseloup ciselée.*

Turbinée, arrondie au sommet, mince, flasque, rarement lisse, plus souvent hérissée de pointes élargies à leur base, en forme d'écailles anguleuses, d'abord blanche, puis cendrée, enfin d'un brun plus ou moins foncé ; poussière bistrée ; large touffe de fibres radicales... Bull. Herb. p. 156. t. 430... Dec. Fl. fr. 713.
A. Terrestre ; sur le bord des bois, les prairies des collines. RR. Elle varie à sa superficie hérissée de longues pointes, ou crevassée en polygones irréguliers. Diamètre 6 à 20 pouces.

6. Lycoperdon ovoïdeum.   *Vesseloup ovoïde.*

Ovoïde, mince, flasque, peluchée ; d'abord blanche, tirant sur le roux, ensuite gris fauve, puis brune ; poussière brune... *L. proteus ovoïdeum.* Bull. Herb. t. 436. f. 3... Dec. Fl. fr. var. β. 714.
A. Terrestre ; dans les bois ; groupée pour l'ordinaire sur une base commune. Hauteur 12 à 24 lignes. Diamètre au sommet 10 à 12 lignes.

7. Lycoperdon pyriforme. *Vesseloup pyriforme.*

Turbinée ; surface parsemée de points plus ou moins saillans, d'abord ferme, d'une substance grisâtre à l'intérieur, roussâtre à l'extérieur, ensuite ramollie, puis desséchée ; émet une poussière bistrée, se déforme et se décompose promptement... *L. proteus pyriforme.* Bull. Herb. t. 340... Dec. Fl. fr. var. γ. 714.
E. 3. A. 1. Dans les bois, sur les pelouses. Solitaire. Diamètre de 6 à 30 lignes.

8. Lycoperdon hirtum.   *Vesseloup hérissée.*

Pédicule court, aminci ou tronqué à la base, lisse, blanc ; péridium globuleux, ferme, hérissé de pointes plus ou moins longues, fragiles, se pelant avec facilité, gris, lavé de jaune ; substance d'abord blanche et compacte, puis se ramollissant et se changeant en poussière noirâtre... *L. proteus hirtum.* Bull. Herb. t. 340... Dec. Fl. fr. var. ζ. 714.
E. A. Dans les bois, les prés, les friches. C. Diamètre 12

à 3o lignes. On peut manger, dit-on, cette espèce de vesseloup dans sa jeunesse.

9. Lycoperdon hyemale. *Vesseloup d'hiver.*

Pédicule gros, tronqué à la base ; péridium arrondi, mince, chagriné à la superficie, jaunâtre, ainsi que le pédicule, divisé transversalement à l'intérieur, par une membrane percée de trous ou de crevasses très-apparens avec l'âge ; poussière noirâtre ; large plateau radical... *L. proteus hyemale.* Bull. t. 72... Dec. Fl. fr. var. δ.
A. 3. **H.** 1. Dans les bois, sur les pelouses. Hauteur 1 à 4 pouces. Diamètre 1 à 3 pouces.

10. Lycoperdon verrucosum. *V. verruqueuse.*

Pédicule plein, plissé dans sa partie supérieure, noirâtre ; péridium arrondi, déprimé au sommet, chargé de verrues peu saillantes, épais, ferme, persistant, brun roussâtre ; poussière noire ; racines membraneuses d'un gris noirâtre... Dec. Fl. fr. 715... Bull. Herb. p. 137. t. 24... Mich. Nov. gen. t. 99. f. 3.
E. A. Dans les terrains secs, sur les pelouses. **C.** Hauteur 2 à 4 pouces.

Obs. *La poussière des vesseloups est douce au tact et s'enflamme facilement. Celle des deux dernières espèces, respirée par le nez, cause, dit-on, des éternuemens violens et des hémorragies. Elle irrite les yeux, dans lesquels elle excite la rougeur, la cuisson et les larmes. La vapeur de l'eau bouillante et les bains d'eau fraiche sont les meilleurs remèdes qu'on puisse employer contre ces accidens. On prétend que la vesseloup verruqueuse, prise intérieurement, est mortelle.*

POLYSACCUM.   *POLYSAC.*

Péridium globuleux ou turbiné ; substance d'abord ferme et compacte, puis sèche et friable ; poussière contenue dans des cellules membraneuses, closes et distinctes, qui remplissent l'intérieur du péridium.

1. Polysaccum crassipes. *P. à gros pédicule.*

Pédicule fort épais, compacte, alongé, souterrain, divisé en grosses ramifications radicales ; péridium irrégulièrement arrondi, bosselé, d'abord roussâtre, puis brun... Dec. Fl. fr. suppl. p. 103... Mich. Nov.

gen. p. 219. t. 98. f. 1. A. B... *Lycoperdon capitatum.*
Gml. Syst. nat. 1463. n. 10.

P. A. Dans les vignes, les champs, les friches des coteaux. C. Longueur du pédicule 7 à 8 pouces. Diamètre 18 lignes. Diamètre du pér. 30 lignes.

Obs. *Les habitans des campagnes teignent leur fil en brun avec la poussière de cette plante ; d'où dérive l'épithète de* tinctorium *que lui a donnée Micheli, et que M. Persoon lui a depuis imposée comme dénomination spécifique. Syn.* 152.

GEASTRUM.   *GÉASTRE.*

Sessile, arrondi ; membrane extérieure, épaisse, coriace, s'ouvrant en plusieurs rayons étalés ; péridium sphérique, découvert par l'épanouissement de la membrane, et supporté par ses divisions recourbées en dessous, rempli d'une poussière entremêlée de filamens lanugineux, qui s'échappe par un orifice central, cilié, frangé, ou radié en ses bords.

1. Geastrum hygrometricum. *G. hygrométrique.*

Membrane extérieure divisée en 6 ou 7 divisions, d'un brun roux ; péridium mince, fragile, concolore ; orifice arrondi, presque entier ; portion de volva déchirée ; aranéeuse ou membraneuse, enveloppant la base du péridium ; poussière brune... Dec. Fl. fr. 720... Bull. Herb. p. 160. t. 238... Mich. Nov. gen. t. 100.

β. G. h. *maximum.* Beaucoup plus grand dans toutes ses parties ; péridium déprimé ; rayons étalés de la membrane extérieure, profondément ridés au sommet... Bull. Herb. t. 471.

A. Dans les bois découverts des collines. C. A Ferrou, à Guittard, près d'Agen. La var. qu'on devroit regarder comme une espèce particulière RR. Au moulin *Descournat.* Diamètre 12 à 15 lignes. La var. plus du double.

Obs. *La plante que nous venons de décrire est sans racines, du moins apparentes. Née dans la terre, le déploiement de la membrane externe, dont les divisions arboutent en dessous, la soulèvent ensuite, et la portent à la surface du sol. Ce curieux effet est dû à la propriété éminemment hygrométrique des rayons de la membrane, qui, gonflés par l'humidité, exercent simultanément leur action combinée. Aussi n'est-ce jamais qu'après les pluies qu'on aperçoit ce géastre à la surface du terrein, où le plus souvent resserré par la sécheresse de l'air, il roule au gré du vent sous une forme globuleuse.*

TULOSTOMA.   *TULOSTOME.*

Péridium pédiculé , sphérique , d'abord plein d'une substance compacte , ensuite d'une poussière fine , entremêlée de filamens, qui s'échappe par un orifice central, dont le bord est cartilagineux.

1. **Tulostoma brumale.**   *Tulostome d'hiver.*

Pédicule cylindrique , alongé , fistuleux , lisse , quelquefois écailleux , blanchâtre ; péridium globuleux , tirant sur le roux ; orifice central , arrondi , plat , ou un peu saillant ; poussière brune... Dec. Fl. fr. 722... *Lycoperdon pedunculatum.* Bull. Herb. p. 161. t. 294 et 471. f. 2... Mich. Nov. gen. t. 97. f. 7... Lamk. Ill. pl. 887. f. 3.
A. 3. H. P. 1. Dans les terreins sablonneux et découverts des collines, le bord des bois. C. Solitaire ou en groupes.

Obs. *On distingue par le nom d'axifère ou de filifère, une variété de cette plante dont le pédicule est longitudinalement traversé par un filet. Hauteur 2 pouces environ. Diamètre du péridium 6 ou 7 lignes.*

†††† *Péridium membraneux ou charnu, non pulvérulent.*

CYATHUS.   *NIDULAIRE.*

Coupe coriace, sessile , d'abord pleine d'un suc visqueux, et fermée par une membrane, ensuite ouverte et desséchée à l'intérieur ; semences ou capsules lenticulaires, pédiculées , adhérentes à la base de la coupe dont elles occupent le fond.

1. **Cyathus levis.**   *Nidulaire lisse.*

Glabre , quelquefois peluchée à l'extérieur , lisse , et terne à l'intérieur; d'un jaune sale; bords point réfléchis; semences ou capsules glabres , blanchâtres ou noirâtres , enveloppées d'une membrane blanche... Dec. Fl. fr. 724... *Nidularia levis.* Bull. Herb. p. 165. t. 40. f. B. C.

D et t. 488. f. 2... Mich. Nov. gen. t. 102. f. 3. E. F. I.
A. Sur le bois mort. C. Hauteur 3 lignes environ.

2. Cyathus vernicosus.   *Nidulaire vernissée.*

Peluchée à l'extérieur, lisse et luisante à l'intérieur,
bords réfléchis, d'abord blanche, puis d'une couleur
plombée ; semences ou capsules larges, glabres, grisâtres... Dec. Fl. fr. 725... *Nidularia vernicosa.* Bull.
Herb. p. 164. t. 488. f. 1... *Peziza lentifera.* Linn. Sp.
pl. 1649... *Pézize à lentilles.* Lamk. Fl. fr. ed. 1.ᵉ 1287...
Mich. Nov. gen. t. 102. f. 1.
A. Sur la terre. Solitaire ou groupée. C. Hauteur 5 à 6
lignes.

ERYSIPHE.   *ERYSIPHÉ.*

Réceptacle charnu, qui renferme plusieurs péricarpes
ovoïdes, aigus, dont chacun contient deux graines ; ce
réceptacle est entouré d'une pulpe blanchâtre, qui se
prolonge en plusieurs rayons articulés, simples ou rameux.

Obs. *Les Erysiphés naissent sur les feuilles vivantes ; leurs
réceptacles sont d'abord jaunes, puis roux et enfin noirs ;
les prolongemens de la base sont toujours blancs, souvent
étendus sur les feuilles sous une forme pulvérulente ou de
réseau membraneux. Dec. Fl. fr. t. 2. p. 272.*

*Voici les noms des plus communs et des plus apparens qui
se trouvent dans nos contrées, où l'on pourroit reconnoître
un bien plus grand nombre de ces plantes obscures, si l'on
se livroit à leur recherche avec la constance et le soin
minutieux qu'elle exige. Au surplus, une forte loupe ne
suffit pas toujours pour observer à fond les Erysiphés ; il
faut souvent avoir recours au microscope.*

1. Erysiphe coryli.   *Erysiphé du coudrier.*
Fl. fr. 730.
Surface inférieure de la feuille du noisetier.

2. Erysiphe polygoni.   *Erysiphé de la renouée.*
Fl. fr. 733.
Surface inférieure des feuilles de la renouée aviculaire.

3. Erysiphe pisi.   *Erysiphé des pois.*
Fl. fr. 734.

Surface inférieure et supérieure des feuilles et des stipules
du pois cultivé.

4. Erysiphe convolvuli. *Erysiphé du liseron.*

Fl. fr. 736.
Surface supérieure des feuilles, pétioles, tiges et fruits
du liseron des champs.

5. Erysiphe aceris. *Erysiphé de l'érable.*

Fl. fr. suppl. p. 104.
Surface inférieure et supérieure des feuilles de l'érable
champêtre.

6. Erysiphe populi. *Erysiphé du peuplier.*

Fl. fr. suppl. 104.
Surface inférieure et supérieure des feuilles des peupliers.

7. Erysiphe heraclei. *Erysiphé de la berce.*

Fl. fr. suppl. 107.
L'une et l'autre surface des feuilles de la berce bran-
cursine.

8. Erysiphe lonicera. *Erysiphé du chèvre-feuille.*

Fl. fr. suppl. 107.
L'une et l'autre surface des feuilles du *Lonicera* des
jardins.

TUBERCULARIA. *TUBERCULAIRE.*

Tubercule charnu, sessile, simple ou composé ; semences encore ignorées, supposées contenues dans la substance intérieure.

Not. *Toutes les Tuberculaires sont rouges.*

1. Tubercularia vulgaris. *Tuberculaire commune.*

Petits corps arrondis, un peu retrécis à la base, pleins,
épais, fermes, d'un beau rouge écarlate... Dec. Fl. fr.
738... *Tremella purpurea.* Linn. Sp. pl. 1625... Bull.
Herb. p. 216. t. 284.
Sur le mois mort. C. Éparse et nombreuse.

2. Tubercularia nigrescens. *T. nigrescente.*

Tubercules arrondis, non retrécis à la base, d'abord
d'un rouge vif, puis couverts d'un duvet blanc, noirs

avec l'âge... Dec. Fl. r. 740... *Tremella nigricans.* Bull. Herb. p. 217. t. 455. f. 1... Vulgairement *Chancissure.*
Sur le bois mort, jamais sur l'écorce.

OBS. *Tubercules plus gros que ceux de la précédente, avec laquelle on peut la confondre au premier coup-d'œil.*

3. Tubercularia rosea. Pers. *Tuberculaire rose.*

Tubercules arrondis, irréguliers, lobés, formés, à ce qu'il paroît, de l'agrégation de globules distincts ; couleur de rose très-agréable, persistant après la dessication... Pers. Syn. 114... Dec. Fl fr. 742.
Dans les bois, sur l'écorce des arbres, principalement sur celle des chênes, et parmi les lichens.

RHIZOCTONIA. Dec. *RHIZOCTONE.*

Tubercules arrondis, irréguliers, charnus, émettant à la surface des filamens byssoïdes, simples ou rameux ; substance interne sans veines apparentes.

NOT. *Les Rhizoctones naissent et vivent dans la terre sur les racines des plantes.*

Ce genre, encore peu connu, ne comprend jusqu'ici que deux espèces décrites : la Rhizoctone des safrans et celle de la luzerne cultivée. Cette dernière existe sans doute dans nos contrées, où je n'ai point eu cependant l'occasion de l'observer. Voici ses caractères :

1. Rhizoctonia medicaginis. D. *R. de la luzerne.*

Tubercules fragiles, d'abord blanchâtres à l'intérieur, puis, tant en dehors qu'en dedans, d'un pourpre foncé, enfin noirâtre ; filamens d'un pourpre vif, très-longs, très-ramifiés, souvent entrecroisés et formant par leur réunion des sortes de réseaux... Dec. Fl. fr. suppl. p. 111... Mém. du mus. t. 2. p. 209. t. 8.
Sur les racines de la luzerne cultivée, qu'elle détruit promptement.

SCLEROTIUM. *SCLÉROTE.*

Tubercules charnus, fermes, recouverts d'une enveloppe coriace, dure ; substance interne, sans veines apparentes, et dans laquelle on suppose que les semences sont contenues.

Not. *Les Sclérotes vivent sur les rameaux, l'écorce, les feuilles, même les réceptacles et les fruits des végétaux morts ou languissans.*

Ce genre est très-mal connu ; les espèces qu'il renferme sont encore peu nombreuses. Voici celles qui passent pour les plus communes. Il est vraisemblable qu'on pourroit en observer plusieurs autres dans le département.

*** *Couleur blanche ou jaune pâle en dehors.***

1. **Sclerotium album.**   *Sclérote blanc.*

  Dec. Fl. fr. suppl. p. 112.
  Dans l'intérieur et à la surface du bois pourri.

2. **Sclerotium immersum.**   *Sclérote enfoncé.*

  Dec. Fl. fr. suppl. p. 111.
  Sur les jeunes rameaux des pins, dont il perce l'épiderme.

3. **Sclerotium pubescens.**   *Sclérote pubescent.*

  Dec. Mém. du mus. 2. p. 412.
  Tiges à demi pourries de la morelle tubéreuse.

*** * *Couleur noire ou noirâtre en dehors.***

4. **Sclerotium stercorarium.** *Sclérote des bouses.*

  Dec. Fl. fr. 744... Mém. du mus. 2. p. 414. t. 14. f. 4.
  Sur la terre, au-dessous des bouses de vache.

5. **Sclerotium fungorum.**   *S. des champignons.*

  Dec. Mém. du mus. 2. p. 414... Bull. Herb. t. 256.
  Sur les champignons pourris.

6. **Sclerotium atratum.**   *Sclérote noir.*

  Dec. Mém. du mus. 2. p. 414... Desv. Journ. bot. t. 2. p. 313.
  Sur les rochers, parmi les mousses.

7. **Sclerotium durum.**   *Sclérote dur.*

  Dec. Fl. fr. 745... Mém. du mus. 2. p. 415. t. 14. f. 3.
  Entre l'écorce et l'aubier, sur les tiges sèches des herbes et des arbrisseaux.

8. Sclerotium bullatum. *Sclérote bulle.*

Dec. Fl. fr. suppl. p. 113... Mém. du mus. p. 416. t. 14. f. 5.
Sur l'écorce du fruit du *cucurbita lagenaria.*

9. Sclerotium pustula. *Sclérote pustule.*

Dec. Fl. fr. suppl. p. 113... Mém. du mus. 2. p. 417. t. 14. f. 7.
Surface intérieure des feuilles du chêne, du charme, du châtaignier.

⁎ ⁎ ⁎ *Couleur pourpre incarnat, ou fauve-roux en dehors.*

10. Sclerotium cyparissiœ. *S. de l'euphorbe cyprès.*

Dec. Fl. fr. p. 114... Mém. du mus. 2. p. 419. t. 13. f. 2.
Surface inférieure des feuilles vivantes de l'*Euphorbia cyparissias*, qui s'élargissent alors et deviennent ovales.

11. Sclerotium populneum. *Sclérote du peuplier.*

Dec. Fl. fr. suppl. p. 114... Pers. Obs. myc. 2. p. 25. Syn. 125.
P. H. Sur les feuilles mortes des peupliers.

12. Sclerotium salicinum. *Sclérote du saule.*

Dec. Fl. fr. suppl. p. 114... Mém. du mus. 2. p. 420. t. 14. f. 6.
Surface supérieure des feuilles du *saule marceau.*

Not. *M. Decandolle ayant cru voir dans l'ergot du seigle les caractères d'un Sclérote, l'a décrit sous le nom de S. clavus, Fl. fr. suppl. p. 155, et Mém. du mus. 2. p. 416, où il est figuré t. 14 ; mais l'analyse chimique a démontré que l'ergot n'étoit autre chose que le grain même du seigle, altéré par une maladie qui affecte essentiellement son principe amylacé. Voy. Analyse du seigle ergoté par M. Vauquelin, Mém. du mus. d'hist. nat. t. 3. p. 198.*

TUBER. *TRUFFE.*

Fongosités charnues, arrondies, souterreines, sans racines apparentes, veinées à l'intérieur; semences occultes.

1. Tuber cibarium.   *Truffe comestible.*

Verruqueuse ou grenue à l'extérieur, ferme, noire, veinée de blanc à l'intérieur, exhalant un parfum particulier très-agréable... Bull. Herb. p. 74. t. 356... Dec. Fl. fr. 747... Mich. Nov. gen. t. 102.
Dans les bois, les friches des collines, où on la trouve depuis 2 jusqu'à 15 pouces de profondeur. C.

Obs. *La Truffe comestible offre quelques variétés de couleur plus ou moins estimée des gourmets. Il est rare que son poids excède 7 à 8 onces.*

2. Tuber moschatum. S.t-Am.   *Truffe musquée.*

Ovale-arrondie, molasse; surface lisse, d'un brun foncé; veines noirâtres à l'intérieur; odeur de musc forte et pénétrante... Bull. Herb. p. 79. t. 479... Dec. Fl. fr. 748.
Les bois découverts, à 6 ou 8 pouces de profondeur. RRR. Sur les coteaux du vallon du Pont-du-Cassé, près d'Agen. C. A Sainte-Foi-de-Jérusalem, où les paysans la mangent cuite et même crue.

Not. *Bulliard a décrit et figuré cette espèce de Truffe, d'après les individus que j'avois découverts dans un petit bois au-dessus et vis-à-vis Lacassaigne, près d'Agen, et que je lui avois communiqués. Il a négligé de mentionner un indice de pédicule qu'on observe à la partie inférieure des jeunes individus, et qui s'efface avec l'âge. Cette espèce devient grisâtre et se déforme par la dessication.*

3. Tuber album.   *Truffe blanche.*

Ovale-arrondie; surface lisse, d'abord blanche en dehors et en dedans, puis fauve en dehors, et marquée à l'intérieur de veines déliées très-nombreuses, jaunâtres; plateau radical-très-apparent, fraiche, odeur nauséabonde... Bull. Herb. p. 80. t. 404... Dec. Fl. fr. 750.
Dans les bois, les friches, près la surface du sol. C. Dans les Landes sablonneuses. CC.

Obs. *Les figures A et B de la planche citée de Bulliard. ont été copiées sur les dessins que je lui avois envoyés de cette Truffe, encore nouvelle pour lui. Elle est comestible. Cuite dans du vin blanc, elle passe pour un aphrodisiaque des plus énergiques. On ne doit pas la confondre avec une tubérosité à peu près de la même forme et de la même cou-*

leur, causée par la piqûre de quelque insecte sur les racines des chênes, au pied desquels on la trouve assez fréquemment.

Après ces productions cryptogames, sans organisation apparente, et la plupart presque invisibles à la loupe, le domaine de la botanique s'évanouit. Le microscope plonge encore dans un abîme ténébreux ; mais la science est sans expression, comme sans mesure, pour déterminer des êtres qui disparoissent dans le vague, et qu'elle ne peut saisir.

TABLE ALPHABÉTIQUE

DES GENRES.

ERRATA.

Page 3, ligne 4. Lysta, *lisez* Lytta.
P. 4, l. 3. *Idem.*
P. 9, l. 21. Netoyer, *lisez* nettoyer.
P. 15, l. 29. V. pubescens ; *lisez* V. q. pubescens.
P. 17, l. 29 et 33. Schænus, *lisez* Schœnus.
P. 21, l. 28. Trois barbes, *lisez* trois dents.
P. 23, l. 30. P., *lisez* Phleum.
P. 39, ligne 7. Muray, *lisez* Murray.
P. 43, l. 24. Biflores, *lisez* biflore.
P. 52, l. 9. Dysticon, *lisez* dystichon.
P. 60, l. 21. Colombaria, *lisez* Columbaria.
P. 61, l. 1 et 11. *Idem.*
P. 76, l. 14. Roch, *lisez* Roth.
P. 78, l. 30. Lapula, Lapule ; *lisez* Lappula, Lappule.
P. 87, l. 24. Tapsiforme, *lisez* thapsiforme.
P. 88, l. 17. Tapsoïdes, *lisez* thapsoïdes.
P. 88, l. 42. Stimate, *lisez* stigmate.
P. 91, l. 19 et 22. Hyosciamus, *lisez* Hyoscyamus.
P. 95, l. 27. Salomus, *lisez* Samolus.
P. 101, l. 13, 16 et 22. Groseiller, *lisez* Groseillier.
P. 150, l. 25. Plepis, Plepide ; *lisez* Peplis, Peplide.
P. 160, l. 22. E. purpuraceus, *lisez* E. purpurascens.
P. 161, l. 16. P. 13, *lisez* P. 1.
P. 216, l. 9. Lanadifere, *lisez* ladanifere.
P. 222, l. 21. Best., *lisez* Besl.
P. 241, l. 4. Balotta, Balotte ; *lisez* Ballota, Ballote.
P. 242, l. 15. Serpillum, *lisez* Serpyllum.
P. 243, *après la ligne* 31 *ajoutez :* Fl. purpurines. E. Les bois des collines. C.
P. 265, l. 26 Silvestre, *lisez* Sylvestre.
P. 308, l. dernière. T. pratense, *lisez* T. parisiense.
P. 323, l. 1. Pernanthes, Pernanthe ; *lisez* Prenanthes, Prenanthe.
P. 323, *au-dessous de* Picris, Picride, *ajoutez :* Réceptacle nu ; aigrette plumeuse, pédicellée ; semences striées transversalement ; calice caliculé.
P. 329, l. 16. Ex specimen, *lisez* ex specimine.
P. 346, l. 23. G. des marais, *lisez* G. jaune-blanc.
p. 352, l. 7. Georg. lib. 41, *lisez* Georg. lib. 4.
P. 370, l. 17. Uslulata, *lisez* Ustulata.
P. 374, l. 36. Antropophora, Antropophore ; *lisez* Anthropophora, Anthropophore.
P. 383, l. 24. Tipha, *lisez* Typha.

632

P. 384, n.º 1, 2. Tipha, *lisez* Typha.
P. 435, l. 13, 21, 22, 29 et 30. Delapil., *lisez* Delapyl.
P. 436, l. 1. Delapil., *lisez* Delapyl.
P. 437, l. 10. Hasselg, *lisez* Hasselq.
P. 438, l. 11. Weipsia, *lisez* Weissia.
P. 592, l. 28. (Capsules renfermées à l'intérieur), *lisez* † (Capsules etc.